Burkhard Buttkus

Spektralanalyse und Filtertheorie

in der angewandten Geophysik

Mit 154 Abbildungen

Springer-Verlag Berlin Heidelberg GmbH

Dr. BURKHARD BUTTKUS
Bundesanstalt für Geowissenschaften und Rohstoffe
Stilleweg 2
W-3000 Hannover

Einbandmotiv: Gräfenberg-Registrierung eines starken Bebens in Costa Rica der Oberflächenwellenmagnitude 7.2 (Entfernung etwa 9.500 km). Die Perioden der Raumwellen liegen im Intervall von etwa 1 s bis 10 s, die der amplitudenstarken quasiharmonischen Oberflächenwellen umfassen Perioden von etwa 10 s bis 40 s.

ISBN 978-3-662-09971-1

CIP-Titelaufnahme der Deutschen Bibliothek
Buttkus, Burkhard:
Spektralanalyse und Filtertheorie in der angewandten Geophysik / Burkhard Buttkus.

ISBN 978-3-662-09971-1   ISBN 978-3-662-09970-4 (eBook)
DOI 10.1007/978-3-662-09970-4

Satz: Reproduktionsfertige Vorlage vom Autor
32/3145-5 4 3 2 1 0 – Gedruckt auf säurefreiem Papier

Vorwort

Dieses Buch soll eine Einführung in die Grundlagen und Methoden der Spektralanalyse und Filtertheorie und ihrer Anwendungen in der Geophysik geben. Die Prinzipien und theoretischen Grundlagen der verschiedenen Verfahren werden beschrieben, ihre Wirksamkeit bewertet und Anleitungen für die praktische Anwendung gegeben. Neben den klassischen Verfahren werden neuere Methoden behandelt, wie z.B. die Spektralanalyse regelloser Vorgänge durch Anpassung der Daten an Modelle, die Maximum-Entropie- und Maximum-Likelihood-Spektralanalyse, die Wiener- und Kalman-Filterung, die homomorphe Dekonvolution sowie datenadaptive Verfahren für nichtstationäre Prozesse. Dabei werden die mehrdimensionale Spektralanalyse und Filterung wie auch die mehrkanaligen Filter ausführlich behandelt. Das Buch gibt einen Überblick über den gegenwärtigen Entwicklungsstand der Spektralanalyse und Filtertheorie. Zusätzlich werden anhand praktischer Beispiele aus verschiedenen Bereichen der Angewandten Geophysik die Bedeutung und Einsatzmöglichkeiten der Spektral- und Filtertheorie bei der Datenerfassung, -bearbeitung und -auswertung aufgezeigt.

Das Buch ist primär konzipiert als Begleiter zu Vorlesungen über numerische Analysen geophysikalischer Zeitreihen. Es dürfte damit auch für alle Natur- und Ingenieurwissenschaften interessant sein, in denen Meßreihen digital verarbeitet werden. Allen, die auf diesem Sektor tätig sind, bietet es eine umfassende Zusammenstellung der theoretischen Grundlagen und der reichen Literatur, die es hierzu gibt. Ich hoffe, daß es gelungen ist, die Prinzipien und Verfahren der Zeitreihenanalyse umfassend, entsprechend ihrer Bedeutung richtig gewichtet und möglichst fehlerfrei darzustellen. Hinweise auf Fehler und Verbesserungen werde ich dankbar begrüßen.

Die Anregung zu diesem Buch ging vor Jahren von Professor O. Rosenbach aus, da nach seiner damaligen Einschätzung ein deutschsprachiges Lehrbuch über Spektralanalyseverfahren und Filtertechniken in der Geophysik fehlt. Das Buch ist dann im Zusammenhang mit Vorlesungen, die ich auf diesem Gebiet an der TU Clausthal abgehalten habe, "gewachsen". Ich hoffe, daß dieses Buch diese Lücke, die nach wie vor besteht, ausfüllen kann. Dank sage ich allen, die zum Gelingen dieses Buches beigetragen haben: Prof. Rosenbach für die Anregung zum Schreiben dieses Buches, der Leitung der Bundesanstalt für Geowissenschaften und Rohstoffe dafür, daß es mir möglich war, die dort vorhandenen technischen Gegebenheiten zu nutzen, Professor K. Helbig, Professor D. Doornbos und Dr. W. Stammler für ihre Kommentare und Anregungen zu einer ersten Fassung sowie Professor G. Müller, Dr. W. Zürn, Dr. D. Seidl, Dr. J. Schlittenhardt und Professor F. Scheerbaum für die Durchsicht des Manuskripts in seiner jetzigen Form (teilweise oder vollständig) , ihre kritischen Kommentare und Verbesserungsvorschläge. Professor G. Müller bin ich zu besonderem Dank verpflichtet, da mich einerseits sein Vorlesungsmanuskript über ''Digitale Signalverarbeitung'' bestärkt hat, mein bereits erarbeitetes Manuskript als Buch zu veröffentlichen, andererseits ich von ihm die Erlaubnis erhielt, Teile seiner zwei Manuskripte zu den Vorlesungen ''Digitale Signalverarbeitung'' und ''Migration seismischer Wellenfelder'' mit zu verwenden. Diese Passagen sind im Buch gekennzeichnet. Dr. H. Jödicke, Dr. W. Losecke, Dr. H. Stümpel und Dr. H. Meyer haben mit Abbildungen Hilfestellung geleistet. Mein Dank gilt gleichermaßen meinen Kollegen Dr. Losecke und Dr. Eberle für die fachlichen Kommentare und Diskussionen zu den Themenkomplexen ''Magnetotellurik'' und ''Gravimetrie/Magnetik'' sowie Frau B. Piesker und Herrn R. Dörge, die bei der Erstellung der Abbildungen tatkräftig geholfen haben, und dem Verlag für die Herausgabe des umfangreichen Buches zu einem auch noch für Studenten angemessenen Preis.

Dank zu sagen habe ich insbesondere meinem Mitarbeiter Christian Bönnemann für die vielen fachlichen Diskussionen, Anregungen und seine Hilfe bei der Erstellung der Abbildungen während der vergangenen zwei Jahre. Die Gestaltung des Buches ist dadurch deutlich verbessert worden. Der erste Platz in dieser langen Liste der Danksagungen gehört meiner Frau Christel, die den ersten Entwurf getippt hat, mich wiederholt ermutigt hat, die begonnene Arbeit zu Ende zu führen, und durch ihr Verständnis die Voraussetzungen schuf, daß ich dieses Buch in Ruhe schreiben konnte.

Burkhard Buttkus $\hfill$ Hannover, Juli 1991

Inhaltsverzeichnis

II Spektralanalyse regelloser Vorgänge 133

V   Digitalfilterung   335

15 Grundlagen der Digitalfilterung   337

16 Filterwirkung einfacher mathematischer Operationen 347

17 Entwurf nichtrekursiver Digitalfilter endlicher Länge 353

18 Synthese rekursiver Digitalfilter   365

VI Grundlagen der Optimalfilterung   393

VII Grundlagen der Dekonvolution und ihre Anwendung in der Reflexionsseismik   475

VIII Mehrdimensionale und mehrkanalige Filterung 531

24 Mehrdimensionale Filterung 533

25 Einsatz zweidimensionaler Filter in der Gravimetrie und Magnetik 567

26 Grundlagen der Mehrkanalfilterung 595

Einleitung

In der Angewandten Geophysik bestimmt man die Geometrie, Lage und Ausdehnung geologischer Strukturen und/oder physikalische Parameter, wie seismische Geschwindigkeiten, elektrische Leitfähigkeiten, Dichtekontraste etc. Gemessen werden entweder permanente Felder, die nur vom Ort abhängig sind, wie in der Gravimetrie und Magnetik, oder/und Reaktionen auf bestimmte Anregungen, das heißt orts- und zeitabhängige Vorgänge, wie z.B. in der Reflexions- und Refraktionsseismik, in der Geoelektrik und in der Magnetotellurik. Für die Interpretation ist das direkte Meßergebnis vielfach nicht optimal. Zum Beispiel beschreiben die in der Gravimetrie und Magnetik gemessenen Felder die Integraleffekte der Gesamtheit der Störkörper in verschiedenen Tiefen, so daß eine Trennung der Anteile der einzelnen Störkörper in den Meßdaten nur bedingt möglich ist. Andererseits gibt es einen Zusammenhang zwischen dem Wellenzahlspektrum des Feldes und der Tiefe der Quellen, der vielfach erfolgreich bei der Abschätzung der Tiefenlage der Störkörper genutzt werden kann. Daneben sind eine ganze Anzahl weiterer Effekte in der Angewandten Geophysik frequenzabhängig, wie z.B. die Eindringtiefe elektromagnetischer Wellen oder auch die Ausbreitung seismischer Wellen. Anstelle der direkten Meßergebnisse sind daher ihre Spektraldarstellungen für die Interpretation vielfach besser geeignet. Beispiele hierfür sind die Absorptions- und Dispersionsbestimmungen in der Seismologie und der Einsatz spektralanalytischer Verfahren zur Bestimmung der elastischen Parameter und der Dichte im Erdinnern aus reflexionsseismischen Messungen an der Erdoberfläche (siehe Harjes, 1979).
Ganz allgemein wird im Rahmen des Buches das Ziel einer Analyse darin gesehen, das Meßmaterial so zu transformieren, daß entweder der Informationsgehalt leichter überschaubar ist oder die Daten einfacher mit Hilfe mathematischer Prozesse weiter zu bearbeiten sind.

Generell enthalten die Beobachtungen neben den erwünschten Anteilen auch andere Komponenten, die im Rahmen des Buches ganz allgemein als Noise bezeichnet werden. Das wesentliche Ziel der Filterung ist die Trennung dieser verschiedenen Komponenten, um die interessierenden Anteile, im Rahmen des Buches auch als Nutzinformation bezeichnet, für die weitere Auswertung und Interpretation möglichst störungsfrei bereitzustellen. Diese Trennung kann nach verschiedenen Ansätzen erfolgen, z.B. durch die Ausnutzung der Unterschiede

- im Frequenzgehalt oder der physikalischen Parameter der Einzelkomponenten, wie z.B. der Wellenpolarisation, der Ausbreitungsgeschwindigkeit und so weiter;

- statistischer Eigenschaften der Einzelkomponenten unter Zugrundelegung geophysikalischer Modelle. Ein Beispiel hierfür ist die Beschreibung des Reflexionsseismogramms als Superposition regelloser und determinierter Anteile. Die filtertheoretische Formulierung des Modells ist vielfach der Ansatzpunkt für die Entwicklung mathematischer Prozesse zur Trennung der verschiedenen Komponenten.

Der Einsatz der Filtertheorie in der Angewandten Geophysik, insbesondere in der Explorationsseismik, geht auf die Tätigkeit der "Geophysical Analysis Group at the Massachusetts Institute of Technology" in den Jahren 1960 bis 1965 zurück und ist im wesentlichen verknüpft mit Arbeiten von Robinson, Simpson, Treitel sowie Claerbout (s. Flinn, Enders und Treitel, 1967). Ihre wichtigsten Beiträge sind dabei:

- Modellentwicklungen für die seismische Datenverarbeitung mittels regelloser Zeitreihen,

- die Ausnutzung der statistischen Filter-Algorithmen von Wiener (1947), Wold (1954), etc.

Zusammen mit der Einführung der Mehrfachüberdeckung Anfang der 60er Jahre bilden die Entwicklungen der MIT-Gruppe auf dem Gebiet der Digitalfilter einen der Meilensteine in der Entwicklungsgeschichte der Seismik.

Seit Mitte der 60er Jahre bestimmen drei weitere Entwicklungen die Methoden der Datenverarbeitung in der Angewandten Geophysik:

- die auf Oppenheim zurückgehende Cepstrum-Analyse und homomorphe Filterung (s. Oppenheim, Schafer und Stockham, 1968) mit ihren geophysikalischen Anwendungen durch Ulrych (1971), Stoffa, Buhl und Bryan (1974), Buttkus (1975), Tribolet (1979), etc. Bei diesem methodisch interessanten Ansatz erfolgt die Filterung durch einfaches Ausblenden bestimmter Bereiche im Cepstrum.

- die von Burg entwickelte Maximum-Entropie-Spektralabschätzung (s. Burg, 1975) als Verbesserung älterer Analyseverfahren, mit der insbesondere kurze Zeitsegmente noch hochauflösend analysiert werden können.

- das Modellieren von Zeitreihen durch Zustandsvariable und der damit verknüpfte Kalman-Filteralgorithmus (s. Kalman, 1960), der insbesondere auf die Filterung nichtstationärer Prozesse ausgerichtet ist und Anfang der 70er Jahre durch Arbeiten von

Bayless und Brigham (1970), Crump (1974), Ott und Meder (1972) erstmalig in der Explorationsseismik praktisch eingesetzt wurde, sich hier jedoch bislang zu keinem Standardverfahren entwickelt hat und ein weites Feld für zukünftige Forschungsarbeiten bietet.

Grundsätzlich lassen sich Datenfolgen in determinierte und regellose klassifizieren. Während bei den determinierten Folgen der zeitliche bzw. räumliche Verlauf über eine analytische Formulierung genau festgelegt ist, können die regellosen Vorgänge oder Zustände als das Ergebnis von Zufallsvariablen aufgefaßt werden, wobei jede Beobachtungsreihe nur eine Realisierung von vielen Möglichkeiten darstellt. Beispiele determinierter Vorgänge in der Geophysik sind z.B. die seismischen Quellsignale wie beim Vibroseis-Verfahren, während die Mikroseismik sowie ein Großteil der geoelektrischen und geomagnetischen Feldvariationen als weitgehend regellos anzusehen sind.

Während die Signalverarbeitung die Vorgänge und Zustände in "determiniert" und "regellos" unterteilt, besteht in der Angewandten Geophysik eher ein fließender Übergang dieser beiden Grenzfälle. Das in der marinen Reflexionsseismik von der Airgun abgestrahlte Signal z.B. kann als determiniert angesehen werden; dagegen kann die Folge der Reflexionskoeffizienten des zu untersuchenden Schichtpakets alle graduellen Stufen zwischen einer vollständig regellosen und einer mehr zyklischen Anordnung, in der sich die geologische Abfolge widerspiegelt, annehmen, so daß eine Einordnung in das obige Schema vielfach schwierig ist und letztlich durch das zugrunde gelegte Modell bestimmt wird.

Beide Klassen lassen sich weiter unterteilen; so die determinierten Vorgänge in periodische und nichtperiodische und die regellosen Vorgänge in stationäre, deren statistische Eigenschaften zeitlich bzw. räumlich invariant sind, und nichtstationäre. In der Angewandten Geophysik spielen bislang neben den determinierten Vorgängen die stationären regellosen Prozesse und Modelle eine dominierende Rolle. Dementsprechend liegt der Schwerpunkt dieses Buches auf der Analyse und Bearbeitung stationärer regelloser Vorgänge. Tatsächlich sind viele der geophysikalischen Vorgänge nur in erster Näherung und nur über ein begrenztes Zeitintervall stationär. Es läßt sich daher absehen, daß in Zukunft bei der Datenanalyse und -bearbeitung jene Verfahren und Modelle mehr und mehr an Bedeutung gewinnen werden, die die Nichtstationarität der Vorgänge und Daten berücksichtigen. Im Rahmen des vorliegenden Buches kann nur eine erste Einführung in die Analyse und Bearbeitung nichtstationärer regelloser Prozesse gegeben werden.

Dem Titel des Buches entsprechend ist es zweigeteilt, und zwar in der Form, daß zunächst in den Teilen I, II und III die Grundlagen der Spektralanalyse dargestellt sind, auf denen aufbauend in den Teilen IV bis VIII die Filtertheorie abgehandelt wird. Hierbei kam es insbesondere darauf an, die engen Zusammenhänge zwischen diesen beiden Teilgebieten aufzuzeigen. Die Spektralanalyse und Filtertheorie müssen als Einheit gesehen werden. Das methodische Vorgehen ist dabei so, daß die theoretischen Grundlagen zunächst für Analogregistrierungen dargestellt werden und im Anschluß daran der Übergang für äquidistante Digitalregistrierungen vollzogen wird. Anstelle einer in allen Details mathematisch exakten Herleitung wurde eine Form gewählt, die es ermöglichen soll, einerseits die wesentlichen theoretischen Zusammenhänge gut zu überblicken, andererseits praktische Probleme dieses Aufgabenbereichs mit Hilfe des Buches selbständig zu lösen. Vorausgesetzt werden Grundkenntnisse in Differential- und Intregralrechnung, linearer Algebra, Funktionentheorie und Statistik.

Die Spektralanalyse und Filtertheorie sind vor allem für zeitabhängige Funktionen und Zeitreihen entwickelt worden. Zur Vereinfachung wird dieselbe Terminologie auch auf zeitunabhängige (räumliche) Funktionen und Meßwertreihen angewendet. Zeit- bzw. ortsabhängige Funktionen werden mit Kleinbuchstaben, ihre Fourier-Transformierten mit den entsprechenden Großbuchstaben bezeichnet; Vektoren und Matrizen werden mit fettgedruckten Klein- bzw. Großbuchstaben dargestellt.

Zur Erarbeitung des umfangreichen Stoffes wird vorgeschlagen, sich zunächst die sowohl für die Spektralanalyse als auch für die Filtertheorie wesentlichen Grundlagen anhand der Kapitel bzw. Abschnitte 1, 2.1, 2.4, 3, 4.1, 5.1 - 5.3, 6.1, 6.4 zu erarbeiten. Danach sollte bei der Spektralanalyse anhand der Abschnitte 8.1, 8.2, 11.1, 11.2, 11.6, 12.1, 12.4 bzw. bei der Filtertheorie anhand der Abschnitte 13.1 - 13.3, 13.5, 13.6, 14.1, 14.3, 15, 19.1, 22.1 - 22.3, 24.1, 24.2, 24.3.1, 24.3.3 und 26.1 weiter vorgegangen werden. Danach ist der Leser in der Lage, selber festzulegen, wie er zweckmäßigerweise weiterarbeitet. Dies wird im wesentlichen davon abhängig sein, ob für ihn zur Bearbeitung der anstehenden Aufgaben Detailkenntnisse über Spektralanalyse- oder Filterverfahren vorrangig sind. Wichtig ist, daß man bei der systematischen Erarbeitung der notwendigerweise stark mathematisch gehaltenen Grundlagen durchhält. Besonders hilfreich bei der Erarbeitung der theoretischen Grundlagen ist das selbständige Durchrechnen der hier präsentierten oder vergleichbarer Beispiele und Aufgaben. Die erforderlichen Rechenprogramme bzw. Subroutinen findet man in mehreren Büchern über digitale Signalverarbeitung, auf die hier an den entsprechenden Stellen hingewiesen wird. Nach der Erarbeitung der theoretischen Grundlagen sollte das Interesse, ja die Neugier an der Anwendung der Theorie und Verfahren auf geophysikalische Probleme so groß sein, daß sich der Leser intensiv mit den geophysikalischen Beispielen auseinandersetzt. Gerade dabei wird vielfach erst klar, wo die Stärken und Schwächen der verschiedenen Ansätze und Verfahren liegen und was für ihre erfolgreiche Anwendung entscheidend ist.

Die Forschung auf dem Gebiet der digitalen Signalverarbeitung geht rapide voran. Man kann erwarten, daß in relativ kurzer Zeit neue Ansätze und Verfahren hinzukommen werden oder neue Möglichkeiten des Einsatzes bereits existierender Verfahren aufgezeigt werden, wie zum Beispiel in den letzten Jahren die Nutzung des in der Seismologie seit langem bekannten Interceptzeit-Strahlparameter $(\tau - p)$-Analyseverfahrens in der Angewandten Seismik zur Signal-Noise-Verbesserung einschließlich der Unterdrückung von Mehrfachreflexionen, zur Geschwindigkeitsanalyse, Migration und Inversion (s. Tatham, Keeney und Noponen, 1983). Um an neuen Entwicklungen der Signalverarbeitung selber mitarbeiten oder um neue Ansätze auf diesem Gebiet zur Lösung der zu bearbeitenden geowissenschaftlichen Aufgaben nutzen zu können, ist es erforderlich, daß man die Grundlagen beherrscht. Hierzu soll das Buch beitragen.

Referenzen

Bayless, J.W. and E.O. Brigham: Application of the Kalman Filter to Continuous Signal Restoration, Geophysics 35, p. 2-23, 1970.

Burg, J.P.: Maximum Entropy Spectral Analysis, Ph.D. dissertation, Geophysics Department, Stanford Univ., Stanford, Cal., 1975.

Buttkus, B.: Homomorphic Filtering - Theory and Practice, Geophysical Prosp. 23, p. 712-748, 1975.

Crump, N.: A Kalman Filter Approach to the Deconvolution of Seismic Signals, Geophysics 39, p. 1-13, 1974.

Flinn, E.A., E.A. Enders and S. Treitel: The MIT Geophysical Analysis Group (GAG) Reports, Geophysics 32, No. 3, 1967.

Harjes, H.-P.: Spektralanalytische Interpretation seismischer Aufzeichnungen, Geologisches Jahrbuch, E 17, 1979.

Kalman, R.E.: A New Approach to Linear Filtering and Prediction Problems, Trans. ASME, J. Basic Eng., Series D, 82, p. 34-45, 1960.

Oppenheim, A.V., R.W. Schafer, and T.G. Stockham: Nonlinear Filtering of Multiplied and Convolved Signals, Proc. IEEE 56, p. 1254-1292, 1968.

Ott, N. and H.G. Meder: A Kalman Filter as a Prediction Error Filter, Geophysical Prosp. 20, p. 549-560, 1972.

Stoffa, P.L., P. Buhl, and G.M. Bryan: The Application of Homomorphic Deconvolution to Shallow - Water Marine Seismology - Part I: Models, Geophysics 39, p. 401-416, 1974.

Tatham, R.H., J.W. Keeney and I. Noponen: Application of the Tau-p Transform (Slant-Stack) in Processing Seismic Reflection Data, Bull. Aust. Soc. Explor. Geophys. 14, p. 163-172, 1983.

Tribolet, J.M.: Seismic Applications of Homomorphic Signal Processing, Prentice Hall Inc., Englewood Cliffs, New Jersey, 1979.

Ulrych, T.J.: Application of Homomorphic Deconvolution to Seismology, Geophysics 36, p. 650-660, 1971.

Wiener, N.: Extrapolation, Interpolation and Smoothing of Stationary Time Series, Cambridge, MA: Techn. Press of the Mass. Inst. of Techn., 1947.

Wold, H.: Study in the Analysis of Stationary Time Series, Almquist and Wiksell, Stockholm, 1954.

Teil I

Spektralanalyse determinierter Vorgänge

Kapitel 1

Fourierreihen-Darstellung periodischer Funktionen

Mit wenigen Ausnahmen lassen sich periodische Funktionen nach Sinus- und Kosinusfunktionen in eine Fourierreihe entwickeln. Ist $x(t)$ eine eindeutige, periodische Funktion der unabhängigen Variablen t mit der Periode T und genügt $x(t)$ den Dirichletschen Bedingungen, d.h. besitzt $x(t)$ höchstens endlich viele Diskontinuitäten, Maxima und Minima in einem endlichen Intervall, und ist $x(t)$ eine beschränkte Funktion,

$$\int_0^T | x(t) | \, dt \leq c < \infty \ ,$$

dann kann $x(t)$ in Form der Fourierreihe

$$x(t) = \frac{a_0}{2} + \sum_{n=1}^{\infty} (a_n cos(2\pi n f_0 t) + b_n sin(2\pi n f_0 t)), \quad f_0 = \frac{1}{T} \quad (1.1)$$

dargestellt werden. Unter den obigen Bedingungen konvergiert diese Reihe und hat dort, wo $x(t)$ stetig ist, den Wert $x(t)$. In den Unstetigkeitsstellen nimmt die Reihe das Mittel des rechts- und linksseitigen Grenzwertes der Funktion an der Unstetigkeitsstelle an.
Die Konstanten a_n und b_n sind die Fourierkoeffizienten, die aus $x(t)$ bestimmbar sind. Durch Multiplikation beider Seiten der Gleichung (1.1) mit $cos(2\pi f_0 m t)$ bzw. $sin(2\pi f_0 m t)$ und Integration bezüglich t von 0 bis T erhält man für die Fourierkoeffizienten die Ausdrücke

$$a_n = \frac{2}{T} \int_0^T x(t) cos(2\pi n f_0 t) dt, \quad n = 0, 1, 2, \ldots$$

$$b_n = \frac{2}{T} \int_0^T x(t) sin(2\pi n f_0 t) dt, \quad n = 1, 2, \ldots \ . \quad (1.2)$$

Für die mathematische Handhabung ist es vorteilhafter, $x(t)$ in komplexer Fourierreihen-Darstellung anzugeben.
Unter Anwendung von

$$cos(2\pi n f_0 t) = \frac{1}{2}(e^{i2\pi n f_0 t} + e^{-i2\pi n f_0 t})$$

$$sin(2\pi n f_0 t) = \frac{1}{2i}(e^{i2\pi n f_0 t} - e^{-i2\pi n f_0 t}) \qquad (1.3)$$

läßt sich die Gleichung (1.1) in folgender Form darstellen:

$$x(t) = \frac{a_0}{2} + \frac{1}{2}\sum_{n=1}^{\infty}(a_n - ib_n)e^{in2\pi f_0 t} + \frac{1}{2}\sum_{n=1}^{\infty}(a_n + ib_n)e^{-in2\pi f_0 t} \quad . \quad (1.4)$$

Durch Einführung negativer Werte für n und unter Berücksichtigung von

$$a_{-n} = \frac{2}{T}\int_0^T x(t)cos(2\pi n f_0 t)dt = a_n, \quad n = 1,2,...$$

$$b_{-n} = -\frac{2}{T}\int_0^T x(t)sin(2\pi n f_0 t)dt = -b_n, \quad n = 1,2,... \quad (1.5)$$

folgt für den letzten Term der Gleichung (1.4)

$$\frac{1}{2}\sum_{n=1}^{\infty}(a_n + ib_n)e^{-in2\pi f_0 t} = \frac{1}{2}\sum_{n=-1}^{-\infty}(a_n - ib_n)e^{in2\pi f_0 t} \quad . \qquad (1.6)$$

Damit ist

$$x(t) = \sum_{n=-\infty}^{\infty} X_n e^{i2\pi n f_0 t} \qquad (1.7)$$

mit

$$X_n = \frac{1}{2}(a_n - ib_n), \quad n = 0,\pm 1,\pm 2,\pm... \quad . \qquad (1.8)$$

Setzt man die Beziehungen aus (1.2) in Gleichung (1.8) ein, so erhält man

$$X_n = \frac{1}{T}\int_0^T x(t)e^{-i2\pi n f_0 t}dt, \quad n = 0,\pm 1,\pm 2,\pm... \quad . \qquad (1.9)$$

Eine gegebene periodische Funktion $x(t)$, die den Dirichletschen Bedingungen genügt, läßt sich damit im Intervall $(0,T)$ durch die Fourierreihe (1.7) mit den komplexen Fourierkoeffizienten (1.8) darstellen. Gleichung (1.9) bedeutet eine Zerlegung der periodischen Funktion $x(t)$ in ihre spektralen Anteile durch Multiplikation von $x(t)$ mit $e^{-i2\pi n f_0 t}$ und Bildung des Mittelwertes dieses Produkts über die Periode T. Da n nur ganzzahlige Werte annehmen kann, erhält man ein diskretes Linienspektrum, d.h. $x(t)$ läßt sich in ein Spektrum mit der Grundfrequenz f_0 und deren ganzzahlige Vielfache nf_0 zerlegen. Die Periodizitätsforderung für $x(t)$ legt dabei von vornherein die Frequenzen nf_0 fest. Es muß $nf_0 = \frac{n}{T}$, $n = 0, \pm 1, \pm 2, \dots$ sein; dann ist $e^{i2\pi nf_0(t+T)} = e^{i2\pi nf_0 t}$ und

$$
\begin{aligned}
x(t + T) &= \sum_{n=-\infty}^{\infty} X_n e^{i2\pi nf_0(t+T)} \\
&= \sum_{-\infty}^{\infty} X_n e^{i2\pi nf_0 t} = x(t) \ .
\end{aligned}
\tag{1.10}
$$

Die Spektrallinien liegen damit auf äquidistanten Rasterpunkten bei $nf_0 = \frac{n}{T}$, $n = 0, \pm 1, \pm 2, \dots$.

Bei der Überlagerung mehrerer periodischer Anteile unterschiedlicher Frequenzen entsteht nur dann wieder eine streng periodische Funktion, wenn die in $x(t)$ enthaltenen Perioden in einem rationalen Verhältnis zueinander stehen, wenn also z.B. bei der Überlagerung zweier periodischer Vorgänge ein ganzzahliges Vielfaches der einen Periode gleich einem ganzzahligen Vielfachen der anderen Periode ist. Nur unter dieser Voraussetzung werden die in $x(t)$ enthaltenen Perioden im Linienspektrum richtig wiedergegeben. Zum Beispiel beträgt bei der Überlagerung zweier periodischer Anteile mit Perioden von 8 und 6 Sekunden die Grundperiode $T = 24\ s$, d.h. der Rasterabstand der Spektrallinien beträgt $\frac{1}{24}$ Hz und die Spektrallinien liegen bei $\frac{n}{24}$ Hz, $n = 3$ und 4.

Energie und Leistung von $x(t)$, $a \leq t \leq b$ spielen im weiteren Verlauf eine wichtige Rolle. Sie sind wie folgt definiert:

Energie :

$$
\int_a^b |\,x(t)\,|^2\, dt = \int_a^b x(t)x^*(t)dt \ ,
\tag{1.11}
$$

Leistung :

$$
\overline{x^2(t)} = \frac{1}{b-a} \int_a^b |\,x(t)\,|^2\, dt \ .
\tag{1.12}
$$

Mit $x^*(t)$ wird dabei die konjugiert komplexe Funktion $x^*(t) = u - iv$ von $x(t) = u + iv$ bezeichnet.

Die Leistung eines mit T periodischen Vorganges ergibt sich zu

$$
\begin{aligned}
\overline{x^2(t)} &= \frac{1}{T} \int_0^T |\,x(t)\,|^2\, dt = \frac{1}{T} \int_0^T x(t)x^*(t)dt \\
&= \frac{1}{T} \int_0^T x(t) \sum_{n=-\infty}^{\infty} X_n^* e^{-i2\pi f_0 nt} dt \quad \text{(nach (1.7))}
\end{aligned}
$$

$$= \sum_{n=-\infty}^{\infty} X_n^* \frac{1}{T} \int_0^T x(t) e^{-i2\pi f_0 nt} dt \ . \tag{1.13}$$

Mit Gleichung (1.9) folgt hieraus:

$$\overline{x^2(t)} = \sum_{n=-\infty}^{\infty} X_n X_n^* = \sum_{n=-\infty}^{\infty} \mid X_n \mid^2 \ , \tag{1.14}$$

d.h. die Leistung eines periodischen Vorganges ist gleich der Summe der Quadrate seiner Fourierkoeffizienten. Die diskrete Folge

$$C_n = X_n X_n^* \ , \quad n = -\infty, ..., +\infty \tag{1.15}$$

wird als Leistungsspektrum der periodischen Funktion $x(t)$ bezeichnet.

Kapitel 2

Spektraldarstellung nichtperiodischer Vorgänge

2.1 Das Fourier-Integral

Für nichtperiodische Vorgänge ist eine diskrete Spektraldarstellung gemäß Gleichung (1.9) nicht möglich. Jedoch kann in den meisten Fällen eine **kontinuierliche** Spektralverteilung angegeben werden. Falls eine Funktion $x(t)$ in einem beliebigen Intervall den Dirichletschen Bedingungen (s. Kapitel 1) genügt, so läßt sich $x(t)$ als Fourier-Integral

$$x(t) = \int_{-\infty}^{\infty} X(f) e^{i2\pi ft} \, df \tag{2.1}$$

mit

$$X(f) = \int_{-\infty}^{\infty} x(t) e^{-i2\pi ft} \, dt \tag{2.2}$$

bzw. in der Form

$$x(t) = \int_{-\infty}^{\infty} e^{i2\pi ft} \int_{-\infty}^{\infty} x(\sigma) e^{-i2\pi f\sigma} \, d\sigma df \tag{2.3}$$

darstellen. Dabei soll die Bedingung, daß $x(t)$ beschränkt ist, in der modifizierten Form gelten, daß das Integral

$$\int_{-\infty}^{\infty} |x(t)| \, dt$$

konvergiert, $x(t)$ also zur Klasse der absolut integrierbaren Funktionen gehört. Hierunter fallen z.B. alle Vorgänge, die zu einem festen Zeitpunkt beginnen und endliche Energie besitzen.

Mit Einführung der Kreisfrequenz $\omega = 2\pi f$ läßt sich anstelle der Gleichungen (2.1) und (2.2) schreiben

$$x(t) = \frac{1}{2\pi} \int_{-\infty}^{\infty} X(\omega) e^{i\omega t} \, d\omega$$

14

mit

$$X(\omega) = \int_{-\infty}^{\infty} x(t)e^{-i\omega t}dt \quad .$$

Wenn $x(t)$ absolut integrierbar ist, dann konvergiert das Fourier-Integral (2.2) für alle reellen Werte von f. Mit $X(f)$ existiert dann eine Darstellung von $x(t)$ im Frequenzbereich, die als komplexes Spektrum von $x(t)$ bezeichnet wird. Gleichung (2.1) stellt die Synthese einer nichtperiodischen Funktion aus einem unendlich breiten kontinuierlichen Spektrum $X(f)$ dar. Die Zeitfunktion $x(t)$ erscheint als Superposition von komplexen Schwingungen $e^{i2\pi ft}$. Entsprechend der Gleichung (2.1) hat dabei jede Schwingung nicht einen endlichen, sondern einen infinitesimalen Faktor $X(f)df$. Gleichung (2.2) besagt, daß sich eine nichtperiodische Funktion unter den Dirichletschen Bedingungen in ein kontinuierliches Frequenzspektrum zerlegen läßt. $X(f)$ hat die Dimension der Funktion $x(t)$ mal Zeit. Beschreibt $x(t)$ z.B. die Ausgangsspannung eines Seismometers gemessen in Volt, dann hat $X(f)$ die Einheit Volt$\times$Sekunde (Vs). Da $X(f)$ frequenzabhängig ist, benutzt man gern die Schreibweise $1\,Vs = 1\,\frac{V}{s^{-1}} = 1\,\frac{V}{Hz}$, d.h. $X(f)$ hat die Dimension von $x(t)$ pro Frequenz. Man bezeichnet $X(f)$ als spektrale Amplitudendichte oder Spektraldichte.
Anstelle von (2.2) und (2.1) wird in Zukunft vielfach die kürzere Schreibweise $X(f) = \mathcal{F}(x(t))$ bzw. $x(t) = \mathcal{F}^{-1}(X(f))$ gewählt.

Falls die zu transformierende Zeitfunktion für negative Werte von t identisch Null ist, genügt es, die einseitige Fourier-Transformation anzuwenden:

$$X(f) = \int_{0}^{\infty} x(t)e^{-i2\pi ft}dt \quad , \quad -\infty < f < \infty \qquad (2.4)$$

und

$$x(t) = \begin{cases} \int_{-\infty}^{\infty} X(f)e^{i2\pi ft}df & \text{für } t \geq 0 \\ 0 & \text{für } t < 0 \end{cases} \qquad (2.5)$$

Nichtperiodische Funktionen kann man als Grenzwert periodischer Funktionen für eine gegen unendlich gehende Periode T ansehen. Zur Herleitung der Beziehungen (2.1) und (2.2) geht man daher von der Fourierreihen-Darstellung periodischer Funktionen (Gleichung (1.7)) aus,

$$x(t) = \frac{1}{T} \sum_{n=-\infty}^{\infty} e^{i2\pi nf_0 t} \int_{0}^{T} x(\sigma)e^{-i2\pi nf_0\sigma}d\sigma \quad , \qquad (2.6)$$

und läßt T gegen unendlich gehen. Mit wachsender Periode T wird f_0 kleiner und geht für $T \to \infty$ in das Differential df über. Gleichzeitig geht mit $T \to \infty$ der Abstand benachbarter Spektrallinien des diskreten Spektrums periodischer Funktionen gegen Null. Im Grenzfall $T = \infty$ geht das diskrete Linienspektrum in ein kontinuierliches Spektrum über. Im Grenzübergang $T = \infty$ ist also f_0 durch df, nf_0 durch f und die Summe über alle Harmonische durch die Integration über den gesamten kontinuierlichen Frequenzbereich $-\infty < f < \infty$ zu ersetzen. Damit wird aus Gleichung (2.6) für $T \to \infty$

$$x(t) = \int_{-\infty}^{\infty} e^{i2\pi ft} \int_{-\infty}^{\infty} x(\sigma)e^{-i2\pi f\sigma}\, d\sigma df \quad . \tag{2.7}$$

Dies ist genau Gleichung (2.3), die sich als Transformationspaar (2.1), (2.2) darstellen läßt. Die exakte Herleitung der Fourier-Transformation findet man z.B. bei Smirnow (1981).

Abb. 2.1 zeigt den Übergang eines diskreten Spektrums einer periodischen Pulsfolge zum kontinuierlichen Spektrum eines nichtperiodischen Vorgangs für $T \to \infty$.

Teil a): Gesucht ist das Spektrum der mit T periodischen Funktion

$$x(t) = \begin{cases} 1 & \text{für } nT - \frac{\epsilon}{2} < t < nT + \frac{\epsilon}{2} \\ \frac{1}{2} & \text{für } t = nT \pm \frac{\epsilon}{2} \\ 0 & \text{für } nT + \frac{\epsilon}{2} < t < (n+1)T - \frac{\epsilon}{2} \quad , \quad n = -\infty, ..., \infty \end{cases} \tag{2.8}$$

(siehe Abb. 2.1 a) und b)) . Die Berechnung erfolgt nach Gleichung (1.9). Um die Rechnung zu vereinfachen, wird das periodische Intervall von $-\frac{T}{2}$ bis $\frac{T}{2}$ gewählt. Es ergibt sich dann:

$$\begin{aligned}
X_n &= \frac{1}{T} \int_{-\frac{T}{2}}^{\frac{T}{2}} x(t)e^{-i2\pi nf_0 t}dt \\
&= \frac{1}{T} \int_{-\frac{\epsilon}{2}}^{\frac{\epsilon}{2}} e^{-i2\pi nf_0 t}dt \\
&= \frac{1}{T} \frac{e^{-i2\pi nf_0 t}}{-i2\pi nf_0} \Big|_{\frac{-\epsilon}{2}}^{\frac{\epsilon}{2}} = \frac{1}{T} \frac{e^{i2\pi nf_0 \frac{\epsilon}{2}} - e^{-i2\pi nf_0 \frac{\epsilon}{2}}}{i2\pi nf_0} \\
&= \frac{sin(2\pi nf_0 \frac{\epsilon}{2})}{T\pi nf_0} = \frac{\epsilon}{T} \frac{sin(2\pi nf_0 \frac{\epsilon}{2})}{2\pi nf_0 \frac{\epsilon}{2}} \quad , \quad n \neq 0 \quad .
\end{aligned}$$

Für $n = 0$ erhält man durch Anwendung der L'Hospitalschen Regel:

$$X_0 = \frac{\epsilon}{T} \lim_{n \to 0} \frac{2\pi f_0 \frac{\epsilon}{2} cos(2\pi nf_0 \frac{\epsilon}{2})}{2\pi f_0 \frac{\epsilon}{2}} = \frac{\epsilon}{T} \quad .$$

Das Spektrum ergibt sich zu (siehe Abb. 2.1a und b)

$$X_n = \begin{cases} \frac{\epsilon}{T} & \text{für } n = 0 \\ \frac{\epsilon}{T} \frac{sin(2\pi nf_0 \frac{\epsilon}{2})}{2\pi nf_0 \frac{\epsilon}{2}} & \text{für } -\infty < n < \infty \ , \ n \neq 0 \quad . \end{cases} \tag{2.9}$$

Der Abstand der Spektrallinien beträgt $\Delta f = \frac{1}{T}$. Für $T \to \infty$ nähern sich die X_n einer kontinuierlichen Funktion, die durch $sin(f)/f$ beschrieben wird.

Teil b): Zu bestimmen ist das Spektrum der in Abb. 2.1c dargestellten Rechteckfunktion

$$x(t) = \begin{cases} 1 & \text{für } -\frac{\epsilon}{2} \leq t \leq \frac{\epsilon}{2} \\ 0 & \text{sonst .} \end{cases} \tag{2.10}$$

Da

$$\int_{-\infty}^{\infty} |x(t)|dt \leq c < \infty \ ,$$

existiert die Fourier-Transformierte:

$$\begin{aligned} X(f) &= \int_{-\infty}^{\infty} x(t)e^{-i2\pi ft}dt = \int_{-\frac{\epsilon}{2}}^{\frac{\epsilon}{2}} e^{-i2\pi ft}dt \\ &= \frac{e^{i2\pi f\frac{\epsilon}{2}} - e^{-i2\pi f\frac{\epsilon}{2}}}{i2\pi f} = \epsilon\frac{sin(2\pi f\frac{\epsilon}{2})}{2\pi f\frac{\epsilon}{2}} \ . \end{aligned} \tag{2.11}$$

Das Spektrum $X(f)$ ist kontinuierlich und überdeckt den gesamten Frequenzbereich von $-\infty$ bis ∞. An der Stelle $f = 0$ hat das Spektrum den Wert ϵ.

Die nichtperiodische Funktion $x(t)$ läßt sich nicht mehr aus einer Grundschwingung und deren Oberschwingungen aufbauen, sondern es werden Schwingungen aller Frequenzen benötigt. Die erste Nullstelle des Spektrums liegt bei $f = \frac{1}{\epsilon}$. Mit wachsendem ϵ wird das Spektrum $X(f)$ folglich schmalbandiger.

Zur Beschreibung der Bandbreite eines Spektrums werden in der Literatur zwei Größen benutzt: die "Breite" bzw. die "Halbwertsbreite" des Spektrums. Die Breite des Spektrums einer Rechteckfunktion ist als Abstand aufeinanderfolgender Nullstellen definiert und beträgt - wie das obige Beispiel zeigt - $\frac{1}{\epsilon}$ für das Rechteckfenster der Länge ϵ. Hier spiegelt sich der in der Literatur als Unschärferelation bekannte Zusammenhang zwischen den Zeitfunktionen und ihren Spektren wider: das Produkt aus Signaldauer und Bandbreite des Spektrums des Signals kann nicht kleiner als eine Konstante sein, deren Wert von der Definition der Bandbreite abhängt und hier eins ist. Die Unschärferelation besagt, daß das Spektrum um so breitbandiger (schmalbandiger) ist, je kleiner (größer) die Signaldauer ist. Die Halbwertsbreite ist die Weite, bei der das Spektrum auf die Hälfte des Maximalwertes abgeklungen ist.

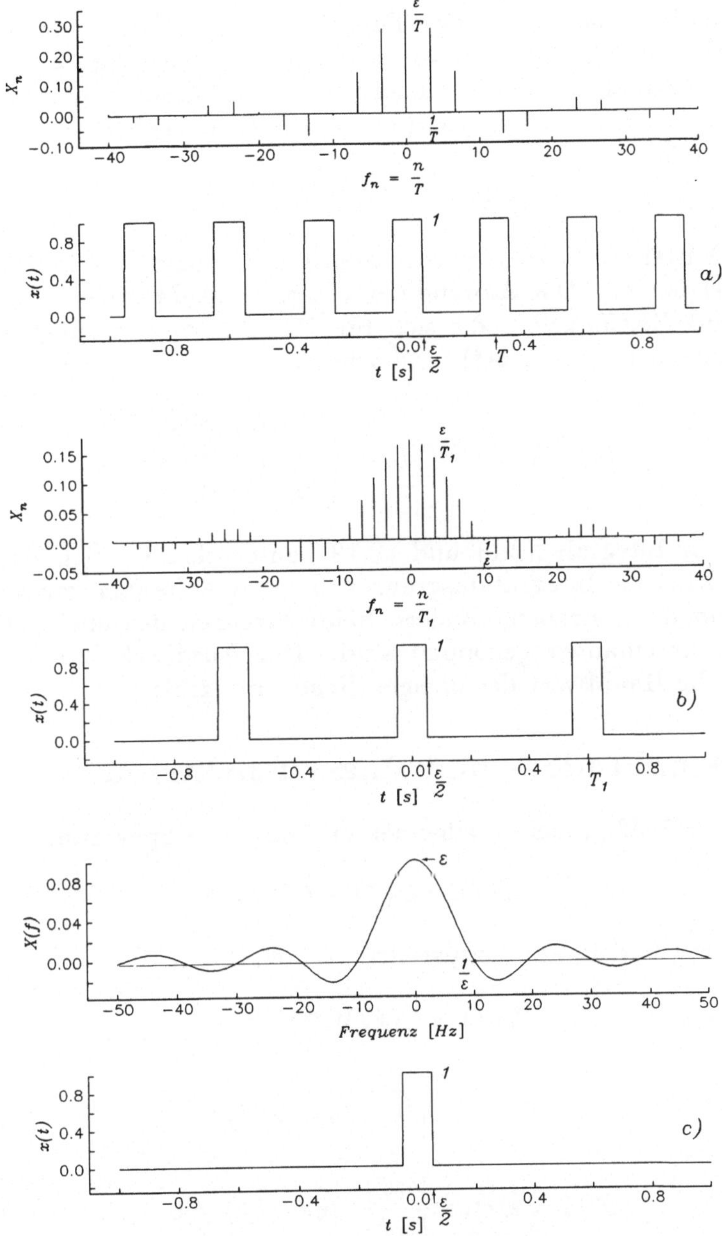

Abbildung 2.1: Der Übergang vom diskreten zum kontinuierlichen Spektrum, dargestellt am Beispiel einer periodischen Rechteckfolge: a) Periode $T = 0.3\ s$, $\epsilon = 0.1\ s$, b) Periode $T_1 = 0.6\ s$, $\epsilon = 0.1\ s$, c) Periode $\to \infty$. Mit wachsender Periode der Zeitfunktion verringert sich der Abstand der Spektrallinien. Die in c) dargestellte nicht-periodische Funktion besitzt ein kontinuierliches Spektrum.

Hinweis: Eine nichtstetige Funktion aus der Klasse der absolut integrierbaren Funktionen - wie z.B. die in Gleichung (2.10) - hat eine Fourier-Transformierte, die ihrerseits nicht absolut integrabel ist. Die Folge ist, daß anstelle von (2.1) folgende Umkehrformel benutzt werden muß:

$$\lim_{a \to \infty} \int_{-a}^{a} X(f)e^{i2\pi ft} df \quad , \tag{2.12}$$

die das Mittel des links- und rechtsseitigen Grenzwertes $\frac{1}{2}(x(t-0) + x(t+0))$ liefert. Die Anwendung dieser Umkehrformel auf (2.11) liefert eine Zeitfunktion, die sich für $t = \pm\frac{\epsilon}{2}$ von der ursprünglich vorgegebenen Funktion $x(t)$ unterscheidet:

$$\lim_{a \to \infty} \int_{-a}^{a} X(f)e^{i2\pi ft} df = \begin{cases} 1 & \text{für } |t| < \frac{\epsilon}{2} \\ \frac{1}{2} & \text{für } |t| = \frac{\epsilon}{2} \\ 0 & \text{für } |t| > \frac{\epsilon}{2} \end{cases} \tag{2.13}$$

Die beiden Integrale (2.1) und (2.12) unterscheiden sich dadurch, daß in (2.12) die Integrationsgrenzen nicht unabhängig voneinander gegen unendlich streben, sondern beide Grenzen des uneigentlichen Integrals miteinander gekoppelt sind. Der Ausdruck (2.12) ist der Cauchysche Hauptwert des uneigentlichen Integrals (2.1).

2.2 Amplituden- und Phasenspektrum

Es ist zweckmäßig, das im allgemeinen komplexe Spektrum

$$X(f) = U(f) + iV(f) \tag{2.14}$$

nach Betrag und Phase darzustellen (siehe Abb. 2.2):

$$X(f) = |X(f)|e^{i\Theta(f)} \quad , \tag{2.15}$$

mit

$$|X(f)| = \sqrt{U^2(f) + V^2(f)} \tag{2.16}$$

und

$$\Theta(f) = \arctan \frac{V(f)}{U(f)} \quad \text{für } U(f) \neq 0 \quad . \tag{2.17}$$

$|X(f)|$ wird als Amplitudenspektrum oder spektrale Amplitudendichte, $\Theta(f)$ als Phasenspektrum von $x(t)$ bezeichnet. Diejenigen Frequenzen, bei denen $|X(f)|$ besonders groß ist, sind am stärksten in $x(t)$ enthalten. Da die arctan-Funktion nicht eindeutig ist, wird per Definition das Phasenspektrum über das Intervall $(-\pi, \pi)$ berechnet.

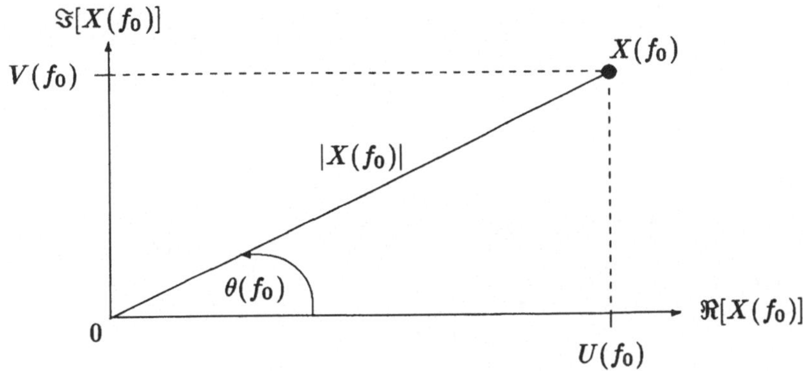

Abbildung 2.2: Zur Definition von Amplituden- und Phasenspektrum.

Damit treten in der Darstellung des Phasenspektrums Sprünge auf, sobald der Phasenwert diese Grenze überschreitet.

Abb. 2.3 zeigt das Amplituden- und Phasenspektrum eines seismischen Signals mit den charakteristischen Phasensprüngen um 2π. Aus den Parametern, durch die das Signal im Zeitbereich gekennzeichnet ist, wie z.B. der dominierenden Periode T_d und der Signaldauer T_s, lassen sich wesentliche Parameter des Amplitudenspektrums direkt ablesen, wie z.B. die dominierende Frequenz f_d und die Halbwertsbreite Δf_H. Nach der Unschärferelation ist das Spektrum um so breitbandiger je kürzer das Signal ist. Bei einiger Erfahrung läßt sich aus dem Signal weiterhin ablesen, daß das Phasenspektrum stark linear und wegen der einfachen Signalform relativ glatt sein muß. Anhand des Amplitudenspektrums wird deutlich, daß im Signal so gut wie keine Anteile mit Frequenzen größer als 35 Hz vorhanden sind. Oberhalb dieser Frequenz enthält damit das Phasenspektrum keine Signalinformation; es wird im wesentlichen durch numerische Effekte geprägt.

Für zwei Signale, die sich **additiv** überlagern,

$$x(t) = s_1(t) + s_2(t) \ , \qquad (2.18)$$

gilt im Frequenzbereich:

$$|X(f)|e^{i\Theta_x(f)} = |S_1(f)|e^{i\Theta_1(f)} + |S_2(f)|e^{i\Theta_2(f)} \ . \qquad (2.19)$$

Hieraus ergibt sich für das Amplitudenspektrum:

$$|X(f)| = \sqrt{(|S_1|\cos\Theta_1 + |S_2|\cos\Theta_2)^2 + (|S_1|\sin\Theta_1 + |S_2|\sin\Theta_2)^2}$$

$$= \sqrt{|S_1(f)|^2 + |S_2(f)|^2 + 2|S_1(f)||S_2(f)|\cos(\Theta_1(f) - \Theta_2(f))}$$

$$(2.20)$$

und für das Phasenspektrum:

$$\Theta_x(f) = \arctan \frac{|S_1(f)|sin(\Theta_1(f)) + |S_2(f)|sin(\Theta_2(f))}{|S_1(f)|cos(\Theta_1(f)) + |S_2(f)|cos(\Theta_2(f))} \quad . \qquad (2.21)$$

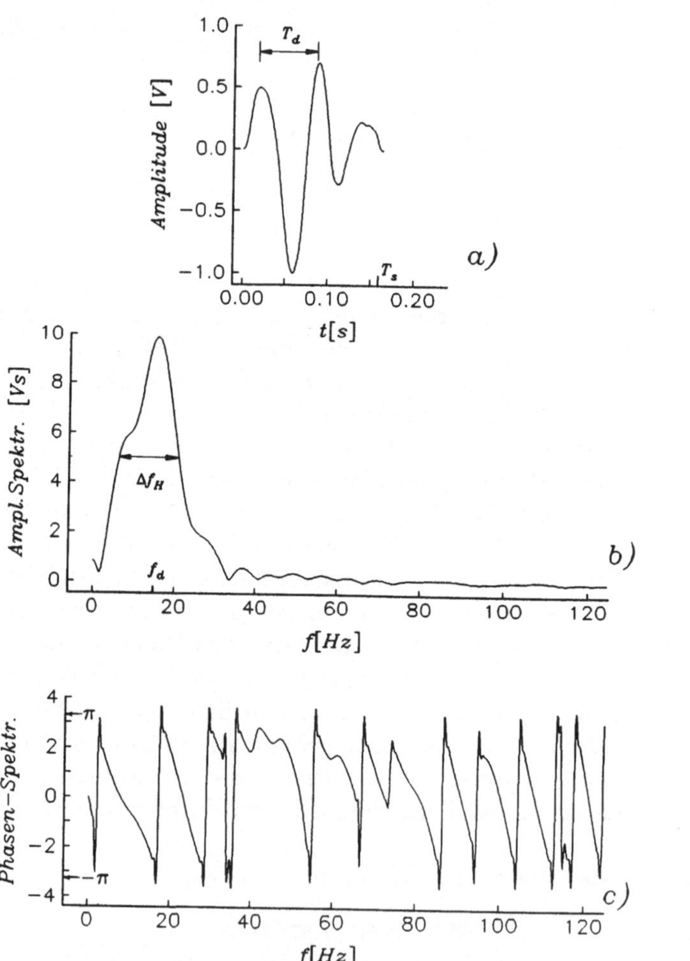

Abbildung 2.3: Amplituden- und Phasenspektrum eines seismischen Signals, dargestellt für den Frequenzbereich $0 \leq f \leq 125$ Hz.
a) seismisches Signal, $\Delta t = 0.004$ s, b) Amplitudenspektrum. Oberhalb der Frequenz 35 Hz besitzt das Signal so gut wie keine Anteile.
c) Phasenspektrum; man beachte die Sprünge um 2π.

Sind dagegen die beiden Signale über die **Faltung** verknüpft (siehe Abschnitt 2.3), d.h. ist

$$x(t) = \int_{-\infty}^{\infty} s_1(\tau)s_2(t-\tau)d\tau \; , \tag{2.22}$$

dann folgt nach dem Faltungstheorem (siehe Gleichung (2.31)):

$$|X(f)|e^{i\Theta_x(f)} = |S_1(f)||S_2(f)|e^{i(\Theta_1(f)+\Theta_2(f))} \; , \tag{2.23}$$

so daß gilt:

$$|X(f)| = |S_1(f)||S_2(f)| \tag{2.24}$$

und

$$\Theta_x(f) = \Theta_1(f) + \Theta_2(f) \; . \tag{2.25}$$

Bei der additiven Überlagerung der Signale wirkt sich nach Gleichung (2.20) - im Gegensatz zur Verknüpfung über die Faltung - die Phasendifferenz zwischen den beiden Signalen auf das resultierende Amplitudenspektrum aus.

Das Polardiagramm bietet eine andere Möglichkeit der Darstellung des komplexen Spektrums (2.15). Hier wird der durch die Amplituden- und Phasenwerte beschriebene Vektor als Funktion der Frequenz graphisch in dem durch $U(f)$ und $V(f)$ (siehe Gleichung (2.14)) aufgespannten Koordinatensystem dargestellt.

2.3 Theoreme und Symmetrie-Eigenschaften der Fourier-Transformation

Die Transformation der Meßdaten in den Frequenzbereich bringt im wesentlichen zwei Vorteile:

- vielfach eine günstigere Darstellung für die Interpretation (s. Erläuterungen in der Einleitung),
- aus der Sicht der Filtertheorie eine Vereinfachung wichtiger mathematischer Beziehungen, die den Filterprozeß beschreiben, so daß im Frequenzbereich die Filterwirkung erheblich leichter überschaubar und der Filterprozeß vielfach leichter zu handhaben ist.

Für den Übergang vom Zeit- in den Frequenzbereich gelten verschiedene Abbildungsgesetze der Fourier-Transformation. Die wichtigsten Beziehungen sind in Tabelle 2.1 zusammengestellt.
Nach der Parsevalschen Gleichung ist die Energie von $x(t)$ gleich dem Integral über das Absolutquadrat des komplexen Spektrums $X(f)$.

Theorem	$x(t)$	$X(f)$
Maßstabsänderung	$x(at)$	$\frac{1}{a}X(\frac{f}{a}) = \frac{1}{a}\int_{-\infty}^{\infty} x(t)e^{-i2\pi\frac{f}{a}t}dt$ [1]
Additions-	$x(t) + y(t)$	$X(f) + Y(f)$
Verschiebungs-	$x(t - t_0)$ (Verschiebung um t_0)	$e^{-i2\pi t_0 f}X(f)$
Modulations-	$x(t)cos(\alpha t), \alpha = 2\pi f$	$\frac{1}{2}X(f - \frac{\alpha}{2\pi}) + \frac{1}{2}X(f + \frac{\alpha}{2\pi})$
Faltungs-	$\int_{-\infty}^{\infty} x(t)y(\tau - t)dt$	$X(f)Y(f)$
Produkt-	$x(t)\,y(t)$	$\int_{-\infty}^{\infty} X(g)\,Y(f - g)dg$
Korrelations-	$\int_{-\infty}^{\infty} x(t)y(t + \tau)dt$	$X^*(f)\,Y(f)$
Ableitungs-	$\frac{d}{dt}(x(t))$	$i2\pi f X(f)$
Integrations-	$\int x(t)dt$ (unbestimmtes Integral)	$\frac{1}{i2\pi f}X(f)$
Parsevalsches Theorem	$\int_{-\infty}^{\infty} \mid x(t) \mid^2 dt = \int_{-\infty}^{\infty} \mid X(f) \mid^2 df$ $\int_{-\infty}^{\infty} x(t)y^*(t)dt = \int_{-\infty}^{\infty} X(f)Y^*(f)df$	
Ableitung des Faltungsintegrals	$\frac{d}{dt}(\int_{-\infty}^{\infty} x(t)y(\tau - t)dt) = \int_{-\infty}^{\infty} (\frac{d}{dt}x(t))y(\tau - t)dt$ $= \int_{-\infty}^{\infty} x(t)(\frac{d}{dt}y(\tau - t))dt$	

[1]
$$\mathcal{F}(x(at)) = \int_{-\infty}^{\infty} x(at)e^{-i2\pi ft}dt$$
mit $\tau = at$ folgt:
$$\mathcal{F}(x(at)) = \frac{1}{a}\int_{-\infty}^{\infty} x(\tau)e^{-i2\pi f\frac{\tau}{a}}d\tau = \frac{1}{a}X(\frac{f}{a})$$

Tabelle 2.1: Theoreme der Fourier-Transformation.

Man bezeichnet die Größe $|X(f)|^2$ deshalb als **spektrale Energiedichte** der Funktion $x(t)$.

Für die Filtertheorie sind der **Faltungsprozeß** und das **Faltungstheorem** von besonderer Bedeutung. Die Faltung zweier Funktionen $x(t)$ und $y(t)$ ist wie folgt definiert:

$$h(t) = \int_{-\infty}^{\infty} x(\tau)y(t - \tau)d\tau \ . \tag{2.26}$$

Hierfür wird in Zukunft die Kurzform-Darstellung $h(t) = x(t) * y(t)$ benutzt.

Die Faltung besitzt folgende für die Anwendung wichtige Eigenschaften: sie ist

(1) **kommutativ**:

$$\int_{-\infty}^{\infty} x(\tau)y(t - \tau)d\tau = \int_{-\infty}^{\infty} y(\tau)x(t - \tau)d\tau \ , \tag{2.27}$$

denn mit $\sigma = t - \tau$, $d\sigma = -d\tau$ folgt:

$$\begin{aligned}
\int_{-\infty}^{\infty} x(\tau)y(t - \tau)d\tau &= -\int_{\infty}^{-\infty} x(t - \sigma)y(\sigma)d\sigma \\
&= \int_{-\infty}^{\infty} y(\tau)x(t - \tau)d\tau \ .
\end{aligned}$$

Damit gilt:

$$x_1 * x_2 = x_2 * x_1 \ . \tag{2.28}$$

(2) **assoziativ**:

$$(x_1 * x_2) * x_3 = x_1 * (x_2 * x_3) \ , \tag{2.29}$$

(3) **distributiv**:

$$x_1 * (x_2 + x_3) = x_1 * x_2 + x_1 * x_3 \ . \tag{2.30}$$

Der Faltungsprozeß wird an folgendem Beispiel verdeutlicht (siehe Abb. 2.4):

$$x(t) = \begin{cases} 1 & \text{für } t \geq 0 \\ 0 & \text{für } t < 0 \ , \end{cases}$$

$$y(t) = \begin{cases} e^{-t} & \text{für } t \geq 0 \\ 0 & \text{für } t < 0 \ . \end{cases}$$

Nach Gleichung (2.26) ist

$$h(t) = \int_0^t e^{\tau - t}d\tau \ .$$

Mit $\tau - t = \sigma$ folgt

$$h(t) = \int_{-t}^0 e^{\sigma}d\sigma = e^{\sigma}\big|_{-t}^0 = 1 - e^{-t} \ .$$

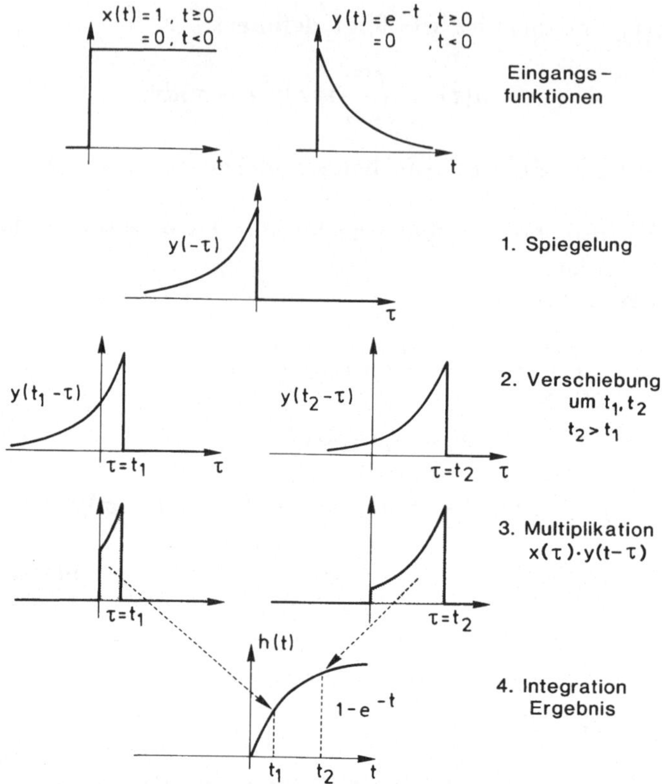

Abbildung 2.4: Veranschaulichung des Faltungsprozesses (2.26) am Beispiel $x(t) = 1$ für $t \geq 0$ und 0 für $t < 0$, $y(t) = e^{-t}$ für $t \geq 0$ und 0 sonst.

Der Faltungsprozeß läßt sich rechnerisch einfacher im Frequenzbereich durch Anwendung des Faltungstheorems durchführen. Es besagt, daß der Faltung im Zeitbereich eine einfache Multiplikation der zugehörigen Spektren im Frequenzbereich entspricht:

$$H(f) = X(f)Y(f) \quad . \tag{2.31}$$

Beweis:

$$
\begin{aligned}
H(f) &= \int_{-\infty}^{\infty} h(t)e^{-i2\pi ft}\,dt \\
&= \int_{-\infty}^{\infty}\left(\int_{-\infty}^{\infty} x(\tau)y(t-\tau)\,d\tau\right)e^{-i2\pi ft}\,dt \\
&= \int_{-\infty}^{\infty} x(\tau)\int_{-\infty}^{\infty}\left(y(t-\tau)e^{-i2\pi ft}\,dt\right)d\tau \quad .
\end{aligned}
$$

Mit $\sigma = t - \tau$ folgt:

$$H(f) = \int_{-\infty}^{\infty} x(\tau) \int_{-\infty}^{\infty} y(\sigma) e^{-i2\pi f\sigma}\, d\sigma\, e^{-i2\pi f\tau}\, d\tau$$

$$= \int_{-\infty}^{\infty} x(\tau) Y(f) e^{-i2\pi f\tau}\, d\tau$$

$$= Y(f) \int_{-\infty}^{\infty} x(\tau) e^{-i2\pi f\tau}\, d\tau$$

$$= X(f)Y(f) \ .$$

Analog zum Faltungssatz gilt: dem Produkt zweier Funktionen im Zeitbereich entspricht im Frequenzbereich die Faltung der zugehörigen Spektren.

Auf Beweisführungen der übrigen Abbildungsgesetze, die in den meisten Fällen sehr einfach zu vollziehen sind, wird hier verzichtet.

Die mehrfache Anwendung der Fourier-Transformation ergibt:

zweifache F.T.: $\mathcal{F}^2 = \mathcal{F}(X(f)) = \int_{-\infty}^{\infty} X(f) e^{-i2\pi ft}\, df = x(-t)$,

vierfache F.T.: $\mathcal{F}^4 = x(t)$, d.h. der Operator $\mathcal{F}^4$ ist der Einheitsoperator,

dreifache F.T.: $\mathcal{F}^3 = \mathcal{F}^{-1}$, d.h. $\mathcal{F}^3$ entspricht der inversen Fourier-Transformation.

Weiterhin lassen sich aus Gleichung (2.2) eine Reihe von Symmetrie-Eigenschaften der Fourier-Transformierten ableiten, wie z.B., daß für reelle $x(t)$ das Spektrum an der Stelle $-f$ gleich dem konjugiert komplexen Spektrum $X^*(f)$ ist:

$$X(-f) = X^*(f) \ . \tag{2.32}$$

Damit ist der Realteil des komplexen Spektrums (s. Gleichung (2.14)) bezüglich $f = 0$ eine gerade Funktion, der Imaginärteil eine ungerade Funktion, d.h. es gilt:

$$U(-f) = U(f) \text{ und } V(-f) = -V(f) \ . \tag{2.33}$$

Weiterhin ist das Amplitudenspektrum eine in f gerade Funktion,

$$|X(-f)| = |X(f)| \ , \tag{2.34}$$

während das Phasenspektrum eine ungerade Funktion ist:

$$\Theta(-f) = -\Theta(f) \ . \tag{2.35}$$

Außerdem folgt aus Gleichung (2.2):

1. Falls $x(t)$ eine gerade Funktion ist, so ist $X(f)$ reell.

2. Ist $x(t)$ eine ungerade Funktion, so ist $X(f)$ rein imaginär.

Für die inverse Fourier-Transformation gelten die in Tabelle 2.2 zusammengefaßten Abbildungsgesetze.

Theorem	$X(f)$	$x(t)$
Maßstabsänderung	$X(af)$	$\frac{1}{|a|}x(\frac{t}{a})$
Frequenzverschiebung	$X(f - f_0)$	$e^{i2\pi f_0 t}x(t)$
Differentiation	$X^{(n)}(f)$	$(-i2\pi t)^n x(t)$
Faltung	$X(f) * Y(f)$	$x(t)y(t)$

Tabelle 2.2: Theoreme der inversen Fourier-Transformation.

2.4 Die zweidimensionale Fourier-Transformation

Die Fourier-Transformation läßt sich auf Funktionen mit mehreren unabhängigen Veränderlichen erweitern. Es sei $g(x, y)$ eine nichtperiodische Funktion der reellen Variablen x und y. Unter der Voraussetzung, daß

$$\int_{-\infty}^{\infty} \int_{-\infty}^{\infty} |g(x, y)| dx dy \leq c < \infty \tag{2.36}$$

ist, existiert die zweidimensionale Fourier-Transformierte

$$G(k_x, k_y) = \int_{-\infty}^{\infty} \int_{-\infty}^{\infty} g(x, y) e^{-i2\pi(k_x x + k_y y)} dx dy \quad . \tag{2.37}$$

Mit Hilfe des zweidimensionalen kontinuierlichen Spektrums $G(k_x, k_y)$ läßt sich die Funktion $g(x, y)$ darstellen in der Form:

$$g(x, y) = \int_{-\infty}^{\infty} \int_{-\infty}^{\infty} G(k_x, k_y) e^{i2\pi(k_x x + k_y y)} dk_x dk_y \quad . \tag{2.38}$$

Dies ist die inverse zweidimensionale Fourier-Transformierte. x und y sind hier zwei willkürlich gewählte Variable. Sind x und y zwei Raumkoordinaten, so beschreibt $G(k_x, k_y)$ den Vorgang $g(x, y)$ im zweidimensionalen Wellenzahlraum. Die Variablen k_x, k_y haben die physikalische Bedeutung "Anzahl der Zyklen pro Entfernungseinheit".

Für den dreidimensionalen Raum besitzt der Wellenzahlvektor $\mathbf{k}$ die Komponenten k_x, k_y, k_z, d.h. $\mathbf{k} = (k_x, k_y, k_z)^T$. Der Betrag von $\mathbf{k}$ ist gleich dem Reziproken der Wellenlänge λ, d.h. $|\mathbf{k}| = \frac{1}{\lambda}$. (**Vorsicht:** Einige Autoren definieren $|\mathbf{k}| = \frac{2\pi}{\lambda}$.)

Sind die zwei Variablen x und y eine Raumkoordinate und die Zeit, dann liefert Gleichung (2.37) eine Spektraldarstellung als Funktion der Wellenzahlkomponente in Richtung der gewählten Raumkoordinate und der Frequenz.

Beispiel: Das zweidimensionale Spektrum der Funktion

$$g(x,t) = \begin{cases} 1 & \text{für } |x| \leq \frac{X}{2} \,, \ |t| \leq \frac{T}{2} \\ 0 & \text{sonst} \end{cases} \tag{2.39}$$

ist zu bestimmen.

$g(x,t)$ läßt sich in das Produkt zweier Anteile zerlegen:

$$g(x,t) = g_1(x)g_2(t) \,, \tag{2.40}$$

mit

$$g_1(x) = \begin{cases} 1 & \text{für } |x| \leq \frac{X}{2} \\ 0 & \text{sonst} \,, \end{cases}$$

$$g_2(t) = \begin{cases} 1 & \text{für } |t| \leq \frac{T}{2} \\ 0 & \text{sonst} \,. \end{cases} \tag{2.41}$$

Die zweidimensionale Fourier-Transformierte lautet dann

$$\begin{aligned}
G(k_x, f) &= \int_{-\infty}^{\infty} \int_{-\infty}^{\infty} g(x,t) e^{-i2\pi(k_x x + ft)} dx\,dt \\
&= \int_{-\infty}^{\infty} g_1(x) e^{-i2\pi k_x x} dx \int_{-\infty}^{\infty} g_2(t) e^{-i2\pi ft} dt \\
&= \int_{-\frac{X}{2}}^{\frac{X}{2}} e^{-i2\pi k_x x} dx \int_{-\frac{T}{2}}^{\frac{T}{2}} e^{-i2\pi ft} dt \\
&= 2\int_{0}^{\frac{X}{2}} cos(2\pi k_x x) dx\, 2\int_{0}^{\frac{T}{2}} cos(2\pi ft) dt \\
&= 2\frac{sin(2\pi k_x x)}{2\pi k_x} \Big|_0^{\frac{X}{2}} 2\frac{sin(2\pi ft)}{2\pi f} \Big|_0^{\frac{T}{2}} \\
&= \frac{sin(\pi k_x X)}{\pi k_x} \frac{sin(\pi fT)}{\pi f} \,. \tag{2.42}
\end{aligned}$$

Abb. 2.5 zeigt die zweidimensionale Funktion (2.39) und ihr zweidimensionales Spektrum (2.42), dargestellt in normierten Frequenzen $f[\text{Hz}] \times \Delta t[s]$ und normierten Wellenzahlen $k_x[m^{-1}] \times \Delta x[m]$. Die größtmögliche Frequenz, die sogenannte Nyquist-Frequenz (siehe Abschnitt 5.2) entspricht 0.5. Gleiches gilt für die Wellenzahl.

Für die Beschreibung der Wellenausbreitung ist es zweckmäßig, die zweidimensionale Fourier-Transformierte in leicht abgewandel-

28

ter Form mit unterschiedlichem Vorzeichen für die Raum- und Zeit-
abhängigkeit zu definieren:

$$G(k_x, f) = \int_{-\infty}^{\infty} \int_{-\infty}^{\infty} g(x, t) e^{-i2\pi(ft - k_x x)} dx\, dt \qquad (2.43)$$

mit

$$g(x, t) = \int_{-\infty}^{\infty} \int_{-\infty}^{\infty} G(k_x, f) e^{i2\pi(ft - k_x x)} dk_x\, df \quad . \qquad (2.44)$$

Bei dieser Definition bilden sich Wellen, die sich in positive x-Rich-
tung ausbreiten, auch bei positivem k_x ab (siehe Abschnitt 7.1.1).

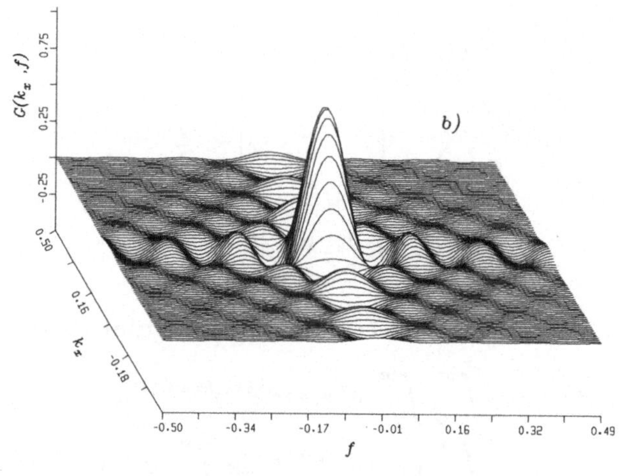

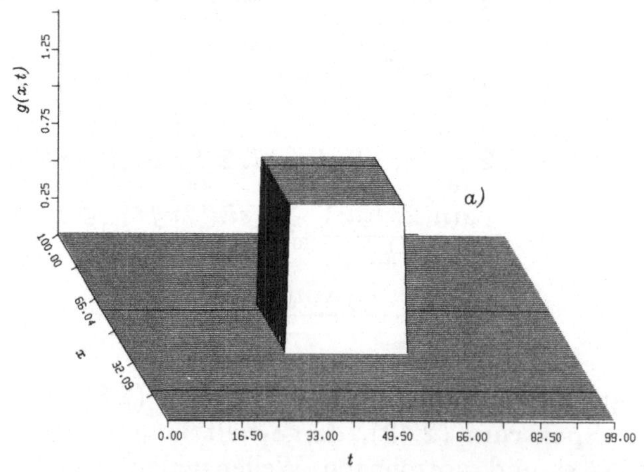

Abbildung 2.5: Zweidimensionales Spektrum eines Würfels.
a) $g(x, t) = 1$ für $x_1 \leq x \leq x_2$, $t_1 \leq t \leq t_2$ und 0 sonst,
b) zweidimensionales Spektrum $G(k_x, f) = \mathcal{F}(g(x, t))$, dargestellt in
Abhängigkeit der auf ± 0.5 normierten Frequenz und Wellenzahl.

2.5 Einführung der Laplace-Transformation

Die Konvergenz des Fourier-Integrals versagt in einigen sehr wichtigen Fällen. Sie läßt sich jedoch erzwingen, indem man anstelle von $x(t)$ die Funktion $x(t)e^{-\alpha t}$ transformiert. Dieser Ansatz führt auf die Laplace-Transformation, durch die eine Funktion $x(t)$ mittels

$$X(p) = \int_0^\infty x(t)e^{-pt}dt = \mathcal{L}(x(t)) \tag{2.45}$$

in eine Funktion der komplexen Variablen p transformiert wird, deren imaginärer Teil die Kreisfrequenz ω bzw. $2\pi f$ ist: $p = \alpha + i\omega = \alpha + i2\pi f$. Im Vergleich zur Fourier-Transformation ist $e^{-\alpha t}$ ein die Konvergenz erzwingender Faktor. In Gleichung (2.45) wird zugrunde gelegt, daß $x(t) = 0$ ist für $t < 0$. Gleichung (2.45) wird als einseitige Laplace-Transformierte der Funktion $x(t)$, $t \geq 0$ bezeichnet.

Die durch Gleichung (2.45) eingeführte Laplace-Transformation ist eine Funktion der komplexen Variablen p und existiert nur für $\Re(p) = \alpha > \alpha_{min}$, d.h. in dem Teil der p-Ebene, der rechts der Konvergenzabszisse α_{min} liegt. Dabei ist die Konvergenzabszisse α_{min} so definiert, daß für jede Konstante $\alpha > \alpha_{min}$ der Grenzwert von $e^{-\alpha t}x(t)$ für $t \to \infty$ verschwindet. Für p-Werte links der Konvergenzhalbebene hat Gleichung (2.45) keinen Sinn. Vergleicht man die Laplace-Transformierte einer Zeitfunktion $x(t)$, $t \geq 0$ mit der Fourier-Transformierten derselben Funktion, so scheinen beide Darstellungen für $p = i2\pi f$ identisch zu sein. Dies gilt nur dann, wenn die imaginäre Achse innerhalb des Konvergenzbereichs liegt. Ist $\alpha_{min} > 0$, dann liegt die imaginäre Achse in jenem Bereich der p-Ebene, für den die Laplace-Transformierte nicht existiert. Eine Fourier-Transformierte gibt es in diesem Fall nicht.

Beispiel: Die Funktion

$$x(t) = \begin{cases} e^t & \text{für } t \geq 0 \\ 0 & \text{für } t < 0 \end{cases} \tag{2.46}$$

besitzt die Laplace-Transformierte $\frac{1}{p-1}$ und die Konvergenzabszisse $\alpha_{min} = 1$. Die imaginäre Achse liegt außerhalb des Konvergenzbereichs; folglich kann es keine Fourier-Transformierte geben.

Ist dagegen für die zu transformierende Zeitfunktion $\alpha_{min} < 0$, so befindet sich die imaginäre Achse im Innern des Konvergenzbereichs. Es existiert dann die Fourier-Transformierte, die mit der Laplace-Transformierten für $p = i2\pi f$ übereinstimmt.

Beispiel: Die Funktion

$$x(t) = \begin{cases} e^{-t} & \text{für } t \geq 0 \\ 0 & \text{für } t < 0 \end{cases} \tag{2.47}$$

besitzt die Fourier-Transformierte $\frac{1}{i2\pi f+1}$, die mit der Laplace-Transformierten $\frac{1}{p+1}$ für $p = i2\pi f$ übereinstimmt.

Problematischer sind die Fälle, falls $\alpha_{min} = 0$ ist. Befinden sich in diesem Fall Pole von $X(p)$ auf der imaginären Achse, so gilt der obige einfache Zusammenhang zwischen der Fourier- und der Laplace-Transformierten nicht mehr.

Für Funktionen, die für $t < 0$ verschwinden, besteht also ein enger Zusammenhang zwischen der hier eingeführten Laplace-Transformation und der Fourier-Transformation: die Fourier-Transformierte ist die Laplace-Transformierte auf der imaginären Achse der komplexen p-Ebene. Voraussetzung ist allerdings, daß die imaginäre Achse im Konvergenzbereich der Laplace-Transformierten von $x(t)$ liegt.

Zur Berechnung des komplexen Spektrums mit Hilfe der Laplace-Tranformation hat man also wie folgt vorzugehen:

1. Berechnung der Laplace-Transformierten,

2. Bestimmung des Konvergenzbereichs der Laplace-Transformierten,

3. Prüfung, ob die imaginäre Achse innerhalb des Konvergenzbereichs liegt. Ist dies der Fall, dann ergibt die Laplace-Transformierte für $p = i2\pi f$ das komplexe Spektrum, andernfalls existiert keine Fourier-Transformierte.

Mit funktionentheoretischen Methoden läßt sich die Umkehrungsformel zu Gleichung (2.45) gewinnen, die es gestattet, die Originalfunktion $x(t)$ zu berechnen, wenn ihre Transformierte $X(p)$ bekannt ist:

$$x(t) = \frac{1}{2\pi i} \int_{c-i\infty}^{c+i\infty} X(p)e^{pt}\,dp = \mathcal{L}^{-1}(X(p)) \,. \qquad (2.48)$$

Der Integrationsweg ist längs einer Parallelen zur imaginären Achse der p-Ebene zu führen, derart, daß alle Singularitäten der Funktion $X(p)$ links des Integrationsweges liegen, d.h. links der Geraden $\Re(p) = c$.

Die Laplace-Transformation läßt sich auf zweiseitige Funktionen $x(t)$, $-\infty < t < \infty$ erweitern. Ihre Definition unterscheidet sich von der der einseitigen Laplace-Transformation dadurch, daß die untere Integrationsgrenze $t = 0$ in Gleichung (2.45) durch $t = -\infty$ ersetzt wird. Während die einseitige Laplace-Transformierte in der Konvergenzhalbebene erklärt ist, ist die zweiseitige Laplace-Transformierte nur in einem gewissen Konvergenzstreifen $\alpha_1 < \Re(p) < \alpha_2$ definiert. Auch hier gilt: nur wenn die imaginäre Achse in den Konvergenzbereich fällt, entspricht die Laplace-Transformierte für $p = i2\pi f$ der Fourier-Transformierten.

Die Zeitfunktion $x(t)$ kann durch die inverse Laplace-Transformation

$$x(t) = \frac{1}{2\pi i} \int_{c-i\infty}^{c+i\infty} X(p)e^{pt}\,dp \qquad (2.49)$$

mit $\alpha_1 < c < \alpha_2$ bestimmt werden, d.h. der Integrationsweg kann innerhalb des Konvergenzstreifens entlang jeder beliebigen vertikalen Geraden gewählt werden.

Die Laplace-Transformation ist zwar weniger anschaulich als die Fourier-Transformation, sie bietet aber den Vorteil, daß mit ihr oft eleganter und einfacher gerechnet werden kann. Anleitungen zum praktischen Gebrauch der Laplace-Transformation findet man bei Doetsch (1985).

Beispiel: Zu bestimmen ist die Antwort eines kritisch gedämpften Geophons auf eine zum Zeitpunkt $t = 0$ einsetzende sinusförmige Bodenverschiebung

$$u(t) = \sin(\omega_1 t)h(t) \qquad (2.50)$$

mit der Heavisideschen Sprungfunktion

$$h(t) = \left\{ \begin{array}{ll} 0 & \text{für } t < 0 \\ 1 & \text{für } t \geq 0 \end{array} \right. . \qquad (2.51)$$

Die durch die schwingende Masse m eines Geophons ausgeführte Relativbewegung $x(t)$ gegenüber dem Geophongehäuse und dem Boden läßt sich nach dem 2. Newtonschen Gesetz durch folgende Differentialgleichung 2. Ordnung beschreiben:

$$m\ddot{x}(t) + c\dot{x}(t) + kx(t) = -m\ddot{u}(t) . \qquad (2.52)$$

Dabei ist $k = \frac{K}{\Delta x}$ die Federkonstante, wobei die Kraft K die Feder um Δx ausdehnt, und c der mechanische Dämpfungsfaktor (siehe Abb. 2.6). $m\ddot{x}(t)$ ist die Trägheitskraft der Geophonmasse m, $c\dot{x}(t)$ die geschwindigkeitsproportionale Dämpfungskraft, $kx(t)$ die der Ausdehnung proportionale Rückstellkraft der Feder und $-m\ddot{u}(t)$ die durch die Beschleunigung des Bodens der Geophonmasse m von außen aufgeprägte Trägheitskraft. Das negative Vorzeichen auf der rechten Seite rührt daher, daß sich die Geophonmasse m relativ gesehen entgegen der Bodenbewegung bewegt.

Mit Einführung der Größen

$$\omega_0 = \sqrt{\frac{k}{m}} \qquad (2.53)$$

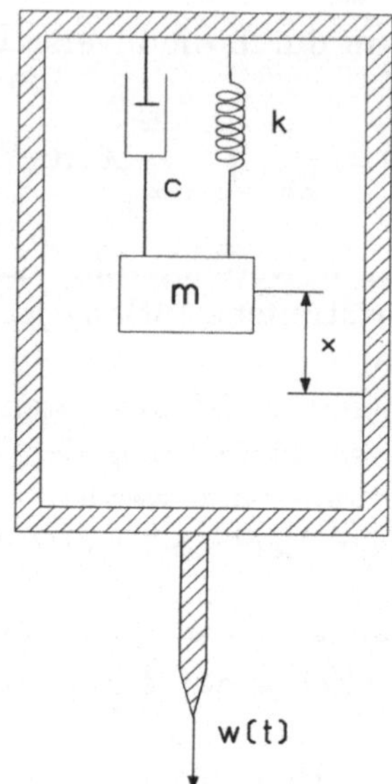

Abbildung 2.6: Geophon-Modell

und

$$h_0 = \frac{c}{2m\sqrt{\frac{k}{m}}} = \frac{c}{2m\omega_0} \qquad (2.54)$$

folgt:

$$\ddot{x}(t) + 2h_0\omega_0\dot{x}(t) + \omega_0^2 x(t) = -\ddot{u}(t) \ . \qquad (2.55)$$

ω_0 ist die Eigenfrequenz, h_0 die Dämpfungskonstante des Geophons; $h_0 = 1$ bedeutet kritische Dämpfung.

Die Anwendung der Laplace-Transformation auf Gleichung (2.55) ergibt unter Berücksichtigung, daß $\mathcal{L}(\dot{x}(t)) = pX(p)$ ist:

$$(p^2 + 2h_0\omega_0 p + \omega_0^2)X(p) = -p^2 U(p) \ . \qquad (2.56)$$

Die Übertragungsfunktion des Geophons - gemäß Abschnitt 13.2 als Verhältnis der Spektren von Systemausgang zu Systemeingang definiert - lautet damit:

$$H(p) = \frac{X(p)}{U(p)} = \frac{-p^2}{p^2 + 2h_0\omega_0 p + \omega_0^2} \ . \qquad (2.57)$$

Das Geophon besitzt damit die Frequenzcharakteristik

$$H(\omega) = \frac{\omega^2}{-\omega^2 + i2h_0\omega_0\omega + \omega_0^2} \qquad (2.58)$$

bzw. für den Spezialfall $h_0 = 1$:

$$H(\omega) = \frac{\omega^2}{(\omega_0 + i\omega)^2} \tag{2.59}$$

mit der Amplitudencharakteristik

$$|H(\omega)| = \frac{\omega^2}{\omega_0^2 + \omega^2} \tag{2.60}$$

und der Phasencharakteristik

$$\phi(\omega) = \arctan \frac{2\omega_0\omega}{\omega^2 - \omega_0^2} \ . \tag{2.61}$$

Mit der Laplace-Transformierten der Anregung $u(t) = \sin(\omega_1 t)h(t)$,

$$U(p) = \frac{\omega_1}{p^2 + \omega_1^2} \ , \tag{2.62}$$

ergibt sich die Laplace-Transformierte des Seismogramms:

$$X(p) = H(p)U(p) = \frac{-p^2}{(p + \omega_0)^2} \frac{\omega_1}{(p^2 + \omega_1^2)} \ . \tag{2.63}$$

Die Bestimmung der inversen Laplace-Transformierten erfolgt mit Hilfe einer Laplace-Tabelle, z.B. der von Holbrook (1973), Formel 183, Seite 309. Die Lösung lautet:

$$\begin{aligned}
x(t) \ = \ & \frac{\omega_1^2}{\omega_1^2 + \omega_0^2} \sin(\omega_1 t + \varphi) \\
& + \frac{\omega_0\omega_1}{\omega_1^2 + \omega_0^2}(\omega_0 t + \frac{2\omega_1^2}{\omega_1^2 + \omega_0^2})e^{-\omega_0 t}
\end{aligned} \tag{2.64}$$

mit der Phase

$$\varphi = \arctan(\frac{2\omega_0\omega_1}{\omega_1^2 - \omega_0^2}) \ . \tag{2.65}$$

Die Lösung ist zusammen mit der Amplituden- und Phasencharakteristik des kritisch gedämpften Geophons in Abb. 2.7 dargestellt. Der erste Term in (2.64) ist der stationäre eingeschwungene Zustand, also eine Sinus-Bewegung mit der mit $|H(\omega_1)|$ multiplizierten Amplitude und der Phase $\phi(\omega_1)$. Der zweite Term beschreibt den abklingenden Einschwingvorgang. Die Lösung ist ohne Laplace-Transformation nur äußerst mühsam zu erhalten.

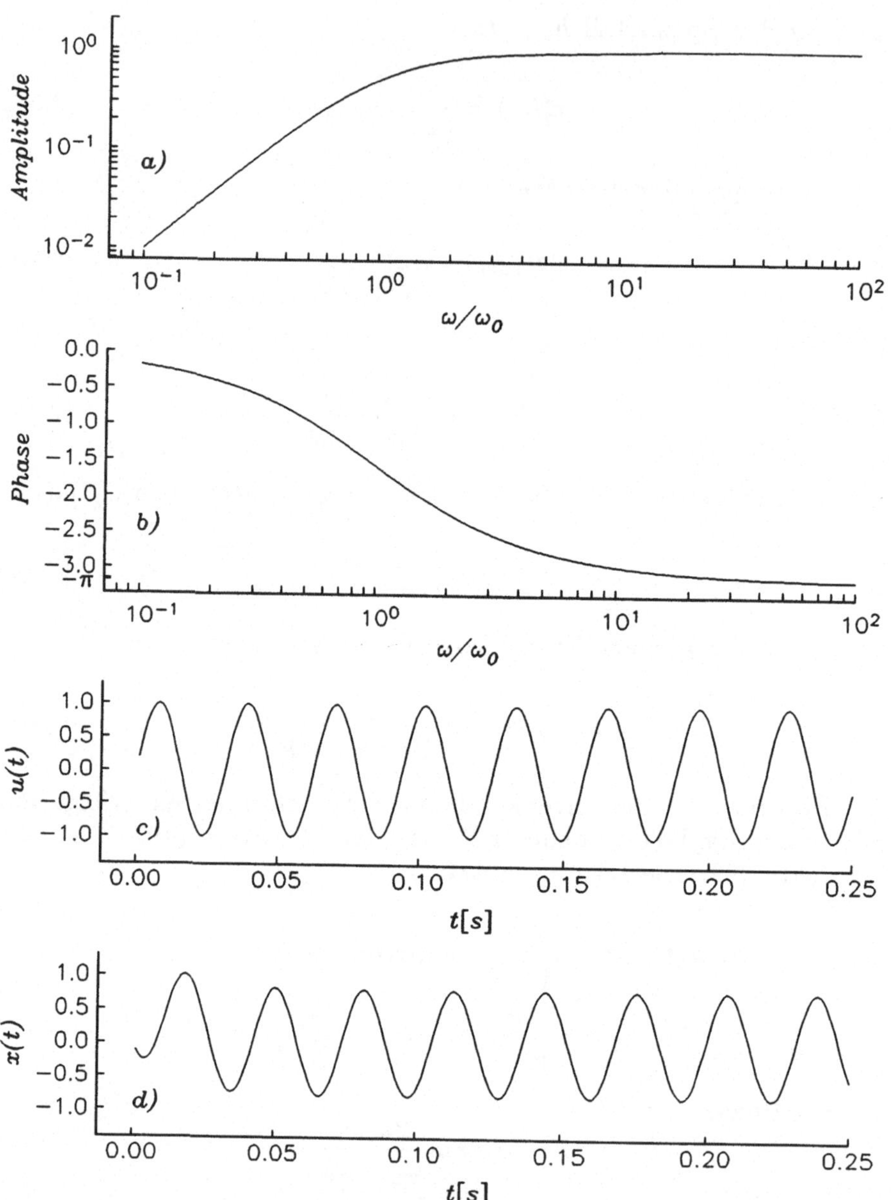

Abbildung 2.7: Die Amplituden- (a) und Phasencharakteristik (b)
eines kritisch gedämpften Geophons sowie seine Antwort (d) auf eine
zum Zeitpunkt $t = 0$ einsetzende sinusförmige Bodenverschiebung
der Kreisfrequenz $\omega_1 = 2\omega_0$ (c). Einschwingvorgang, Amplituden-
erniedrigung und Phasenverschiebung sind durch Vergleich der beiden unteren Spuren deutlich zu erkennen.

2.6 Funktionentheoretische Berechnung des inversen Fourier-Integrals

Die inverse Fourier-Transformation ist im Rahmen dieses Buches insbesondere bei der Konzipierung von Analogfiltern von Bedeutung. Man gibt z.B. die Filtercharakteristik im Frequenzbereich vor und will die Filterfunktion im Zeitbereich bestimmen. Hierzu muß Gleichung (2.1) gelöst werden, was vielfach kompliziert ist. Man versucht sich in diesen Fällen dadurch zu helfen, daß man die Funktion $X(f)$ in die komplexe Argumentebene gemäß $p = \alpha + i\omega = \alpha + i2\pi f$ analytisch fortsetzt und das Integral

$$x(t) = \frac{1}{2\pi i} \int_{c-i\infty}^{c+i\infty} X(p)e^{pt}\,dp \tag{2.66}$$

berechnet. Hierzu werden funktionentheoretische Hilfsmittel wie Residuensatz und Cauchyscher Integralsatz eingesetzt.

Das Integral $\int_{c-i\infty}^{c+i\infty} X(p)e^{pt}\,dp$ kann unter bestimmten Voraussetzungen mit Hilfe eines Halbkreises zu einem Integral mit geschlossenem Integrationsweg

$$\oint_{\hookrightarrow} Q(p)dp = \oint_{\hookrightarrow} X(p)e^{pt}\,dp \tag{2.67}$$

erweitert werden, ohne an seinem Wert etwas zu ändern. Ist $X(p)$ eine Funktion, die als Singularitäten in der endlichen p-Ebene nur endlich viele Pole mit einem möglichen Häufungspunkt in $p = \infty$ besitzt, und konvergiert $X(p)$ für $|p| \rightarrow \infty$ gleichmäßig gegen Null, dann liefert der Halbkreis L nach dem Lemma von Jordan keinen Beitrag zum Wert des Gesamtintegrals, d.h.

$$\lim_{R \rightarrow \infty} \int_L X(p)e^{pt}\,dp = 0 \quad \text{für } \Im(ipt) = \alpha t < 0 \ . \tag{2.68}$$

Die Zusatzforderung $\Im(ipt) = \alpha t < 0$ ist in der linken p-Ebene $(\alpha < 0)$ für $t \geq 0$ und in der rechten p-Ebene $(\alpha > 0)$ für $t \leq 0$ erfüllt. Entsprechend ist für die Bestimmung von $x(t)$ für $t \geq 0$ bzw. $t \leq 0$ der Integrationsweg in der linken bzw. rechten p-Halbebene zu schließen (s. Abb. 2.8).
Nach dem Integralsatz von Cauchy ist das Integral über einen geschlossenen Weg Φ einer Funktion $Q(p)$, die in dem einfach zusammenhängenden Gebiet, das von diesem Integrationsweg begrenzt wird, überall analytisch ist, gleich Null. Enthält jedoch dieses Gebiet singuläre Punkte, so wird der Wert des Integrals nach dem Residuensatz berechnet. Hiernach ist für eine Funktion $Q(p)$, die in einem Gebiet G regulär ist, das Integral über $Q(p)$ längs einer positiv orientierten,

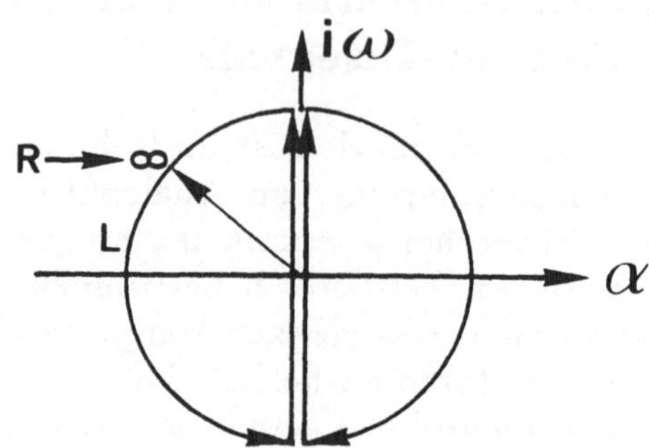

Abbildung 2.8: Festlegung der geschlossenen Integrationswege des Integrals (2.67).

geschlossenen, doppelpunktfreien Kurve Φ, die ein Teilgebiet in G umschließt, in dem $Q(p)$ endlich viele isolierte singuläre Stellen besitzt, gleich dem $2\pi i$-fachen der Summe der zu den isolierten singulären Stellen gehörenden Residuen (siehe Abb. 2.9):

$$\oint_\Phi Q(p)dp = 2\pi i \sum_{k=1}^{K} Res(Q(p))|_{p=p_k} \qquad (2.69)$$

mit

$$Res(Q(p))|_{p=p_k} = \lim_{p \to p_k} \frac{1}{(n-1)!} \frac{d^{n-1}}{dp^{n-1}}((p-p_k)^n Q(p)) \ , \qquad (2.70)$$

wobei n die Vielfachheit der k-ten Polstelle von $Q(p)$ ist. Für Pole erster Ordnung folgt:

$$Res(Q(p))|_{p=p_k} = \lim_{p \to p_k} ((p-p_k)Q(p)) \ . \qquad (2.71)$$

Da das Ringintegral über die rechte p-Halbebene die Polstellen im mathematisch negativen Sinne umläuft und $\oint_\curvearrowleft Q(p)dp = - \oint_\curvearrowright Q(p)dp$ ist, tritt hier bei der Berechnung der Residuen der Faktor (-1) auf.
Beispiel: Zu berechnen ist die zum Spektrum

$$X(f) = \frac{i2\pi fT}{(1+i2\pi fT)^2}, \ T > 0 \qquad (2.72)$$

zugehörige Zeitfunktion $x(t)$.
Nach der analytischen Fortsetzung des Integranden durch Einführung

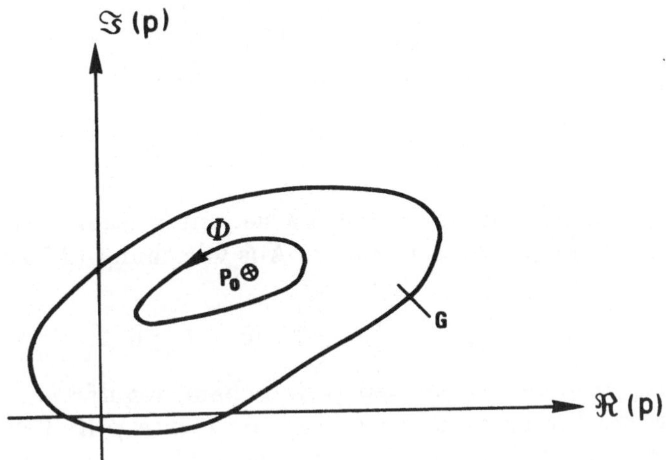

Abbildung 2.9: Integrationsweg Φ beim Residuensatz; p_0 soll eine Singularitätsstelle innerhalb des einfach zusammenhängenden Gebiets G sein.

der komplexen Variablen $p = \alpha + i2\pi f$ ist das folgende Integral zu lösen:

$$
\begin{aligned}
x(t) &= \frac{1}{2\pi i} \int_{c-i\infty}^{c+i\infty} \frac{pT}{(1+pT)^2} e^{pt}\, dp \\
&= \frac{1}{2\pi i T} \int_{c-i\infty}^{c+i\infty} \frac{p}{(p+\frac{1}{T})^2} e^{pt}\, dp \ .
\end{aligned}
\tag{2.73}
$$

Die zu transformierende Funktion $X(p)$ besitzt einen zweifachen Pol in der linken p-Halbebene bei $p = -\frac{1}{T}$ und geht für $|p| \to \infty$ gegen Null. Die Voraussetzungen zur Schließung des Linienintegrals sind also erfüllt. Da die imaginäre Achse im Konvergenzbereich liegt, kann man $c = 0$ wählen. Schließt man das Linienintegral über die linke p-Halbebene, so läßt sich das Ringintegral mit dem Residuensatz berechnen:

$$
\oint_{\hookrightarrow} Q(p)\, dp = 2\pi i \sum_{k=1}^{K} \frac{1}{(n-1)!} \lim_{p \to p_k} \frac{d^{n-1}}{dp^{n-1}}\left((p-p_k)^n Q(p)\right) \ ,
\tag{2.74}
$$

wobei n die Vielfachheit der k-ten Polstelle von $Q(p)$ ist.

$$
\oint_{\hookrightarrow} \frac{p}{(p+\frac{1}{T})^2} e^{pt}\, dp = 2\pi i \lim_{p \to -\frac{1}{T}} \frac{d}{dp}\left((p+\frac{1}{T})^2 \frac{p}{(p+\frac{1}{T})^2} e^{pt}\right)
$$

$$= 2\pi i \lim_{p \to -\frac{1}{T}} \frac{d}{dp}(pe^{pt})$$

$$= 2\pi i \lim_{p \to -\frac{1}{T}} e^{pt}(1 + pt)$$

$$= 2\pi i \, e^{-\frac{t}{T}}(1 - \frac{t}{T}) \; . \tag{2.75}$$

Dieses Ergebnis gilt nur für $t \geq 0$, da der Integrationsweg über die linke p-Halbebene geschlossen wurde. Aus Gleichung (2.73) folgt mit (2.75):

$$x(t) = \frac{1}{T} \, e^{-\frac{t}{T}}(1 - \frac{t}{T}) \quad \text{für} \quad t \geq 0 \; . \tag{2.76}$$

Da der Integrand in der rechten p-Halbebene regulär ist, führt die Schließung des Integrationsweges über die rechte p-Halbebene nach dem Cauchyschen Integralsatz zu dem Ergebnis

$$x(t) = 0 \quad \text{für} \quad t < 0 \; . \tag{2.77}$$

Anmerkung: Ist $X(p)$ eine gebrochen rationale Funktion,

$$X(p) = \frac{a_0 + a_1 p + a_2 p^2 \dots + a_m p^m}{b_0 + b_1 p + b_2 p^2 + \dots + b_n p^n}, \; n > m, \tag{2.78}$$

dann kann $x(t)$ unmittelbar mit Hilfe eines Katalogs der Laplace-Transformierten bestimmt werden, sobald man das Nennerpolynom in seine Wurzelfaktoren zerlegt hat:

$$X(p) = K \frac{(p - s_1)(p - s_2)\dots(p - s_m)}{(p - p_1)(p - p_2)\dots(p - p_n)} \; . \tag{2.79}$$

Bei Nennerpolynomen vom Grade ≥ 4 wird die Berechnung von $x(t)$ auf diese Weise jedoch schwierig. Es empfiehlt sich dann, $x(t)$ in Partialbrüche zu zerlegen. Die Laplace-Transformierte besteht dann aus einer Summe von Gliedern, die jeweils die Variable p lediglich in der Form $\frac{1}{(p-p_j)^k}$ enthalten. Nun ist aber

$$\mathcal{L}(e^{p_j t}) = \int_0^\infty e^{p_j t} e^{-pt} dt = \frac{1}{p - p_j} \tag{2.80}$$

und

$$\mathcal{L}(\frac{1}{(k-1)!} t^{k-1} e^{p_j t}) = \frac{1}{(k-1)!} \int_0^\infty t^{k-1} e^{p_j t} e^{-pt} dt = \frac{1}{(p - p_j)^k}. \tag{2.81}$$

Hiermit hat man aber sofort die zu den Partialbrüchen zugehörenden Originalfunktionen $e^{p_j t}$ und $\frac{1}{(k-1)!} t^{k-1} e^{p_j t}$.

2.7 Einführung der Hilbert-Transformation und der momentanen Frequenz

Die Hilbert-Transformierte $y(t) = \mathcal{H}(x(t))$ der reellen Funktion $x(t)$ ist wie folgt definiert:

$$y(t) = \frac{1}{\pi} P \int_{-\infty}^{\infty} \frac{x(\xi)}{\xi - t} d\xi \qquad (2.82)$$

mit der inversen Hilbert-Transformierten

$$x(t) = -\frac{1}{\pi} P \int_{-\infty}^{\infty} \frac{y(\xi)}{\xi - t} d\xi. \qquad (2.83)$$

Dabei ist P der Hauptwert des Integrals. Zu seiner Bestimmung wird bei der Integration die Singularität $\xi = t$ ausgespart, d.h.

$$P \int_{-\infty}^{\infty} ...d\xi = \lim_{\epsilon \to 0} \left(\int_{-\infty}^{t-\epsilon} ...d\xi + \int_{t+\epsilon}^{\infty} ...d\xi \right) \qquad (2.84)$$

berechnet. Es läßt sich dann die komplexe Funktion

$$\begin{aligned} z(t) &= x(t) - iy(t) \\ &= A(t)e^{i\Theta(t)} \end{aligned} \qquad (2.85)$$

definieren mit der momentanen Amplitude oder Enveloppe

$$|A(t)| = \sqrt{x^2(t) + y^2(t)} \qquad (2.86)$$

und der momentanen Phase

$$\Theta(t) = \arctan\left(-\frac{y(t)}{x(t)}\right) . \qquad (2.87)$$

Die Funktion $\cos(2\pi f t)$ besitzt z.B. die Hilbert-Transformierte $-\sin(2\pi f t)$ und die komplexe Funktion $z(t) = e^{i2\pi f t}$.
Die zeitliche Änderung der momentanen Phase beschreibt die zeitabhängige momentane Kreisfrequenz, d.h. die momentane Frequenz ist definiert durch:

$$f(t) = \frac{1}{2\pi} \frac{d\Theta(t)}{dt} . \qquad (2.88)$$

Für ein monofrequentes Signal mit der komplexen Funktion $A_0 e^{i2\pi f_0 t}$ ergeben diese Definitionen $|A(t)| = A_0$ und $f(t) = \frac{1}{2\pi} \frac{d\Theta}{dt} = f_0 =$const.

Zur Berechnung der momentanen Frequenz kann man die Ableitung der arctan-Funktion bilden:

$$f(t) \; = \; \frac{1}{2\pi}\frac{d\Theta(t)}{dt} = \frac{1}{2\pi}\frac{d}{dt}\{\arctan(-\frac{y(t)}{x(t)})\}$$

$$= \; \frac{1}{2\pi}\frac{y(t)\frac{dx(t)}{dt} - x(t)\frac{dy(t)}{dt}}{x^2(t) + y^2(t)} \; . \qquad (2.89)$$

Die Funktion $\sin(2\pi\Phi(t))$ besitzt die Hilbert-Transformierte $\cos(2\pi\Phi(t))$. Wendet man Gleichung (2.89) auf $x(t) = \sin(2\pi\Phi(t))$ an, so ergibt sich für die momentane Frequenz $f(t)$ der Funktion $x(t)$: $f(t) = \frac{d\Phi(t)}{dt}$.

Kapitel 3

Die Dirac-δ-Impulsfunktion und ihre Fourier-Transformierte

3.1 Definition der δ-Funktion

Eine gewöhnliche Funktion $x(t)$ hat die Eigenschaft, daß der Funktionswert für jedes $t = t_0$ durch $x(t_0)$ gegeben ist. Die δ-Funktion gehört im Gegensatz hierzu zu den verallgemeinerten Funktionen oder Distributionen, die durch eine Funktionalbeziehung definiert sind. Die δ-Funktion ist durch folgende Eigenschaften definiert:

$$(1) \qquad \delta(t) = 0 \ \text{ für } t \neq 0 \ , \tag{3.1}$$

$$(2) \qquad \int_{-\infty}^{\infty} \delta(t - t_0)x(t)dt = x(t_0) \tag{3.2}$$

für jede beliebige Funktion $x(t)$, die in $t = t_0$ kontinuierlich ist (siehe Abb. 3.1). Insbesondere gilt

$$\int_{-\infty}^{\infty} \delta(t)x(t)dt = x(0) \tag{3.3}$$

und

$$\int_{-\infty}^{\infty} \delta(t)dt = 1 \ . \tag{3.4}$$

Die δ-Funktion stellt einen idealisierten, technisch nicht realisierbaren Impuls dar, dessen Breite gegen Null und dessen Höhe gegen unendlich strebt, aber so, daß die Fläche unter der Kurve der den Impuls beschreibenden Funktion eine endliche Konstante bleibt.
Der Dirac-δ-Impuls $\delta(t - t_0)$ wählt den Wert der mit ihm unter dem Integral multiplizierten Funktion, den diese an der Singularitätsstelle $t = t_0$ der δ-Funktion annimmt.
Die δ-Funktion ist keine gewöhnliche Funktion. Im Rahmen des klassischen Riemannschen Integralbegriffs enthält die Definition einen

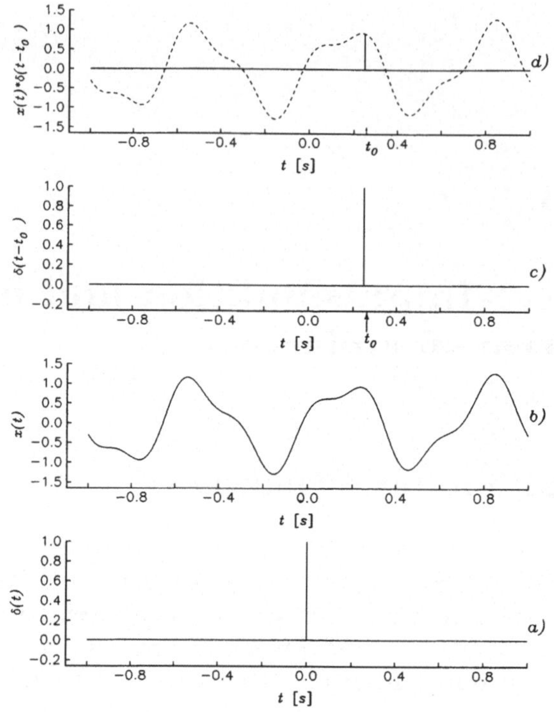

Abbildung 3.1: Zur Wirkungsweise der Dirac-δ-Funktion,
a) $\delta(t)$, b) $x(t)$, c) $\delta(t - t_0)$, d) $x(t) * \delta(t - t_0)$.
Die Dirac-δ-Funktion wählt den Wert der Funktion $x(t)$, den diese
an der Singularitätsstelle $t = t_0$ der δ-Funktion annimmt.

Widerspruch, weil das Integral einer Funktion, deren Wert nur in
endlich vielen Punkten von Null abweicht, auch selbst gleich Null
sein sollte. Die δ-Funktion wird als eine nützliche Abstraktion angesehen, mit der man nach bestimmten mathematischen Regeln, die
auf der Eigenschaft (3.2) aufbauen, rechnen kann.

3.2 Die Fourier-Transformierte der δ-Funktion

Man kann die Fourier-Transformierte der δ-Funktion unmittelbar aus
Gleichung (3.2) erhalten, indem man für $x(t)$ die Funktion $e^{-i2\pi ft}$
substituiert:

$$\begin{aligned}
\mathcal{F}(\delta(t)) &= \mathcal{F}(\delta(t - t_0)) \,|_{t_0 = 0} \\
&= \int_{-\infty}^{\infty} \delta(t - t_0) e^{-i2\pi ft} dt \,|_{t_0 = 0}
\end{aligned}$$

$$= \; e^{-i2\pi f t_0} \;|_{t_0=0} = 1 \; , \tag{3.5}$$

d.h. die δ-Funktion besitzt bis zu beliebig hohen Frequenzen ein konstantes Frequenzspektrum. Für die Fourier-Transformierte der Funktion $\delta(t - t_0)$ folgt:

$$\mathcal{F}(\delta(t - t_0)) = \int_{-\infty}^{\infty} \delta(t - t_0)e^{-i2\pi ft}dt = e^{-i2\pi ft_0} \; . \tag{3.6}$$

Für das Amplituden- und Phasenspektrum erhält man nach Gleichung (2.15):

$$| \, \mathcal{F}(\delta(t - t_0)) \, | = 1 \tag{3.7}$$

bzw.

$$\Theta(f) = -2\pi f t_0 \; , \tag{3.8}$$

d.h. der zeitlichen Verzögerung um t_0 entspricht eine lineare Änderung des Phasenganges mit der Steigung $-2\pi t_0$ (siehe Abb. 3.2).

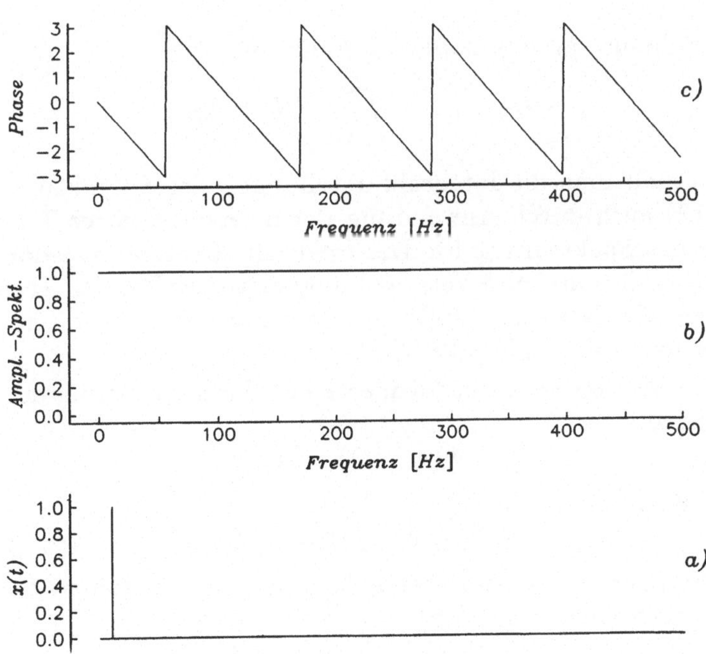

Abbildung 3.2: Amplituden- und Phasenspektrum der Distribution $\delta(t - t_0)$. a) $\delta(t - t_0)$, b) Amplitudenspektrum, c) Phasenspektrum. t_0 bestimmt die Steigung des linearen Phasenspektrums.

Eine wichtige Größe in der Theorie der Wellenausbreitung ist die Gruppenlaufzeit, definiert durch $-\frac{d\Theta(\omega)}{d\omega}$, $\omega = 2\pi f$. Diese Größe beschreibt die Laufzeit einer Welle von der Quelle bis zum Aufpunkt. Für die Funktion $\delta(t - t_0)$ ergibt sich hierfür aus Gleichung (3.8) der Wert t_0, d.h. die Gruppenlaufzeit ist frequenzunabhängig.

Aus Gleichung (3.5) ersieht man, daß die δ-Funktion als Superposition harmonischer Schwingungen mit allen Frequenzen und der Amplitude 1 angesehen werden kann. Die Schwingungen sind zur Zeit t_0 in Phase, zu jedem anderen Zeitpunkt interferieren sie destruktiv.

Eine andere Darstellung der δ-Funktion ist die Grenzwertdarstellung:

$$\delta(t) = \lim_{\Omega \to \infty} \delta_\Omega(t) \tag{3.9}$$

mit

$$\delta_\Omega(t) = \int_{-\Omega}^{\Omega} e^{i2\pi f t} df = \frac{\sin(\Omega t)}{\pi t} . \tag{3.10}$$

Man schreibt anstelle von Gleichung (3.9) und (3.10) oft kurz:

$$\delta(t) = \int_{-\infty}^{\infty} e^{i2\pi f t} df \tag{3.11}$$

bzw. für die um t_0 verschobene δ-Funktion:

$$\delta(t - t_0) = \int_{-\infty}^{\infty} e^{i2\pi f(t - t_0)} df . \tag{3.12}$$

Formal erhält man die Integraldarstellungen der δ-Funktionen (3.11) und (3.12) auch durch Anwendung der inversen Fourier-Transformation auf das Spektrum (3.6). Die Integrale divergieren jedoch.

Die Differentiations- und Verschiebungssätze der Fourier-Transformation sowie die Sätze der Maßstabsänderung behalten im Bereich der Distributionen ihre Gültigkeit:

1. Für die Fourier-Transformierte der n-ten Ableitung der δ-Funktion gilt:

$$\mathcal{F}(\delta^{(n)}(t)) = (i2\pi f)^n . \tag{3.13}$$

   Weiterhin ist:

$$\mathcal{F}^{-1}(\delta^{(n)}(f)) = (-i2\pi t)^n . \tag{3.14}$$

2. Die Fourier-Transformierte der um t_0 verschobenen δ-Funktion ist nach Gleichung (3.6):

$$\mathcal{F}(\delta(t - t_0)) = e^{-i2\pi f t_0} . \tag{3.15}$$

   Außerdem gilt:

$$\mathcal{F}^{-1}(\delta(f - f_0)) = e^{i2\pi f_0 t} . \tag{3.16}$$

Die letzte Beziehung zeigt, daß der harmonischen Exponentiellen der Frequenz f_0 eine Spektrallinie bei $f = f_0$ zuzuordnen ist.

3. Für die Fourier-Transformierte der δ-Funktion ergibt sich bei einer Maßstabsänderung um a:

$$\mathcal{F}(\delta(at)) = \frac{1}{\mid a \mid} \; . \tag{3.17}$$

Hieraus folgt:

$$\mathcal{F}(\frac{1}{\mid a \mid}\delta(\frac{t}{a})) = 1 \; . \tag{3.18}$$

Weiterhin wird die Gültigkeit der Faltungssätze (2.26), (2.31) auch für Distributionen postuliert, allerdings mit der Einschränkung, daß keine Multiplikation zwischen zwei Distributionen auftreten darf, denn diese ist im allgemeinen nicht definiert. Es gilt dann beispielsweise:

$$\mathcal{F}(\delta^{(n)}(t) * x(t)) = (i2\pi f)^n X(f) \tag{3.19}$$

und speziell

$$\mathcal{F}(\delta(t) * x(t)) = X(f) \; . \tag{3.20}$$

Wegen der Eindeutigkeit der Abbildung folgt daraus:

$$\delta(t) * x(t) = x(t) \; , \tag{3.21}$$

d.h., daß sich jede Funktion $x(t)$ als Faltungsintegral von $x(t)$ mit der δ-Funktion darstellen läßt:

$$\begin{aligned} x(t) \; &= \; \int_{-\infty}^{\infty} \delta(\tau)x(t-\tau)d\tau \\ &= \; \int_{-\infty}^{\infty} x(\tau)\delta(t-\tau)d\tau \; . \end{aligned} \tag{3.22}$$

Die Distribution $\delta(t)$ spielt also die Rolle des Einheitselementes in der Faltung. Aus dem Verschiebungssatz folgt, daß die Faltung mit $\delta(t - t_0)$ nur eine Verschiebung von $x(t)$ um t_0 bewirkt:

$$\delta(t - t_0) * x(t) = x(t - t_0) \; . \tag{3.23}$$

3.3 Fourier-Transformation von Impulsfolgen

Es gelten folgende Relationen:

$$\mathcal{F}(\frac{1}{2}\delta(t - t_0) + \frac{1}{2}\delta(t + t_0)) = cos(2\pi f t_0) \; , \tag{3.24}$$

$$\mathcal{F}(\frac{1}{2}\delta(t + t_0) - \frac{1}{2}\delta(t - t_0)) = i\,sin(2\pi f t_0) \ , \qquad (3.25)$$

$$\mathcal{F}(cos(2\pi\frac{n}{T}t)) = \frac{1}{2}\delta(f - \frac{n}{T}) + \frac{1}{2}\delta(f + \frac{n}{T}) \ , \qquad (3.26)$$

$$\mathcal{F}(sin(2\pi\frac{n}{T}t)) = \frac{i}{2}\delta(f + \frac{n}{T}) - \frac{i}{2}\delta(f - \frac{n}{T}) \ , \qquad (3.27)$$

$$\mathcal{F}(\sum_{n=-\infty}^{\infty}\delta(t - nT)) = \frac{1}{T}\sum_{n=-\infty}^{\infty}\delta(f - \frac{n}{T}) \ . \qquad (3.28)$$

Gleichung (3.28) besagt, daß das Spektrum einer mit der Periode T periodischen Impulsfolge wiederum eine periodische Impulsfolge ist, jedoch der Periode $\frac{1}{T}$ (s. Abb. 3.3).
Die Beweise dieser Relationen bauen auf der Definition der δ-Funktion (3.2) auf. Die Fourier-Transformierte von $\delta(t - t_0)$ ist nach Gleichung (3.6):

$$\begin{aligned}\mathcal{F}(\delta(t - t_0)) &= \int_{-\infty}^{\infty}\delta(t - t_0)e^{-i2\pi f t}dt = e^{-i2\pi f t_0} \\ &= cos(2\pi f t_0) - i\,sin(2\pi f t_0) \ . \qquad (3.29)\end{aligned}$$

Entsprechend gilt für

$$\mathcal{F}(\delta(t + t_0)) = cos(2\pi f t_0) + i\,sin(2\pi f t_0) \qquad (3.30)$$

und damit gemäß dem Additionstheorem

$$\mathcal{F}(\frac{1}{2}\delta(t - t_0) + \frac{1}{2}\delta(t + t_0)) = cos(2\pi f t_0) \qquad (3.31)$$

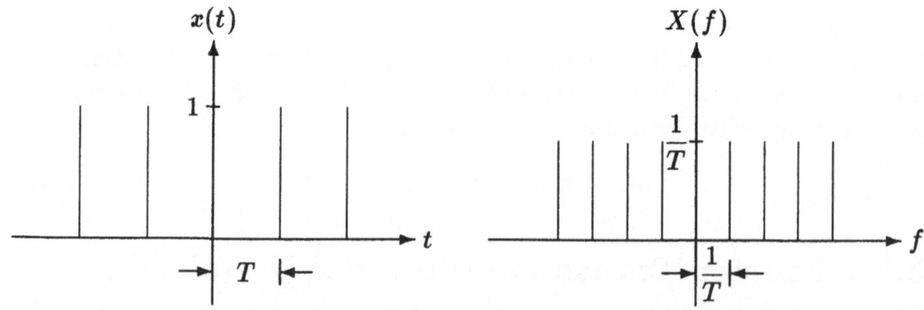

Abbildung 3.3: Das Spektrum einer periodischen Impulsfolge der Periode T. $X(f)$ ist gleichfalls eine Impulsfolge, jedoch der Periode $\frac{1}{T}$.

sowie

$$\mathcal{F}(\frac{1}{2}\delta(t + t_0) - \frac{1}{2}\delta(t - t_0)) = i\ sin(2\pi f t_0)\ . \qquad (3.32)$$

Zum Beweis von Gleichung (3.26) wird $cos(2\pi\frac{n}{T}t) = \frac{1}{2}(e^{i2\pi\frac{n}{T}t} + e^{-i2\pi\frac{n}{T}t})$ gesetzt und Gleichung (3.16) angewendet. Analog hierzu läßt sich der Beweis von (3.27) führen, indem man von der Relation $sin(2\pi\frac{n}{T}t) = \frac{1}{2i}(e^{i2\pi\frac{n}{T}t} - e^{-i2\pi\frac{n}{T}t})$ ausgeht. Den Beweis von Gleichung (3.28) findet man bei Papoulis (1962).

Kapitel 4

Spektralanalyse zeitlich begrenzter Beobachtungen unbegrenzter Vorgänge

4.1 Das Spektrum zeitlich begrenzter Beobachtungen

In der geophysikalischen Praxis spielen zeitlich begrenzte Beobachtungen eine dominierende Rolle. Im folgenden werden daher die Auswirkungen der Beschränkung auf endliche Intervallängen für determinierte nichtperiodische unbegrenzte Vorgänge dargestellt. Die Beschränkung auf ein zeitlich begrenztes Intervall der Länge T bedeutet anschaulich eine Multiplikation des zeitlich nichtbegrenzten Signals $s(t)$, $-\infty < t < \infty$, mit der Rechteckfunktion

$$w(t) = \begin{cases} 1 & \text{für } |t| \leq \frac{T}{2} \\ 0 & \text{für } |t| > \frac{T}{2} \end{cases} \tag{4.1}$$

das heißt

$$s_T(t) = s(t)w(t) \ . \tag{4.2}$$

Nach dem Faltungstheorem entspricht dieser Gleichung im Frequenzbereich das Faltungsintegral

$$S_T(f) = \int_{-\infty}^{\infty} S(g)W(f-g)dg \ . \tag{4.3}$$

$S_T(f)$, $S(f)$, $W(f)$ sind die Fourier-Transformierten von $s_T(t)$, $s(t)$, $w(t)$. Insbesondere ist für die Rechteckfunktion (4.1)

$$\begin{aligned} W(f) &= \int_{-\infty}^{\infty} w(t)e^{-i2\pi ft}dt = \int_{-\frac{T}{2}}^{\frac{T}{2}} e^{-i2\pi ft}dt \\ &= 2\int_{0}^{\frac{T}{2}} \cos(2\pi ft)dt = \frac{\sin(2\pi ft)}{\pi f} \Big|_0^{\frac{T}{2}} \end{aligned}$$

$$= T\frac{\sin(\pi f T)}{\pi f T} \ . \tag{4.4}$$

$w(t)$ und $W(f)$ sind in Abb. 4.1 für verschieden lange Funktions-
ausschnitte T dargestellt. Für kleines T gibt $S_T(f)$ im allgemeinen
ein stark verwaschenes Bild des tatsächlichen Spektrums $S(f)$, da
dann das Spektralfenster $W(f)$ relativ breit ist, und daher Spektralwerte, die weit entfernt von einem bestimmten f_0 sind, noch zu
$S_T(f_0)$ beitragen. Der englische Ausdruck für dieses "Durchsickern"
ist **leakage**. Mit wachsendem T wird die Schätzung des Spektralwertes besser, und für T gegen unendlich geht $W(f)$ gegen den δ-
Impuls und $S_T(f_0)$ stimmt mit $S(f_0)$ überein. Die aus einem begrenzten Intervall berechneten Spektren ergeben also nicht das wahre Spektrum S(f), sondern sind lediglich eine Schätzung des Faltungsintegrals
(4.3). Die zeitliche Begrenzung der zu analysierenden Funktion hat

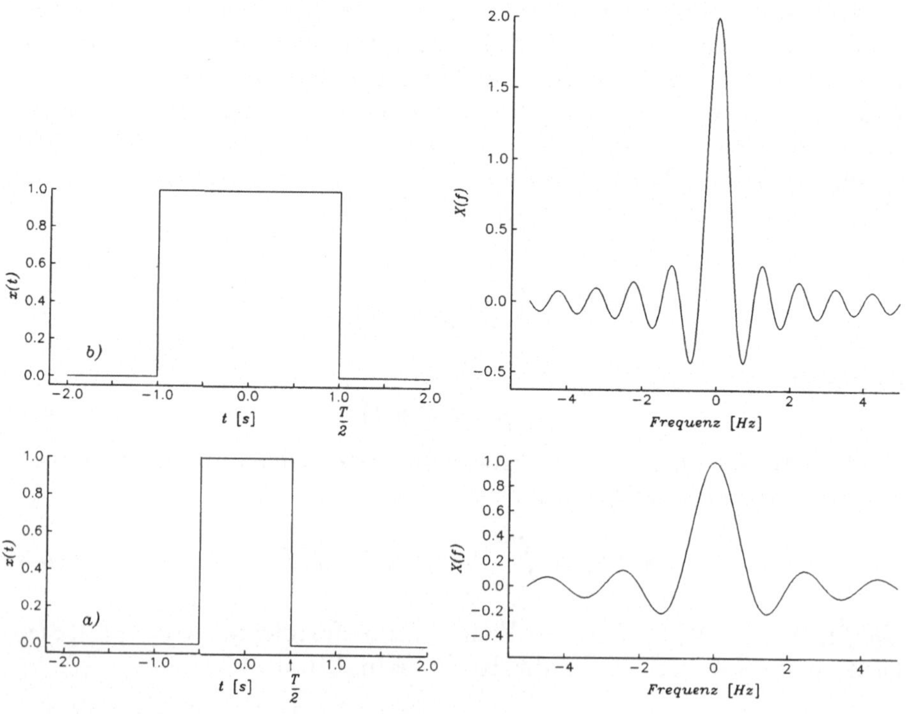

Abbildung 4.1: Die Spektren zweier Rechteckfenster unterschiedlicher
Fensterlänge T; a) $T = 1$ Sekunde, b) $T = 2$ Sekunden. Mit wachsendem T nimmt die Halbwertsbreite des Spektrums ab; dadurch wird
die Schätzung des Spektralwertes genauer.

zur Folge, daß man das wahre Spektrum wie durch einen breiten Spalt sieht. Durch diese Glättung des Spektrums sind benachbarte Spektralanteile schlechter voneinander zu trennen. Darüber hinaus können nichtexistierende Spektralanteile vorgetäuscht werden.

Das Beispiel in Abb. 4.2 zeigt diese Effekte. Berechnet ist die Fourier-Transformierte einer 50-Hz-Kosinusschwingung. Im Vergleich zum Spektrum der unendlich langen Funktion mit den zwei zu erwartenden δ-Impulsen bei ± 50 Hz ist die Fourier-Transformierte eines Ausschnitts der Länge $T = 1$ s der gleichen Funktion dargestellt. Die Spektralmaxima liegen gleichfalls bei ± 50 Hz; im Spektrum spiegelt sich aber jetzt zusätzlich das Spektrum

$$W(f) = T\frac{\sin(\pi f T)}{\pi f T} \tag{4.5}$$

der Fensterfunktion $w(t)$ wider. Für $s_T(t) = s(t)w(t) = \cos(2\pi f_0 t)w(t)$ folgt nach dem Faltungstheorem bei Berücksichtigung der Beziehung (3.26) und Anwendung von Gleichung (3.2):

$$\begin{aligned}
S_T(f) &= S(f) * W(f) = \int_{-\infty}^{\infty} S(g)W(f - g)dg \\
&= \int_{-\infty}^{\infty} (\frac{1}{2}\delta(g - f_0) + \frac{1}{2}\delta(g + f_0))\, T\frac{\sin(\pi(f - g)T)}{\pi(f - g)T}dg \\
&= \frac{T}{2}(\frac{\sin(\pi(f - f_0)T)}{\pi(f - f_0)T} + \frac{\sin(\pi(f + f_0)T)}{\pi(f + f_0)T})\ .
\end{aligned} \tag{4.6}$$

Für den Sonderfall, daß T ein ganzzahliges gerades Vielfaches der Periode $P = \frac{1}{f_0}$ der Kosinusfunktion ist ($T = 2nP$, $n = 1, 2, 3...$), ergibt sich

$$S_T(f) = \frac{f\ \sin(2\pi f n P)}{\pi(f^2 - f_0^2)} \ \text{mit}\ \mid S_T(\pm f_0) \mid = \frac{n}{f_0}\ . \tag{4.7}$$

Mit wachsendem n gibt es immer mehr Nebenmaxima, und die Hauptmaxima bei $\pm f_0$ werden immer größer. Man kann sich anschaulich vorstellen, daß für $n \to \infty$ das Amplitudenspektrum in δ-Impulse bei $f = \pm f_0$ übergeht.

4.2 Gegenüberstellung verschiedener Gewichtsfunktionen

Das spektrale Auflösungsvermögen und das Vortäuschen nichtrealer Spektralanteile hängen sowohl von der Fensterbreite als auch von der Form des benutzten Fensters ab. Vor allem bewirken Diskontinuitä-

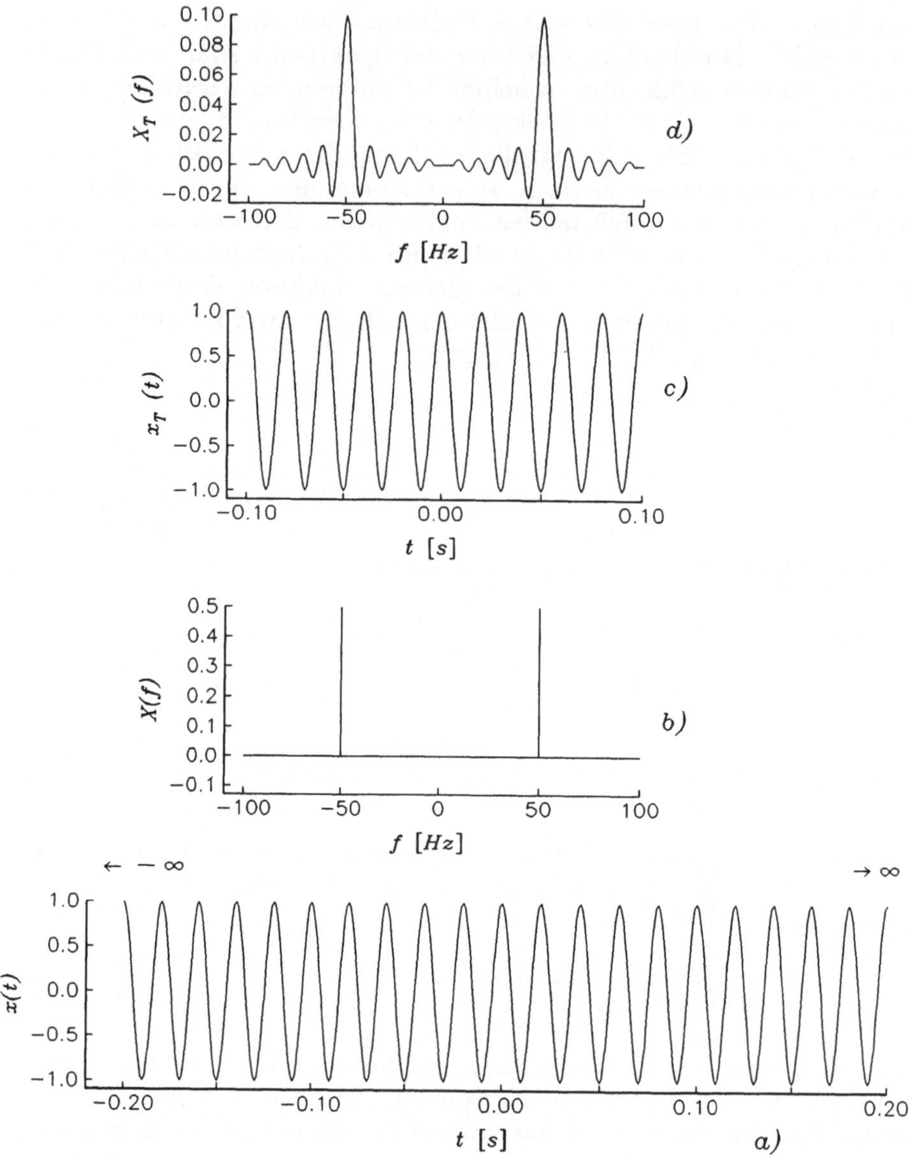

Abbildung 4.2: Gegenüberstellung der Spektren einer unendlich langen und einer zeitlich begrenzten monochromatischen Kosinusfunktion:

a) zeitlich nicht begrenzte Kosinusfunktion der Frequenz $f_0 = 50$ Hz,
b) Spektrum der in a) dargestellten Funktion,
c) zeitlich begrenzte Kosinusfunktion der Länge 0.2 Sekunden,
d) Spektrum der in c) dargestellten Funktion.

ten am Anfang und Ende der gewählten Gewichtsfunktion hohe Nebenmaxima im Spektrum. Es ist daher vorteilhaft, anstelle der Rechteck-Gewichtsfunktion andere Fenster zu benutzen, deren Spektren ein möglichst scharfes Hauptmaximum bei stark reduzierten Nebenmaxima besitzen. Das sind jedoch zwei konträre Forderungen, zwischen denen lediglich Kompromißlösungen möglich sind. Dieses Problem tritt nicht nur bei der Fourieranalyse und der statistischen Spektralanalyse auf, sondern auch in der Optik, Antennen- und Kommunikationstheorie und ist entsprechend breit in der Literatur behandelt. Im Prinzip existiert eine Vielzahl möglicher Kriterien zur Bestimmung geeigneter Gewichtsfunktionen. So sind z.B. die Minimierung der effektiven Signaldauer L im Sinne der Definition von Berkhout (1973) bzw. Schoenberger (1974),

$$L^2 = \frac{\int_{-\infty}^{\infty} t^2 w^2(t)dt}{\int_{-\infty}^{\infty} w^2(t)dt} \quad , \tag{4.8}$$

oder auch die Minimierung der Nebenmaxima im Chebychev-Sinn (gleiche Höhe der Nebenmaxima) sinnvolle Ansätze. Eine andere Möglichkeit ist die Bestimmung einer Gewichtsfunktion, für die das Produkt aus Zeitdauer T_0 der Gewichtsfunktion und zugehöriger Spektralbandbreite f_0 möglichst klein wird. Da jede zeitbegrenzte Funktion ein unendlich breites Frequenzspektrum besitzt, ist es notwendig, die Bandbreite des Spektrums zu definieren, zum Beispiel in der Form, daß 90 Prozent der Energie E der Gewichtsfunktion innerhalb des Intervalls $(-\frac{f_0}{2}, \frac{f_0}{2})$ konzentriert sind:

$$\int_{-\frac{f_0}{2}}^{\frac{f_0}{2}} \mid W(f) \mid^2 df = 0.9 \int_{-\infty}^{\infty} \mid W(f) \mid^2 df = 0.9E \quad . \tag{4.9}$$

Nach dem Parsevalschen Theorem folgt hieraus:

$$\int_{-\frac{T_0}{2}}^{\frac{T_0}{2}} w^2(t)dt = 0.9 \int_{-\infty}^{\infty} w^2(t)dt \quad , \tag{4.10}$$

so daß sich für das Rechteckfenster der Weite T und der Höhe 1 aus

$$\int_{-\frac{T_0^R}{2}}^{\frac{T_0^R}{2}} 1^2 dt = 0.9 \int_{-\frac{T}{2}}^{\frac{T}{2}} 1^2 dt \tag{4.11}$$

die Weite $T_0^R = 0.9\ T$ ergibt, in der 90 Prozent der Energie von $w(t)$ liegen.

Durch Anwendung des Parsevalschen Theorems auf die linke Seite der Gleichung (4.11) folgt:

$$\int_{-\frac{f_0^R}{2}}^{\frac{f_0^R}{2}} \mid W(f) \mid^2 df = 0.9 \int_{-\frac{f_0^R}{2}}^{\frac{f_0^R}{2}} (\frac{T \sin(\pi f T)}{\pi f T})^2 df = 0.9\ T\ . \qquad (4.12)$$

Hieraus erhält man für die Spektralbandbreite des Rechteckfensters, in der 90 Prozent der Signalenergie liegen, $f_0^R = \frac{1.65}{T}$ und somit $T_0^R f_0^R = 1.49$. Im Vergleich hierzu ist die Dreiecksgewichtsfunktion mit $T_0^D = 0.536\ T$, $f_0^D = \frac{1.58}{T}$ und $T_0^D f_0^D = 0.85$ im Sinne eines möglichst kleinen Wertes für das Produkt aus Zeitdauer und Bandbreite der Gewichtsfunktion günstiger.

Andere Kriterien basieren auf **Fehler** und/oder **Varianz** der Spektralschätzung (s. Papoulis, 1973). Von der Vielzahl der möglichen Gewichtsfunktionen werden vier Gewichtsfunktionen, die sich als zweckmäßig erwiesen haben, gegenübergestellt (s. Tabelle 4.1 und Abb. 4.3): Rechteck-, Bartlett-, Tukey- (oder Hanning-) und Parzengewichtsfunktion.

Diskussion der Gewichtsfunktionen:

1. Die Gewichtsfunktionen sind reelle, gerade Funktionen, $w(t) = w(-t)$, für die das Phasenspektrum Null bzw. $180°$ ist. Da die Spektren der Bartlett- und Parzengewichtsfunktion, $W_B(f)$ und $W_P(f)$, stets positiv sind, ermöglichen diese Gewichtsfunktionen phasentreue Spektralbestimmungen, dagegen kann die Anwendung der Gewichtsfunktionen $w_R(t)$ und $w_T(t)$ zu Phasenumkehrungen führen.

2. Das Spektrum der Rechteckgewichtsfunktion besitzt das schärfste Hauptmaximum, aber auch die größten Nebenmaxima. Die Spektralfenster der Rechteck-, Bartlett- und Parzengewichtsfunktionen sind von der Form

$$W(f) = (\frac{\sin(2\pi f \frac{M}{n})}{2\pi f \frac{M}{n}})^n\ ,\ n = 1, 2, 4\ ;\ M = \frac{T}{2}\ . \qquad (4.13)$$

Wachsendes n bedeutet Abnahme der Höhe der Nebenmaxima, aber gleichzeitig Verbreiterung des Hauptmaximums, da die erste Nullstelle bei $f = \frac{n}{2M}$ liegt.

3. Für die Rechteckgewichtsfunktion folgt aus $\frac{T \sin(\pi f_h T)}{\pi f_h T} = \frac{T}{2}$ für die Halbwertsbreite $2 f_h = 4 \frac{0.3017}{T}$. Die Halbwertsbreiten der Spektren der vier gegenübergestellten Gewichtsfunktionen sind $4 \frac{\alpha}{T}$ mit $\alpha_R = 0.3017$, $\alpha_B = 0.4430$, $\alpha_T = 0.5$ bzw. $\alpha_P = 0.6379$. Zur Trennung zweier Spektrallinien im Abstand Δf muß die

Halbwertsbreite des Spektrums der Gewichtsfunktion kleiner als Δf sein. Damit muß die Länge der Gewichtsfunktion T größer als $\frac{4\alpha}{\Delta f}$ sein, d.h. zur Trennung zweier Frequenzanteile im Abstand Δf sind bei den vier gegenübergestellten Gewichtsfunktionen folgende Längen der Zeitfenster erforderlich:

$$T_R > \frac{1.2}{\Delta f}, \ T_B > \frac{1.8}{\Delta f}, \ T_T > \frac{2}{\Delta f}, \ T_P > \frac{2.5}{\Delta f}.$$

Der Effekt der unterschiedlichen Fensterbreite und der Fenstergestalt wird in Abb. 4.4 für eine spezielle Funktion x(t), deren Spektrum aus zwei δ-Impulsen bei f_1 und f_2 besteht, gezeigt. Der gewählte Frequenzabstand $f_2 - f_1$ beträgt $\frac{1}{T}$. Bei Benutzung des Rechteckfensters der Länge T in Abb. 4.4b) sind die Frequenzanteile bei f_1 und f_2 nicht zu trennen. Dies ist erst mit dem Rechteckfenster der

	Gewichtsfunktion	Spektrum
Rechteck	$w_R(t) = \begin{cases} 1 & , \ \|t\| \le M \\ 0 & , \ \|t\| > M \end{cases}$	$W_R(f) = 2M\left(\frac{sin(2\pi fM)}{2\pi fM}\right),$ $-\infty \le f \le \infty$
Bartlett (Dreieck)	$w_B(t) = \begin{cases} 1 - \frac{\|t\|}{M} & , \ \|t\| \le M \\ 0 & , \ \|t\| > M \end{cases}$	$W_B(f) = M\left(\frac{sin(\pi fM)}{\pi fM}\right)^2,$ $-\infty \le f \le \infty$
Tukey oder Hanning	$w_T(t) = \begin{cases} \frac{1}{2}(1 + cos(\frac{\pi t}{M})) & , \ \|t\| \le M \\ 0 & , \ \|t\| > M \end{cases}$	$W_T(f) = M\left(\frac{sin(\pi fM)}{\pi fM}\right)$ $+\frac{1}{2}\frac{sin(2\pi M(f+\frac{1}{2}M))}{2\pi M(f+\frac{1}{2}M)}$ $+\frac{1}{2}\frac{sin(2\pi M(f-\frac{1}{2}M))}{2\pi M(f-\frac{1}{2}M)})$ $= M\left(\frac{sin(2\pi fM)}{2\pi fM}\right)\left(\frac{1}{1-(2\pi fM)^2}\right),$ $-\infty \le f \le \infty$
Parzen	$w_P(t)$ $= \begin{cases} 1 - 6(\frac{t}{M})^2 + 6(\frac{\|t\|}{M})^3 & , \ \|t\| \le \frac{M}{2} \\ 2(1 - \frac{\|t\|}{M})^3 & , \ \frac{M}{2} < \|t\| \le M \\ 0 & , \ \|t\| > M \end{cases}$	$W_P(f) = \frac{3}{4}M\left(\frac{sin(\pi f\frac{M}{2})}{\pi f\frac{M}{2}}\right)^4,$ $-\infty \le f \le \infty$

Tabelle 4.1: Zusammenstellung verschiedener Gewichtsfunktionen und ihrer Spektren.

56

Länge $2T$ möglich, das aber zu größeren Nebenmaxima im Spektrum führt. Im Gegensatz zum Rechteckfenster ist die Fensterlänge $2T$ bei Anwendung der Tukey- und Parzengewichtsfunktion noch zu kurz, um die beiden Spektralanteile trennen zu können (siehe Abb. 4.4d und 4.4e).

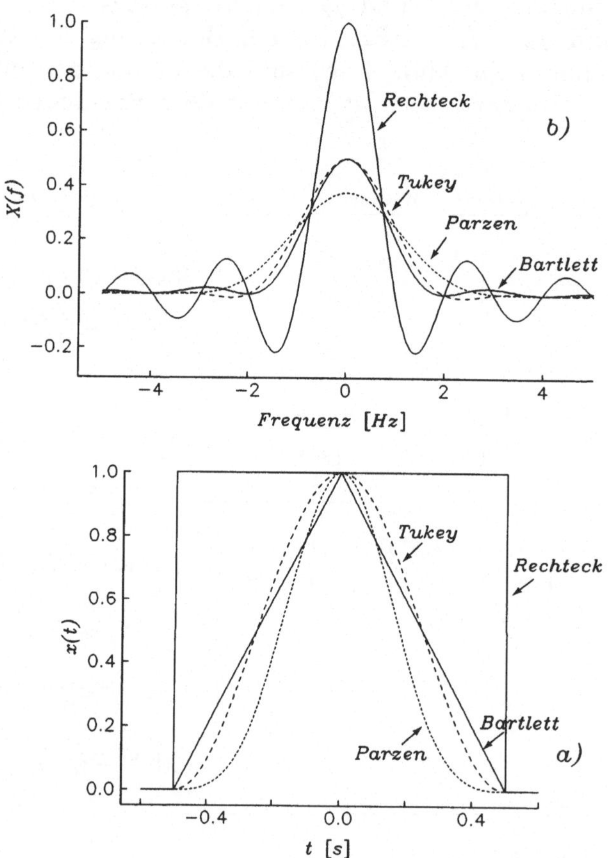

Abbildung 4.3: Rechteck-, Bartlett-, Tukey- und Parzengewichtsfunktionen und ihre Spektren.
a) Gewichtsfunktionen; die Fensterlänge beträgt jeweils 1 Sekunde.
b) Spektren der in a) gezeigten Gewichtsfunktionen. Die Spektren sind für das Frequenzintervall (-5 Hz, 5 Hz) dargestellt. Bei gleicher Fensterlänge besitzt das Rechteckfenster das größte und die Parzenfunktion das geringste Auflösungsvermögen.

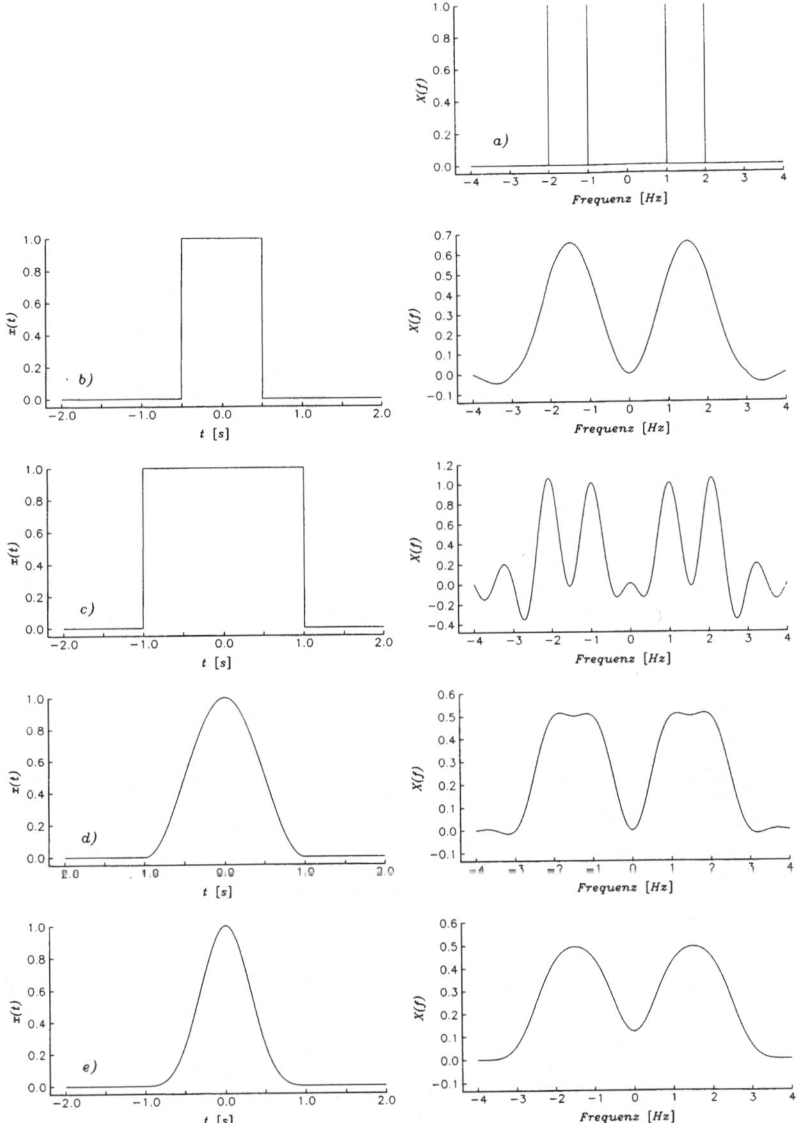

Abbildung 4.4: Der Einfluß von Länge und Gestalt der Gewichtsfunktion (links dargestellt) auf das berechnete Signalspektrum.
a) vorgegebenes Spektrum einer Zeitfunktion, bestehend aus zwei periodischen Anteilen der Frequenz 1 Hz und 2 Hz, d.h. $\Delta f = 1$ Hz.
b) Spektrum bei Anwendung des Rechteckfensters der Länge $T = \frac{1}{\Delta f}$;
c) wie b), jedoch ist hier das Fenster doppelt so lang wie bei b);
d) und e) Spektren bei Anwendung des Tukey-und Parzenfensters;
Fensterlänge wie bei c).

Kapitel 5

Spektralanalyse diskreter Funktionen

Das prinzipiell Neue bei der Behandlung **diskreter** Funktionen gilt für periodische und nichtperiodische Vorgänge gleichermaßen und wird hier am Beispiel der Fourier-Transformation diskreter nichtperiodischer Funktionen erklärt.

5.1 Diskrete Meßdatenerfassung kontinuierlicher Funktionen

Geophysikalische Vorgänge, wie z. B. die Ausbreitung seismischer oder elektromagnetischer Wellen im Erdinnern, laufen zeitlich und räumlich kontinuierlich ab. Die Meßgröße, z. B. die Bodenverschiebung, kann zu einem festen, aber beliebigen Zeitpunkt jeden Amplitudenwert innerhalb eines begrenzten Intervalls annehmen. Bei der Registrierung, spätestens bei der Bearbeitung, werden die kontinuierlichen Meßgrößen durch Abtasten diskretisiert und so in eine Form gebracht, die die weitere Bearbeitung mittels Digitalrechner und die Anwendung digitaler Rechenverfahren ermöglicht. Viele Meßinstrumente registrieren bereits digital, d.h. sie liefern direkt die Zeitreihe über einen angeschlossenen Analog-Digital-Wandler. Es erfolgt dabei eine Diskretisierung bezüglich der Zeit wie auch der Amplitude (siehe Abb. 5.1). Die Amplitudenwerte sind dabei kodiert, z.B. als Binärzahlen oder häufiger in der Form $M \times 2^E$. Die Mantisse M und der Exponent E sind Binärzahlen. Bei der Quantisierung bezüglich der Amplitude werden die zu einem bestimmten Zeitpunkt möglichen Signalwerte auf eine bestimmte endliche Zahl erlaubter Amplitudenwerte begrenzt und anstelle des Signalwertes der nächstliegende Amplitudenwert gewählt. Die Amplitudenquantisierung rührt daher, daß der Funktionswert durch Zahlen begrenzter Ziffernzahl dargestellt werden muß. Mit n bit lassen sich 2^n Zahlen darstellen. So kann z.B. bei der Darstellung im binären Zahlensystem

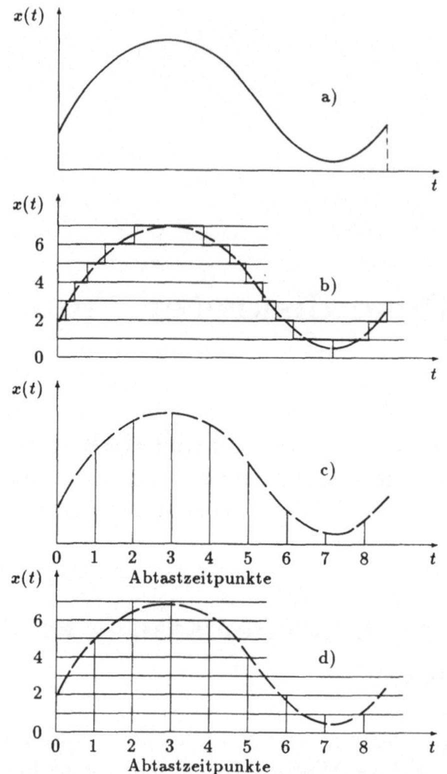

Abbildung 5.1: Diskretisierung eines kontinuierlichen Signals:
a) kontinuierliche Funktion, b) amplitudendiskretisiertes Signal,
c) zeitdiskretisiertes Signal, d) nach Amplitude und Zeit diskretisier-
tes Signal.

und Beschränkung auf 14 bit (13 bit plus Vorzeichenbit) mit der 1-er
Komplementierung zur Wiedergabe von negativen Zahlen jede ganze
Zahl zwischen ± 8192 (2^{13}) dargestellt werden. Die Auflösung beträgt
$\frac{1}{16382}$, denn zwei Werte mit der Amplitudendifferenz $\frac{1}{16382}$ bekommen
mit einer Wahrscheinlichkeit $\frac{1}{2}$ verschiedene Zahlenrepräsentationen.

Aufgrund der Amplitudenquantisierung kommt es zu Spektralab-
weichungen gegenüber dem Spektrum der kontinuierlichen Funktion.
Der Grad der Abweichung hängt ab von dem bei der Amplitudenquantisierung vorgegebenen Amplitudenauflösungsvermögen. Der relative Fehler ist besonders groß für Frequenzen, für die nur geringe
Spektralanteile vorhanden sind. Diese Frequenzbereiche sind daher
für eine Auswertung und Interpretation, z. B. zur Bestimmung der
Absorption und Dämpfung seismischer Wellen, vielfach nicht zu ge-
brauchen (s. Kulhanek und Klima, 1970).

Bei der zeitlichen Diskretisierung wird das Signal nur durch seine (amplitudenquantisierten) Werte in bestimmten fixierten Zeitpunkten dargestellt. Aufgrund der technisch und rechnerisch einfacheren Handhabung hat sich die äquidistante Abtastung durchgesetzt. Dabei wird der Stützstellenabstand durch den Frequenzgehalt des Signals bestimmt, das als frequenzbandbegrenzt angenommen wird (siehe Kapitel 5.2).

5.2 Abtasttheorem und Alias-Effekte

Behandelt werden bandbegrenzte Signale mit der oberen Grenzfrequenz f_{Max}. Von zentraler Bedeutung für die diskrete Erfassung kontinuierlicher Funktionen ist die Frage nach dem Stützstellenabstand Δt. Ist der Stützstellenabstand gemessen an der oberen Grenzfrequenz zu klein gewählt, dann ergibt sich eine Datenfolge hoher Redundanz und ein unnötiges Anwachsen der insgesamt zu verarbeitenden Datenmenge. Demgegenüber kann ein zu großer Stützstellenabstand den Frequenzgehalt nicht richtig erfassen. Abb. 5.2 zeigt z.B. für eine 4-Hz-Schwingung, die mit $\Delta t = 0.2$ s dargestellt wird, das Vortäuschen einer scheinbaren Frequenz $f_s = 1$ Hz. Das Abtasttheorem legt eine obere Grenze für den zulässigen Stützstellenabstand fest.

Für eine diskrete Folge oder Zeitreihe $x_j = x(j\Delta t)$, $j = -\infty, ..., \infty$ wird in Zukunft die kürzere Schreibweise (x_j) gewählt. (x_j) kann als kontinuierliche Funktion $x_s(t)$ verstanden werden, die nur an den

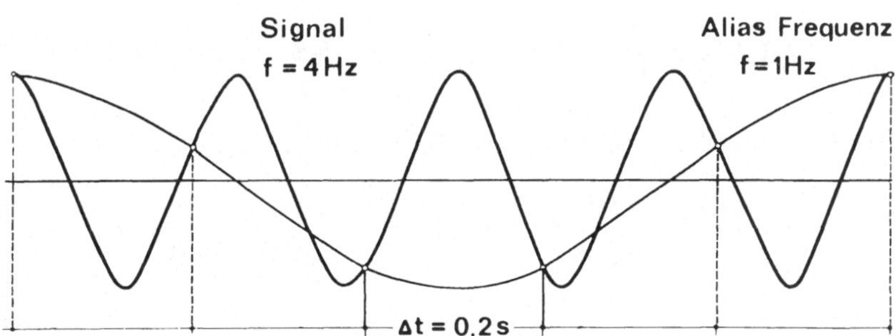

Abbildung 5.2: : Vortäuschen einer niedrigen Frequenz durch die Wahl eines zu großen Stützstellenabstandes. Das vorgegebene Signal besitzt die Frequenz $f = 4$ Hz. Bei einer Abtastung mit $\Delta t = 0.2$ s wird eine 1-Hz-Schwingung vorgetäuscht.

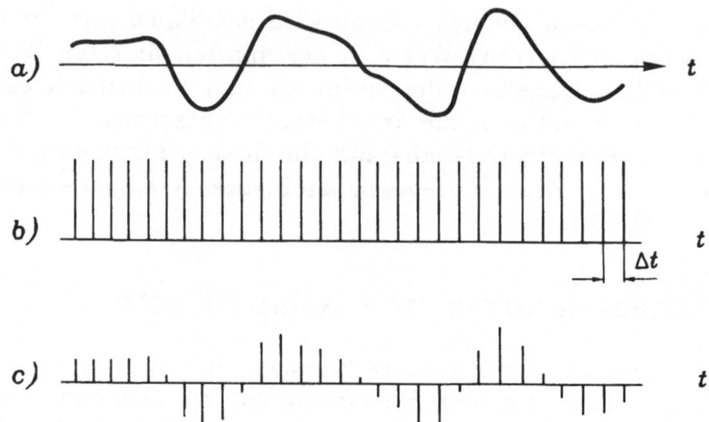

Abbildung 5.3: Darstellung der Funktion $x_s(t)$ als Produkt von $x(t)$ mit der Kammfunktion $\sum_{j=-\infty}^{\infty} \delta(t-j\Delta t)$: a) kontinuierliche Funktion $x(t)$, b) Kammfunktion, c) $x_s(t) = x(t)\sum_{j=-\infty}^{\infty} \delta(t-j\Delta t)$.

abgetasteten Stellen die Funktionswerte von $x(t)$ annimmt und sonst Null ist. $x_s(t)$ läßt sich damit als Produkt der Funktion $x(t)$ mit der Kammfunktion $\sum_{j=-\infty}^{\infty} \delta(t-j\Delta t)$ darstellen (s. Abb. 5.3):

$$x_s(t) = x(t) \sum_{j=-\infty}^{\infty} \delta(t-j\Delta t) \ . \tag{5.1}$$

Unter Benutzung des Faltungstheorems folgt für das Spektrum $X_s(f)$ der Funktion $x_s(t)$:

$$X_s(f) = \int_{-\infty}^{\infty} X(f-g)\mathcal{F}(\sum_{j=-\infty}^{\infty} \delta(t-j\Delta t))dg \tag{5.2}$$

und hieraus mit den Beziehungen (3.28) und (3.2):

$$X_s(f) = \int_{-\infty}^{\infty} X(f-g)\frac{1}{\Delta t} \sum_{n=-\infty}^{\infty} \delta(g - \frac{n}{\Delta t})dg$$

$$= \frac{1}{\Delta t} \sum_{n=-\infty}^{\infty} X(f - \frac{n}{\Delta t}) \ . \tag{5.3}$$

$X_s(f)$ ist periodisch mit der Periode $\frac{1}{\Delta t}$ und hängt von der Wahl von Δt ab. Unter Einführung der Nyquist-Frequenz,

$$f_{Ny} = \frac{1}{2\Delta t} \ , \tag{5.4}$$

läßt sich Gleichung (5.3) darstellen als

$$X_s(f) \;=\; \frac{1}{\Delta t} \sum_{n=-\infty}^{\infty} X(f - 2nf_{Ny}) \tag{5.5}$$

$$=\; \frac{1}{\Delta t}(X(f) + \sum_{n=1}^{\infty} \{X(f - 2nf_{Ny}) + X(f + 2nf_{Ny})\}),$$

d.h. zum abgeschätzten Spektralwert an der Stelle $f = f_0 \leq \frac{1}{2\Delta t}$ tragen die Spektralwerte an den Stellen $f_0 \pm 2nf_{Ny}$, $n = 1, 2, 3, ...$ bei. Um Spektralverfälschungen zu vermeiden, muß Δt so gewählt werden, daß die größte in $x(t)$ vorkommende Frequenz f_{Max} kleiner als die sich ergebende Nyquist-Frequenz ist: $f_{Max} < f_{Ny} = \frac{1}{2\Delta t}$ bzw.

$$\Delta t < \frac{1}{2f_{Max}} \; . \tag{5.6}$$

Der Summenterm in Gleichung (5.5) liefert dann für das Intervall $(-f_{Ny}, f_{Ny})$ keinen Beitrag, und für dieses Intervall ist $X_s(f) = X(f)$. Außerhalb dieses Grundintervalls ist $X_s(f)$ dann eine periodische Wiederholung von $X(f)$. Hat man dagegen Δt nicht hinreichend klein gewählt, so daß $X(f) \neq 0$ für $|f| > \frac{1}{2\Delta t}$ ist, dann treten Spektralanteile oberhalb der Nyquist-Frequenz als Störung im Intervall

$$-\frac{1}{2\Delta t} \leq f \leq \frac{1}{2\Delta t} \tag{5.7}$$

auf und verfälschen das tatsächliche Spektrum. Wo diese Verfälschungen auftreten, kann man am leichtesten anhand der in Abb. 5.4 gezeigten Graphik überprüfen. Die Frequenz f_0 bildet sich durch Spiegelung an den Horizontalen ab, die durch $n \times f_{Ny}, n = 0, \pm 1, \pm 2, ...$ gehen.

Abb. 5.5 zeigt die Spektren einer diskretisierten Funktion für drei unterschiedlich große Stützstellenabstände Δt. Durch die Wahl eines zu großen Stützstellenabstands Δt in Abb. 5.5 b) und c), $\Delta t > \frac{1}{2f_{Max}}$, werden nichtexistierende Spektralanteile im Intervall $-\frac{1}{2\Delta t} \leq f \leq \frac{1}{2\Delta t}$ vorgetäuscht. Dieser Effekt wird in der angelsächsischen Literatur als "Aliasing" bezeichnet. In Analogie bezeichnet man die vorgetäuschten Anteile als "Alias"-Anteile.

Für die Spektralbestimmung diskretisierter Funktionen ist damit neben der Länge des Analysenintervalls T und der Gewichtsfunktion die richtige Wahl von Δt ganz entscheidend. Während die Länge T des zugrunde gelegten Analysenintervalls nach Kapitel 4 den Grad der Frequenzauflösung festlegt, definiert der Stützstellenabstand Δt

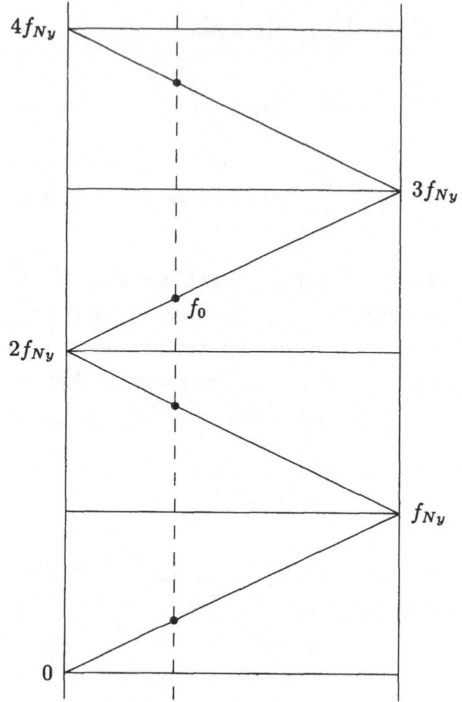

Abbildung 5.4: Graphik zur Überprüfung vorgetäuschter Alias-Spektralanteile. Ist z.B. $f_{Ny} = 5$ Hz, dann bildet sich die Frequenz 12 Hz im Intervall $[0, f_{Ny}]$ bei 2 Hz ab.

die obere Grenzfrequenz f_{Ny} im Spektrum der diskretisierten Funktion. Zur Vermeidung von Aliasing muß Δt wie in Gleichung (5.6) festgelegt gewählt werden.

Wenn Δt vorgegeben ist, wie z.B. bei der digitalen Registrierung in der Reflexionsseismik (z.B. $\Delta t = 0.002$ s), dann muß der Frequenzbereich der zu digitalisierenden Funktion durch ein Antialias-Tiefpaßfilter vor dem Analog-Digital-Wandler bzw. vor der Diskretisierung auf eine Maximalfrequenz f_{Max} begrenzt werden. Das Spektrum $X_s(f)$ der Funktion $x_s(t)$ deckt sich vollständig mit dem Spektrum $X(f)$ der kontinuierlichen Funktion $x(t)$, wenn man:

- dafür sorgt, daß das Spektrum $X(f)$ der kontinuierlichen Funktion $x(t)$ nur Frequenzen des Bereichs $\mid f \mid \leq f_{Max}$ aufweist,

- die Meßwerte so abtastet, daß $\Delta t < \frac{1}{2 f_{Max}}$ ist,

- das so erhaltene Spektrum $X_s(f) = \sum_{n=-\infty}^{\infty} X(f - \frac{n}{\Delta t})$ mit der

Funktion

$$H(f) = \begin{cases} 1 & \text{für } \mid f \mid \le f_{Ny} \\ 0 & \text{für } \mid f \mid > f_{Ny} \end{cases} \qquad (5.8)$$

multipliziert, wodurch die sich periodisch wiederholenden Anteile des Spektrums $X_s(f)$ außerhalb des Bereichs $\mid f \mid \le f_{Ny}$ gelöscht werden und $X_s(f) = X(f)$ resultiert.

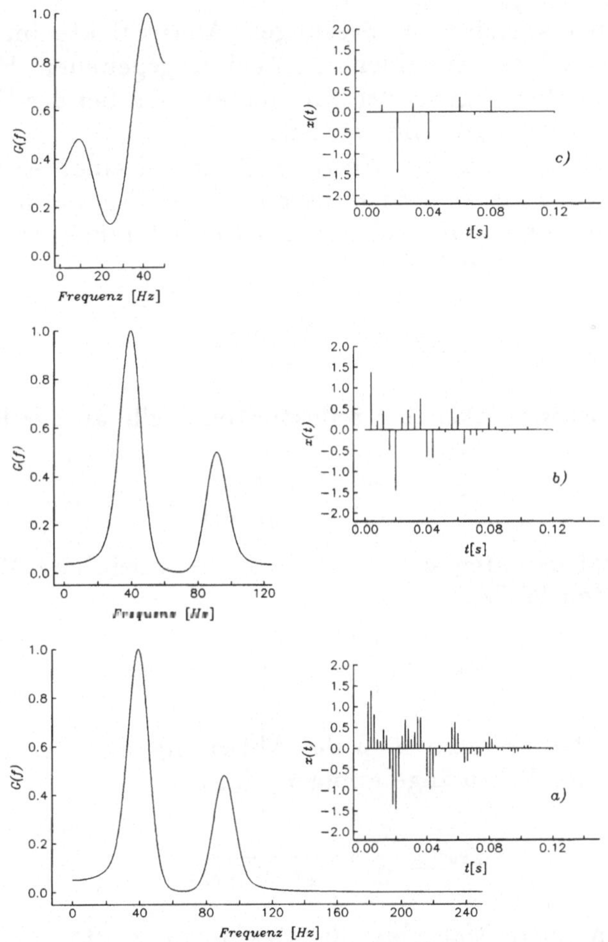

Abbildung 5.5: Signale (rechts) und Spektren einer mit verschiedenen Zeitintervallen abgetasteten Funktion: a) $\Delta t = 0.002\ s$; $f_{Ny} = 250$ Hz; b) wie a), jedoch mit $\Delta t = 0.004\ s$; $f_{Ny} = 125$ Hz; deutlich erkennbar ist die Verfälschung des Spektrums im hochfrequenten Bereich; c) wie a) für $\Delta t = 0.01\ s$; $f_{Ny} = 50$ Hz; Spektralanteile bei 90 Hz bilden sich bei dieser Abtastung bei 10 Hz ab.

Beispiele:

(1) Das Spektrum einer harmonischen Funktion $\cos(2\pi f t + \alpha)$ mit $f = 4$ Hz, die mit $\Delta t = 0.2$ s digitalisiert wird ($f_{Ny} = 2.5$ Hz), zeigt anstelle der 4-Hz-Komponente gemäß Gleichung (5.5) eine Alias-Komponente mit der scheinbaren Frequenz $f_s = 1$ Hz (s. Abb. 5.2).

(2) Für $f = 21$ Hz und $f_{Ny} = 8$ Hz ergibt sich ein scheinbarer Spektralanteil bei $f_s = 5$ Hz.

(3) Um bei seismischen Messungen Alias-Effekte im Frequenz-Wellenzahlbereich zu vermeiden, muß bei vorgegebenem Frequenzgehalt der seismischen Signale der Spurabstand Δx bei der Feldaufnahme hinreichend klein gewählt werden.
Für einen Reflektor mit der Neigung Θ ist bei einer Ausbreitungsgeschwindigkeit v die an zwei Punkten an der Erdoberfläche im Abstand Δx gemessene Laufzeitdifferenz der in sich reflektierten Strahlen (sogenannter zero-offset-Fall):

$$\Delta T = \frac{2\Delta x \; \sin(\Theta)}{v} \; . \tag{5.9}$$

Die Scheingeschwindigkeit der reflektierten Welle an der Erdoberfläche beträgt:

$$v_s = \frac{\Delta x}{\Delta T} = \frac{v}{2\sin(\Theta)} \; . \tag{5.10}$$

Für ein Signal der Frequenz f ist dann die scheinbare Wellenlänge der reflektierten Welle:

$$\lambda_s = v_s \frac{1}{f} = \frac{v}{2f \; \sin(\Theta)} \; . \tag{5.11}$$

Nach dem Abtasttheorem muß die Abtastung mit wenigstens zwei Stützwerten pro Wellenlänge erfolgen, d.h.

$$\Delta x \leq \frac{\lambda_s}{2} = \frac{v}{4f \; \sin(\Theta)} \; . \tag{5.12}$$

Kennt man in einem Meßgebiet die Geschwindigkeiten und maximalen Schichtneigungen und bestehen Vorstellungen über die dominierenden Frequenzen der seismischen Signale, dann läßt sich anhand dieser Gleichung der zur Abtastung des Untergrundes erforderliche Abstand der Seismometer abschätzen. Hiernach ist z.B. für Messungen mit dominierenden Frequenzen um 70 Hz in einem Meßgebiet mit Geschwindigkeiten um 2000 $\frac{m}{s}$ und Schichtneigungen bis zu 45° eine Abtastung mit $\Delta x \leq 10$ m erforderlich.

Die Bedeutung der richtigen Wahl des Spurabstandes wird an Modellrechnungen verdeutlicht. Nach den obigen Darstellungen ist der Spurabstand in Abhängigkeit vom Frequenzgehalt der seismischen Signale und von den Neigungen der Reflektoren im Untergrund so zu wählen, daß das Abtasttheorem erfüllt wird. Über Modell-Rechnungen wird versucht, den Spurabstand zu optimieren und so festzulegen, daß einerseits der Aufwand bei den Feldarbeiten und bei der sich anschließenden Datenverarbeitung in vertretbaren Grenzen gehalten wird, andererseits die auftretenden Alias-Effekte zu tolerieren sind. Die Auswirkungen unterschiedlicher Spurabstände bei der Feldaufnahme lassen sich anhand der $(f-k)$-Spektren beurteilen.

Abb. 5.6 zeigt in der oberen Bildhälfte die zeitmigrierte seismische Stapelsektion eines vorgegebenen geologischen Modells mit einem Spurabstand von 50 m. Das zugehörige $(f-k)$-Spektrum mit der Nyquist-Frequenz $f_{Ny} = 125$ Hz und der Nyquist-Wellenzahl $k_{Ny} = 0.01\ m^{-1}$ zeigt neben den Spektralanteilen, die den seismischen Horizonten mit positiven und negativen Scheingeschwindigkeiten zuzuordnen sind, Alias-Anteile von Reflexionselementen mit relativ niedrigen Scheingeschwindigkeiten, das heißt starker Neigungen, die nicht hinreichend eng abgetastet werden. Beiträge oberhalb der Nyquist-Wellenzahl bilden sich im Intervall $(-k_{Ny}, k_{Ny})$ ab, und zwar so, daß Anteile, die bei richtiger Wahl des Spurabstandes z.B. im Quadranten links unten liegen würden, in den oberen rechten Quadranten fallen und die von den seismischen Horizonten höherer Scheingeschwindigkeit herrührenden Anteile überlagern. Da die stark geneigten Reflektoren nicht richtig erfaßt werden, ist jede weitere Bearbeitung jener Anteile des $(f-k)$-Spektrums, in dem sich die Alias-Anteile abbilden, mit Fehlern behaftet. Bei einer Verringerung des Spurabstandes auf 25 m, das entspricht einer Nyquist-Wellenzahl von 0.02 m^{-1}, treten zwar immer noch Alias-Anteile auf, sie wirken sich aber nicht mehr störend aus, wie man in Abb. 5.6 unten rechts sieht.

Anmerkung: Das Abtast-Theorem kann man auch auf anderem Wege über den Aufbau frequenzbandbeschränkter Signale $x(t)$ mit der Bandbreite $(-f_{Max}, f_{Max})$ an Hand des orthogonalen Funktionensystems

$$
\begin{aligned}
y_n(t) &= \frac{1}{2f_{Max}} \int_{-f_{Max}}^{f_{Max}} e^{i2\pi f\left(t - \frac{n}{2f_{Max}}\right)} df \\
&= \frac{\sin\left(2\pi f_{Max}\left(t - \frac{n}{2f_{Max}}\right)\right)}{2\pi f_{Max}\left(t - \frac{n}{2f_{Max}}\right)}
\end{aligned}
\tag{5.13}
$$

ableiten. Dieses Funktionensystem besitzt die Eigenschaft:

$$\int_{-\infty}^{\infty} y_n(t) y_m(t)\, dt = \left\{ \begin{array}{ll} 0 & \text{für } n \neq m \\ \frac{1}{2f_{Max}} & \text{für } n = m \end{array} \right. \quad . \qquad (5.14)$$

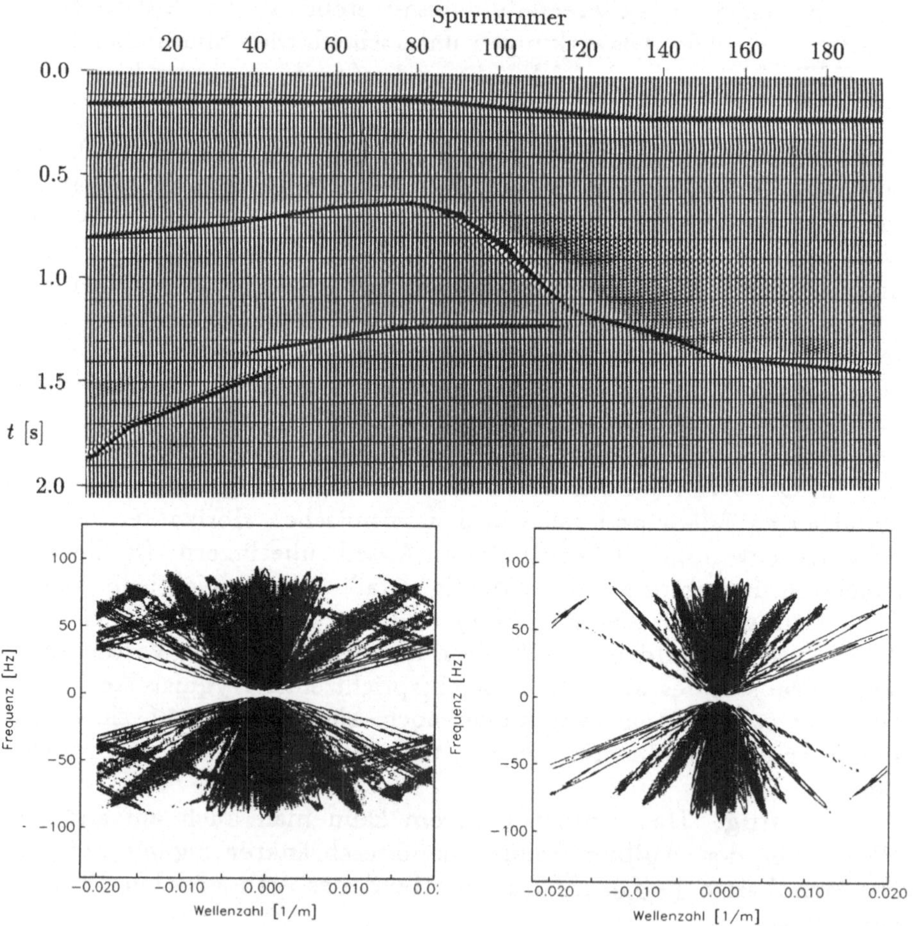

Abbildung 5.6: Frequenz-Wellenzahl-Spektrum eines vorgegebenen Modells. Oben: zeitmigrierte seismische Sektion des Modells, Spurabstand = 50 m; unten: Frequenz-Wellenzahl-Spektren der seismischen Sektion: links: Spurabstand 50 m; aufgrund des gewählten Spurabstands zeigt das $(f-k)$-Spektrum vorgetäuschte Alias-Anteile. rechts: $\Delta x = 25\ m$; es treten kaum störende Alias-Anteile auf.

Macht man für die bandbegrenzte Funktion $x(t)$ den Ansatz

$$x(t) = \sum_{n=-\infty}^{\infty} a_n y_n(t) \tag{5.15}$$

und bestimmt die Koeffizienten a_n dadurch, daß man beide Seiten mit $y_m(t)$ multipliziert und über den Orthogonalitätsbereich des Funktionensystems integriert, dann erhält man unter Berücksichtigung der Orthogonalitätsbedingung (5.14):

$$\begin{aligned}
\int_{-\infty}^{\infty} x(t)y_m(t)dt &= \int_{\infty}^{\infty} x(t)\frac{1}{2f_{Max}} \int_{-f_{Max}}^{f_{Max}} e^{-i2\pi f(t-\frac{m}{2f_{Max}})} df\,dt \\
&= \int_{-\infty}^{\infty} \sum_{n=-\infty}^{\infty} a_n y_n(t)y_m(t)dt \\
&= a_m \frac{1}{2f_{Max}} \ .
\end{aligned} \tag{5.16}$$

Hieraus folgt:

$$\begin{aligned}
a_m &= \int_{-f_{Max}}^{f_{Max}} e^{i2\pi \frac{fm}{2f_{Max}}} \int_{-\infty}^{\infty} x(t)e^{-i2\pi ft} dt\,df \\
&= \int_{-f_{Max}}^{f_{Max}} X(f)e^{i2\pi \frac{fm}{2f_{Max}}} df \\
&= x(\frac{m}{2f_{Max}})
\end{aligned} \tag{5.17}$$

und damit

$$\begin{aligned}
x(t) &= \sum_{n=-\infty}^{\infty} x(\frac{n}{2f_{Max}})\, y_n(t) \\
&= \sum_{n=-\infty}^{\infty} x(\frac{n}{2f_{Max}})\, \frac{\sin(2\pi f_{Max}(t - \frac{n}{2f_{Max}}))}{2\pi f_{Max}(t - \frac{n}{2f_{Max}})} \ .
\end{aligned} \tag{5.18}$$

Gleichung (5.18) ist die mathematische Form des von Shannon (1948) angegebenen Abtasttheorems: Eine mit der Frequenz f_{Max} bandbegrenzte Zeitfunktion $x(t)$ ist eindeutig durch ihre diskreten Werte $x_n = x(\frac{n}{2f_{Max}})$, $n = 0, \pm 1, \pm 2, \ldots$ bestimmt.

Zur Rückgewinnung der kontinuierlichen, frequenzbandbegrenzten Funktion $x(t)$ werden entsprechend Gleichung (5.18) die Amplituden über eine gleitende $\sin(t)/t$-gewichtete Mittelwertsbildung der gleichabständigen Funktionswerte $x(\frac{n}{2f_{Max}})$ berechnet. Eine frequenzbandbeschränkte Funktion kann zeitlich nicht begrenzt sein, da $x(t) =$

$\int_{-f_{Max}}^{f_{Max}} X(f)e^{i2\pi ft}df$ für endliche f_{Max} eine analytische Funktion von t ist, die nicht längs eines Wegstücks ihrer Variablen verschwinden kann, ohne identisch Null zu sein. Eine exakte Rückgewinnung der kontinuierlichen bandbegrenzten Funktion aus einer **endlich langen** Folge diskreter Werte ist daher nicht möglich.

Ist die Funktion $x(t)$ nicht bandbegrenzt, dann kann man trotzdem bei Wahl einer willkürlichen Frequenz f_{Max} mit Hilfe der Funktionswerte von $x(t)$ an den Stellen $t = \frac{n}{2f_{Max}}$, $n = 0, \pm 1, \pm 2, ...$ die Reihe nach Gleichung (5.18) bilden, die aber nicht mehr mit $x(t)$ identisch ist. An den diskreten Stellen $t = \frac{n}{2f_{Max}}$ stimmen jedoch die Werte der Reihe mit $x(t)$ überein. Dazwischen interpoliert die Reihe die Funktion $x(t)$.

Zeitlich begrenzte Signale können als komplementäres Analogon zu den frequenzbandbegrenzten Signalen aufgefaßt werden. Demzufolge sind ihre Spektren nicht bandbegrenzt; zusätzlich gilt für sie eine der Gleichung (5.18) entsprechende Beziehung im Frequenzbereich, die besagt, daß das Spektrum eines zeitlich begrenzten Signals $x(t)$, $-T \leq t \leq T$, durch diskrete Probewerte im Abstand $\frac{1}{2T}$ vollständig bestimmt ist:

$$X(f) = \sum_{n=-\infty}^{\infty} X(\frac{n}{2T}) \frac{\sin(2\pi T(f - \frac{n}{2T}))}{2\pi T(f - \frac{n}{2T})} \ . \qquad (5.19)$$

Das Spektrum $X(f)$ eines zeitbegrenzten Signals $x(t)$ ist also allein durch seine diskreten Werte an den Stellen $f = \frac{n}{2T}$, $n = 0, \pm 1, \pm 2, ...$ bestimmt.

5.3 Fourier-Transformierte diskreter Funktionen (DFT)

Die Funktion $x(t)$, $0 \leq t \leq T$ mit der Fourier-Transformierten

$$X(f) = \int_0^T x(t)e^{-i2\pi ft}dt \qquad (5.20)$$

werde an N äquidistanten Stützstellen $t = j\Delta t$, $j = 0, 1, ..., N - 1$ diskretisiert. Zur Bestimmung des Spektrums der diskreten Funktion wird das Integral mittels der Trapezformel durch die Summe

$$X(f) = \Delta t \sum_{j=0}^{N-1} x(j\Delta t)e^{-i2\pi fj\Delta t} \qquad (5.21)$$

ersetzt. Berechnet man $X(f)$ für diskrete Werte $f = n\Delta f$,

$$X(n\Delta f) = \Delta t \sum_{j=0}^{N-1} x(j\Delta t)e^{-i2\pi n\Delta f\, j\Delta t} \ , \qquad (5.22)$$

und wählt man $\Delta f = \frac{1}{T} = \frac{1}{N\Delta t}$, so folgt:

$$X(n\Delta f) = \Delta t \sum_{j=0}^{N-1} x(j\Delta t)e^{-i2\pi \frac{nj}{N}} \ . \qquad (5.23)$$

Setzt man $\Delta t = 1$, d.h. berechnet man das Spektrum in Einheiten "Schwingungen pro Zeiteinheit", so erhält man

$$X_n = \sum_{j=0}^{N-1} x_j e^{-i2\pi \frac{nj}{N}} \ . \qquad (5.24)$$

In Gleichung (5.24) ist das Spektrum weder richtig skaliert noch stimmen die Dimensionen. Hierzu muß die rechte Seite von Gleichung (5.24) mit Δt multipliziert werden. Die Form (5.24) wird lediglich gewählt, um die Schreibweise einfach zu halten.

Es gilt:

- X_n ist periodisch mit N. Es gilt:

$$\begin{aligned}
X_{n+N} &= \sum_{j=0}^{N-1} x_j e^{-i2\pi(\frac{n+N}{N})j} \\
&= \sum_{j=0}^{N-1} x_j e^{-i2\pi j} e^{-i2\pi \frac{n}{N}j} = X_n \ , \qquad (5.25)
\end{aligned}$$

da $e^{-i2\pi \frac{n}{N}j}e^{-i2\pi j} = e^{-i2\pi \frac{n}{N}j}(\cos(2\pi j) - i\sin(2\pi j)) = e^{-i2\pi \frac{n}{N}j}$ für $j = 0, 1, ..., N-1$.

- Für die Fourierkoeffizienten gelten folgende Symmetrie-Eigenschaften:

  1. Für reelle Folgen (x_j) ist

$$X_{\frac{N}{2}+n} = X^*_{\frac{N}{2}-n} \ , \quad n = 1, 2, ..., \frac{N}{2} - 1 \ , \qquad (5.26)$$

denn

$$\begin{aligned}
X_{\frac{N}{2}+n} &= \sum_{j=0}^{N-1} x_j e^{-i2\pi(\frac{N}{2}+n)\frac{j}{N}} \\
&= \sum_{j=0}^{N-1} x_j e^{-i2\pi \frac{j}{2}} e^{-i2\pi n\frac{j}{N}} \ .
\end{aligned}$$

Andererseits ist

$$X^*_{\frac{N}{2}-n} = \sum_{j=0}^{N-1} x_j e^{i2\pi(\frac{N}{2}-n)\frac{j}{N}}$$

$$= \sum_{j=0}^{N-1} x_j e^{i2\pi\frac{j}{2}} e^{-i2\pi n\frac{j}{N}}$$

$$= X_{\frac{N}{2}+n} \ , \ \text{da } e^{-i\pi j} = e^{i\pi j} \text{ für } j = 0,1,...,N-1 \ .$$

2. Für rein imaginäre Folgen gilt:

$$X_{\frac{N}{2}+n} = -X^*_{\frac{N}{2}-n} \ . \tag{5.27}$$

Nach Gleichung (5.26) bzw. (5.27) existieren nur $\frac{N}{2}$ unabhängige Werte X_n, $n = 0,1,...,\frac{N}{2}-1$. Zum Beispiel entspricht bei reellen Folgen mit $N = 1024$: $X_{1023} = X^*_1$ oder $X_{513} = X^*_{511}$. $X_{\frac{N}{2}}$ ist der Faltungspunkt und X_0 gibt den Mittelwert an:
$X_0 = \sum_{j=0}^{N-1} x_j$.

Die Herleitung der **inversen diskreten Fourier-Transformation (IDFT)** erfolgt analog zu oben. Wendet man die Trapezformel auf das inverse Fourier-Integral

$$x(t) = \int_0^{f_{Max}} X(f) e^{i2\pi ft} df \tag{5.28}$$

an, so ergibt sich:

$$x(t) = \Delta f \sum_{n=0}^{N-1} X_n e^{i2\pi n\Delta ft} \ . \tag{5.29}$$

Mit $\Delta f = \frac{1}{N\Delta t}$ folgt:

$$x(t) = \frac{1}{N\Delta t} \sum_{n=0}^{N-1} X_n e^{i2\pi n\frac{t}{N\Delta t}} \ . \tag{5.30}$$

Berechnet man $x(t)$ an den Stellen $t = j\Delta t$, so gilt für die diskrete inverse Fourier-Transformierte:

$$x(j\Delta t) = \frac{1}{N\Delta t} \sum_{n=0}^{N-1} X_n e^{i2\pi\frac{nj}{N}} \tag{5.31}$$

bzw. für $\Delta t = 1$ (Darstellung in Zeiteinheiten)

$$x_j = \frac{1}{N} \sum_{n=0}^{N-1} X_n e^{i2\pi\frac{nj}{N}} \ . \tag{5.32}$$

5.4 Schnelle Fourier-Transformation

Die schnelle Fourier-Transformation basiert auf einem Algorithmus zur schnellen Berechnung der Summen $\sum_{j=0}^{N-1} x_j e^{\pm 2\pi i \frac{nj}{N}}$, $n = 0, .., N\text{-}1$, bei dem durch die Ausnutzung der Symmetrieeigenschaften der trigonometrischen Funktionen eine ganz erhebliche Rechenzeitreduktion erzielt wird. Zur Berechnung der diskreten Fourier-Transformierten der Folge x_j, $j = 0, 1, ..., N - 1$ gemäß Gleichung (5.24),

$$X_n = \sum_{j=0}^{N-1} x_j e^{-i2\pi \frac{nj}{N}} \quad , n = 0, 1, 2, ..., N - 1 \;, \qquad (5.33)$$

wird die Folge x_j nach folgendem Schema

$$\begin{array}{rcll} y_j &=& x_{2j} &= \left(x_0, x_2, x_4, ..., x_{N-2}\right) \\ z_j &=& x_{2j+1} &= \left(x_1, x_3, x_5, ..., x_{N-1}\right) \end{array} \;, \; j = 0, 1, .., \frac{N}{2} - 1 \qquad (5.34)$$

in zwei Zeitreihen der halben Länge zerlegt.
y_j, z_j, $j = 0, 1, ..., \frac{N}{2} - 1$ besitzen die diskreten Fourier-Transformierten

$$Y_n = \sum_{j=0}^{\frac{N}{2}-1} y_j e^{-i2\pi \frac{nj}{N/2}} \quad \text{und}$$

$$Z_n = \sum_{j=0}^{\frac{N}{2}-1} z_j e^{-i2\pi \frac{nj}{N/2}} \quad , n = 0, 1, 2, ..., \frac{N}{2} - 1 \;. \qquad (5.35)$$

Es gilt:
$$Y_{n+\frac{N}{2}} = Y_n \quad \text{und} \quad Z_{n+\frac{N}{2}} = Z_n \;, \qquad (5.36)$$

da

$$e^{-i4\pi \frac{j}{N}(n+\frac{N}{2})} = e^{-i(4\pi \frac{n}{N} j + 2\pi j)} = e^{-i4\pi \frac{nj}{N}} \quad \text{für } j = 0, 1, ... \frac{N}{2} - 1 \;. \; (5.37)$$

Die Fourier-Transformierten X_n, Y_n, Z_n sind wie folgt miteinander verknüpft :
a) Für $n = 0, 1, 2, ..., \frac{N}{2} - 1$ folgt aus (5.33) mit (5.34):

$$\begin{aligned} X_n &= \sum_{j=0}^{\frac{N}{2}-1} \left(y_j e^{-i2\pi \frac{n}{N} 2j} + z_j e^{-i2\pi \frac{n}{N}(2j+1)}\right) \\ &= \sum_{j=0}^{\frac{N}{2}-1} y_j e^{-i4\pi \frac{nj}{N}} + e^{-i2\pi \frac{n}{N}} \sum_{j=0}^{\frac{N}{2}-1} z_j e^{-i4\pi \frac{nj}{N}} \;, \end{aligned} \qquad (5.38)$$

74

das heißt:

$$X_n = Y_n + e^{-i2\pi \frac{n}{N}}\, Z_n \ . \tag{5.39}$$

b) Für $n = \frac{N}{2}, ..., N-1$ gilt gleichfalls Gleichung (5.38).
Wegen $e^{-i4\pi \frac{nj}{N}} = e^{-i4\pi \frac{(n-\frac{N}{2})}{N}j}$ folgt:

$$X_n = Y_{n-\frac{N}{2}} + e^{-i2\pi \frac{n}{N}}\, Z_{n-\frac{N}{2}} \ . \tag{5.40}$$

Die Transformation einer Folge der Länge N läßt sich damit als Summe der Transformation zweier Folgen der Länge $\frac{N}{2}$ umschreiben. Falls $\frac{N}{2}$ gleichfalls eine gerade Zahl ist, läßt sich dieses Verfahren wiederholt durchführen. Bei der Wahl von $N = 2^k$, wobei k eine beliebige positive ganze Zahl sein kann, läßt sich die Aufspaltung der Zeitreihe soweit wiederholen, bis jede Teilfolge nur noch aus einem Term besteht, dessen Fourierkoeffizient nach Gleichung (5.24) gleich dem Stützwert selbst ist. Man bestimmt hieraus sukzessive die Fourierkoeffizienten der Zeitreihen der Länge $2, 4, ..., N/2$. Das Verfahren wird am Beispiel $N = 2^3 = 8$, das dem Vorlesungsmanuskript von G. Müller, Universität Frankfurt entnommen ist, verdeutlicht:
Die Folge (x_j), $j = 0, 1, ..., 7$ wird nach folgendem Schema zerlegt :

$$(x_0, x_1, x_2, x_3, x_4, x_5, x_6, x_7)$$

$$(y) = (x_0, x_2, x_4, x_6) \qquad (z) = (x_1, x_3, x_5, x_7)$$

$$(y) = (x_0, x_4) \qquad (z) = (x_2, x_6) \qquad (x_1, x_5) \qquad (x_3, x_7)$$

$$(y) = (x_0) \quad (z) = (x_4) \qquad (x_2) \quad (x_6) \qquad (x_1) \quad (x_5) \qquad (x_3) \quad (x_7)$$

Die Berechnung der Fourierkoeffizienten erfolgt von unten nach oben. Für Zeitreihen der Länge eins ist der Fourierkoeffizient gleich dem Stützwert, z. B. $Y_0 = x_0$, $Z_0 = x_4$.
1. Schritt: Die Berechnung der Fourierkoeffizienten der vier Zeitreihen der Länge zwei: (x_0, x_4), (x_2, x_6), (x_1, x_5), (x_3, x_7) erfolgt nach (5.39) und (5.40) mit $N = 2$. Für das erste Paar (x_0, x_4) ergeben sich die Fourierkoeffizienten

$$\begin{aligned} X_0 &= Y_0 + Z_0 &&= x_0 + x_4 \\ X_1 &= Y_0 + e^{-i\pi} Z_0 &&= x_0 - x_4 \ . \end{aligned} \tag{5.41}$$

Analog erhält man für die drei übrigen Paare die diskreten Fourier-Transformierten :

$$
\begin{aligned}
\textbf{2. Paar}\quad (x_2, x_6): \quad & X_0 = x_2 + x_6 \\
& X_1 = x_2 - x_6 \\
\textbf{3. Paar}\quad (x_1, x_5): \quad & X_0 = x_1 + x_5 \\
& X_1 = x_1 - x_5 \\
\textbf{4. Paar}\quad (x_3, x_7): \quad & X_0 = x_3 + x_7 \\
& X_1 = x_3 - x_7 \ .
\end{aligned}
\tag{5.42}
$$

2. Schritt: Zur Berechnung der Fourier-Transformierten der Folgen (x_0, x_2, x_4, x_6) bzw. (x_1, x_3, x_5, x_7) werden die Gleichungen (5.39) und (5.40) auf die Fourier-Transformierten der Zeitreihenpaare (x_0, x_4), (x_2, x_6) sowie (x_1, x_5), (x_3, x_7) angewendet $(N = 4)$.

a) Berechnung der Fourierkoeffizienten der Folge (x_0, x_2, x_4, x_6) aus den Fourier-Transformierten des 1. Paares $(y) = (x_0, x_4)$, $(z) = (x_2, x_6)$:

Nach Gleichung (5.39) ist $X_0 = Y_0 + Z_0$, wobei Y_0 bzw. Z_0 jeweils der 1. Fourierkoeffizient des Zeitreihenpaares $(y) = (x_0, x_4)$ bzw. $(z) = (x_2, x_6)$ ist. Weiterhin ist nach Gleichung (5.39):

$$
X_1 = Y_1 + e^{-i\frac{\pi}{2}} Z_1 \ .
\tag{5.43}
$$

Y_1 bzw. Z_1 ist der 2. Fourierkoeffizient derselben Zeitreihenpaare (x_0, x_4) bzw. (x_2, x_6). Mit den Ergebnissen des 1. Schrittes folgt:

$$
\begin{aligned}
X_0 &= x_0 + x_4 + x_2 + x_6 \\
X_1 &= x_0 - x_4 - i(x_2 - x_6) \ .
\end{aligned}
\tag{5.44}
$$

Nach Gleichung (5.40) ist:

$$
\begin{aligned}
X_2 &= Y_0 + e^{-i\frac{\pi}{2}} Z_0 &= Y_0 - Z_0 &= x_0 + x_4 - x_2 - x_6 \\
X_3 &= Y_1 + e^{-i2\pi\frac{3}{4}} Z_1 &= Y_1 + iZ_1 &= x_0 - x_4 + i(x_2 - x_6)
\end{aligned}
\tag{5.45}
$$

b) Analog erhält man für die Fourierkoeffizienten der Folge (x_1, x_3, x_5, x_7) aus den Fourier-Transformierten des 2. Paares $(y) = (x_1, x_5)$, $(z) = (x_3, x_7)$:

$$
\begin{aligned}
X_0 &= x_1 + x_5 + x_3 + x_7 \\
X_1 &= x_1 - x_5 - i(x_3 - x_7) \\
X_2 &= x_1 + x_5 - x_3 - x_7 \\
X_3 &= x_1 - x_5 + i(x_3 - x_7) \ .
\end{aligned}
\tag{5.46}
$$

3. Schritt:

Die Gleichungen (5.39) und (5.40) werden auf die im 2. Schritt berechneten Fourier-Transformierten der Zeitreihen $(y) = (x_0, x_2, x_4, x_6)$

und $(z) = (x_1, x_3, x_5, x_7)$ angewendet $(N = 8)$, d.h. auf die im zweiten Rechenschritt unter a) und b) berechneten Fourierkoeffizienten $(Y) = (X_0, X_1, X_2, X_3)$ und $(Z) = (X_0, X_1, X_2, X_3)$.
Aus Gleichung (5.39) folgt:

$$\begin{aligned}
X_0 &= Y_0 + Z_0 \\
X_1 &= Y_1 + e^{-\frac{\pi}{4}} Z_1 \\
X_2 &= Y_2 - i Z_2 \\
X_3 &= Y_3 + e^{-i\frac{3}{4}\pi} Z_3
\end{aligned} \tag{5.47}$$

bzw. aus Gleichung (5.40)

$$\begin{aligned}
X_4 &= Y_0 - Z_0 \\
X_5 &= Y_1 + e^{-i\frac{5}{4}\pi} Z_1 \\
X_6 &= Y_2 - i Z_2 \\
X_7 &= Y_3 + e^{-i\frac{7}{4}\pi} Z_3 \ .
\end{aligned} \tag{5.48}$$

Insgesamt werden in diesem Beispiel (Länge der Folge : $N = 2^k = 2^3 = 8$) 3×8 Fourierkoeffizienten berechnet. Bei jedem Fourierkoeffizienten sind nach Gleichung (5.39) bzw. (5.40) eine Multiplikation und eine Addition auszuführen. Allgemein treten also bei der schnellen Fourier-Transformation $N log_2 N = N k$ Multiplikationen und ebensoviele Additionen auf, im Gegensatz zu N^2 solcher Operationen bei der direkten Anwendung der Formeln (5.24) und (5.32). Bei $N = 2^{10} = 1024$ ist $N log_2 N = 1024 \times 10 \approx 10^4$, dagegen ist $N^2 \approx 10^6$. Die Rechenzeitersparnis der schnellen Fourier-Transformation beträgt in diesem Fall ca. 99 Prozent.
Empfohlen wird, das oben skizzierte Verfahren am Beispiel $(1, 0, 0, 0)$ nachzuvollziehen. Man erhält die Spektralwerte $(1, 1, 1, 1)$. Diese Werte müssen durch Division mit $N = 4$ normiert werden, damit das Parsevalsche Theorem der diskreten Fourier-Transformation,

$$\sum_{n=0}^{N-1} |x_n|^2 = \frac{1}{N} \sum_{k=0}^{N-1} |X_k|^2 \tag{5.49}$$

erfüllt ist.
Ein Rechenprogramm der schnellen Fourier-Transformation (Fast Fourier Transform (FFT)) findet man z.B. bei Robinson, 1967.
Die zu analysierende Folge kann komplex sein: $x_j = w_j + i z_j$, $j = 0, 1, 2, ..., N - 1$. Für reelle Daten werden die z_j Null gesetzt.
Für **reellwertige** Daten x_j, $j = 0, 1, ..., N - 1$ kann man die Symmetrieeigenschaften der FFT ausnutzen, um beim komplexen FFT-Algorithmus sowohl die Rechenzeit als auch den Speicherplatz weiter

zu reduzieren. So lassen sich mit **einer** FFT der Länge N **gleichzeitig** zwei reelle Datensätze (x_j) und (y_j) transformieren, indem man die Daten der ersten Folge in den Realteil, die der zweiten Folge in den Imaginärteil des komplexen Eingangsfeldes der FFT abspeichert und das Ergebnis der FFT nach folgendem Schema umsortiert: Bezeichnet man die Fourier-Transformierte der Folge

$$(z_j) = (x_j) + i(y_j) \tag{5.50}$$

mit Z_n, $n = 0, 1, ..., N - 1$, Z_n ist komplex, dann lassen sich die Fourier-Transformierten X_n, Y_n aus Z_n wegen

$$Z_n = X_n + iY_n \tag{5.51}$$

und unter Ausnutzung der Symmetrieeigenschaften (5.26) und (5.27),

$$X_{N-n}^* = X_n \text{ falls } (x_j) \text{ reell ist} \tag{5.52}$$

und

$$Y_{N-n}^* = -Y_n \text{ falls } (y_j) \text{ rein imaginär ist } , \tag{5.53}$$

wie folgt bestimmen:

$$
\begin{aligned}
X_0 &= (\Re(Z_0), 0.) \; , & (5.54)\\
Y_0 &= (\Im(Z_0), 0.) \; , & (5.55)\\
X_n &= \frac{1}{2}(Z_n + Z_{N-n}^*) \; , & (5.56)\\
Y_n &= -\frac{1}{2}i(Z_n - Z_{N-n}^*) \; , \quad n = 1, 2, ..., \frac{N}{2} & (5.57)
\end{aligned}
$$

und hieraus

$$
\begin{aligned}
X_{N-n} &= X_n^* & (5.58)\\
Y_{N-n} &= Y_n^* \; , \quad n = 1, 2, ..., \frac{N}{2} \; . & (5.59)
\end{aligned}
$$

Die Gültigkeit von (5.56) und (5.57) läßt sich leicht zeigen:

$$
\begin{aligned}
\frac{1}{2}(Z_n + Z_{N-n}^*) &= \frac{1}{2}(X_n + iY_n + X_{N-n}^* + iY_{N-n}^*) \\
&= \frac{1}{2}(X_n + iY_n + X_n - iY_n) \\
&= X_n
\end{aligned}
$$

78

(wegen der Symmetrieeigenschaften (5.52) und (5.53)).

$$-\frac{1}{2}i\left(Z_n - Z_{N-n}^*\right) = -\frac{1}{2}i\left(X_n + iY_n - X_{N-n}^* - iY_{N-n}^*\right)$$

$$= -\frac{1}{2}i\left(X_n + iY_n - X_n + iY_n\right)$$

$$= Y_n \ .$$

Umgekehrt lassen sich aus den komplexen FFT-Koeffizienten X_n, Y_n zweier reellwertiger Datenfolgen aufgrund der Linearität der FFT die Folgen (x_j) und (y_j) durch Anwendung der inversen FFT auf

$$Z_n = X_n + iY_n \tag{5.60}$$

bestimmen: $(x_j) = \Re(z_j)$, $(y_j) = \Im(z_j)$.

Für **eine** reelle Datenfolge der Länge N: x_j, $j = 0, 1, .., N - 1$, läßt sich die FFT auch so durchführen, daß man die Daten in das komplexe Eingangsfeld der FFT **halber** Länge abspeichert, d.h. die FFT wird auf

$$(z_j) = (x_{2j}) + i(x_{2j+1}) \ , \quad j = 0, 1, ..., \frac{N}{2} - 1 \tag{5.61}$$

angewendet. Nach Gleichung (5.39) gilt:

$$X_n = Y_n + W_n e^{-i2\pi\frac{n}{N}} \ , \tag{5.62}$$

wobei Y_n das Resultat der FFT der Folge der geraden Koeffizienten (x_{2j}) und W_n das der Folge (x_{2j+1}) ist.
Speichert man die Daten gemäß Gleichung (5.61), dann gilt für die Ergebnisse der FFT:

$$Y_n = \frac{1}{2}(Z_n + Z_{\frac{N}{2}-n}^*) \tag{5.63}$$

und

$$W_n = -\frac{1}{2}i\left(Z_n - Z_{\frac{N}{2}-n}^*\right) \ . \tag{5.64}$$

Aus den errechneten komplexen FFT-Werten der Folge (5.61), Z_n, $n = 0, 1, ..., \frac{N}{2} - 1$, und $Z_{\frac{N}{2}} = Z_0$ lassen sich dann die X_n nach Gleichung (5.62) unter Zuhilfenahme von (5.63) und (5.64) bestimmen:

$$X_n = \frac{1}{2}(Z_n + Z_{\frac{N}{2}-n}^*) - \frac{1}{2}i\left(Z_n - Z_{\frac{N}{2}-n}^*\right)e^{-i2\pi\frac{n}{N}} \ , \ n = 0, 1, ...\frac{N}{2} \ , \tag{5.65}$$

und hieraus

$$X_{N-n} = X_n^* , \quad n = 1, 2, ..., \frac{N}{2} \; . \tag{5.66}$$

Der Prozeß ist umkehrbar. Hierzu werden aus den X_n folgende Größen gebildet:

$$A_n \;=\; \frac{1}{2}(X_n + X_{\frac{N}{2}-n}^*) \tag{5.67}$$

$$B_n \;=\; \frac{1}{2}e^{i2\pi\frac{n}{N}}\,(X_n - X_{\frac{N}{2}-n}^*)\;,\; n = 0, 1, ..., \frac{N}{2} - 1 \tag{5.68}$$

und für

$$Z_n = A_n + iB_n \tag{5.69}$$

die inverse FFT berechnet.

5.5 Zweidimensionale diskrete Fourier-Transformation

Für die zweidimensionale diskrete Fourier-Transformation gilt analog zu den Gleichungen (5.24) und (5.32):

$$X_{jl} = \sum_{n=0}^{N-1}\sum_{m=0}^{M-1} x_{nm}\,e^{-i2\pi(\frac{nj}{N}+\frac{ml}{M})},\; j = 0, .., N-1,\; l = 0, .., M-1 \tag{5.70}$$

und

$$x_{nm} = \frac{1}{NM}\sum_{j=0}^{N-1}\sum_{l=0}^{M-1} X_{jl}\,e^{i2\pi(\frac{nj}{N}+\frac{ml}{M})} \; . \tag{5.71}$$

Die Gleichungen (5.70) und (5.71) können als Folge eindimensionaler diskreter Fourier-Transformationen berechnet werden:

$$X_{jl} = \sum_{n=0}^{N-1} e^{-i2\pi\frac{nj}{N}}\,\Big(\sum_{m=0}^{M-1} x_{nm}\,e^{-i2\pi\frac{ml}{M}}\Big) \; . \tag{5.72}$$

Der in der Klammer stehende Term ist eine Folge eindimensionaler diskreter Fourier-Transformationen für $n = 0$ bis $n = N-1$. Bezeichnet man die einzelnen Resultate der eindimensionalen Transformationen mit g_{nl}, dann läßt sich Gleichung (5.70) wie folgt schreiben:

$$X_{jl} = \sum_{n=0}^{N-1} e^{-i2\pi\frac{nj}{N}}\,g_{nl} \; . \tag{5.73}$$

Dies ist wiederum eine Folge von M eindimensionalen diskreten Fourier-Transformationen für $l = 0, 1, ..., M - 1$. Die Berechnung der zweidimensionalen schnellen Fourier-Transformation verläuft in der Weise, daß zunächst der Klammerausdruck in Gleichung (5.72) für $n = 0, 1, ..., N - 1$ mittels der eindimensionalen schnellen Fourier-Transformation berechnet wird und anschließend die eindimensionalen Fourier-Transformierten von g_{nl}, $l = 0, 1, ..., M - 1$ gemäß (5.73) bestimmt werden.

5.6 Faltung zeitdiskretisierter Funktionen

Für die in der zweiten Hälfte des Buches behandelte Digitalfilterung ist die Faltung diskreter Folgen von zentraler Bedeutung.
Sind $x(t)$, $0 \leq t \leq T$, und $h(t)$, $0 \leq t \leq T_1$, $T_1 < T$, zwei zeitlich begrenzte kontinuierliche Funktionen, die an den äquidistanten Stellen $t = j\Delta t$, $j = 0, 1, 2, ...$ abgetastet werden, dann folgt für die in Gleichung (2.26) definierte Faltung der beiden Funktionen $x(t)$ und $h(t)$ aus

$$y(t) = \int_0^{T_1} h(\tau)x(t - \tau)d\tau \tag{5.74}$$

unter der obigen Bedingung:

$$y(k\Delta t) = \Delta t \sum_{j=0}^{M} h(j\Delta t)x(k\Delta t - j\Delta t) \, , \quad 0 \leq k \leq N - 1 \, , \tag{5.75}$$

mit

$$N_1 = \frac{T}{\Delta t}, \; N_2 = \frac{T_1}{\Delta t}, \; N = N_1 + N_2 - 1, \; M = \frac{T_1}{\Delta t}.$$

Im folgenden wird das Abtastintervall Δt gleich Eins gesetzt.
Zur Vereinfachung der Schreibweise wird anstelle von (5.75) die Indexschreibweise und für die diskrete Faltung das Asterisk-Symbol "$*$" benutzt:

$$y_k = \sum_{j=0}^{M} h_j x_{k-j} = h_k * x_k, \; k = 0, 1, .., N - 1. \tag{5.76}$$

Analog zu Gleichung (5.76) gilt für die zweidimensionale Faltung zweidimensionaler diskretisierter Funktionen

$$h_{m,n}, \; m = 0, 1, ..., M, \; n = 0, 1, ..., N$$

und

$$x_{k,j}, \; k = 0, 1, ..., K, \; j = 0, 1, ..., L \; : \tag{5.77}$$

$$y_{k,j} = \sum_{m=0}^{M} \sum_{n=0}^{N} h_{m,n} x_{k-m,j-n} \quad,\begin{cases} j &= 0,...,M+K \\ k &= 0,...,N+L \end{cases}. \tag{5.78}$$

Beispiele:

1. Eindimensionale diskrete Faltung

Zu falten sei der Operator $(1,2,3,4)$ mit der Folge $(-1,0,2,1)$. Die Berechnung erfolgt - wenn man sie per Hand ausführt - zweckmäßigerweise nach folgendem Schema:

	1	2	3	4
-1	-1	-2	-3	-4
0	0	0	0	0
2	2	4	6	8
1	1	2	3	4

Die Koeffizienten des in der obersten Zeile angeordneten Operators werden mit denen der in der linken Spalte dargestellten Folge multipliziert. Die Summe längs der durch Pfeile skizzierten Diagonalen ergibt das Resultat: $(-1,-2,-1,1,8,11,4)$.

2. Zweidimensionale diskrete Faltung

Gegeben seien die beiden zweidimensionalen Felder

$$h_{m,n}, \ m,n = 0,1 \ \text{und} \ x_{k,l}, \ k,l = 0,1 \ .$$

Die Faltung von $(h_{m,n})$ mit $(x_{k,l})$ ergibt gemäß (5.78)

$$y_{k,j} = \sum_{m=0}^{1} \sum_{n=0}^{1} h_{m,n} x_{k-m,j-n}, \ k,j = 0,1,2 \ , \tag{5.79}$$

das heißt:

$$\mathbf{y} = \begin{pmatrix} y_{00} & y_{01} & y_{02} \\ y_{10} & y_{11} & y_{12} \\ y_{20} & y_{21} & y_{22} \end{pmatrix} \tag{5.80}$$

mit

$$
\begin{aligned}
y_{00} &= h_{00}x_{00} \\
y_{10} &= h_{10}x_{00} + h_{00}x_{10} \\
y_{20} &= h_{10}x_{10} \\
y_{01} &= h_{00}x_{01} + h_{01}x_{00} \\
y_{11} &= h_{11}x_{00} + h_{10}x_{01} + h_{01}x_{01} + h_{00}x_{11} \\
y_{21} &= h_{10}x_{10} + h_{11}x_{10} \\
y_{02} &= h_{01}x_{01} \\
y_{12} &= h_{11}x_{01} + h_{01}x_{11} \\
y_{22} &= h_{11}x_{11} \ .
\end{aligned}
\tag{5.81}
$$

Theorem	x_j	$X_k = \frac{1}{N} \sum\limits_{j=0}^{N-1} x_j e^{-i2\pi k \frac{j}{N}}$
Multiplikation mit einer Konstanten	$c x_j$	$c X_k$
Addition	$x_j + y_j$	$X_k + Y_k$
komplex konjugiert	x_j^*	X_{-k}^*
Zeitverschiebung	x_{j-n}	$X_k e^{i2\pi k \frac{n}{N}}$
Verschiebung im Frequenzbereich	$x_j e^{i2\pi n \frac{j}{N}}$	X_{k-n}
Faltung im Zeitbereich	$x_j * y_j$	$X_k Y_k$
Faltung im Frequenzbereich	$x_j y_j$	$\frac{1}{N} X_k * Y_k$
Parsevalsches Theorem	$\sum\limits_{j=0}^{N-1} |x_j|^2 = \frac{1}{N} \sum\limits_{k=0}^{N-1} |X_k|^2$	

Tabelle 5.1: Theoreme der diskreten Fourier-Transformation.

Die Faltung liefert für das obige Beispiel eine 3×3-Ausgangsmatrix. Allgemein gilt, daß die zweidimensionale Faltung eines $M \times N$-Operators mit einem $K \times L$-Datensatz eine $(M + K - 1) \times (N + L - 1)$-Ergebnismatrix liefert.

5.7 Theoreme der diskreten Fourier-Transformation

Tabelle 5.1 zeigt eine Zusammenstellung der wichtigsten Theoreme der diskreten Fourier-Transformation. Die Beweisführung der Theoreme wird anhand des Faltungstheorems verdeutlicht. Es seien (h_n) und (x_n) zwei diskrete periodische Folgen der Länge und der Periode N mit den diskreten Fourier-Transformierten (H_k) und (X_k). Das diskrete Faltungstheorem besagt, daß die diskrete Faltung dieser Folgen,

$$y_j = \sum_{n=0}^{N-1} h_n x_{j-n} \, , \quad j = 0, 1, ..., N-1, \qquad (5.82)$$

im Frequenzbereich durch das Produkt der diskreten Fourier-Transformierten von (x_n) und (h_n) beschrieben wird, das heißt:

$$\begin{aligned}
DFT\{(y_j)\} \; = \; Y_k &= \sum_{j=0}^{N-1} y_j e^{-i2\pi \frac{jk}{N}} = H_k X_k \\
&= \sum_{n=0}^{N-1} h_n e^{-i2\pi \frac{nk}{N}} \sum_{m=0}^{N-1} x_m e^{-i2\pi \frac{mk}{N}}, \quad k = 0, 1, .., N-1.
\end{aligned}$$

$$(5.83)$$

Zum Nachweis der Gültigkeit dieser Beziehung wird die inverse diskrete Fourier-Transformierte der rechten Seite gebildet. Das Ergebnis muß mit (5.82) übereinstimmen.

$$\begin{aligned}
DFT^{-1}\{(H_k X_k)\} \; = \; y_j &= \frac{1}{N} \sum_{k=0}^{N-1} Y_k e^{i2\pi \frac{jk}{N}}, \quad j = 0, 1, .., N-1 \\
&= \frac{1}{N} \sum_{k=0}^{N-1} \left(\sum_{n=0}^{N-1} h_n e^{-i2\pi \frac{nk}{N}} \sum_{m=0}^{N-1} x_m e^{-i2\pi \frac{mk}{N}} \right) e^{i2\pi \frac{jk}{N}} \\
&= \frac{1}{N} \sum_{n=0}^{N-1} h_n \sum_{m=0}^{N-1} x_m \sum_{j=0}^{N-1} e^{i\frac{2\pi}{N} k(j-n-m)}.
\end{aligned}$$

$$(5.84)$$

Betrachtet wird die Folge y_j, $j = 0, 1, ..., N-1$. Die letzte Summe in Gleichung (5.84) ergibt dann:

$$\sum_{j=0}^{N-1} e^{i\frac{2\pi}{N} k(j-n-m)} = \begin{cases} N & \text{falls } j-n-m = pN \text{ (p ganze Zahl)} \\ 0 & \text{für } j-n-m \neq pN \ . \end{cases}$$

$$(5.85)$$

Dies zeigt, daß auf der rechten Seite von (5.84) nur solche Kombinationen von n und m beitragen, die folgende Bedingung erfüllen:

$$j - n - m = pN \quad oder \quad m = j - n \text{ Modulo } N \ . \qquad (5.86)$$

Gleichung (5.84) vereinfacht sich damit zu:

$$y_j = DFT^{-1}\{(H_k X_k)\} = \sum_{n=0}^{N-1} h_n x_{j-n}, \quad j - n \text{ Modulo } N. \qquad (5.87)$$

Gleichung (5.87) besagt, daß sich (y_j) als diskrete Faltung der beiden Folgen (h_n) und (x_n) ergibt. Im Gegensatz zum Faltungssatz aperiodischer Funktionen sind hier beide Folgen periodisch mit N; folglich ist auch das Ergebnis der diskreten Faltung periodisch mit N. Die diskrete Faltung wird daher auch als periodische Faltung bezeichnet.

Bei der Berechnung der diskreten Fourier-Transformierten mit Hilfe der FFT wird die Periodizität der zu transformierenden Folge zugrunde gelegt. Will man die Faltung (5.76) zweier Folgen h_n, $n = 0, 1, ..., M_1 - 1$ und x_n, $n = 0, 1, ..., M_2 - 1$ mit Hilfe der FFT im Frequenzbereich durchführen, dann hat man wie folgt vorzugehen:

1. Verlängerung der Folgen (h_n) und (x_n) mit Nullen bis zur Länge $N_1 \geq M_1 + M_2 - 1$, d.h. die Länge der zu transformierenden Folgen muß größer oder gleich der Länge des Faltungsergebnisses (5.76) sein.

2. Weiteres Auffüllen der Folgen bis zur nächsten Potenz von 2 wie es bei der FFT gefordert wird, d.h. bis zur Länge $N = 2^n$.

3. Anwendung der FFT auf die so verlängerten Folgen (h_n) und (x_n).

4. Multiplikation der diskreten Fourier-Transformierten: $Y_k = H_k X_k$, $k = 0, 1, .., N$.

5. Berechnung der diskreten inversen Fourier-Transformierten von (Y_k).

Die Periode des so berechneten diskreten Faltungsergebnisses beträgt N. Die ersten N_1 Werte stimmen mit dem nach Gleichung (5.76) berechneten Resultat überein.

Zusammenfassung: Sind die Folgen (h_n) und (x_n) periodisch mit der Periode N, dann bilden die diskrete Faltung (5.76) und das Produkt der zugehörigen diskreten Fourier-Transformierten ein Fourier-Transformationspaar:

$$\sum_{n=0}^{N-1} h_n x_{j-n} \iff H_k X_k \ . \tag{5.88}$$

Analog zu oben läßt sich zeigen, daß für periodische Folgen (h_n) und (x_n) das Produkttheorem der Fourier-Transformation gilt:

$$DFT\{(h_k x_k)\} = \sum_{j=0}^{N-1} h_j x_j e^{-i2\pi \frac{jk}{N}} = \frac{1}{N} \sum_{n=0}^{N-1} H_n X_{k-n} \ . \tag{5.89}$$

Kapitel 6

Die Darstellung diskreter Funktionen mittels der z-Transformation

Tastet man die Funktion $x(t)$ in äquidistanten Zeitschritten Δt zu den Zeiten $t = n\Delta t$, $n = ..., -1, 0, 1, 2, ...$ ab, dann erhält man eine diskrete Folge der Funktionswerte $x(n\Delta t)$, für die die Indexschreibweise

$$x_n = x(n\Delta t), \ n = ..., -1, 0, 1, 2, ... \tag{6.1}$$

gewählt wird. Zur Vereinfachung der Schreibweise wird die gesamte Folge durch (x_n) dargestellt.

Im folgenden wird zwischen ein- und zweiseitigen Zeitreihen unterschieden. Einseitige Zeitreihen werden weiter in rechts- und linksseitige Folgen unterteilt. Für rechtsseitige Folgen ist $x_n = 0$ für $n < n_1$, für linksseitige Zeitreihen ist $x_n = 0$ für $n > n_2$. In der Geophysik hat man es vielfach mit einseitigen Zeitreihen zu tun, die zu einem bestimmten Zeitpunkt beginnen, d.h. mit Folgen, für die $x_n = 0$ für $n < 0$ gilt.

Dabei ist zwischen Signalen bzw. Zeitreihen **endlicher Energie** und **endlicher Leistung** zu unterscheiden. Für Folgen endlicher **Energie** gilt:

$$E = \sum_{n=-\infty}^{\infty} x_n^2 < \infty \ . \tag{6.2}$$

Hierzu zählen die sogenannten **Wavelets**, Signale, die zu einem festen Zeitpunkt beginnen und endliche Energie besitzen.

Für Signale endlicher **Leistung** gilt für die mittlere Leistung

$$P = \lim_{N \to \infty} \frac{1}{2N + 1} \sum_{n=-N}^{N} x_n^2 \ : \tag{6.3}$$

$0 < P < \infty$. Periodische Zeitreihen gehören zur Klasse der Signale endlicher Leistung. Für Signale endlicher Energie ist $P = 0$, für

Signale endlicher Leistung ist $E = \infty$.

Im folgenden wird vorausgesetzt, daß die Zeitreihe (x_n) stabil ist, d.h. daß sie die Bedingung

$$S = \sum_{n=-\infty}^{\infty} |x_n| < \infty \qquad (6.4)$$

erfüllt. Diese Bedingung ist schärfer als (6.2); sie entspricht der absoluten Integrierbarkeit der Funktion $x(t)$.

6.1 Definition der z-Transformation

Für die numerische Bearbeitung diskreter Zeitreihen wird die z-Transformation eingeführt. Sie besitzt die wichtige Eigenschaft, daß mit ihr für diskrete Zeitreihen vielfach ein analytischer Ausdruck in geschlossener Form angegeben werden kann. Darüber hinaus bietet die z-Transformierte insbesondere zwei Vorteile:

1. bestimmte mathematische Prozesse - wie z.B. die Faltung - können damit bei diskreten Folgen unter Ausnutzung bestimmter Theoreme leichter durchgeführt werden,

2. Digitalfilter lassen sich anhand ihrer z-Transformierten gezielt entwerfen und klassifizieren.

Die z-Transformierte der diskreten Folge (x_n) wird als Funktion der komplexen Variablen $z = u + iv$ in der von Laplace benutzten Form (siehe Robinson, 1967) definiert:

$$\mathcal{Z}(x_n) = X(z) = \sum_{n=-\infty}^{\infty} x_n z^n \quad . \qquad (6.5)$$

$X(z)$ ist eine Potenzreihe in z. Aus der Sicht der Funktionentheorie entspricht die z-Transformierte der Laurent-Reihenentwicklung um $z = 0$.

Sonderfälle: Für rechtsseitige Zeitreihen mit $n_1 = 0$, d.h. falls $x_n = 0$ für $n < 0$ ist, lautet die z-Transformierte

$$\mathcal{Z}(x_n) = X(z) = \sum_{n=0}^{\infty} x_n z^n \quad . \qquad (6.6)$$

Die einseitige z-Transformierte (6.6) ist eine Taylor-Reihe um $z = 0$. Besitzt die einseitige Zeitreihe (x_n) nur endlich viele Stützwerte, dann ist die z-Transformierte der Folge x_n, $n = 0, 1, ..., N$ das Polynom

$$\mathcal{Z}(x_n) = X(z) = \sum_{n=0}^{N} x_n z^n \quad . \qquad (6.7)$$

Die z-Transformierte der einseitigen Folge (x_n), mit $x_n = 0$ für $n \geq 0$, lautet:

$$X(z) = \sum_{n=-\infty}^{-1} x_n z^n = \sum_{n=1}^{\infty} x_{-n} z^{-n} \ . \tag{6.8}$$

Ein anderer Weg der Einführung der z-Transformation ist der, daß man von der Fourier-Transformierten einer Zeitreihe (x_n) ausgeht,

$$X(f) = \Delta t \sum_{n=-\infty}^{\infty} x_n e^{-i2\pi f n \Delta t} \ , \tag{6.9}$$

und eine neue Variable z anstelle von f einführt:

$$z = e^{-i2\pi f \Delta t} \ . \tag{6.10}$$

Hiermit folgt aus Gleichung (6.9):

$$X(z) = \Delta t \sum_{n=-\infty}^{\infty} x_n z^n \ . \tag{6.11}$$

Die Summe auf der rechten Seite von Gleichung (6.11) wird als z-Transformierte von $x(t)$ bezeichnet.

6.2 Konvergenz der z-Transformierten

Im allgemeinen konvergiert die z-Transformierte einer Folge (x_n) nicht für alle z-Werte; vielmehr läßt sich für jede Folge ein Bereich angeben, für den die z-Transformierte konvergiert und in dem sie eine reguläre Funktion darstellt. Die z-Transformierte konvergiert für die z-Werte mit $r = |z|$, für die

$$\sum_{n=-\infty}^{\infty} |x_n r^n| \leq c < \infty \tag{6.12}$$

ist. Eine wichtige Klasse von z-Transformierten ist jene, für die $X(z)$ eine rationale Funktion ist, d.h. $X(z)$ ist das Verhältnis zweier Polynome in z. Für diese Funktionen existieren wichtige Beziehungen zwischen der Lage der Pole von $X(z)$ und dem Konvergenzbereich von $X(z)$. Innerhalb des Konvergenzbereichs kann kein Pol liegen, da die z-Transformierte nicht an einer Polstelle konvergiert. Weiterhin wird der Konvergenzbereich durch Polstellen begrenzt.
Für den Konvergenzbereich von $X(z)$ lassen sich folgende allgemein geltende Aussagen machen:

88

- Für **Folgen endlicher Länge** konvergiert die z-Transformierte

$$X(z) = \sum_{n=n_1}^{n_2} x_n z^n \, , \qquad (6.13)$$

falls $|x_n| < \infty$ für $n_1 \leq n \leq n_2$. z kann alle Werte annehmen mit Ausnahme von $z = \infty$, falls $n_2 > 0$ und $z = 0$, falls $n_1 < 0$ ist.

- Bei **rechtsseitigen Folgen,**

$$X(z) = \sum_{n=n_1}^{\infty} x_n z^n \, , \qquad (6.14)$$

ist der Konvergenzbereich das Innere eines Kreises, denn falls die Folge für $z = z_1$ absolut konvergiert, d.h.

$$\sum_{n=n_1}^{\infty} |x_n z_1^n| \leq c < \infty \qquad (6.15)$$

gilt, so ist, falls $n_1 \geq 0$ ist, für $|z| < |z_1|$ jeder Term kleiner als in Gleichung (6.15) und somit

$$\sum_{n=n_1}^{\infty} |x_n z^n| \leq c < \infty \text{ für } |z| < |z_1|.$$

Falls $n_1 < 0$ ist, so ist

$$\sum_{n=n_1}^{\infty} |x_n z_n| = \sum_{n=n_1}^{-1} |x_n z^n| + \sum_{n=0}^{\infty} |x_n z^n| \, . \qquad (6.16)$$

Der Wert der ersten Folge der rechten Seite ist endlich für jeden z-Wert größer Null; die zweite Folge konvergiert für $|z| < |z_1|$. Falls r_{Max} der größte Wert von $|z|$ ist, für den (6.14) konvergiert, dann konvergiert $X(z)$ für alle z mit $|z| < r_{Max}$ mit der Ausnahme von $z = 0$, falls $n_1 < 0$. Ist die Folge (x_n) rechtsseitig mit $n_1 \geq 0$, so konvergiert (6.14) gleichfalls für $z = 0$.
Umgekehrt gilt: Falls der Konvergenzbereich von $X(z)$ das **Innere** eines Kreises ist, dann ist die Folge rechtsseitig. Gehört $z = 0$ zum Konvergenzbereich, so ist $n_1 \geq 0$. Man sieht, daß es auch in den Fällen, in denen lediglich die z-Transformierte, nicht aber die Zeitreihe selber gegeben ist, möglich ist, den zugehörigen Zeitreihentyp anhand des Konvergenzbereichs der z-Transformierten zu erkennen.

Für den Konvergenzradius R der Folge (6.14) mit $n_1 = 0$ gilt nach der Formel von Cauchy-Hadamard:

$$\frac{1}{R} = \lim_{n \to \infty} |x_n|^{\frac{1}{n}} \;.\tag{6.17}$$

Diese Formel ist allerdings zur konkreten Berechnung von R nur selten geeignet.

Beispiele der z-Transformation rechtsseitiger Folgen:
1. Die z-Transformierte der rechtsseitigen Folge

$$a_n = 1, \; n = 0, 1, 2, ..., \infty\tag{6.18}$$

ergibt sich zu

$$\mathcal{Z}(a_n) = A(z) = \sum_{n=0}^{\infty} z^n = \frac{1}{1-z} \;.\tag{6.19}$$

Sie besitzt einen einfachen Pol bei $z = 1$. Der Konvergenzbereich von (6.19) ist das Innere des Kreises $|z| < 1$ einschließlich $z = 0$. Anhand der z-Transformierten (6.19) erkennt man bereits, daß die zugehörige Folge rechtsseitig mit $n_1 \geq 0$ ist.

2. Die Folge
$$b_n = n, \; n = 0, 1, 2, ..., \infty\tag{6.20}$$

besitzt die z-Transformierte

$$\mathcal{Z}(b_n) = B(z) = \sum_{n=0}^{\infty} nz^n = z \sum_{n=0}^{\infty} nz^{n-1} = zA'(z) \;,$$

wobei $A'(z)$ die Ableitung der z-Transformierten aus dem 1. Beispiel ist. Mit Gleichung (6.19) folgt:

$$B(z) = z\frac{d}{dz}\left(\frac{1}{1-z}\right) = \frac{z}{(1-z)^2} \;.\tag{6.21}$$

3. Die z-Transformierte der Folge

$$c_n = c^n, \; n = 0, 1, 2, ..., \infty\tag{6.22}$$

ergibt sich zu

$$\mathcal{Z}(c_n) = C(z) = \sum_{n=0}^{\infty} c^n z^n = \sum_{n=0}^{\infty} (cz)^n = \frac{1}{1-cz}\tag{6.23}$$

mit dem Konvergenzbereich $|z| < \frac{1}{c}$.

4. Für die z-Transformierte der Folge der Länge N

$$d_n = d^n, \; n = 0, 1, 2, ..., N-1 \tag{6.24}$$

erhält man:

$$
\begin{aligned}
\mathcal{Z}(d_n) \;=\; D(z) &= \sum_{n=0}^{N-1} d^n z^n = \sum_{n=0}^{\infty} (dz)^n - \sum_{n=N}^{\infty} (dz)^n \\
&= \sum_{n=0}^{\infty} (dz)^n - (dz)^N \sum_{n=N}^{\infty} (dz)^{n-N} \\
&= \sum_{n=0}^{\infty} (dz)^n - (dz)^N \sum_{n=0}^{\infty} (dz)^n \; .
\end{aligned}
$$

Mit Gleichung (6.23) ergibt sich:

$$\mathcal{Z}(d_n) = \frac{1 - (dz)^N}{1 - dz} \tag{6.25}$$

mit dem Konvergenzbereich $|z| < \frac{1}{d}$. Die Summenformel für geometrische Reihen

$$\sum_{n=0}^{N-1} aq^n = \frac{a(1 - q^N)}{1 - q}$$

liefert das gleiche Ergebnis.

- Für **linksseitige Folgen**,

$$X(z) = \sum_{n=-\infty}^{n_2} x_n z^n \; , \tag{6.26}$$

läßt sich analog zu oben zeigen: Der Konvergenzbereich ist das **Äußere** eines Kreises $|z| > r_{Min}$ mit Ausnahme $z = \infty$, falls $n_2 > 0$. Falls die z-Transformierte einer linksseitigen Folge für $z = \infty$ konvergiert, dann ist $x_n = 0$ für $n \geq 0$.
Beispiel: Die z-Transformierte der Folge

$$x_n = -b^n, \; n = ..., -2, -1 \tag{6.27}$$

ergibt sich zu

$$X(z) \;=\; \sum_{n=-\infty}^{-1} -b^n z^n = \sum_{n=1}^{\infty} -b^{-n} z^{-n}$$

$$= 1 - \sum_{n=0}^{\infty} b^{-n} z^{-n}$$

$$= 1 - \frac{1}{1 - b^{-1} z^{-1}}$$

$$= \frac{1}{1 - bz} \ . \tag{6.28}$$

$X(z)$ besitzt einen einfachen Pol bei $z = \frac{1}{b}$. Der Konvergenzbereich dieser Folge ist das Gebiet außerhalb des Kreises mit dem Radius $|z| > |\frac{1}{b}|$. Demzufolge muß es sich um eine linksseitige Folge mit $n_2 < 0$ handeln.

- Bei **zweiseitigen Folgen**,

$$X(z) = \sum_{n=-\infty}^{\infty} x_n z^n$$

$$= \sum_{n=-\infty}^{-1} x_n z^n + \sum_{n=0}^{\infty} x_n z^n \ , \tag{6.29}$$

ist die erste Summe der rechten Seite die z-Transformierte einer linksseitigen Folge, die für $|z| > r_{Min}$ konvergiert; die zweite Folge in (6.29) ist rechtsseitig und konvergiert für $|z| < r_{Max}$. Falls $r_{Min} < r_{Max}$ ist, so konvergiert die z-Transformierte der zweiseitigen Folge innerhalb des Ringgebietes, das durch $r_{Min} < |z| < r_{Max}$ bestimmt wird.

Beispiel: Für die z-Transformierte der zweiseitigen Folge

$$x_n = \begin{cases} a^n & \text{für } n \geq 0 \\ -b^n & \text{für } n \leq -1 \end{cases} \tag{6.30}$$

mit $|a| < |b|$ ergibt sich unter Benutzung der Ergebnisse obiger Beispiele (Gleichung (6.28) und (6.23)):

$$X(z) = \frac{1}{1 - bz} + \frac{1}{1 - az}$$

$$= \frac{\frac{1}{b}}{\frac{1}{b} - z} + \frac{\frac{1}{a}}{\frac{1}{a} - z} \ . \tag{6.31}$$

Die Lage der Pole $\frac{1}{b}$ und $\frac{1}{a}$ sowie das Konvergenzgebiet $\frac{1}{b} < |z| < \frac{1}{a}$ sind in Abbildung 6.1 dargestellt.

Die Beispiele verdeutlichen den Vorteil der z-Transformation: Mit ihrer Hilfe lassen sich diskrete Folgen im allgemeinen in analytisch geschlossener Form als rationale Funktionen in z darstellen.

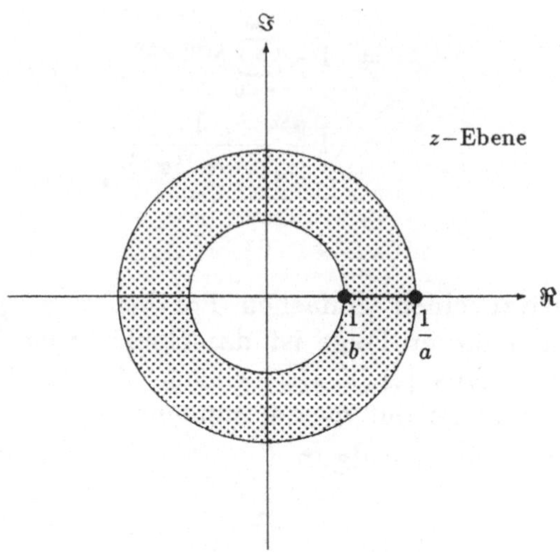

Abbildung 6.1: Konvergenzbereich der Folge $x_n = a^n$ für $n \geq 0$, $x_n = -b^n$ für $n \leq -1$, $|a| < |b|$.

Vorsicht: Im Gegensatz zur Definition (6.5) ist in der Nachrichtentechnik und in den Ingenieurwissenschaften folgende Definition der z-Transformierten gebräuchlich:

$$\overline{X}(z) = \sum_{n=-\infty}^{\infty} x_n z^{-n} = X(\frac{1}{z}) \ . \tag{6.32}$$

Bei dieser Definition der z-Transformierten gelten andere Konvergenzbereiche: Für rechtsseitige (linksseitige) Folgen liegt das Konvergenzgebiet jetzt außerhalb (innerhalb) des Kreises, der durch r_{Min} (r_{Max}) bestimmt wird. Dabei ist r_{Min} der kleinste Wert von $|z|$, für den die rechtsseitige Folge konvergiert, und r_{Max} der größte $|z|$-Wert, für den die linksseitige Folge konvergiert.

6.3 Theoreme der z-Transformation

Tabelle 6.1 zeigt die wichtigsten Theoreme der z-Transformation für zweiseitige Folgen. Drei Theoreme, die sowohl für zweiseitige als auch einseitige Zeitreihen gelten, sind von besonderer Bedeutung. Ihre Gültigkeit wird im folgenden für einseitige Folgen bewiesen.

- **Linearität der z-Transformation:**
  Ist

$$X(z) = \mathcal{Z}(x_n) = \sum_{n=0}^{\infty} x_n z^n$$

Theorem	Folge	z-Transformierte
	(x_n)	$X(z)$
	(y_n)	$Y(z)$
Linearität	$a(x_n) + b(y_n)$	$aX(z) + bY(z)$
Verzögerung	(x_{n+N})	$z^{-N}X(z)$
Vorschub	(x_{n-N})	$z^{N}X(z)$
Multiplikation mit a^n	$a^n(x_n)$	$X(az)$
Multiplikation mit n	$n(x_n)$	$z\frac{d}{dz}(X(z))$
zeitliche Umkehr	(x_{-n})	$X(\frac{1}{z})$
Faltung	$(x_n) * (y_n)$	$X(z)Y(z)$
Produkt zweier Folgen	$(x_n)(y_n)$	$\frac{1}{2\pi i}\oint_c Y(v)X(\frac{z}{v})v^{-1}dv$

Tabelle 6.1: Theoreme der zweiseitigen z Transformation

und

$$Y(z) = \mathcal{Z}(y_n) = \sum_{n=0}^{\infty} y_n z^n \ ,$$

dann folgt aus Gleichung (6.7):

$$\mathcal{Z}(ax_n + by_n) = \sum_{n=0}^{\infty}(ax_n + by_n)z^n = aX(z) + bY(z). \quad (6.33)$$

- **Translationstheorem:**
Wird die Folge x_n, $n = 0, 1, ..., \infty$ mit der z-Transformierten

$$\mathcal{Z}(x_n) = X(z) = \sum_{n=0}^{\infty} x_n z^n$$

94

um N Stützwerte nach links verschoben, so ist $y_n = x_{n+N}$, $n = -N, ..., \infty$. Die Folge y_n besitzt die z-Transformierte

$$
\begin{aligned}
\mathcal{Z}(y_n) &= \sum_{n=-N}^{\infty} y_n z^n \\
&= y_{-N} z^{-N} + y_{-N+1} z^{-N+1} + y_{-N+2} z^{-N+2} + ... \\
&= z^{-N}(y_{-N} + y_{-N+1} z + y_{-N+2} z^2 + ...) \\
&= z^{-N} \sum_{n=0}^{\infty} x_n z^n = z^{-N} \mathcal{Z}(x_n) \ .
\end{aligned}
\tag{6.34}
$$

Die Folge (y_n) ist zwar noch rechtsseitig, aber $n_1 < 0$. Beschränkt man (y_n) auf rechtsseitige Folgen mit $n_1 = 0$, so gehen bei einer Verschiebung von (x_n) um N Stützstellen nach links die ersten N Werte verloren und die z-Transformierte lautet:

$$
Y(z) = z^{-N}\Big(X(z) - \sum_{n=0}^{N-1} x_n z^n\Big) \ .
$$

Auch für zweiseitige Folgen gilt Gleichung (6.34): die um N Stützwerte nach links verschobene Folge (x_{n+N}) läßt sich darstellen durch $z^{-N} \mathcal{Z}(x_n)$.

Analog zu (6.34) läßt sich bei einer Verschiebung nach rechts um N Stützwerte zeigen:

$$
\mathcal{Z}(y_n) = z^N \mathcal{Z}(x_n) \ .
$$

z kann damit als Einheitsverzögerungsoperator, z^{-1} als Einheitsverschiebungsoperator nach vorne aufgefaßt werden, d.h. als Operator, der die gesamte Folge um einen Stützwert nach rechts bzw. links verschiebt.

Beispiele:

1. Gegeben sei die Folge x_n, $n = 0, 1, 2, 3$ mit der z-Transformierten $x_0 + x_1 z + x_2 z^2 + x_3 z^3$. Die um zwei Stützwerte nach rechts verschobene Folge besitzt dann die z-Transformierte $x_0 z^2 + x_1 z^3 + x_2 z^4 + x_3 z^5$. Bei Rückwärtsverschiebung der Folge (x_n) um einen Stützwert ergibt sich $x_0 z^{-1} + x_1 + x_2 z + x_3 z^2$.

2. **numerische Differentiation:**
Die z-Transformierten der Folgen der Rückwärtsdifferenzen $(x_n - x_{n-1})$ und der zentralen Differenzen $(x_{n+1} - x_{n-1})$ sind:

$$
X_R(z) = (1 - z)X(z) \quad \text{bzw.} \quad X_Z(z) = (z^{-1} - z)X(z) \ .
\tag{6.35}
$$

Im Gegensatz zu den Rückwärtsdifferenzen ist die Berechnung der zentralen Differenzen ein akausaler Prozeß, bei dem zum

Zeitpunkt n auf den zukünftigen Wert zum Zeitpunkt $(n+1)$ zugegriffen wird.

- **Faltung diskreter Folgen:**
  Für äquidistante Folgen ist die diskrete Faltung wie folgt definiert:

$$w_k = \sum_{l=-\infty}^{\infty} x_l y_{k-l} \ . \tag{6.36}$$

Für einseitige Folgen x_l, y_l, $l = 0,1,\dots$ folgt:

$$w_k = \sum_{l=0}^{\infty} x_l y_{k-l} \ . \tag{6.37}$$

Unterwirft man beide Seiten von Gleichung (6.37) der z-Transformation, so ergibt sich:

$$\mathcal{Z}(w_k) = \mathcal{Z}(\sum_{l=0}^{\infty} x_l y_{k-l}) = \sum_{k=0}^{\infty}(\sum_{l=0}^{\infty} x_l y_{k-l})z^k \ .$$

Vertauscht man die Summationsfolge, so gilt:

$$\mathcal{Z}(w_k) = \sum_{l=0}^{\infty} x_l \sum_{k=0}^{\infty} y_{k-l} z^k \ .$$

Mit $n = k - l$ folgt:

$$\begin{aligned}
\mathcal{Z}(w_k) &= \sum_{l=0}^{\infty} x_l \sum_{n=0}^{\infty} y_n z^{n+l} \\
&= \sum_{l=0}^{\infty} x_l z^l \sum_{n=0}^{\infty} y_n z^n \\
&= \mathcal{Z}(x_l)\mathcal{Z}(y_n) \ .
\end{aligned} \tag{6.38}$$

Die Faltung diskreter Folgen läßt sich damit als Produkt ihrer z-Transformierten darstellen.
Für zweiseitige Folgen läßt sich das Faltungstheorem entsprechend nachweisen.
Beispiel: Die Faltung der zwei Folgen $(1,2,3,4)$ und $(-1,0,2,1)$ durch Multiplikation der z-Transformierten ergibt:

$$\begin{aligned}
(1,2,3,4) * (-1,0,2,1) &= (1 + 2z + 3z^2 + 4z^3)(-1 + 2z^2 + z^3) \\
&= -1 - 2z - z^2 + z^3 + 8z^4 + 11z^5 + 4z^6.
\end{aligned}$$

Man erhält als Faltungsergebnis die diskrete Folge
$(-1,-2,-1,1,8,11,4)$.

6.4 Zusammenhang zwischen der z-Transformation und der diskreten Fourier-Transformierten

Nach Abschnitt 5.3 ergibt sich die Fourier-Transformierte der diskreten Folge x_n, $n = 0, 1, ..., N$ zu

$$X(f) = \Delta t \sum_{n=0}^{N-1} x_n e^{-i2\pi f n \Delta t} \quad . \tag{6.39}$$

Damit entspricht die z-Transformierte der Folge (x_n),

$$\mathcal{Z}(x_n) = \sum_{n=0}^{N-1} x_n z^n \quad ,$$

längs des Einheitskreises in der komplexen z-Ebene, $|z| = 1$, multipliziert mit Δt, der diskreten Fourier-Transformierten der Folge (x_n):

$$\Delta t \sum_{n=0}^{N-1} x_n z^n \big|_{z=e^{-i2\pi f \Delta t}} = \Delta t \sum_{n=0}^{N-1} x_n e^{-i2\pi f n \Delta t}$$

oder

$$X(f) = \Delta t X(z)\big|_{z=e^{-i2\pi f \Delta t}} \quad . \tag{6.40}$$

Setzt man

$$z = u + iv = e^{-i2\pi f \Delta t} = \cos(2\pi f \Delta t) - i \sin(2\pi f \Delta t) \quad ,$$

so sieht man, daß den Frequenzen zwischen 0 und $f_{Ny} = \frac{1}{2\Delta t}$ die z-Werte längs des Einheitskreises in der unteren Hälfte der z-Ebene entsprechen. Den Frequenzen zwischen $-f_{Ny}$ und 0 entspricht die obere Hälfte des Einheitskreises.
Nach Gleichung (6.40) führt die Substitution $z = e^{-p\Delta t}$ von der in Kapitel 2.5 definierten p-Ebene in die z-Ebene. Der Imaginärachse in der p-Ebene zwischen $-i\frac{\pi}{\Delta t}$ und $i\frac{\pi}{\Delta t}$, d.h. $|f| \leq \frac{1}{2\Delta t}$, entspricht in der z-Ebene der Einheitskreis. Jeder Punkt der linken p-Halbebene zwischen $i\frac{\pi}{\Delta t}$ und $-i\frac{\pi}{\Delta t}$ bildet sich in der z-Ebene außerhalb des Einheitskreises ab. Entsprechend bildet sich der Bereich zwischen $i\frac{\pi}{\Delta t}$ und $-i\frac{\pi}{\Delta t}$ der rechten p-Halbebene im Einheitskreis der z-Ebene ab. Jeder weitere Streifen der Breite $\frac{2\pi}{\Delta t}$ der p-Ebene, z.B. zwischen $i\frac{3\pi}{\Delta t}$ und $i\frac{\pi}{\Delta t}$, bildet sich in gleicher Weise über die gesamte z-Ebene ab (siehe Abbildung 6.2).
Die Zuordnung zwischen der Imaginärachse der p-Ebene, dem Einheitskreis der z-Ebene und der Frequenz wird in Tabelle 6.2 an einigen

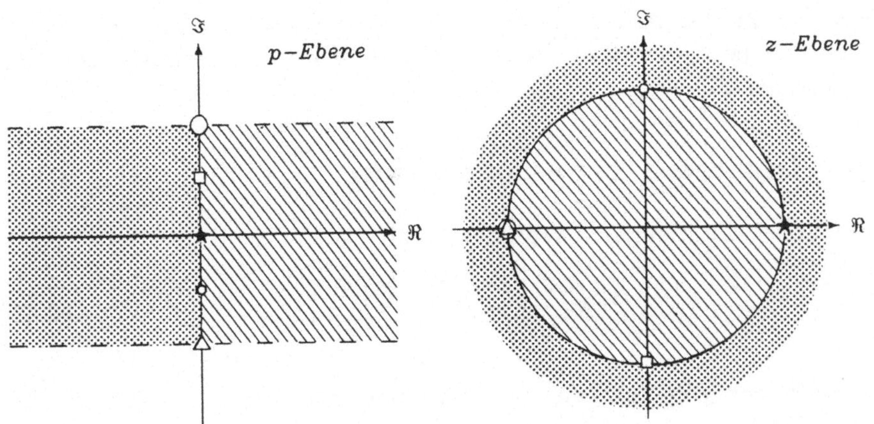

Abbildung 6.2: Abbildung der p-Ebene in die z-Ebene. Die linke (rechte) p-Halbebene bildet sich außerhalb (innerhalb) des Einheitskreises ab, die Imaginärachse auf dem Einheitskreis.

p-Ebene	f	z-Ebene
$(0, i\frac{\pi}{\Delta t})$	$\frac{1}{2\Delta t}$ (f_{Ny})	$(-1, 0)$
$(0, i\frac{\pi}{2\Delta t})$	$\frac{1}{4\Delta t}$ $(\frac{1}{2}f_{Ny})$	$(0, -1)$
$(0, 0)$	0	$(1, 0)$
$(0, -i\frac{\pi}{2\Delta t})$	$-\frac{1}{4\Delta t}$ $(-\frac{1}{2}f_{Ny})$	$(0, 1)$
$(0, -i\frac{\pi}{\Delta t})$	$-\frac{1}{2\Delta t}$ $(-f_{Ny})$	$(-1, 0)$

Tabelle 6.2: Abbildung bestimmter Frequenzen in der z- und p-Ebene.

Punkten verdeutlicht.

Überträgt man die Ergebnisse aus Abschnitt 2.5, dann existiert die Fourier-Transformierte nur, wenn der Einheitskreis $|z| = 1$ im Konvergenzbereich der z-Transformierten liegt. So liegt z.B. der Einheitskreis bei der Folge (6.22) für $c > 1$ außerhalb des Konvergenzbereichs $|z| = \frac{1}{c}$, d.h. für diese Folge existiert keine Fourier-Transformierte.

Vorsicht: Bei der Definition der z-Transformierten nach (6.32) gilt für den Zusammenhang zwischen den Variablen z und f: $z = e^{i2\pi f \Delta t}$.

Jeder Punkt der linken (bzw. rechten) p-Halbebene mit $|f| \leq \frac{1}{2\Delta t}$ bildet sich jetzt in der z-Ebene innerhalb (bzw. außerhalb) des Einheitskreises ab.

6.5 Inverse z-Transformation

Gesucht ist die inverse z-Transformierte

$$\mathcal{Z}^{-1}(X(z)) = \mathcal{Z}^{-1}\Big(\sum_{n=-\infty}^{\infty} x_n z^n \Big) \ . \tag{6.41}$$

Ein einfacher Weg, um aus der z-Transformierten $X(z)$ die zugehörige Folge (x_n) zu bestimmen, ist in der Definition der inversen z-Transformation angedeutet, nämlich die Entwicklung von $X(z)$ in eine Potenzreihe in z. Die dann auftretenden Koeffizienten x_n sind die Werte der inversen z-Transformierten.
Ist $X(z)$ eine rationale Funktion,

$$X(z) = \frac{A(z)}{B(z)} = \frac{a_0 + a_1 z + ... + a_M z^M}{b_0 + b_1 z + ... + b_N z^N} \ , \quad N > M \ , \tag{6.42}$$

dann kann $X(z)$ z.B. durch fortgesetzte Division des Zählers durch den Nenner in die gewünschte Potenzreihe entwickelt werden.
Beispiel:

$$X(z) = \sum_{n=0}^{\infty} a^n z^n = \frac{1}{1 - az} = 1 + az + a^2 z^2 + ... \ . \tag{6.43}$$

Eine andere Möglichkeit zur Berechnung der inversen z-Transformierten rechtsseitiger Folgen mit $n_1 = 0$ bietet sich aus der Tatsache an, daß die einseitige z-Transformierte,

$$\mathcal{Z}(x_n) = X(z) = \sum_{n=0}^{\infty} x_n z^n \ , \tag{6.44}$$

eine Taylor-Reihe darstellt, deren Koeffizienten x_n durch

$$x_n = \frac{X^{(n)}(z)|_{z=0}}{n!} \tag{6.45}$$

definiert sind.
Beispiel:

$$X(z) = \sum_{n=0}^{\infty} a^n z^n = \frac{1}{1 - az} \ . \tag{6.46}$$

Die inverse z-Transformierte ergibt sich gemäß Gleichung (6.45) zu

$$x_n = \frac{X^{(n)}(z)|_{z=0}}{n!} = \frac{n!a^n(1-az)^{-(n+1)}}{n!}\bigg|_{z=0} = a^n \ , \ n = 0,1,\ldots \ .$$

(6.47)

Die Bestimmung der inversen z-Transformierten der zweiseitigen z-Transformation,

$$\mathcal{Z}(x_n) = X(z) = \sum_{n=-\infty}^{\infty} x_n z^n \ , \qquad (6.48)$$

ist im Prinzip nicht schwieriger als die der einseitigen z-Transformation. Eine elegante Möglichkeit für die Rücktransformation folgt aus der Tatsache, daß die zweiseitige z-Transformierte eine Laurent-Reihe ist. Die Entwicklungskoeffizienten einer komplexen Funktion in eine solche Reihe sind gegeben durch

$$x_n = \frac{1}{2\pi i} \oint_{\hookleftarrow}^{c} \frac{X(z)}{z^{n+1}} dz \ , \ n = 0, \pm 1, \pm 2, \ldots \qquad (6.49)$$

(siehe z.B. Knopp, 1957).
Der geschlossene Integrationsweg c ist innerhalb des Konvergenzbereichs so zu legen, daß die in c liegenden Singularitäten des Integranden $\frac{X(z)}{z^{n+1}}$ im mathematisch positiven Umlaufsinn umschlosssen werden. Dann kann das obige Integral mittels des Residuensatzes (2.69) ausgewertet werden:

$$\begin{aligned}
x_n &= \frac{1}{2\pi i} \oint_{\hookleftarrow}^{c} X(z)z^{-n-1} dz \\
&= \text{Summe der Residuen von } X(z)z^{-n-1} \\
&\quad \text{bei den Polen innerhalb von } c.
\end{aligned}$$

(6.50)

Das Residuum von $f(z) = X(z)z^{-n-1}$ in einem Pol m-ter Ordnung bei $z = a$ läßt sich dabei nach Gleichung (2.70) berechnen:

$$Res(f(z))|_{z=a} = \lim_{z \to a} \frac{1}{(m-1)!} \frac{d^{m-1}}{dz^{m-1}}(f(z)(z-a)^m) \qquad (6.51)$$

bzw. für Pole erster Ordnung nach Gleichung (2.71):

$$Res(f(z))|_{z=a} = \lim_{z \to a}(z-a)f(z) \ . \qquad (6.52)$$

Beispiele:
1. Gesucht ist die inverse z-Transformierte von

$$X(z) = \frac{5z-2}{z(z-4)} = \frac{\frac{1}{2}}{z} + \frac{\frac{9}{2}}{z-4} \ . \qquad (6.53)$$

Die Koeffizienten der Folge (x_n) werden nach (6.50) berechnet:

$$x_n = \frac{1}{2\pi i} \oint_{\hookrightarrow}^{c} X(z) z^{-n-1} dz \; , \quad n = 0, \pm 1, \pm 2, \dots$$

$$= \frac{1}{2\pi i} \oint_{\hookrightarrow}^{c} \frac{\frac{1}{2} z^{-n-1}}{z} dz + \frac{1}{2\pi i} \oint_{\hookrightarrow}^{c} \frac{\frac{9}{2} z^{-n-1}}{z-4} dz \; , \qquad (6.54)$$

wobei c ein beliebiger Kreis $|z| = r$ mit dem Radius $0 < r < 4$ ist. Das erste Integral besitzt für $n = -1$ einen Pol erster Ordnung bei $z = 0$ mit dem Residuum $\frac{1}{2}$. Für $n < -1$ gibt es keine Pole innerhalb von r. Nach dem Cauchyschen Integralsatz sind folglich die Beiträge dieses Integrals zu den Koeffizienten x_n, $n < -1$ gleich Null. Für $n \geq 0$ liegen Pole (n+2)-ter Ordnung bei $z = 0$ vor. Nach Gleichung (6.51) sind sämtliche Residuen für $n \geq 0$ Null.

Das zweite Integral verschwindet für $n < 0$, da das Integral auf und innerhalb c analytisch ist. Für $n \geq 0$ besitzt das zweite Integral innerhalb von c einen Pol $(n+1)$-ter Ordnung bei $z = 0$ mit dem Residuum $-\frac{9}{2}(\frac{1}{4})^{n+1}$, $n = 0, 1, 2, \dots$. Die inverse z-Transformierte von (6.53) lautet damit:

$$x_n = \begin{cases} 0 & \text{für } n < -1 \; , \\ \frac{1}{2} & \text{für } n = -1 \; , \\ -\frac{9}{2}(\frac{1}{4})^{n+1} & \text{für } n = 0, 1, 2, \dots \; . \end{cases} \qquad (6.55)$$

2. Berechne die inverse z-Transformierte von:

$$X(z) = \frac{1}{1 - az} \; . \qquad (6.56)$$

Die Berechnung erfolgt nach Gleichung (6.49). Für den Integrationsweg c wird ein Kreis innerhalb des Konvergenzgebietes mit dem Radius $r < \frac{1}{a}$ gewählt. Für $n < 0$ gibt es keine Singularitäten in oder auf c. Nach dem Cauchyschen Integralsatz sind folglich die x_n für $n < 0$ gleich Null. Für $n \geq 0$ umschließt der Integrationsweg nur einen Pol $(n+1)$-ter Ordnung bei $z = 0$ mit dem Residuum a^n. Als Lösung erhält man somit:

$$x_n = \begin{cases} a^n & \text{für } n \geq 0 \; , \\ 0 & \text{für } n < 0 \; . \end{cases} \qquad (6.57)$$

Kapitel 7

Beispiele für den Einsatz der Fourier-Transformation in der Angewandten Seismik

Unterteilt man z.B. die Explorationsseismik in die Bereiche Datenerfassung, Datenverarbeitung und Interpretation, so lassen sich aus jedem Bereich Aufgaben angeben, die zweckmäßigerweise über die Spektralanalyse im Frequenz- bzw. Wellenzahlbereich zu lösen sind, so z.B.

- **in der Datenerfassung:**
  - die Spezifizierung von Meßinstrumenten,
  - die Optimierung von Sende- und Empfängeranordnungen,

- **in der Datenverarbeitung:**
  - die Verbesserung des Auflösungsvermögens durch Spektrum-Whitening, d.h. durch Verstärkung der in den Meßdaten nur schwach vertretenen Frequenzanteile,
  - die Verbesserung des Nutz-Störsignalverhältnisses, z.B. durch Unterdrückung der regellosen bzw. kohärenten Noise-Anteile durch Frequenz- bzw. Geschwindigkeitsfilterung,
  - die Beseitigung unerwünschter Filtereffekte, wie z.B. die der oberflächennahen Schichten und der Meßinstrumente. So ist z.B. in der Seismologie die Bestimmung der wahren Bodenbewegung die Grundvoraussetzung, um Aussagen über Herdvorgänge machen zu können.

- **bei der Interpretation:**
  - die Bestimmung physikalischer Parameter, wie z.B. der Absorption oder Dispersion seismischer Wellen bei der Wellenausbreitung in einem geschichteten Medium,
  - das Erkennen von Kohlenwasserstoff-Akkumulationen anhand seismischer Messungen: bei Gasanreicherungen erniedrigt sich die Ausbreitungsgeschwindigkeit im Vergleich zu wassergesättig-

ten Sedimenten. Diese Geschwindigkeitsreduzierung hat zur Folge, daß der Reflexionskoeffizient in der Regel größer wird und damit die reflektierten Signale stärkere Amplituden aufweisen. Zusätzlich führt die Geschwindigkeitserniedrigung zu einer Zunahme der Laufzeiten und damit zu einer Frequenzerniedrigung der seismischen Meßdaten.

- die Bestimmung lithologischer Änderungen anhand reflexionsseismischer Messungen. Lithologisch unterschiedliche Einheiten bzw. Sequenzen sind mehr oder weniger stark transparent. Eine lateral stärkere Vertonung einer Sandsteinfolge hat z.B. zur Folge, daß die seismische Sequenz in der Regel reflexionsärmer und gleichzeitig die Kontinuität der Reflexionen geringer wird, d.h. das Bild der seismischen Sequenz wird regelloser und damit das Frequenzspektrum breitbandiger.

In ähnlicher Weise lassen sich in anderen Bereichen der Angewandten Geophysik vielfach die Probleme leichter im Frequenzbereich lösen. Im folgenden werden vier Beispiele aus dem Bereich der Seismik behandelt, mit denen die Bedeutung der Fourier-Transformation in der Geophysik verdeutlicht werden soll.

7.1 Frequenz-Wellenzahlanalyse seismischer Signale

Ein typisches Beispiel eines determinierten nichtperiodischen Vorgangs ist die sich ausbreitende seismische Welle, für die als Beispiel der mehrdimensionalen Fourier-Transformation das Frequenz-Wellenzahlspektrum berechnet wird.

Beim ersten Beispiel geht es insbesondere um die Frequenz-Wellenzahldarstellung seismischer Signale und ihre Analyse im $(f - k)$-Bereich. Eine derartige Analyse ist Voraussetzung, um Meßanordnungen so zu optimieren, daß signalgenerierte kohärente Störwellen bereits durch die gewählte Meßanordnung weitgehend unterdrückt werden.

7.1.1 Frequenz-Wellenzahldarstellung seismischer Signale

Die allgemeine Lösung der eindimensionalen skalaren Wellengleichung

$$\frac{\partial^2 u}{\partial x^2} = \frac{1}{v^2} \frac{\partial^2 u}{\partial t^2} \; , \tag{7.1}$$

die die Ausbreitung der Verschiebung oder des Druckes $u = u(x, t)$ in einem Medium konstanter Geschwindigkeit v in x-Richtung beschreibt, lautet:

$$u(x,t) = g(t - \frac{x}{v}) + g(t + \frac{x}{v}) \ . \qquad (7.2)$$

Eine partikuläre Lösung ist die monochromatische ebene Welle

$$u(x,t) = A e^{i2\pi f_0(t-\frac{x}{v})} = A e^{i2\pi(f_0 t - \frac{x}{\lambda})} \ , \quad \lambda = \frac{v}{f_0} \ , \qquad (7.3)$$

die die Ausbreitung des Zustandes in $x = 0$,

$$u(0,t) = A e^{i2\pi f_0 t} \ , \qquad (7.4)$$

mit der Geschwindigkeit v in x-Richtung beschreibt. λ ist die Wellenlänge in x-Richtung, d. h. der Abstand benachbarter Punkte gleicher Phasenlage. Mit Einführung der Wellenzahl k_0 in x-Richtung , mit

$$k_0 = \frac{1}{\lambda} \ , \qquad (7.5)$$

läßt sich die Ausbreitung der ebenen Welle in x-Richtung darstellen als

$$u(x,t) = A \ e^{i2\pi(f_0 t - k_0 x)} \ , \qquad (7.6)$$

d.h. eine ebene harmonische Welle wird durch die drei Parameter Amplitude, Frequenz und Wellenzahl beschrieben. Dabei gilt für die Geschwindigkeit:

$$v = \frac{f_0}{k_0} \ . \qquad (7.7)$$

Die Anwendung der zweidimensionalen Fourier-Transformation (2.43) auf Gleichung (7.6) liefert:

$$\begin{aligned}
U(k_x, f) &= \int_{-\infty}^{\infty} \int_{-\infty}^{\infty} u(x,t) \ e^{-i2\pi(ft - k_x x)} dt dx \\
&= \int_{-\infty}^{\infty} \int_{-\infty}^{\infty} A \ e^{i2\pi(f_0 t - k_0 x)} e^{-i2\pi(ft - k_x x)} dt \ dx \\
&= \int_{-\infty}^{\infty} \int_{-\infty}^{\infty} A \ e^{-i2\pi(t(f - f_0) - x(k_x - k_0))} dt \ dx \ .
\end{aligned}$$

Nach Gleichung (3.12) folgt:

$$U(k_x, f) = A \ \delta(f - f_0)\delta(k_x - k_0) \ . \qquad (7.8)$$

Dies ist ein Punkt in der (f, k_x)-Ebene, der bei $f = f_0$, $k_x = k_0$ liegt. Eine ebene harmonische Welle bildet sich demnach in einem Punkt der (f, k_x)-Ebene ab. Die Koordinaten des Punktes geben Frequenz

104

und Wellenzahl der Welle wieder. Nach (7.7) ist die Geschwindigkeit der Welle gleich der Steigung der Geraden, die den Punkt mit dem Koordinatenursprung verbindet.

Abb. 7.1 zeigt das zweidimensionale Spektrum

$$G(k_x, f) = \frac{1}{2}(\delta(f - f_0)\delta(k_x - k_0) + \delta(f + f_0)\delta(k_x + k_0)) \qquad (7.9)$$

der monochromatischen Welle

$$g(x, t) = A \ \cos(2\pi f_0(t - \frac{x}{v})) \ , \quad A = 1 \ , \qquad (7.10)$$

mit den zwei Nadelimpulsen bei (f_0, k_0) und $(-f_0, -k_0)$.

Für das zweidimensionale Spektrum eines Vorganges, der für $x = 0$ das Frequenzspektrum $\bar{G}(f)$ besitzt und sich gemäß $g(t - \frac{x}{v})$ ausbreitet, ergibt sich:

$$
\begin{aligned}
G(k_x, f) &= \int_{-\infty}^{\infty} \int_{-\infty}^{\infty} g(t - \frac{x}{v}) \ e^{-i2\pi(ft - k_x x)} dx\, dt \\
&= \int_{-\infty}^{\infty} \int_{-\infty}^{\infty} g(\tau) \ e^{-i2\pi(f(\tau + \frac{x}{v}) - k_x x)} dx \ d\tau \\
&= \int_{-\infty}^{\infty} g(\tau) e^{-i2\pi f\tau} d\tau \int_{-\infty}^{\infty} e^{i2\pi(k_x - \frac{f}{v})x} dx \\
&= \bar{G}(f) \int_{-\infty}^{\infty} e^{i2\pi(k_x - \frac{f}{v})x} dx \quad . \qquad (7.11)
\end{aligned}
$$

Nach Gleichung (3.12) folgt:

$$G(k_x, f) = \bar{G}(f) \ \delta(k_x - \frac{f}{v}) \quad . \qquad (7.12)$$

Mit den Eigenschaften der δ-Funktion ergibt sich:

$$G(k_x, f) = \begin{cases} \bar{G}(f) & \text{für } k_x = \frac{f}{v} \ , \\ 0 & \text{sonst} \ . \end{cases} \qquad (7.13)$$

Da k_x jeden beliebigen Wert annehmen kann, folgt: dem mit der Geschwindigkeit v sich in x-Richtung ausbreitenden Vorgang $g(t - \frac{x}{v})$ mit dem Spektrum $\bar{G}(f)$ entspricht in der (f, k_x)-Ebene die Belegung $\bar{G}(f)$ längs der Geraden $f = vk_x$.

Abb. 7.2 zeigt das $(f - k_x)$-Spektrum eines sich in x-Richtung ausbreitenden Ricker-Wavelets,

$$x(t) = (1 - 2\pi^2 f_m^2 t^2)e^{-\pi^2 f_m^2 t^2} \ , \qquad (7.14)$$

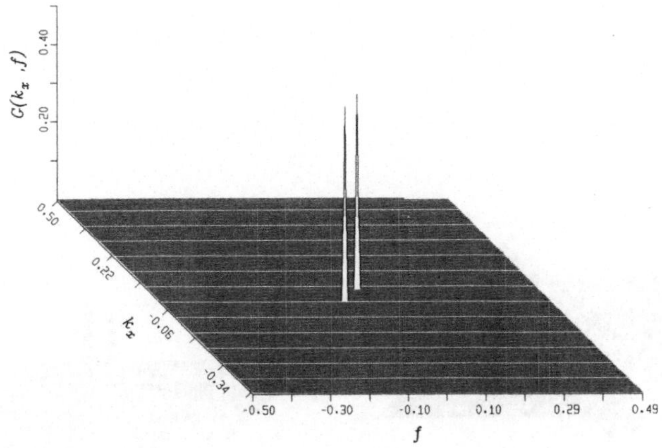

Abbildung 7.1: Frequenz-Wellenzahlspektrum der monochromatischen Funktion $g(x,t) = A\cos(2\pi f_0(t - \frac{x}{v}))$, $A = 1$; dargestellt sind $g(x,t) + 1$ (unten) und $G(k_x, f) = \mathcal{F}(g(x,t))$ im Nyquist-Intervall $-0.5 \leq k_x, f \leq 0.5$.

mit der dominierenden Frequenz $f_m = 20$ Hz. Bei der numerischen Berechnung des zweidimensionalen Spektrums wird analog zum eindimensionalen Fall die periodische Fortsetzung des Analysenintervalls angenommen. Definiert man die zu analysierende Funktion wie in Abb. 7.2 oben, dann ergeben sich im Spektrum zusätzliche Anteile neben der erwarteten Belegung längs der durch v_0 definierten Geraden, die dadurch zu erklären sind, daß die Welle an den Rändern des Analysenintervalls quasi abgeschnitten wird. Dies wird deutlich, wenn man sich das Analysenintervall periodisch fortgesetzt vorstellt. Zur Berechnung des $(f - k)$-Spektrums einer sich in x-Richtung un-

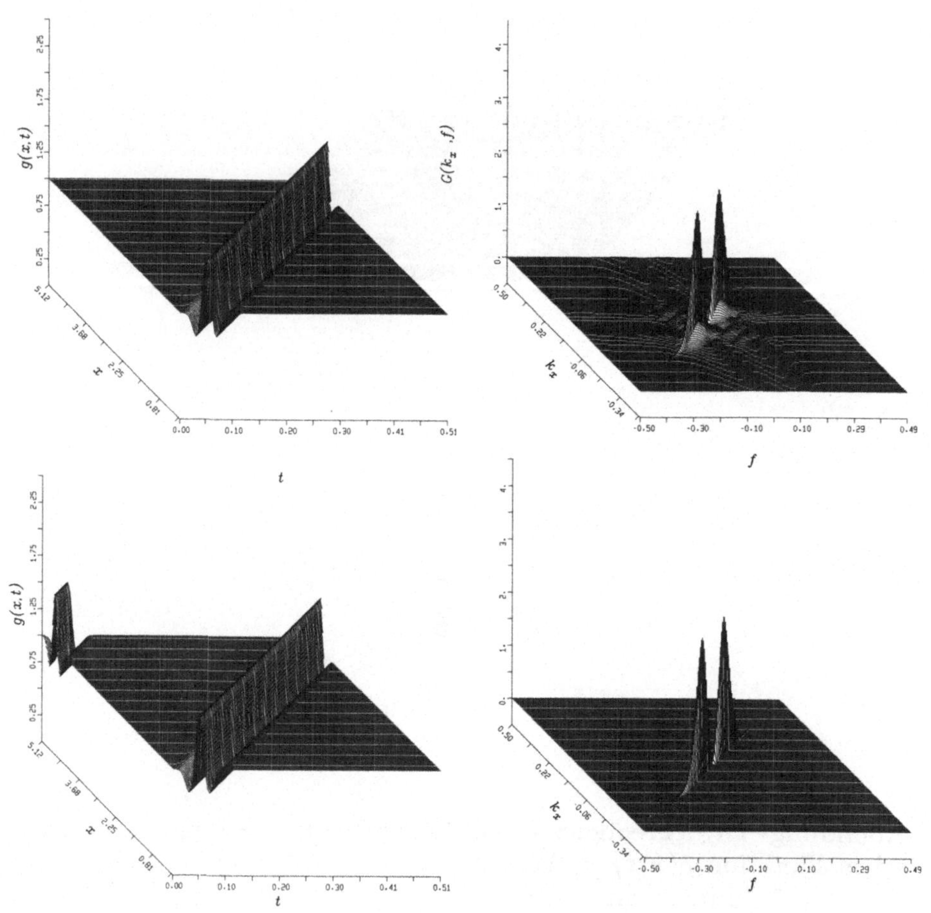

Abbildung 7.2: Das numerisch berechnete $(f - k)$-Spektrum eines sich mit der Geschwindigkeit v_0 in x-Richtung ausbreitenden 20 Hz Ricker-Wavelets (oben). Im Spektrum spiegeln sich Abschneideeffekte an den Rändern des Analysenintervalls wider. Unten: $(f - k)$-Spektrum einer sich in x-Richtung unbegrenzt ausbreitenden Welle.

begrenzt ausbreitenden ebenen Welle muß die Welle im Analysenintervall wie in Abb. 7.2 unten vorgegeben werden. Das Spektrum des Ricker-Wavelets bildet sich jetzt scharf längs der Geraden ab, die durch die Geschwindigkeit v_0 der Welle beschrieben wird.

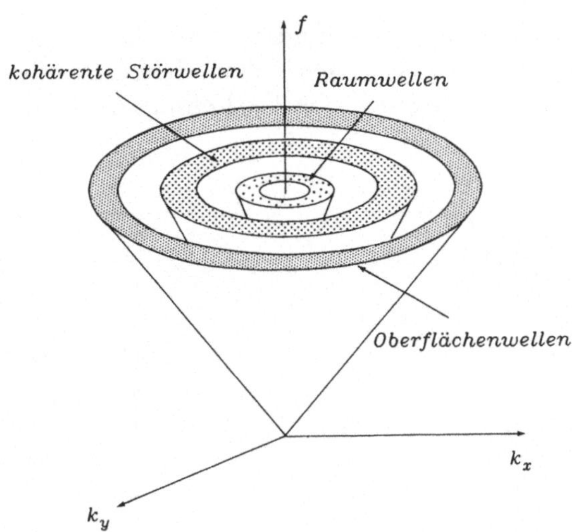

Abbildung 7.3: Frequenz-Wellenzahlbereiche unterschiedlicher Wellentypen. Die sich mit unterschiedlicher Geschwindigkeit ausbreitenden Oberflächen-, Raum- und kohärenten Störwellen bilden sich im dreidimensionalen Frequenz-Wellenzahlraum weitgehend nichtüberlappend innerhalb bestimmter Kegelbereiche ab.

Nichtdispergierende ebene Wellen, die für alle Frequenzen dieselbe Ausbreitungsgeschwindigkeit in x-Richtung besitzen, liegen in der (f, k_x)-Ebene längs einer Geraden durch den Ursprung, deren Steigung gleich der Geschwindigkeit der Welle ist. Die Frequenz-Wellenzahlspektren der Wellen mit frequenzabhängiger Geschwindigkeit liegen dagegen längs gekrümmter Kurven, und die Spektren regelloser Einsätze überdecken ganze Flächen in der (f, k_x)-Ebene. Diese Betrachtungen lassen sich auf die räumliche Wellenausbreitung übertragen. Mißt man die Wellenausbreitung zweidimensional auf der Erdoberfläche und sind k_x, k_y die Wellenzahlen längs der Erdoberfläche in x- und y-Richtung, dann liefert die Frequenz-Wellenzahlanalyse im Prinzip die in Abb. 7.3 skizzierte Signalverteilung. Oberflächenwellen und kohärente Störwellen sind im Vergleich zu Raumwellen durch relativ niedrige Geschwindigkeiten gekennzeichnet.

Im Vergleich zu diesen prinzipiellen Eigenschaften der $(f - k)$-Spektren seismischer Signale, können die tatsächlichen $(f - k)$-Spektren der an der Erdoberfläche registrierten Signale erheblich komplizierter sein. Aufgrund der Schichtung und Inhomogenitäten in der Nähe der Oberfläche sowie durch die "rauhe" Oberfläche selber werden durch die von unten auf die Erdoberfläche einfallenden Wellen zusätzliche Raum- und Oberflächenwellen erzeugt (siehe Abb. 7.4).

Einfallsrichtung und Scheingeschwindigkeit der direkt einfallenden Welle und der durch sie generierten Mehrfachreflexionen sind nur bei paralleler Schichtung der oberflächennahen Schichten identisch. Bei

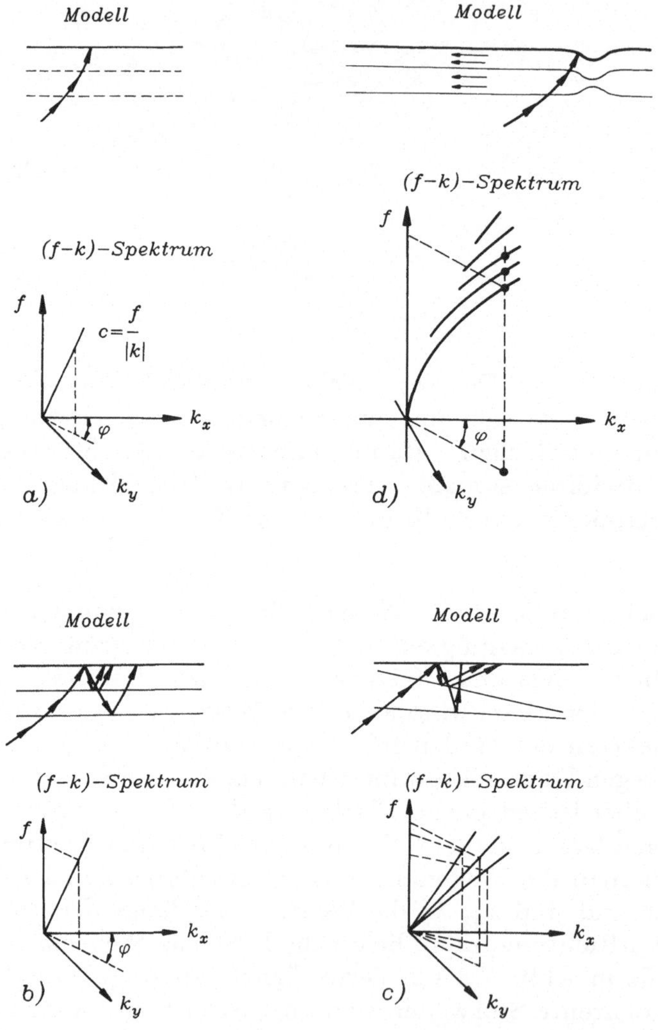

Abbildung 7.4: Strahlenverlauf und Frequenz-Wellenzahlspektren signalgenerierter Störanteile (nach Frosch und Green, 1966), a) $(f - k)$-Spektrum des einfallenden Signals, b) und c): $(f - k)$-Spektren signalgenerierter Raumwellen bei paralleler bzw. nicht-paralleler Schichtung, d) $(f - k)$-Spektrum der durch Streuprozesse des einfallenden Signals hervorgerufenen Oberflächenwellen mit mehreren Rayleigh-Moden.

nichtparalleler Schichtung besitzen die mehrfach reflektierten Raumwellen unterschiedliche Scheingeschwindigkeiten und Einfallsrichtungen. Sie liegen damit im (f, k_x, k_y)-Raum längs mehrerer nichtparalleler Geraden (siehe Abb. 7.4c)). Bei den erzeugten Oberflächenwellen kommt es aufgrund konstruktiver Interferenz zu mehreren Moden (siehe Abb. 7.4d), die sich bei gleichem Azimut mit jeweils frequenzabhängiger Geschwindigkeit ausbreiten.

7.1.2 Beispiel der Frequenz-Wellenzahlanalyse

Frequenz-Wellenzahlanalysen sind in der Angewandten Seismik insbesondere wichtig, um Schuß- und Geophonanordnungen auf den Frequenz-Wellenzahlbereich der gewünschten Nutzinformation abzustimmen. Hierzu werden Störwellenaufnahmen mit punktförmig angeordneten seismischen Quellen und Empfängern durchgeführt. Anhand der Ergebnisse wird festgestellt, welche Störwellen vorhanden sind. Mit Hilfe numerisch berechneter Übertragungscharakteristiken (siehe Abschnitt 24.3) wird dann entschieden, mit welchen Geophon- und Schußkonfigurationen die vorhandenen Störwellen am wirksamsten unterdrückt werden können.

Statt die Analyse über die zweidimensionale Fourier-Transformation durchzuführen, begnügt man sich im Feldbetrieb vielfach mit einer stichpunktartigen Analyse in der Form, daß man die dominierende Frequenz und Scheingeschwindigkeit der einzelnen Wellentypen direkt aus den Seismogrammen der Störwellenaufnahme abschätzt. Abb. 7.5 zeigt eine Störwellenaufnahme, für die die einzelnen Wellentypen in der beschriebenen Weise analysiert wurden. Das Ergebnis dieser Analyse zeigt Tabelle 7.1.

Der Wellenzug 1 bildet den direkten Einsatz. Der energiereiche langsame Wellenzug 2 kennzeichnet den bodengekoppelten Luftschall (die Scheingeschwindigkeit beträgt ca. 300 $\frac{m}{s}$), der zu neuen Erregerquellen an der Erdoberfläche führt, von denen sich sekundäre Wellen mit etwas höherer Geschwindigkeit ausbreiten bzw. im Seismogramm ablösen. Die Wellenzüge 3 und 4 gehören zu diesen Sekundärwellen. Während der Wellenzug 5 den Einsatz von Refraktionswellen höherer Scheingeschwindigkeit und größerer scheinbarer Wellenlänge darstellt, sind die eigentlichen Nutzsignale durch die Wellenzüge 6 und 7 gegeben.

In den seismischen Rechenzentren werden heute Frequenz-Wellenzahlanalysen, insbesondere von Common Midpoint (CMP)-Sortierungen, routinemäßig durchgeführt. Die Ergebnisse dieser Analysen werden benutzt, um die zur Unterdrückung von Störanteilen

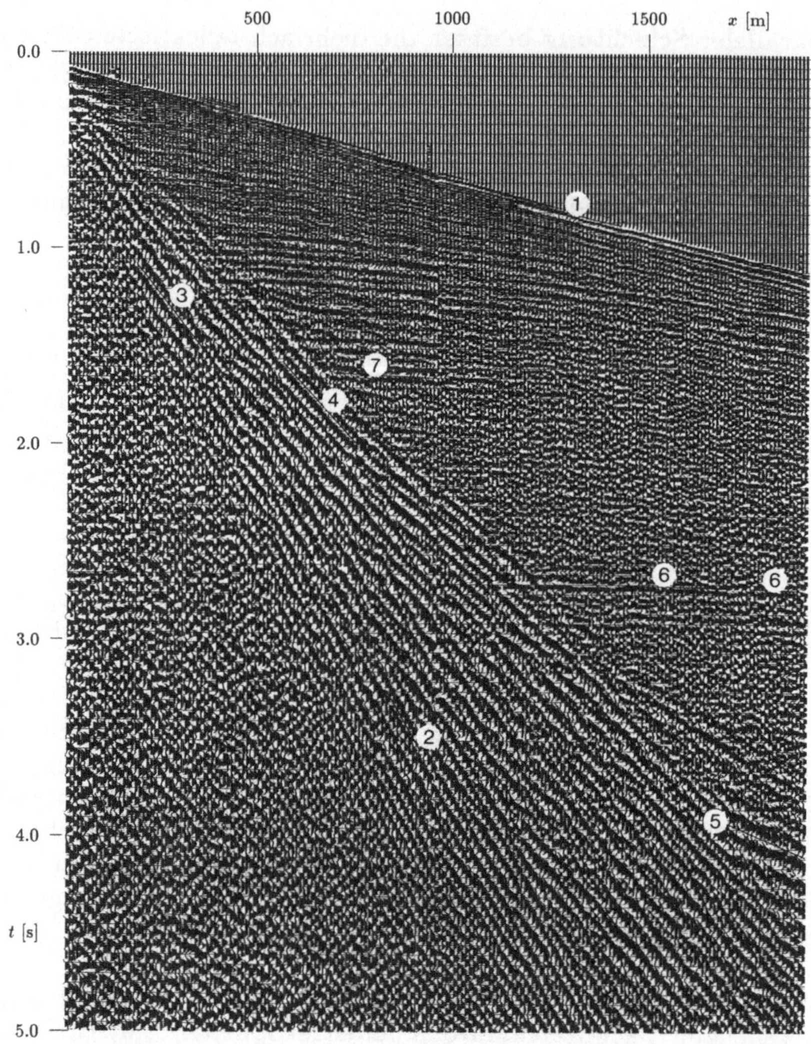

Abbildung 7.5: Beispiel einer Störwellenaufnahme (Prakla-Seismos GmbH); Tiefe der seismischen Quelle 30 m, Ladungsmenge 4 kg. Folgende Wellentypen können identifiziert werden: 1 - direkte Welle, 2,3,4 - Störwellen, 5 - refraktierte Wellen, 6,7 - reflektierte Wellen.

eingesetzten Filterprozesse optimal den Nutz- und Störsignalspektren anzupassen. Im Gegensatz zu den reflektierten Wellen, deren Einsatzzeiten in den CMP-Anordnungen auf Hyperbeln liegen, ordnen sich die geführten Störwellen auf Geraden an und sind damit im Frequenz-Wellenzahlspektrum leicht als solche zu erkennen und zu eliminieren.

Nr.	$T[s]$	$f[\frac{1}{s}]$	$v_s[\frac{m}{s}]$	$\lambda = v_s T[m]$	$k_x[m^{-1}]$	Wellentyp
1	0.022	45.4	2000	44	0.023	direkte Welle
2	0.108	9.3	295	32	0.031	Störwelle
3	0.094	10.6	404	38	0.026	Störwelle
4	0.075	13.3	463	35	0.029	Störwelle
5	0.110	9.1	1176	129	0.008	refraktierte Welle
6	0.050	20.0	12500	625	0.002	reflektierte Welle
7	0.050	20.0	15333	767	0.001	reflektierte Welle

Tabelle 7.1: Ergebnisse der $(f - k)$-Analyse der Störwellenaufnahme in Abbildung 7.5.

Abb. 7.6 zeigt das Frequenz-Wellenzahlspektrum einer reflexions-seismischen Stapelsektion. Neben den weitgehend horizontal verlaufenden Reflexionen existieren starke kohärente Störanteile längs geneigter Geraden mit im Vergleich zu den Reflexionen relativ niedrigen Scheingeschwindigkeiten.
Während sich die Reflexionen im $(f - k)$-Spektrum in der Umgebung der Wellenzahl Null zwischen etwa 10 Hz und 30 Hz abbilden, liegen die Störanteile im wesentlichen längs zweier Geraden, deren Steigungen durch die Scheingeschwindigkeiten der kohärenten Störsignale bestimmt werden. Störanteile mit Wellenzahlen größer als 20 km^{-1} verursachen Alias-Effekte.

7.2 Migration seismischer Sektionen im Frequenz-Wellenzahlbereich

Seismische Messungen können lediglich ein mehr oder weniger stark verfälschtes Abbild des Untergrundes liefern. Geneigte Grenzflächen erscheinen z.B. mit falschen Neigungen an falschen Positionen, Antiklinalstrukturen bilden sich in den Stapelsektionen zu breit, Mulden zu eng und vielfach mit zusätzlichen Reflexionsästen ab, Verwerfungen verursachen Diffraktionen etc. Seit etwa Mitte der 50er Jahre

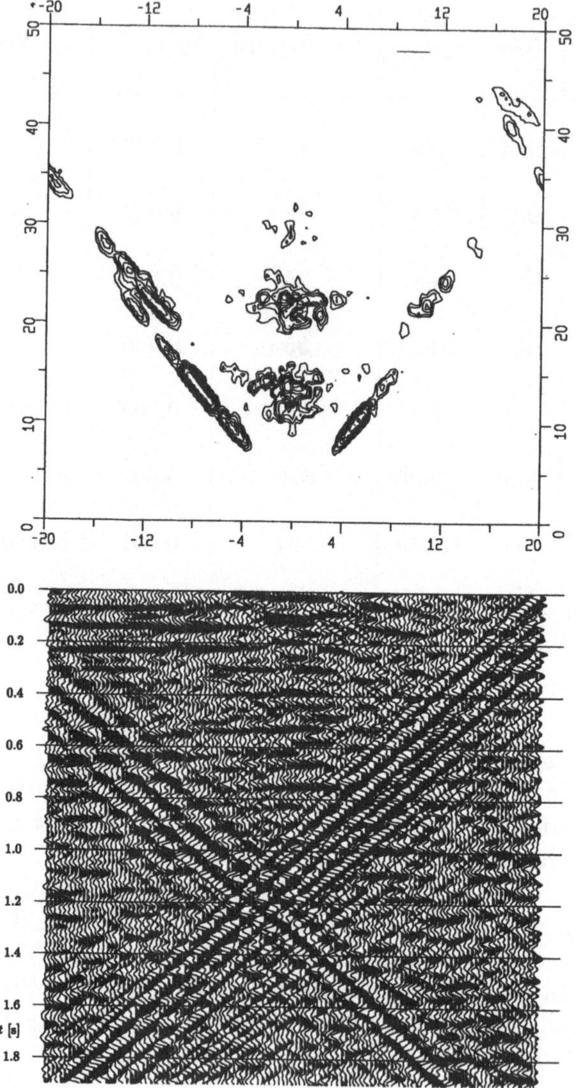

eingesetzt wird.

7.2.1 Grundgedanke der Wellengleichungsmigration

Die Wellengleichungsmigration basiert auf der Vorstellung, daß das an der Erdoberfläche gemessene Wellenfeld $p(x, z = 0, t)$ die Randwerte eines nach oben laufenden Wellenfeldes $p(x, z, t)$ darstellt, das von einem Reflektor oder Diffraktor in der Tiefe herrührt.
Das Ziel der Wellengleichungsmigration ist es, durch Fortsetzung des an der Erdoberfläche gemessenen Wellenfeldes nach unten, die wahre Lage der Reflexionen zu bestimmen. Das Prinzip der Wellengleichungsmigration wird hier für den zweidimensionalen akustischen Fall erläutert.

$p(x, z, t)$ sei das sich in einem Medium mit der Geschwindigkeit v in x, z-Richtung ausbreitende Druckfeld, das der skalaren Wellengleichung

$$\frac{\partial^2 p}{\partial x^2} + \frac{\partial^2 p}{\partial z^2} = \frac{1}{v^2}\frac{\partial^2 p}{\partial t^2} \tag{7.15}$$

genügt. $p(x, 0, t)$ repräsentiert das an der Erdoberfläche $z = 0$ gemessene Feld. Gesucht ist das Wellenfeld $p(x, z, t)$ aus den Randbedingungen $p(x, 0, t)$, das heißt aus dem an der Erdoberfläche gemessenen Wellenfeld. Die migrierte seismische Sektion $M(x, z)$ ergibt sich durch passende Abtastung des Wellenfeldes $p(x, z, t)$. Dies geschieht durch die Abbildungsbedingung $t = t_I(x, z)$:

$$M(x, z) = p(x, z, t_I(x, z)) \quad . \tag{7.16}$$

$t_I(x, z)$ ist der Zeitpunkt, zu dem das nach oben laufende Wellenfeld den Punkt (x, z) verläßt. $t_I(x, z)$ hängt davon ab, ob das zu migrierende Datenmaterial das Wellenfeld einer Zero-offset-Registrierung, bei der das Geophon in unmittelbarer Nähe des Schusses positioniert ist, eines Einzelschusses oder einer ebenen Welle ist.
Bei Zero-offset-Daten gilt:

$$t_I(x, z) = 0 \quad , \tag{7.17}$$

in Übereinstimmung mit der zugrunde liegenden Modellvorstellung, daß diese Daten erzeugt verstanden werden können durch explodierende Quellen in den Reflektoren, die alle zum Zeitpunkt $t = 0$ gleichzeitig gezündet werden. Bei diesem Modell muß in Gleichung (7.15) v durch $\frac{v}{2}$ ersetzt werden.
Bei Einzelschuß-Daten ist t_I der Zeitpunkt, zu dem die vom Schußpunkt ausgehende Welle den Untergrundspunkt (x, z) erreicht:

$$t_I(x, z) = \frac{1}{v}(x^2 + z^2)^{\frac{1}{2}} \quad . \tag{7.18}$$

114

Wenn sich an diesem Punkt ein Reflektor befindet, so ist $t_I(x,z)$ gemäß (7.18) der Zeitpunkt, zu dem die Reflexion diesen Punkt verläßt.

Für ebene Wellen gilt analog:

$$t_I(x,z) = \frac{1}{v}(x \sin \varphi + z \cos \varphi) \ . \tag{7.19}$$

φ ist der Ausbreitungswinkel der ebenen Welle bezogen auf die z-Achse.

Die Abbildungsbedingungen (7.17) bis (7.19) gelten für alle (x,z)-Punkte des Untergrundes, unabhängig davon, ob dort ein Reflektor (oder Diffraktor) liegt oder nicht.

Abb. 7.7 veranschaulicht das Prinzip für den Fall eines Einzelschusses und eines Diffraktors am Punkt (x_0, z_0). Die Welle erreicht den Diffraktor zur Zeit $\frac{R}{v}$; danach findet Diffraktion statt. Das Wellenfeld ist in verschiedenen x, t-Ebenen (für die Tiefen $z = 0$, $z = z_1 < z_0$, $z = z_0$ und $z > z_0$) durch die jeweilige Diffraktionshyperbel veranschaulicht. Mit wachsender Tiefe rückt sie zu früheren Zeiten, zieht sich zusammen und entartet für $z = z_0$ zu zwei Geraden mit den Steigungen $\pm\frac{1}{v}$. Für $z = z_2$ ist das Wellenfeld verschwunden, da man sich unterhalb des Diffraktors befindet. Der Hyperbelast $t_I(x, z)$ stellt die Abbildungsbedingung (7.18) dar und markiert die Punkte, deren Wellenfeld die migrierte Sektion $M(x, z)$ in der Tiefe z gemäß (7.16) bildet. Für $z = 0$ ist t_I eine Gerade. Man sieht, daß ein von Null verschiedener Wert in $M(x, z)$ nur für $z = z_0$ und $x = x_0$ auftritt, also am Ort des Diffraktors, weil nur für $z = z_0$ im Punkte $x = x_0$ das Wellenfeld von t_I getroffen wird. Das so bestimmte $M(x, z)$ liefert also das Bild des Querschnitts durch den Untergrund. Diese Aussage gilt jedoch nur für ein Wellenfeld mit unendlich hohen Frequenzen. In der Praxis wird wegen der endlichen Wellenlängen ein Bereich um (x_0, z_0) mit Dimensionen von etwa einer Wellenlänge von Null verschiedene M-Werte aufweisen.

Die Migration erfolgt in zwei Schritten:

- Fortsetzung des Feldes nach unten: berechnet wird $p(x, z, t)$,

- Berechnung von $p(x, z, t_I(x, z))$; d.h. der Reflektor bzw. Diffraktor wird durch das auf die Tiefe z fortgesetzte Wellenfeld zum dortigen Zeitpunkt $t_I(x, z)$ bestimmt.

Die Fortsetzung des Feldes kann nach unterschiedlichen Methoden erfolgen:

- mittels der Kirchhoffschen Integrallösung der Wellengleichung, die es ermöglicht, den Zusammenhang des Wellenfeldes in der

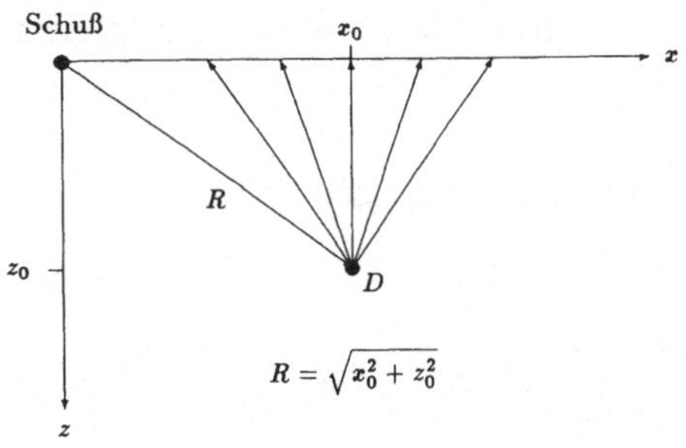

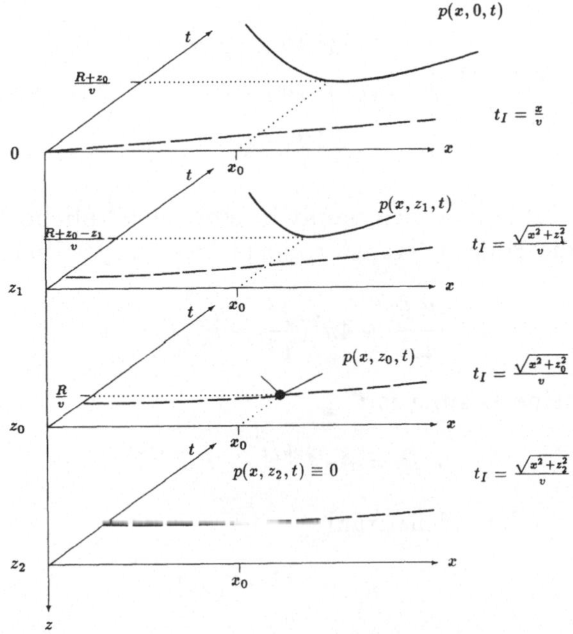

Abbildung 7.7: Prinzip der Abbildungsbedingung der Wellengleichungsmigration, dargestellt am Beispiel eines Einzelschusses und eines Diffraktors bei (x_0, z_0). $p(x, z, t_I(x, z))$ ist die migrierte seismische Sektion; nur am Ort des Diffraktors wird das nach unten fortgesetzte Wellenfeld p von $t_I(x, z)$ getroffen.

Tiefe z und an der Erdoberfläche in Integralform zu beschreiben (siehe Claerbout, 1985),

- durch Anwendung finiter Differenzen-Verfahren zur numerischen Lösung der Wellengleichung (siehe z.B. Claerbout, 1976),

- durch die in Kapitel 7.2.2 näher ausgeführte Frequenz-Wellenzahlfilterung.

116

Einen umfassenden Überblick über die verschiedenen Verfahren gibt Hood (1981).

7.2.2 Frequenz-Wellenzahlmigration

Zur Lösung der Wellengleichung (7.15) wird folgender Ansatz gemacht:

$$p(x, z, t) = \int_{-\infty}^{\infty} \int_{-\infty}^{\infty} P(k_x, z, f) e^{i2\pi(ft - k_x x)} dk_x df \quad . \tag{7.20}$$

Für die Ableitungen, die in (7.15) gebraucht werden, gilt:

$$\left. \begin{array}{c} \frac{\partial^2 p}{\partial x^2} \\[2mm] \frac{\partial^2 p}{\partial t^2} \\[2mm] \frac{\partial^2 p}{\partial z^2} \end{array} \right\} = \int_{-\infty}^{\infty} \int_{-\infty}^{\infty} \left\{ \begin{array}{c} -4\pi^2 k_x^2 P(k_x, z, f) \\[2mm] -4\pi^2 f^2 P(k_x, z, f) \\[2mm] \frac{d^2 P(k_x, z, f)}{dz^2} \end{array} \right\} e^{i2\pi(ft - k_x x)} dk_x df \quad . \tag{7.21}$$

Gleichung (7.15) läßt sich damit in eine gewöhnliche Differentialgleichung für die Fourier-Transformierte $P(k_x, z, f)$ überführen:

$$\frac{d^2 P}{dz^2} + 4\pi^2 (\frac{f^2}{v^2} - k_x^2) P = 0 \quad . \tag{7.22}$$

Ihre allgemeine Lösung ist:

$$P = A e^{i2\pi k_z z} + B e^{-i2\pi k_z z} \tag{7.23}$$

mit der vertikalen Wellenzahl

$$k_z = (\frac{f^2}{v^2} - k_x^2)^{\frac{1}{2}} \quad . \tag{7.24}$$

Für reflektierte Wellen, die in negative z-Richtung laufen, ist nur der erste Term von (7.23) interessant; man kann daher $B = 0$ setzen. Aus Gleichung (7.20) folgt dann:

$$p(x, z, t) = \int_{-\infty}^{\infty} \int_{-\infty}^{\infty} A e^{i2\pi(ft - k_x x + k_z z)} dk_x df \quad . \tag{7.25}$$

Der Vergleich dieser Gleichung mit (7.20) zeigt, daß für die zweidimensionale Fourier-Transformierte in beliebiger Tiefe z

$$P(k_x, z, f) = A e^{i2\pi k_z z} \tag{7.26}$$

gilt: Für $z = 0$ folgt:

$$A = P(k_x, 0, f) \tag{7.27}$$

und damit

$$P(k_x, z, f) = P(k_x, 0, f)e^{i2\pi k_z z} \ . \tag{7.28}$$

Das Wellenfeld $p(x, z, t)$ ergibt sich durch inverse zweidimensionale Fourier-Transformation gemäß Gleichung (7.20).

Die Multiplikation mit $e^{i2\pi k_z z}$ in (7.28) ist - da k_z von k_x und f abhängt - eine zweidimensionale Filterung des an der Oberfläche registrierten Wellenfeldes. In der Praxis beschränkt man sich auf den (k_x, f)-Bereich, für den $k_z \geq 0$ ist. (k_x, f)-Kombinationen mit imaginärem k_z entsprechen horizontal fortschreitenden Wellen, die in z-Richtung gedämpft sind, also Wellen vom Typ der Oberflächenwellen, die es im reflektierten Wellenfeld praktisch nicht gibt. An die Stelle von (7.28) tritt dann die Beziehung

$$P(k_x, z, f) = P(k_x, 0, f)G(k_x, f) \tag{7.29}$$

mit

$$G(k_x, f) = \left\{ \begin{array}{ll} e^{i2\pi k_z z} & \text{für } |k_x| \leq |\frac{f}{v}| \\ 0 & \text{sonst} \ . \end{array} \right. \tag{7.30}$$

Da die Übertragungsfunktion $G(k_x, f)$ in ihrem Durchlaßbereich den Betrag 1 hat, erzeugt das Filter nur Phasenverschiebungen; die spektralen Amplituden bleiben unverändert.

Die Wellenfeldfortsetzung erfordert also insgesamt drei Schritte:

- die zweidimensionale Fourier-Transformation des an der Oberfläche gemessenen Wellenfeldes; dies ergibt $P(k_x, 0, f)$.

- die Filterung von $P(k_x, 0, f)$ gemäß (7.29) und (7.30); sie ergibt die Fourier-Transformierte $P(k_x, z, f)$ des Wellenfeldes in der Tiefe z.

- die Rücktransformation in den (x, t)-Bereich; dies ergibt $p(x, z, t)$.

Die Frequenz-Wellenzahlmigration läßt sich rekursiv durchführen. Diese rekursive Migration basiert auf der Diskretisierung der Tiefenachse mit dem Inkrement Δz und auf der Verknüpfung der zweidimensionalen Fourier-Transformierten des Wellenfeldes in den Tiefen $(n-1)\Delta z$ und $n\Delta z$. Aus Gleichung (7.28) folgt:

$$P(k_x, n\Delta z, f) = P(k_x, (n-1)\Delta z, f)e^{i2\pi k_z \Delta z} \ . \tag{7.31}$$

Gleichung (7.31) wird rekursiv angewandt, beginnend mit $n = 1$ und dem zweidimensionalen Spektrum $P(k_x, 0, f)$ des beobachteten Wellenfeldes $p(x, 0, t)$. Bei jedem Schritt ergibt sich eine inverse Fourier-Transformierte $p(x, n\Delta z, t)$. Die Abbildungsbedingung (7.16) liefert dann die Werte der migrierten Sektion $M(x, z)$ in der Tiefe $n\Delta z$ für alle x-Werte:

$$M(x, z) = p(x, n\Delta z, t_I(x, n\Delta z)) \qquad (7.32)$$

mit t_I aus (7.17), (7.18) oder (7.19).

Die Schrittweite Δz wird in der Größenordnung $\frac{1}{10}$ der dominierenden Wellenlänge λ_{dom} gewählt. Die maximale Tiefe z_{Max}, bis zu der die Migration durchzuführen ist, muß unterhalb des tiefsten interessierenden Reflektors liegen. Die Anzahl der inversen zweidimensionalen Fourier-Transformationen N, die man durchführen muß, ist daher von der Größenordnung

$$N = 10 \frac{z_{Max}}{\lambda_{dom}} \qquad (7.33)$$

und kann leicht einige 100 erreichen.

Anstelle der rekursiven Frequenz-Wellenzahlmigration, die nach den obigen Ausführungen eine große Anzahl von inversen zweidimensionalen Fourier-Transformationen erfordert, gibt es **schnelle** Frequenz-Wellenzahlmigrationsverfahren (Stolt, 1978; Temme und Müller, 1986). Sie setzen jedoch konstante Migrationsgeschwindigkeit voraus. Müller und Temme (1987) zeigen, daß die schnelle Frequenz-Wellenzahlmigration auf den Fall tiefenabhängiger Geschwindigkeitsverteilungen erweitert werden kann.

7.3 Berechnung synthetischer Seismogramme

Synthetische Seismogramme sind ein wichtiges Hilfmittel bei der Interpretation seismischer Messungen, z.B. zur strukturellen oder stratigraphischen Eichung der seismischen Messungen anhand von Bohrlochmessungen. Die Berechnung synthetischer Seismogramme erfolgt zweckmäßigerweise im Frequenzbereich. Ihre Berechnung wird hier für eine ebene Welle, die sich in einem horizontal geschichteten Medium in vertikaler Richtung ausbreitet, skizziert. Das Modell (siehe Abb. 7.8) ist oben und unten durch homogene Halbräume begrenzt. Schicht 1 ist der obere Halbraum; z_0 beschreibt das Tiefenniveau der Quelle und der Empfänger.

Die z-Komponente der Verschiebung der einfallenden ebenen P-Welle, die im folgenden mit dem Index e gekennzeichnet wird, sei

$$u_e(z, t) = g(t - \frac{z}{v_1}) \ . \qquad (7.34)$$

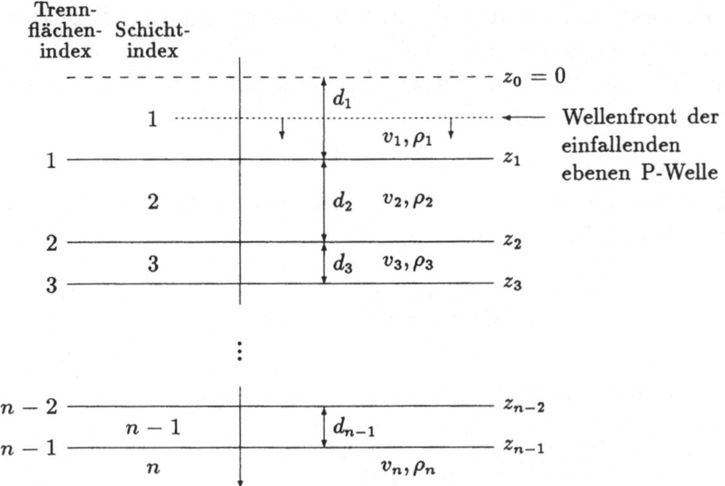

Abbildung 7.8: Vorgegebenes Schichtmodell bei der Berechnung synthetischer Reflexionsseismogramme.

Gesucht ist die Verschiebung der reflektierten Welle, bestehend aus Primärreflexionen und Multiplen, an der Erdoberfläche, d.h. für $z = z_0 = 0$.

Zunächst sei $g(t)$ in (7.34) eine monochromatische ebene Welle mit der Frequenz f_0:

$$u_e(z,t) = e^{i2\pi f_0\left(t - \frac{z}{v_1}\right)} \ . \tag{7.35}$$

Für die Verschiebung in der j-ten Schicht wird folgender allgemeiner Ansatz gemacht:

$$u_j(z,t) = A_j \, e^{i2\pi f_0\left(t - \frac{z - z_{j-1}}{v_j}\right)} + B_j \, e^{i2\pi f_0\left(t + \frac{z - z_{j-1}}{v_j}\right)} \ . \tag{7.36}$$

Der 1. Term der rechten Seite beschreibt Wellen, die sich in positive z-Richtung, der 2. Term umfaßt Wellen, die sich in negative z-Richtung ausbreiten.

Für die erste Schicht (oberer Halbraum, j=1) beschreibt der erste Term in Gleichung (7.36) die einfallende Welle ($A_1 = 1$), der zweite Term ergibt die gesuchte reflektierte Welle ($B_1 = R$). R ist der i.a. **komplexe** Reflexionskoeffizient oder die Reflektivität des Schichtpakets unterhalb der 1. Schicht.

Für den unteren Halbraum (j=n) beschreibt der erste Term die in den unteren Halbraum laufende transmittierte Welle ($A_n = T = $ Transmissionskoeffizient). Der zweite Term verschwindet, da kein weiterer Reflektor unterhalb der $(n-1)$-ten Trennfläche angenommen wird ($B_n = 0$).

Die Bestimmung der A_j und B_j erfolgt aus den Randbedingungen für die sich ausbreitende Welle:

1. **Stetigkeit der Verschiebung** an den Trennflächen $z = z_j$, $j = 0, 1, 2, 3, ..., n - 1$:

$$u_j(z_j, t) = u_{j+1}(z_j, t) \quad , \tag{7.37}$$

2. **Stetigkeit der Normalspannung** an den Trennflächen $z = z_j$, $j = 0, 1, 2, 3, ..., n - 1$:

$$\rho_j v_j^2 \frac{\partial u_j(z_j, t)}{\partial z} = \rho_{j+1} v_{j+1}^2 \frac{\partial u_{j+1}(z_j, t)}{\partial z} \quad . \tag{7.38}$$

Setzt man (7.36) in (7.37) und (7.38) ein, so ergibt sich:

$$A_j e^{-i2\pi f_0 \frac{d_j}{v_j}} + B_j e^{i2\pi f_0 \frac{d_j}{v_j}} = A_{j+1} + B_{j+1}$$

$$\rho_j v_j(-A_j e^{-i2\pi f_0 \frac{d_j}{v_j}} + B_j e^{i2\pi f_0 \frac{d_j}{v_j}}) = \rho_{j+1} v_{j+1}(-A_{j+1} + B_{j+1}).$$

Hieraus folgt mit Einführung der akustischen Impedanzen $\sigma_j = \rho_j v_j$:

$$A_{j+1} = \tfrac{1}{2}((1 + \tfrac{\sigma_j}{\sigma_{j+1}})A_j e^{-i2\pi f_0 \frac{d_j}{v_j}} + (1 - \tfrac{\sigma_j}{\sigma_{j+1}})B_j e^{i2\pi f_0 \frac{d_j}{v_j}})$$

$$B_{j+1} = \tfrac{1}{2}((1 - \tfrac{\sigma_j}{\sigma_{j+1}})A_j e^{-i2\pi f_0 \frac{d_j}{v_j}} + (1 + \tfrac{\sigma_j}{\sigma_{j+1}})B_j e^{i2\pi f_0 \frac{d_j}{v_j}})$$

$$\tag{7.39}$$

bzw. bei einer Darstellung in Matrixschreibweise:

$$\begin{pmatrix} A_{j+1} \\ B_{j+1} \end{pmatrix} = \begin{pmatrix} \tfrac{1}{2}(1 + \tfrac{\sigma_j}{\sigma_{j+1}})e^{-i2\pi f_0 \frac{d_j}{v_j}} & \tfrac{1}{2}(1 - \tfrac{\sigma_j}{\sigma_{j+1}})e^{i2\pi f_0 \frac{d_j}{v_j}} \\ \tfrac{1}{2}(1 - \tfrac{\sigma_j}{\sigma_{j+1}})e^{-i2\pi f_0 \frac{d_j}{v_j}} & \tfrac{1}{2}(1 + \tfrac{\sigma_j}{\sigma_{j+1}})e^{i2\pi f_0 \frac{d_j}{v_j}} \end{pmatrix} \begin{pmatrix} A_j \\ B_j \end{pmatrix} . \tag{7.40}$$

Die 2×2-Schichtmatrix auf der rechten Seite von (7.40) wird mit $\mathbf{m}_{j+1}$ bezeichnet.

Die wiederholte Anwendung von Gleichung (7.40) ergibt:

$$\begin{pmatrix} A_n \\ B_n \end{pmatrix} = \mathbf{m}_n \mathbf{m}_{n-1} ... \mathbf{m}_3 \mathbf{m}_2 \begin{pmatrix} A_1 \\ B_1 \end{pmatrix}$$

$$= \mathbf{M} \begin{pmatrix} A_1 \\ B_1 \end{pmatrix} = \begin{pmatrix} M_{11} & M_{12} \\ M_{21} & M_{22} \end{pmatrix} \begin{pmatrix} A_1 \\ B_1 \end{pmatrix} . \tag{7.41}$$

$\mathbf{M}$ ist dabei das Produkt der Schichtmatrizen $\mathbf{m}_2, \mathbf{m}_3, ... \mathbf{m}_n$.
Mit

$$B_n = 0, \quad A_1 = 1, \quad A_n = T, \quad B_1 = R \tag{7.42}$$

folgt:

$$\begin{pmatrix} T \\ 0 \end{pmatrix} = \begin{pmatrix} M_{11} & M_{12} \\ M_{21} & M_{22} \end{pmatrix} \begin{pmatrix} 1 \\ R \end{pmatrix}$$

oder

$$
\begin{aligned}
T &= M_{11} + M_{12}R \\
0 &= M_{21} + M_{22}R
\end{aligned}
\tag{7.43}
$$

und hieraus:

$$R = -\frac{M_{21}}{M_{22}} \quad \text{und} \quad T = M_{11} - \frac{M_{12}M_{21}}{M_{22}} \ . \tag{7.44}$$

R und T hängen von den Schichtparametern und i.a. von der Frequenz f_0 ab: Reflexion und Brechung sind frequenzabhängig. Aus (7.36) folgt für die **reflektierte** Welle des Schichtpakets ($j = 1$, $B_1 = R$):

$$u_r(z,t) = R(f_0)e^{i2\pi f_0 (t + \frac{z}{v_1})} \tag{7.45}$$

und für die **transmittierte** Welle ($j = n$, $A_n = T$):

$$u_t(z,t) = T(f_0)e^{i2\pi f_0 (t - \frac{z - z_{n-1}}{v_n})} \ . \tag{7.46}$$

Beispiel: Für $n = 2$ ergibt sich aus Gleichung (7.44) mit (7.40)

$$R = \frac{\sigma_1 - \sigma_2}{\sigma_1 + \sigma_2} \, e^{-i4\pi f_0 \frac{d_1}{v_1}} \ , \tag{7.47}$$

mit dem Betrag

$$|R| = \frac{|\sigma_1 - \sigma_2|}{\sigma_1 + \sigma_2} \tag{7.48}$$

und der Phase

$$\Theta = -4\pi f_0 \frac{d_1}{v_1} = -2\pi f_0 t_0 \ , \tag{7.49}$$

wobei t_0 die Laufzeit der reflektierten Welle ist. Nach (7.48) ist der Betrag des Reflexionskoeffizienten frequenzunabhängig.

Um den Übergang zu **Breitbandsignalen** zu vollziehen, integriert man (7.35) über alle Frequenzen,

$$
\begin{aligned}
u_e(z,t) &= \int_{-\infty}^{\infty} e^{i2\pi f(t - \frac{z}{v_1})} df \\
&= \delta(t - \frac{z}{v_1}) \ \text{nach (3.12)} \ .
\end{aligned}
\tag{7.50}
$$

Die einfallende ebene Welle entartet zu einem sich in z-Richtung ausbreitenden δ-Impuls. Anstelle von (7.45) erhält man folgende reflektierte Welle:

$$u_r(z,t) = \int_{-\infty}^{\infty} R(f)e^{i2\pi f(t+\frac{z}{v_1})}df \quad .$$
(7.51)

Dieses Integral ist die inverse Fourier-Transformierte des Ausdrucks $R(f)e^{i2\pi f\frac{z}{v_1}}$, der die Reflektivität des Schichtpakets als Funktion der Frequenz beschreibt. Für $z = 0$ ist

$$u_r(0,t) = I(t) = \int_{-\infty}^{\infty} R(f)e^{i2\pi ft}df \quad .$$
(7.52)

$I(t)$ ist das in $z = 0$ gemessene synthetische Seismogramm für impulsförmige Anregung. Daher heißt $I(t)$ Impulsseismogramm.

Für bandbegrenzte Signale der Form (7.34) mit dem Spektrum G(f) folgt nach der Theorie linearer Übertragungssysteme (siehe Kapitel 13) aus (7.51) für die Fourier-Transformierte der reflektierten Welle:

$$U_r(z,f) = G(f)R(f)\ e^{i2\pi f\frac{z}{v_1}} \quad .$$
(7.53)

Das zugehörige synthetische Seismogramm ist dann

$$u_r(z,t) = \int_{-\infty}^{\infty} G(f)R(f)\ e^{i2\pi(f\frac{z}{v_1}+ft)}df \quad .$$

Für $z = 0$ erhält man

$$u_r(0,t) = \int_{-\infty}^{\infty} G(f)R(f)\ e^{i2\pi ft}df \quad .$$
(7.54)

Die Berechnung synthetischer Seismogramme nach (7.54) erfolgt in drei Schritten:

- Berechnung der Reflektivität $R(f)$ nach (7.44), nachdem zuvor das Produkt der in (7.40) definierten Schichtmatrizen für das vorgegebene Modell bestimmt worden ist,

- Multiplikation von $R(f)$ mit der Fourier-Transformierten $G(f)$ der einfallenden Welle,

- Inverse Fourier-Transformation gemäß Gleichung (7.54).

7.4 Abschätzung der Absorption und Phasengeschwindigkeit seismischer Wellen

7.4.1 Bestimmung der Dämpfung seismischer Wellen

Das von einer seismischen Quelle nach unten abgestrahlte Signal mit dem Amplitudenspektrum $|S(f)|$ besitzt in einem Medium, in dem die Dämpfung durch den Faktor $e^{-\alpha(f)z}$ beschrieben werden kann, in der Tiefe $z = z_0$ das Amplitudenspektrum $|S(f)|e^{-\alpha(f)z_0}$. $\alpha(f)$ ist der frequenzabhängige Absorptionskoeffizient, definiert als logarithmisches Maß der Amplitudenabnahme pro Wegeinheit. Vergleicht man zwei in den Tiefen z_1 und z_2, $z_2 > z_1$, registrierte Signale, die von der gleichen Quelle herrühren, so erhält man, wenn $|S_1(f)|$ das Amplitudenspektrum des in z_1 gemessenen Signals ist, für das Spektrum des in z_2 registrierten Signals:

$$|S_2(f)| = |S_1(f)|e^{-\alpha(f)(z_2 - z_1)} \ . \tag{7.55}$$

Durch Division der Spektren der beiden Signale $s_1(t)$ und $s_2(t)$ ergibt sich:

$$\frac{|S_1(f)|}{|S_2(f)|} = e^{\alpha(f)(z_2 - z_1)} \tag{7.56}$$

oder

$$\alpha(f) = \frac{ln(\frac{|S_1(f)|}{|S_2(f)|})}{(z_2 - z_1)} \ . \tag{7.57}$$

(α hat die Dimension Länge^{-1}).

Für den in der Angewandten Seismik interessierenden Frequenzbereich von ≈ 10 Hz bis 100 Hz, ist nach den vorliegenden Labormessungen (z. B. nach Attewell und Ramana, 1966) für die meisten Gesteine der Absorptionskoeffizient linear von der Frequenz abhängig:

$$\alpha(f) = a \, f \ . \tag{7.58}$$

Der Faktor a läßt sich dann aus der Steigung der Geradengleichung

$$ln(\frac{|S_1(f)|}{|S_2(f)|}) = (z_2 - z_1)af \tag{7.59}$$

bestimmen.

Abb. 7.9 zeigt ein Seismogramm (oben) und das zugehörige Amplituden- und Phasenspektrum (Mitte) einer Durchschallungsmessung mit Kompressionswellen in Kalkgestein (nach Burkhardt, 1970). Ausgewertet wurden Frequenzen bis zu 2000 Hz. Der Verlauf der nach Gleichung (7.59) aus mehreren derartigen Durchschallungen bestimmten Absorptionskoeffizienten α in Abhängigkeit der Frequenz zeigt für den unteren Teil des untersuchten Frequenzbereichs bis ca. 400 Hz die lineare Frequenzabhängigkeit mit $\alpha(f) = 2.2 \times 10^{-4} \, f$. Für höhere Frequenzen nimmt die Frequenzabhängigkeit des Absorptionskoeffizienten ab. Mit angegeben sind die Standardabweichungen der Schätzungen des Absorptionskoeffizienten.

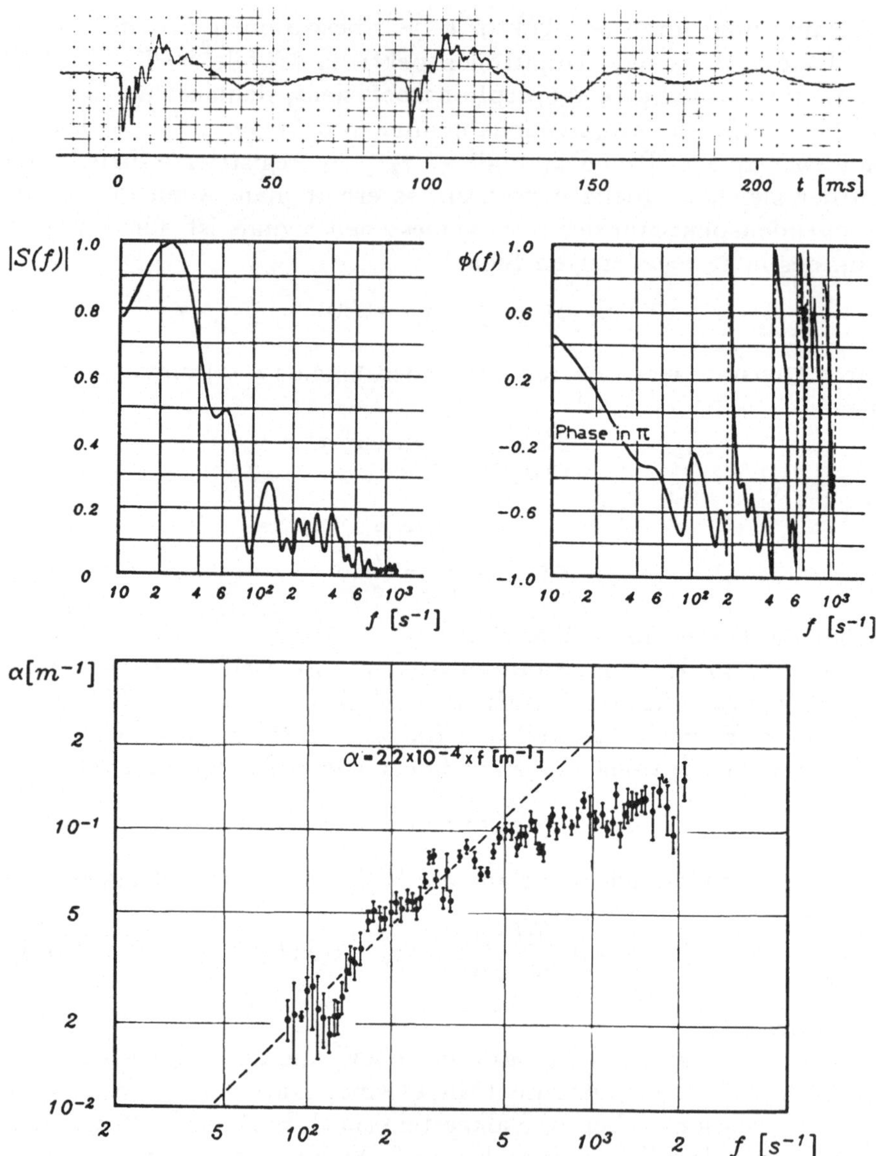

Abbildung 7.9: Bestimmung des Absorptionskoeffizienten in Kalkgestein. Oben: Registrierbeispiel (Schuß-Geophon-Entfernung 18.9 m, Ladung 40g), Mitte: Amplituden- und Phasenspektrum des Seismogramms, unten: Frequenzabhängigkeit des Absorptionskoeffizienten für Kompressionswellen im untersuchten Kalkgestein (nach Burkhardt, 1970).

Das Verfahren läßt sich auf reflektierte Signale, die von der gleichen Quelle herrühren und an zwei Schichtgrenzen in den Tiefen z_1 und z_2 reflektiert werden, übertragen. In diesem Fall ist

$$|S_2(f)| = R|S_1(f)|e^{-\alpha(f)2(z_2-z_1)} \,, \qquad (7.60)$$

dabei ist R ein durch die unterschiedlichen Reflexionskoeffizienten und Weglängen bedingter frequenzabhängiger Amplitudenfaktor und $2(z_2 - z_1)$ die Differenz der Laufwege der zwei Reflexionen.
Die Bestimmung des Absorptionskoeffizienten anhand konventioneller reflexionsseismischer Registrierungen stößt jedoch auf erhebliche Schwierigkeiten, da es im Gegensatz zu Durchschallungsmessungen, bei denen Ersteinsätze ausgewertet werden, vielfach nicht gelingt, ein interferenzfreies Signal zu extrahieren und das reine Signalspektrum aus dem registrierten Wellengemisch zu ermitteln. Man ist vielmehr gezwungen, das Signal abzuschätzen, z.B. über die Autokovarianzfunktion des Seismogramms (siehe Abschnitt 23.2.1) oder durch Anwendung einer Gewichtsfunktion auf bestimmte Teile des gemessenen Seismogramms. Dieses Vorgehen birgt die Gefahr, daß im Spektrum die Absorptionseffekte durch die in Kapitel 4 diskutierten Auswirkungen der Gewichtsfunktion weitgehend verdeckt werden können. Eine andere Möglichkeit zur Ermittlung des mit der Laufzeit sich ändernden Signalspektrums aus Seismogrammen ist mit den in Kapitel 11.9 behandelten Verfahren zur Spektralanalyse nichtstationärer Vorgänge gegeben. Inwieweit diese Verfahren, die bislang kaum angewendet werden, erfolgreich zur Absorptionsbestimmung eingesetzt werden können, läßt sich gegenwärtig nur schwer beurteilen.

7.4.2 Analyse seismischer Oberflächenwellen

Ein anderes wichtiges Anwendungsgebiet für die Spektralanalyse ist die numerische Analyse seismischer Oberflächenwellen. Die Aufgabe besteht darin, aus der entlang einer Stationslinie in Richtung der Wellenausbreitung beobachteten Signalverformung zusätzlich zur Absorption die Phasen- und Gruppengeschwindigkeit für jede angeregte Mode als Funktion der Periode zu ermitteln. Diese Funktionen lassen sich dann invertieren und ermöglichen die Abschätzung von Untergrundparametern. Für einen impulsförmigen Herdimpuls wird das Seismogrammbild im Fernfeld im wesentlichen von den Dispersionseigenschaften des durchlaufenen Wellenweges bestimmt. Die Verformung, die ein Signal $y(t)$ mit dem Spektrum $Y(f)$ beim Durchlaufen eines verlustfreien, dispergierenden Systems in x-Richtung erfährt,

126

kann durch folgendes Fourier-Integral dargestellt werden:

$$y(t,x) = \int_{-\infty}^{\infty} Y(f)e^{i2\pi(ft-k(f)x)}df \ . \tag{7.61}$$

Die reelle Ausbreitungsfunktion $k(f)$ beschreibt die geometrische Dispersion der Oberflächenwelle. Aus ihr lassen sich die Dispersionsfunktionen der Phasengeschwindigkeit

$$c(f) = \frac{f}{k(f)} \tag{7.62}$$

und der Gruppengeschwindigkeit

$$u(f) = \frac{1}{\frac{dk(f)}{df}} = \frac{c^2(f)}{c(f) - f\frac{dc(f)}{df}} \tag{7.63}$$

ableiten. Bei seismischen Oberflächenwellen nimmt die Phasengeschwindigkeit $c(f)$ in der Regel mit zunehmender Frequenz ab ($\frac{dc(f)}{df} <$ 0). Man spricht von normaler Dispersion. Nach Gleichung (7.63) ist dann die Gruppengeschwindigkeit $u(f)$ kleiner als die Phasengeschwindigkeit $c(f)$. Abb. 7.10 zeigt nach Seidl und Müller (1977) eine Montage synthetischer Seismogramme der Rayleigh-Grundmode für ein elastisches Modell, dessen Gruppengeschwindigkeitsfunktion $u(f)$ den für kontinentale Rayleigh-Wellen typischen Verlauf aufweist. Im folgenden werden zwei wichtige Verfahren der Dispersionsanalyse zur Bestimmung der Phasengeschwindigkeitsfunktion $c(f)$ für den speziellen Fall einer ebenen Oberflächenwelle skizziert:

- das Phasendifferenzenverfahren,
- die Kreuzkorrelationsmethode.

Die Welle soll sich in Richtung der positiven x-Richtung ausbreiten und in den zwei Stationen mit den Koordinaten x_j, $j = 1,2$ aufgezeichnet werden. Der zeitliche Verlauf des Seismogramms in der Station j sei $y_j(t)$, das zugehörige Spektrum $Y_j(f)$. Es wird im folgenden vorausgesetzt, daß nur eine Mode angeregt wird. Dann läßt sich das Spektrum des Seismogramms $y_2(t)$ durch

$$Y_2(f) = Y_1(f)e^{-i2\pi k(f)(x_2-x_1)} = Y_1(f)e^{-i2\pi k(f)\Delta x} \tag{7.64}$$

darstellen. Führt man für die Seismogrammspektren die polare Darstellung

$$Y_j(f) = |Y_j(f)|e^{-i\phi_j(f)}, \ j = 1,2 \tag{7.65}$$

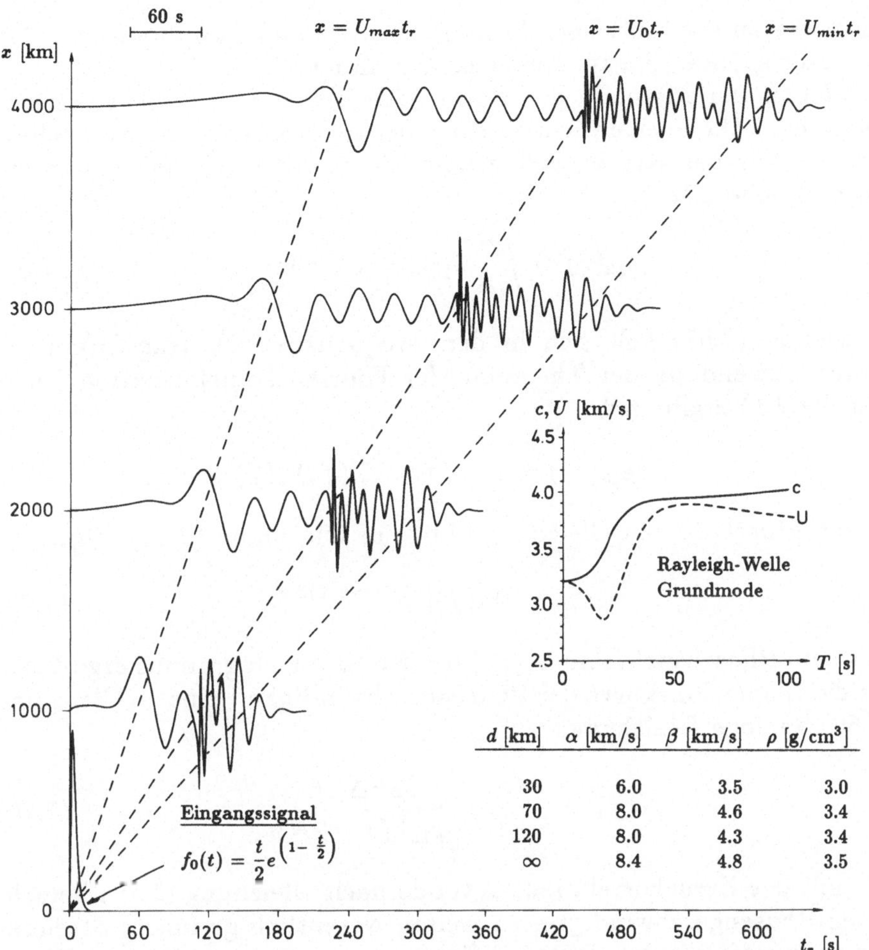

d [km]	α [km/s]	β [km/s]	ρ [g/cm^3]
30	6.0	3.5	3.0
70	8.0	4.6	3.4
120	8.0	4.3	3.4
∞	8.4	4.8	3.5

Abbildung 7.10: Synthetische Seismogramme der Rayleigh-Grundmode für ein elastisches Schichtmodell. $t_r = t - \frac{x}{v_r}$, $v_r = 5.0\ km/s$. Die Steigung der gestrichelten Geraden ergibt die Gruppengeschwindigkeit (nach Seidl und Müller, 1977).

ein, so ergibt sich aus Gleichung (7.64) für die gesuchte Dispersionsfunktion der Phasengeschwindigkeit

$$c(f) = \frac{f}{k(f)} = \frac{2\pi\Delta x f}{\phi_2(f) - \phi_1(f) + 2N\pi} \ . \tag{7.66}$$

Wie man sieht, wird die Phasengeschwindigkeit anhand der Phasenunterschiede der Oberflächenwelle an den beiden Meßstationen bestimmt. Die zunächst unbestimmte ganze Zahl N läßt sich aus Nähe-

128

rungswerten der Phasengeschwindigkeit für den langperiodischen Teil
des untersuchten Spektralbereichs berechnen.

Neben der Methode der Phasendifferenzen spielt die Kreuzkorrelationsmethode eine wichtige Rolle bei der Analyse der Oberflächenwellen. Für das Kreuzkorrelogramm der beiden Seismogramme gilt
nach Tabelle 2.1:

$$y_{12}(\tau) = \int_{-\infty}^{\infty} y_1(t)y_2(t+\tau)dt \ . \tag{7.67}$$

Gleichung (7.67) läßt sich in den Frequenzbereich transformieren.
Unter Anwendung der Theoreme der Fourier-Transformation (siehe
Tabelle 2.1) ergibt sich:

$$\mathcal{F}(y_{12}(\tau)) = Y_{12}(f) = Y_1^*(f)Y_2(f) \ . \tag{7.68}$$

Durch Einsetzen von Gleichung (7.64) in Gleichung (7.68) folgt:

$$Y_{12}(f) = |Y_1(f)|^2 e^{-i2\pi k(f)\Delta x} \ . \tag{7.69}$$

Mit dem Phasenspektrum $\Phi_{12}(f)$ des Kreuzkorrelogramms ergibt sich
für die Dispersionskurve der Phasengeschwindigkeit eine zu Gleichung
(7.66) analoge Beziehung:

$$c(f) = \frac{f}{k(f)} = \frac{2\pi\Delta x f}{\phi_{12}(f) + 2N\pi} \ . \tag{7.70}$$

Die mit der Kreuzkorrelationsmethode nach Gleichung (7.70) berechneten Phasengeschwindigkeiten weisen wesentlich geringere Streuun-
gen auf als die mit dem Phasendifferenzenverfahren ermittelten Werte.

Die Verfahren der Dispersionsanalyse setzen überlagerungsfreie Signale voraus. Sie lassen sich daher in der Regel erst nach Separation
einzelner Moden anwenden. Die Trennung erfolgt durch die spektrale
Zerlegung der Oberflächenwellen mit Hilfe eines Satzes schmalbandiger Bandpaßfilter. Dieses Trennverfahren sowie numerische Verfahren
zur Bestimmung der Gruppengeschwindigkeit $u(f)$ werden in dem
sehr zu empfehlenden Übersichtsartikel über seismische Oberflächenwellen von Seidl und Müller (1977) beschrieben.

Referenzen Teil I

Attewell, P.B. and Y.V. Ramana: Wave Attenuation and Internal Friction as Functions of Frequency in Rocks, Geophysics 31, p. 1049 - 1056, 1966.

Berkhout, A.J.: On the Minimum-Length Property of One-Sided Signals, Geophysics 38, p. 657 - 672, 1973.

Burkhardt, H.: Untersuchungen im seismischen Nahfeld kleiner Unterwassersprengungen, Dissertation, TU Clausthal, 1970.

Claerbout, J.F.: Fundamentals of Geophysical Data Processing, McGraw-Hill, New York, 1976.

Claerbout, J.F.: Imaging the Earth's Interior, Blackwell, Oxford, 1985.

Doetsch, G.: Anleitung zum praktischen Gebrauch der Laplace-Transformation und der Z-Transformation, 5. Auflage, R. Oldenbourg Verlag, München-Wien, 1985.

Frosch, R.A. and P.E. Green: The Concept of a Large Aperture Seismic Array, Proceedings of the Royal Society, Mathematical and Physical Sciences, Series A, Vol. 290, p. 368 - 384, London, 1966.

Holbrook, J.G.: Laplace-Transformation, Friedr. Vieweg + Sohn, Braunschweig, 1973.

Hood, P.: Migration, in: Geophysical Exploration Methods - 2, Editor: A. A. Fitch, Applied Science Publications Ltd., London, 1981.

Knopp, K.: Grundlagen der allgemeinen Theorie der analytischen Funktionen, Walter de Gruyter u. Co, Göschen Band 668, Berlin, 1957.

Kulhanek, O. and K. Klima: The Reliable Frequency Band for Amplitude Spectra Corrections, Geophys. J. R. Astron. Soc. 21, p. 235 - 242, 1970.

Müller, G. and P. Temme: Fast Frequency-Wavenumber Migration for Depth-dependent Velocity, Geophysics 52, p. 1483 - 1491, 1987.

Papoulis, A.: The Fourier Integral and its Applications, McGraw-Hill Book Company, Inc., New York, 1962.

Papoulis, A.: Minimum-Bias Windows for High-Resolution Spectral Estimates, IEEE Trans. on Inform. Theory, II-19, p. 9 - 12, 1973.

Robinson, E.A.: Multichannel Time Series Analysis with Digital Computer Programs, Holden-Day, San Francisco, 1967.

Schoenberger, M.: Resolution Comparison of Minimum-Phase and Zero-Phase Signals, Geophysics $\underline{39}$, p. 826 - 833, 1974.

Seidl, D. und S. Müller: Seismische Oberflächenwellen, Journ. of Geophysics $\underline{42}$, p. 283 - 328, 1977.

Shannon, C.E.: A Mathematical Theory of Communication, Bell Syst. Techn. Journal $\underline{27}$, 1948.

Smirnow, W.I.: Lehrgang der höheren Mathematik, Teil 2, VEB Deutscher Verlag d. Wiss., Berlin, 1981.

Stolt, R.H.: Migration by Fourier Transform, Geophysics $\underline{43}$, p. 691 - 714, 1978.

Temme, P. and G. Müller: Fast Plane-Wave and Single-Shot Migration by Fourier Transform, Journal of Geophysics $\underline{60}$, p. 19 - 27, 1986.

Zwei der in Kapitel 7 behandelten Beispiele (Migration seismischer Sektionen im Frequenz-Wellenzahl-Bereich, Berechnung synthetischer Seismogramme) entstammen Vorlesungsmanuskripten von G. Müller, Universität Frankfurt, und sind hier in verkürzter Form behandelt worden.

Weiterführende Literatur

(1) Empfehlenswerte Literatur zum Weiterstudium der Grundlagen der Spektralanalyse determinierter Vorgänge:

Bracewell, R.: The Fourier Transform and its Applications, Mc Graw Hill Book Comp., New York, 1965.

(2) Die Grundlagen der schnellen Fourier-Transformation sind ausführlich dargestellt bei:

Brigham, E.O.: The Fast Fourier Transform, Prentice Hall, 1974.

(3) Literatur mit besonderer Ausrichtung der Spektralanalyse auf geophysikalische Anwendungen:

Barber, N.J.: Fourier Methods in Geophysics, in Runcorn: Methods and Techniques in Geophysics, Vol. 2, Interscience Publisher, 1966.

Bath, M.: Spectral Analysis in Geophysics, Elsevier Scientific Publ. Comp., Amsterdam, 1974.

(4) Die Grundlagen der Funktionentheorie - ausreichend für das Verstehen des Residuensatzes und des Cauchyschen Hauptsatzes - findet man bei:

Knopp, K.: Elemente der Funktionentheorie, Göschen Sammlung Band 1109, Berlin, 1955.

(5) Die Gewichtsfunktionen sind gleichfalls bei der Spektralanalyse regelloser Vorgänge von Bedeutung und in diesem Zusammenhang abgehandelt bei:

Blackman, R.B. and J.W. Tukey: The Measurement of Power Spectra, Dover Publications, New York, 1958.

Die hier gegebene Darstellung orientiert sich im wesentlichen an:

Jenkins, G.M. and D.G. Watts: Spectral Analysis and its Applications, Holden-Day, San Francisco, 1968.

Teil II

Spektralanalyse regelloser Vorgänge

Kapitel 8

Kennzeichnung regelloser Vorgänge im Zeit- und im Frequenzbereich

In den meisten Disziplinen der angewandten Geophysik - wie z.B. bei der Messung elektromagnetischer Wechselfelder - muß man den gemessenen Vorgang als regellos auffassen. Eine analytische Beschreibung ist für derartige Prozesse nicht möglich. Man muß sich daher darauf beschränken, wenigstens einige ihrer statistischen Eigenschaften zu erfassen. Dabei wird angestrebt, den Vorgang so zu kennzeichnen, daß eine Analyse durchführbar ist und seine Verformung durch Übertragungssysteme und Filterprozesse beurteilt werden kann.

In der Regel werden vier Typen statistischer Größen zur Beschreibung stochastischer (d.h. zeitabhängiger regelloser) Vorgänge herangezogen:

- die zeitlichen Mittelwerte

$$\overline{x(t)} = \lim_{T \to \infty} \frac{1}{2T} \int_{-T}^{T} x(t)dt \tag{8.1}$$

und

$$\overline{x^2(t)} = \lim_{T \to \infty} \frac{1}{2T} \int_{-T}^{T} x^2(t)dt \ , \tag{8.2}$$

die als linearer und quadratischer Mittelwert bezeichnet werden. Die mittlere quadratische Abweichung

$$\begin{aligned}
\sigma_x^2 &= \lim_{T \to \infty} \frac{1}{2T} \int_{-T}^{T} (x(t) - \overline{x(t)})^2 dt \\
&= \overline{x^2(t)} - \overline{x(t)}^2 \ ,
\end{aligned} \tag{8.3}$$

wird als Varianz oder Streuung von $x(t)$ und die Wurzel aus σ_x^2 als Standardabweichung bezeichnet.

- die **Wahrscheinlichkeitsdichte- und Wahrscheinlichkeitsverteilungsfunktion:**

136

Die Wahrscheinlichkeitsdichtefunktion $p(X)$ beschreibt die Wahrscheinlichkeit, mit der das Signal $x(t)$ zu irgend einem Zeitpunkt t einen Wert innerhalb der Schranken X und $X + \Delta x$ annimmt. Nach Abb. 8.1 läßt sich diese Wahrscheinlichkeit durch den zeitlichen Anteil T_x an der Gesamtzeit T beschreiben, in dem $x(t)$ innerhalb des Amplitudenintervalls $(X, X + \Delta x)$ liegt:

$$
\begin{aligned}
Prob[X < x(t) \leq X + \Delta x] &= \lim_{T \to \infty} \frac{\sum_{j=1}^{k} \Delta t_j}{T} \\
&= \lim_{T \to \infty} \frac{T_x}{T} \ .
\end{aligned}
$$

Hiermit läßt sich die Wahrscheinlichkeitsdichtefunktion wie folgt definieren:

$$
\begin{aligned}
p(X) &= \lim_{\Delta x \to 0} \frac{Prob[X < x(t) < X + \Delta x]}{\Delta x} \\
&= \lim_{\Delta x \to 0} \lim_{T \to \infty} \frac{1}{T} \frac{T_x}{\Delta x} \ .
\end{aligned}
\tag{8.4}
$$

$p(X)$ kann nur positiv oder Null sein.

Die Wahrscheinlichkeit dafür, daß das Signal $x(t)$ zu irgend einem Zeitpunkt t eine Schranke der Höhe X nicht überschreitet, wird durch die **Wahrscheinlichkeitsverteilungsfunktion,**

$$
P(X) = Prob[x(t) \leq X] \ ,
\tag{8.5}
$$

beschrieben. $P(X)$ entspricht dem Integral der Wahrscheinlichkeitsdichtefunktion von $-\infty$ bis X:

$$
P(X) = \int_{-\infty}^{X} p(x)dx \ .
\tag{8.6}
$$

Umgekehrt ergibt sich die Wahrscheinlichkeitsdichtefunktion durch Differentiation von $P(X)$.

Abb. 8.1 zeigt die Wahrscheinlichkeitsdichtefunktion und die dazu gehörende Verteilungsfunktion für einen normalverteilten Prozeß, der durch folgende Wahrscheinlichkeitsdichtefunktion beschrieben wird:

$$
p(x) = \frac{1}{\sigma\sqrt{2\pi}} e^{-\frac{|x-m|^2}{2\sigma^2}}, \quad -\infty < x < \infty, \ m, \sigma \ \text{reell}, \ \sigma > 0.
\tag{8.7}
$$

Dabei ist m der Mittelwert und σ die Varianz des normalverteilten Prozesses.

Die Wahrscheinlichkeitsverteilungsfunktion kann mit wachsendem X nicht abnehmen, d.h. für $X_1 < X_2$ muß $P(X_1) \leq P(X_2)$ sein. Die

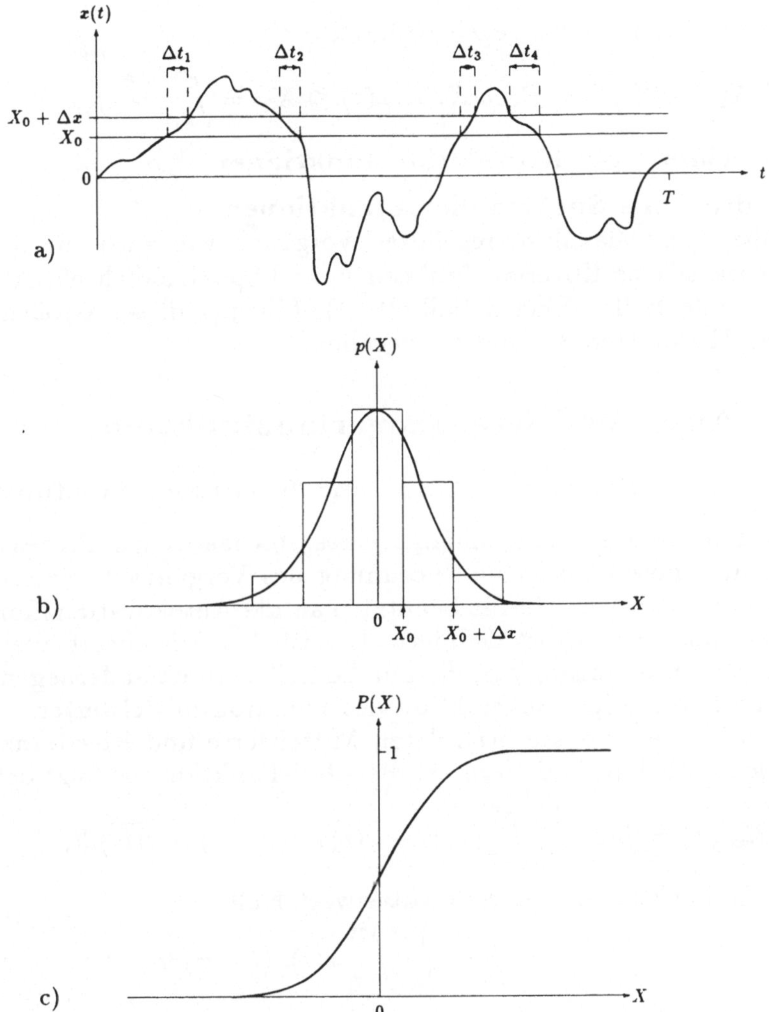

Abbildung 8.1: Veranschaulichung der Wahrscheinlichkeitsdichte-
und der Wahrscheinlichkeitsverteilungsfunktion.
a) Bestimmung der Wahrscheinlichkeit $Prob[X_0 < x(t) \leq X_0 + \Delta x]$,
b) Wahrscheinlichkeitsdichte- und c) Wahrscheinlichkeitsverteilungsfunktion eines normalverteilten Prozesses.

Verteilungsfunktion wird durch 0 und 1 begrenzt, denn die Wahrscheinlichkeit dafür, daß $x(t)$ kleiner als $-\infty$ ist, ist Null, während
$x(t)$ sicher kleiner als $+\infty$ ist, d.h. die Wahrscheinlichkeit hierfür ist
1.
Weiterhin ist die Wahrscheinlichkeit dafür, daß $x(t)$ in ein beliebiges

138

Intervall (X_1, X_2) fällt, gegeben durch

$$P(X_2) - P(X_1) = Prob[X_1 < x(t) \leq X_2] = \int_{X_1}^{X_2} p(x)dx \quad . \tag{8.8}$$

• **Kovarianz- und Korrelationsfunktionen,**

• **quadratische Spektraldichtefunktionen.**
Für die Spektralanalyse regelloser Vorgänge wie auch für die Filtertheorie spielen Kovarianzfunktionen und Spektraldichtefunktionen die zentrale Rolle. Eine detaillierte Einführung dieser Größen wird in den Abschnitten 8.1 und 8.2 gegeben.

8.1 Auto- und Kreuzkovarianzfunktion

8.1.1 Definitionen der Auto- und Kreuzkovarianzfunktion

Um die inneren Zusammenhänge eines stochastischen Prozesses zu erfassen, benötigt man eine Zuordnung des Vorgangs zu verschiedenen Zeiten. Als Maß hierfür benutzt man die Autokovarianzfunktion (AKV-Funktion). Sie ist definiert als zeitlicher Mittelwert aller Produkte von Funktionswerten, die um die Zeit τ auseinanderliegen, und zwar nach vorheriger Subtraktion des Funktionsmittelwertes.
Für stationäre Prozesse $x(t)$, deren Mittelwerte und Kovarianzfunktion sich zeitlich nicht ändern, ist die AKV-Funktion wie folgt definiert:

$$R_{xx}(\tau) = \lim_{T \to \infty} \frac{1}{2T} \int_{-T}^{T} (x(t) - \overline{x(t)})(x(t + \tau) - \overline{x(t)})dt, \tag{8.9}$$

bzw. für Funktionen mit dem Mittelwert Null:

$$R_{xx}(\tau) = \lim_{T \to \infty} \frac{1}{2T} \int_{-T}^{T} x(t)x(t + \tau)dt \quad . \tag{8.10}$$

Wenn es nicht extra erwähnt ist, wird im folgenden davon ausgegangen, daß der Mittelwert von $x(t)$ Null ist.
Für zwei regellose Vorgänge $s(t)$ und $n(t)$, die sich additiv überlagern,

$$x(t) = s(t) + n(t) \quad , \tag{8.11}$$

folgt:

$$R_{xx}(\tau) = R_{ss}(\tau) + R_{sn}(\tau) + R_{ns}(\tau) + R_{nn}(\tau) \quad . \tag{8.12}$$

Die auf $R_{xx}(0)$ normierte Funktion

$$r_{xx}(\tau) = \frac{R_{xx}(\tau)}{R_{xx}(0)} = \frac{\displaystyle\lim_{T \to \infty} \frac{1}{2T} \int_{-\infty}^{\infty} x(t)x(t + \tau)dt}{\displaystyle\lim_{T \to \infty} \frac{1}{2T} \int_{-\infty}^{\infty} x^2(t)dt} \tag{8.13}$$

trägt die Bezeichnung Autokorrelationsfunktion (AKR-Funktion).

$$R_{xx}(0) = \lim_{T \to \infty} \frac{1}{2T} \int_{-T}^{T} x^2(t)dt \qquad (8.14)$$

beschreibt die mittlere Leistung von $x(t)$.
Um Verbundeigenschaften mehrerer stochastischer Prozesse zu beschreiben, wie es z.B. zur Beurteilung von Meßgrößen erforderlich ist, die an verschiedenen Stellen der Erdoberfläche gewonnen werden, verwendet man die Kreuzkovarianzfunktion (KKV-Funktion),

$$R_{xy}(\tau) = \lim_{T \to \infty} \frac{1}{2T} \int_{-T}^{T} (x(t) - \overline{x(t)})(y(t + \tau) - \overline{y(t)})dt \quad , \qquad (8.15)$$

bzw. die auf $R_{xy}(0)$ normierte Kreuzkorrelationsfunktion

$$r_{xy}(\tau) = \frac{R_{xy}(\tau)}{R_{xy}(0)} \quad . \qquad (8.16)$$

Die AKV-Funktion ist ursprünglich als Ensemblemittelwert definiert:

$$R_{xx}(\tau) = \int \int p(x_1, x_2) x_1 x_2 dx_1 \ dx_2 \quad , \qquad (8.17)$$

wobei $x_1 = x(t)$, $x_2 = x(t + \tau)$, t beliebig aber fest, und $p(x_1, x_2)$ die Verbundwahrscheinlichkeitsdichte zwischen x_1 und x_2 beschreibt.
Für sogenannte ergodische Vorgänge, für die die statistischen Eigenschaften über das **Ensemble zu einem festen aber beliebigen Zeitpunkt** mit der Wahrscheinlichkeit Eins jenen über die **Gesamtdauer einer Realisierung** entsprechen, ist die Ensemble-AKV-Funktion gleich der hier im Zeitbereich eingeführten AKV-Funktion. Analog zu Gleichung (8.10) läßt sich die AKV-Funktion in leicht abgewandelter Form auch für determinierte Funktionen definieren. Die AKV-Funktion periodischer Funktionen $s(t)$ der Periode T_0 ist definiert durch:

$$R_{ss}(\tau) = \frac{1}{T_0} \int_{0}^{T_0} s(t)s(t + \tau)dt \quad , \qquad (8.18)$$

die der nichtperiodischen determinierten Funktionen $a(t)$ durch:

$$R_{aa}(\tau) = \int_{-\infty}^{\infty} a(t)a(t + \tau)dt \quad . \qquad (8.19)$$

140

Zwischen der AKV-Funktion $R_{aa}(\tau)$ und dem Amplitudenspektrum $|A(f)|$ der determinierten Funktion $a(t)$ besteht folgender Zusammenhang:

$$
\begin{aligned}
R_{aa}(\tau) &= \int_{-\infty}^{\infty} a(t)a(t+\tau)dt \\
&= \int_{-\infty}^{\infty} a(t) \int_{-\infty}^{\infty} A(f)e^{i2\pi f(t+\tau)}df\, dt \\
&= \int_{-\infty}^{\infty} A(f) \int_{-\infty}^{\infty} a(t)e^{i2\pi ft}dt\, e^{i2\pi f\tau}df \\
&= \int_{-\infty}^{\infty} A(f)A^*(f)e^{i2\pi f\tau}df \\
&= \int_{-\infty}^{\infty} |A(f)|^2 e^{i2\pi f\tau}df \ ,
\end{aligned}
\tag{8.20}
$$

d.h. die AKV-Funktion ist die inverse Fourier-Transformierte von $|A(f)|^2$. Weiterhin ist das Spektrum der AKV-Funktion gleich dem Quadrat des Betrags des Spektrums von $a(t)$:

$$
\mathcal{F}(R_{aa}(\tau)) = A(f)A^*(f) = |A(f)|^2 \ .
\tag{8.21}
$$

8.1.2 Aussagekraft der Auto- und Kreuzkovarianzfunktion

Um tiefere Einsicht in die Aussagekraft der AKV-Funktion zu bekommen, wird die AKV-Funktion einer periodischen Funktion mit der eines stochastischen Prozesses verglichen.

a) **Autokovarianzfunktion periodischer Funktionen:**
Die AKV-Funktion der mit T_0 periodischen Zeitfunktion

$$
s(t) = s_0 \sin(2\pi f_0 t - \varphi) \ , \quad T_0 = \frac{1}{f_0} \ ,
\tag{8.22}
$$

ergibt sich nach Gleichung (8.18) zu

$$
\begin{aligned}
R_{ss}(\tau) &= \frac{1}{T_0} \int_0^{T_0} s_0^2 \sin(2\pi f_0 t - \varphi)\sin(2\pi f_0(t+\tau) - \varphi)dt \\
&= \frac{s_0^2}{2\pi} \int_{-\varphi}^{2\pi-\varphi} \sin(\sigma)\sin(\sigma + 2\pi f_0\tau)d\sigma \ \text{mit } \sigma = 2\pi f_0 t - \varphi \\
&= \frac{s_0^2}{2\pi} \int_{-\varphi}^{2\pi-\varphi} (\sin^2(\sigma)\cos(2\pi f_0\tau) + \sin(\sigma)\cos(\sigma)\sin(2\pi f_0\tau))d\sigma \\
&= \frac{s_0^2}{2\pi}(\cos(2\pi f_0\tau)(\frac{1}{2}\sigma - \frac{1}{4}\sin(2\sigma))|_{-\varphi}^{2\pi-\varphi} \\
&\quad + \sin(2\pi f_0\tau)\frac{1}{2}\sin^2(\sigma)|_{-\varphi}^{2\pi-\varphi})
\end{aligned}
$$

$$= \frac{s_0^2}{2\pi}(\cos(2\pi f_0 \tau)\pi + \sin(2\pi f_0 \tau)0)$$

$$= \frac{s_0^2}{2}\cos(2\pi f_0 \tau) \ . \tag{8.23}$$

Das Ergebnis zeigt, daß in der AKV-Funktion einer periodischen Funktion die Frequenzinformation erhalten bleibt, dagegen aber die Phaseninformation φ verloren geht.

b) **Autokovarianzfunktion eines stochastischen Prozesses:**
Abb. 8.2 zeigt die Ausschnitte eines stochastischen Vorganges $x(t)$ und der Verschiebung von $x(t)$ um τ. Bei vollständiger Überdeckung der beiden Funktionen, d.h. für $\tau = 0$, ergibt sich der Maximalwert der AKV-Funktion. Im Gegensatz zur AKV-Funktion periodischer Funktionen tritt dieser Maximalwert für keinen anderen Wert von τ mehr auf, sondern es gilt:

$$|R_{xx}(\tau)| < R_{xx}(0) \ \ \text{für} \ \ |\tau| > 0 \ . \tag{8.24}$$

In diesem Verhalten der AKV-Funktion spiegelt sich der Wesenszug aller stochastischer Vorgänge wider, der sie deutlich von den periodischen Vorgängen unterscheidet: Mit zunehmendem zeitlichen Abstand zweier Funktionswerte eines regellosen Vorgangs wird deren gegenseitige Abhängigkeit immer geringer.

In Abb. 8.3 ist der Verlauf der Autokovarianzfunktion für zwei stochastische Vorgänge $x(t)$ und $y(t)$ gezeigt. Die beiden AKV-Funktionen unterscheiden sich durch ihre Nullwerte, ihre Steigungen bei $\tau = 0$ und durch ihre Grenzwerte für $\tau \to \pm\infty$. Aus der Gestalt der

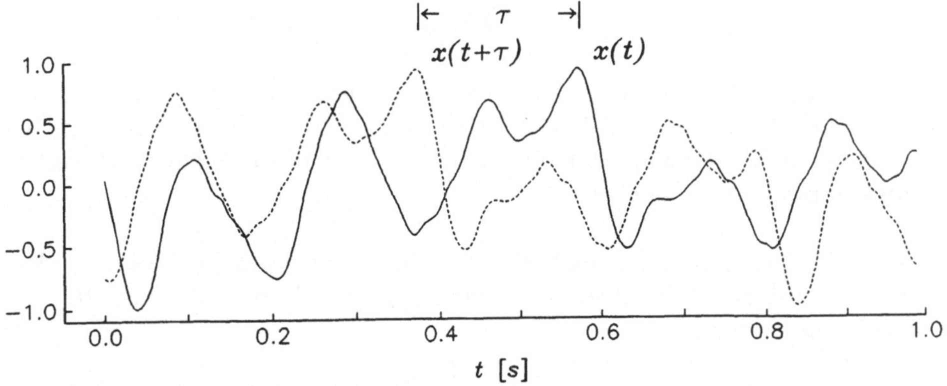

Abbildung 8.2: Die stochastischen Signale $x(t)$ und $x(t + \tau)$ zur Bildung der Autokovarianzfunktion $R_{xx}(\tau)$.

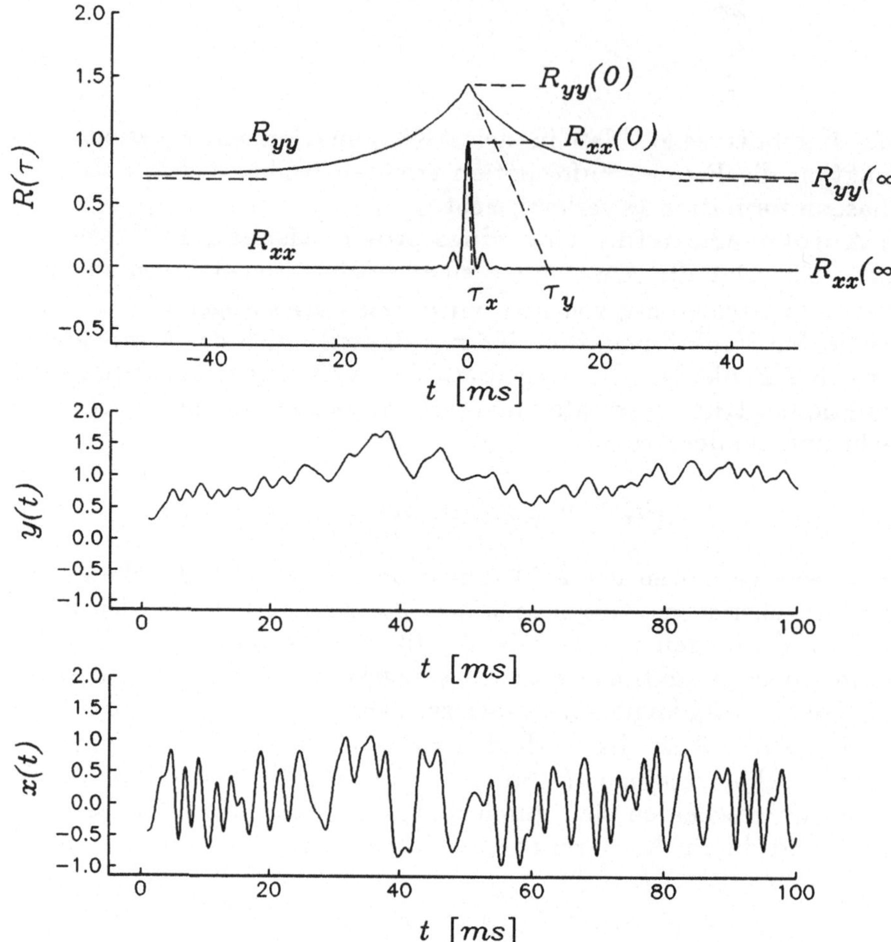

Abbildung 8.3: Die Autokovarianzfunktionen zweier stochastischer Vorgänge (unten und Mitte), die sich in ihrer Bandbreite, ihren linearen und quadratischen Mittelwerten sowie in ihrer Vorhersagbarkeit voneinander unterscheiden.

AKV-Funktionen folgt, daß die Vorgänge $x(t)$ und $y(t)$ verschiedene quadratische Mittelwerte besitzen, die durch $R_{xx}(0)$ bzw. $R_{yy}(0)$ bestimmt werden:

$$R_{xx}(0) = \lim_{T \to \infty} \frac{1}{2T} \int_{-T}^{T} x^2(t)dt = \overline{x^2(t)} \ .$$ (8.25)

Aus der Abklingzeit der AKV-Funktionen mit wachsendem τ kann man weiterhin schließen, daß die Erhaltungstendenz oder innere Kohärenz des Vorgangs $x(t)$ geringer ist als die von $y(t)$. Für die regellose Funktion $x(t)$ wird es im Vergleich zu $y(t)$ also schwieriger sein, den Funktionswert zur Zeit $t+\tau$ aus dem Verlauf der Funktion bis zur Zeit t vorauszusagen. Die durch die Schnittpunkte der Anfangstangenten mit der τ-Achse festgelegten Werte τ_x und τ_y nennt man Kohärenzzeiten. Dieser Begriff enthält jedoch keine scharfe Aussage, etwa in dem Sinne, daß der Vorgang innerhalb der Kohärenzzeit vorhersagbar wäre und für alle größeren Zeiten nicht mehr.

Die Aussagemöglichkeit der KKV-Funktion wird an folgendem Beispiel deutlich. Es wird die KKV-Funktion des stationären regellosen Prozesses $x(t)$ mit der um t_0 zeitverzögerten Funktion $y(t) = x(t-t_0)$ berechnet, d.h. $y(t)$ erfährt gegenüber $x(t)$ keine Formänderung, sondern lediglich eine Verzögerung. Diese enge Verwandtschaft zwischen $x(t)$ und $y(t)$ äußert sich in einer entsprechend einfachen Beziehung zwischen der AKV-Funktion von $x(t)$ und der KKV-Funktion der beiden Funktionen $x(t)$ und $y(t)$:

$$R_{xy}(\tau) = R_{xx}(\tau - t_0) \ . \tag{8.26}$$

Wenn zusätzlich Signalverzerrungen auftreten, dann geht $y(t)$ nicht mehr durch eine einfache Verschiebung aus $x(t)$ hervor. Gerade bei stochastischen Signalen gibt es dann Veränderungen, die man nicht mehr anschaulich beurteilen, wohl aber mit der KKV-Funktion erfassen kann. Während die AKV-Funktion ein Maß für eine Art "statistischer Verwandtschaft" zwischen verschiedenen Funktionsabschnitten **eines** stochastischen Vorganges ist, beschreibt die KKV-Funktion diese statistische Abhängigkeit zwischen **verschiedenen** Vorgängen.

8.1.3 Eigenschaften der Auto- und Kreuzkovarianzfunktion

* Die AKV- und KKV-Funktionen reeller Funktionen sind reell.

* Die AKV- bzw. KKV-Funktion **stationärer** Vorgänge hängt nur von der Differenz der Meßzeiten t_1 und t_2 ab, d.h. von der Retardierung $\tau = t_2 - t_1$. Verschiedene Zeitsegmente eines stationären Vorgangs ergeben die gleiche AKV-Funktion.

* Die AKV-Funktion macht Angaben über die innere Beziehung verschiedener Abschnitte der Funktion $x(t)$. Neben dem Vorgang $x(t)$ wird der um τ verschobene Vorgang $x(t + \tau)$ betrachtet. Die AKV-Funktion besitzt für $\tau = 0$ den größten Wert:

$$R_{xx}(0) \geq R_{xx}(\tau) \ , \quad \tau \neq 0 \ . \tag{8.27}$$

Die KKV-Funktion kann im Gegensatz zur AKV-Funktion ihr Maximum für beliebige Retardierung τ annehmen. Der Nullwert der KKV-Funktion ist gleich dem Produktmittelwert der Zeitfunktionen:

$$R_{xy}(0) = \overline{x(t)y(t)} \ . \tag{8.28}$$

• Für $\tau \to \pm\infty$ geht die AKV-Funktion gegen das Quadrat des Funktionsmittelwertes:

$$\lim_{\tau \to \pm\infty} R_{xx}(\tau) = \overline{x(t)}^2 = (\lim_{T \to \infty} \frac{1}{2T} \int_{-T}^{T} x(t)dt)^2 \ , \tag{8.29}$$

denn subtrahiert man von einem stochastischen Vorgang $x(t)$ den linearen Mittelwert $\overline{x(t)}$, d.h. bildet man die Funktion

$$y(t) = x(t) - \overline{x(t)} \ , \tag{8.30}$$

so läßt sich die AKV-Funktion von $x(t)$ wie folgt darstellen:

$$
\begin{aligned}
R_{xx}(\tau) &= \lim_{T \to \infty} \frac{1}{2T} \int_{-T}^{T} x(t)x(t+\tau)dt \\
&= \lim_{T \to \infty} \frac{1}{2T} \int_{-T}^{T} (y(t) + \overline{x(t)})(y(t+\tau) + \overline{x(t)})dt \\
&= \lim_{T \to \infty} \frac{1}{2T} \int_{-T}^{T} y(t)y(t+\tau)dt + \overline{x(t)} \lim_{T \to \infty} \frac{1}{2T} \int_{-T}^{T} y(t+\tau)dt \\
&\quad + \overline{x(t)} \lim_{T \to \infty} \frac{1}{2T} \int_{-T}^{T} y(t)dt + \overline{x(t)}^2 \\
&= R_{yy}(\tau) + \overline{x(t)}^2 \ , \tag{8.31}
\end{aligned}
$$

da der Mittelwert von $y(t)$ Null ist.

Für $\tau \to \pm\infty$ ist keine Abhängigkeit mehr zwischen den Funktionsabschnitten $y(t)$ und $y(t+\tau)$ vorhanden, so daß aus Gleichung (8.31)

$$R_{xx}(\pm\infty) = \overline{x(t)}^2 \tag{8.32}$$

folgt. Für $\tau = 0$ erhält man weiterhin aus Gleichung (8.31):

$$R_{yy}(0) = R_{xx}(0) - \overline{x(t)}^2 = \overline{x^2(t)} - \overline{x(t)}^2 \ . \tag{8.33}$$

Nach Gleichung (8.3) ist das die Varianz von $x(t)$.

• Die AKV-Funktion ist eine gerade Funktion,

$$R_{xx}(\tau) = R_{xx}(-\tau) \ , \tag{8.34}$$

denn aus der Definition (8.10) folgt mit der Substitution $t + \tau = u$:

$$R_{xx}(\tau) = \lim_{T \to \infty} \frac{1}{2T} \int_{-T}^{T} x(u - \tau)x(u)du = R_{xx}(-\tau) \quad . \qquad (8.35)$$

Analog hierzu läßt sich für die KKV-Funktion zeigen:

$$R_{xy}(-\tau) = R_{yx}(\tau) \quad . \qquad (8.36)$$

Die Vertauschung der relativen Zuordnung von x und y hat also einen Vorzeichenwechsel des Arguments zur Folge.

• Die AKV-Funktion ordnet einem regellosen Prozeß eine kontinuierliche Funktion zu, die - im Gegensatz zum Prozeß selber - Fouriertransformierbar ist. Da nach Gleichung (8.34) die AKV-Funktion eine gerade Funktion ist, wird das Phasenspektrum Null. Bei der Bildung der AKV-Funktion geht also die Phaseninformation verloren, die für regellose Vorgänge, bei denen alle Phasenlagen zufällig durchlaufen werden, sowieso ohne Aussagekraft ist. Aus dem Verlauf der AKV-Funktion kann daher nicht auf den zeitlichen Verlauf zurückgeschlossen werden. Dies gilt auch für die KKV-Funktion, d.h. auch aus der KKV-Funktion ist es nicht möglich, $x(t)$ oder $y(t)$ zu ermitteln.

8.1.4 Korrelationsmethoden

$s(t)$ sei ein determiniertes Signal mit der Einsatzzeit t_0, das von regellosem Rauschen $n(t)$ additiv überlagert wird:

$$x(t) = as(t - t_0) + n(t), \quad -\infty < t < \infty \quad . \qquad (8.37)$$

Für die verrauschte Zeitfunktion $x(t)$ läßt sich bei Kenntnis des Signals $s(t)$ die Signaleinsatzzeit t_0 über die Kreuzkorrelation zwischen $x(t)$ und $s(t)$ ermitteln:

$$
\begin{aligned}
R_{xs}(\tau) &= \lim_{T \to \infty} \frac{1}{2T} \int_{-T}^{T} (as(t - t_0) + n(t))s(t + \tau)dt \\
&= \lim_{T \to \infty} \frac{a}{2T} \int_{-T}^{T} s(\xi)s(\xi + \tau + t_0)d\xi + R_{ns}(\tau) \\
&= aR_{ss}(\tau + t_0) + R_{ns}(\tau) \quad .
\end{aligned}
\qquad (8.38)
$$

$R_{ss}(\tau + t_0)$ ist die um die Signaleinsatzzeit t_0 nach links verschobene AKV-Funktion von $s(t)$. Ist

$$|R_{ns}(\tau)| \ll |aR_{ss}(0)| \quad , \qquad (8.39)$$

dann gilt näherungsweise:

$$R_{xs}(\tau) \approx a R_{ss}(\tau + t_0) \qquad (8.40)$$

bzw. in der Nähe von $\tau = -t_0$:

$$R_{xs}(-t_0) \approx a R_{ss}(0) \ . \qquad (8.41)$$

In der Praxis berechnet man anstelle von Gleichung (8.38) die Funktion $\tilde{R}_{xs}(\tau) = \int x(t)s(t-\tau)dt$, um positive Zeiten zu haben. Anschaulich bedeutet das, daß man $s(t)$ an $x(t)$ nach rechts vorbeischiebt und das Resultat der Integration dem Zeitpunkt zuordnet, an dem der Beginn von $s(t)$ jeweils liegt. Damit gibt das Maximum der Funktion $\tilde{R}_{xs}(\tau)$ gerade die Signaleinsatzzeit an. Enthält $x(t)$ das Signal mehrfach, so erhält man die AKV-Funktion $R_{ss}(\tau)$ ebenfalls mehrfach, gegebenenfalls mit Überlagerung.

Die Kreuzkorrelation wird z.B. zur genauen Bestimmung von Differenzlaufzeiten von Signaleinsätzen benutzt, z.B. in der Seismologie zur Ermittlung der Laufzeitdifferenz verschiedener Phasen. Die wesentliche Annahme ist, daß die Signale dieselbe Impulsform besitzen, was aber wegen der unterschiedlichen Absorption längs der verschiedenen Laufwege nicht streng korrekt ist.

In der angewandten Geophysik findet die Korrelationstechnik in der Vibroseismik ihre Anwendung. Dabei wird dem Untergrund über Vibratoren Energie über ein Zeitintervall von mehreren Sekunden zugeführt, so daß die Energiezufuhr pro Zeiteinheit - und damit das Schadensrisiko - deutlich geringer als bei Explosionen ist. In der Praxis werden für die Anregung seismischer Wellen quasiharmonische Funktionen (sog. Sweeps) gewählt, bei denen sich der Frequenzgehalt mit der Zeit kontinuierlich ändert und die durch sehr kurze AKV-Funktionen ausgezeichnet sind. Sweeps lassen sich analytisch durch

$$s(t) = \begin{cases} \sin(2\pi(f_1 + \frac{f_2-f_1}{2T}t)t) & \text{für } 0 \leq t \leq T \\ 0 & \text{für } t < 0 \text{ und } t > T \end{cases} \qquad (8.42)$$

beschreiben. Die Momentanfrequenz von $sin(2\pi\phi(t))$ zur Zeit $t = t_0$ ist $\frac{d\phi(t)}{dt}|_{t_0}$. Danach ergibt sich für die Momentanfrequenz des Sweeps $f = f_1 + \frac{f_2-f_1}{T}t$. In diesem Signal ändert sich die Frequenz linear von f_1 bei $t = 0$ bis f_2 bei $t = T$. Dabei ist das Amplitudenspektrum annähernd konstant für Frequenzen zwischen f_1 und f_2 und verschwindet sonst.

Ein derartiger Sweep (siehe Abb. 8.4) wird rechnergesteuert dem Boden über Vibratoren aufgeprägt und parallel hierzu direkt am Vibrator aufgezeichnet. Die Vibroseis-Registrierungen enthalten wegen

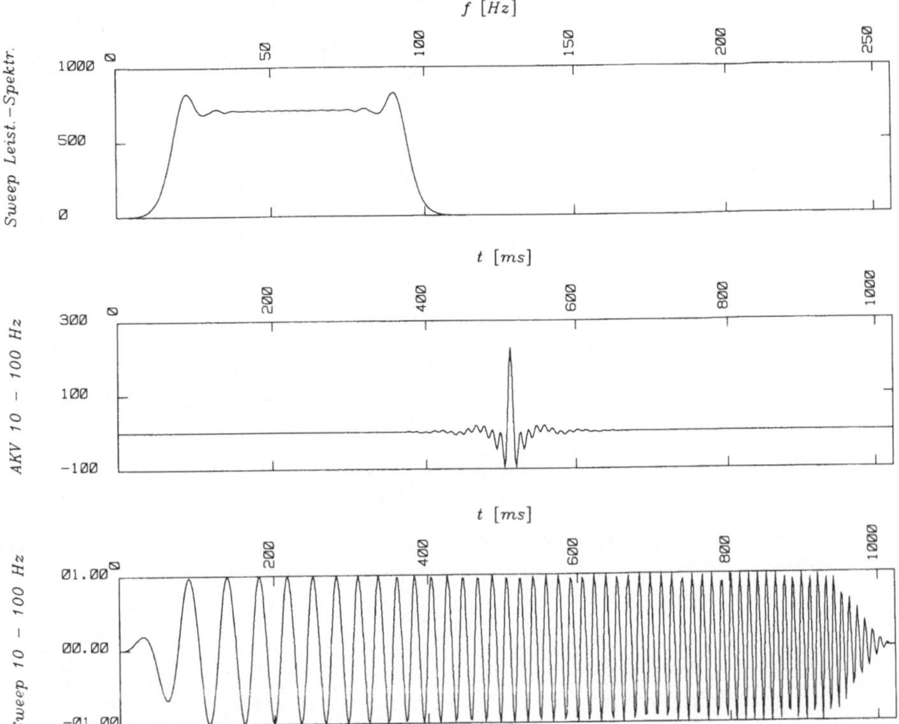

Abbildung 8.4: Quadratisches Amplitudenspektrum (oben) und Autokovarianzfunktion (8.19) (Mitte) eines typischen Vibroseis-Signals (unten) der Bandbreite 10 Hz $\leq f \leq$ 100 Hz und der Länge 1 s.

der langen Signaldauer keine separaten Reflexionseinsätze, sondern eine komplizierte Überlagerung vieler Reflexionen. Um die Signaleinsatzzeiten festlegen zu können, korreliert man die Registrierung mit dem ausgesandten Signal. Die AKV-Funktion bandbegrenzter Signale mit dem Quadrat des Amplitudenspektrums,

$$|S(f)|^2 = \begin{cases} c & \text{für } f_1 < |f| < f_2 \\ 0 & \text{sonst ,} \end{cases} \qquad (8.43)$$

ergibt in Analogie zur Herleitung von Gleichung (14.6):

$$R_{ss}(\tau) = \frac{2c}{\pi\tau} \sin(2\pi \frac{f_2 - f_1}{2}\tau) \cos(2\pi \frac{f_2 + f_1}{2}\tau) \ . \qquad (8.44)$$

Die effektive Dauer dieser AKV-Funktion, bestimmt durch die doppelte Weite der ersten Nullstelle des ersten Terms bei $\frac{1}{f_2 - f_1}$, ist etwa

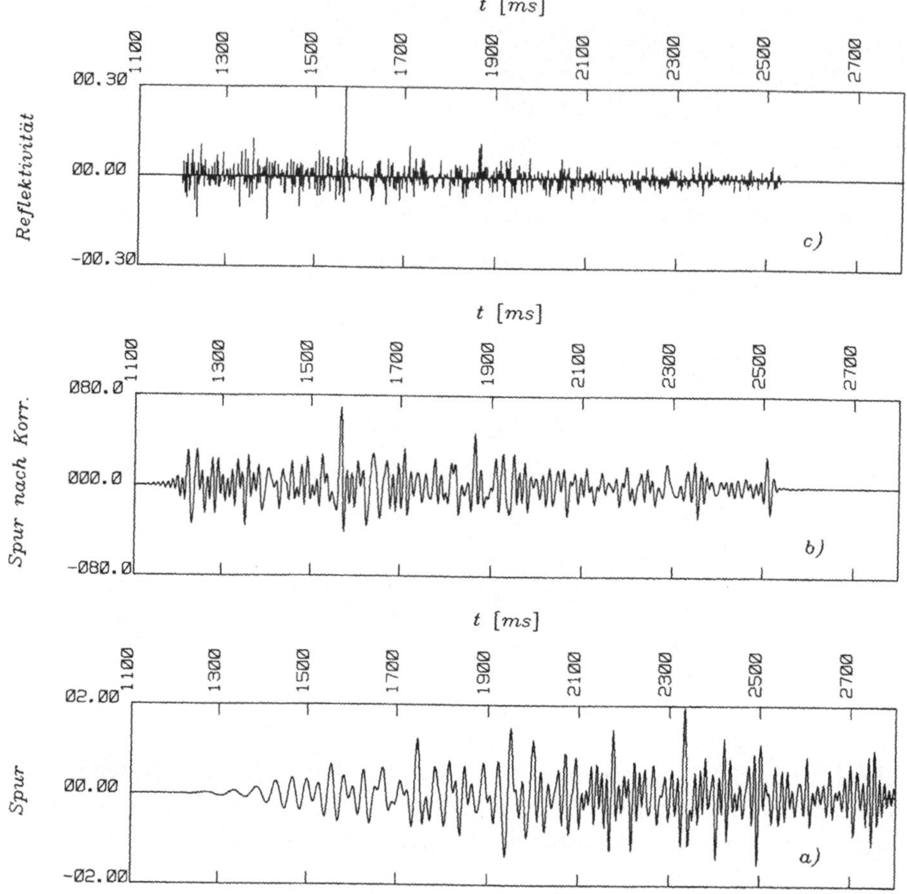

Abbildung 8.5: Das Prinzip der Vibroseismik.
a) seismische Spur für das in c) vorgegebene Impulsseismogramm bei Anregung mit dem in Abb. 8.4 dargestellten Vibroseis-Signal,
b) seismische Spur nach der Korrelation mit dem Vibroseis-Signal.

$\frac{2}{f_2-f_1}$. Je größer also die Bandbreite des Sweeps ist, desto kürzer ist die effektive Länge der zugehörigen AKV-Funktion. Für $f_2 - f_1 = 40$ Hz ist die effektive Dauer der AKV-Funktion 0.05 s im Vergleich zur typischen Sweepdauer zwischen $T = 5$ und 15 Sekunden.

Im Korrelogramm ergibt jede Reflexion die AKV-Funktion des Signals. Das Ergebnis ist dem herkömmlichen Seismogramm ähnlich (siehe Abb. 8.5), jedoch mit dem Unterschied, daß die Einsatzzeit jeder Reflexion am Extremum und nicht am Beginn des zugehörigen Korrelationswavelets liegt. Abb. 8.5 zeigt deutlich die Vorteile des Korrelogramms bei der Bestimmung der Signaleinsatzzeiten gegenüber der Vibroseis-Registrierung.

Beim Vibroseis-Verfahren mit Sweeps von der obigen Form kann man über die Parameter f_1 und f_2 die Sweep-AKV-Funktion verändern und damit das Auflösungsvermögen, das durch die effektive Dauer der AKV-Funktion bestimmt wird, beeinflussen. Die Tiefenreichweite des Verfahrens hängt von der dem Boden eingespeisten Energie ab. Diese ist proportional zur Sweepdauer T:

$$E = \int_0^T s^2(t)dt = \int_{-\infty}^{\infty} |S(f)|^2 df \ . \tag{8.45}$$

8.1.5 Zusammenfassung

Stochastische Prozesse sind von ihrer Entstehung her nicht reproduzierbar. Jeder stationäre stochastische Vorgang besitzt jedoch gewisse reproduzierbare Eigenschaften, z.B. neben den Mittelwerten seine AKV-Funktion. Durch den Prozeß der Korrelation wird dem regellos verlaufenden Prozeß eine im allgemeinen stetige und stetig differenzierbare Funktion zugeordnet, an der man analytische Operationen durchführen kann. Eine entscheidende Eigenschaft der AKV-Funktion besteht darin, daß sie nicht nach $x(t)$ auflösbar ist, d.h. man kann grundsätzlich nicht von $R_{xx}(\tau)$ auf den zeitlichen Ablauf von $x(t)$ zurückschließen, denn zu einer vorgegebenen Korrelationsfunktion gehören beliebig viele Realisierungsmöglichkeiten des regellosen Prozesses.

8.2 Quadratische Spektraldichtefunktion

8.2.1 Einführung des quadratischen Spektrums

Interessiert man sich für die Darstellung regelloser Vorgänge im Frequenzbereich, so treten Komplikationen auf. Während man bei determinierten Vorgängen die Amplituden- und Phasenverteilung als Funktion der Frequenz über die Fourier-Transformation bestimmt, versagt dies bei den zeitlich nicht begrenzten regellosen Vorgängen. Hier sind Aussagen über die Amplituden nur in Form von Mittelwerten möglich. Dabei ist die Phasenlage einer Partialschwingung nicht mehr fest vorgegeben und kann nicht als konstant angesehen werden, sondern sie unterliegt zufälligen Schwankungen.

Formal führt das zeitliche Nichtabklingen des regellosen Vorgangs $x(t)$ bei der Berechnung des Fourier-Integrals zu Konvergenzschwierigkeiten, da die Bedingung für die Existenz der Fourier-Transformierten, $\int_{-\infty}^{\infty} |x(t)|dt \leq c < \infty$, nicht mehr erfüllt ist. Die regellosen

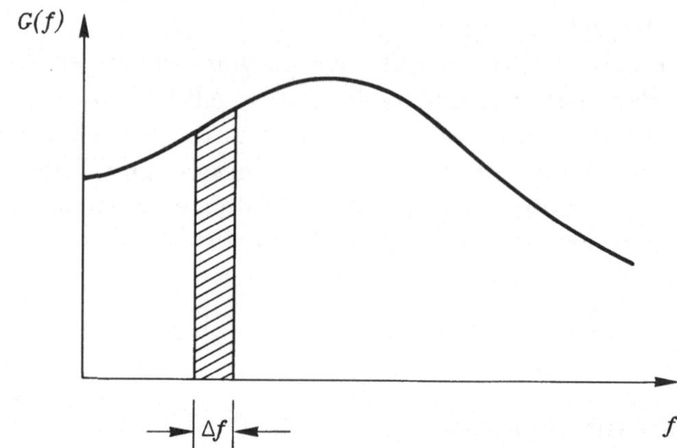

Abbildung 8.6: Zur Definition der spektralen Leistungsdichte. $G(f)$ beschreibt die Leistung des regellosen Vorganges im Frequenzintervall der Breite Δf.

Vorgänge, die hier betrachtet werden, sind dadurch ausgezeichnet, daß sie endliche mittlere Leistungen besitzen:

$$\lim_{T \to \infty} \frac{1}{2T} \int_{-T}^{T} |x(t)|^2 dt \leq c < \infty \ . \tag{8.46}$$

Man kann für sie die Existenz einer Kenngröße erwarten, die angibt, wie die Gesamtleistung des Vorgangs über den Frequenzbereich verteilt ist. Man sucht eine Funktion $G(f)$, die in Anlehnung an Abb. 8.6 die Leistung pro Frequenzintervall oder die **Leistungsdichte** in Abhängigkeit von der Frequenz angibt.

Das Integral über diese Dichtefunktion ergibt die Gesamtleistung

$$\overline{x^2(t)} = \lim_{T \to \infty} \frac{1}{2T} \int_{-T}^{T} x^2(t)dt = \int_{-\infty}^{\infty} G(f)df \ . \tag{8.47}$$

Bei den hier betrachteten Vorgängen endlicher Leistung kann es keine mit einer bis zu unendlich hohen Frequenzen konstanten Leistungsdichte geben.

Der mittlere quadratische Wert einer Aufzeichnung im Frequenzbereich $(f, f + \Delta f)$ kann durch scharfe Bandpaßfilterung und Mittelwertbildung des quadrierten Filterausgangs bestimmt werden:

$$P_x(f, \Delta f) = \lim_{T \to \infty} \frac{1}{2T} \int_{-T}^{T} x^2(t, f, \Delta f)dt \ , \tag{8.48}$$

dabei beschreibt $x(t, f, \Delta f)$ jenen Anteil von $x(t)$, der im Frequenzbereich zwischen f und $f + \Delta f$ liegt. Für kleine Δf läßt sich eine

Spektraldichtefunktion $G(f)$ definieren, derart daß

$$G(f) = \lim_{\Delta f \to 0} \frac{P_x(f, \Delta f)}{\Delta f} \; . \qquad (8.49)$$

G(f) beschreibt die spektrale Verteilung der Leistungsdichte in Abhängigkeit der Frequenz f. Im Frequenzbereich f bis $f + \Delta f$ besitzt $x(t)$ die Leistung $G(f)\Delta f$. Weiterhin ist

$$A(f_0) = \int_{-f_0}^{f_0} G(f)df \qquad (8.50)$$

das integrierte quadratische Spektrum mit der oberen Integrationsgrenze f_0, das man durch Tiefpaßfilterung von $x(t)$ mit der oberen Bandbegrenzung f_0 erhält.

Für $f_0 \to \infty$ gibt $A(f_0)$ die Gesamtleistung von x(t) an. Für Funktionen mit dem Mittelwert Null entspricht dies der Varianz von $x(t)$:

$$\sigma_x^2 = \lim_{T \to \infty} \frac{1}{2T} \int_{-T}^{T} x^2(t)dt = R_{xx}(0) = \int_{-\infty}^{\infty} G(f)df \; . \qquad (8.51)$$

Abb. 8.7 zeigt die Spektraldichtefunktion $G(f)$ (Mitte) sowie das integrierte Spektrum $A(f)$ (oben) für eine hypothetische Zeitfunktion $x(t)$ (unten) bestehend aus einem regellosen Anteil mit der kontinuierlichen Spektraldichtefunktion $G(f)$ und dem diskreten Leistungsspektrum des periodischen Anteils von $x(t)$. Periodische Komponenten der Frequenz f_j führen in $A(f)$ zu Stufen bei f_j. Die Höhe der Sprünge wird durch den relativen Leistungsgehalt bestimmt.

Bei der Begriffsbezeichnung von $G(f)$ ist Vorsicht geboten: Um $G(f)$ von der normierten Größe $\frac{G(f)}{\sigma_x^2}$ zu unterscheiden, bezeichnen einige Autoren (z.B. Jenkins und Watts, 1968) $G(f)$ als Leistungsspektrum (Powerspektrum) und die auf σ_x^2 normierte Größe als Spektraldichtefunktion (spectral density function). Diese Namensgebung ist recht unglücklich, denn wie oben dargestellt, beschreibt $G(f)$ selber die Spektraldichte. Im vorliegenden Buch werden für $G(f)$ synonym die Ausdrücke Leistungsspektrum (bzw. quadratisches Spektrum) und spektrale Leistungsdichte (bzw. quadratische Spektraldichte) benutzt. $\frac{G(f)}{\sigma_x^2}$ wird als normiertes Leistungsspektrum bzw. als normierte Leistungsdichtefunktion bezeichnet.

8.2.2 Transformationstheorem von Wiener und Khintchine

Durch die Einbeziehung der regellosen Vorgänge endlicher Leistung wird die Spektralanalyse so erweitert, daß die Ermittlung der spektralen Verteilung der Leistung eines regellosen Prozesses möglich ist.

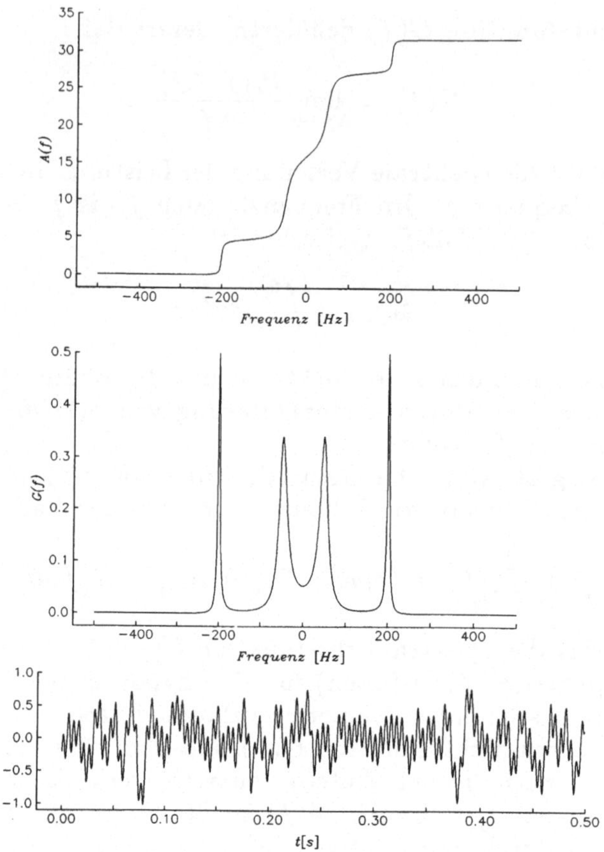

Abbildung 8.7: Quadratische Spektraldichte $G(f)$ (Mitte) und integriertes quadratisches Spektrum $A(f)$ (oben) einer hypothetischen Zeitfunktion (unten), bestehend aus regellosen und periodischen Anteilen.

Nach Wiener (1930) und Khintchine (1934) besteht ein enger funktionaler Zusammenhang zwischen der spektralen Leistungsdichte und der Autokovarianzfunktion in der Form, daß die Autokovarianzfunktion und die quadratische Spektraldichtefunktion ein Fourier-Transformationspaar bilden:

$$R_{xx}(\tau) = \int_{-\infty}^{\infty} G(f)\, e^{i2\pi f\tau}\, df \quad , \tag{8.52}$$

mit der Umkehrung

$$G(f) \;=\; \int_{-\infty}^{\infty} R_{xx}(\tau)\, e^{-i2\pi f\tau}\, d\tau$$

$$= 2 \int_0^\infty R_{xx}(\tau)\cos(2\pi f\tau)d\tau \qquad (8.53)$$

wegen der Symmetrie von $R_{xx}(\tau)$.

(Ein entsprechender Zusammenhang besteht zwischen der Autokorrelationsfunktion und dem normierten Leistungsspektrum.)

Beim Beweis von (8.52) geht man von dem zeitlich begrenzten stochastischen Vorgang $x_T(t)$ der Länge $2T$ aus. Für ihn ist sicherlich die Konvergenzbedingung

$$\int_{-\infty}^{\infty} |x_T(t)|dt \le c < \infty \qquad (8.54)$$

für alle $T \le const. < \infty$ erfüllt, so daß sich mit Hilfe der Fourier-Transformation ein komplexes Spektrum zuordnen läßt:

$$X_T(f) = \int_{-T}^{T} x_T(t)e^{-i2\pi ft}dt \ . \qquad (8.55)$$

Nach der Parsevalschen Gleichung (siehe Abschnitt 2.3) gilt:

$$\int_{-T}^{T} x_T^2(t)dt = \int_{-\infty}^{\infty} |X_T(f)|^2 df = \int_{-\infty}^{\infty} X_T(f)X_T^*(f)df \ . \qquad (8.56)$$

Um die Gesamtleistung von x(t) zu erfassen, wird die obige Gleichung durch die Intervalldauer $2T$ dividiert und anschließend der Grenzübergang $T \to \infty$ durchgeführt:

$$\overline{x^2(t)} = \lim_{T\to\infty} \frac{1}{2T} \int_{-T}^{T} x_T^2(t)dt = \lim_{T\to\infty} \int_{-\infty}^{\infty} \frac{X_T(f)X_T^*(f)}{2T}df \ . \qquad (8.57)$$

Definiert man den Integranden der rechten Seite, der in der Literatur als Periodogramm bezeichnet wird, als individuelle Leistungsdichte $G_T(f)$ des Teilvorganges $x_T(t)$,

$$G_T(f) = \frac{X_T(f)X_T^*(f)}{2T} \ , \qquad (8.58)$$

und sinngemäß

$$G(f) = \lim_{T\to\infty} \frac{X_T(f)X_T^*(f)}{2T} \qquad (8.59)$$

als spektrale Leistungsdichte des zeitlich unbegrenzten Vorganges $x(t)$, so ergibt die inverse Fourier-Transformierte von $G(f)$ nach Vertauschung der Reihenfolge von Integration und Grenzwertbildung:

$$\int_{-\infty}^{\infty} G(f)e^{i2\pi f\tau}df = \lim_{T\to\infty} \frac{1}{2T} \int_{-\infty}^{\infty} X_T(f)X_T^*(f)e^{i2\pi f\tau}df \ . \qquad (8.60)$$

154

Drückt man $\dot{X}_T^*(f)$ durch $x_T(t)$ aus, so folgt:

$$\int_{-\infty}^{\infty} G(f)e^{i2\pi f\tau}\,df \;=\; \lim_{T\to\infty} \frac{1}{2T} \int_{-\infty}^{\infty} X_T(f) \int_{-T}^{T} x_T(t)e^{i2\pi ft}\,dt \; e^{i2\pi f\tau}\,df$$

$$= \lim_{T\to\infty} \frac{1}{2T} \int_{-T}^{T} x_T(t) \int_{-\infty}^{\infty} X_T(f)e^{i2\pi f(t+\tau)}\,df\,dt.$$

$$(8.61)$$

Da das innere Integral den Wert $x_T(t+\tau)$ hat, wird der Integrand gleich $x_T(t)x_T(t+\tau)$:

$$\int_{-\infty}^{\infty} G(f)e^{i2\pi f\tau}\,df \;=\; \lim_{T\to\infty} \frac{1}{2T} \int_{-T}^{T} x_T(t)x_T(t+\tau)\,dt \qquad (8.62)$$

$$= \lim_{T\to\infty} \frac{1}{2T} \int_{-T}^{T} x(t)x(t+\tau)\,dt = R_{xx}(\tau) \;.$$

Für $\tau = 0$ folgt aus Gleichung (8.52) mit Gleichung (8.10):

$$R_{xx}(0) = \lim_{T\to\infty} \frac{1}{2T} \int_{-T}^{T} x^2(t)\,dt = \int_{-\infty}^{\infty} G(f)\,df \;.$$

Dies ist das Analogon zum Parsevalschen Theorem.
Die quadratische Spektraldichtefunktion eines stochastischen Prozesses besitzt nicht die gleiche Aussagekraft wie das komplexe Frequenzspektrum eines determinierten Signals. Man kann aus dem vorgegebenen Leistungsspektrum nicht mehr den Zeitvorgang selber, sondern lediglich dessen Autokovarianzfunktion zurückgewinnen.

8.2.3 Eigenschaften der spektralen Leistungsdichtefunktion

• Das quadratische Spektrum ist eine reelle Funktion von f, dabei stets positiv oder Null.

• Das quadratische Spektrum ist eine gerade Funktion: $G(f) = G(-f)$.

• Für den Zusammenhang zwischen dem quadratischen Spektrum und der Autokovarianzfunktion eines regellosen Prozesses gilt die Wiener-Khintchinesche Beziehung.

• Genau wie bei der Autokovarianzfunktion gehen sämtliche Phasenbeziehungen verloren. Daher können verschiedene regellose Vorgänge die gleiche Autokovarianzfunktion und das gleiche Leistungsspektrum besitzen. Eine eindeutige Bestimmung von $x(t)$ aus der Autokovarianzfunktion oder dem Leistungsspektrum ist also nicht möglich. Daher gelten z.B. die Lösungen von Filterproblemen für regellose

Vorgänge, die nur in Gestalt ihrer Leistungsspektren bzw. ihrer Korrelationsfunktionen in den Lösungsgang eingehen, nicht nur für einen bestimmten Vorgang, sondern für alle Vorgänge, die in ihrem Leistungsspektrum übereinstimmen.

• Zur Kennzeichnung von zwei und mehr regellosen Vorgängen im Frequenzbereich läßt sich in Analogie zum quadratischen Spektrum das quadratische Kreuzspektrum - im folgenden auch als Kreuzleistungsspektrum bezeichnet - als Fourier-Transformierte der Kreuzkovarianzfunktion definieren:

$$G_{xy}(f) = \mathcal{F}(R_{xy}(\tau)) = \int_{-\infty}^{\infty} R_{xy}(\tau)e^{-i2\pi f\tau}\,d\tau \quad . \tag{8.63}$$

In der Regel ist das quadratische Kreuzspektrum komplex:

$$G_{xy}(f) = C_{xy}(f) - iQ_{xy}(f) \quad . \tag{8.64}$$

Für in Phase befindliche Signale ist $G_{xy}(f) = C_{xy}(f)$, während für Vorgänge mit einer Phasenverschiebung von $\frac{\pi}{2}$ der Realteil $C_{xy}(f)$ gleich Null ist, d.h. $G_{xy}(f) = -iQ_{xy}(f)$. So ist z.B. das Kreuzleistungsspektrum zwischen der auf $0 \leq t \leq T_0$ begrenzten Sinusschwingung $x(t) = \sin(2\pi f_0 t)$, $f_0 = \frac{1}{T_0}$, und der um $\frac{T_0}{4}$ verschobenen Funktion $y(t) = -\cos(2\pi f_0 t)$, wegen

$$\begin{aligned} R_{xy}(\tau) &= -\frac{1}{T_0}\int_0^{T_0} \sin(2\pi f_0 t)\cos(2\pi f_0(t+\tau))dt \\ &= \frac{1}{2}\sin(2\pi f_0\tau) \quad , \quad -T_0 \leq \tau \leq T_0 \quad , \end{aligned} \tag{8.65}$$

gegeben durch:

$$\begin{aligned} G_{xy}(f) &= \int_{-T_0}^{T_0} \frac{1}{2}\sin(2\pi f_0\tau)e^{-i2\pi f\tau}d\tau \\ &= -i\Big(\frac{\sin((2\pi f_0 - 2\pi f)T_0)}{2(2\pi f_0 - 2\pi f)} - \frac{\sin((2\pi f_0 + 2\pi f)T_0)}{2(2\pi f_0 + 2\pi f)}\Big), \end{aligned} \tag{8.66}$$

d.h. rein imaginär, während z.B. für zwei in Phase befindliche monochromatische Sinusschwingungen wegen $R_{xy}(\tau) = R_{xx}(\tau)$ das Kreuzleistungsspektrum

$$G_{xy}(f) = \mathcal{F}(R_{xy}(\tau)) = \mathcal{F}(R_{xx}(\tau)) \tag{8.67}$$

reell ist.

Die Polardarstellung von $G_{xy}(f)$,

$$G_{xy}(f) = |G_{xy}(f)|e^{i\Theta_{xy}(f)} \quad , \tag{8.68}$$

liefert einen anderen Satz von Spektralparametern:
die Phase

$$\Theta_{xy}(f) = -\arctan(\frac{Q_{xy}(f)}{C_{xy}(f)}) \qquad (8.69)$$

und die Kohärenz

$$K_{xy}(f) = (\frac{C_{xy}^2(f) + Q_{xy}^2(f)}{G_{xx}(f)G_{yy}(f)})^{\frac{1}{2}} \ . \qquad (8.70)$$

Das Kreuzleistungsspektrum besitzt folgende Symmetrie-Eigenschaft:

$$G_{yx}(f) = G_{xy}(-f) = G_{xy}^*(f) \ , \qquad (8.71)$$

da nach Gleichung (8.36)

$$\begin{aligned}
G_{yx}(f) &= \int_{-\infty}^{\infty} R_{yx}(\tau)e^{-i2\pi f\tau}d\tau \\
&= \int_{-\infty}^{\infty} R_{xy}(-\tau)e^{-i2\pi f\tau}d\tau \qquad (8.72)
\end{aligned}$$

ist. Die Substitution $-\tau = \sigma$ liefert:

$$\begin{aligned}
G_{yx}(f) &= -\int_{\infty}^{-\infty} R_{xy}(\sigma)e^{i2\pi f\sigma}d\sigma \\
&= \int_{-\infty}^{\infty} R_{xy}(\sigma)e^{i2\pi f\sigma}d\sigma = G_{xy}^*(f) \ .
\end{aligned}$$

Anmerkungen:

1. Einige Autoren definieren anstelle des zweiseitigen Spektrums $G(f)$, $-\infty < f < \infty$, das einseitige Leistungsspektrum $S(f)$, $0 \leq f < \infty$. Für den Zusammenhang gilt:

$$S(f) = \begin{cases} 2G(f) & \text{für } 0 \leq f < \infty \\ 0 & \text{sonst} \end{cases} \qquad (8.73)$$

(siehe Abb. 8.8).

2. Das Leistungsspektrum ist für zeitlich nicht begrenzte regellose Vorgänge endlicher Leistung definiert, wie z.B. die seismische Bodenunruhe. Seismische Signale, egal ob reflektierte oder transmittierte Wellen, fallen dagegen in die Klasse der Wavelets, da sie einen zeitlichen Anfang und endliche Energie besitzen. Für sie wird die Spektralverteilung mittels der Fourier-Transformation bestimmt. Die Energieverteilung der Wavelets im Frequenzbereich wird durch das Quadrat des Amplitudenspektrums beschrieben. Die Coda eines

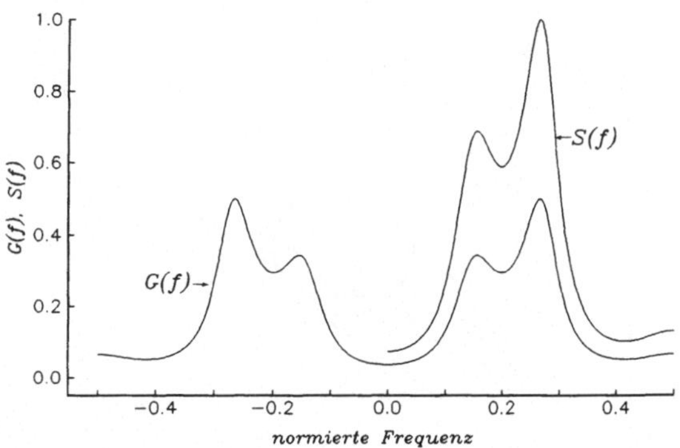

Abbildung 8.8: Zur Definition des einseitigen Leistungsspektrums.

seismischen Signals, die im wesentlichen durch Streuvorgänge des einfallenden Signals in der Umgebung des Seismometers hervorgerufen wird, gehört zwar zur Klasse der Wavelets, ist jedoch vom Erscheinungsbild der Amplitudenverteilung und Phasenlagen als regellos zu bezeichnen und wird in der Praxis mit den Methoden für stochastische Signale behandelt.

3. Die zu analysierenden Vorgänge setzen sich vielfach aus der additiven Überlagerung eines determinierten Signals mit regellosem Noise zusammen. Abb. 8.9 veranschaulicht den Einfluß additiver regelloser Störanteile auf das Amplituden- und Phasenspektrum eines determinierten Signals für große und kleine Signalamplitude.

Entsprechend der Darstellung sind für eine Störkomponente mit $r = |N(f)|$ die möglichen Phasen- und relativen Amplitudenabweichungen etwa gleich groß. Dabei ist die tatsächliche Phasenänderung klein, falls $\Theta_n(f) \approx \Theta_s(f)$ ist, wobei aber die Amplitudenänderung groß wird. Für festes $\Theta_n(f)$, $\Theta_n(f) \neq \Theta_s(f)$, wächst mit $|N(f)|$ sowohl die Amplituden- als auch die Phasenabweichung.

8.2.4 Typische Formen regelloser Prozesse

Anhand der quadratischen Spektraldichtefunktion kann eine Einteilung regelloser Vorgänge erfolgen. Bei vielen theoretischen Untersuchungen ist es vorteilhaft, wenn man sich auf einen idealisierten regellosen Vorgang beziehen kann. Man definiert in Anlehnung an den entsprechenden Begriff aus der Optik das **weiße Rauschen** als einen regellosen Vorgang, dessen spektrale Leistungsdichte konstant, d.h. unabhängig von der Frequenz f ist:

$$G(f) = G_0 \quad \forall f \ . \tag{8.74}$$

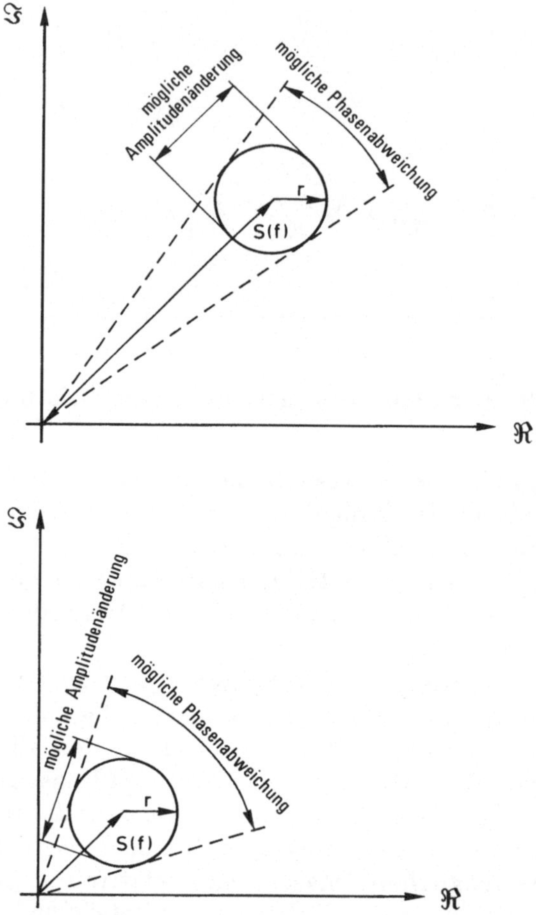

Abbildung 8.9: Mögliche Amplituden- und Phasenänderungen aufgrund additiver Störanteile ($r = |N(f)|$) für große (oben) und kleine (unten) Signalamplitude $S(f)$.

Die zugehörige Autokovarianzfunktion,

$$R(\tau) = G_0 \int_{-\infty}^{\infty} e^{i2\pi f\tau}\, df \;, \tag{8.75}$$

entartet zu einer δ-Funktion (siehe Abschnitt 8.2.5). Praktisch kann es keinen derartigen Vorgang geben, denn die Leistung eines derartigen weißen Rauschvorganges $\int_{-\infty}^{\infty} G(f)df$ wird unendlich groß. Man benutzt daher den Begriff des **weißen Rauschens** im erweiterten Sinne zur Kennzeichnung von stationären Zufallsprozessen, deren quadratisches Spektrum nicht über alle Frequenzen $-\infty < f < \infty$, sondern nur in einem beschränkten Frequenzbereich $f_{Min} < |f| <$

f_{Max} einen konstanten frequenzunabhängigen Wert hat, wenn man sich für den Verlauf des Spektrums außerhalb dieses Frequenzbereichs nicht interessiert.

Für bandbegrenzte weiße Rauschprozesse mit dem Mittelwert Null und der mittleren Leistung σ_x^2 (σ_x^2 entspricht der Varianz des Prozesses), für die die Spektralanteile über die Bandbreite B gleichmäßig verteilt sind, ist die quadratische Spektraldichte per Definition

$$G(f) = \frac{\sigma_x^2}{B} \ . \tag{8.76}$$

Der ideale bandbegrenzte Zufallsprozeß

$$G(f) = \begin{cases} c & \text{für } 0 \le |f| \le f_{Max} \\ 0 & \text{für } |f| > f_{Max} \end{cases} \tag{8.77}$$

besitzt die in Abb. 8.10a) dargestellte Autokovarianzfunktion:

$$R(\tau) = \begin{cases} 2cf_{Max} \frac{\sin(2\pi f_{Max}\tau)}{2\pi f_{Max}\tau} & \text{für } |\tau| > 0 \ , \\ 2cf_{Max} & \text{für } \tau = 0 \ . \end{cases} \tag{8.78}$$

Die in der Natur vorkommenden stationären Rauschprozesse haben nur selten ein weißes Spektrum. Wesentlich häufiger sind Prozesse, deren Leistungsdichte im Bereich niedriger Frequenzen am größten ist und nach höheren Frequenzen hin gleichmäßig abnimmt. In Analogie zur Optik bezeichnet man solche Prozesse, in denen die tiefen Frequenzen überwiegen, als rotes Rauschen. Zur Beschreibung derartiger Vorgänge werden Autokovarianzfunktionen benutzt, die rechnerisch bequeme Gestalt besitzen, wie z.B.

$$R(\tau) = \sigma^2 e^{-\alpha^2 \tau^2} \ , \tag{8.79}$$

mit dem in Abb. 8.10b) dargestellten quadratischen Spektrum

$$G(f) = \frac{\sigma^2 \sqrt{\pi}}{\alpha} e^{-\left(\frac{\pi^2 f^2}{\alpha^2}\right)} \ . \tag{8.80}$$

Viele in der Natur vorkommende regellose Prozesse besitzen kein rotes Spektrum mit monoton nach höheren Frequenzen abfallender Leistung, sondern haben in gewissen Bandbereichen dominierende Amplituden. Man spricht hier anschaulich von einem **farbigen** Rauschen. Das quadratische Spektrum eines derartigen Prozesses ist z.B.

$$G(f) = \frac{\sigma^2 \sqrt{\pi}}{2\alpha}\left(e^{\frac{-\pi^2 (f_0 - f)^2}{\alpha^2}} + e^{\frac{-\pi^2 (f_0 + f)^2}{\alpha^2}}\right) \tag{8.81}$$

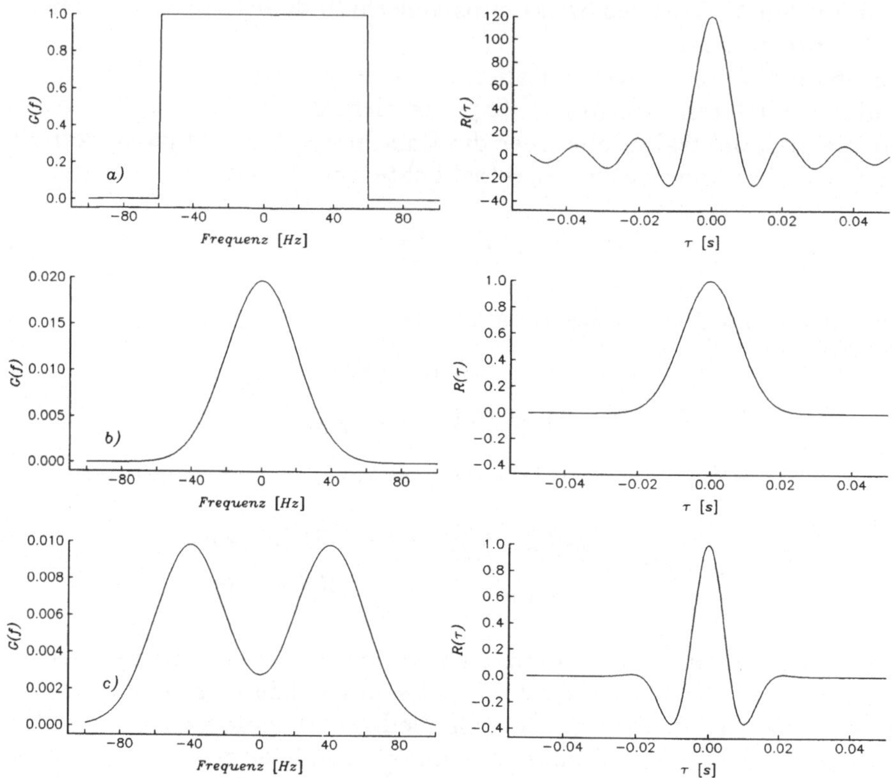

Abbildung 8.10: Leistungsspektren (links) und zugehörige Autokovarianzfunktionen (rechts) verschiedener Rauschvorgänge.
a) weißes Rauschen (Gleichung (8.77), (8.78)), $c = 1$, $f_{Max} = 60$ Hz,
b) rotes Rauschen (Gleichung (8.80), (8.79)), $\sigma = 1$, $\alpha = 90\ s^{-1}$,
c) farbiges Rauschen (Gleichung (8.81), (8.82)), $\sigma = 1$, $\alpha = 90\ s^{-1}$, $f_0 = 40$ Hz.

mit der Autokovarianzfunktion

$$R(\tau) = \sigma^2 e^{-\alpha^2 \tau^2} \cos(2\pi f_0 \tau) \ , \tag{8.82}$$

die die Form einer Kosinusfunktion besitzt, deren Amplitude mit
wachsendem τ durch Modulation mit einer Glockenkurve stetig abnimmt.
Bemerkung: Da die Fourier-Transformation ein linearer Prozeß ist,
ist die AKV-Funktion $R(\tau)$ eines regellosen Prozesses, dessen Leistungsspektrum $G(f)$ sich additiv aus Einzelkomponenten $G_j(f)$, $j =$

$1, .., n$ aufbaut, d.h.

$$G(f) = \sum_{j=1}^{n} G_j(f) \ , \qquad (8.83)$$

gleich

$$R(\tau) = \sum_{j=1}^{n} R_j(\tau) \ , \qquad (8.84)$$

wobei

$$R_j(\tau) = \mathcal{F}^{-1}(G_j(f)) \qquad (8.85)$$

ist. Diese Möglichkeit, die AKV-Funktion aus den Einzelkomponenten zusammenzusetzen, gestattet es, die AKV-Funktion auch für Spektren mit mehreren dominierenden Frequenzen abzuschätzen.

8.2.5 Beispiele für die Berechnung von Leistungsspektren

(1) Gegeben ist die exponentiell abklingende Autokovarianzfunktion

$$R_{xx}(\tau) = G_0 \frac{1}{2T} e^{-\frac{|\tau|}{T}} \qquad (8.86)$$

eines Rauschprozesses $x(t)$.
Durch Anwendung des Wiener-Khintchineschen Theorems ergibt sich das zugehörige Leistungsdichtespektrum $G(f)$ zu:

$$
\begin{aligned}
G(f) &= \int_{-\infty}^{\infty} R_{xx}(\tau) e^{-i2\pi f\tau} d\tau \\
&= 2 \int_{0}^{\infty} R_{xx}(\tau) \cos(2\pi f\tau) d\tau \\
&= \frac{G_0}{T} \int_{0}^{\infty} e^{-\frac{\tau}{T}} \cos(2\pi f\tau) d\tau \\
&= \frac{G_0}{1 + (2\pi f)^2 T^2} \ .
\end{aligned}
\qquad (8.87)
$$

(2) Das weiße Rauschen wird durch eine spektrale Leistungsdichte gekennzeichnet, die für alle Frequenzen konstant ist:

$$G(f) = G_0 \ \forall f \ . \qquad (8.88)$$

Mit Gleichung (8.52) ergibt sich für die zugehörige Autokovarianzfunktion:

$$R_{xx}(\tau) = G_0 \int_{-\infty}^{\infty} e^{i2\pi f\tau} df \ . \qquad (8.89)$$

Dieses Integral existiert im Bereich der klassischen Funktionen nicht. Bei Zulassung von Distributionen erhält man jedoch mit der Darstellung (3.11),

$$\int_{-\infty}^{\infty} e^{i2\pi f\tau}\, df = \delta(\tau) \ ,\tag{8.90}$$

die impulsartige Autokovarianzfunktion des weißen Rauschprozesses:

$$R_{xx}(\tau) = G_0\delta(\tau) \ .\tag{8.91}$$

(3) Das periodische Signal

$$s(t) = s_0 \sin(2\pi f_0 t - \varphi)\tag{8.92}$$

besitzt nach Gleichung (8.23) die Autokovarianzfunktion

$$R_{ss}(\tau) = \frac{s_0^2}{2} \cos(2\pi f_0\tau) \ .\tag{8.93}$$

Daraus erhält man über das Wiener-Khintchinesche Theorem mit Hilfe von (3.26) die spektrale Leistungsdichte:

$$\begin{aligned}
G(f) &= \int_{-\infty}^{\infty} \frac{s_0^2}{2} \cos(2\pi f_0\tau)e^{-i2\pi f\tau}\, d\tau\\
&= \frac{s_0^2}{2}\left(\frac{1}{2}\delta(f - f_0) + \frac{1}{2}\delta(f + f_0)\right) \ ,
\end{aligned}\tag{8.94}$$

bestehend aus zwei δ-Impulsen bei $f = \pm f_0$.

Kapitel 9

Schätzung der quadratischen Spektraldichtefunktion

9.1 Verfahren zur Abschätzung der quadratischen Spektraldichtefunktion

Exakte Bestimmungen des quadratischen Spektrums regelloser Vorgänge $G(f)$ sind in praxi nicht möglich, da man lediglich Ausschnitte der endlichen Dauer T gegeben hat, für die man nur Abschätzungen (weiterhin mit $\bar{G}(f)$ bzw. $\bar{P}(f)$ gekennzeichnet) durchführen kann, die mit Fehlern behaftet sind.

Zur Schätzung der quadratischen Spektraldichtefunktion der regellosen Funktion

$$x_T(t) = \begin{cases} x(t) & \text{für } 0 \le t \le T \\ 0 & \text{sonst} \end{cases} \tag{9.1}$$

werden im Prinzip zwei unterschiedliche Methoden eingesetzt:

1. die **Blackman-Tukey**-Schätzung (siehe Blackman und Tukey, 1958), bei der die Bestimmung des quadratischen Spektrums aus der Autokovarianzfunktion gemäß dem Wiener-Khintchineschen Theorem erfolgt:

$$\bar{G}_M(f) = \int_{-M}^{M} \bar{R}_T(\tau) e^{-i2\pi f\tau}\, d\tau \;, \tag{9.2}$$

wobei

$$\bar{R}_T(\tau) = \begin{cases} \frac{1}{T} \int_0^T x_T(t) x_T(t+\tau) dt & \text{für } |\tau| \le M \ll T \\ 0 & \text{für } |\tau| > M \,. \end{cases} \tag{9.3}$$

$\bar{R}_T(\tau)$ ist die anhand des zur Verfügung stehenden Analysenintervalls $x_T(t)$ abgeschätzte AKV-Funktion. Die in die Rechnung eingehende Maximalretardierung der AKV-Funktion M ist im allgemeinen sehr viel kleiner als das Analysenintervall T. Blackman und Tukey (1958)

164

empfehlen eine obere Grenze $M = \frac{T}{10}$.

Es existieren verschiedene Modifikationen des Verfahrens, die im folgenden durch unterschiedliche Indizes gekennzeichnet werden:

• die **Gewichtung von $x_T(t)$** mit einer Funktion $v(t)$ vor der Berechnung der AKV-Funktion,

• die Berechnung des Spektrums der **gewichteten AKV-Funktion**, d.h.

$$\bar{G}_W(f) = \int_{-M}^{M} \bar{R}_T(\tau)w(\tau)e^{-i2\pi f\tau}\,d\tau \quad , \tag{9.4}$$

wobei $\bar{R}_T(\tau)$ gemäß (9.3) bestimmt wird. $w(\tau)$ ist die Klasse der reellen, geraden, zeitlich begrenzten und normierten Gewichtsfunktionen, d.h.

$$w(\tau) = w(-\tau) \; , \tag{9.5}$$

$$w(\tau) = 0 \quad \text{für } |\tau| > M \; , \tag{9.6}$$

$$w(0) = \int_{-\infty}^{\infty} W(f)df = 1 \; . \tag{9.7}$$

• die Zerlegung der Datenfolge in K Abschnitte und Mittelung der für die einzelnen Segmente abgeschätzten AKV-Funktionen. Für die gemittelte AKV-Funktion wird dann das Leistungsspektrum nach (9.2) berechnet. Eine Alternative hierzu ist die Transformation der AKV-Funktionen der einzelnen Abschnitte und die anschließende Mittelung der Spektren.

2. die **Periodogramm-Schätzung**, bei der zur Bestimmung des Leistungsspektrums die Daten direkt Fourier-transformiert werden:

$$\bar{P}_T(f) = \frac{1}{T}|\int_0^T x_T(t)e^{-i2\pi ft}dt|^2 \quad . \tag{9.8}$$

Auch bei diesem **direkten** Verfahren existieren verschiedene Alternativen:

• die Berechnung des Periodogramms der **gewichteten Daten:**

$$\bar{P}_V(f) = \frac{1}{V_0 T}|\int_0^T v(t)x_T(t)e^{-i2\pi ft}dt|^2 \tag{9.9}$$

mit

$$V_0 = \int_0^T v^2(t)dt \; . \tag{9.10}$$

Der Faktor V_0 ist erforderlich, um die Gesamtleistung bei der Gewichtung nicht zu verfälschen.

• die Mittelung über benachbarte Periodogramm-Werte (sogenanntes **Daniell-Periodogramm**):

$$\bar{P}_D(f) = \frac{1}{2\Delta f} \int_{f-\Delta f}^{f+\Delta f} \bar{P}_T(g)dg \quad . \tag{9.11}$$

• die Zerlegung der zeitlich begrenzten Funktion $x_T(t)$ in K Segmente der Länge L, für die jeweils das Periodogramm $\bar{P}_{L,k}(f)$, $k = 1, ..., K$, berechnet wird. Bei diesem auf **Bartlett** (1948) zurückgehenden Verfahren ist der Schätzwert für die Frequenz f gleich dem Mittel der K Einzelschätzungen:

$$\bar{P}_B(f) = \frac{1}{K} \sum_{k=1}^{K} \bar{P}_{L,k}(f) \quad . \tag{9.12}$$

In Abwandlung dieses Verfahrens kann die Spektralanalyse über sich überlappende Segmente durchgeführt werden, deren Ergebnisse dann gemittelt werden. Dieses auf **Welch** (1967) zurückgehende Verfahren wird als bestes der direkten Verfahren angesehen. Für lange Datensätze, z.B. bei der Mikroseismik, besitzt das Verfahren gegenüber anderen Ansätzen den Vorteil, daß es die Überprüfung der Stationarität des Vorganges an Hand der Spektren der einzelnen Intervalle ermöglicht.

Zwischen der Periodogramm- und der Blackman-Tukey-Schätzung besteht ein fundamentaler Unterschied: Bei der Periodogramm-Schätzung wird das zu analysierende Datenmaterial als periodisch mit der Länge der Realisierung aufgefaßt, während bei der Blackman-Tukey-Schätzung so verfahren wird, als seien die Daten außerhalb des Analysenintervalls Null.
Wegen der kürzeren Rechenzeiten werden heute vorrangig die mit Hilfe der FFT zu lösenden Verfahren der Periodogramm-Abschätzung eingesetzt.
Vorsicht: Einige Autoren wie z.B. Bendat und Piersol (1971) bezeichnen die Fourier-Transformierte der abgeschätzten AKV-Funktion als Periodogramm.

9.2 Die Beurteilung der Spektralschätzung durch systematischen Fehler und Varianz

Eine endlich lange Beobachtung eines regellosen Prozesses kann keine vollständige Information über seine Eigenschaften liefern, da die spektralen Komponenten des Prozesses innerhalb des endlichen Intervalls T nicht genügend Zeit haben, um alle Phasenlagen gleichmäßig und alle möglichen Amplitudenwerte gemäß ihrer Verteilung zu durchlaufen. Während man für den hochfrequenten Bereich mit Signalperioden, die sehr viel kleiner als T sind, recht genaue Abschätzungen erwarten kann, wird die Genauigkeit der Schätzung im Periodenbereich, der der Länge der zu analysierenden Datensätze entspricht, rasch abnehmen. Um beurteilen zu können, ob eine bestimmte Abweichung vom glatten Verlauf des berechneten quadratischen Spektrums signifikant oder z.B. nur durch das endliche Analysenintervall bedingt ist, muß die Genauigkeit der Spektralschätzung angegeben werden. Ein Maß für die Güte der Schätzung sind

- der **systematische Fehler** (Bias) der Schätzung,

$$b[\bar{G}(f)] = \mathcal{E}[\bar{G}(f)] - G(f) \quad , \tag{9.13}$$

- und die **Varianz**,

$$Var[\bar{G}(f)] = \mathcal{E}[(\bar{G}(f) - \mathcal{E}[\bar{G}(f)])^2] \quad . \tag{9.14}$$

$\bar{G}(f)$ ist dabei der Schätzwert von $G(f)$ und $\mathcal{E}[\bar{G}(f)]$ der Erwartungswert von $\bar{G}(f)$, der wie folgt definiert ist:

$$\mathcal{E}[\bar{G}(f_0)] = \int_{-\infty}^{\infty} \bar{G} p_{f_0}(\bar{G}) d\bar{G} \quad , \tag{9.15}$$

wobei die Variable $\bar{G}(f)$ für $f = f_0$ die Werte $\bar{G}$ mit der Wahrscheinlichkeitsdichte $p_{f_0}(\bar{G})$ annehmen kann. Wie in Abb. 9.1 dargestellt, wird die Wahrscheinlichkeitsdichte $p_{f_0}(\bar{G})$ durch die Anzahl N der Schätzungen bestimmt, die in die einzelnen Intervalle der Weite ΔG fallen.

Um Fehler und Varianz möglichst klein zu halten, muß die Wahrscheinlichkeitsdichtefunktion $p_{f_0}(\bar{G})$ symmetrisch und auf den wahren Wert zentriert sein ($b[\bar{G}(f)]$ ist dann Null) und die Weite von $p_{f_0}(\bar{G})$, die die Varianz von $\bar{G}(f)$ bestimmt, möglichst gegen Null gehen. Für zeitlich begrenzte Ausschnitte des regellosen Vorgangs können Fehler und Varianz nicht Null sein. Anzustreben ist eine **konsistente** Schätzung, bei der für T gegen unendlich gleichzeitig Fehler und Varianz gegen Null gehen. In vielen Fällen ist der Vergleich zweier Schätzverfahren auf der Basis des systematischen Fehlers und der Varianz schwierig, da die Schätzung mit dem kleineren Fehler die größere Varianz besitzt und umgekehrt. Daher wird vielfach anstelle von systematischem Fehler und Varianz der mittlere quadratische Fehler von $\bar{G}(f)$ betrachtet, der wie folgt definiert ist:

$$\begin{aligned} MSE[\bar{G}(f)] &= \mathcal{E}[|G(f) - \bar{G}(f)|^2] \\ &= Var[\bar{G}(f)] + |b[\bar{G}(f)]|^2 \quad . \end{aligned} \tag{9.16}$$

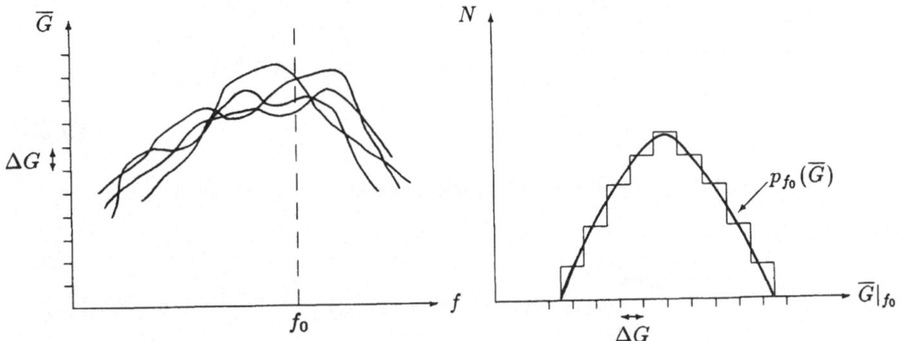

Abbildung 9.1: Prinzip der Ermittlung der Wahrscheinlichkeitsdichte $p_{f_0}(\bar{G})$. Von den insgesamt durchgeführten K Spektralabschätzungen fallen bei $f = f_0$ N_1 Schätzungen in das Intervall $(\bar{G}_0 + \Delta G)$, N_2 Schätzungen in das Intervall $(\bar{G}_0 + 2\Delta G)$ etc.

Im folgenden werden Fehler und Varianz der Periodogramm- und Blackman-Tukey-Schätzung diskutiert.

9.2.1 Fehler und Varianz der Periodogramm-Schätzung

Die zeitlich begrenzte Funktion (9.1) läßt sich als Produkt des zeitlich nicht begrenzten regellosen Vorganges $x(t)$ mit der Fensterfunktion

$$u(t) = \begin{cases} 1 & \text{für } 0 \leq t \leq T \\ 0 & \text{sonst} \end{cases} \tag{9.17}$$

darstellen:

$$x_T(t) = u(t)x(t) \ . \tag{9.18}$$

$u(t)$ besitzt die Fourier-Transformierte

$$U(f) = Te^{-i\pi fT}\frac{sin(\pi fT)}{\pi fT} \ . \tag{9.19}$$

Das Periodogramm von $x_T(t)$ ist nach Gleichung (9.8):

$$\bar{P}_T(f) \ = \ \frac{1}{T}|\int_{-\infty}^{\infty} u(t)x(t)e^{-i2\pi ft}dt|^2$$

$$= \frac{1}{T} \int_{-\infty}^{\infty} u(t_2)x(t_2)e^{-i2\pi f t_2}\,dt_2 \int_{-\infty}^{\infty} u(t_1)x(t_1)e^{i2\pi f t_1}\,dt_1$$

$$= \frac{1}{T} \int_{-\infty}^{\infty} \int_{-\infty}^{\infty} u(t_1)u(t_2)x(t_1)x(t_2)e^{-i2\pi f(t_2-t_1)}\,dt_1\,dt_2.$$

$$(9.20)$$

Für den Erwartungswert des Periodogramms ergibt sich:

$$\mathcal{E}[\bar{P}_T(f)]$$
$$= \frac{1}{T} \int_{-\infty}^{\infty} \int_{-\infty}^{\infty} u(t_1)u(t_2)\mathcal{E}[x(t_1)x(t_2)]e^{-i2\pi f(t_2-t_1)}\,dt_1\,dt_2. \qquad (9.21)$$

Da für stationäre stochastische Prozesse der Erwartungswert

$$\mathcal{E}[x(t_1)x(t_2)] = R_{xx}(t_2 - t_1)$$
$$= \int_{-\infty}^{\infty} G(f)e^{i2\pi f(t_2-t_1)}\,df \qquad (9.22)$$

ist, folgt:

$$\mathcal{E}[\bar{P}_T(f)]$$
$$= \frac{1}{T} \int_{-\infty}^{\infty} G(g) \int_{-\infty}^{\infty} u(t_1)e^{-i2\pi t_1(g-f)}\,dt_1 \int_{-\infty}^{\infty} u(t_2)e^{-i2\pi t_2(f-g)}\,dt_2\,dg$$
$$= \frac{1}{T} \int_{-\infty}^{\infty} G(g)U(g-f)U(f-g)\,dg$$
$$= \frac{1}{T} \int_{-\infty}^{\infty} |U(f-g)|^2 G(g)\,dg$$
$$= G(f) * \frac{|U(f)|^2}{T} \,, \qquad (9.23)$$

d.h. der Erwartungswert des Periodogramms entspricht der Faltung der spektralen Leistungsdichte mit dem Spektralfenster

$$\frac{1}{T}|U(f)|^2 = T\left(\frac{sin(\pi f T)}{\pi f T}\right)^2 \,. \qquad (9.24)$$

Beim modifizierten Periodogramm (9.9) wird die Rechteckfunktion $u(t)$ durch eine andere Funktion $v(t)$ ersetzt. Der Erwartungswert des modifizierten Periodogramms ergibt sich analog zu Gleichung (9.23) zu:

$$\mathcal{E}[\bar{P}_V(f)] = G(f) * \frac{|V(f)|^2}{T} \,, \qquad (9.25)$$

wobei $V(f)$ die Fourier-Transformierte von $v(t)$ ist, d.h. der Erwartungswert der modifizierten Periodogramm-Schätzung entspricht der

Glättung des tatsächlichen Leistungsspektrums gemäß dem Faltungs-integral (9.25).

Für den systematischen Fehler der Periodogramm-Schätzung ergibt sich aus Gleichung (9.13) mit (9.23) und (9.24):

$$b[\bar{P}_T(f)] = G(f) * T(\frac{sin(\pi fT)}{\pi fT})^2 - G(f) \ . \qquad (9.26)$$

Die Schätzung ist nicht fehlerfrei; der Fehler wird mit wachsendem T kleiner. Für T gegen unendlich entartet (9.24) zur δ-Funktion und $\mathcal{E}[\bar{P}_T(f)]$ entspricht dem wahren Wert der spektralen Leistungsdichte, d.h. das Periodogramm ist eine asymptotisch fehlerfreie Schätzung der Spektraldichte. Dieses Ergebnis sagt aber nichts darüber aus, welche Schwankungen das einzelne Periodogramm gegenüber $G(f)$ aufweist. Das Periodogramm wäre erst dann eine konsistente Schät-zung für die spektrale Leistungsdichte, wenn ebenfalls die Varianz für T gegen unendlich verschwinden würde. Das ist im allgemeinen jedoch nicht der Fall. Beispielsweise gilt für Gauß-verteilte stocha-stische Prozesse mit dem Mittelwert Null nach Davenport and Root (1958)

$$Var[\bar{P}_T(f)] \geq (\mathcal{E}[\bar{P}_T(f)])^2 \ , \qquad (9.27)$$

d.h. die Varianz der Periodogramm-Schätzung geht für $T \to \infty$ nicht gegen Null, sondern gegen $G^2(f)$. Die obigen Ergebnisse be-deuten, daß die Wahrscheinlichkeitsdichtefunktion zwar symmetrisch über den abzuschätzenden Spektralwerten zentriert ist, aber die sta-tistische Zuverlässigkeit der Resultate nicht gleichermaßen mit wach-sendem T steigt.

Für genauere Abschätzungen im statistischen Sinne bieten sich zwei Möglichkeiten an:

- die Glättung des Periodogramms über benachbarte Frequenzen mit vorgegebenen Gewichten,

- die Mittelung über eine größere Anzahl von Periodogrammen.

Wählt man nach Daniell (1946) eine gleichgewichtete Mittelung über den Frequenzbereich $f-\Delta f$ bis $f+\Delta f$, dann ergibt sich asymptotisch für $T \to \infty$ (s. Koopmans, 1974):

$$\mathcal{E}[\bar{P}_D(f)] = \frac{1}{2\Delta f} \int_{f-\Delta f}^{f+\Delta f} G(g)dg \qquad (9.28)$$

und

$$Var[\bar{P}_D(f)] = \frac{1}{(2\Delta f)^2} \int_{f-\Delta f}^{f+\Delta f} G^2(g)dg \ . \qquad (9.29)$$

170

Ist $G(f)$ über die Mittelungsweite näherungsweise konstant, dann folgt:

$$\mathcal{E}[\bar{P}_D(f)] \approx G(f) \tag{9.30}$$

und

$$Var[\bar{P}_D(f)] \approx \frac{G^2(f)}{2\Delta f} \ . \tag{9.31}$$

Wie im Falle des Periodogramms ist dies eine asymptotisch fehlerfreie Schätzung der Spektraldichte. Die Varianz ist bei dieser geglätteten Periodogramm-Schätzung im Vergleich zum Periodogramm um den Faktor $\frac{1}{2\Delta f}$ kleiner. Nach Koopmans (1974) ist die Schätzung konsistent.

Die Bartlett-Schätzung gemäß Gleichung (9.12) zeigt ein ähnliches Verhalten wie die Schätzung nach Daniell. Der Erwartungswert der Bartlett-Schätzung ist gleich der Faltung von $G(f)$ mit dem Spektrum (9.24) des Fensters der Länge $L = \frac{T}{K}$:

$$
\begin{aligned}
\mathcal{E}[\bar{P}_B(f)] &= \frac{1}{K} \sum_{k=0}^{K-1} \mathcal{E}[\bar{P}_{L,k}(f)] \text{ bzw. nach (9.25)} : \\
&= \frac{1}{K} \sum_{k=0}^{K-1} \frac{1}{L} \int_{-\infty}^{\infty} |U_L(f-g)|^2 G(g) dg \\
&= \frac{1}{L} \int_{-\infty}^{\infty} |U_L(f-g)|^2 G(g) dg \\
&= G(f) * \frac{|U_L(f)|^2}{L} \ ,
\end{aligned}
\tag{9.32}
$$

mit

$$\frac{1}{L}|U_L(f)|^2 = L(\frac{sin(\pi f L)}{\pi f L})^2 \ . \tag{9.33}$$

Die Bartlett-Schätzung ist demnach zwar nicht fehlerfrei, asymptotisch ergibt sich aber der tatsächliche Spektralwert, denn für $L \to \infty$ folgt aus Gleichung (9.32):

$$\mathcal{E}[\bar{P}_B(f)] = G(f) \ . \tag{9.34}$$

Da L kleiner als T ist, ist der Fehler der Bartlett-Schätzung größer als bei der Periodogramm-Schätzung über das gesamte Analysenintervall der Länge T. Dafür nimmt die Varianz der Bartlett-Schätzung gegenüber einer einzelnen Periodogramm-Schätzung über das Analysenintervall der gleichen Länge L mit $\frac{1}{K}$ ab:

$$Var[\bar{P}_B(f)] = \frac{1}{K} Var[\bar{P}_L(f)] \ . \tag{9.35}$$

Für $L \to \infty$ folgt:

$$Var[\bar{P}_B(f)] = \frac{1}{K}G^2(f) \ . \tag{9.36}$$

Ist die Anzahl der Segmente, deren Spektren gemittelt werden, groß, so geht die Varianz gegen Null:

$$Var[\bar{P}_B(f)] = 0 \ \text{für} \ K \to \infty \ . \tag{9.37}$$

Die Bartlett-Schätzung ist im Gegensatz zur Periodogramm-Schätzung eine konsistente Schätzung.

Welch (1967) gibt die Varianz für die Spektralschätzung beim Mittelungsverfahren der Periodogramme über K sich **überlappende** Ausschnitte der zu analysierenden Datenfolge an. Danach ist beim Verfahren nach Welch mit K Segmenten der Länge L bei einem Segmentabstand D für Spektren, die über die Weite des Spektrums der benutzten Fensterfunktion $v(t)$ der Länge L flach sind, die Varianz der Schätzung gegeben durch:

$$Var[\bar{P}_W(f)] = \frac{G^2(f)}{K}\left(1 + 2\sum_{j=1}^{K-1}\frac{K-j}{K}\beta_j\right) \tag{9.38}$$

mit

$$\beta_j = \frac{(\int_0^L v(t)v(t+jD)dt)^2}{(\int_0^L v^2(t)dt)^2} \ . \tag{9.39}$$

β_j ist stets größer oder gleich Null. Bei K Segmenten kann daher die Varianz bestenfalls um den Fehler $\frac{1}{K}$ reduziert werden. Dies geschieht bei der Bartlett-Schätzung, die als Spezialfall in (9.38) enthalten ist: Für K nicht überlappende Segmente, d.h. für das Bartlett-Verfahren, ist $D > L$ und nach (9.39) $\beta_j = 0$ für alle j. Für die Varianz ergibt sich damit aus (9.38):

$$Var[\bar{P}_B(f)] = \frac{G^2(f)}{K} \ . \tag{9.40}$$

Hält man die Anzahl der Segmente und ihre Länge fest, dann erhöht sich für überlappende Segmente die Varianz im Vergleich zu (9.40), da die Gesamtlänge der analysierten Funktion durch die Überlappung verkürzt wird. Zum Beispiel ergibt sich für K Segmente mit 50%iger Überlappung ($D = \frac{L}{2}$) für das Rechteckfenster aus Gleichung (9.38) mit $\beta_1 = \frac{1}{4}$ und $\beta_j = 0$ für $j > 1$:

$$Var[\bar{P}_B(f)] \approx \frac{G^2(f)}{K}\left(1 + \frac{1}{2}\right) = \frac{3}{2}\frac{G^2(f)}{K} \ , \tag{9.41}$$

das heißt, beim Rechteckfenster erhöht sich die Varianz bei 50%iger Überlappung um den Faktor $\frac{3}{2}$ im Vergleich zu nicht überlappenden Segmenten.

Bei fest vorgegebener Gesamtlänge des Analyseintervalls ist die insgesamt erzielte Varianz in der Regel für überlappende Segmente aufgrund der größeren Anzahl an Segmenten kleiner als für nicht überlappende Abschnitte. Die maximale Reduktion der Varianz liegt ungefähr bei $D = \frac{L}{2}$, d.h. bei 50%iger Überlappung.

Ist die Gesamtlänge des zu analysierenden regellosen Prozesses fest vorgegeben, dann ist beim Welch-Verfahren die Länge des einzelnen Analyseintervalls so zu wählen, daß die gewünschte Auflösung erzielt wird. Dieser Punkt wird in Abschnitt 9.4 behandelt. Um die Varianz möglichst klein zu halten, sollte die Spektralanalyse dann mit einer 50%igen Überlappung der Einzelintervalle durchgeführt werden.

Beispiel: Ist die Länge T der zu analysierenden Funktion fest vorgegeben und hat man K_1 nicht überlappende Segmente der Länge L gewählt, d.h. $K_1 = \frac{T}{L}$, dann beträgt die Varianz $\frac{G^2(f)}{K_1} = \frac{L}{T}G^2(f)$. Bei 50%iger Überlappung von Segmenten der gleichen Länge L erhält man $K_2 = \frac{2T}{L} - 1 \approx \frac{2T}{L}$ Segmente mit der Varianz $\approx \frac{3}{2}\frac{L}{2T}G^2(f) = \frac{3}{4}\frac{L}{T}G^2(f)$.

9.2.2 Fehler und Varianz der Spektralabschätzung nach Blackman und Tukey

a) Erwartungswert der Blackman-Tukey-Schätzung

Für den Erwartungswert der Abschätzung des Leistungsspektrums nach Gleichung (9.2) folgt:

$$\mathcal{E}[\bar{G}_M(f)] = \mathcal{E}[\int_{-M}^{M} \bar{R}_T(\tau)e^{-i2\pi f\tau}d\tau] \ . \tag{9.42}$$

Stellt man $\bar{R}_T(\tau)$ als Produkt der AKV-Funktion der zeitlich nicht begrenzten Funktion $x(t)$ mit der Gewichtsfunktion

$$w(\tau) = \begin{cases} 1 & \text{für } 0 \leq \tau \leq M,\ M \leq T \\ 0 & \text{sonst} \end{cases} \tag{9.43}$$

dar,

$$\bar{R}_T(\tau) = R(\tau)w(\tau) \ , \tag{9.44}$$

so folgt mit

$$\begin{aligned} \bar{G}_M(f) &= \int_{-M}^{M} R(\tau)w(\tau)e^{-i2\pi f\tau}d\tau \\ &= \int_{-\infty}^{\infty} G(f-g)W(g)dg \ , \end{aligned} \tag{9.45}$$

wobei

$$W(f) = M\,\frac{sin(\pi f M)}{\pi f M} \tag{9.46}$$

ist:

$$
\begin{aligned}
\mathcal{E}[\bar{G}_M(f)] &= \mathcal{E}[\int_{-\infty}^{\infty} G(f-g)W(g)dg] \\
&= \int_{-\infty}^{\infty} \mathcal{E}[G(f-g)]W(g)dg \\
&= \int_{-\infty}^{\infty} G(f-g)W(g)dg \;\; . \tag{9.47}
\end{aligned}
$$

Da sich $W(f)$ für große M wie eine δ-Funktion verhält, folgt:

$$\lim_{M\to\infty} \mathcal{E}[\bar{G}_M(f)] = G(f) \;\; . \tag{9.48}$$

b) Fehler und Varianz der Blackman-Tukey-Schätzung

Für den systematischen Fehler der Schätzung des quadratischen Spektrums nach Gleichung (9.2) folgt mit Gleichung (9.47):

$$
\begin{aligned}
b[\bar{G}_M(f)] &= \mathcal{E}[\bar{G}_M(f)] - G(f) \\
&= \int_{-\infty}^{\infty} G(f-g)W(g)dg - G(f) \;\; . \tag{9.49}
\end{aligned}
$$

Nach Gleichung (9.48) ist die Schätzung (9.2) asymptotisch fehlerfrei, d.h.

$$\lim_{T,M\to\infty} b[\bar{G}_M(f)] = 0 \;\; . \tag{9.50}$$

Analog zu oben läßt sich zeigen, daß auch für die gewichtete Blackman-Tukey-Schätzung (9.4) die Gleichungen (9.47) bis (9.50) entsprechend gelten.
Falls $G(f)$ eine stetige zweite Ableitung $G^{(2)}(f)$ besitzt, dann kann $G(f-g)$ als Taylor-Reihe dargestellt werden:

$$G(f-g) = G(f) - gG^{(1)}(f) + \frac{g^2}{2}G^{(2)}(f-\Theta g) \;\; \text{mit } |\Theta| \le 1 \;\; . \tag{9.51}$$

Für den systematischen Fehler (9.49) folgt damit:

$$
\begin{aligned}
b[\bar{G}_M(f)] &= \int_{-\infty}^{\infty} G(f-g)W(g)dg - G(f) \\
&= G(f)\int_{-\infty}^{\infty} W(g)dg - G^{(1)}(f)\int_{-\infty}^{\infty} gW(g)dg \\
&\quad + \int_{-\infty}^{\infty} G^{(2)}(f-\Theta g)\frac{g^2}{2}W(g)dg - G(f) \;\; . \tag{9.52}
\end{aligned}
$$

174

Nach Gleichung (9.7) ist $\int_{-\infty}^{\infty} W(g)dg = 1$. Weiterhin gilt wegen $W(g) = W(-g)$: $\int_{-\infty}^{\infty} gW(g)dg = 0$. Damit folgt aus Gleichung (9.52):

$$\int_{-\infty}^{\infty} G(f-g)W(g)dg - G(f) = \int_{-\infty}^{\infty} G^{(2)}(f - \Theta g)\frac{g^2}{2}W(g)dg \ . \quad (9.53)$$

Unter der Annahme, daß die zweite Ableitung von $G(f)$ nur langsam über das Intervall $(f - \epsilon, f + \epsilon)$ variiert, läßt sich der systematische Fehler von $\bar{G}_M(f)$ durch

$$\int_{-\infty}^{\infty} G(f-g)W(g)dg - G(f) \approx \frac{G^{(2)}(f)}{2} \int_{-\infty}^{\infty} g^2 W(g)dg \quad (9.54)$$

approximieren. Danach ist der Fehler der gewichteten Blackman-Tukey-Abschätzung proportional der zweiten Ableitung von $G(f)$ sowie proportional dem zweiten Moment von $W(f)$.

Für die Varianz gewichteter Spektralabschätzungen nach Blackman und Tukey gilt nach Jenkins und Watts (1968) näherungsweise:

$$Var[\bar{G}(f)] \approx \frac{G^2(f)}{T} \int_{-\infty}^{\infty} W^2(g)dg = G^2(f)\frac{I}{T} \quad (9.55)$$

mit

$$I = \int_{-\infty}^{\infty} W^2(f)df \ . \quad (9.56)$$

Die charakteristischen Parameter, die die Gewichtsfunktionen charakterisieren und die Güte der Spektralabschätzungen beschreiben, sind:

- die Energie der Gewichtsfunktion

$$I = \int_{-\infty}^{\infty} W^2(f)df \ , \quad (9.57)$$

  die nach Gleichung (9.55) die Varianz der Spektralabschätzung bestimmt,

- das zweite Moment von $W(f)$

$$D = \int_{-\infty}^{\infty} f^2 W(f)df \ , \quad (9.58)$$

  das nach Gleichung (9.54) Aussagen über den systematischen Fehler zuläßt,

- das asymptotische Verhalten von $W(f)$ für große f. Dies ist ein Maß dafür, inwieweit bei einer an der Stelle $f = f_0$ erfolgten Spektralabschätzung die weiter von $f = f_0$ gelegenen Spektralanteile zum abgeschätzten Wert beitragen.

Gewichtsfunktion	W(f)	$\int_{-\infty}^{\infty} W^2(f)df$	$\int_{-\infty}^{\infty} f^2 W(f)df$	asymptotisches Verhalten für $f \to \infty$
Rechteck	$2M\frac{sin(2\pi fM)}{2\pi fM}$	$2.0\ M$	∞	$\frac{2}{2\pi f}$
Bartlett	$M(\frac{sin(\pi fM)}{\pi fM})^2$	$0.67\ M$	∞	$\frac{4}{M(2\pi f)^2}$
Tukey	$M(\frac{sin(2\pi fM)}{2\pi fM})(\frac{1}{1-(2fM)^2})$	$0.75\ M$	$\frac{1}{8M^2}$	$\frac{\pi^2}{M^2(2\pi f)^3}$
Parzen	$\frac{3}{4}M(\frac{sin(\pi f\frac{M}{2})}{\pi f\frac{M}{2}})^4$	$0.54\ M$	$\frac{3}{M^2\pi^2}$	$\frac{192}{M^3(2\pi f)^4}$

Tabelle 9.1: Energie, zweites Moment und asymptotisches Verhalten für $f \to \infty$ verschiedener Gewichtsfunktionen.

Für die in Abb. 4.3 aufgeführten Gewichtsfunktionen der Weite M ergeben sich für diese Parameter die in Tabelle 9.1 nach Jenkins und Watts (1968) zusammengestellten Ausdrücke.

Der Vergleich von Gleichung (9.55) mit (9.27) zeigt, daß die Größe

$$\frac{I}{T} = \frac{\int_{-\infty}^{\infty} W^2(f)df}{T} \tag{9.59}$$

näherungsweise die Reduktion der Varianz der gewichteten Blackman-Tukey-Schätzung gegenüber der Periodogramm-Schätzung angibt. Bei gleichem $\frac{M}{T}$ ist die Reduktion der Varianz bei Anwendung der Parzen-Gewichtsfunktion am größten, für das Rechteck-Fenster am kleinsten. Für $M = 0.1T$ ergibt sich z.B. für das Bartlett-Fenster $\frac{I}{T} = 0.067$. Das heißt: beträgt die Länge der AKV-Funktion 10 Prozent der Registrierlänge, dann reduziert sich die Varianz der Bartlett-gewichteten Blackman-Tukey-Spektralabschätzung auf 6.7 Prozent der Varianz der Periodogramm-Schätzung.

Mit M wächst die Varianz der Schätzung. Bei vorgegebener Registrierlänge T läßt sich die Varianz dadurch reduzieren, daß man die Länge M der Gewichtsfunktion klein wählt. Damit wächst aber gleichzeitig das zweite Moment und somit der systematische Fehler der Schätzung an.

Für Spektren, die gemessen an der Weite des Spektrums der Gewichtsfunktion **nicht** glatt sind, zeigen Jenkins und Watts (1968), daß

- der Fehler für die Bartlett-Gewichtsfunktion proportional $\frac{1}{M}$ ist, für die Rechteck-, Tukey- und Parzen-Gewichtsfunktionen dagegen proportional $\frac{1}{M^2}$. Damit ist für festes M der systematische Fehler der Bartlett-Schätzung größer als bei Benutzung der Rechteck-, Tukey- oder Parzen-Gewichtsfunktion.

- der Fehler bei Anwendung der Bartlett-Gewichtsfunktion proportional zur **ersten** Ableitung von $G(f)$ ist, so daß der Vergleich der zweiten Momente für diese Gewichtsfunktion seine Bedeutung verliert.

Für die Tukey- und Parzengewichtung, bei der $b[\bar{G}(f)]$ proportional zur **zweiten** Ableitung von $G(f)$ ist, ist der Fehler dort klein, wo die Spektralkurve linear ansteigt, und relativ groß in der Nähe von Spektralmaxima und -minima, für die zu kleine bzw. zu große Werte abgeschätzt werden. Dagegen ist bei Anwendung des Bartlett-Fensters der Fehler der Schätzungen wegen seiner Proportionalität zur ersten Ableitung von $G(f)$ in der Nachbarschaft von Extrema klein im Vergleich zum Fehler, der im Bereich der Wendepunkte zu erwarten ist. Von den vier zum Vergleich herangezogenen Gewichtsfunktionen kommt die Parzen-Gewichtsfunktion dem Ideal am nächsten: das Spektrum ist für alle Frequenzen nicht negativ und geht mit f^{-4} gegen Null. Darüber hinaus liefert ihre Anwendung Spektralabschätzungen mit der kleinsten Varianz. Jedoch ist der Fehler größer als bei der Tukey-Gewichtsfunktion.

9.3 Konfidenzgrenzen und Bandbreiten der Blackman-Tukey-Spektralschätzung

Bei der praktischen Bestimmung der quadratischen Spektren stochastischer Vorgänge ist die Bestimmung zweier Größen zur Beurteilung der Schätzung unerläßlich. Dies sind:

- die **Konfidenzgrenzen** der Schätzung, die bei vorgegebener Wahrscheinlichkeit, z.B. 95 oder 99 Prozent, das Intervall festlegen, in dem der tatsächliche unbekannte Wert des Leistungsspektrums liegt. Je größer man die Wahrscheinlichkeit wählt, desto weiter wird dieses Intervall. Dabei ist bei vorgegebener Wahrscheinlichkeit die Schätzung um so besser, je enger das durch die Konfidenzgrenzen bestimmte Intervall ist.

- die **Bandbreite** der Spektralschätzung, die Aussagen über den Grad der Frequenzauflösung beim abgeschätzten Spektrum ermöglicht. Je schmaler die Bandbreite ist, desto besser ist das Auflösungsvermögen.

9.3.1 Bestimmung der Konfidenzgrenzen

Eine der Aufgaben der Statistik besteht darin, die Wahrscheinlichkeit β zu bestimmen, mit der die Zufallsvariable $G(f)$ einen Wert innerhalb der vorgegebenen Grenzen u_1 und u_2 annimmt:

$$Prob[u_1 \leq G(f) \leq u_2] = \beta \ . \tag{9.60}$$

Bei der Bestimmung der Konfidenzintervalle werden umgekehrt für eine vorgegebene Wahrscheinlichkeit $\beta = 1 - \alpha$, z.B. 95 Prozent, die Grenzen u_1, u_2 so bestimmt, daß die Zufallsvariable $G(f)$ mit der vorgegebenen Wahrscheinlichkeit innerhalb dieser Grenzen liegt. Die Grenzen werden dabei so festgelegt, daß die Wahrscheinlichkeit dafür, daß $G(f)$ unterhalb der unteren Grenze u_1 gleich $\frac{\alpha}{2}$ (z.B. 2.5 Prozent) und unterhalb der oberen Grenze u_2 gerade $1 - \frac{\alpha}{2}$ (z.B. 97.5 Prozent) ist. Mathematisch läßt sich das wie folgt beschreiben:

$$Prob[u_1|_{\frac{\alpha}{2}} \leq G(f) \leq u_2|_{1-\frac{\alpha}{2}}] = 1 - \alpha \ . \tag{9.61}$$

Lies: die Wahrscheinlichkeit dafür, daß $G(f)$ innerhalb der Grenzen u_1 und u_2 liegt, soll $1 - \alpha$ sein. Die Vertrauensgrenzen u_1 und u_2 sind durch die angegebenen Indizes $\frac{\alpha}{2}$ und $1 - \frac{\alpha}{2}$ definiert.

Zur praktischen Bestimmung der Grenzen u_1, u_2 existieren für die diversen Wahrscheinlichkeitsverteilungen Tabellen, in denen die Grenzen in Abhängigkeit von α angegeben werden (siehe z.B. Bendat und Piersol (1966), Tabelle A.2 und A.3 für die Normal- bzw. Chi-Quadrat-Verteilung).

Besitzt das quadratische Spektrum einen ungefähr konstanten Verlauf, so gehorcht die Zufallsvariable $\frac{\nu \bar{G}(f)}{G(f)}$ mit

$$\begin{aligned}
\nu &= \frac{2\mathcal{E}^2[\bar{G}(f)]}{Var[\bar{G}(f)]} \\
&\approx \frac{2T}{I} \quad \text{nach (9.48) und (9.55)} \\
&= \frac{2T}{\int_{-\infty}^{\infty} W^2(f)df}
\end{aligned} \tag{9.62}$$

nach Jenkins und Watts (1968) einer Chi-Quadrat-Verteilung mit ν Freiheitsgraden. Durch ν sind die Konfidenzgrenzen für die Schätzung der Spektralfunktion festgelegt.

Sind u_1^ν und u_2^ν die zur vorgegebenen Wahrscheinlichkeit $1-\alpha$ zugehörigen Konfidenzgrenzen der Zufallsvariablen $\frac{\nu \bar{G}(f)}{G(f)}$, d.h. sind u_1^ν und

178

Gewichtsfunktion	Anzahl der Freiheitsgrade	Bandbreite
Rechteck	$\frac{T}{M}$	$\frac{1}{2M}$
Bartlett	$3\frac{T}{M}$	$\frac{3}{2M}$
Tukey	$2\frac{2}{3}\frac{T}{M}$	$\frac{4}{3M}$
Parzen	$3.71\frac{T}{M}$	$\frac{1}{0.54M}$

Tabelle 9.2: Anzahl der Freiheitsgrade und Bandbreite für verschiedene Gewichtsfunktionen.

u_2^ν bekannt und gilt

$$Prob[u_1^\nu|_{\frac{\alpha}{2}} \leq \frac{\nu \bar{G}(f)}{G(f)} \leq u_2^\nu|_{1-\frac{\alpha}{2}}] = 1 - \alpha \ , \qquad (9.63)$$

dann folgt für die Grenzen w_1 und w_2 der Zufallsvariablen $G(f)$ selber unmittelbar aus Gleichung (9.63):

$$w_1 = \frac{\nu}{u_2^\nu|_{1-\frac{\alpha}{2}}}\bar{G}(f) \quad \text{und} \quad w_2 = \frac{\nu}{u_1^\nu|_{\frac{\alpha}{2}}}\bar{G}(f) \ . \qquad (9.64)$$

Für die so bestimmten Konfidenzgrenzen ist

$$Prob[w_1 \leq G(f) \leq w_2] = 1 - \alpha \ . \qquad (9.65)$$

In Abbildung 9.2 sind nach Jenkins und Watts (1968) für die Chi-Quadrat-Verteilung die Größen

$$\tilde{w}_1 = \frac{\nu}{u_2^\nu|_{1-\frac{\alpha}{2}}} \quad \text{und} \quad \tilde{w}_2 = \frac{\nu}{u_1^\nu|_{\frac{\alpha}{2}}} \qquad (9.66)$$

in Abhängigkeit von ν und $1-\alpha$ dargestellt. Abbildung 9.2 entnimmt man z.B. für $\nu = 10$ bei $1 - \alpha = 0.8$, d.h. $\frac{\alpha}{2} = 0.1$, für die untere und obere Grenze: $\tilde{w}_1 = 0.625$, $\tilde{w}_2 = 2.053$.

Für die hier diskutierten Gewichtsfunktionen ist die Zahl der Freiheitsgrade ν in Tabelle 9.2 zusammengestellt. ν ist proportional $\frac{T}{M}$, d.h. die Anzahl der Freiheitsgrade wird um so größer, je größer das Verhältnis von Registrierlänge T zur Maximalretardierung M ist. Bei gleichem $\frac{T}{M}$ liefert die Gewichtung nach Parzen die größte Anzahl

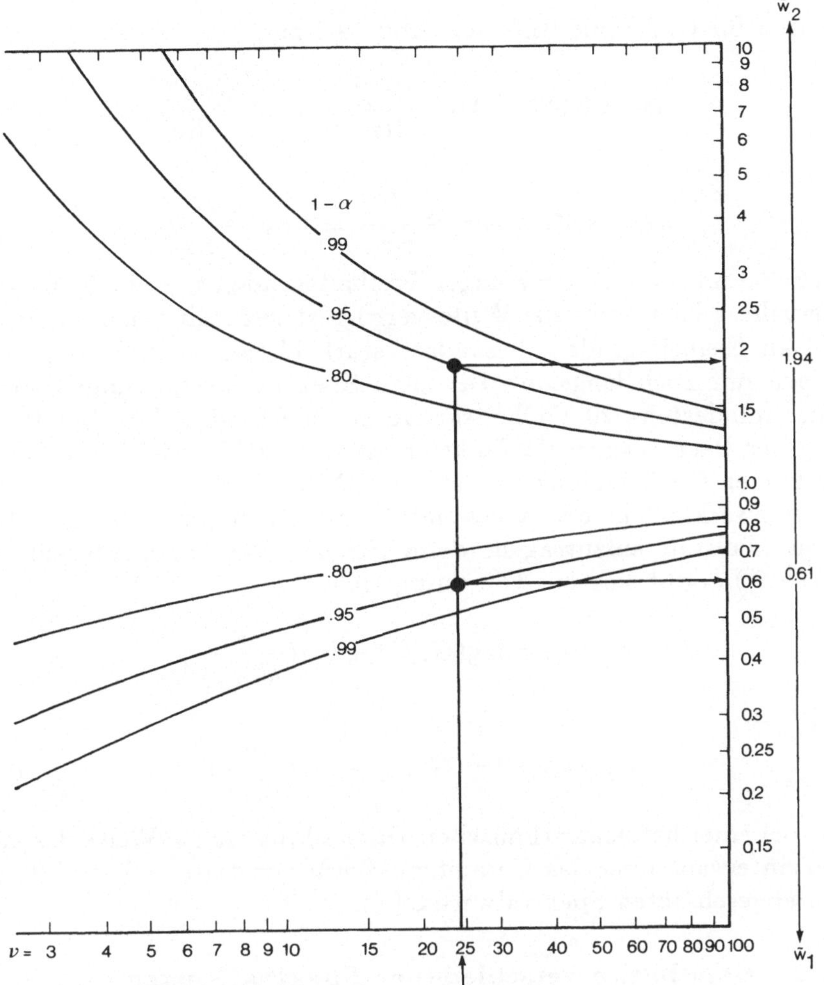

Abbildung 9.2: Darstellung von $\tilde{w}_1$ und $\tilde{w}_2$ in Abhängigkeit von den Freiheitsgraden ν für $(1 - \alpha) = 0.8$, 0.95, 0.99 (nach Jenkins und Watts, 1968). Als Beispiel ist für $\nu = 24$ die Bestimmung des Konfidenzintervalls skizziert.

an Freiheitsgraden. Zur Konstruktion der Vertrauensgrenzen wird für ein vorgegebenes $\frac{M}{T}$ und bei Anwendung einer bestimmten Gewichtsfunktion die Zahl der Freiheitsgrade berechnet, z.B. $\nu = 10$. Wird dann bei der Frequenz f_0 der Schätzwert $\bar{G}(f_0)$ des quadratischen Spektrums $G(f_0)$ berechnet, z.B. bei magnetischen Messungen $\bar{G}(f_0) = 0.8\ \frac{(nT)^2}{Hz}$, dann ergeben sich die 80-Prozent-Konfidenz-

180

grenzen für $G(f_0)$ mit Hilfe von Abb. 9.2 zu

$$w_1 = 0.625 \times 0.8 \; \frac{(nT)^2}{\mathrm{Hz}} = 0.50 \; \frac{(nT)^2}{\mathrm{Hz}}$$

und

$$w_2 = 2.053 \times 0.8 \; \frac{(nT)^2}{\mathrm{Hz}} = 1.64 \; \frac{(nT)^2}{\mathrm{Hz}} \; .$$

Bei Schätzungen mit nur wenigen Freiheitsgraden sind die Konfidenzintervalle relativ weit; die Weite verringert sich mit wachsender Anzahl an Freiheitsgraden, besonders stark bis zu 20 Freiheitsgraden, danach nur noch langsam. Bei allen Spektralabschätzungen sollten daher mindestens 20 Freiheitsgrade gesichert sein, d.h. bei Benutzung der Rechteckgewichtsfunktion ist $T > 20M$ bzw. beim Einsatz der Parzen-Gewichtsfunktion ist $T > 6M$ zu fordern.

Es ist zweckmäßig, das abgeschätzte Spektrum im halblogarithmischen Maßstab aufzutragen, denn für das Vertrauensintervall von $\log(G(f))$ ergibt sich aus Gleichung (9.64):

$$\log(w_1) = \log(\bar{G}(f)) + \log\left(\frac{\nu}{u_2^\nu \big|_{1-\frac{\alpha}{2}}}\right)$$

und

$$\log(w_2) = \log(\bar{G}(f)) + \log\left(\frac{\nu}{u_1^\nu \big|_{\frac{\alpha}{2}}}\right) \; , \tag{9.67}$$

d.h. bei einer halblogarithmischen Darstellung ist die Weite des Konfidenzintervalls über das Gesamtspektrum konstant und unabhängig vom abgeschätzten Spektralwert $\bar{G}(f)$.

9.3.2 Bandbreite verschiedener Spektralfenster

Für die Beurteilung der Spektralabschätzung ist neben der Angabe des Konfidenzintervalls der Grad der spektralen Auflösung des abgeschätzten Spektrums von Bedeutung. Das Auflösungsvermögen der Blackman-Tukey-Spektralschätzung wird durch Länge und Gestalt der Gewichtsfunktion $w(t)$ bestimmt.

Die Bandbreite h des Spektralfensters

$$W(f) = \begin{cases} \frac{1}{h} & \text{für } -\frac{h}{2} \leq f \leq \frac{h}{2} \\ 0 & \text{sonst} \end{cases} \tag{9.68}$$

wird als Referenzweite benutzt. Für einen Vergleich der Auflösung verschiedener Fenster $W_j(f)$ definiert man die äquivalente Bandbreite b als Breite eines Rechteckspektrums $W(f)$, das dieselbe Varianz wie $W_j(f)$ besitzt.

Nach Gleichung (9.55) ist die Varianz der Schätzung bei Benutzung des obigen Spektralfensters $W(f)$:

$$Var[\bar{G}(f)] \approx \frac{G^2(f)}{T} \int_{-\frac{h}{2}}^{\frac{h}{2}} W^2(g)dg = \frac{G^2(f)}{T}\frac{1}{h} \quad . \tag{9.69}$$

Da die Varianz eines anderen Spektralfensters $W_j(f)$ durch

$$Var[\bar{G}(f)] = \frac{G^2(f)}{T} \int_{-\infty}^{\infty} W_j^2(g)dg \tag{9.70}$$

gegeben ist, ergibt sich dessen äquivalente Bandbreite b aus der Forderung

$$\frac{G^2(f)}{T} \int_{-\infty}^{\infty} W_j^2(g)dg = \frac{G^2(f)}{T}\frac{1}{b} \tag{9.71}$$

zu

$$b = \frac{1}{\int_{-\infty}^{\infty} W_j^2(g)dg} \quad . \tag{9.72}$$

Als Bandbreite der verschiedenen Fenster ergeben sich nach (9.72) die in Tabelle 9.2, Spalte 3 zusammengestellten Werte. Wie nach den Ausführungen in Kapitel 4 erwartet wird, ist bei gleichem M die Bandbreite b für das Rechteck-Fenster am kleinsten, d.h. dieses Fenster besitzt das größte Auflösungsvermögen.

Entsprechend der Definition der Bandbreite in Gleichung (9.71) ist bei kleiner Bandbreite die Varianz groß und umgekehrt, das heißt:

$$Varianz \times Bandbreite = konstant \quad . \tag{9.73}$$

Darüber hinaus besteht nach (9.72) und (9.62) folgender Zusammenhang zwischen der Bandbreite b und der Zahl der Freiheitsgrade ν:

$$\nu = 2Tb \quad . \tag{9.74}$$

Eine kleine Bandbreite, d.h. große Auflösung, bedeutet somit nach (9.73) und (9.74), daß

- die Varianz groß ist,
- die Anzahl der Freiheitsgrade klein und damit das Konfidenzintervall relativ weit ist.

9.4 Konfidenzgrenzen und Bandbreite der Periodogramm-Schätzung

Bei den Periodogramm-Schätzungen nach Bartlett bzw. Welch, d.h. bei einer Mittelung über ein Ensemble von Schätzungen, sowie nach Daniell, bei der benachbarte Spektralwerte gemittelt werden, wird die die Auflösung bestimmende Bandbreite durch die Länge der Analyseintervalle festgelegt. Für ein Analyseintervall der Länge T ist die kleinstmögliche Auflösungsbandbreite

$$b_P = \frac{1}{T} \; . \tag{9.75}$$

Bei der Zerlegung von T in K Abschnitte der Länge L ist die Auflösungsbandbreite für die einzelnen Segmente nur noch

$$b_P = \frac{1}{L} \; . \tag{9.76}$$

Falls man $T = K \times L$ wählt, d.h. die Daten nicht überlappend zerlegt, dann ist

$$b_P = \frac{K}{T} \; . \tag{9.77}$$

Bei der Spektralglättung über n Werte im Abstand $\Delta f = \frac{1}{T}$ ist die spektrale Auflösungsweite:

$$b_P = n\Delta f = \frac{n}{T} \; . \tag{9.78}$$

Die beiden Verfahren nach Bartlett und Daniell besitzen demnach für $K = n$ vergleichbare Auflösung.

Ist $G(f)$ über die Bandbreite b_P konstant, so besitzt die einzelne Periodogramm-Schätzung nach den in Abschnitt 9.2.1 hergeleiteten Ergebnissen zwei Freiheitsgrade:

$$\nu = \frac{2\mathcal{E}^2[\bar{P}(f)]}{Var[\bar{P}(f)]} \approx 2 \; . \tag{9.79}$$

Bei einer Mittelung über n Spektralabschätzungen ist die resultierende Schätzung eine Chi-Quadrat-Variable mit $\nu = 2n$ Freiheitsgraden. Mit Gleichung (9.78) folgt:

$$\nu = 2b_P T \; . \tag{9.80}$$

Mittelt man über mehrere unabhängige Segmente und anschließend über benachbarte Frequenzen, dann ist die das Auflösungsvermögen bestimmende Bandbreite näherungsweise:

$$b_P \approx n\frac{K}{T} \quad .$$ (9.81)

Die Anzahl der Freiheitsgrade der Chi-Quadrat-Verteilung ist dann

$$\nu = 2b_P T = 2nK \quad .$$ (9.82)

Zusammenfassend folgt: Das auf der Periodogramm-Schätzung $\bar{P}(f)$ basierende Konfidenzintervall für das Leistungsspektrum $G(f)$ bei der vorgegebenen Wahrscheinlichkeit $(1 - \alpha)$ ist gegeben durch:

$$(\frac{\nu \bar{P}(f)}{u_2^\nu|_{1-\frac{\alpha}{2}}} \leq G(f) \leq \frac{\nu \bar{P}(f)}{u_1^\nu|_{\frac{\alpha}{2}}})$$ (9.83)

mit $\nu = 2b_P T$ Freiheitsgraden. In Worten heiß das: Mit $(1 - \alpha)$-prozentiger Wahrscheinlichkeit liegt das wahre Spektrum $G(f)$ im Intervall

$$(\frac{\nu}{u_2^\nu|_{1-\frac{\alpha}{2}}} \bar{P}(f), \; \frac{\nu}{u_1^\nu|_{\frac{\alpha}{2}}} \bar{P}(f)) \quad .$$ (9.84)

Dabei ist die Zahl der Freiheitsgrade bei den Verfahren nach Bartlett und Daniell $\nu = 2K$ bzw. $\nu = 2n$. Gleichung (9.82) entspricht der Gleichung (9.74), die für das Blackman-Tukey-Verfahren den Zusammenhang zwischen der in (9.72) definierten Bandbreite b und der Anzahl der Freiheitsgrade beschreibt. Während bei der Blackman-Tukey-Schätzung die Bandbreite b durch die gewählte Gewichtsfunktion und die Maximalretardierung der AKV-Funktion festgelegt ist, wird die Auflösungsbandbreite der Periodogramm-Schätzung b_P durch die Anzahl der Segmente bzw. Frequenzen, über die gemittelt wird, bestimmt.

9.5 Praktische Bestimmung der quadratischen Spektren

9.5.1 Algorithmen zur Bestimmung der quadratischen Spektraldichtefunktion diskreter Folgen

Die Algorithmen bauen auf den in Kapitel 9.1 für kontinuierliche Funktionen angegebenen Gleichungen auf. Die Gleichungen werden in numerisch auswertbare diskrete Versionen überführt, wobei das Abtastintervall $\Delta t = 1$ gesetzt wird, d.h. anstelle der in Hz gemessenen Frequenz wird die dimensionslose Größe "Frequenz $\times \Delta t$" eingeführt.

Im folgenden werden die Gleichungen zur Berechnung des quadratischen Spektrums der äquidistanten Folge x_k, $k = 0, 1, ..., N - 1$ für die in Kapitel 9.1 aufgeführten Algorithmen zusammengestellt.

• Die **Periodogramm-Schätzung:**
Zur numerischen Bestimmung des Periodogramms der Datenfolge der Länge N wird das Periodogramm

$$\bar{P}_T(f) = \frac{1}{T} | \int_0^T x_T(t) e^{-i2\pi f t} dt |^2 \tag{9.85}$$

durch

$$\bar{P}_N(f) = \frac{\Delta t}{N} | \sum_{k=0}^{N-1} x_k e^{-i2\pi f k \Delta t} |^2 \tag{9.86}$$

ersetzt. Berechnet man die Spektralwerte an den Stellen $f = j\Delta f$, wobei $\Delta f = \frac{1}{N\Delta t}$ gewählt wird, so ergibt sich:

$$\bar{P}_j = \frac{\Delta t}{N} | \sum_{k=0}^{N-1} x_k e^{-i2\pi \frac{jk}{N}} |^2 = \frac{1}{N\Delta t} |X_j|^2 \tag{9.87}$$

mit

$$X_j = \Delta t \sum_{k=0}^{N-1} x_k e^{-i2\pi \frac{jk}{N}} , \quad j = 0, 1, ..., N - 1$$

bzw. für $\Delta t = 1$:

$$\bar{P}_j = \frac{1}{N} | \sum_{k=0}^{N-1} x_k e^{-i2\pi \frac{jk}{N}} |^2 = \frac{1}{N} |X_j|^2 . \tag{9.88}$$

Anmerkungen:

1. Im Gegensatz zu Gleichung (9.87) ist das Leistungsspektrum in (9.88) nicht richtig skaliert und dimensionsmäßig falsch.

2. Das Parsevalsche Theorem,

$$\int_{-\infty}^{\infty} x^2(t) dt = \int_{-\infty}^{\infty} |X(f)|^2 df , \tag{9.89}$$

bzw. das Analogon für stochastische Vorgänge,

$$\lim_{T\to\infty} \int_{-T}^{T} x^2(t) dt = \int_{-\infty}^{\infty} G(f) df , \tag{9.90}$$

ist zur Prüfung der Algorithmen zur Berechnung der Spektren wichtig. Für eine diskrete Datenfolge der Länge N folgt aus (9.89) bei Benutzung der DFT:

$$\sum_{j=0}^{N-1} |x_j|^2 \Delta t = \sum_{j=0}^{N-1} |\Delta t \sum_{k=0}^{N-1} x_k e^{-i2\pi \frac{jk}{N}}|^2 \Delta f \ , \qquad (9.91)$$

bzw. für $\Delta f = \frac{1}{N \Delta t}$:

$$\sum_{j=0}^{N-1} |x_j|^2 \Delta t = \frac{1}{N \Delta t} \sum_{j=0}^{N-1} |X_j|^2 \ . \qquad (9.92)$$

Berechnet man das Periodogramm gemäß (9.87), so muß gelten:

$$\sum_{j=0}^{N-1} |x_j|^2 \Delta t = \frac{1}{N \Delta t} \sum_{j=0}^{N-1} |X_j|^2 = \sum_{j=0}^{N-1} \bar{P}_j \ . \qquad (9.93)$$

Analog zu (9.87) erhält man für die modifizierte Periodogramm-Schätzung:

$$\bar{P}_j = \frac{\Delta t}{U N} | \sum_{k=0}^{N-1} x_k v_k e^{-i2\pi \frac{jk}{N}}|^2 \ , \quad j = 0, 1, ..., N - 1 \qquad (9.94)$$

mit

$$U = \frac{1}{N} \sum_{j=0}^{N-1} v_j^2 \qquad (9.95)$$

Die Berechnung des Periodogramms geschieht über die FFT. Folgende Rechenschritte sind hierbei durchzuführen:
- Beschneiden der Datenfolge oder Hinzufügen von Nullen, so daß $N = 2^n$ ist (n ganze positive Zahl).
- Gewichten der Datenfolge, so daß die zu analysierende Funktion an beiden Enden gegen Null geht. Im allgemeinen wird die Gewichtsfunktion auf die ersten und letzten 10 Prozent der Datenfolge angewendet.
- Berechnung der DFT der gewichteten Datenfolge $(v_k x_k)$ mit Hilfe der FFT,
- Berechnung von $\bar{P}_j$ gemäß Gleichung (9.94).

• **Die Mittelung der modifizierten Periodogramm-Schätzung:**
Bei diesem Verfahren, bei dem die zu analysierende Folge zwecks Reduktion der Varianz in $K = \frac{N}{L}$ Segmente jeweils der Länge L unterteilt wird, erfolgt die Berechnung in zwei Schritten:

186

1. Berechnung der Periodogramme für die K Segmente, $k = 1, 2, .., K$:

$$\bar{P}_{kj} = \frac{\Delta t}{UL} \left| \sum_{l=0}^{L-1} x_{l+(k-1)L} v_l e^{-i2\pi \frac{lj}{L}} \right|^2 \;, \quad U = \frac{1}{L} \sum_{l=0}^{L-1} v_l^2 \;, \qquad (9.96)$$

2. Mittelung der K Periodogramme:

$$\bar{P}_j = \frac{1}{K} \sum_{k=1}^{K} \bar{P}_{kj} \;. \qquad (9.97)$$

- Das **Blackman-Tukey-Verfahren:**

Die Berechnung des quadratischen Spektrums umfaßt zwei Schritte:

    1. Bestimmung der diskreten Autokovarianzfunktion,

    2. Berechnung der diskreten Fourier-Transformierten der gewichteten Autokovarianzfunktion.

Die AKV-Koeffizienten können nach folgender Gleichung berechnet werden:

$$\bar{R}_k = \frac{1}{N - |k|} \sum_{j=0}^{N-|k|-1} x_j x_{j+k} \;, \quad |k| = 0, 1, ..., M; \quad M \approx \frac{N}{10} \;. \quad (9.98)$$

Jenkins und Watts (1968) zeigen, daß für Folgen (x_j) mit dem Mittelwert Null, das heißt

$$\bar{x} = \frac{1}{N} \sum_{j=0}^{N-1} x_j = 0, \qquad (9.99)$$

die diskrete Folge $(\bar{R}_k)$ eine **fehlerfreie** Schätzung der tatsächlichen AKV-Koeffizienten ist:

$$\mathcal{E}[\bar{R}_k] = \frac{1}{N - |k|} \sum_{j=0}^{N-|k|-1} \mathcal{E}[x_j x_{j+k}] = R_k \;. \qquad (9.100)$$

Weiterhin ist nach Bartlett (1946) bzw. Oppenheim und Schafer (1975) die Varianz von $\bar{R}_k$ für Gaußsche Prozesse näherungsweise:

$$Var[\bar{R}_k] \approx \frac{N}{(N - |k|)^2} \sum_{j=-\infty}^{\infty} (R_j^2 + R_{j+k} R_{j-k}) \qquad (9.101)$$

falls $N \gg |k|$. Die Varianz der Schätzung wird für $k \to N$ sehr groß; Gleichung (9.98) kann dann keine vernünftigen Schätzwerte mehr liefern.

Eine Alternative zur Berechnung der AKV-Koeffizienten nach Gleichung (9.98) ist:

$$\hat{R}_k = \frac{1}{N} \sum_{j=0}^{N-|k|-1} x_j x_{j+k} \ .$$ (9.102)

Die Berechnung der AKV-Koeffizienten nach (9.98) und (9.102) unterscheidet sich im Normierungsfaktor:

$$\hat{R}_k = \frac{N - |k|}{N} \bar{R}_k \ .$$ (9.103)

Damit ist unter Berücksichtigung von Gleichung (9.100):

$$\begin{aligned}
\mathcal{E}[\hat{R}_k] &= (1 - \frac{|k|}{N})\mathcal{E}[\bar{R}_k] \\
&= (1 - \frac{|k|}{N})R_k,
\end{aligned}$$ (9.104)

das heißt, die Schätzung (9.102) ist mit einem systematischen Fehler

$$b[\hat{R}_k] = \frac{|k|}{N} R_k$$ (9.105)

behaftet. Jedoch ist $\hat{R}_k$ wie $\bar{R}_k$ asymptotisch für $N \to \infty$ fehlerfrei. Aus Gleichung (9.103) folgt, daß die Varianz von $\hat{R}_k$ gleich $(\frac{N-|k|}{N})^2$ mal der Varianz von $\bar{R}_k$ ist. Für $N \gg |k|$ gilt daher:

$$Var[\hat{R}_k] \approx \frac{1}{N} \sum_{j=-\infty}^{\infty} (R_j^2 + R_{j+k}R_{j-k}) \ .$$ (9.106)

Die Schätzung (9.102) besitzt gegenüber der Schätzung (9.98) vielfach den in Gleichung (9.16) definierten kleineren mittleren quadratischen Fehler. Da bei der statistisch fehlerfreien Schätzung $\bar{R}_k$ außerdem die Bedingung (8.24) für AKV-Funktionen verletzt sein kann, d.h. $\bar{R}_0$ kann kleiner als $\bar{R}_k$, $k \neq 0$ werden, ist die mit einem systematischen Fehler behaftete AKV-Schätzung $\hat{R}_k$ die vielfach bevorzugte Schätzung. Beide Schätzungen sind konsistent, da mit wachsendem N sowohl die systematischen Fehler als auch die Varianzen der Schätzungen gegen Null gehen.

Die Berechnung der Autokovarianzkoeffizienten $\bar{R}_k$ (bzw. $\hat{R}_k$), $k = 0,..,M$ kann auch im Frequenzbereich bei Benutzung der FFT nach folgendem Schema erfolgen:

- Anhängen von $M + 1$ Nullen an die Folge x_j, $j = 0,..,N - 1$, um

sicherzustellen, daß bei der Rücktransformation in den Zeitbereich die AKV-Funktion bis zur Verschiebung M abgebildet werden kann.
- Auffüllen mit Nullen bis zur nächsten Zweierpotenz. Die so erweiterte Folge besitzt $L = 2^n$ Stützwerte.
- Bestimmung der DFT der Folge (x_j) mit L Werten,
- Bildung der Absolutquadrate der L DFT-Werte,
- Anwendung der inversen DFT,
- Division durch $N - k$ (bzw. N).
Die ersten $M+1$ Werte der Ergebnisfolge ergeben die gesuchten Werte $\bar{R}_k$ (bzw. $\hat{R}_k$), $k = 0, ..., M$.

Zur Ermittlung der diskreten Fourier-Transformierten der gewichteten AKV-Funktion wird

$$\bar{G}_{BT}(f) = \Delta t \sum_{k=-M}^{M} \bar{R}_k w_k e^{-i2\pi f k \Delta t} \qquad (9.107)$$

berechnet. Dabei ist $w_0 = 1$, so daß die Leistung richtig wiedergegeben wird ($\bar{R}_0 w_0 = \bar{R}_0$) und $\bar{G}_{BT}(f)$ korrekt skaliert ist.
Die Berechnung des Leistungsspektrums nach Gleichung (9.107) kann für jede beliebige Frequenz zwischen Null und der Nyquist-Frequenz f_{Ny} durchgeführt werden. Man verliert keine Information, wenn man lediglich $M + 1$ Spektralwerte abschätzt, d.h. diese für äquidistante Werte über $0 \leq f \leq f_{Ny}$ in Intervallen $\Delta f = \frac{f_{Ny}}{M}$ berechnet. Tatsächlich geschieht die Berechnung der Fourier-Transformierten der gewichteten AKV-Koeffizienten heute unter Anwendung der FFT in Abständen $\Delta f = \frac{f_{Ny}}{N}$:

$$\bar{G}_j = \Delta t \sum_{k=0}^{N-1} \bar{R}_k w_k e^{-i2\pi \frac{jk}{N}} \ . \qquad (9.108)$$

Bei der Anwendung der FFT wird $\bar{R}_k$, $k = -M, ..., M$ als periodisch mit der Periode N zugrunde gelegt. Um dies zu gewährleisten, muß zunächst $\bar{R}_k$, $k = -M, ..., -1$ mit der Periode N in das Analysenintervall projiziert werden. Wegen $\bar{R}_k = \bar{R}_{-k}$ ergibt sich die Folge $(w_0 \bar{R}_0, ..., w_M \bar{R}_M, 0, 0, ..., 0, w_M \bar{R}_M, ..., w_2 \bar{R}_2, w_1 \bar{R}_1)$, die der FFT unterworfen wird.

Anmerkung: Die Fläche unterhalb der Kurve, die das Leistungsspektrum beschreibt, stellt die mittlere Leistung des regellosen Vorgangs dar. Bei scharfen Spektralanteilen ist es vielfach wünschenswert, daß die Spektralwerte selber proportional zur Leistung sind. In diesem Fall ist das Ergebnis von (9.107) mit dem Faktor $\Delta f = \frac{1}{N \Delta t}$ zu multiplizieren.

9.5.2 Prewhitening der Spektren

Um Verfälschungen des quadratischen Spektrums durch die in Kapitel 4 diskutierten "Leakage"-Effekte eines gewählten Spektralfensters möglichst klein zu halten, muß eine Vorbehandlung der zu analysierenden Datenfolge erfolgen. Die Auswirkungen einer fest vorgegebenen zeitlich begrenzten Gewichtsfunktion sind am kleinsten, wenn die Leistung des zu analysierenden Vorganges gleichmäßig über alle Frequenzen verteilt ist. Daher werden die quadratischen Spektren der Daten vor der Analyse durch Filterung in etwa auf konstantes Leistungsniveau gebracht, so daß das sich am Ausgang dieses Vorfilters ergebende Spektrum **weiß** ist. Dieses Ausbalancieren des Spektrums durch geeignete Filterung, das als **Prewhitening** des Spektrums bezeichnet wird, ist besonders wichtig bei Spektren, die scharfe Peaks enthalten. Nach der Abschätzung des Spektrums werden durch inverse Filterung die Auswirkungen des Prewhitening-Vorfilters rückgängig gemacht.

Die praktische Durchführung des Prewhitening ist nicht unproblematisch. Um das Spektrum $G(f)$ näherungsweise weiß zu machen, muß man in etwa bereits die Gestalt des Leistungsspektrums kennen; insbesondere müssen die Lokationen und Bandweiten der Peaks im Spektrum bekannt sein. Blackman und Tukey (1958) empfehlen, zunächst eine vorläufige Spektralanalyse mit einem relativ breiten Spektralfenster durchzuführen, um die Positionen und Bandweiten der Spektralpeaks abzuschätzen. Der Erfolg des auf der Basis dieser Voruntersuchung durchgeführten Prewhitening wird jedoch dadurch bestimmt, wie genau die Abschätzungen bei dieser vorläufigen Spektralanalyse sind.

9.5.3 Parameterwahl bei der Blackman-Tukey- und Periodogramm-Schätzung

• Parameterwahl bei der **Blackman-Tukey**-Spektralabschätzung:

Für die Abschätzung der Spektren ist die richtige Parameterwahl von entscheidender Bedeutung. Neben der Vorgabe des Stützstellenabstands, der nach dem Abtasttheorem zu wählen ist, sind beim Blackman-Tukey-Verfahren die Maximalretardierung der AKV-Funktion und die Länge des Analysenintervalls festzulegen.

1. Festlegung der **Maximalretardierung** M:
Besteht die Aufgabe darin, Einzelheiten der Weite Δf im Spektrum zu erkennen, dann hat man die Maximalretardierung M der Autokovarianzfunktion so zu wählen, daß die Bandweite des benutzten

Spektralfensters b kleiner Δf ist.

Beispiel: Für das Tukey-Fenster ist nach Tabelle 9.2 $b = \frac{1.33}{M}$. Aus der Forderung $b < \Delta f$ folgt für die Wahl von M: $M > \frac{1.33}{\Delta f}$.

Die Festlegung der Bandweite b ist der schwierigste Teil der Parameterfestlegung, da das zu realisierende Auflösungsvermögen von der Feinstruktur des Spektrums abhängig ist. In gewissen Fällen kann die Festlegung der Maximalretardierung an Hand von Modellrechnungen geschehen, wie z.B. in den Anfängen der Analyse von Eigenschwingungen der Erde (Chile-Erdbeben von 1960). Ausgehend vom physikalischen Aufbau der Erde wurden mittels Modellrechnungen die zu erwartenden Frequenzen vorhergesagt und M an Hand des minimalen Abstandes der vorhergesagten Spektrallinien festgelegt.

2. Vorgabe der **Länge T des Analysenintervalls**:

Bei vorgegebenem M bestimmt die Länge des Analysenintervalls T die Anzahl der Freiheitsgrade und damit die Weite des Konfidenzintervalls. T ist so festzulegen, daß die Weite des Konfidenzintervalls Aussagen über die Feinstruktur des Spektrums zuläßt. Um Einzelheiten im Spektrum nachweisen zu können, muß die Breite des Konfidenzintervalls um einiges kleiner als die mittlere Schwankung des Spektrums sein. Um T richtig wählen zu können, ist es wichtig, daß bereits bei der Planung von Messungen gewisse Vorstellungen über das Spektrum des Vorgangs, der analysiert werden soll, vorhanden sind.

Tabelle 9.3 entnimmt man die untere und obere Grenze des 80-Prozent-Konfidenzintervalls in Abhängigkeit von $\frac{T}{M}$. Nach Festlegung von M, gegeben durch das geforderte Auflösungsvermögen, und der Festlegung der Grenzen des Konfidenzintervalls läßt sich hieraus die für die Analyse geforderte Registrierlänge T bestimmen.

Beispiel für die Planung von Messungen:

Es sei $f_{Max} = 2$ Hz; gefordert werde ein Auflösungsvermögen $\Delta f \approx 0.2$ Hz.

1. Schritt: Festlegung von M: Bei Benutzung des Rechteck-Fensters ergibt sich für M: $M > \frac{1}{2\Delta f} = 2.5$ s.

2. Schritt: Festlegung von T: Wählt man die Grenzen des 80-Prozent-Konfidenzintervalls bei 0.7 $\bar{G}(f)$ und 1.6 $\bar{G}(f)$, dann muß nach Tabelle 9.3 die Anzahl der Freiheitsgrade $\nu = \frac{T}{M}$ größer 20 sein. Aus dem Ergebnis von Schritt 1 ergibt sich hieraus: $T > 50$ s.

Bei jeder Analyse sollte zur Absicherung der Realität der Ergebnisse und zur Beurteilung verfahrensbedingter Einflüsse die Analyse mehrmals mit unterschiedlichen Parametern M und T durchgeführt werden. Falls möglich, sollte bei festem M, d.h. bei konstant gehaltener

Fenster	Grenzen	$\frac{T}{M} =$	3	10	20	40
		$\nu =$	3	10	20	40
Rechteck	untere		$0.48\bar{G}(f)$	$0.63\bar{G}(f)$	$0.70\bar{G}(f)$	$0.77\bar{G}(f)$
	obere		$5.10\bar{G}(f)$	$2.00\bar{G}(f)$	$1.60\bar{G}(f)$	$1.35\bar{G}(f)$
		$\nu =$	11	37	74	148
Parzen	untere		$0.64\bar{G}(f)$	$0.76\bar{G}(f)$	$0.81\bar{G}(f)$	$0.86\bar{G}(f)$
	obere		$1.90\bar{G}(f)$	$1.40\bar{G}(f)$	$1.20\bar{G}(f)$	$1.10\bar{G}(f)$
		$\nu =$	8	27	54	108
Tukey	unter		$0.60\bar{G}(f)$	$0.72\bar{G}(f)$	$0.79\bar{G}(f)$	$0.84\bar{G}(f)$
	obere		$1.20\bar{G}(f)$	$1.50\bar{G}(f)$	$1.30\bar{G}(f)$	$1.17\bar{G}(f)$

Tabelle 9.3: 80-Prozent-Konfidenzgrenzen für verschiedene Gewichtsfunktionen und unterschiedliche $\frac{T}{M}$-Verhältnisse.

Bandbreite, das Analysenintervall T bei den Einzelanalysen vergrößert werden. Bei gleichbleibender Bandbreite sollten mit wachsender Anzahl der Freiheitsgrade, d.h. Verringerung der Weite des Konfidenzintervalls, zum Beispiel tatsächlich existierende Spektralpeaks als solche erhalten bleiben.

In der Praxis ist vielfach die Länge des zu analysierenden Datensatzes fest vorgegeben, so z.B. wenn der zu analysierende Vorgang nur über ein zeitlich begrenztes Intervall registriert wurde oder lediglich über ein begrenztes Zeitfenster stationär ist. Bei fest vorgegebenem Datensatz empfiehlt es sich, zwei Analysenwege einzuschlagen:

1. Bei festem M sollte T variiert werden. Aus dem Verhalten der Ergebnisse lassen sich vielfach Aussagen über die Existenz bestimmter Spektralanteile machen.

2. Bei festem T sollte die Analyse für verschiedene Werte für M durchgeführt werden. Mit wachsendem M wird die Bandbreite kleiner, während das Konfidenzintervall weiter wird. Die Schätzung für kleine M-Werte ist relativ glatt und zeigt die stark geglätteten Eigenschaften des Spektrums. Die Vergrößerung von M liefert ein größeres Auflösungsvermögen und damit mehr Details. Schwierigkeiten können sich aber bei der Beurteilung der Frage ergeben, ob

192

die dann auftretenden Änderungen im Spektrum größere Details des Spektrums aufzeigen oder auf die Instabilität der Schätzung zurückzuführen sind. An der Art der Streuung der Schätzwerte für variierendes M bei festem T kann aber vielfach diese Frage beantwortet werden.

- **Die Parameterwahl bei der Periodogramm-Abschätzung nach Welch:**

Im allgemeinen sind neben der Gewichtsfunktion und der Abtastrate folgende Parameter beim Welch-Verfahren festzulegen:

- die Länge $T = N\Delta t$ der zu analysierenden Datenfolge,

- die Länge L der einzelnen Analysenintervalle,

- die Anzahl K der Segmente oder der Grad der Überlappung der einzelnen Abschnitte bei der Zerlegung der N Daten.

Bei der Festlegung von L und K ist man zu einem Kompromiß gezwungen. Dies wird am Bartlett-Verfahren verdeutlicht. Mit wachsender Zahl der Abschnitte wird die Varianz der Schätzung kleiner; gleichzeitig werden die einzelnen Analysenintervalle kürzer und damit die durch $b_P = \frac{1}{L}$ gegebene Spektralauflösung geringer. Die tatsächliche Wahl von L wird durch das gewünschte Auflösungsvermögen bestimmt. Kann man die Länge der Datenfolge frei wählen, dann wird dies in der Weise getan, daß man durch die Wahl von T die Zahl der Freiheitsgrade so festlegt, daß ein angestrebtes Konfidenzintervall garantiert wird, oder anders ausgedrückt, daß Schätzungen mit gewünschter Varianz erzielt werden.
Sind andererseits die gewünschte Auflösung und T bereits festgelegt, dann muß die Mittelung über die Periodogramm-Werte der K Segmente bzw. über n benachbarte Spektralwerte gemäß

$$K \le b_P T \quad \text{bzw.} \quad n \le b_P T \tag{9.109}$$

erfolgen, um die angestrebte Auflösung zu garantieren.

Beispiel: Es sei eine $T = 10\ s$ lange Registrierung zu analysieren. Die gewünschte Auflösungsbandbreite sei $b_P = 1\ \text{Hz}$. Dann ist die Anzahl der erforderlichen Freiheitsgrade bei der Periodogramm-Schätzung $\nu = 2b_P T = 20$. Beim Periodogramm-Verfahren darf höchstens über $K = $ bzw. $n = b_P T = \frac{\nu}{2} = 10$ Ensemble- oder Spektralwerte gemittelt werden, um die geforderte Auflösung zu verwirklichen, d.h. daß beim Bartlett-Verfahren die Länge der einzelnen Analysenintervalle mindestens $1\ s$ betragen muß.
Ist $\bar{P}(f)$ die Schätzung des Spektralwerts, dann ergeben sich die 95-Prozent-Vertrauensgrenzen nach Gleichung (9.66) unter Benutzung

von Abb. 9.2 zu: $0.59\bar{P}(f) \leq G(f) \leq 2.1\bar{P}(f)$.

Anmerkung: Bei der Abschätzung der Spektralwerte einer Datenfolge der Länge $T = N\Delta t$ beträgt der Abstand der berechneten Spektralwerte $\frac{1}{N\Delta t}$ Hz. Hängt man an die zu analysierende Datenfolge zusätzliche Nullen an, so wird das Intervall zwischen $-f_{Ny}$ und f_{Ny} enger abgetastet. Diese Verfeinerung führt jedoch zu keiner Verbesserung des Auflösungsvermögens, das durch die Breite des glättenden Spektrums der Gewichtsfunktion der Länge $T = N\Delta t$ bestimmt wird. Die wirksame Fensterlänge bleibt beim Anhängen von Nullen nach wie vor $T = N\Delta t$. Eine engere Abtastung, wie sie durch zusätzliche Erweiterung von $x_T(t)$ mit Nullen erzielt wird, kann jedoch Vorteile bringen. So werden die Spektren schmalbandiger Signale mit Zentralfrequenzen, die zwischen den Frequenzen liegen, die man mit $\Delta f = \frac{1}{T}$ abtastet, besser erfaßt, wenn man die Abtastrate im Frequenzbereich erhöht, d.h. wenn man das Analysenintervall durch Anhängen von Nullen vergrößert. Ein Beispiel hierfür gibt Marple (1987).

9.5.4 Beispiel der Spektralabschätzung eines regellosen Vorganges

Abb. 9.3 zeigt das quadratische Spektrum der diskreten Folge (x_j) mit

$$x_j = x_{j-1} - 0.5x_{j-2} + z_j \ . \tag{9.110}$$

Die Folge (z_j) ist dabei ein weißer Rauschvorgang mit der Varianz Eins. (x_j) besitzt die quadratische Spektraldichtefunktion

$$G_x(\bar{f}) \;=\; \frac{1}{|1 - e^{-i2\pi\bar{f}} + 0.5e^{-i4\pi\bar{f}}|^2} \tag{9.111}$$

$$=\; \frac{1}{2.25 + cos(4\pi\bar{f}) - 3cos(2\pi\bar{f})} \ . \tag{9.112}$$

$\bar{f}$ ist die dimensionslose Größe *Frequenz* $\times \Delta t$.
Abb. 9.4a) zeigt drei Schätzungen nach dem Blackman-Tukey-Verfahren bei Benutzung der Parzen-Gewichtsfunktion für $N = 50$ Stützwerte und variierendem M. Die in Abb. 9.4 benutzten Parameter sind in Tabelle 9.4 zusammengefaßt.
Ohne Kenntnis des tatsächlichen Spektrums ist es schwierig, sich für das glatte Spektrum mit kleinem Konfidenzintervall oder für die Schätzung mit größeren Details aber auch größerer Varianz zu entscheiden. Die Schätzung mit geringer Bandbreite ($M = 40$) zeigt ein derartig weites Konfidenzintervall, daß bei der hier zugrunde gelegten Analysenlänge die Realität der Nebenmaxima nicht garantiert

194

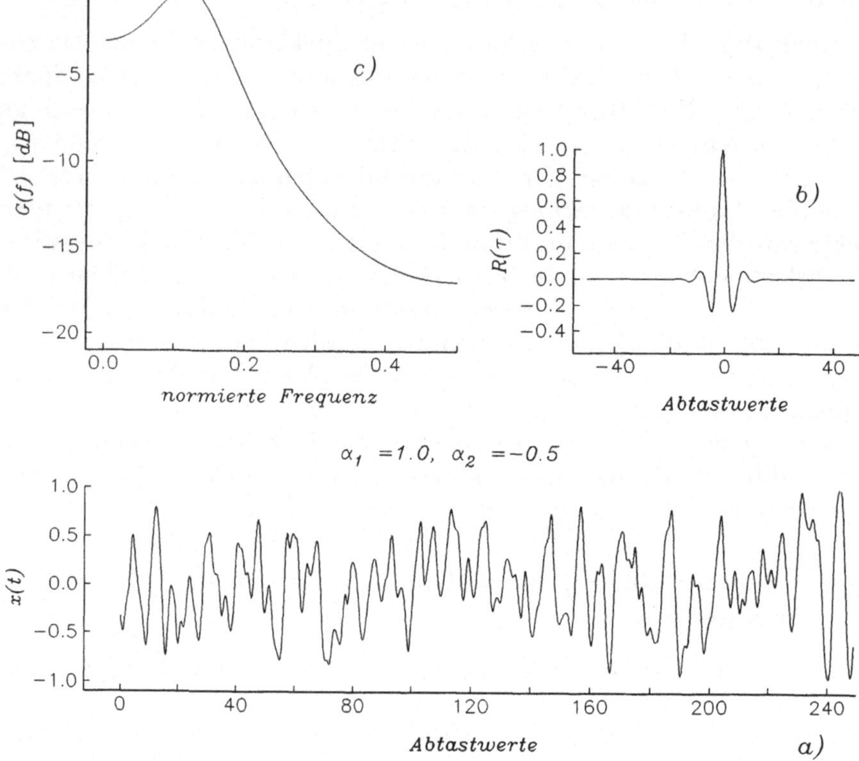

Abbildung 9.3: Autokovarianzfunktion (oben rechts) und Leistungsspektrum (oben links) der regellosen Folge $x_j = x_{j-1} - 0.5x_{j-2} + z_j$ (unten); z_j ist regellos und weiß.

werden kann. Mit Vergrößerung der Bandbreite glättet sich das Spektrum jeweils so stark, daß auch dann die Variationsbreite des Spektrums innerhalb der 80-Prozent-Konfidenzintervalle bleibt, was als relativ starkes Indiz für die Existenz eines glatten Spektrums angesehen werden muß. Das wird durch die Ergebnisse bei Vergrößerung des Analysenintervalls auf 400 Stützwerte (Abb. 9.4b)) bestätigt.
Wie nach den Ausführungen in Abschnitt 9.2.2 zu erwarten ist, ist der Fehler der Spektralabschätzung bei Anwendung der Parzen-Gewichtsfunktion im Bereich der Extrema groß, wobei im Bereich des Maximums zu kleine Werte abgeschätzt werden. Es empfiehlt sich, eine weitere Spektralanalyse unter Benutzung der Bartlett-Gewichtsfunktion durchzuführen, die in den Bereichen der Extrema die tatsächlichen Spektralanteile richtiger wiedergibt.

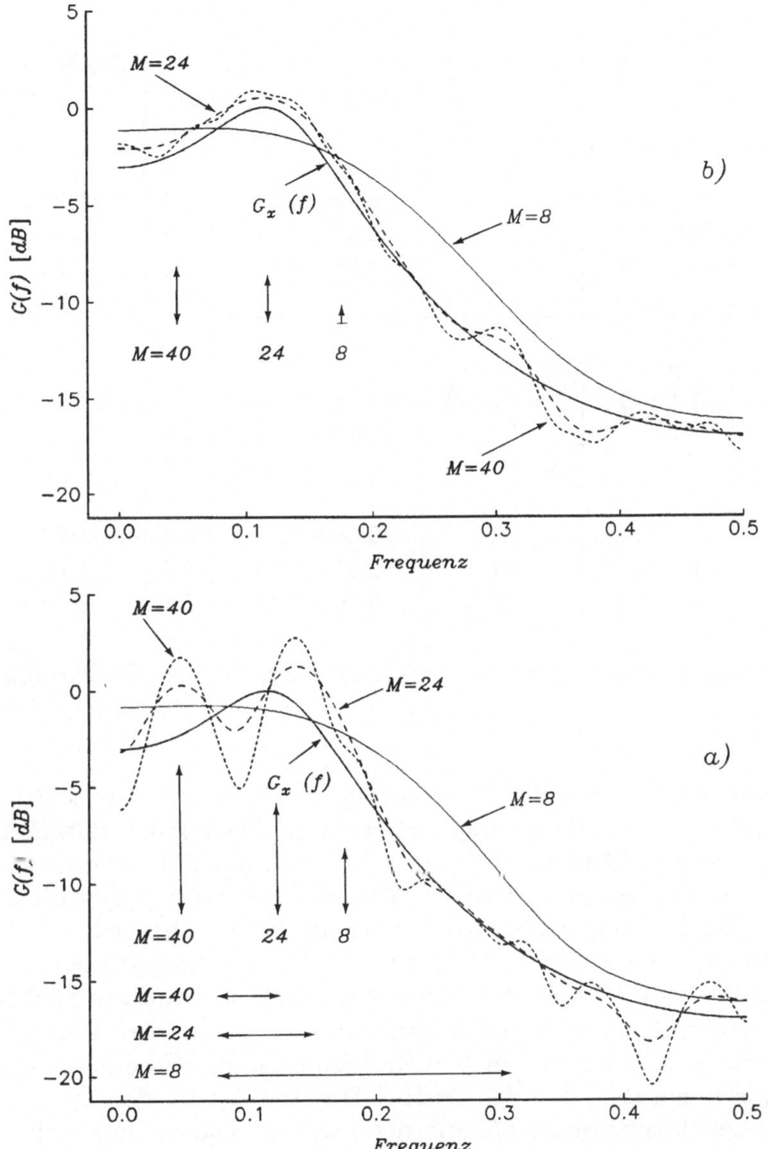

Abbildung 9.4: Spektralabschätzung der in Abb. 9.3 gezeigten regellosen Folge für zwei Analysenintervalle a) $N = 50$ bzw. b) 400 Stützwerte bei Anwendung der Parzen-Gewichtsfunktion der Länge $M = 8$, 24 bzw. 40 Stützwerte. Die horizontalen und vertikalen Pfeile geben die Bandbreiten und Weiten der Konfidenzintervalle an. a) und b) besitzen gleiche Bandbreiten. Zusätzlich dargestellt ist das tatsächliche Leistungsspektrum $G_x(f)$. 0 dB entspricht dem Maximum von $G_x(f)$.

N = 50

Nr.	M	$\frac{N}{M}$	$\lambda = 3.71 \frac{N}{M}$	80-Prozent Konfidenzgrenzen untere — obere	dB	Bandbreite $b = \frac{1.86}{M}$
1	8	6.25	23	0.72 - 1.55	3.3	0.23
2	24	2.08	8	0.60 - 2.29	5.8	0.08
3	40	1.25	5	0.54 - 3.11	7.6	0.05

N = 400

Nr.	M	$\frac{N}{M}$	$\lambda = 3.71 \frac{N}{M}$	80-Prozent Konfidenzgrenzen untere — obere	dB	Bandbreite $b = \frac{1.86}{M}$
4	8	50.0	186	0.88 - 1.15	0.8	0.23
5	24	16.67	62	0.81 - 1.29	2.0	0.08
6	40	10.0	37	0.76 - 1.40	2.7	0.05

Tabelle 9.4: Parameter der in Abb. 9.4 dargestellten Spektralanalysen.

Anmerkung: Bei der Beurteilung der Spektren ist es generell wichtig, die Art der Darstellung zu beachten. Die logarithmische Darstellung der Amplitudenänderung A bezogen auf die Referenzamplitude A_0 in Dezibel gemäß $dB = 20 \log_{10}(\frac{A}{A_0})$ liefert gegenüber der linearen Darstellung ein gänzlich anderes Bild. Dies wird anhand von Abb. 9.5 verdeutlicht. Während die lineare Amplitudendarstellung des Beispiels in Abb. 9.5a) ein relativ schmalbandiges Spektrum ergibt, erscheint das gleiche Spektrum in logarithmischer Darstellung wesentlich breitbandiger. In beiden Fällen ist die Frequenzskala logarithmisch gewählt. Bei der Dezibel-Darstellung werden die starken Amplituden komprimiert (A aus der linearen Darstellung geht z.B. in B über), während kleine Amplituden gestreckt werden. Falls die Frequenzbereiche mit nur geringen Spektralanteilen oder die Sperrbereiche eines Filters von Interesse sind, so ist die Dezibeldarstellung der linearen vorzuziehen, da Details besser zu erkennen sind. Umgekehrt besitzt die lineare Darstellung Vorteile bei der Untersuchung von Filter-Durchlaßbereichen. Zwischen der linearen Einteilung und der Dezibel-Darstellung gelten die in Tabelle 9.5 angegebenen Beziehungen. Jede weitere Amplitudenerhöhung um den Faktor 10 entspricht einer Änderung um 20 dB. Ähnliche Darstellungsunterschiede

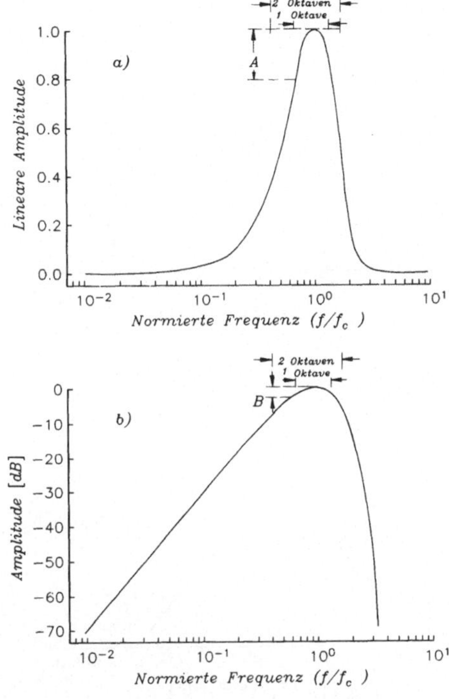

Abbildung 9.5: Amplitudenspektrum eines Signals, dargestellt in a) linearer und b) logarithmischer Darstellung. Die Frequenzachse ist in beiden Fällen logarithmisch.

$\frac{A}{A_0}$		dB	
1		0	
2	$(\frac{1}{2})$	6	(-6)
10	(0.1)	20	(-20)
100	(0.01)	40	(-40)

Tabelle 9.5: Amplituden-Dezibel-Beziehung

betreffen das Phasenspektrum. Abb. 9.6 zeigt die Phasencharakteristik des Antialias-Filters einer seismischen Feldapparatur. Während bei der in Abb. 9.6a) gewählten logarithmischen Frequenzachse der Phasengang extrem nichtlinear erscheint, zeigt die lineare Frequenzdarstellung, daß das Filter vorzügliche Phaseneigenschaften mit linearem Gang über weite Bereiche des seismischen Spektrums be-

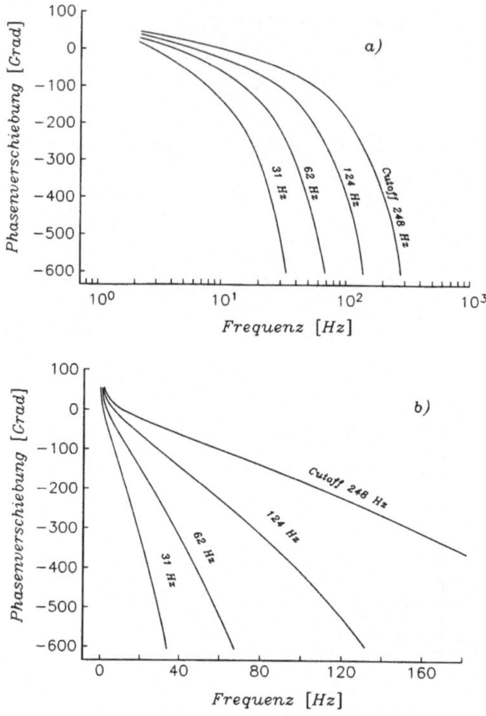

Abbildung 9.6: Phasenspektrum eines Antialias-Filters; Darstellung mit a) logarithmischer sowie b) linearer Frequenzachse. Die Phasenkurven unterscheiden sich durch die Cutoff-Frequenz; das ist die Frequenz, bei der die Amplitudencharakteristik um 3 dB - d.h. um den Faktor 0.71 - abgefallen ist.

sitzt. Phasenkurven sollten stets mit linearer Frequenzachse dargestellt werden, da dann die Linearität des Phasenspektrums leichter zu beurteilen ist.

Kapitel 10

Auswertung magnetotellurischer Meßdaten

Die magnetotellurische Datenanalyse wird im folgenden als ein Beispiel der Spektralanalyse regelloser Vorgänge in der Angewandten Geophysik behandelt. Das Ziel magnetotellurischer Messungen ist die Bestimmung der elektrischen Leitfähigkeitsverteilung im Erdinneren durch die Analyse der natürlichen magnetischen und tellurischen (elektrischen) Feldvariationen an der Erdoberfläche. An jedem Meßpunkt werden zwei orthogonale Horizontalkomponenten des elektrischen und magnetischen Feldes gemessen. Die Frequenzen dieser Felder überdecken einen breiten Periodenbereich. Um zuverlässige Informationen über einen möglichst großen Tiefenbereich zu erhalten, müssen die Daten über ein breites Frequenzband gemessen werden. Die höheren Frequenzen liefern Informationen über den oberflächennahen Bereich, die tieferen Frequenzen über die tiefer gelegenen Schichten. Aus den gemessenen Daten wird mit Hilfe der statistischen Frequenzanalyse zunächst der von der elektrischen Leitfähigkeitsverteilung des Untergrundes abhängige Impedanztensor ermittelt, der dann durch eine einfache Umrechnung in die zwei frequenzabhängigen Sondierungskurven des scheinbaren spezifischen Widerstandes und der Phase der Impedanz transformiert wird. Diese Kurven werden dann als Widerstands- oder Leitfähigkeitsverteilungen des Untergrundes interpretiert. Hierzu werden die Sondierungskurven in der Regel iterativ - ausgehend von einem Startmodell - invertiert.

Die folgende Diskussion umfaßt lediglich einen Aspekt der Magnetotellurik, die Analyse der Daten. Die Probleme der Datenerfassung und die Interpretation magnetotellurischer Daten werden hier nicht diskutiert. Zum besseren Verständnis werden zunächst die Grundlagen der Magnetotellurik skizziert.

10.1 Magnetotellurische Feldrelationen

Das magnetotellurische Verfahren zur Bestimmung der elektrischen Leitfähigkeitsverteilung des Untergrundes basiert auf den physikalischen Beziehungen zwischen den elektrischen und magnetischen Feldern. Nimmt man ein zeitlich variables Magnetfeld B an, so baut sich gemäß der Beschreibung der Induktionsvorgänge durch die Maxwell-Gleichungen ein elektrisches Feld E auf. Der Induktionsvorgang läßt sich mit Hilfe einer Übertragungsfunktion, dem orts- und frequenzabhängigen Impedanztensor $Z(\mathbf{r},f)$ beschreiben (Vozoff, 1972). Dieser Tensor verknüpft die an der Erdoberfläche gemessenen Komponenten des magnetischen und elektrischen Feldes; er wird bestimmt durch die Leitfähigkeitsverteilung im Untergrund.
Für die folgenden Betrachtungen wird ein rechtwinkliges Koordinatensystem mit x positiv nach Norden, y positiv nach Osten und z positiv nach unten gewählt.

Die orts- und frequenzabhängigen Beziehungen zwischen den Horizontalkomponenten B_x und B_y des Magnetfeldes B und denen des elektrischen Feldes E lauten:

$$E_x(\mathbf{r},f) = Z_{xx}B_x(\mathbf{r},f) + Z_{xy}B_y(\mathbf{r},f) \qquad (10.1)$$

und

$$E_y(\mathbf{r},f) = Z_{yx}B_x(\mathbf{r},f) + Z_{yy}B_y(\mathbf{r},f). \qquad (10.2)$$

Diese Gleichungen kann man in Matrixform schreiben, wobei die Orts- und Frequenzabhängigkeit im folgenden nicht mehr explizit angegeben werden:

$$\mathbf{E} = \mathbf{Z} \times \mathbf{B} \qquad (10.3)$$

mit

$$\mathbf{E} = \begin{bmatrix} E_x \\ E_y \end{bmatrix} \qquad (10.4)$$

und

$$\mathbf{B} = \begin{bmatrix} B_x \\ B_y \end{bmatrix} \qquad (10.5)$$

und dem Impedanztensor

$$\mathbf{Z} = \begin{bmatrix} Z_{xx} & Z_{xy} \\ Z_{yx} & Z_{yy} \end{bmatrix} . \qquad (10.6)$$

Bei der Beschreibung der Zusammenhänge zwischen den elektrischen und magnetischen Feldern in den Gleichungen (10.1) und (10.2) wird vorausgesetzt, daß das induzierende Magnetfeld als ebene Welle mit der Wellenzahl Null einfällt. Die orts- und frequenzabhängige Übertragungsfunktion $\mathbf{Z}(\mathbf{r},f)$ enthält die gesamte mit dem Verfahren der Magnetotellurik bestimmbare Information über die Leitfähigkeitsverteilung des Untergrundes.

Ist die Leitfähigkeitsverteilung σ nur eine Funktion der Tiefe, das heißt liegt der **eindimensionale** Fall $\sigma = \sigma(z)$ vor, wie z.B. bei horizontal geschichteten Medien mit Leitfähigkeitsverteilungen, die sich lateral nicht ändern, dann gilt für die Elemente der Übertragungsfunktion

$$Z_{xx} = Z_{yy} = 0 \ , \tag{10.7}$$

$$Z_{xy} = -Z_{yx} \ . \tag{10.8}$$

Bei eindimensionaler Leitfähigkeitsverteilung ist die Messung an einer Meßposition zu ihrer Bestimmung ausreichend. Außerdem ist die Meßrichtung beliebig wählbar.

Für den **zweidimensionalen** Fall, also $\sigma = \sigma(x,z)$ oder $\sigma = \sigma(y,z)$, wie z.B. bei Grabenstrukturen, ist im allgemeinen

$$Z_{xx} = -Z_{yy} \neq 0 \tag{10.9}$$

und

$$Z_{xy} \neq -Z_{yx} \ . \tag{10.10}$$

Dreht man das Koordinatensystem so um die z-Achse, daß die neuen Koordinaten senkrecht und parallel zum Streichen der zweidimensionalen Struktur ausgerichtet sind, dann hat in dem gedrehten Koordinatensystem (x',y',z) der transformierte Impedanztensor die Form:

$$\mathbf{Z} = \begin{bmatrix} 0 & Z_{x'y'} \\ Z_{y'x'} & 0 \end{bmatrix} \ . \tag{10.11}$$

Für die Elemente der Nebendiagonalen gilt im allgemeinen aber weiterhin

$$Z_{x'y'} \neq -Z_{y'x'} \ . \tag{10.12}$$

Bei einer Rotation des Koordinatensystems erfüllt der Impedanztensor $\mathbf{Z}$ für zweidimensionale Strukturen einige Invarianzeigenschaften: die Größen $Z_{xx} + Z_{yy}$ und $Z_{xy} - Z_{yx}$ sind invariant gegen eine Koordinatendrehung (siehe z.B. Vozoff, 1972). Weiterhin gilt, daß die Spur des Impedanztensors unabhängig von der Ausrichtung der x- und y-Koordinaten verschwindet,

$$Z_{xx} + Z_{yy} = 0 \ , \tag{10.13}$$

202

und nach Fischer (1975) besitzen die Diagonalelemente Z_{xx}, Z_{yy} dasselbe invariante Argument Ψ wie die Summe der Elemente der Nebendiagonalen $Z_{xy} + Z_{yx}$, d.h. es gilt:

$$\tan(\Psi) = \frac{\Im(Z_{xx})}{\Re(Z_{xx})} = \frac{\Im(Z_{yy})}{\Re(Z_{yy})} = \frac{\Im(Z_{xy}) + \Im(Z_{yx})}{\Re(Z_{xy}) + \Re(Z_{yx})} \quad . \tag{10.14}$$

Erfüllen die Meßdaten in einem größeren Periodenbereich die Bedingungen (10.13) und (10.14), so kann man annehmen, daß eine zweidimensionale Leitfähigkeitsstruktur vorliegt oder daß man sich in einer vertikalen Symmetrieebene einer dreidimensionalen Struktur befindet. Bei **dreidimensionalen** Leitfähigkeitsverteilungen ist der Impedanztensor überall besetzt.

Bei der Magnetotellurik wird aus den Horizontalkomponenten der an einem Meßort registrierten elektrischen und magnetischen Felder der Impedanztensor bestimmt. Für den **eindimensionalen** Fall folgt aus den Gleichungen (10.1) und (10.2) mit (10.7) und (10.8) für die Impedanz:

$$Z = Z_{xy} = -Z_{yx} \tag{10.15}$$

mit

$$Z_{xy} = \frac{E_x}{B_y} \tag{10.16}$$

und

$$Z_{yx} = \frac{E_y}{B_x}. \tag{10.17}$$

Aus der Impedanz berechnet sich der spezifische Widerstand ρ des homogenen Halbraumes zu

$$\rho = cT \mid Z \mid^2 \quad , \tag{10.18}$$

dabei ist T die Periode der gemessenen Feldkomponenten. Die Konstante c ergibt sich zu 0.2, falls man T in s, das Magnetfeld in nT, das elektrische Feld in $\frac{mV}{km}$ und ρ in Ωm bestimmt.
In Abhängigkeit der Feldkomponenten, die gemessen werden, lassen sich damit für ρ zwei Definitionen angeben:

$$\rho = cT \mid \frac{E_x}{B_y} \mid^2 \tag{10.19}$$

und

$$\rho = cT \mid \frac{E_y}{B_x} \mid^2 . \tag{10.20}$$

Beim geschichteten Untergrund wird diese Größe als scheinbarer spezifischer Widerstand ρ_s bezeichnet. Für beliebig strukturierte Schichtpakete ist der scheinbare spezifische Widerstand ρ_s die Resistivität einer homogenen Erde, die die an der Erdoberfläche gemessene Impedanz ergibt.

Für **zweidimensionale** Leitfähigkeitsverteilungen läßt sich bei einer Orientierung der x- und y-Achsen in Streichrichtung und senkrecht dazu, so daß die Elemente der Hauptdiagonale des Impedanztensors Null sind, ρ_s darstellen durch

$$\rho_s^{xy} = cT \mid Z_{xy} \mid^2 = cT \mid \frac{E_x}{B_y} \mid^2 \tag{10.21}$$

bzw.

$$\rho_s^{yx} = cT \mid Z_{yx} \mid^2 = cT \mid \frac{E_y}{B_x} \mid^2 . \tag{10.22}$$

Im allgemeinen führen die Gleichungen (10.21) und (10.22) zu unterschiedlichen Ergebnissen.

Während in der Geoelektrik der spezifische Widerstand als Funktion der Auslagenlänge bestimmt wird, basiert die Ermittlung der elektrischen Leitfähigkeit in der Magnetotellurik auf der Periodenabhängigkeit der ρ_s-Kurven. Zusätzlich zum scheinbaren spezifischen Widerstand wird in der Magnetotellurik die Phase $\Phi(T)$ ausgewertet (Cagniard, 1953): sie wird aus

$$\Phi_{jk} = \arctan \frac{\Im(Z_{jk})}{\Re(Z_{jk})}, \quad j = x, y; \quad k = x, y \tag{10.23}$$

berechnet. Beim homogenen Halbraum ist $\Phi = 45°$. Für eindimensionale Leitfähigkeitsverteilungen ist $\Phi_{xy} = \Phi_{yx}$. Im Gegensatz hierzu ist für zweidimensionale Strukturen $\Phi_{xy} \neq \Phi_{yx}$, d.h. es ergeben sich in Abhängigkeit der gemessenen Feldkomponenten zwei verschiedene Phasenkurven. Dies kann so gedeutet werden, daß sich beim Übergang vom eindimensionalen zum zweidimensionalen Fall die Phasenkurve - wie auch die ρ_s-Kurve - in zwei Kurven aufspaltet. Abb. 10.1 zeigt in der linken Hälfte die berechneten Kurven des scheinbaren spezifischen Widerstandes und der Phase der Impedanz für ein zweidimensionales Modell (Quelle: W. Losecke, Bundesanstalt für Geowissenschaften und Rohstoffe, Hannover). Zum Vergleich sind die Kurven für den eindimensionalen Fall mit der gleichen Leitfähigkeitsverteilung wie im Zentralbereich der 2d-Struktur angegeben. Für Perioden $T < 10\ s$ sind die zwei ρ_s- und Phasenkurven jeweils identisch, d.h. nahe der Oberfläche kann das 2d-Modell als eindimensional

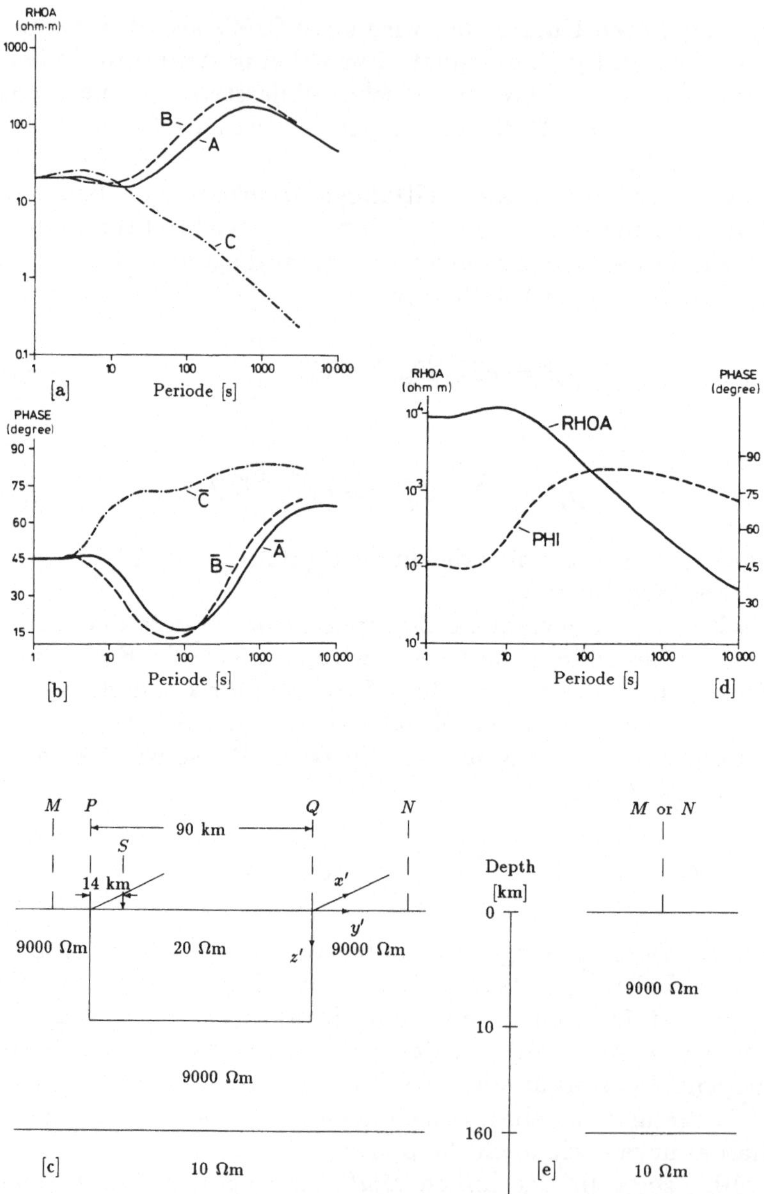

Abbildung 10.1: Magnetotellurische Sondierungskurven eines 1d-
(rechts) und 2d-Modells für den Periodenbereich $0 < T < 10.000\ s$.
Im 2d-Fall liegt der Meßpunkt bei S. Dargestellt sind in a) die scheinbaren spezifischen Widerstandskurven ρ^s_{xy} (B), ρ^s_{yx} (C) und ρ^s für
das 1d-Modell mit der Leitfähigkeitsverteilung im Grabenbereich (A).
b) zeigt die entsprechenden Phasenkurven, c) das 2d-Modell, d) die
Sondierungskurven des in e) dargestellten 1d-Modells.

aufgefaßt werden. Aus dem Anstieg der ρ_s-Kurven im Periodenbereich zwischen $\approx 40\ s$ bis $800\ s$ und dem anschließenden Abfall für größere Perioden kann man direkt ablesen, daß sich eine hochohmige Schicht einschaltet.

In der rechten Hälfte der Abbildung ist der 1d-Fall mit einer hochohmigen Schicht über einem guten elektrischen Leiter behandelt. Bei einiger Erfahrung läßt sich auch hier die Leitfähigkeitsverteilung direkt aus der ρ_s-Kurve ablesen.

Der Frequenzgang des scheinbaren spezifischen Widerstands und der Phase kann durch Inversionsrechnungen mit eindimensionalen Leitfähigkeitsverteilungen interpretiert werden (siehe z.B. Fischer und Schnegg, 1980). Diese beiden Größen sind nicht unabhängig, sondern nach Weidelt (1972) über die Kramers-Kronig-Beziehung (siehe Abschnitt 13.5.4) miteinander verknüpft. So kann für horizontal geschichtete Leiter die Phase der Impedanz nach

$$\Phi(T_0) = \frac{\pi}{4} - \frac{T_0}{\pi} \int_0^\infty \log\left(\frac{\rho_s(T)}{\rho_0}\right)\frac{dT}{T_0^2 - T^2} \qquad (10.24)$$

aus dem Frequenzgang des scheinbaren spezifischen Widerstandes ermittelt werden. Bei der Berechnung ist der Cauchysche Hauptwert des Integrals zu nehmen; ρ_0 ist eine beliebig gewählte Referenzresistivität, z.B. der spezifische Widerstand der obersten Schicht.

Bei der Auswertung der Felddaten wird im allgemeinen eine zweidimensionale Widerstandsverteilung zugrunde gelegt. Eine Beurteilung, inwieweit diese Annahme gerechtfertigt ist, läßt sich mit Hilfe des Anisotropiekoeffizienten $\chi(T)$ (englisch Skewness),

$$\chi(T) = \left| \frac{Z_{xx} + Z_{yy}}{Z_{xy} - Z_{yx}} \right|\ , \qquad (10.25)$$

durchführen. $\chi(T)$ ist im ein- und zweidimensionalen Fall identisch Null, im dreidimensionalen Fall größer Null. Ist $\chi(T) < 0.3$ für einen relativ weiten Periodenbereich, so kann als Näherung noch eine zweidimensionale Interpretation erfolgen (siehe Word, Smith und Bostick, 1971). Falls $\chi(T) > 0.6$ ist, dann wird die Leitfähigkeitsverteilung des Untergrundes als dreidimensional angesehen. Die Werte 0.3 und 0.6 sind lediglich Richtwerte; im Übergangsbereich muß von Fall zu Fall entschieden werden, welches Modell wahrscheinlicher ist.

Unter Zugrundelegung einer zweidimensionalen Modellannahme, bei der die Leitfähigkeitsverteilung aus den Elementen der Nebendiagonalen des Impedanztensors berechnet wird, erfolgt die Auswertung der magnetotellurischen Meßdaten in drei Schritten:

1. Bestimmung des Impedanztensors in Bezug auf die Meßachsen,

2. Koordinatendrehung des Impedanztensors in Richtung der Hauptachsen, so daß Z_{xx} und Z_{yy} nach der Drehung möglichst klein sind.

3. Berechnung der scheinbaren spezifischen Widerstände gemäß (10.21) und (10.22) sowie der Phasenkurven nach Gleichung (10.23). Die Interpretation erfolgt dann indirekt durch Anpassung errechneter Modellkurven vorgegebener Leitfähigkeitsverteilungen an die ermittelten Widerstands- und Phasenkurven (siehe z.B. Brewitt-Taylor und Weaver, 1977).

10.2 Die Bestimmung des Impedanztensors

Zur Bestimmung des Impedanztensors werden die komplexen Spektren $B_x(f)$, $B_y(f)$, $E_x(f)$ und $E_y(f)$ berechnet. Je nachdem welcher Tiefenbereich erfaßt werden soll, wird ein geeigneter Periodenbereich zwischen $\approx 10^{-3}$ s und $\approx 10^4$ s ausgewertet. Für den Zusammenhang zwischen der Eindringtiefe d und der Periode T der Wellen gilt als Faustformel, sofern man d in km, ρ in Ωm und T in s mißt:

$$d \approx \frac{1}{2}\sqrt{\rho T} \ . \tag{10.26}$$

Für eine feste Periode nimmt d mit dem spezifischen Widerstand ρ zu, d.h. bei schlechten Leitern kommt es zu größeren Eindringtiefen; bei guten Leitern sind größere Perioden erforderlich, um die gleiche Eindringtiefe zu erzielen. Mit Perioden von 5×10^{-3} s bis 2000 s ist es möglich, den Tiefenbereich zwischen etwa 100 m und 100 km zu erfassen. Dabei empfiehlt es sich, für die Analyse lediglich derartige Ausschnitte der Registrierungen zu wählen, bei denen die Amplituden für den interessierenden Periodenbereich möglichst groß sind.

Zur Berechnung des Impedanztensors gemäß (10.1) und (10.2) sind mindestens zwei unabhängige Sätze von Messungen erforderlich. Liegt eine größere Anzahl von Messungen vor, so wird der Impedanztensor mit Hilfe von Fehlerausgleichsverfahren bestimmt, üblicherweise mit der Methode der kleinsten Quadrate. Ein Fehlerausgleichsverfahren erfordert Annahmen darüber, wie die Fehler auf die Komponenten verteilt sind. Nimmt man zum Beispiel an, daß Fehler nur in den E_x- und E_y-Feldern auftreten, die Magnetfeldkomponenten B_x und B_y aber fehlerfrei sind, so erweitern sich die Gleichungen (10.1) und (10.2) zu

$$E_x^j = Z_{xx} B_x^j + Z_{xy} B_y^j + \epsilon_j \tag{10.27}$$

und

$$E_y^j = Z_{yx} B_x^j + Z_{yy} B_y^j + \mu_j, \tag{10.28}$$

wobei ϵ_j, μ_j die Fehler der j-ten Messung sind, die durch die lineare Übertragung von B_x und B_y auf E_x bzw. E_y nicht erklärt werden können.

Man bestimmt die Komponenten des Impedanztensors $\mathbf{Z}$ aus mehreren unabhängigen Messungen $E_x^j(f)$, $E_y^j(f)$, $B_x^j(f)$, $B_y^j(f)$, $j = 1, 2, ..., N$ durch Minimierung der Summe der Fehlerquadrate

$$\sum_{j=1}^{N} \epsilon_j \epsilon_j^* = \sum_{j=1}^{N}(E_x^j - Z_{xx}B_x^j - Z_{xy}B_y^j)(E_x^{*j} - Z_{xx}^* B_x^{*j} - Z_{xy}^* B_y^{*j}) \quad (10.29)$$

und

$$\sum_{j=1}^{N} \mu_j \mu_j^* = \sum_{j=1}^{N}(E_y^j - Z_{yx}B_x^j - Z_{yy}B_y^j)(E_y^{*j} - Z_{yx}^* B_x^{*j} - Z_{yy}^* B_y^{*j}) \; . \quad (10.30)$$

Hierzu werden in (10.29) die Ableitungen nach dem Real- und Imaginärteil von Z_{xx} und Z_{xy} Null gesetzt. Es ergeben sich zwei Bestimmungsgleichungen für Z_{xx} und Z_{xy}:

$$\begin{aligned}
\sum_{j=1}^{N} E_x^j B_x^{*j} &= Z_{xx} \sum_{j=1}^{N} B_x^j B_x^{*j} + Z_{xy} \sum_{j=1}^{N} B_y^j B_x^{*j} \\
\sum_{j=1}^{N} E_x^j B_y^{*j} &= Z_{xx} \sum_{j=1}^{N} B_x^j B_y^{*j} + Z_{xy} \sum_{j=1}^{N} B_y^j B_y^{*j} \, .
\end{aligned} \quad (10.31)$$

Ein analoges Vorgehen bei Gleichung (10.30) liefert:

$$\begin{aligned}
\sum_{j=1}^{N} E_y^j B_x^{*j} &= Z_{yx} \sum_{j=1}^{N} B_x^j B_x^{*j} + Z_{yy} \sum_{j=1}^{N} B_y^j B_x^{*j} \\
\sum_{j=1}^{N} E_y^j B_y^{*j} &= Z_{yx} \sum_{j=1}^{N} B_x^j B_y^{*j} + Z_{yy} \sum_{j=1}^{N} B_y^j B_y^{*j} \, .
\end{aligned} \quad (10.32)$$

Wählt man für das Mittel der jeweils N Leistungsspektren, über die summiert wird, folgende Schreibweise:

$$[XY^*] = \frac{1}{N} \sum_{j=1}^{N} X_j Y_j^* \, , \quad (10.33)$$

so folgt aus den Gleichungen (10.31) und (10.32):

$$[E_x B_x^*] = Z_{xx}[B_x B_x^*] + Z_{xy}[B_y B_x^*]$$

$$[E_x B_y^*] = Z_{xx}[B_x B_y^*] + Z_{xy}[B_y B_y^*] \quad (10.34)$$

208

und

$$[E_y B_x^*] = Z_{yx}[B_x B_x^*] + Z_{yy}[B_y B_x^*]$$

$$[E_y B_y^*] = Z_{yx}[B_x B_y^*] + Z_{yy}[B_y B_y^*]. \qquad (10.35)$$

Aus (10.34) und (10.35) lassen sich die gesuchten Komponenten des Impedanztensors berechnen:

$$Z_{xx} = \frac{[E_x B_x^*][B_y B_y^*] - [B_y B_x^*][E_x B_y^*]}{A}$$

$$Z_{xy} = \frac{[B_x B_x^*][E_x B_y^*] - [B_x B_y^*][E_x B_x^*]}{A}$$

$$Z_{yx} = \frac{[E_y B_x^*][B_y B_y^*] - [B_y B_x^*][E_y B_y^*]}{A}$$

$$Z_{yy} = \frac{[B_x B_x^*][E_y B_y^*] - [B_x B_y^*][E_y B_x^*]}{A} \qquad (10.36)$$

mit

$$A = [B_x B_x^*][B_y B_y^*] - [B_x B_y^*][B_y B_x^*] \quad . \qquad (10.37)$$

Wegen der Minimierung des Fehlers im elektrischen Feld werden die Ergebnisse der beiden ersten Gleichungen von (10.36) als Lösungen mit **minimalem Fehler in E_x**, die der letzten beiden Gleichungen als Lösungen mit minimalem Fehler in E_y bezeichnet. Analog zur Berechnung des Impedanztensors mit minimalem Fehler in E läßt sich die Lösung mit **minimalem Fehler in B** finden, bei der die Magnetfeldkomponenten B_x und B_y als fehlerbehaftete Größen angenommen werden.

10.3   Datenanalyse

Die Abbildung 10.2 zeigt einen Satz an Simultanregistrierungen der Feldkomponenten $e_x(t)$, $e_y(t)$, $b_x(t)$, $b_y(t)$, $b_z(t)$ aus Norddeutschland (Quelle: H. Jödicke, Universität Münster). Um den Meßaufwand möglichst klein zu halten, wurde in zwei Periodenbändern mit unterschiedlicher Abtastrate aufgezeichnet. Immer nur dann, wenn die magnetische Aktivität im kurzperiodischen Bereich, d.h. im Periodenbereich von etwa $5-150\ s$, während einer gewissen Zeit einen vorgegebenen Schwellenwert überschritten hatte, wurde im kurzperiodischen Registriermodus mit einer Abtastrate $\Delta t = 1\ s$ registriert. Abb. 10.2 zeigt oben eine solche etwa 10 Minuten lange kurzperiodische Registrierung. Im Gegensatz dazu zeigt der untere Teil der Abbil-

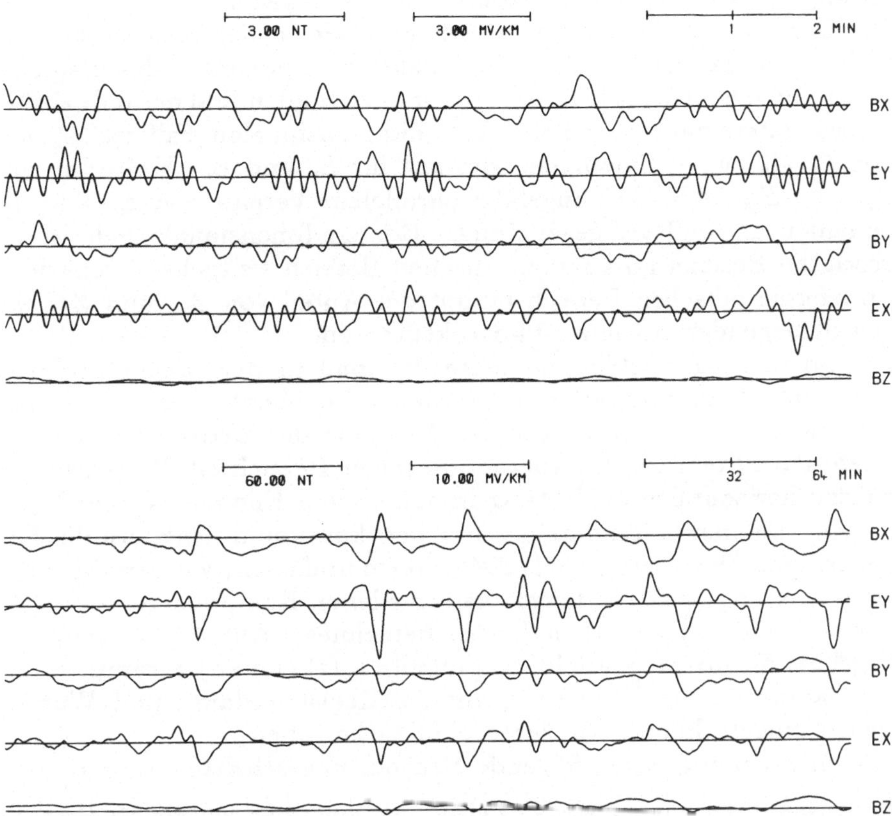

Abbildung 10.2: Registrierbeispiel der Magnetotellurik, oben: kurzperiodische Registrierung der Komponenten des elektrischen und
magnetischen Feldes mit einer Abtastrate $\Delta t = 1\ s$, unten:
langperiodische Registrierung ($\Delta t = 32\ s$).

dung ein Beispiel für eine etwa 5 Stunden lange langperiodische Registrierung mit Perioden zwischen ca. 150 und 3000 s, die mit einer
Abtastrate $\Delta t = 32\ s$ kontinuierlich aufgezeichnet wurde. Der Datenausschnitt zeigt verhältnismäßig viel Aktivität. Da die magnetische Aktivität häufig gering ist und vielfach von größeren meteoro-
logisch und/oder industriell bedingten Störanteilen überlagert wird,
sind in Mitteleuropa im allgemeinen langperiodische Registrierungen von ca. 2 Wochen erforderlich, um die scheinbaren spezifischen
Widerstands- und Phasenkurven bei den längsten Perioden sicher

bestimmen zu können. Im kurzperiodischen Bereich reicht hierzu meistens das Datenmaterial von ein bis zwei Tagen aus.

Die Darstellung der Zeitreihen erfolgt - wie in der Magnetotellurik üblich - so, daß die jeweils orthogonalen Komponenten des magnetischen und des elektrischen, d.h. des induzierenden und des induzierten Feldes untereinander stehen. Im eindimensionalen Fall ist E_x nur von B_y abhängig; Entsprechendes gilt für E_y und B_x. Weiterhin gilt $Z_{xy} = -Z_{yx}$, d.h. bei ungefähr parallelem Verlauf von E_x und B_y verlaufen E_y und B_x gegenläufig. Der eindimensionale Fall ist im gezeigten Beispiel im kurzperiodischen Bereich weitgehend realisiert. Im langperiodischen Bereich nimmt der Anteil von Z_{xx} und Z_{yy} wegen tiefliegender 2d- bzw. 3d-Strukturen zu.

Die dritte Magnetfeldkomponente B_z muß in der Magnetotellurik nicht unbedingt mitregistriert werden. Sie bildet aber die Grundlage für die Auswertung nach der Methode der **Erdmagnetischen Tiefensondierung**. Im kurzperiodischen Bereich ist B_z wegen der nahezu horizontalen Schichtung in den oberen Kilometern sehr klein.

Aus mehreren Teildatensätzen der kurz- und langperiodischen Zeitreihen, die einzeln jeweils 2048 Werte umfassen, wurden die mittleren Leistungsspektren für die verschiedenen Komponenten des elektrischen und magnetischen Feldes berechnet. Abb. 10.3 zeigt das Ergebnis für die Magnetfeldkomponente $b_y(t)$ (unten) zusammen mit der daraus durch Normierung auf die Registrierdauer und Wurzelziehen umgerechneten mittleren Feldstärke (oben).

Der Berechnung liegen folgende Bearbeitungsschritte zugrunde:

1. Anwendung einer $\cos^2$-Gewichtsfunktion über jeweils 10 Prozent am Anfang und Ende der zu analysierenden Zeitreihen;

2. Berechnung der Fourier-Transformierten mittels der FFT, Bildung von $|X|^2 = XX^*$ und Normierung auf Δf durch Multiplikation mit der Länge t_j der analysierten Zeitreihen;

3. Glättung der für die einzelnen Datensätze berechneten Spektren: in der Magnetotellurik werden die ρ_s - und Phasenwerte nicht gegen die Frequenz, sondern gegen den Logarithmus der Periode gleichabständig mit etwa 10 Werten pro Dekade aufgetragen. Die quadratischen Spektren werden deshalb so geglättet, daß bei der logarithmischen Darstellung im Periodenbereich gleichabständige Spektren entstehen. Diese Glättung bewirkt, daß sich die Varianz der Spektren gemäß Gleichung (9.55) in Abhängigkeit von der gewählten Fensterfunktion $W(f)$ um den Faktor $\int_{-\infty}^{\infty} W^2(f)df$ verringert. Varianzverminderung und Auflösung gehen dabei einen Trade-off ein.

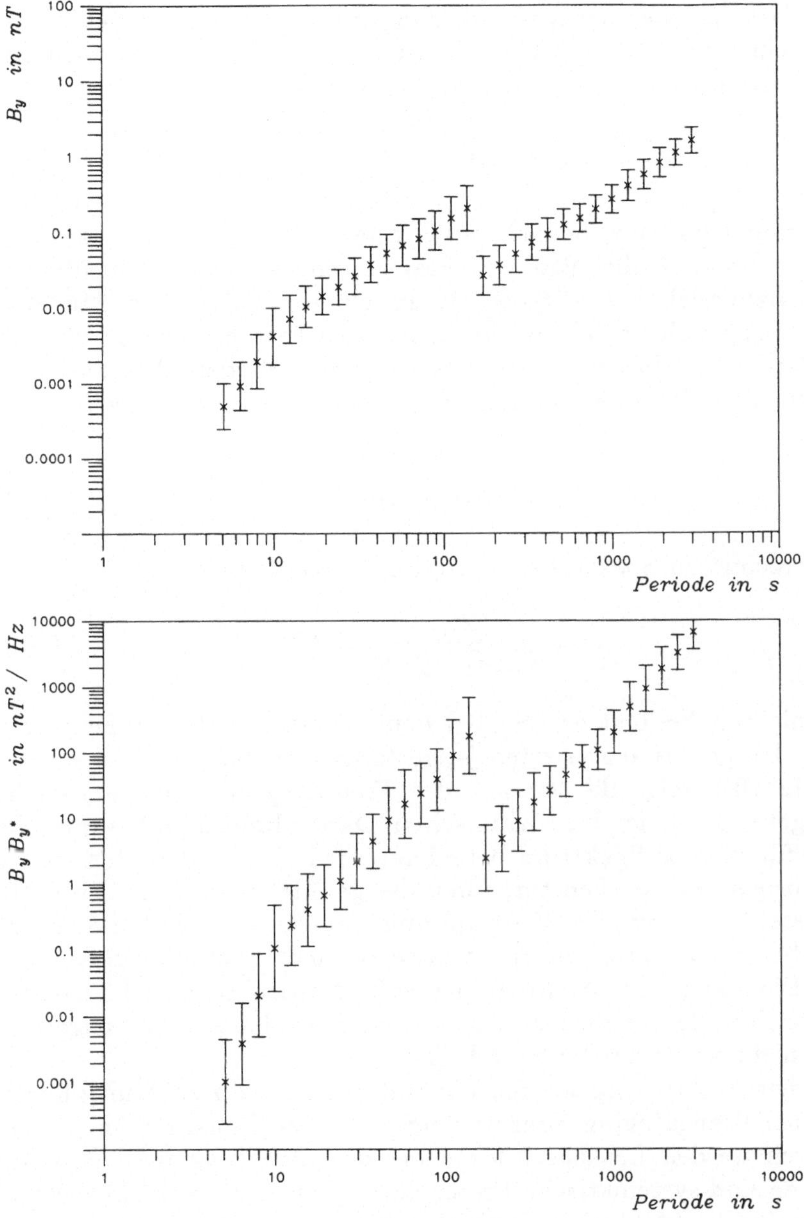

Abbildung 10.3: Das Leistungsspektrum magnetotellurischer Registrierungen in Norddeutschland mit Angabe der Standardabweichungen. Die in Abb. 10.2 gezeigten Registrierungen sind Teil des analysierten Ensembles. Unten: Leistungsspektrum der Komponente $b_y(t)$, oben: mittlere Feldstärke von $b_y(t)$.

Die Glättung über nebeneinanderliegende Frequenzen geschieht z.B. durch ein auf eine vorgegebene Frequenz f_j zentriertes Spektralfenster vom Parzen-Typ:

$$W(f) = \frac{3}{4}\tau\left(\frac{sin(x)}{x}\right)^4 \; , \quad x = \frac{\pi}{2}\tau(f - f_j) \; . \tag{10.38}$$

Die beiderseits zu f_j benachbarten Spektrallinien werden jeweils bis zu den ersten Nullstellen der Parzen-Fenster, das heißt über den Frequenzbereich $\mid f - f_j \mid < \frac{2}{\tau}$, zu einem gewichteten Mittelwert zusammengefaßt. τ ist ein die Breite des Fensters charakterisierender Parameter. In der Praxis wird τ jeweils aus dem Abstand zweier benachbarter Periodenwerte $T_j = \frac{1}{f_j}$ und $T_{j-1} = \frac{1}{f_{j-1}}$ berechnet:

$$\frac{1}{\tau} = \frac{1}{T_j} - \frac{1}{T_{j-1}} \; . \tag{10.39}$$

Die errechneten Spektralwerte sind χ^2-verteilt mit

$$\nu = \frac{2t_j}{\int_{-\infty}^{\infty} W^2(f)df} = 3.72\frac{t_j}{\tau} \tag{10.40}$$

äquivalenten Freiheitsgraden bei dem benutzten Parzen-Fenster. t_j ist die Länge des analysierten j-ten Zeitintervalls.

Tabelle 10.1 zeigt die Anzahl der Freiheitsgrade für verschiedene vorgegebene, in der logarithmischen Darstellung äquidistante Perioden, für die das Spektrum berechnet wird. Für 6 Perioden sind die zugehörigen Parzen-Fenster, über die gemittelt wird, in Abb. 10.4 dargestellt. Durch die Überlappung der Fenster sind die im Frequenzbereich gemittelten Spektralwerte nicht unabhängig voneinander. Die Länge des Analysenintervalls t_j wird so gewählt, daß die längste Periode, die im logarithmischen Periodenbereich ausgewertet wird, mehr als 10 Freiheitsgrade hat.

Vor dieser Mittelung werden die Rohspektren durch Multiplikation mit einer Prewhitening-Funktion einem weißen Rauschen angenähert. Dadurch werden Leakage-Effekte bei der Mittelung möglichst klein gehalten und systematische Fehler der geglätteten Spektralwerte verringert (siehe Abschnitt 9.5.2). Da die quadratischen Spektren der magnetischen Horizontalkomponenten in etwa proportional der dritten Potenz der Periode T sind, werden die Spektren zum Ausbalancieren durch T^α, $\alpha \approx 3$, dividiert. Der Wert α wird für jedes Spektrum individuell gewählt. Nach dem Glätten der Spektren wird das Prewhitening durch Multiplikation mit T^α wieder rückgängig gemacht.

Periode [s]	Anzahl der Freiheitsgrade	Periode [s]	Anzahl der Freiheitsgrade
5.1	303	172.8	278
6.4	238	125.3	223
8.0	183	268.2	179
9.9	155	334.1	144
12.4	120	416.1	116
15.4	98	518.4	93
19.2	78	645.8	74
23.9	63	804.5	60
29.8	50	1002.2	48
37.1	40	1248.4	39
46.2	33	1555.2	31
57.6	26	1932.4	25
71.8	21	2413.4	20
89.4	17	3006.5	16
111.4	13		
138.7	11		

Tabelle 10.1: Perioden, auf die das Parzen-Fenster zentriert wird, und Anzahl der Freiheitsgrade für die benutzten Analysenintervalle $t_j = 2048\ \Delta t$ (links $\Delta t = 1\ s$, rechts $\Delta t = 32\ s$).

4. Mittelung der Spektren der verschiedenen Datensätze:
In den meisten Fällen reicht **eine** Zeitreihe nicht zur zuverlässigen Bestimmung des magnetotellurischen Impedanztensors aus. Zur Erhöhung der statistischen Sicherheit wurden bei dem gezeigten Beispiel die Leistungsspektren mehrerer Datensätze gemittelt. Die Anzahl der Freiheitsgrade erhöht sich bei der hier gewählten Gewichtsfunktion bei N Zeitreihen auf:

$$\nu = 3.72 \sum_{j=1}^{N} \frac{t_j}{\tau}\ . \tag{10.41}$$

Einige Auswerter ziehen es vor, zunächst die Mittelung der Einzelspektren vorzunehmen und die so erhaltenen mittleren Spektren mit Hilfe einer Fensterfunktion $W(f)$ zu glätten.

In Abbildung 10.3 ist neben den berechneten Spektralwerten die Standardabweichung der Spektralwerte $\sqrt{\frac{1}{N-1} \sum_{j=1}^{N} (X_j - \bar{X})^2}$ dargestellt. Bis auf den Sprung an der Grenze zwischen kurz- und langperiodischem Bereich, bedingt durch die höhere mittlere Signalstärke

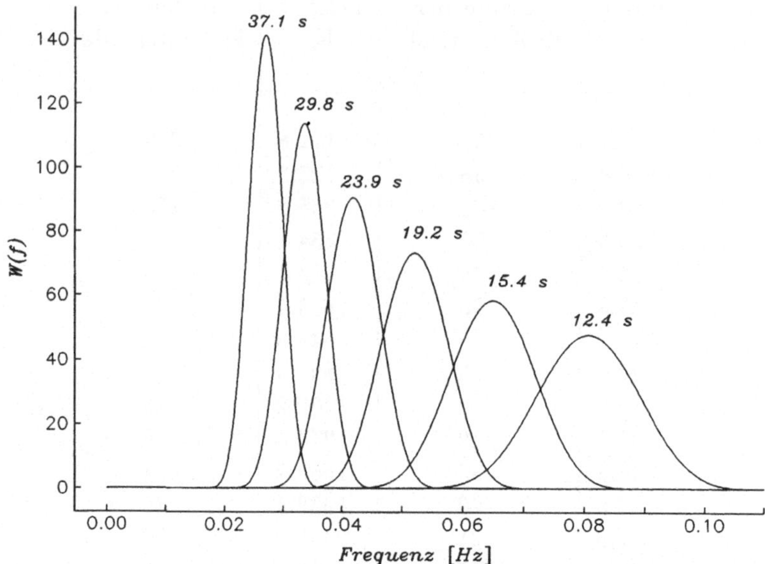

Abbildung 10.4: Parzen-Fenster, über die die Glättung der berechneten Spektren erfolgt.

der kurzperiodischen Registrierungen, zeigt das Leistungsspektrum der Feldkomponente $B_y B_y^*(f)$ einen recht glatten Verlauf der Spektralwerte. Auf die Ergebnisse der Berechnung des scheinbaren spezifischen Widerstandes und der Phase, die in Abb. 10.5 dargestellt sind, hat dieser Sprung keine Auswirkungen. Der Anstieg der ρ_s-Kurven bei Perioden größer 500 s bedeutet, daß im tieferen Untergrund der elektrische Widerstand deutlich zunimmt. Weiterhin entnimmt man den ρ_s- und Phasenkurven, daß insbesondere im tieferen Untegrund die Leitfähigkeitsverteilung dreidimensional ist.

Für die errechneten Werte von Betrag und Phase der Elemente des komplexen Impedanztensors lassen sich Konfidenzgrenzen

$$\mid \bar{Z}_{jk} \mid -\Delta Z_{jk} \leq \mid Z_{jk} \mid \leq \mid \bar{Z}_{jk} \mid +\Delta Z_{jk} \tag{10.42}$$

und

$$\bar{\bar{\Phi}}_{jk} - \Delta \Phi_{jk} \leq \Phi_{jk} \leq \bar{\bar{\Phi}}_{jk} + \Delta \Phi_{jk} \tag{10.43}$$

mit

$$\Delta \Phi_{jk} = \sin^{-1}\left(\frac{\Delta Z_{jk}}{\mid \bar{Z}_{jk} \mid}\right) \tag{10.44}$$

abschätzen. Die mathematischen Grundlagen hierzu werden bei Jenkins und Watts (1968) und Bendat und Piersol (1971) hergeleitet.

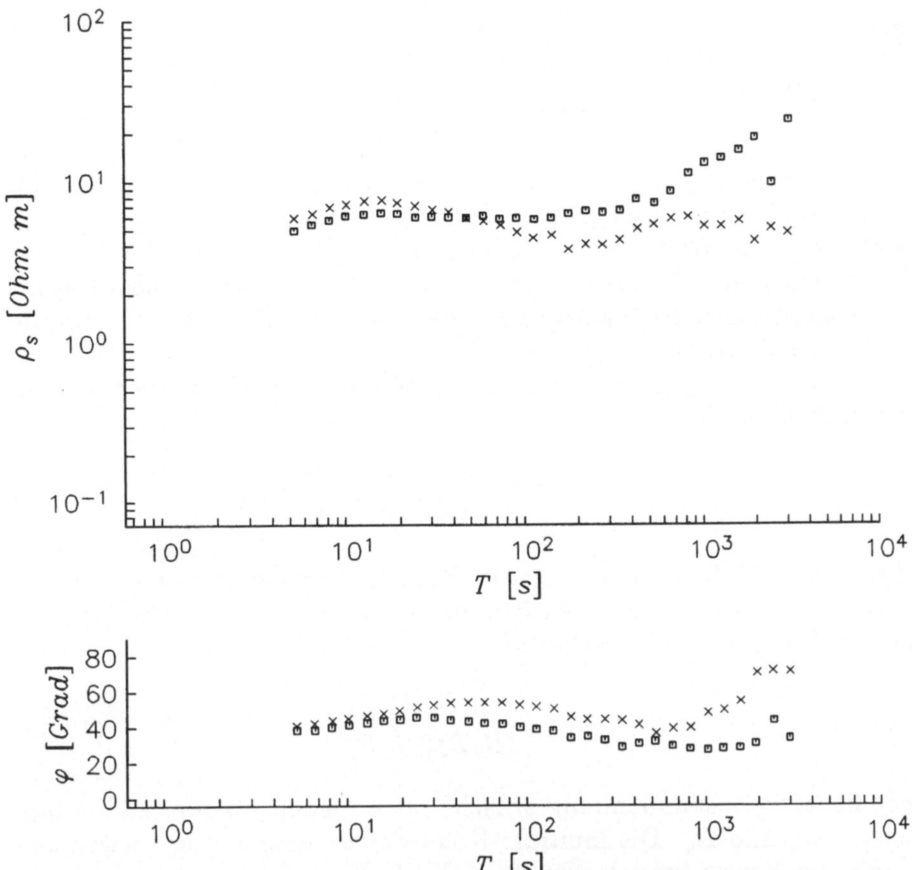

Abbildung 10.5: Ergebnisse der statistischen Frequenzanalyse der in Abb. 10.2 gezeigten Registrierungen. Oben: scheinbare spezifische Widerstände, berechnet nach Gleichung (10.21) und (10.22); unten: Phasenkurven, berechnet nach Gleichung (10.23). Die mit $\times$ gekennzeichneten Werte wurden aus E_x und B_y ermittelt, die durch die Quadrate dargestellten Werte aus den dazu orthogonalen Komponenten E_y und B_x.

Danach gilt z.B. für die Berechnung des Konfidenzintervalls von ΔZ_{xy}:

$$|\Delta Z_{xy}|^2 \leq \frac{4}{\nu - 4} f_{4,\nu-4;1-\alpha} \frac{(1 - \bar{K}_{E_x B}^2)[E_x E_x^*]}{(1 - \bar{K}_B^2)[B_y B_y^*]} \quad . \tag{10.45}$$

Dabei ist $f_{4,\nu-4;1-\alpha}$ der Wert der Fisher-Wahrscheinlichkeitsdichtefunktion mit $n_1 = 4$ und $n_2 = \nu - 4$ Freiheitsgraden, das heißt von $p(F)$, wenn F die Zufallsvariable (hier z.B. die Impedanz) ist, für den gilt:

$$\int_{-\infty}^{f_{4,n_2;1-\alpha}} p(F)dF = Prob[F \le f_{4,n_2;1-\alpha}] = 1 - \alpha \ . \qquad (10.46)$$

Die Grenzwerte $f_{4,\nu-4;1-\alpha}$ sind für verschiedene Wahrscheinlichkeiten α in Tabelle 10.2 angegeben. Mit wachsendem n_2 nimmt $f_{4,n_2;1-\alpha}$ und damit die Weite des Konfidenzintervalls ab. Diese Abnahme ist besonders stark für kleine Werte von n_2 ($n_2 < 20$). Die Messungen sollten daher so angelegt sein, daß die Anzahl der Freiheitsgrade größer als 20 ist.

Weiterhin ist $\bar{K}^2_{E_x B}$ die multiple Kohärenz von E_x zu den beiden Komponenten B_x und B_y:

$$\bar{K}^2_{E_x B} = \frac{Z_{xx}[B_x E_x^*] + Z_{xy}[B_y E_x^*]}{[E_x E_x^*]} \ . \qquad (10.47)$$

Sie ist ein Maß für den linearen Zusammenhang zwischen der induzierten Größe E_x und den Komponenten des anregenden Magnetfeldes. Entsprechend beschreibt

$$\bar{K}^2_B = \frac{[|\, B_x B_y^*\, |]}{[B_x B_x^*][B_y B_y^*]} \qquad (10.48)$$

den linearen Zusammenhang zwischen den beiden Magnetfeldkomponenten B_x und B_y. Die multiple Kohärenz ist eine häufig verwendete Größe zur Beurteilung der Datenqualität. Verschiedene Autoren (z.B. Kao und Rankin, 1977) sehen Meßdaten bzw. ermittelte Impedanzen dann als akzeptable an, wenn $\bar{K}^2_{E_x B} \ge 0.9$ ist.

Beispiel zur Abschätzung der Konfidenzgrenzen:

Bei der Frequenz f_0 seien für Betrag und Phase von Z_{xy} die Werte $|\, \bar{Z}_{xy}\, | = 3 \, (\frac{mV}{km}\frac{1}{nT})$ und $\bar{\Phi}_{xy} = 2$ (Radian) sowie für die Leistungsspektren des elektrischen und magnetischen Feldes die Werte $0.8 \, (\frac{mV}{km})^2 s$ bzw. $0.4 \, (nT)^2 s$ mit den Kohärenzen $\bar{K}^2_{E_x B} = 0.9$ und $\bar{K}^2_B = 0.8$ abgeschätzt. Die Anzahl der Freiheitsgrade sei 24. Dann ergibt sich bei der Berechnung des 95-Prozent-Konfidenzintervalls zunächst nach Tabelle 10.2: $f_{4,20;0.95} = 2.87$. Aus Gleichung (10.45) ergibt sich damit: $|\, \Delta Z_{xy}\, |^2 = (\frac{4}{20})2.87(\frac{0.1}{0.2})(\frac{0.8}{0.4}) = 0.57$ und $|\, \Delta Z_{xy}\, | = 0.76 \, (\frac{mV}{km}\frac{1}{nT})$ sowie aus Gleichung (10.44) $\Delta \Phi_{xy} = \sin^{-1}(\frac{0.76}{3})$ $= 0.26$ (Radian). Die 95-Prozent-Konfidenzintervalle für Betrag und Phase von $Z_{xy}(f_0)$ ergeben sich damit nach Gleichung (10.42) und (10.43) zu:

$$2.24 \le |\, Z_{xy}(f_0)\, | \le 3.76$$

n_2	α			n_2	α		
	0.05	0.025	0.01		0.05	0.025	0.01
2	19.2	39.2	99.2	20	2.87	3.51	4.43
3	9.12	15.1	28.7	22	2.82	3.44	4.31
4	6.39	9.60	16.0	24	2.78	3.38	4.22
5	5.19	7.39	11.4	26	2.74	3.33	4.14
6	4.53	6.23	9.15	28	2.71	3.29	4.07
7	4.12	5.52	7.85	30	2.69	3.25	4.02
8	3.84	5.05	7.01	40	2.61	3.13	3.83
9	3.63	4.72	6.42	50	2.56	3.06	3.72
10	3.48	4.47	5.99	60	2.53	3.01	3.65
11	3.36	4.12	5.41	80	2.49	2.95	3.56
12	3.25	4.12	5.41	100	2.46	2.92	3.51
13	3.18	4.00	5.21	200	2.42	2.85	3.41
14	3.11	3.89	5.04	500	2.39	2.81	3.36
16	3.01	3.73	4.77	∞	2.37	2.79	3.32
18	2.93	3.61	4.58				

Tabelle 10.2: Werte von $f_{4,n_2;1-\alpha}$, so daß $Prob[F \leq f_{4,n_2;1-\alpha}] = 1-\alpha$.

und

$$1.74 \leq \Phi_{xy}(f_0) \leq 2.26 \ .$$

Nach Gleichung (10.45) hängt die Genauigkeit der Impedanzschätzung von folgenden Parametern ab:

- **der Anzahl der Freiheitsgrade ν:**
  ΔZ_{xy} nimmt mit wachsendem ν ab. Dies bedeutet nach Gleichung (10.41), daß - wie zu erwarten - die Genauigkeit der Impedanzabschätzung bei gegebenem Spektralfenster (10.38) mit zunehmender Länge des Analysenintervalls größer wird.
  Ist die Anzahl der Freiheitsgrade groß, so werden die Vertrauensintervalle erfahrungsgemäß unrealistisch klein. Die Ursache hierfür ist darin zu sehen, daß diese für statistisch unabhängige Meßwerte berechnet werden, während die magnetotellurischen Daten zum Teil sehr hohe Erhaltungsneigung aufweisen.

- **der Kohärenz zwischen E_x und B_x, B_y:**
  Um möglichst genaue Impedanzabschätzungen zu erhalten, sollte die multiple Kohärenz von E_x zu den beiden Komponenten B_x und B_y nahe Eins sein. Eine solche optimale Kohärenz kann man näherungsweise erreichen, wenn Registrierungen mit

Störanteilen, verursacht z.B. durch vagabundierende Industrieströme, bei der Auswahl der Analysenintervalle ausgeschieden werden. In praxi werden nur Datensätze mit Kohärenzwerten $\bar{K}^2_{E_x B} \geq 0.9$ berücksichtigt.

- **der Kohärenz des anregenden Magnetfeldes:**
  Die Kohärenz $\bar{K}_B$ zwischen den beiden Magnetfeldkomponenten B_x und B_y sollte möglichst klein sein. Hierauf muß bei der Auswahl der zur Analyse herangezogenen Datensätze geachtet werden.

Zusätzlich wird die Genauigkeit der Schätzung vom Verhältnis der Leistungsspektren des elektrischen und magnetischen Feldes bestimmt. Je kleiner das induzierte Feld im Verhältnis zum anregenden Feld ist, das heißt nach Gleichung (10.19), je größer die Leitfähigkeit des Untergrundes ist, desto genauer ist die Schätzung der Impedanzwerte.

Referenzen Teil II

Bartlett, M.S.: On the Theoretical Specification of Sampling Properties of Autocorrelated Time Series, Journ. Roy. Statist. Soc. Suppl. 8, p. 27-41, 1946.

Bartlett, M.S.: Smoothing Periodograms from Time Series with Continuous Spectra, Nature (London) 161, p. 686-687, 1948.

Bendat, J.D. and A.G. Piersol: Measurement and Analysis of Random Data, John Wiley and Sons, New York, 1966.

Bendat, J.D. and A.G. Piersol: Random Data: Analysis and Measurement Procedures, Wiley-Interscience, New York, 1971.

Blackman, R.B. and J.W. Tukey: The Measurement of Power Spectra, Dover Publications, New York, 1958.

Brewitt-Taylor, C.R. and J.T. Weaver: Numerical Solution of Two-Dimensional Induction Problems, Acta Geodaet., Geophys. et Montanist. Acad. Sci. Hung. 12, p. 241-245, 1977.

Cagniard, L.: Basic Theory of the Magnetotelluric Method, Geophysics 8, p. 605-635, 1953.

Daniell, P.J.: Discussion following "On the Theoretical Specification and Sampling Properties of Autocorrelated Time Series", by M.S. Bartlett, J. Roy. Statist. Soc. Suppl. 8, p. 27-41, 1946.

Davenport, W.B. Jr. and W.L. Root: An Introduction to the Theory of Random Signals and Noise, McGraw-Hill Book Comp. Inc., New York, 1958.

Fischer, G.: Symmetry Properties of the Surface Impedance Tensor for Structures with a Vertical Plan of Symmetry, Geophysics 40, p. 1046-1050, 1975.

Fischer, G. and P.A. Schnegg: The Dispersion Relations of the Magnetotelluric Response and their Incidence on the Inversion Problem, Geophys. Jour. Roy. astr. Soc. 62, p. 661-673, 1980.

Jenkins, G.M. and D.G. Watts: Spectral Analysis and its Applications, Holden-Day, San Francisco, 1968.

Kao, D.W. and D. Rankin: Enhancement of Signal-to-Noise Ratio in Magnetotelluric Data, Geophysics 42, p. 103-110, 1977.

Khintchine, A.: Korrelationstheorie der stationären stochastischen

Prozesse, Math. Ann. 109, p. 604-615, 1934.

Koopmans, L.H.: The Spectral Analysis of Time Series, Academic Press, New York, 1974.

Marple, S.L.: Digital Spectrum Analysis with Applications, Prentice-Hall, Inc., Englewood Cliffs., New Jersey, 1987.

Oppenheim, A.V. and R.W. Schafer: Digital Signal Processing, Prentice-Hall, Inc., Englewood Cliffs, New Jersey, 1975.

Vozoff, K.: The Magnetotelluric Method in the Exploration of Sedimentary Basins, Geophysics 37, p. 98-141, 1972.

Weidelt, P.: The Inverse Problem of Geomagnetic Induction, Zeitschrift für Geophysik 38, p. 257-289, 1972.

Welch, P.D.: The Use of Fast Fourier Transform for the Estimation of Power Spectra: A method Based on Time Averaging over Short, Modified Periodograms, IEEE. Trans. Audio Electro - acoust., Vol. AU-15, p. 70-73, 1967.

Wiener, N.: Generalized Harmonic Analysis, Acta Math. 55, p. 117-258, 1930.

Word, D.R., H.W. Smith and F.X. Bostick: Crustal Investigations by the Magnetotelluric Tensor Impedance Method, Geophys. Monogr. Ser. 14, p. 145-167, Washington D.C., 1971.

Ergänzende Literatur

(1) Zur Ersteinführung in die Spektralanalyse regelloser Vorgänge sind folgende Bücher zu empfehlen, da sie leichter verständlich sind als das "klassische Buch" von Blackman und Tukey (1958):

Granger, C.W.J. and N. Hatanaka: Spectral Analysis of Economic Time Series, Princeton Univ. Press, New Jersey, 1964.

Lee, Y.W.: Statistical Theory of Communication, John Wiley and Sons, New York, 1960.

sowie das deutschsprachige Buch

Schlitt, H.: Systemtheorie für regellose Vorgänge, Springer Verlag, Berlin, 1960.

(2) Beispiele über den Einsatz der quadratischen Spektren in der Geophysik findet man bei

Taubenheim, I.: Statistische Auswertung geophysikalischer und meteorologischer Daten, Akad. Verlagsges. Geest und Portig K.-G., Leipzig, 1969.

Tukey, J.W.: Use of Numerical Spectrum Analysis in Geophysics, Bull. Inf. Stat. Insti. $\underline{41}$, p. 267-307, 1965.

(3) Bei der Darstellung stochastischer Vorgänge wurde sich an folgendem Buch orientiert:

Schwarz, H.: Mehrfachregelungen - Grundlagen einer Systemtheorie, Band 1, Springer Verlag, Berlin, 1967.

(4) Zur Vertiefung der Grundlagen der Magnetotellurik wird auf folgende Literaturstelle hingewiesen:

Postendorfer, G.: Principles of Magneto-Telluric Prospecting, Gebr. Bornträger, 1975.

Teil III

Spektralanalyse regelloser Vorgänge durch Modellanpassung

Kapitel 11

Spektralabschätzung durch Modellanpassung

Die klassischen Verfahren der Spektralanalyse stochastischer Vorgänge endlicher Länge - z.B. nach dem Wiener-Khinchineschen Theorem oder über die Berechnung des Periodogramms - können nur Schätzwerte liefern, die mit Fehlern behaftet sind. Der Fehler der Schätzung des quadratischen Spektrums eines begrenzten Ausschnittes der Realisierung $x(t)$, z.B. nach dem Wiener-Khinchineschen Theorem, läßt sich durch Gewichtung der AKV-Funktion oder durch Glätten der Spektralschätzung teilweise reduzieren. Hierdurch wird die statistische Stabilität der Schätzung verbessert, was aber zu Lasten der Spektralauflösung geht.

Ende der sechziger Jahre sind neue Verfahren entwickelt worden, die darauf basieren, daß unter Zugrundelegung eines bestimmten Modells für den zu analysierenden Datensatz, der als Realisierung eines regellosen Prozesses aufgefaßt wird, eine Abschätzung der Modellparameter anhand der Daten erfolgt. Mit Hilfe dieser Modellparameter läßt sich dann das Leistungsspektrum berechnen.

11.1 Modelldarstellung regelloser Vorgänge

Nach dem Theorem von Wold (1938) läßt sich jede stationäre Zeitreihe in einen deterministischen, d.h. vorhersagbaren Anteil und eine nichtdeterministische Komponente mit kontinuierlicher Spektralverteilung zerlegen. Dieses Theorem gestattet die Darstellung eines derartigen Vorganges durch einen rekursiven Prozeß, bei dem die Zeitreihe durch einen aus ihrer Vergangenheit vorhersagbaren Anteil und einer zusätzlichen nichtvorhersagbaren Komponente, die die Innovation des Prozesses beinhaltet, beschrieben wird. Diskrete regellose Vorgänge lassen sich danach durch ein derartiges $ARMA$ (autoregressive-

226

moving average)-Modell,

$$y_j = \sum_{k=1}^{M} \alpha_k y_{j-k} + \sum_{l=0}^{L} \beta_l x_{j-l} \ , \quad \beta_0 = 1 \ , \qquad (11.1)$$

darstellen. Dabei ist (x_j) eine regellose Gauß-verteilte weiße Folge mit

$$\mathcal{E}[x_j x_{j+k}] = \begin{cases} \sigma_x^2 & \text{für } k = 0 \\ 0 & \text{sonst} \end{cases} \qquad (11.2)$$

und

$$\mathcal{E}[x_j] = 0 \ . \qquad (11.3)$$

Im folgenden wird (11.1) als $ARMA(M,L)$-Prozeß bezeichnet, d.h. als $ARMA$-Prozeß der Ordnung M,L.
Sonderfälle dieses Modells sind:

- das MA(moving average)-Modell:

$$y_j = \sum_{l=0}^{L} \beta_l x_{j-l} \ , \qquad (11.4)$$

- das AR(autoregressive)-Modell:

$$y_j = \sum_{k=1}^{M} \alpha_k y_{j-k} + x_j \ . \qquad (11.5)$$

Der Term x_j in Gleichung (11.5) stellt den innovativen, nichtvorhersagbaren Anteil von y_j dar. Gleichung (11.4) wird als $MA(L)$-Prozeß (sprich: Moving-Average Modell der Ordnung L), Gleichung (11.5) als $AR(M)$-Prozeß bezeichnet. Die drei Prozesse besitzen Spektren von recht unterschiedlicher Gestalt. Abb. 11.1 zeigt das typische Bild der $AR-$, $MA-$ und $ARMA$-Spektren. Während die AR-Spektren durch scharfe Peaks gekennzeichnet sind, besitzen MA-Spektren Nullstellen. Mit dem $ARMA$-Ansatz ist es möglich, Spektren mit Pol- **und** Nullstellen zu modellieren.
Für die verschiedenen Zeitreihentypen sind unterschiedliche Verfahren zur Spektralanalyse entwickelt worden (s. Robinson und Treitel, 1980). Um das richtige Verfahren einsetzen zu können, müssen die zu analysierenden Daten zunächst daraufhin untersucht werden, durch welchen der drei oben aufgeführten Prozesse sie am besten beschrieben werden bzw. zu welchem Typ sie gehören. Die Identifikationsverfahren nutzen Unterschiede der Autokovarianzfunktionen dieser Prozesse aus (s. Box und Jenkins, 1976). Für eine bestimmte

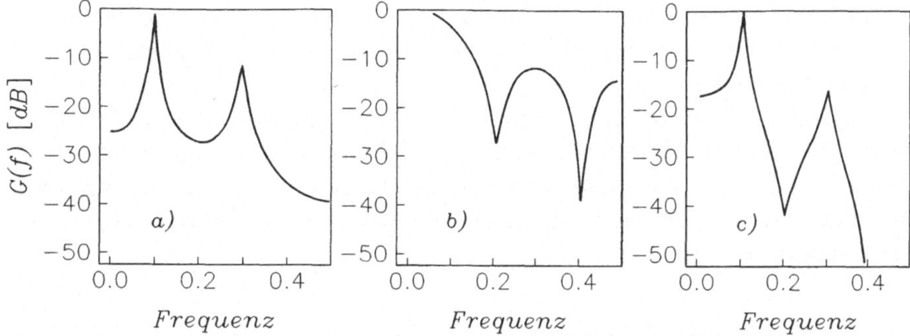

Abbildung 11.1: Typische Spektren verschiedener Parameter-Modelle: a) $AR(4)$-Spektrum, b) $MA(4)$-Spektrum, c) $ARMA(4,4)$-Spektrum (nach Marple, 1987).

zeitlich begrenzte Realisierung eines regellosen Vorganges ist die Identifikation vielfach äußerst problematisch und nicht lösbar (s. Treitel, Gutowski und Robinson, 1977). Trotzdem behält die Modellanpassung für die Praxis ihren Wert, da

- vielfach ein bestimmter Modelltyp aufgrund der **physikalischen** Gegebenheiten angenommen werden kann,

- auch bei nicht richtig gewähltem Modell eine Beschreibung der zu analysierenden Zeitreihe in gewissen Grenzen möglich ist.

Die Bedeutung der AR-Modellanpassung liegt zum einen darin, daß mit ihr auch für relativ kurze Zeitsegmente hochauflösende Spektralanalysen durchgeführt werden können. Zumindest gleichbedeutend ist aber die Schätzung des zugrunde gelegten Modells selber, d.h. seiner Modellparameter. Eine typische Aufgabe besteht darin, daß man die Ordnung eines AR-Prozesses vorgibt und die Signifikanz des Modells durch Vergleich mit den Beobachtungen prüft. Praktische Anwendungen derartiger Modellanpassungen findet man zum Beispiel in der Seismologie bei der Analyse gestreuter Wellenfelder, in der Meteorologie und Ozeanographie bei der Untersuchung von Turbulenzerscheinungen oder auch in der Vulkanologie bei der Interpretation vulkanischer Tremors. Vulkanische Tremors werden durch turbulente Magmaströme angeregt. Das äquivalente physikalische Modell läßt sich im einfachsten Fall durch einen Oszillator 2. Ordnung beschreiben, der regellos angeregt wird. Aufgabe der AR-Spektralabschätzung ist es, über eine Schätzung der beiden AR-

Koeffizienten die Eigenfrequenz und die Dämpfung des Oszillators zu bestimmen. Untersuchungen von Seidl, Kirbani und Brüstle (1990) bestätigen dieses Modell. Danach lassen sich die Tremor-Spektren durch eine Superposition zeitlich verschobener AR-Prozesse 2. Ordnung beschreiben.

In Kapitel 11.2 wird am Beispiel des AR-Prozesses die Spektralabschätzung durch Modellanpassung aufgezeigt. In Kapitel 12 wird gezeigt, daß die Abschätzung des Leistungsspektrums durch AR-Modellanpassung der dort behandelten Maximum-Entropie-Spektralabschätzung entspricht.

11.2 Das quadratische Spektrum autoregressiver Prozesse

11.2.1 Die Autokovarianzfunktion autoregressiver Prozesse

Multipliziert man den AR-Prozeß M-ter Ordnung (11.5) mit y_{j-k} und bildet den Erwartungswert, so erhält man für den Zusammenhang zwischen den Autokovarianzkoeffizienten eines stationären AR-Prozesses:

$$R_k = \alpha_1 R_{k-1} + \alpha_2 R_{k-2} + ... + \alpha_M R_{k-M} + \mathcal{E}[y_{j-k} x_j] \ . \qquad (11.6)$$

$\mathcal{E}[y_{j-k} x_j]$ ist gleich Null für $k > 0$, da (y_{j-k}) nur Beiträge der Innovation (x_j) bis zur Zeit $j - k$ beinhaltet, die nicht mit (x_j) korrelieren können. Damit folgt:

$$R_k = \alpha_1 R_{k-1} + \alpha_2 R_{k-2} + ... + \alpha_M R_{k-M}, \quad k > 0 \ . \qquad (11.7)$$

Berücksichtigt man, daß $R_k = R_{-k}$ ist, dann erhält man für $k = 1, 2, ..., M$ die sogenannten **Yule-Walker**-Gleichungen:

$$\begin{aligned}
R_1 \ &- \ R_0 \alpha_1 \ &- \ R_1 \alpha_2 \ &- \ ... \ &... \ &- \ R_{M-1} \alpha_M \ &= \ 0 \\
R_2 \ &- \ R_1 \alpha_1 \ &- \ R_0 \alpha_2 \ &- \ ... \ &... \ &- \ R_{M-2} \alpha_M \ &= \ 0 \\
&\ \vdots \\
R_M \ &- \ R_{M-1} \alpha_1 \ &- \ R_{M-2} \alpha_2 \ &- \ ... \ &... \ &- \ R_0 \alpha_M \ &= \ 0.
\end{aligned}$$
$$(11.8)$$

Für $k = 0$ folgt aus Gleichung (11.6):

$$R_0 = \alpha_1 R_{-1} + \alpha_2 R_{-2} + ... + \alpha_M R_{-M} + \mathcal{E}[y_j x_j] \ . \qquad (11.9)$$

Da nur der Anteil (x_j) von (y_j) mit (x_j) korreliert, ist

$$\mathcal{E}[y_j x_j] = \mathcal{E}[x_j x_j] = \sigma_x^2 \ . \qquad (11.10)$$

Damit folgt:

$$R_0 = \alpha_1 R_{-1} + \alpha_2 R_{-2} + ... + \alpha_M R_{-M} + \sigma_x^2 \qquad (11.11)$$

bzw. wegen $R_k = R_{-k}$:

$$\sigma_x^2 = R_0 - \sum_{k=1}^{M} \alpha_k R_k \ . \qquad (11.12)$$

Zusammen mit Gleichung (11.8) erhält man folgendes Gleichungssystem:

$$\begin{pmatrix} R_0 & R_1 & ... & R_M \\ R_1 & R_0 & ... & R_{M-1} \\ . & & & \\ . & & & \\ R_M & R_{M-1} & ... & R_0 \end{pmatrix} \begin{pmatrix} 1 \\ -\alpha_1 \\ . \\ . \\ -\alpha_M \end{pmatrix} = \begin{pmatrix} \sigma_x^2 \\ 0 \\ . \\ . \\ 0 \end{pmatrix} \ . \qquad (11.13)$$

Bei Kenntnis der AKV-Koeffizienten $R_0, R_1, ..., R_M$ lassen sich hieraus die M Modellparameter $\alpha_1, \alpha_2, ..., \alpha_M$ berechnen. Das Problem der Bestimmung der Modellparameter wird ausführlich in Abschnitt 11.3 behandelt.
Die in (11.13) auf der linken Seite stehende AKV-Matrix ist symmetrisch, positiv definit und hat die Struktur einer Töplitz-Matrix, d.h. sie besitzt gleiche Elemente längs der einzelnen Diagonalen.
Nach den Ausführungen in Kapitel 8 beschreibt R_0 die Varianz σ_y^2 von (y_j). Dividiert man (11.11) mit $R_0 = \sigma_y^2$ durch und berücksichtigt, daß $\frac{R_k}{R_0}$ der Autokorrelationskoeffizient r_k ist, dann ergibt sich:

$$1 - \alpha_1 r_1 - \alpha_2 r_2 - ... - \alpha_M r_M = \frac{\sigma_x^2}{\sigma_y^2} \qquad (11.14)$$

und hieraus für den Zusammenhang der Varianzen von (x_j) und (y_j) des AR-Prozesses (11.5):

$$\sigma_y^2 = \frac{\sigma_x^2}{1 - \alpha_1 r_1 - \alpha_2 r_2 - ... - \alpha_M r_M} \ . \qquad (11.15)$$

11.2.2 Berechnung des quadratischen Spektrums von AR-Prozessen

Der AR-Prozeß in Gleichung (11.5) besitzt die z-Transformierte

$$Y(z) - Y(z)(\alpha_1 z + \alpha_2 z^2 + ... + \alpha_M z^M) = X(z) \ . \qquad (11.16)$$

Hieraus folgt:

$$Y(z) = \frac{1}{A_M(z)} X(z) \quad \text{mit} \quad A_M(z) = 1 - \alpha_1 z - \ldots - \alpha_M z^M \quad . \quad (11.17)$$

Die z-Transformierte des AR-Prozesses besitzt ausschließlich Polstellen (sog. Allpol-Modell). Die z-Transformierte der zugehörigen AKV-Funktion ergibt sich unter Berücksichtigung von Gleichung (11.2) zu:

$$G(z) = Y(z)Y(\frac{1}{z}) = \frac{1}{A_M(z)A_M(\frac{1}{z})} X(z)X(\frac{1}{z}) = \frac{\sigma_x^2}{|A_M(z)|^2} \quad . \quad (11.18)$$

Das Leistungsspektrum erhält man durch Berechnung der z-Transformierten der Autokovarianzfunktion von (11.5) längs des Einheitskreises $z = e^{-i2\pi f \Delta t}$:

$$
\begin{aligned}
G(f) &= \Delta t G(z)|_{z=e^{-i2\pi f \Delta t}} \\
&= \frac{\sigma_x^2 \Delta t}{|1 - \sum_{k=1}^{M} \alpha_k e^{-i2\pi f k \Delta t}|^2} \, , \quad -\frac{1}{2\Delta t} \leq f \leq \frac{1}{2\Delta t} \, .
\end{aligned}
$$

$$(11.19)$$

Setzt man $\bar{f} = f\Delta t$ und $\Delta t = 1$, dann gilt anstelle von (11.19):

$$G(\bar{f}) = \frac{\sigma_x^2}{|1 - \sum_{k=1}^{M} \alpha_k e^{-i2\pi \bar{f} k}|^2} \, , \quad -\frac{1}{2} \leq \bar{f} \leq \frac{1}{2} \, , \qquad (11.20)$$

bzw. mit Gleichung (11.12):

$$G(\bar{f}) = \frac{R_0 - \sum_{k=1}^{M} \alpha_k R_k}{|1 - \sum_{k=1}^{M} \alpha_k e^{-i2\pi \bar{f} k}|^2} \, , \quad -\frac{1}{2} \leq \bar{f} \leq \frac{1}{2} \, . \qquad (11.21)$$

Damit läßt sich das Leistungsspektrum regelloser Vorgänge, die durch AR-Modelle beschrieben werden können, durch die Abschätzung der Parameter σ_x^2, M und α_j, $j = 1, \ldots, M$ bestimmen. Mit diesen Parametern kann die quadratische Spektraldichte $G(\bar{f})$ direkt gemäß Gleichung (11.20) berechnet werden.

Gleichung (11.20) läßt sich gleichfalls über eine filtertheoretische Betrachtung herleiten: Schreibt man Gleichung (11.5) als

$$x_j = \sum_{k=0}^{M} -\alpha_k y_{j-k} \, , \quad \text{mit} \quad \alpha_0 = -1 \, , \qquad (11.22)$$

dann kann (x_j) als Ausgang eines Digitalfilters mit den Koeffizienten $-\alpha_k$, $k = 0, 1, \ldots, M$ aufgefaßt werden, das auf den Filtereingang (y_j) angewendet wird. Wie in Kapitel 13.3 gezeigt wird, ist das Leistungsspektrum am Ausgang eines linearen Filters gleich dem des Filtereingangs multipliziert mit dem Quadrat des Betrages der Übertragungsfunktion des Filters. Wendet man diesen Satz auf Gleichung (11.22) an, so folgt:

$$G_x(\bar{f}) = G(\bar{f})|1 - \sum_{k=1}^{M} \alpha_k e^{-i2\pi \bar{f}k}|^2 \quad . \tag{11.23}$$

$G(\bar{f})$ ist hierbei das Leistungsspektrum von (y_j). Das Leistungsspektrum eines bandbegrenzten weißen Rauschprozesses ist nach Gleichung (8.74) gleich der Varianz des regellosen Prozesses dividiert durch die Bandweite. Für den regellosen Vorgang (x_j) der normierten Bandweite 1 $(-\frac{1}{2} \leq \bar{f} \leq \frac{1}{2})$ und der Varianz σ_x^2 heißt das: $G_x(\bar{f}) = \sigma_x^2$. Hiermit folgt aus (11.23) Gleichung (11.20).

Einfache Beispiele:

1. Autoregressiver Prozeß 1. Ordnung
Für den $AR(1)$-Prozeß lautet die Differenzengleichung

$$y_j = \alpha_1 y_{j-1} + x_j \quad . \tag{11.24}$$

Dieser Prozeß mit der z-Transformierten $Y(z) = \frac{X(z)}{1-\alpha_1}$ ist nach Kapitel 15.5 nur dann stabil, falls $-1 < \alpha_1 < 1$ ist. Für die AKV-Funktion gilt nach (11.7): $R_k = \alpha_1 R_{k-1}$, $k > 0$. Da $R_0 = \sigma_y^2$ ist, folgt:

$$R_k = \sigma_y^2 \alpha_1^k \quad , \quad k > 0 \quad . \tag{11.25}$$

Der $AR(1)$-Prozeß besitzt damit die Autokorrelationsfunktion:

$$r_k = \frac{R_k}{R_0} = \alpha_1^k \quad , \quad k \geq 0 \tag{11.26}$$

und nach Gleichung (11.20) das Leistungsspektrum

$$G(\bar{f}) = \frac{\sigma_x^2}{|1 - \alpha_1 e^{-i2\pi \bar{f}}|^2} \quad , \quad -\frac{1}{2} \leq \bar{f} \leq \frac{1}{2} \quad . \tag{11.27}$$

Abb. 11.2 zeigt $AR(1)$-Simulationen für verschiedene α_1-Werte sowie die zugehörigen Autokorrelationsfunktionen und Leistungsspektren. Für positive Werte von α_1 werden niederfrequente Zeitserien mit monoton abfallenden Autokorrelationsfunktionen erzeugt. Negative

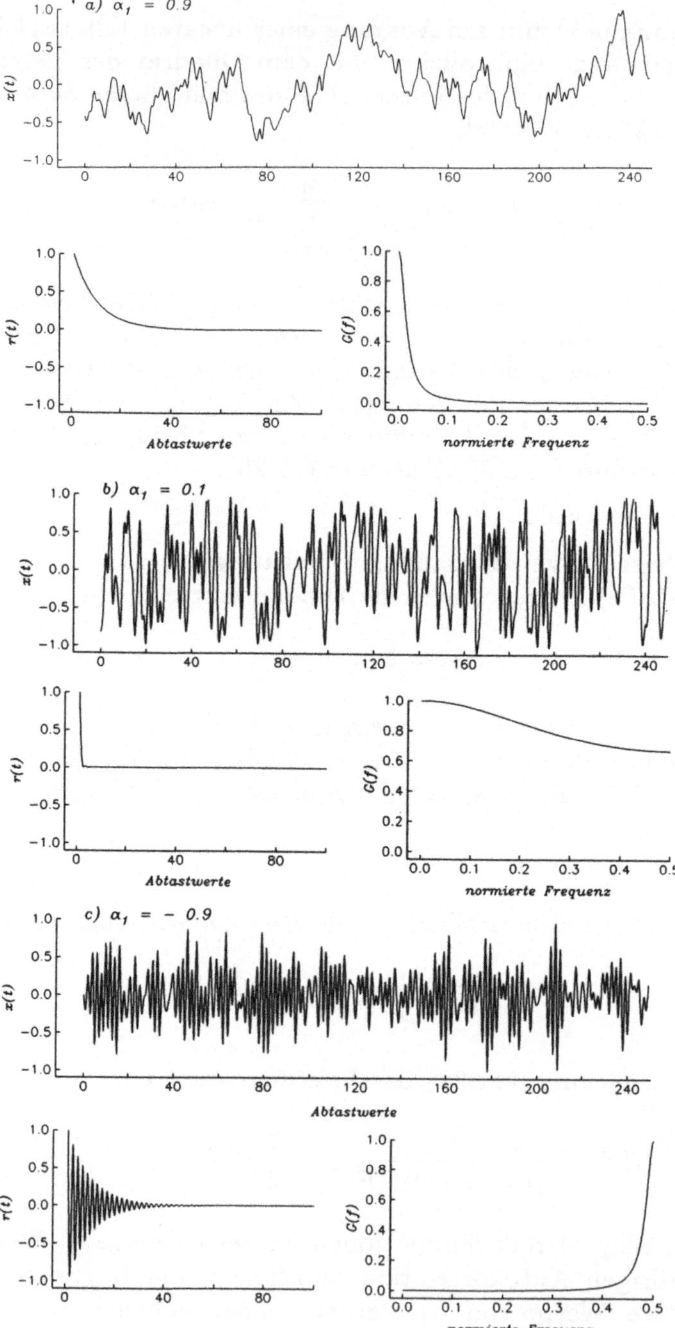

α_1-Werte führen zu hochfrequenten Zeitserien mit oszillierenden Autokorrelationsfunktionen.

Für den $AR(1)$-Prozeß läßt sich zeigen, daß die AR-Spektralabschätzung nach Gleichung (11.20) identisch ist mit der Fourier-Transformierten der AKV-Funktion, das heißt:

$$G(\bar{f}) \;=\; \sum_{k=-\infty}^{\infty} R_k e^{-i2\pi \bar{f} k} \;, \tag{11.28}$$

$$\text{mit } \bar{f} = f\Delta t \;,\;\; \Delta t = 1 \;,\;\; 0 \le |\bar{f}| \le \frac{1}{2} \;.$$

Ein Einsetzen von Gleichung (11.25) in (11.28) ergibt:

$$\begin{aligned}
G(\bar{f}) \;&=\; \sigma_y^2 + \sigma_y^2 \sum_{k=1}^{\infty} \alpha_1^k e^{-i2\pi \bar{f} k} + \sigma_y^2 \sum_{k=1}^{\infty} \alpha_1^k e^{i2\pi \bar{f} k} \\
&=\; \sigma_y^2 + \sigma_y^2 \sum_{k=0}^{\infty} (\alpha_1 e^{-i2\pi \bar{f}})^k + \sigma_y^2 \sum_{k=0}^{\infty} (\alpha_1 e^{i2\pi \bar{f}})^k - 2\sigma_y^2 \;.
\end{aligned}$$

Die Summenausdrücke sind geometrische Reihen $\sum_{k=0}^{\infty} q^k$ mit $q = \alpha_1 e^{\pm i2\pi \bar{f}}$, für die gilt: $1 + q + q^2 + \dots = \frac{1}{1-q}$. Damit folgt:

$$\begin{aligned}
G(\bar{f}) \;&=\; \sigma_y^2 \left(-1 + \frac{1}{1 - \alpha_1 e^{-i2\pi \bar{f}}} + \frac{1}{1 - \alpha_1 e^{i2\pi \bar{f}}} \right) \\[2mm]
&=\; \sigma_y^2 \frac{-(1 - \alpha_1 e^{-\beta})(1 - \alpha_1 e^{+\beta}) + 1 - \alpha_1 e^{+\beta} + 1 - \alpha_1 e^{-\beta}}{|1 - \alpha_1 e^{-\beta}|^2} \\[2mm]
&=\; \sigma_y^2 \frac{1 - \alpha_1^2}{|1 - \alpha_1 e^{-i2\pi \bar{f}}|^2} \;. \tag{11.29}
\end{aligned}$$

Hierbei wurde $\beta = i2\pi \bar{f}$ gesetzt. Nach Gleichung (11.15) und (11.26) ist

$$\sigma_y^2 = \frac{\sigma_x^2}{1 - \alpha_1^2} \;. \tag{11.30}$$

Damit folgt aus Gleichung (11.29):

$$G(\bar{f}) = \frac{\sigma_x^2}{|1 - \alpha_1 e^{-i2\pi \bar{f}}|^2} \;. \tag{11.31}$$

Dies ist gerade Gleichung (11.27).

2. Autoregressiver Prozeß 2. Ordnung

Für den $AR(2)$-Prozeß lautet die Differenzengleichung:

$$y_j = \alpha_1 y_{j-1} + \alpha_2 y_{j-2} + x_j \;. \tag{11.32}$$

Für die AKV-Funktion folgt aus Gleichung (11.7):

$$R_k = \alpha_1 R_{k-1} + \alpha_2 R_{k-2} \; , \quad k > 0 \; . \tag{11.33}$$

Für $k = 1$ ergibt sich aus Gleichung (11.33) mit $R_0 = \sigma_y^2$ und unter Berücksichtigung von $R_1 = R_{-1}$:

$$R_1 = \frac{\alpha_1 \sigma_y^2}{1 - \alpha_2} \; . \tag{11.34}$$

Der $AR(2)$-Prozeß besitzt damit die Autokorrelationskoeffizienten:

$$
\begin{aligned}
r_0 &= 1 \; , \\
r_1 &= \frac{R_1}{R_0} = \frac{\alpha_1}{1 - \alpha_2} \; , \\
r_k &= \frac{R_k}{R_0} = \alpha_1 r_{k-1} + \alpha_2 r_{k-2} \; , \quad k = 2, 3, \dots \; .
\end{aligned} \tag{11.35}
$$

Die **Yule-Walker-Gleichungen** lauten nach Gleichung (11.8):

$$R_1 - R_0 \alpha_1 - R_1 \alpha_2 = 0$$

$$R_2 - R_1 \alpha_1 - R_0 \alpha_2 = 0 \; . \tag{11.36}$$

Für die AR-Koeffizienten folgt hieraus:

$$\alpha_1 = R_1 \frac{R_0 - R_2}{R_0^2 - R_1^2} = \frac{r_1(1 - r_2)}{1 - r_1^2}$$

$$\alpha_2 = \frac{R_0 R_2 - R_1^2}{R_0^2 - R_1^2} = \frac{r_2 - r_1^2}{1 - r_1^2} \; . \tag{11.37}$$

Für den Zusammenhang der **Varianzen** von (x_j) und (y_j) des $AR(2)$-Prozesses gilt nach Gleichung (11.15) unter Berücksichtigung von (11.35):

$$
\begin{aligned}
\sigma_y^2 &= \frac{\sigma_x^2}{1 - \alpha_1 r_1 - \alpha_2 r_2} \\
&= \frac{\sigma_x^2}{1 - \frac{\alpha_1^2}{1 - \alpha_2} - \alpha_2 \left(\alpha_2 + \frac{\alpha_1^2}{1 - \alpha_2} \right)} \; .
\end{aligned} \tag{11.38}
$$

Für das **Leistungsspektrum** erhält man nach Gleichung (11.20):

$$G(\bar{f}) = \frac{\sigma_x^2}{|1 - \alpha_1 e^{-i2\pi \bar{f}} - \alpha_2 e^{-i4\pi \bar{f}}|^2} \; , \quad 0 \le |\bar{f}| \le \frac{1}{2} \tag{11.39}$$

$$= \frac{\sigma_x^2}{1 + \alpha_1^2 + \alpha_2^2 - 2\alpha_1(1 - \alpha_2)\cos(2\pi \bar{f}) - 2\alpha_2 \cos(4\pi \bar{f})} \; .$$

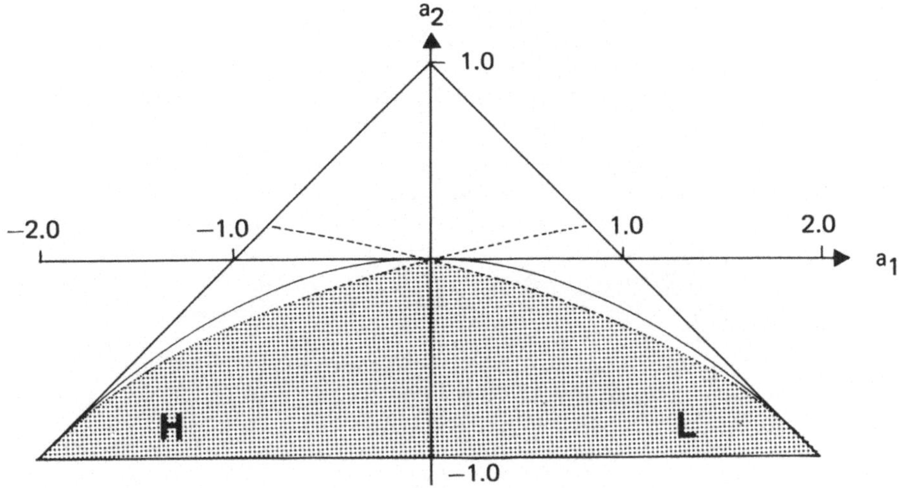

Abbildung 11.3: Klassifizierung der *AR*-Prozesse 2. Ordnung; H, L: Bereiche mit schmalbandigen hoch- bzw. niederfrequenten Leistungsspektren. Der Stabilitätsbereich wird durch das aufgespannte Dreieck beschrieben.

Die Lage $\bar{f}_0$ des Maximums von $G(\bar{f})$ wird bestimmt durch

$$\cos(2\pi\bar{f}_0) = \frac{\alpha_1(\alpha_2 - 1)}{4\alpha_2} \ .$$

Zur Erfüllung der Stabilitätsbedingung des realisierbaren Prozesses (11.32) müssen - wie in Abschnitt 15.5 gezeigt wird - die Polstellen der z-Transformierten von Gleichung (11.32), d.h. die Nullstellen des Nennerpolynoms $A(z) = 1 - \alpha_1 z - \alpha_2 z^2$, außerhalb des Einheitskreises $|z| = 1$ liegen. Der Stabilitätsbereich ist durch das in Abb. 11.3 dargestellte Dreieck in der (α_1, α_2)-Ebene gegeben, das durch die drei Geraden $\alpha_2 + \alpha_1 < 1$, $\alpha_2 - \alpha_1 < 1$, $-1 < \alpha_2 < 1$ aufgespannt wird. In Abb. 11.4 sind für einige (α_1, α_2)-Wertepaare aus verschiedenen Quadranten der Stabilitätsregion die Zeitserien, Autokorrelationsfunktionen und Leistungsspektren dargestellt. Man erkennt, daß sich mit $AR(2)$-Prozessen eine große Mannigfaltigkeit von Signalformen, Autokorrelationskoeffizienten und Leistungsspektren simulieren läßt. Besonders interessant ist die in Abb. 11.3 gekennzeichnete gepunktete Region in den Quadranten 3 und 4. Diese Zone umfaßt den (α_1, α_2)-Wertebereich mit schmalbandigen Spektren. Die Beispiele zeigen, wie durch die Wahl von α_1 bzw. α_2 Lage und Bandbreite der Peaks variiert werden kann.

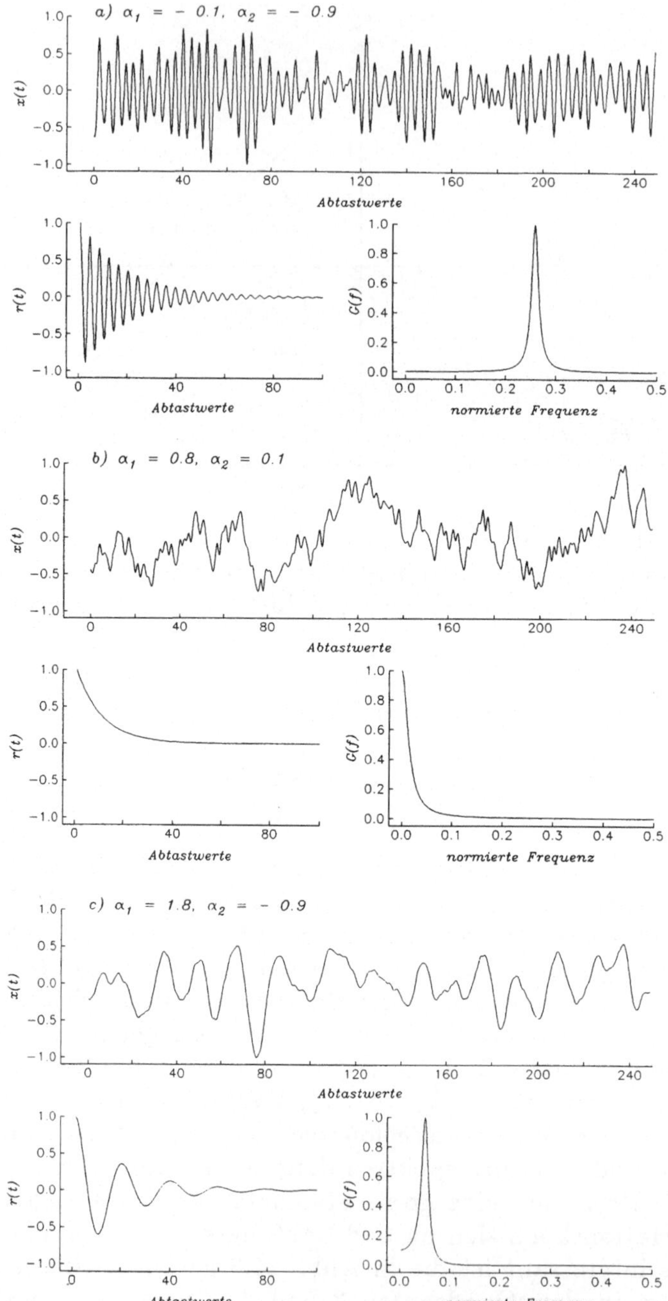

Abbildung 11.4: $AR(2)$-Simulationen; dargestellt ist jeweils die Zeitreihe (oben), die AKV-Funktion (unten links) und das Leistungsspektrum; a) $\alpha_1 = -0.1$, $\alpha_2 = -0.9$, b) $\alpha_1 = 0.8$, $\alpha_2 = 0.1$, c) $\alpha_1 = 1.8$, $\alpha_2 = -0.9$.

11.3   Bestimmung der AR-Koeffizienten

Zur Berechnung des quadratischen Spektrums nach Gleichung (11.20) müssen die Ordnung M des AR-Prozesses und die Koeffizienten $\alpha_1, ...,$ α_M bestimmt werden. Die Bestimmung der AR-Koeffizienten erfolgt anhand der Gleichungen (11.8) und (11.12) (bzw. gemäß (11.13)) nach einem auf Levinson (1947) und Durbin (1960) zurückgehenden Rekursionsalgorithmus, bei dem schrittweise die Ordnung des AR-Prozesses erhöht wird.

Es sei $\alpha_{M,j}$ der j-te Koeffizient des AR-Prozesses M-ter Ordnung. Die Yule-Walker-Gleichungen (11.8) lassen sich damit wie folgt darstellen:

$$\begin{pmatrix} R_0 & R_1 & ... & R_{M-1} \\ R_1 & R_0 & ... & R_{M-2} \\ \cdot & & & \\ \cdot & & & \\ R_{M-1} & R_{M-2} & ... & R_0 \end{pmatrix} \begin{pmatrix} \alpha_{M,1} \\ \alpha_{M,2} \\ \cdot \\ \cdot \\ \alpha_{M,M} \end{pmatrix} = \begin{pmatrix} R_1 \\ R_2 \\ \cdot \\ \cdot \\ R_M \end{pmatrix} . \tag{11.40}$$

Aus Gleichung (11.40) läßt sich zunächst eine wichtige Beziehung zwischen den Koeffizienten der AR-Approximation M-ter Ordnung und $(M-1)$-ter Ordnung ableiten. Hierzu wird von $M = 2$ ausgegangen:

$$\begin{pmatrix} R_0 & R_1 \\ R_1 & R_0 \end{pmatrix} \begin{pmatrix} \alpha_{2,1} \\ \alpha_{2,2} \end{pmatrix} = \begin{pmatrix} R_1 \\ R_2 \end{pmatrix} . \tag{11.41}$$

Mit

$$\mathbf{C}_1 = \begin{pmatrix} R_0 & R_1 \\ R_1 & R_0 \end{pmatrix}$$

lautet die Lösung:

$$\begin{pmatrix} \alpha_{2,1} \\ \alpha_{2,2} \end{pmatrix} = \mathbf{C}_1^{-1} \begin{pmatrix} R_1 \\ R_2 \end{pmatrix} . \tag{11.42}$$

Weiterhin wird $M = 3$ betrachtet:

$$\begin{pmatrix} R_0 & R_1 & R_2 \\ R_1 & R_0 & R_1 \\ R_2 & R_1 & R_0 \end{pmatrix} \begin{pmatrix} \alpha_{3,1} \\ \alpha_{3,2} \\ \alpha_{3,3} \end{pmatrix} = \begin{pmatrix} R_1 \\ R_2 \\ R_3 \end{pmatrix} . \tag{11.43}$$

Die beiden oberen Gleichungen von (11.43) lassen sich in geeigneter Weise aufspalten:

$$\begin{pmatrix} R_0 & R_1 \\ R_1 & R_0 \end{pmatrix} \begin{pmatrix} \alpha_{3,1} \\ \alpha_{3,2} \end{pmatrix} + \alpha_{3,3} \begin{pmatrix} R_2 \\ R_1 \end{pmatrix} = \begin{pmatrix} R_1 \\ R_2 \end{pmatrix} . \tag{11.44}$$

Die Lösung des Gleichungssystems (11.44) lautet:

$$\begin{pmatrix} \alpha_{3,1} \\ \alpha_{3,2} \end{pmatrix} = \mathbf{C}_1^{-1} \begin{pmatrix} R_1 \\ R_2 \end{pmatrix} - \alpha_{3,3} \mathbf{C}_1^{-1} \begin{pmatrix} R_2 \\ R_1 \end{pmatrix} \ . \tag{11.45}$$

Mit dem Gleichungssystem (11.42) erhält man:

$$\begin{pmatrix} \alpha_{3,1} \\ \alpha_{3,2} \end{pmatrix} = \begin{pmatrix} \alpha_{2,1} \\ \alpha_{2,2} \end{pmatrix} - \alpha_{3,3} \begin{pmatrix} \alpha_{2,2} \\ \alpha_{2,1} \end{pmatrix} \ . \tag{11.46}$$

Diese wichtige Beziehung gilt allgemein:

$$\alpha_{M,k} = \alpha_{M-1,k} - \alpha_{M,M}\,\alpha_{M-1,M-k} \ , \quad k = 1,2,...,M-1 \ . \tag{11.47}$$

Setzt man $\alpha_{M,0} = -1$ und $\alpha_{M,k} = 0$ für $k \geq M$, dann gilt die Beziehung (11.47) für alle M. Diese Gleichung zeigt, daß man bei der schrittweisen rekursiven Berechnung der AR-Koeffizienten beim Schritt von $M-1$ nach M nur den Koeffizienten $\alpha_{M,M}$ neu zu bestimmen hat. Die übrigen Koeffizienten $\alpha_{M,k}$ ergeben sich aus den schon bekannten $\alpha_{M-1,k}$ gemäß Gleichung (11.47).
Zur Berechnung von $\alpha_{M,M}$ werden in der Literatur verschiedene Verfahren angegeben. Die zwei wichtigsten Verfahren sind die Yule-Walker-Schätzung und die Schätzung nach Burg.

1. Das Yule-Walker-Verfahren:

Das Verfahren basiert auf dem Levinson-Rekursionsalgorithmus. Ausgangspunkt sind die Gleichungen (11.13) in der Form

$$\begin{pmatrix} R_0 & R_1 & ... & R_M \\ R_1 & R_0 & ... & R_{M-1} \\ \cdot & & & \\ \cdot & & & \\ R_M & R_{M-1} & ... & R_0 \end{pmatrix} \begin{pmatrix} 1 \\ -\alpha_{M,1} \\ \cdot \\ \cdot \\ -\alpha_{M,M} \end{pmatrix} = \begin{pmatrix} P_{M+1} \\ 0 \\ \cdot \\ \cdot \\ 0 \end{pmatrix} \ , \tag{11.48}$$

mit

$$P_{M+1} = R_0 - \sum_{k=1}^{M} \alpha_{M,k} R_k \tag{11.49}$$

entsprechend Gleichung (11.12). Das Verfahren wird für $M = 3$ erklärt. Für $M - 1 = 2$ folgt aus dem Gleichungssystem (11.48):

$$\begin{pmatrix} R_0 & R_1 & R_2 \\ R_1 & R_0 & R_1 \\ R_2 & R_1 & R_0 \end{pmatrix} \begin{pmatrix} 1 \\ -\alpha_{2,1} \\ -\alpha_{2,2} \end{pmatrix} = \begin{pmatrix} P_3 \\ 0 \\ 0 \end{pmatrix} \ . \tag{11.50}$$

Zur Lösung des Gleichungssystems (11.48) für $M = 3$,

$$\begin{pmatrix} R_0 & R_1 & R_2 & R_3 \\ R_1 & R_0 & R_1 & R_2 \\ R_2 & R_1 & R_0 & R_1 \\ R_3 & R_2 & R_1 & R_0 \end{pmatrix} \begin{pmatrix} 1 \\ -\alpha_{3,1} \\ -\alpha_{3,2} \\ -\alpha_{3,3} \end{pmatrix} = \begin{pmatrix} P_4 \\ 0 \\ 0 \\ 0 \end{pmatrix}, \qquad (11.51)$$

wird (11.50) um eine Zeile, in der eine neue Konstante A_3 definiert wird, erweitert:

$$\begin{pmatrix} R_0 & R_1 & R_2 & R_3 \\ R_1 & R_0 & R_1 & R_2 \\ R_2 & R_1 & R_0 & R_1 \\ R_3 & R_2 & R_1 & R_0 \end{pmatrix} \begin{pmatrix} 1 \\ -\alpha_{2,1} \\ -\alpha_{2,2} \\ 0 \end{pmatrix} = \begin{pmatrix} P_3 \\ 0 \\ 0 \\ A_3 \end{pmatrix}. \qquad (11.52)$$

Die oberen drei Zeilen von (11.52) sind identisch mit (11.50). Das Gleichungssystem (11.52) kann auch in umgekehrter Reihenfolge geschrieben werden:

$$\begin{pmatrix} R_0 & R_1 & R_2 & R_3 \\ R_1 & R_0 & R_1 & R_2 \\ R_2 & R_1 & R_0 & R_1 \\ R_3 & R_2 & R_1 & R_0 \end{pmatrix} \begin{pmatrix} 0 \\ -\alpha_{2,2} \\ -\alpha_{2,1} \\ 1 \end{pmatrix} = \begin{pmatrix} A_3 \\ 0 \\ 0 \\ P_3 \end{pmatrix}. \qquad (11.53)$$

Es folgt der wesentliche Schritt des Levinson-Algorithmus: Es wird ein neues Gleichungssystem gebildet, bei dem von den Ausgangsgleichungen (11.52) das Verhältnis $\beta = \alpha_{3,3}$ des umgekehrten Gleichungssystems (11.53) abgezogen wird:

$$\begin{pmatrix} R_0 & \ldots & R_3 \\ R_1 & \ldots & R_2 \\ R_2 & \ldots & R_1 \\ R_3 & \ldots & R_0 \end{pmatrix} \left\{ \begin{pmatrix} 1 \\ -\alpha_{2,2} \\ -\alpha_{2,1} \\ 0 \end{pmatrix} - \alpha_{3,3} \begin{pmatrix} 0 \\ -\alpha_{2,2} \\ -\alpha_{2,1} \\ 1 \end{pmatrix} \right\}$$
$$= \begin{pmatrix} P_3 \\ 0 \\ 0 \\ A_3 \end{pmatrix} - \alpha_{3,3} \begin{pmatrix} A_3 \\ 0 \\ 0 \\ P_3 \end{pmatrix}. \qquad (11.54)$$

Der Vergleich mit (11.51) zeigt, daß folgende Relationen gelten:

$$P_4 = P_3 - \alpha_{3,3} A_3$$

und

$$A_3 - \alpha_{3,3} P_3 = 0$$

240

oder

$$\alpha_{3,3} = \frac{A_3}{P_3} \ . \tag{11.55}$$

Hieraus folgt

$$P_4 = P_3(1 - \alpha_{3,3}^2) \ . \tag{11.56}$$

P_3 und A_3 lassen sich nach (11.52) wie folgt bestimmen:

$$P_3 = R_0 - R_1\alpha_{2,1} - R_2\alpha_{2,2} \ , \tag{11.57}$$

$$A_3 = R_3 - R_2\alpha_{2,1} - R_1\alpha_{2,2} \ . \tag{11.58}$$

Die Gleichungen (11.55) bis (11.58) gelten allgemein in der Form:

$$\alpha_{M,M} = \frac{A_M}{P_M} \ , \tag{11.59}$$

$$P_{M+1} = P_M(1 - \alpha_{M,M}^2) \ , \tag{11.60}$$

mit

$$P_M = R_0 - \sum_{k=1}^{M-1} \alpha_{M-1,k} R_k \ , \tag{11.61}$$

$$A_M = R_M - \sum_{k=1}^{M-1} \alpha_{M-1,k} R_{M-k} \ . \tag{11.62}$$

Man erhält die Yule-Walker-Abschätzung der AR-Parameter, indem man die tatsächlichen AKV-Koeffizienten R_k durch Schätzwerte $\bar{R}_k$ ersetzt, die nach Gleichung (11.63) berechnet werden:

$$\bar{R}_k = \frac{1}{N} \sum_{j=1}^{N-|k|} y_j y_{j+k} \ . \tag{11.63}$$

Anschließend werden die Gleichungen (11.61), (11.62), (11.59) und (11.60) nacheinander durchlaufen. Die Rekursion beginnt für $M = 0$ mit $R_0 = P_1$. R_0 wird in der gewohnten Weise berechnet:

$$R_0 = \frac{1}{N} \sum_{j=1}^{N} y_j^2 \ . \tag{11.64}$$

Für $M = 1$ folgt aus der Matrizen-Gleichung (11.48):

$$\begin{pmatrix} R_0 & R_1 \\ R_1 & R_0 \end{pmatrix} \begin{pmatrix} 1 \\ -\alpha_{1,1} \end{pmatrix} = \begin{pmatrix} P_2 \\ 0 \end{pmatrix} \ . \tag{11.65}$$

Aus der unteren Gleichung von (11.65) folgt:

$$\alpha_{1,1} = \frac{R_1}{R_0} \tag{11.66}$$

und hiermit aus der oberen Gleichung:

$$P_2 = R_0(1 - \alpha_{1,1}^2) \ . \tag{11.67}$$

Mit diesen Werten kann die Rekursion begonnen werden.
Die aus dem Gleichungssystem (11.40) sukzessive für wachsendes M, $M = 1, 2, ...$, zu bestimmende Folge der $\alpha_{M,M}$, $M = 1, 2, 3, ...$, wird **Partial-Autokorrelationsfunktion** bezeichnet. Während die AKV-Funktion eines AR-Prozesses der Ordnung P nach Gleichung (11.7) mit wachsender Retardierung $k > P$ nur langsam abklingt, ist ihre Partial-Autokorrelationsfunktion Null für Retardierungen größer als P.

2. Das Verfahren von Burg

Bei der Schätzung der AKV-Werte nach (11.63) wird die Annahme gemacht, daß $(y_j) = 0$ ist für $j > N$. Diese Annahme ist sicherlich falsch. Burg (1967) empfiehlt daher ein Verfahren, bei dem die vorherige Berechnung der AKV-Koeffizienten gemäß Gleichung (11.63) nicht erforderlich ist. Burg geht gleichfalls von der obigen Rekursion aus. Bei der schrittweisen Erhöhung der Ordnung des AR-Prozesses erfordert der Schritt von $M - 1$ auf M die Berechnung von $\alpha_{M,1}, \alpha_{M,2}, ..., \alpha_{M,M}$ und P_{M+1}. Die AR-Koeffizienten $\alpha_{M,k}$, $k = 1, ..., M - 1$ werden wie beim Yule-Walker-Verfahren nach Gleichung (11.47) bestimmt. Zur Berechnung von $\alpha_{M,M}$ schlägt Burg (1967) vor, das Modell durch Vorwärts- **und** Rückwärtsberechnung an die Daten anzupassen, d.h. anstelle des Ausdrucks

$$\bar{P}_{M+1} = \frac{1}{N - M} \sum_{j=1}^{N-M} (y_j - \sum_{k=1}^{M} \alpha_{M,k} y_{j-k})^2 \tag{11.68}$$

den mittleren quadratischen Fehler der AR-Anpassung in der Form

$$P_{M+1} = \frac{1}{2(N - M)} \sum_{j=1}^{N-M} \left((y_{j+M} - \sum_{k=1}^{M} \alpha_{M,k} y_{j+M-k})^2 \right.$$
$$\left. + (y_j - \sum_{k=1}^{M} \alpha_{M,k} y_{j+k})^2 \right) \tag{11.69}$$

zu definieren, und diesen zur Bestimmung von $\alpha_{M,M}$ bezüglich $\alpha_{M,M}$ zu minimieren. Notwendigerweise muß gelten:

$$\frac{\partial P_{M+1}}{\partial \alpha_{M,M}} = 0 \ . \tag{11.70}$$

242

P_{M+1} kann auch als mittlerer quadratischer Vorhersagefehler interpretiert werden, da ϵ_j^+ der Fehler der Vorwärtsvorhersage von y_{j+M} durch Anwendung der AR-Koeffizienten $\alpha_{M,k}$, $k = 1, ..., M$ auf die zurückliegenden Werte y_{j+M-k}, $k = 1, ..., M$ und ϵ_j^- der Fehler der Rückwärtsvorhersage ist.

Die Rekursion beginnt mit $M = 1$: Nach Gleichung (11.69) ist der mittlere quadratische Fehler der Anpassung

$$P_2 = \frac{1}{2(N-1)} \sum_{j=1}^{N-1} ((y_{j+1} - \alpha_{1,1}y_j)^2 + (y_j - \alpha_{1,1}y_{j+1})^2). \qquad (11.71)$$

Aus $\frac{\partial P_2}{\partial \alpha_{1,1}} = 0$ folgt für $\alpha_{1,1}$:

$$\alpha_{1,1} = \frac{2\sum_{j=1}^{N-1} y_j y_{j+1}}{\sum_{j=1}^{N-1}(y_j^2 + y_{j+1}^2)} \ . \qquad (11.72)$$

Aus dem Gleichungssystem (11.65) können mit (11.64) und (11.72) R_1 und P_2 bestimmt werden.

Die Rekursion wird jetzt verallgemeinert, und es wird der Schritt von $M-1$ nach M betrachtet. Der mittlere quadratische Fehler nach Burg,

$$P_{M+1} = \frac{1}{2(N-M)} \sum_{j=1}^{N-M} ((y_{j+M} - \sum_{k=1}^{M} \alpha_{M,k}y_{j+M-k})^2$$
$$+ (y_j - \sum_{k=1}^{M} \alpha_{M,k}y_{j+k})^2) \ , \qquad (11.73)$$

läßt sich mit $\alpha_{M,0} = -1$ wie folgt darstellen:

$$P_{M+1} = \frac{1}{2(N-M)} \sum_{j=1}^{N-M} ((\sum_{k=0}^{M} \alpha_{M,k}y_{j+M-k})^2 + (\sum_{k=0}^{M} \alpha_{M,k}y_{j+k})^2) \ .$$
$$(11.74)$$

Mit Gleichung (11.47) ergibt sich:

$$P_{M+1} =$$
$$\frac{1}{2(N-M)} \sum_{j=1}^{N-M} ((\sum_{k=0}^{M} \alpha_{M-1,k}y_{j+M-k} - \alpha_{M,M} \sum_{k=0}^{M} \alpha_{M-1,M-k}y_{j+M-k})^2$$
$$+ (\sum_{k=0}^{M} \alpha_{M-1,k}y_{j+k} - \alpha_{M,M} \sum_{k=0}^{M} \alpha_{M-1,M-k}y_{j+k})^2) \ . \qquad (11.75)$$

Mit

$$b_{M,j} = \sum_{k=0}^{M} \alpha_{M-1,k} y_{j+k} = \sum_{k=0}^{M} \alpha_{M-1,M-k} y_{j+M-k} \qquad (11.76)$$

und

$$a_{M,j} = \sum_{k=0}^{M} \alpha_{M-1,M-k} y_{j+k} = \sum_{k=0}^{M} \alpha_{M-1,k} y_{j+M-k} \qquad (11.77)$$

folgt:

$$P_{M+1} = \frac{1}{2(N-M)} \sum_{j=1}^{N-M} \left((b_{M,j} - \alpha_{M,M} a_{M,j})^2 + (a_{M,j} - \alpha_{M,M} b_{M,j})^2 \right).$$

$$(11.78)$$

Da $b_{M,j}$ und $a_{M,j}$ unabhängig von $\alpha_{M,M}$ sind, läßt sich das Minimum von (11.78) leicht berechnen. $\frac{\partial P_{M+1}}{\partial \alpha_{M,M}} = 0$ führt zu

$$\alpha_{M,M} = \frac{2 \sum_{j=1}^{N-M} b_{M,j} a_{M,j}}{\sum_{j=1}^{N-M} (b_{M,j}^2 + a_{M,j}^2)} \ . \qquad (11.79)$$

Hiermit ist gewährleistet, daß $|\alpha_{M,M}| < 1$ ist, so daß nach Gleichung (11.60) gilt: $0 \le P_M \le P_{M-1}$. Das heißt: mit wachsendem M wird der mittlere quadratische Fehler der Anpassung kleiner. Aus der Sicht der Filtertheorie minimiert der so bestimmte Operator $\alpha_{M,k}$, $k = 1, 2, ..., M$ den in (11.69) definierten mittleren quadratischen Fehler der Vorhersage.

Ein Vergleich von (11.79) mit Gleichung (11.72) liefert die Anfangswerte für die rekursive Darstellung der $b_{M,j}$ und $a_{M,j}$:

$$\begin{aligned} b_{1,j} &= y_j \ , \\ a_{1,j} &= y_{j+1} \ . \end{aligned} \qquad (11.80)$$

Die allgemeinen Formeln zur Berechnung von $b_{M,j}$ und $a_{M,j}$ erhält man aus den Definitionsgleichungen (11.76) und (11.77), indem man mit Hilfe von Gleichung (11.47) die $\alpha_{M-1,k}$ nach (11.77) aus den $\alpha_{M-2,k}$ entwickelt:

$$\begin{aligned} b_{M,j} &= \sum_{k=0}^{M} \alpha_{M-1,k} y_{j+k} \\ &= \sum_{k=0}^{M} \alpha_{M-2,k} y_{j+k} - \alpha_{M-1,M-1} \sum_{k=0}^{M} \alpha_{M-2,M-k} y_{j+k} \\ &= b_{M-1,j} - \alpha_{M-1,M-1} a_{M-1,j} \ , \end{aligned}$$

$$a_{M,j} = \sum_{k=0}^{M} \alpha_{M-1,k} y_{j+M-k}$$

$$= \sum_{k=0}^{M} \alpha_{M-2,k} y_{j+M-k} - \alpha_{M-1,M-1} \sum_{k=0}^{M} \alpha_{M-2,M-k} y_{j+M-k}$$

$$= a_{M-1,j+1} - \alpha_{M-1,M-1} b_{M-1,j+1} \ . \tag{11.81}$$

Die Berechnung der AR-Koeffizienten und des Fehlers P_{M+1} erfolgt also durch rekursive Aufdatierung der Größen $b_{m,j}$, $a_{m,j}$, $\alpha_{m,j}$ und P_{m+1} bis zur gewünschten Ordnung $M = L$. Angewendet werden die Gleichungen (11.80), (11.81), (11.79), (11.60) und (11.47).

Wenn die Autokovarianzkoeffizienten bekannt sind, dann können die AR-Koeffizienten und σ_x^2 aus dem Gleichungssystem (11.13) und das AR-Spektrum nach Gleichung (11.20) berechnet werden. Bei der Methode von Burg geht man anders vor. Es werden die Koeffizienten eines Anpassungsoperators bestimmt, mit dem dann sowohl das AR-Spektrum als auch die Autokovarianzkoeffizienten berechnet werden können. Dabei wird durch die Vorwärts- und Rückwärtsanpassung erzwungen, daß $|\alpha_{M,M}| < 1$ und damit der Operator stabil ist. Zusätzlich wird durch den Levinson-Algorithmus die Minimalphasigkeit des Operators gewährleistet (siehe Abschnitt 13.6).
Burgs Berechnungsschema der AR-Koeffizienten benutzt nur Daten aus dem tatsächlich zu analysierenden Intervall (siehe z.B. Gleichung (11.72) für $\alpha_{1,1}$). Es besitzt im Vergleich zum Yule-Walker-Verfahren den Vorteil, daß keine Annahmen über den Verlauf der Daten außerhalb des Analysenintervalls in die Berechnung eingehen.
Ein Flußdiagramm über den Burg-Algorithmus zeigt Andersen (1974). Fortran-Programme zur Berechnung der Leistungsspektren nach Yule-Walker und Burg findet man bei Ulrych und Bishop (1975). Die Rechenzeiten hängen von der Ordnung der Modellanpassung ab; sie liegen im Mittel in der gleichen Größenordnung wie bei der Periodogramm-Berechnung.

11.4 Bestimmung der Ordnung des AR-Prozesses

Das eigentliche Problem bei der Berechnung der Spektren über die AR-Modellanpassung liegt in der Bestimmung der Ordnung des AR-Prozesses, mit der der regellose Vorgang bestmöglich angepaßt wird. Bei der Approximation einer Datenfolge endlicher Länge des AR-Vorganges L-ter Ordnung durch ein AR-Modell, z.B. M-ter Ordnung ($M \neq L$), treten zwei Fehler auf, und zwar bedingt durch:

- die Approximation der AR-Daten L-ter Ordnung durch ein AR-Modell anderer Ordnung,

- die Schätzung der AR-Koeffizienten.

Erfolgt die Modellanpassung mit einem AR-Modell zu niedriger Ordnung, dann ist die Approximation der vorliegenden Daten unvollkommen (ein Teil der vorhersagbaren Anteile der Zeitreihe wird nicht erfaßt), so daß die sich ergebende Spektralschätzung mit systematischen Fehlern behaftet ist. Solange die abgeschätzte Ordnung M kleiner ist als die tatsächliche Ordnung L, nimmt dieser Fehler monoton mit wachsendem M ab. Demgegenüber wächst der zweite Fehler für eine feste Datensatzlänge mit zunehmendem M, da mit wachsendem M die empirisch bestimmten AKV-Koeffizienten und damit die AR-Koeffizienten zunehmend ungenauer abzuschätzen sind, so daß die Varianz der Spektralschätzung größer wird. Es gibt für M einen optimalen Wert, bei dem der beste Kompromiß zwischen systematischem Fehler und Varianz der abgeschätzten Spektralwerte erzielt wird.

In Abb. 11.5 wird das quadratische Spektrum eines AR-Prozesses zweiter Ordnung

$$y_j = y_{j-1} - 0.5y_{j-2} + x_j \ , \tag{11.82}$$

mit

$$\sigma_x^2 = 1 \ , \tag{11.83}$$

mit den nach Burg berechneten Spektren bei Anpassung der Daten durch AR-Prozesse der Ordnung 2, 4 und 10 verglichen. Die Länge des Analysenintervalls beträgt in A) 50, in B) 400 Stützwerte. Mit wachsender Ordnung nimmt der Schwankungsbereich der Schätzung zu. Die Abweichungen gegenüber dem theoretischen Spektrum werden um so größer, je kürzer das zu analysierende Datenintervall ist. Daher ist es insbesondere bei kurzen Datensätzen wichtig, für die Spektralabschätzung die richtige Ordnung des AR-Prozesses zu wählen.

Die Lösung dieses Problems geht auf Arbeiten von Akaike (1969, 1970) und Parzen (1976) zurück, die unterschiedliche Kriterien zur Abschätzung der Ordnung des AR-Prozesses angeben. Akaike (1969) empfiehlt, die Ordnung des AR-Modells an Hand des Minimums des mittleren quadratischen Fehlers (11.69) der Anpassung zu bestimmen, der sich ergibt, wenn man das für einen Ausschnitt (x_j) eines regellosen Vorganges berechnete AR-Modell auf einen anderen von (x_j) unabhängigen Ausschnitt desselben statistischen Vorgangs anwendet. Der auf diesem Kriterium basierende Fehler bei der Anpassung des Datensatzes der Länge N durch einen AR-Prozeß M-ter

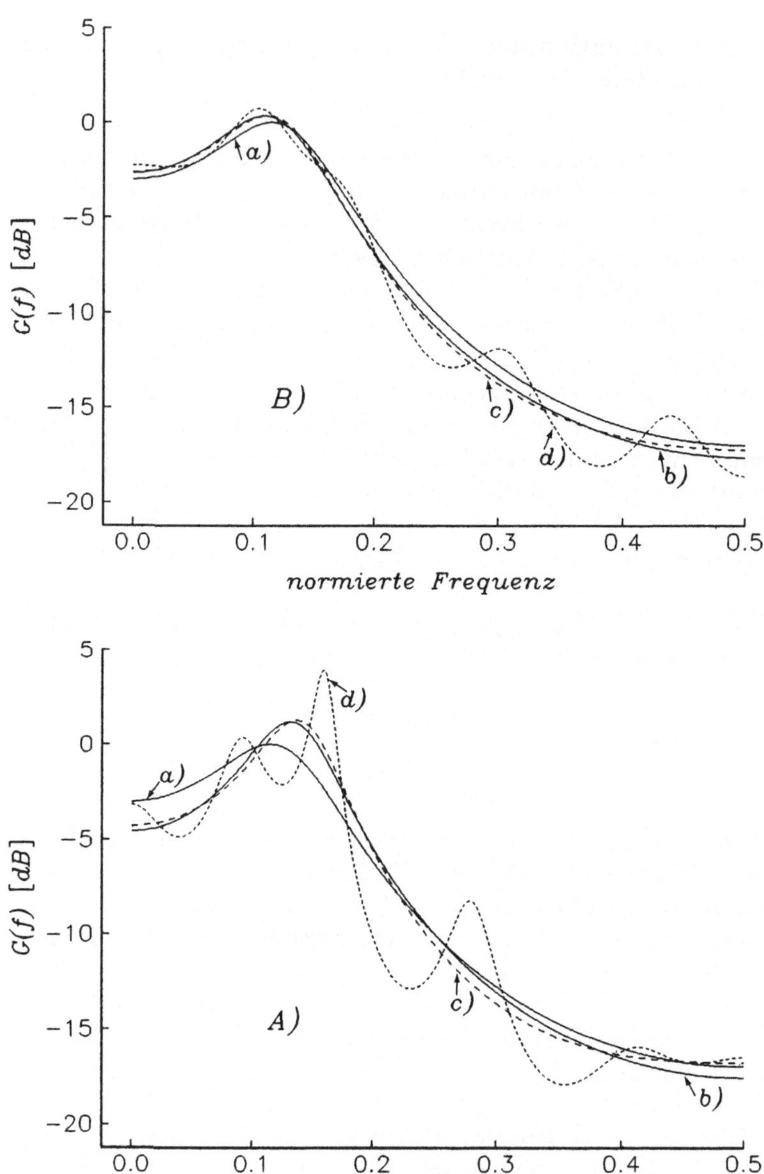

Abbildung 11.5: Leistungsspektren eines AR-Prozesses 2. Ordnung ($\alpha_1 = 1.0$, $\alpha_2 = -0.5$): A) 50 Stützwerte, B) 400 Stützwerte, a) tatsächliches Leistungsspektrum ($\bar{f}_{max} = 0.12$), b), c), d) Burg-Schätzungen für $M = 2$, 4 bzw. 10. Die Spektren sind als Funktion der normierten Frequenz $\bar{f}$ dargestellt: 0.5 entspricht der Nyquist-Frequenz, 0 dB dem Maximum des tatsächlichen Spektrums.

Ordnung, der in der angelsächsischen Literatur als **Final Prediction Error** (FPE) bezeichnet wird, ist nach Akaike (1970):

$$FPE(M) = \frac{N + M + 1}{N - M - 1} P_{M+1} \ . \tag{11.84}$$

Hierbei kann der mittlere quadratische Fehler P_{M+1} der Datenanpassung durch das AR-Modell M-ter Ordnung bei Kenntnis der Modellparameter $\alpha_{M,j}$ nach Gleichung (11.60) berechnet werden. Die Folge $FPE(M)$ in (11.84) besitzt ein Minimum, da P_{M+1} mit wachsendem M abnimmt, während der andere Term in Gleichung (11.84) mit zunehmendem M anwächst.

Für AR-Prozesse gibt das FPE-Kriterium die Ordnung sehr gut wieder. Für Zeitreihen, für die die Kurve der $FPE(M)$, $M = 1, 2, ...$, mehrere **relative** Minima besitzt, sollte nach Ulrych und Bishop (1975) bei der Burg-Schätzung das erste **lokale** Minimum der Kurve der $FPE(M)$ zur Bestimmung der Ordnung des AR-Prozesses gewählt werden. Zur Bestimmung des AR-Spektrums nach Burg wird daher der Final Prediction Error für wachsende Ordnung M, $M = 1, 2, ...$, berechnet und das optimale AR-Modell an Hand des ersten lokalen Minimums der FPE-Folge bestimmt, für das dann nach dem Verfahren von Burg oder Yule-Walker das Spektrum berechnet wird. Schwierigkeiten bei der Anwendung des obigen Kriteriums treten in der Regel bei der Analyse scharfer Spektrallinien auf, da in diesen Fällen vielfach kein klares Minimum der FPE-Werte existiert und die Ordnung der möglichen Modelle nach oben begrenzt werden muß, z.B. nach Ulrych und Bishop durch $M < \frac{N}{2}$.

Eine Alternative zum FPE-Kriterium ist nach Akaike (1974) die Minimierung der in Kapitel 12 definierten logarithmischen Likelihood-Funktion der Varianz der Innovation als Funktion der Operatorlänge. Nach diesem informationstheoretischen Kriterium wird die Ordnung des Prozesses durch das Minimum von

$$AIC(M) = ln(P_{M+1}) + \frac{2(M + 1)}{N} \tag{11.85}$$

bestimmt. $FPE(M)$ und $AIC(M)$ sind asymptotisch äquivalent. Für $N \gg M$ gilt

$$ln\left(\frac{1 + \frac{M+1}{N}}{1 - \frac{M+1}{N}}\right) \approx 2\frac{M + 1}{N} \ .$$

Damit folgt aus Gleichung (11.84) für $N \gg M$:

$$ln(FPE(M)) = ln\left(\frac{1 + \frac{M+1}{N}}{1 - \frac{M+1}{N}} P_{M+1}\right) \approx 2\frac{M + 1}{N} + ln(P_{M+1}). \tag{11.86}$$

Dies ist gerade $AIC(M)$.

Ein drittes Kriterium geht auf Parzen (1976) zurück. Hierbei wird die Ordnung durch das Minimum der Differenz der mittleren quadratischen Fehler bestimmt, die sich bei Anwendung der wahren AR-Koeffizienten, die exakt die Innovation bestimmen, und Anwendung der abgeschätzten Koeffizienten ergeben. Diese Differenz läßt sich ohne explizite Kenntnis der exakten Modellparameter gemäß

$$CAT(M) = \frac{1}{N} \sum_{j=1}^{M} \left(\frac{N-j}{NP_{j+1}} - \frac{N-M}{NP_{j+1}} \right) \qquad (11.87)$$

berechnen. Dieses Kriterium wird als **autoregressive transfer function** Kriterium bezeichnet.

Modellrechnungen von Landers und Lacoss (1977), in denen die drei beschriebenen Kriterien angewendet werden, zeigen, daß bei geringen Störanteilen die drei Kriterien die gleiche AR-Ordnung ergeben und ein dem theoretischen Spektrum vergleichbares Resultat liefern. Bei stärkeren Störanteilen sind die Resultate inkonsistent.

Für den in Abb. 11.5 analysierten AR-Prozeß 2. Ordnung sind die FPE- und AIC-Werte für $M = 1$ bis 20 in Abb. 11.6 dargestellt. Das Minimum liegt sowohl für $N = 50$ als auch für $N = 400$ Stützwerte bei $M = 2$; beide Kriterien geben die Ordnung des AR-Prozesses richtig wieder.

11.5 Auflösungsvermögen und Zuverlässigkeit der AR-Spektralanalyse

Die AR-Spektralabschätzungen, insbesondere wenn sie mit dem Burg-Algorithmus berechnet werden, sind durch ihr hohes Auflösungsvermögen ausgezeichnet. In Abb. 11.7 sind für eine 1-Hz-Sinusschwingung der Länge 1 Sekunde die AR-Schätzungen nach Burg und Yule-Walker sowie die Blackman-Tukey-Schätzung gegenübergestellt. Auch wenn die Verfahren nicht zur Analyse periodischer Vorgänge entwickelt worden sind und ihre Anwendung auf derartige Zeitserien angezweifelt werden kann, so spiegelt das Beispiel doch sehr deutlich den Hauptvorteil der AR-Schätzung wider: das Auflösungsvermögen der AR-Spektralabschätzung ist erheblich größer als das der klassischen Verfahren. Dies gilt insbesondere für das Burg-Verfahren. Weitere Beispiele, die dies bestätigen, findet man bei Ulrych (1972).

Das Auflösungsvermögen klassischer Spektralanalyseverfahren, d.h. die Möglichkeit, zwei Frequenzanteile im Spektrum voneinander trennen zu können, hängt von der Länge des Datensatzes ab. Um zwei

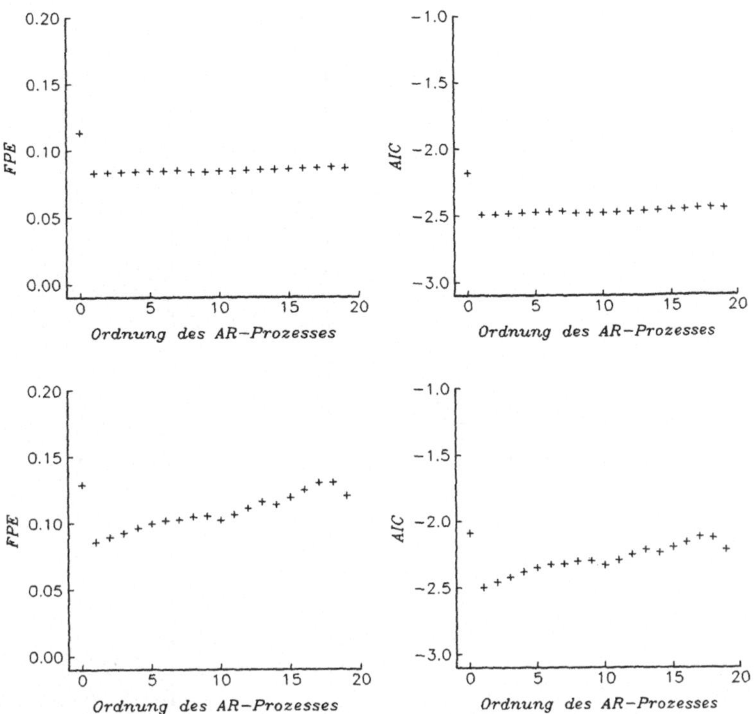

Abbildung 11.6: FPE- (links) und AIC-Werte in Abhängigkeit von
M für den in Abb. 11.5 analysierten $AR(2)$-Prozeß;
oben: $N = 400$, unten: $N = 50$.

Sinusschwingungen mit einem Frequenzunterschied Δf im Spektrum
trennen zu können, ist ein Analysenintervall von $T \geq \frac{1}{\Delta f}$ erforderlich. Bei der AR-Schätzung nach Burg liefern bereits erheblich kürzere Aufzeichnungen das gleiche Auflösungsvermögen, da für dieses
Verfahren die Schätzung auf einer im Prinzip unendlich langen Autokovarianzfunktion basiert. Der Grad, um den die Auflösung verbessert wird, hängt von verschiedenen Faktoren ab, wie Datensatzlänge,
Signal-Störverhältnis sowie bei monofrequenten Spektralanteilen von
der Anfangsphase und der Frequenz. Nach den Ergebnissen nume-
rischer Untersuchungen an synthetischen Zeitserien verschiedener Autoren kann die Auflösung des Burg-Verfahrens in Abhängigkeit von
der Komplexität der zu analysierenden Daten um den Faktor 2 - 5
besser als bei den klassischen Verfahren sein (siehe Wenzel und Zürn,
1980).

Die höhere Auflösung des AR-Spektrums gegenüber den klassischen Verfahren läßt sich auch für AR-Prozesse zeigen. In Abb. 11.8
sind für einen AR-Prozeß vierter Ordnung - dargestellt in a) - mit dem

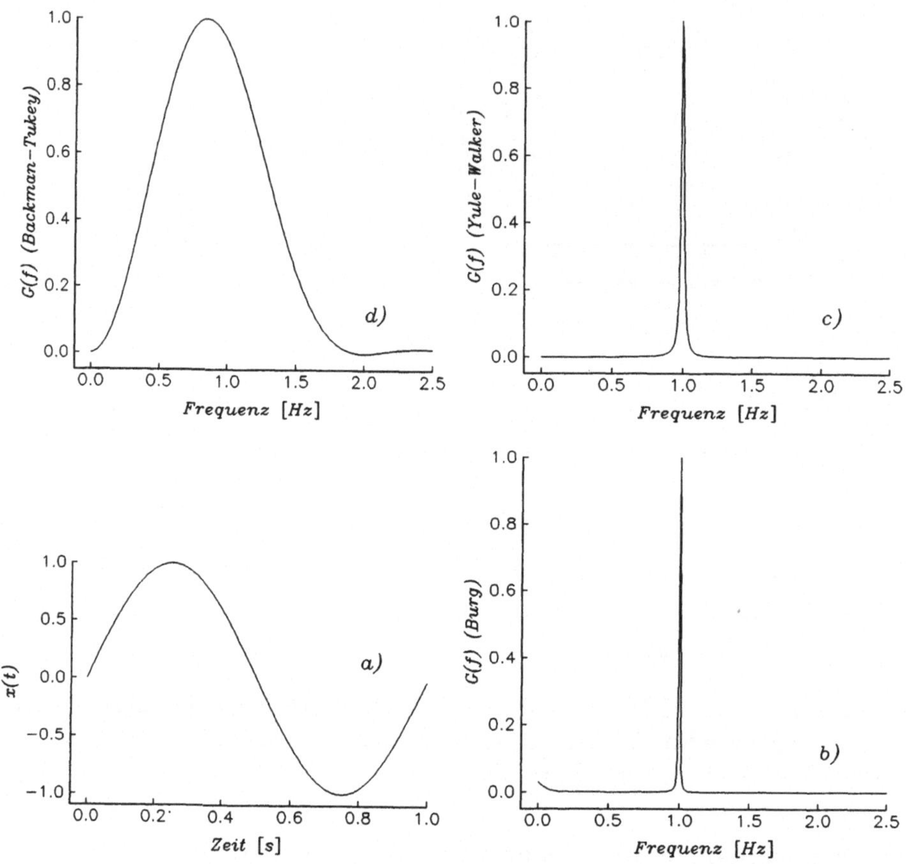

Abbildung 11.7: Gegenüberstellung der Blackman-Tukey- und AR-Spektralschätzung: a) analysierte 1-Hz-Sinusschwingung, b) $AR(4)$-Schätzung nach Burg, c) $AR(4)$-Schätzung nach Yule-Walker, d) Blackman-Tukey-Schätzung.

in b) gezeigten theoretischen Leistungsspektrum, die Ergebnisse der Burg - (c) und der Yule-Walker-Schätzungen (d), der Periodogramm- (e) und Blackman-Tukey-Schätzungen bei Benutzung von zwei unterschiedlich langen Tukey-Gewichtsfunktionen (f und g) gegenübergestellt. Das nach Burg berechnete Spektrum stimmt am besten mit dem theoretischen Spektrum überein; die beiden Maxima sind deutlich getrennt. Zwar sind auch bei der Burg-Schätzung die Amplituden der beiden Maxima mit Fehlern behaftet, sie sind aber im Vergleich zu denen der anderen Verfahren relativ klein. Bei der Yule-Walker-

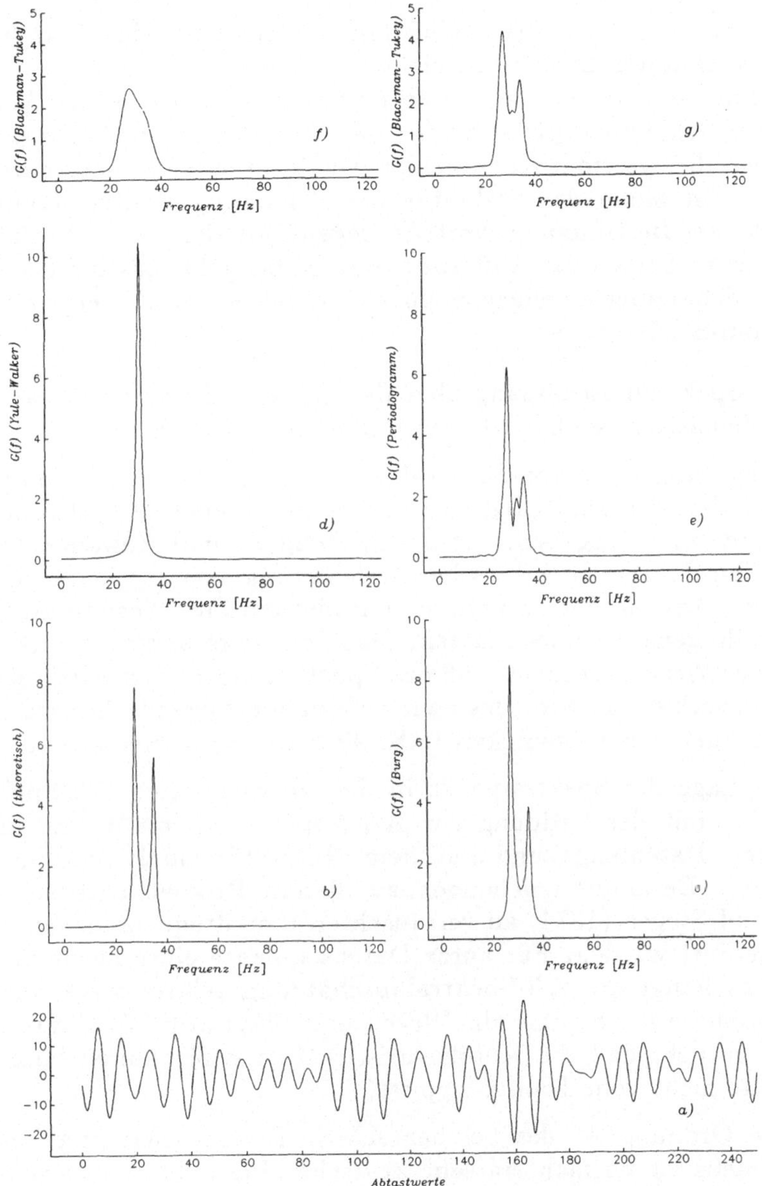

Abbildung 11.8: Gegenüberstellung verschiedener Spektralschätzungen für ein $AR(4)$-Modell ($N = 256$, $\Delta t = 0.004$ s); a) Daten eines $AR(4)$-Prozesses, b) tatsächliches Leistungsspektrum, c) AR-Spektrum nach Burg, d) AR-Spektrum nach Yule-Walker, e) geglättetes Periodogramm (Tukey-Glättung), f), g) Blackman-Tukey-Spektren ($AKF_{Max} = 52$ bzw. 128 Stützwerte) bei Anwendung der Tukey-Gewichtsfunktion.

Schätzung lassen sich die beiden Peaks trotz der Schmalbandigkeit des abgeschätzten Spektrums nicht trennen.

Nach Untersuchungen von Ulrych und Bishop (1975) ist die Varianz der Burg-Schätzung größer als bei der Yule-Walker-Schätzung, während sich die systematischen Fehler der Schätzungen umgekehrt verhalten. Im Sinne der Stabilität der Schätzung besitzt damit die Yule-Walker-Bestimmung Vorteile gegenüber dem Burg-Verfahren, was aber zu Lasten des Auflösungsvermögens geht, das bei der Yule-Walker-Schätzung im allgemeinen nur wenig besser als bei der Periodogramm-Schätzung ist.

Die Spektralabschätzung über die AR-Modellanpassung ist nicht unproblematisch; sie besitzt eine Reihe von Schwachstellen:

1. In der Umgebung von Spektralpeaks werden die Spektralamplituden bei der AR-Schätzung mit fest vorgegebener Schrittweite Δf nicht gut wiedergegeben. Radoski, Fougere und Zawalick (1975) empfehlen daher eine sukzessive Verfeinerung von Δf in der Umgebung der Maxima des Spektrums, um hier die Frequenzen und Spektralanteile genauer abzuschätzen. Das Leistungsspektrum wird hierbei in der Weise berechnet, daß das Spektrum integriert wird und Δf so lange verkleinert wird, bis zwei aufeinanderfolgende Integralwerte mit vorgegebener Genauigkeit (z.B. 99 Prozent) übereinstimmen.

2. Die Lage der Spektralpeaks in den abgeschätzten AR-Spektren kann sich mit der Ordnung der AR-Anpassung, mit der zu analysierenden Datenlänge und mit dem Nutz-Störsignalverhältnis verschieben. Detailuntersuchungen zu diesem Problemkreis sind von Chen und Stegen (1974) an verrauschten monofrequenten Zeitreihen durchgeführt worden. Für kurze Datensegmente eines harmonischen Vorgangs hängt die AR-Spektralabschätzung relativ stark von der Anfangsphase des Signals ab. Ulrych und Clayton (1976) führen dies darauf zurück, daß die Autokovarianz-Matrix für kurze Analysenintervalle nicht vom Töplitz-Typ ist.

3. Die Ordnung M des bei der AR-Spektralabschätzung benutzten Modells ist vielfach ein sehr kritischer Parameter, insbesondere bei kurzen Datensätzen sowie bei Zeitreihen mit periodischen Anteilen. Während man bei zu klein gewählten Werten von M Spektralabschätzungen mit unzureichender Auflösung erhält, können bei zu groß gewählter AR-Ordnung die Spektralabschätzungen instabil werden und nichtexistierende Details aufweisen. Insbesondere ist bei kurzen Datensätzen mit periodischen Anteilen eine Aufspaltung (Splitting) des Spektrums in mehrere scharfe Peaks zu beobachten (siehe Fougere (1975)). Abb. 11.9 zeigt dies für einen AR-Prozeß 2. Ordnung. Bei richtiger Wahl der Ordnung M - wie in b) - stimmt das abgeschätzte Leistungsspektrum sehr gut mit dem theoretischen Spektrum überein. Bei zu groß gewählter Ordnung werden Spektralpeaks vorgetäuscht.

Nach Kromer (1970) besitzt die AR-Schätzung das gleiche asymptotische Verhalten wie die geglättete Periodogramm-Schätzung:

- die AR-Spektralschätzung ist erwartungstreu:

$$\mathcal{E}[\bar{G}(f)] = G(f) \ , \tag{11.88}$$

- die Varianz der AR-Schätzung ist proportional zu $G^2(f)$:

$$Var[\bar{G}(f)] = \frac{2}{\nu} G^2(f) \ , \tag{11.89}$$

wobei $\nu = \frac{T}{L}$ (T = Länge des Analysenintervalls, L = Ordnung des AR-Prozesses) die Anzahl der Freiheitsgrade angibt. Dies gilt für glatte Spektren und für großes T und L. Nach Gleichung (11.89) ist für festes T die Varianz des AR-Spektrums um so größer, je größer die Ordnung L ist.

Konfidenzintervalle für die AR-Spektralabschätzung wurden von Baggeroer (1976) bestimmt. Nach diesen Untersuchungen ist die relative Weite des Konfidenzintervalls, d.h. das Verhältnis von Weite des Konfidenzintervalls zu abgeschätztem Spektralwert, proportional der Leistungsdichte. Im Gegensatz hierzu ist die relative Weite der Konfidenzintervalle bei den klassischen Verfahren der Spektralanalyse unabhängig von der Leistungsdichte (siehe Abschnitt 9.3.1).

11.6 Das Leistungsspektrum von MA- und $ARMA$-Prozessen

Analog zum obigen Vorgehen läßt sich das Leistungsspektrum für den MA-Prozeß L-ter Ordnung herleiten. Der MA-Prozeß L-ter Ordnung

$$y_j = x_j + \beta_1 x_{j-1} + \beta_2 x_{j-2} + ... + \beta_L x_{j-L} \tag{11.90}$$

mit den Eigenschaften (11.2) und (11.3), besitzt die Autokovarianzkoeffizienten

$$R_0 = (1 + \beta_1^2 + \beta_2^2 + ... + \beta_L^2)\sigma_x^2 \tag{11.91}$$

und

$$R_k = \begin{cases} (\beta_k + \beta_1\beta_{k+1} + ... + \beta_{L-k}\beta_L)\sigma_x^2 & \text{für } k = 1, 2, .., L \\ 0 & \text{für } k > L \ . \end{cases} \tag{11.92}$$

254

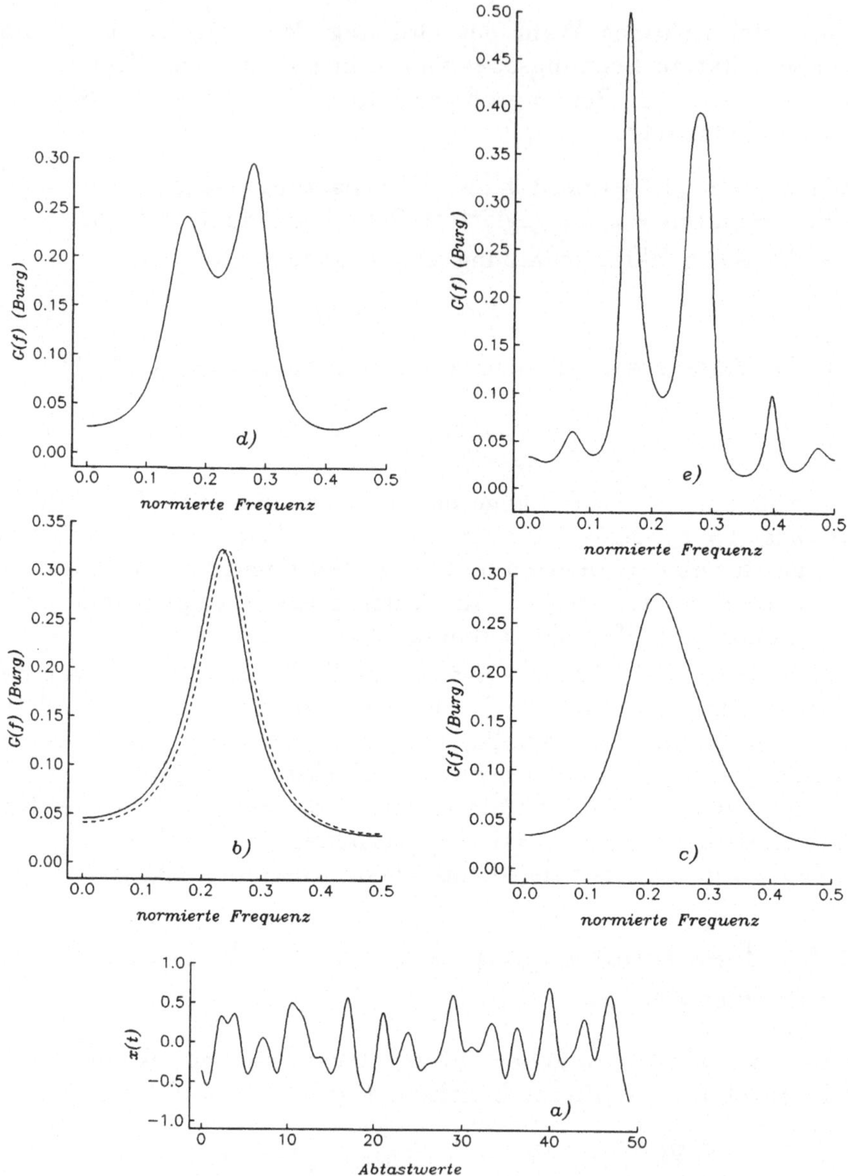

Abbildung 11.9: Spektral-Splitting bei Anpassung eines $AR(2)$-Prozesses ($\alpha_1 = 0.1$, $\alpha_2 = -0.5$, $N = 50$) - dargestellt in a) - mit AR-Modellen zu großer Ordnung: b) M=2, c) M=4, d) M=6, e) M=15. Die mit dem Burg-Verfahren berechneten Spektren sind als Funktion der normierten Frequenz $f[\text{Hz}] \times \Delta t[s]$ dargestellt. Zum Vergleich ist das theoretische Leistungsspektrum in b) (gestrichelte Kurve) angegeben. In b) ist das abgeschätzte Spektrum um 0.01 Einheiten zu niedrigen Frequenzen verschoben dargestellt.

Die Autokorrelationskoeffizienten des MA-Prozesses ergeben sich zu:

$$r_0 = 1 \ ,$$

$$r_k = \begin{cases} \frac{\beta_k + \beta_1 \beta_{k+1} + \ldots + \beta_{L-k}\beta_L}{1 + \beta_1^2 + \ldots + \beta_L^2} & \text{für } k = 1, 2, .., L \\ 0 & \text{für } k > L \ . \end{cases} \qquad (11.93)$$

Sind r_1, r_2, r_3, ..., r_L bekannt, dann lassen sich die MA-Koeffizienten β_j aus den Gleichungen (11.93) bestimmen. Im Gegensatz zu den Yule-Walker-Gleichungen ist (11.93) aber ein nichtlineares Gleichungssystem. Die Bestimmung der MA-Koeffizienten ist damit um einiges schwieriger als die der AR-Koeffizienten. Der MA-Prozeß (11.90) besitzt die z-Transformierte

$$Y(z) = X(z)B_L(z) \ \ \text{mit } B_L(z) = 1 + \beta_1 z + \ldots + \beta_L z^L \ . \qquad (11.94)$$

Die z-Transformierte der zugehörigen AKV-Funktion kann unter Berücksichtigung von Gleichung (11.2) dargestellt werden durch:

$$\begin{aligned} G(z) &= Y(z)Y(\frac{1}{z}) = X(z)X(\frac{1}{z})B_L(z)B_L(\frac{1}{z}) \\ &= \sigma_x^2 |B_L(z)|^2 \ . \end{aligned}$$

Wegen $G(f) = \Delta t G(z)|_{z=e^{-i2\pi f \Delta t}}$ ergibt sich für das Leistungsspektrum:

$$\begin{aligned} G(f) &= \Delta t \ \sigma_x^2 |1 + \beta_1 e^{-i2\pi f \Delta t} + \beta_2 e^{-i4\pi f \Delta t} + \ldots + \beta_L e^{-2\pi L f \Delta t}|^2 \\ &= \Delta t \ \sigma_x^2 |1 + \sum_{j=1}^{L} \beta_j e^{-i2\pi f j \Delta t}|^2 \end{aligned}$$

bzw. für $\bar{f} = f\Delta t$ und $\Delta t = 1$:

$$G(\bar{f}) = \sigma_x^2 |1 + \sum_{j=1}^{L} \beta_j e^{-i2\pi \bar{f} j}|^2 \ . \qquad (11.95)$$

(11.95) besitzt wie das klassische Periodogramm-Verfahren keine Polstellen. Die klassischen Verfahren sind daher sehr viel besser auf MA-Prozesse als auf AR-Prozesse anzuwenden.

Auch für MA-Prozesse existieren verschiedene Verfahren, um die Ordnung L abzuschätzen. So kann man z.B. nach Chow (1972) die Daten mit dem inversen MA-Operator filtern und prüfen, ob der Filterausgang weiß ist.

256

Faßt man die Ergebnisse der AR- und MA-Prozesse zusammen, so ergibt sich für die Abschätzung des Leistungsspektrums eines $ARMA$-Prozesses der Ordnung M, L:

$$G(\bar{f}) = \sigma_x^2 \frac{|1 + \sum_{j=1}^{L} \beta_j e^{-i2\pi \bar{f} j}|^2}{|1 - \sum_{j=1}^{M} \alpha_j e^{-i2\pi \bar{f} j}|^2} \quad . \tag{11.96}$$

Im Gegensatz zum AR-Prozeß (siehe (11.7)) ist die AKV-Funktion des $MA(L)$-Prozesses für Retardierungen $k > L$ identisch Null, während die Partial-Autokorrelationskoeffizienten für $k > L$ ungleich Null sind und nur langsam mit wachsendem k abklingen. Klingen beide Funktionen - die AKV-Funktion und die Partial-Autokorrelationsfunktion - zeitlich nur langsam ab und sind sie nicht ab einer bestimmten Retardierung identisch Null, dann kann man davon ausgehen, daß ein $ARMA$-Prozeß vorliegt. Auf diesem unterschiedlichen Verhalten der AKV-Funktion und der Partial-Autokorrelationsfunktion basieren die Verfahren zur Identifikation des Zeitreihentyps.

11.7 Anpassung von $ARMA$-Vorgängen durch AR- oder MA-Modelle

Die in praxi vorkommenden Zeitreihen sind vielfach $ARMA$-Prozesse, die durch Gleichung (11.1) dargestellt werden können. Zum Beispiel läßt sich in der Seismik die Impulsantwort eines ideal elastischen, horizontal geschichteten Mediums mit Schichtmächtigkeiten gleicher Laufzeit (sog. Goupillaud-Modell) durch dieses Modell beschreiben (siehe z.B. Silvia and Robinson, 1979). Die Anpassung der Daten durch ein derartiges Modell ist, gemessen an der Beschreibung durch AR-Prozesse, vergleichsweise schwierig. Insbesondere steht für die Bestimmung der Ordnung des $ARMA$-Modells, d.h. der Grade L und M des Zähler- und Nennerpolynoms, kein Kriterium zur Verfügung, das z.B. dem FPE-Kriterium von Akaike für reine autoregressive Prozesse vergleichbar ist. In der Praxis wird daher vielfach versucht, auch $ARMA$-Prozesse durch AR-Modelle anzupassen. Theoretisch ist für die Modellanpassung eines $ARMA$-Modells endlicher Ordnung ein unendlich langer AR-Prozeß erforderlich. Dabei lassen sich für den $ARMA$-Prozeß mit der z-Transformierten

$$Y(z) = \frac{B_L(z)}{A_M(z)} \tag{11.97}$$

die Koeffizienten c_k des äquivalenten $AR(\infty)$-Modells mit der z-Transformierten $\frac{1}{C(z)}$, wobei

$$C(z) = 1 + \sum_{k=1}^{\infty} c_k z^k \qquad (11.98)$$

ist, aus der Forderung

$$\frac{B_L(z)}{A_M(z)} = \frac{1}{C(z)} \qquad (11.99)$$

oder durch Bildung der inversen z-Transformierten von

$$C(z)B_L(z) = A_M(z) \qquad (11.100)$$

wie folgt bestimmen:

$$c_n = \begin{cases} 1 & \text{für } n = 0 \ , \\ -\sum_{k=1}^{L} \beta_k c_{n-k} - \alpha_n & \text{für } 1 \leq n \leq M \ , \\ -\sum_{k=1}^{L} \beta_k c_{n-k} & \text{für } n > M \ , \end{cases} \qquad (11.101)$$

mit den Anfangsbedingungen $c_{-1} = \ldots = c_{-L} = 0$.
Untersuchungen von Gersch und Sharpe (1973) zeigen, daß für lange Datensätze und bei Benutzung großer Ordnungen die AR-Modellanpassung den Spektralgehalt endlicher $ARMA$-Prozesse in der Tat relativ gut wiedergibt, wobei aber in den Bereichen, in denen die Spektren Minima besitzen, Vorsicht geboten ist, da in der Umgebung der Nullstellen des Spektrums (primär wird das Spektrum hier durch den MA-Anteil bestimmt) systematische Fehler auftreten, die dadurch zu erklären sind, daß zur Beschreibung des MA-Anteils endlicher Ordnung theoretisch ein AR-Modell unendlicher Ordnung erforderlich wäre. Nach den Ergebnissen von Gersch und Sharpe kann weiterhin für lange Datensätze auch bei der Anpassung der $ARMA$-Prozesse durch AR-Modelle Akaikes FPE-Kriterium angewendet werden.

In ähnlicher Weise läßt sich der $ARMA(M, L)$-Prozeß durch ein $MA(\infty)$-Modell approximieren, das heißt:

$$Y(z) = \frac{B_L(z)}{A_M(z)} = D(z) \qquad (11.102)$$

mit

$$D(z) = 1 + \sum_{k=1}^{\infty} d_k z^k \ , \qquad (11.103)$$

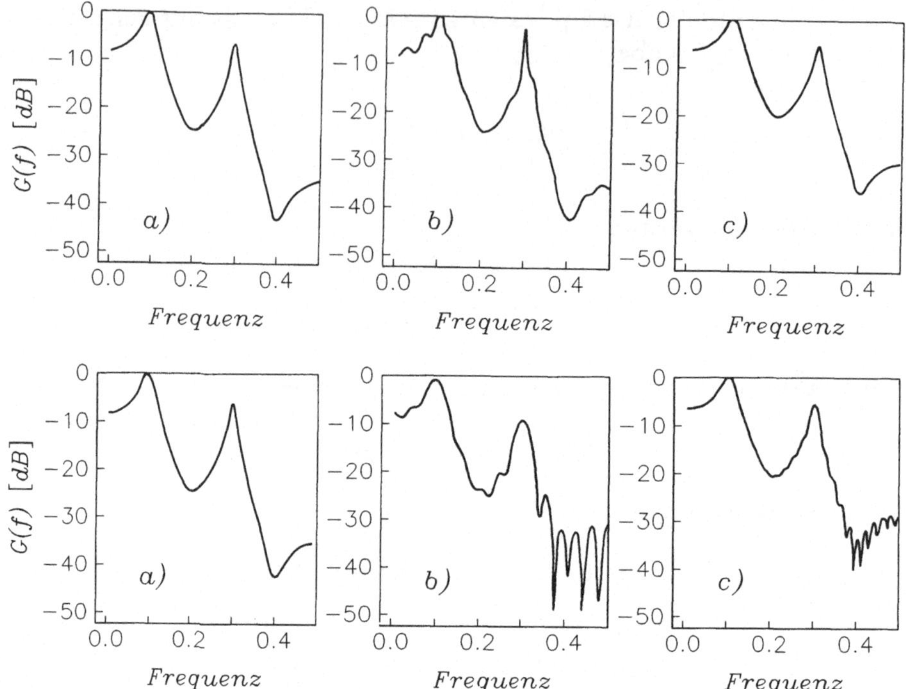

Abbildung 11.10: Leistungsspektren verschiedener Approximationen eines $ARMA(4,4)$-Prozesses: oben durch AR-Modelle, unten durch MA-Modelle. Dargestellt sind jeweils in a) das theoretische Leistungsspektrum, in b) und c) die abgeschätzten Spektren für Modelle der Ordnung 25 bzw. 50 (nach Marple, 1987).

wobei die Koeffizienten d_k durch Berechnung der inversen z-Transformierten von

$$D(z)A_M(z) = B_L(z) \qquad (11.104)$$

bestimmt werden:

$$d_n = \begin{cases} 1 & \text{für } n = 0 \ , \\ \sum_{k=1}^{M} \alpha_k d_{n-k} + \beta_n & \text{für } 1 \leq n \leq L \ , \\ \sum_{k=1}^{M} \alpha_k d_{n-k} & \text{für } n > L \ , \end{cases} \qquad (11.105)$$

mit $d_{-1} = ... = d_M = 0$.

Abb. 11.10 zeigt die Leistungsspektren verschiedener AR- und MA-Approximationen eines $ARMA(4,4)$-Prozesses nach Marple (1987). Das theoretische Spektrum wird - wie nach der obigen Diskussion zu erwarten ist - am besten durch das $AR(50)$-Spektrum wiedergegeben.

11.8 Schätzung der Parameter von MA- und $ARMA$-Prozessen

Zur Schätzung der MA-Parameter ist es naheliegend, das Gleichungssystem (11.93) zu lösen, wobei abgeschätzte Autokorrelationskoeffizienten für die zu analysierende Datenfolge benutzt werden. Da die Lösung des nichtlinearen Gleichungssystems vielfach schwierig ist, wird in praxi ein anderer Weg eingeschlagen, bei dem die Tatsache ausgenutzt wird, daß der $MA(L)$-Prozeß durch ein äquivalentes $AR(\infty)$-Modell beschrieben werden kann. Es werden zunächst die Parameter eines AR-Modells großer Ordnung hergeleitet, die dann über eine least-mean-squares-Approximation invertiert werden, derart, daß

$$B_L(z) = \frac{1}{A_\infty(z)} \tag{11.106}$$

gilt.

Bei den meisten Verfahren zur Schätzung der $ARMA$-Parameter werden die AR- und MA-Parameter getrennt voneinander bestimmt. In der Regel werden zunächst die AR-Parameter berechnet, die dann zur Herleitung eines inversen Operators benutzt werden, der auf die zu analysierenden Daten angewendet wird. Das Ergebnis dieser Prozedur sollte den MA-Anteil wiedergeben, für den dann die MA-Parameter mit dem oben dargestellten Verfahren berechnet werden können. Rechenprogramme zur Bestimmung der MA- und $ARMA$-Parameter nach den hier skizzierten Ansätzen findet man bei Marple (1987).

Andere Verfahren zur Schätzung der $ARMA$-Koeffizienten basieren darauf, daß die Daten direkt durch $ARMA$-Modelle angepaßt werden. Robinson und Treitel (1980) setzen hierzu das in Kapitel 19.5 dargestellte digitale Wiener-Optimalfilter ein. Die Anpassung erfolgt iterativ nach folgendem Verfahren:
Gegeben seien die Daten des $ARMA(M, L)$-Prozesses mit der z-Transformierten

$$Y(z) = \frac{B_L(z)X(z)}{A_M(z)} = \frac{P_L(z)}{A_M(z)} \,, \tag{11.107}$$

wobei

$$P_L(z) = B_L(z)X(z) \tag{11.108}$$

ist. Mit Einführung der Vektoren

$$\mathbf{y} = (y_0, y_1, ..., y_N), \tag{11.109}$$

$$\mathbf{a} = (a_0, a_1, ..., a_M), \tag{11.110}$$

$$\mathbf{p} = (p_0, p_1, ..., p_{N+M-1}) \tag{11.111}$$

läßt sich Gleichung (11.107) symbolisch ($*$ steht für den Faltungs-prozeß) wie folgt im Zeitbereich darstellen:

$$\mathbf{y} * \mathbf{a} = \mathbf{p} \ . \tag{11.112}$$

Zum Beispiel ist für den $ARMA(1,1)$-Prozeß

$$y_j = \alpha_1 y_{j-1} + \beta_0 x_j + \beta_1 x_{j-1} \tag{11.113}$$

mit $p_j = \beta_0 x_j + \beta_1 x_{j-1}$:

$$(y_0, y_1, ..., y_N) * (1, -\alpha_1) = (p_0, p_1, ..., p_{N+1}) \ . \tag{11.114}$$

Mit Einführung von $\mathbf{a}^{-1}$, so daß

$$\mathbf{a} * \mathbf{a}^{-1} = \delta \ , \tag{11.115}$$

folgt aus Gleichung (11.112)

$$\mathbf{y} = \mathbf{a}^{-1} * \mathbf{p} \ . \tag{11.116}$$

Das auf Robinson und Treitel zurückgehende Verfahren erfordert die Berechnung dreier Optimalfilter:

1. Bei Vorgabe eines Startvektors $\mathbf{p}^{(0)}$ für den MA-Anteil wird eine erste Näherung für den AR-Anteil $\mathbf{a}$, d.h. $\mathbf{a}^{(1)}$, entsprechend (11.112) berechnet. $\mathbf{p}^{(0)}$ ist der gewünschte Filterausgang, $\mathbf{y}$ der Filtereingang und $\mathbf{a}^{(1)}$ das im Sinne der least-mean-squares-Approximation ermittelte Filter.

2. Es wird der zu $\mathbf{a}^{(1)}$ gehörende inverse Operator $\mathbf{a}^{-1(1)}$ nach (11.115) bestimmt. Gewünschter Filterausgang: δ-Funktion, Filtereingang: $\mathbf{a}^{(1)}$, gesuchtes Filter: $\mathbf{a}^{-1(1)}$.

3. Bei Kenntnis von $\mathbf{y}$ wird mit $\mathbf{a}^{-1(1)}$ nach Gleichung (11.116) $\mathbf{p}^{(1)}$ berechnet. Gewünschter Filterausgang: $\mathbf{y}$, Filtereingang: $\mathbf{a}^{-1(1)}$, gesuchtes Filter: $\mathbf{p}^{(1)}$.

Nach der n-ten Iteration hat man die Vektoren $\mathbf{a}^{(n)}$ (d.h. den AR-Anteil), $\mathbf{a}^{-1(n)}$ und $\mathbf{p}^{(n)}$ ermittelt. Nach (11.116) gilt, falls die Folgen konvergieren,

$$\mathbf{y} = \mathbf{a}^{-1(n)} * \mathbf{p}^{\,(n)} \tag{11.117}$$

mit der z-Transformierten

$$Y(z) = \frac{P_L^{(n)}(z)}{A_M^{(n)}(z)} \ . \tag{11.118}$$

Mit $P_L^{(n)} = B_L^{(n)}(z) X(z)$ hat man den MA-Anteil $\mathbf{b}^{(n)}$ bestimmt. Ein entsprechendes Fortran-Rechenprogramm zur iterativen Anpassung der Daten durch $ARMA$-Modelle findet man bei Robinson und Treitel (1980).

11.9 Spektralanalyse instationärer Vorgänge

Für Zeitreihen mit zeitlich variierender Spektraldichteverteilung liefern die bisher behandelten Verfahren, wie z.B. die AR-Spektralschätzung durch die Minimierung der Anpassungsfehler eines AR-Modells endlicher Länge über die **gesamte** Datenlänge, ein **mittleres** Spektrum, bei dem die zeitlichen Änderungen bzw. Variationen des Spektrums herausgemittelt sind. Als Alternative zur Spektralanalyse derartiger Folgen über die Datenzerlegung in kurze Segmente, für die dann unter der Annahme der stückweisen Stationarität für jedes Segment die AR-Analyse durchgeführt wird, läßt sich die Spektralanalyse datenadaptiv durch gleitende Aufdatierung eines Operators durchführen, mit dem die zu analysierenden Daten vorhergesagt werden. Das Prinzip des auf Widrow und Hoff (1960) zurückgehenden **adaptiven least-mean-squares** (LMS)-Verfahrens soll zunächst anhand des Vorhersage-Operators der Länge 1 skizziert werden:
Es sei α_1 der Vorhersage-Operator, mit dem x_k, $k = 1, .., N$ aus x_{k-1} vorhergesagt werden soll, d.h.

$$x_k = \alpha_1 x_{k-1}, \ \ k = 1, ..., N. \tag{11.119}$$

Die Summe der quadratischen Vorhersagefehler beträgt:

$$E = \sum_{k=1}^{N} \epsilon_k^2 = \sum_{k=1}^{N} (x_k - \alpha_1 x_{k-1})^2 \ . \tag{11.120}$$

Zur Minimierung der Vorhersagefehler wird im stationären Fall der LMS-Vorhersage-Operator dadurch bestimmt, daß man

$$\frac{\partial E}{\partial \alpha_1} = 0 \tag{11.121}$$

setzt. Im nichtstationären Fall ist α_1 zeitabhängig; mit jedem neuen Datenwert ändert sich der optimale Wert für α_1. Mit jedem neuen Datum muß daher eine Neubestimmung von α_1 durch Aufdatierung erfolgen. Die Hinzunahme eines neuen Datenwertes x_k verursacht eine Änderung in $\frac{\partial E}{\partial \alpha_1}$ um

$$\frac{\partial (x_k - \alpha_1 x_{k-1})^2}{\partial \alpha_1} = -2(x_k - \alpha_1 x_{k-1})x_{k-1} = -2\epsilon_k x_{k-1} \ . \tag{11.122}$$

Damit läßt sich der für den stationären Fall berechnete Koeffizient α_1 iterativ mit Hilfe des Gradienten des quadratischen Fehlers korrigieren:

$$\alpha_1^{new} = \alpha_1 + 2\epsilon_k x_{k-1} \ . \tag{11.123}$$

262

Das Verfahren läßt sich für Vorhersage-Operatoren der Länge L verallgemeinern. Ist $\mathbf{a}_k = (\alpha_1(k), ..., \alpha_L(k))^T$ der Vektor der Vorhersage-Koeffizienten zur Zeit k, dann ist der Fehler der Vorhersage zum Zeitpunkt k gegeben durch:

$$\epsilon_k = x_k - \sum_{j=1}^{L} \alpha_j(k) x_{k-j} \quad . \tag{11.124}$$

Mit

$$\mathbf{x}_{k-1} = \begin{pmatrix} x_{k-1} \\ \cdot \\ \cdot \\ \cdot \\ x_{k-L} \end{pmatrix} \tag{11.125}$$

und

$$\mathbf{a}_k = \begin{pmatrix} \alpha_1(k) \\ \alpha_2(k) \\ \cdot \\ \cdot \\ \alpha_L(k) \end{pmatrix} \tag{11.126}$$

folgt

$$\epsilon_k = x_k - \mathbf{a}_k^T \mathbf{x}_{k-1} \quad . \tag{11.127}$$

Beim adaptiven LMS-Verfahren erfolgt die Bestimmung des Vorhersage-Operators gemäß:

$$\mathbf{a}_{k+1} = \mathbf{a}_k + \eta \bar{\nabla}[\mathcal{E}[\epsilon_k^2]] \quad . \tag{11.128}$$

Hierbei ist $\bar{\nabla}[\mathcal{E}[\epsilon_k^2]]$ der Schätzwert des Gradienten des mittleren quadratischen Fehlers bezüglich $\mathbf{a}_k$. η ist ein Parameter, mit dem die Konvergenz des Verfahrens gesteuert werden kann (siehe nächste Seite).

Widrow und Hoff schlagen vor, $\bar{\nabla}[\mathcal{E}[\epsilon_k^2]]$ durch den Gradienten des quadratischen Fehlers eines einzelnen Zeitwertes, d.h. von ϵ_k^2, anzunähern. Die Aufdatierung der AR-Koeffizienten erfolgt damit nach:

$$\mathbf{a}_{k+1} = \mathbf{a}_k + \eta \nabla[\epsilon_k^2] \quad , \tag{11.129}$$

dabei ist

$$\begin{aligned} \nabla[\epsilon_k^2] &= [\frac{\partial \epsilon_k^2}{\partial \alpha_1}, ..., \frac{\partial \epsilon_k^2}{\partial \alpha_L}]_{\mathbf{a}=\mathbf{a}_k}^T \\ &= 2\epsilon_k \nabla[\epsilon_k] \quad . \end{aligned} \tag{11.130}$$

Mit

$$\nabla[\epsilon_k] = \nabla[x_k - a_k^T \mathbf{x}_{k-1}] = -\mathbf{x}_{k-1} \qquad (11.131)$$

folgt aus Gleichung (11.129):

$$\mathbf{a}_{k+1} = \mathbf{a}_k + \mu \epsilon_k \mathbf{x}_{k-1} \qquad (11.132)$$

mit $\mu = -2\eta$. Mit Hilfe des so aufdatierten Vorhersage-Operators wird dann das Leistungsspektrum autoregressiver Prozesse vom Typ (11.5) zum Zeitpunkt $k + 1$ wie folgt berechnet:

$$G_{LP}^{k+1}(\bar{f}) = \frac{\sigma_x^2}{|1 - \sum_{j=1}^{L} \alpha_j(k+1)e^{-i2\pi \bar{f}j}|^2} \ . \qquad (11.133)$$

Für AR-Prozesse vom Typ (11.5), d.h. mit innovativem Rauschen, gibt der mittlere quadratische Fehler bei Anwendung des nach Gleichung (11.132) bestimmten optimalen Vorhersage-Operators die Varianz σ_x^2 des nichtvorhersagbaren Rauschens an. In der Praxis wird der Wert im Zähler durch den Mittelwert der Fehlerquadrate über ein vorgegebenes Zeitfenster approximiert.

Für den adaptiven LMS-Algorithmus müssen zwei Parameter spezifiziert werden:

- die Operatorlänge L, die für Prozesse mit M Polstellen - ohne Nullstellen - im Spektrum in der Größenordnung von M gewählt werden sollte. Besitzt dagegen der Prozeß eine einzige Nullstelle im Spektrum, so muß für eine vollständige Spektraldarstellung $L = \infty$ sein. L sollte dann relativ groß gewählt werden, wobei nach Griffiths und Prieto-Diaz (1977) die Resultate der adaptiven LMS-Spektralanalyse im Vergleich zum Burg-Algorithmus weniger stark von der abgeschätzten Ordnung des Modells abhängig sind.

- der Parameter μ, der die Konvergenz des Verfahrens zu garantieren hat und so zu wählen ist, daß die Konvergenzzeit klein ist im Verhältnis zur Zeit, in der sich das Spektrum ändert. Nach Griffiths (1975) konvergiert das Verfahren für AR-Prozesse der Ordnung L, falls

$$\mu = \frac{\beta}{LR_0} \quad \text{mit} \ \ 0 \le \beta \le 2 \qquad (11.134)$$

gewählt wird. R_0 wird durch die mittlere Leistung der zu analysierenden Zeitreihe approximiert.

Man benötigt weiterhin Anfangswerte für den AR-Operator, für die man z.B. die AR-Koeffizienten einer zunächst nach Burg durchgeführten AR-Anpassung über die Gesamtlänge des zu analysierenden Datensatzes wählen kann. In der Regel genügt es, die Anfangswerte Null zu setzen. Ausgehend von den Koeffizienten $\alpha_j(k)$, $j = 1, ..., L$ zur Zeit $k = 0$ wird ϵ_k gemäß (11.124) bestimmt. ϵ_k wird dann benutzt, um die AR-Koeffizienten nach Gleichung (11.132) aufzudatieren. Mit diesen neuen Koeffizienten wird ϵ_{k+1} gemäß (11.127) berechnet, indem der Zählindex erhöht wird. Für bestimmte Zeiten k wird das quadratische Spektrum nach Gleichung (11.133) berechnet. Die adaptive LMS-Spektralanalyse benötigt keine Abschätzung der AKV-Koeffizienten der zu analysierenden Folge.

Das Verfahren ist in der Lage, den zeitlichen Änderungen des Spektrums der zu analysierenden Funktion zu folgen, vorausgesetzt, daß dieses hinreichend langsam variiert. Abb. 11.11 zeigt das Ergebnis einer adaptiven LMS-Spektralanalyse für die in Abb. 11.11 unten dargestellte synthetische Zeitreihe, bestehend aus zwei sich additiv überlagernden Sinusfunktionen $\sin(2\pi\Phi(t))$ der Amplitude 1 mit den in Abb. 11.11 Mitte dargestellten sich zeitlich ändernden Momentanfrequenzen $\frac{d\Phi}{dt}$, denen regelloser Noise ($SNR = 20\ dB$) überlagert wurde. Die Phasen der Sinusfunktionen wurden durch Integration der Momentanfrequenzen berechnet. Gleichfalls angegeben sind in Abb. 11.11 Mitte die aus der Zeitreihe mit dem adaptiven LMS-Verfahren abgeschätzten Momentanfrequenzen, die recht gut - bei sprunghaften Änderungen nach kurzer Anpassung - den tatsächlichen Werten folgen. Das gezeigte Beispiel wurde mit den Startwerten Null, der Filterlänge 6 und $\beta = 0.3$ durchgerechnet. Für zwei durch Pfeile in Abb. 11.11 unten gekennzeichnete Zeitpunkte sind in Abb. 11.11 oben die mit (11.133) berechneten Spektren dargestellt. Sie zeigen eine deutliche Verschiebung der Spektralanteile zu höheren Frequenzen mit zunehmender Zeit. Die ermittelten Momentanfrequenzen stimmen sehr gut mit denen im vorgegebenen Modell überein. Dagegen gibt es bei den Amplitudenwerten des berechneten Leistungsspektrums unterschiedlich starke Abweichungen von den theoretischen Werten.

Anwendungen des Verfahrens findet man bei Griffiths (1975) sowie bei Ulrych und Ooe (1979), die den adaptiven LMS-Algorithmus zur Spektralanalyse von Erdbebenregistrierungen einsetzen.

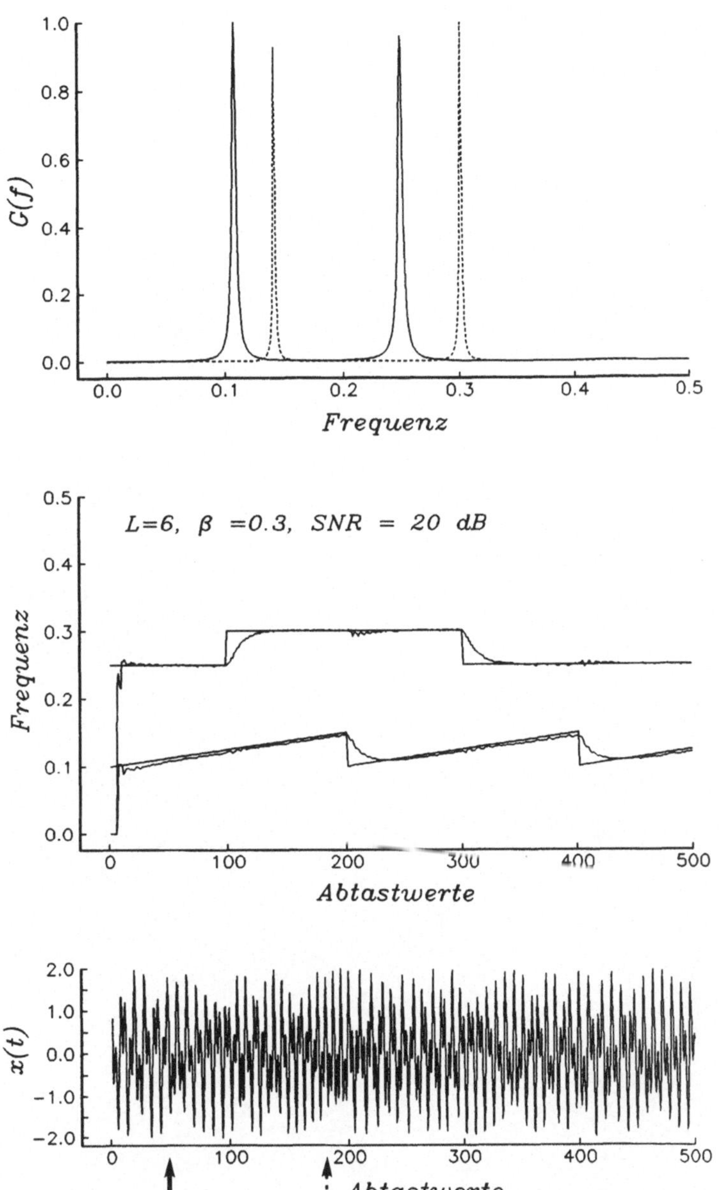

Abbildung 11.11: Adaptive LMS-Spektralschätzung eines synthetischen Beispiels: unten: analysierte Zeitreihe bestehend aus zwei monofrequenten Anteilen, deren Momentanfrequenzen sich mit der Zeit ändern; Mitte: tatsächliche und abgeschätzte Momentanfrequenzen; oben: berechnete Spektren zu den im unteren Teil der Abbildung durch Pfeile gekennzeichneten Zeitpunkten. Zum Abtastwert 180 gehört das gestrichelt dargestellte Spektrum.

Kapitel 12

Spektralabschätzungen nach informationstheoretischen Ansätzen

Hierunter fallen insbesondere zwei Verfahren:

- die Maximum-Entropie-Spektralanalyse (MESA),
- die Maximum-Likelihood-Spektralanalyse (MLSA).

Die Spektralabschätzung durch Maximierung der Entropie wurde von Burg (1967) entwickelt. Nach Van der Bos (1971) entspricht dieses Verfahren dem der AR-Modellanpassung. Die Maximum-Likelihood-Spektralschätzung geht auf Arbeiten von Kelly und Levin (1964), Levin (1964), Capon, Greenfield und Kolker (1967) sowie Lacoss (1971) zurück. Das Verfahren wurde zur Frequenz-Wellenzahl-Analyse und Filterung seismischer Array-Daten entwickelt und erstmals von Capon (1969) auf teleseismische Daten des LASA-Array (Large Aperture Seismological Array, Montana, USA) angewendet. Grundlage dieses Verfahrens ist die Maximum-Likelihood-Methode zur Schätzung von Parametern einer statistischen Verteilung. Nach Capon, Greenfield und Kolker (1967) entspricht die Maximum-Likelihood-Spektralschätzung für normalverteilte Daten der in Kapitel 12.2 behandelten Minimum-Varianz-Spektralabschätzung.

12.1   Die Maximum-Entropie-Spektralanalyse

Aus der Sicht der Informationstheorie ist das wesentliche Ziel der Spektralanalyse darin zu sehen, die in den vorgegebenen Daten enthaltene Information im Frequenzbereich zu extrahieren. Als Maß der Information dient die Entropie.

A_1, A_2, ..., A_n sei ein Satz von Ereignissen, von denen bei der Durchführung eines Experiments nur ein Ereignis A_k eintreten kann, und zwar mit der Wahrscheinlichkeit p_k, wobei $\sum_{k=1}^{n} p_k = 1$ ist. Die Verteilung der Wahrscheinlichkeiten, mit denen die Ereignisse eintreten, beschreibt einen Zustand der Ungewißheit über den Ausgang eines Experiments. Bei einem Experiment mit den zwei möglichen Ausgängen A_1 und A_2, die jeweils mit der Wahrscheinlichkeit 0.5 eintreten können, ist der Ausgang erheblich ungewisser als der eines Experiments mit den Wahrscheinlichkeiten 0.99 und 0.01, der als "fast sicher" zu bezeichnen ist. Als Maß für die Ungewißheit des Ergebnisses eines Versuchs mit einer Gesamtheit von n sich gegenseitig ausschließenden Ereignismöglichkeiten A_1, A_2, ..., A_n dient die Entropie

$$H(p_1, p_2, ..., p_n) = - \sum_{k=1}^{n} p_k \log(p_k) \quad . \tag{12.1}$$

Falls $p_k = 0$ ist, dann wird $p_k \log(p_k)$ gleich Null gesetzt. Die Basis des Logarithmus ist frei wählbar. Bei der Basis 2 ergibt sich für das oben angeführte erste Beispiel die Entropie $H(0.5, 0.5) = 1.0$, während für das fast sichere Ereignis $H(0.99, 0.01) = 0.081$ ist. Je größer die Entropie ist, desto schlechter läßt sich voraussagen, welches Ereignis eintreten wird. Die Entropie ist Null, wenn der Ausgang des Versuchs mit absoluter Sicherheit vorhergesagt werden kann, das heißt, falls $p_j = 1$ und alle $p_k = 0$ sind für $k = 1, ..., n$, $k \neq j$. Andererseits erreicht die Entropie ihr Maximum, wenn alle Versuchsausgänge gleich wahrscheinlich sind.

Mit der Ausführung des Experiments gewinnt man Information, da man feststellt, welches der möglichen Ereignisse tatsächlich eintritt. Dieser Informationsgewinn entspricht der Ungewißheit, die vor der Experimentausführung besteht. Je größer diese Ungewißheit ist, umso größer ist auch der Betrag an Information, den man mit der Experimentausführung erhält. Da man die Ungewißheit eines Versuchausganges durch die Entropie mißt, ist es folgerichtig, die Größe der Information proportional zur Entropie zu definieren, wobei die Proportionalitätskonstante beliebig, und damit auch gleich 1, gewählt werden kann.

Solange man nichts über den möglichen Ausgang eines Experiments weiß, ist es nach Jaynes (1963) am besten, jeden der möglichen Ausgänge als gleich wahrscheinlich anzusehen und damit maximale Entropie anzunehmen. Liegen bereits gewisse Informationen über den Prozeß vor, z.B. in Form von Versuchsergebnissen, dann sollte nach Jaynes die Wahrscheinlichkeitsverteilung so sein, daß sie der gegebenen Information entspricht, aber darüber hinaus die Ungewißheit über den Ausgang des Experiments möglichst groß ist. Nach Jaynes (1968) ist diese Wahrscheinlichkeitsverteilung diejenige mit maximaler Entropie.

Hiernach läßt sich z.B. für einen Prozeß A mit n möglichen Ausgängen

A_k, $k = 1, 2, ..., n$, für den die Information in Form der Mittelwerte $\bar{g}_j$, $j = 1, 2, ..., m$ der m Funktionen $g_1(A_k)$, $g_2(A_k)$, ..., $g_m(A_k)$, $m < n$ gegeben ist, die Wahrscheinlichkeitsverteilung, die mit den m Mittelwerten konsistent ist, sonst aber keinen weiteren Annahmen unterliegt, durch Maximierung der Entropie wie folgt berechnen:

$$H = - \sum_{k=1}^{n} p_k log(p_k) = Max \qquad (12.2)$$

mit den Nebenbedingungen:

$$\sum_{k=1}^{n} p_k = 1 \qquad (12.3)$$

und

$$\sum_{k=1}^{n} p_k g_j(A_k) = \bar{g}_j \ , \quad j = 1, 2, ..., m \ . \qquad (12.4)$$

Für Prozesse mit $n \to \infty$ divergiert die Entropie H. Daher wird für derartige Prozesse die Entropiedichte

$$h = \lim_{n \to \infty} \frac{H}{n} \qquad (12.5)$$

als Maß der Information benutzt.

Das Maximum-Entropie-Prinzip wurde erstmals von Burg (1967) auf die Spektralanalyse übertragen. Ausgangspunkt seiner Überlegungen ist die Tatsache, daß bei den klassischen Verfahren der Spektralanalyse nicht zutreffende Annahmen über die Daten außerhalb des Analysenintervalls eingehen, z.B. bei der Periodogramm-Schätzung die periodische Fortsetzung, beim Blackman-Tukey-Verfahren die Fortsetzung mit Nullen. Burg empfiehlt dagegen eine Schätzung des Leistungsspektrums, die mit den vorliegenden Daten konsistent ist, aber ansonsten keine weiteren Annahmen einschließt. Nach dem Prinzip von Jaynes entspricht dies der Maximierung der Informationsentropie bzw. der Entropiedichte.

Die Entropiedichte einer stationären Gauß-verteilten bandbegrenzten Zeitserie ist nach Smylie, Clarke und Ulrych (1973) bzw. McDonough (1979) proportional zu

$$h \propto \int_{-f_{Ny}}^{f_{Ny}} ln(G(f)) df \ , \qquad (12.6)$$

wobei $G(f)$ die quadratische Spektraldichte des Gaußschen Prozesses mit der Nyquist-Frequenz f_{Ny} ist. Die Maximierung der Entropiedichte (12.6) mit der Nebenbedingung, daß nach dem Wiener-Khintchineschen Theorem für die diskrete AKV-Funktion

$$\int_{-f_{Ny}}^{f_{Ny}} G(f)e^{i2\pi fk\Delta t}df = R_k \ , \quad -M \leq k \leq M \ , \tag{12.7}$$

gelten muß, ergibt die Maximum-Entropie-Spektralschätzung. Die Variationsaufgabe

$$\delta[\int_{-f_{Ny}}^{f_{Ny}} ln(G(f))df - \sum_{k=-M}^{M} \mu_k(\int_{-f_{Ny}}^{f_{Ny}} (G(f)e^{i2\pi fk\Delta t}df - R_k))] = 0 \ ,$$

$$\tag{12.8}$$

mit der Variation bezüglich $G(f)$, ergibt

$$\int_{-f_{Ny}}^{f_{Ny}} \delta G(f)(\frac{1}{G(f)} - \sum_{k=-M}^{M} \mu_k e^{i2\pi fk\Delta t})df = 0 \ . \tag{12.9}$$

Hieraus folgt als notwendige Bedingung für ein Extremum:

$$G(f) = \frac{1}{\sum_{k=-M}^{M} \mu_k e^{i2\pi fk\Delta t}} \ . \tag{12.10}$$

Die Lagrangeschen Multiplikatoren μ_k ergeben sich aus der Lösung des nichtlinearen Gleichungssystems, das man mit (12.10) aus (12.7) erhält:

$$\int_{-f_{Ny}}^{f_{Ny}} (\sum_{j=-M}^{M} \mu_j e^{i2\pi fj\Delta t})^{-1} e^{i2\pi fk\Delta t}df = R_k \ , \quad k = -M,...,M \ . \tag{12.11}$$

Mit den hieraus ermittelten μ_j folgt nach Edward und Fitelson (1973):

$$G(f) = \frac{1}{| \sum_{k=0}^{M} a_k e^{-i2\pi fk\Delta t} |^2} \ , \tag{12.12}$$

wobei zwischen den Lagrangeschen Multiplikatoren $\mu_k = \mu_{-k}$ und den a_j folgender Zusammenhang besteht:

$$\sum_{j=0}^{M-k} a_j a_{k+j} = \mu_k \ , \quad k = 0,1,...,M \ . \tag{12.13}$$

Der Vergleich von Gleichung (12.12) mit (11.19) zeigt die Korrespondenz zwischen der AR-Schätzung und der Maximum-Entropie-Spektralschätzung. Dabei ist

$$\sigma_x^2 \Delta t = \frac{1}{a_0^2} \ \text{ und } \ \alpha_k = -\frac{a_k}{a_0} \ , \quad k = 1,...,M \ .$$

Die Berechnung des Maximum-Entropie-Spektrums erfolgt mit den in Kapitel 11.3 beschriebenen Verfahren nach Yule-Walker bzw. Burg.

Das in Kapitel 11.3 beschriebene Rekursionsverfahren der Spektralabschätzung läßt sich so deuten, daß ausgehend von der Gesamtinformation der Daten bei jedem Rekursionsschritt aus den Daten mehr und mehr Information gewonnen wird und der in den Daten verbleibende Anteil sich entsprechend reduziert. Dabei ist der Betrag, der insgesamt gewinnbar ist, durch die Gesamtlänge der Daten und ihre spektrale Struktur begrenzt, so daß für jeden Datensatz die Anzahl der Rekursionsschritte individuell bestimmt werden muß.
Eine ausführliche Darstellung des Maximum-Entropie-Ansatzes für die Spektralschätzung findet sich bei Haykin und Kesler (1979).

12.2 Minimum-Varianz-Spektralschätzung

Die Schwierigkeit in der Bestimmung des quadratischen Spektrums liegt darin, daß sich für einen Datenausschnitt endlicher Länge kein Analysenverfahren mit der Bandbreite $\Delta f \rightarrow 0$ bestimmen läßt, ohne daß nicht zusätzliche Annahmen über den Verlauf des zu analysierenden Vorgangs außerhalb des Analysenausschnittes eingehen. Will man Annahmen dieser Art vermeiden, dann muß man die an das Verfahren gestellten Forderungen neu formulieren. Anstelle der Forderung $\Delta f \rightarrow 0$ kann z.B. verlangt werden, jene Anteile von $x(t)$ mit der Frequenz, für die die Abschätzung der Leistungsdichte erfolgt, dem Analysenverfahren unverfälscht bereitzustellen, während alle anderen Frequenzanteile in einer noch zu definierenden Weise optimal unterdrückt werden. Diese Forderung erfüllt die Minimum-Varianz-Spektralanalyse. Das dem Verfahren zugrunde liegende Prinzip besteht darin, daß die zu analysierende Zeitserie derart gefiltert wird, daß die abzuschätzende Spektralkomponente f_0 nicht verfälscht wird, während die Anteile mit anderen Frequenzen im Sinne der kleinsten Fehlerquadrate unterdrückt werden.
Nach der Definition des quadratischen Spektrums in Kapitel 8.2 ergibt die Varianz eines bei der Frequenz f_0 mit der Bandbreite $\Delta f \rightarrow 0$ gefilterten Prozesses mit dem Mittelwert Null gerade den quadratischen Spektraldichtewert für $f = f_0$.
x_k, $k = 0, 1, ..., N-1$ sei die zu analysierende Zeitreihe mit dem Mittelwert Null und der Kovarianzmatrix $\mathbf{R}$ mit den Elementen $R_{kl} = R_{l-k}$, $k, l = 1, .., N$. Zur Herleitung der Gleichung zur Berechnung des Minimum-Varianz-Spektrums wird ein Faltungsoperator (w_n) ein-

272

geführt, der auf (x_k) angewendet wird:

$$y_k = \sum_{n=0}^{N} w_n x_{k-n} \ . \tag{12.14}$$

Mit Einführung der Vektoren

$$\mathbf{x}_k = \begin{pmatrix} x_k \\ x_{k-1} \\ . \\ . \\ x_{k-N} \end{pmatrix} \tag{12.15}$$

und

$$\mathbf{w} = \begin{pmatrix} w_0 \\ . \\ . \\ . \\ w_N \end{pmatrix} \tag{12.16}$$

läßt sich hierfür in Kurzform schreiben:

$$y_k = \mathbf{x}_k^T \mathbf{w} = \mathbf{w}^T \mathbf{x}_k \ . \tag{12.17}$$

$\mathbf{x}_k$ und der Operator $\mathbf{w}$ können komplex sein.
Die Folge (y_k) mit dem Mittelwert Null besitzt die Varianz

$$\begin{aligned}
\sigma_y^2 &= \mathcal{E}[|y_k|^2] = \mathcal{E}[y_k^* y_k] \\
&= \mathcal{E}[\mathbf{w}^{*T} \mathbf{x}_k^* \mathbf{x}_k^T \mathbf{w}] \\
&= \mathbf{w}^{*T} \mathcal{E}[\mathbf{x}_k^* \mathbf{x}_k^T] \mathbf{w} \\
&= \mathbf{w}^{*T} \mathbf{R} \mathbf{w} \ .
\end{aligned} \tag{12.18}$$

Der Operator $\mathbf{w}$ wird nun so bestimmt, daß

1. die abzuschätzende Spektralkomponente keine Verformung erleidet,

2. die Varianz der prozessierten Folge (y_k) zum Minimum wird.

Wählt man als zu analysierenden Vorgang das monochromatische Signal der Frequenz f_0,

$$x_k = C e^{i2\pi f_0 k \Delta t} \ , \tag{12.19}$$

das durch den Operator nicht verfälscht werden soll, dann muß nach Gleichung (12.14) gelten:

$$C e^{i2\pi f_0 k \Delta t} = \sum_{n=0}^{N} w_n C e^{i2\pi f_0 (k-n) \Delta t} \ . \tag{12.20}$$

Der Operator der Spektralabschätzung muß damit die Bedingung

$$\sum_{n=0}^{N} w_n e^{-i2\pi f_0 n\Delta t} = 1 \tag{12.21}$$

erfüllen, für die sich bei Einführung des Spaltenvektors

$$\mathbf{e} = \begin{pmatrix} 1 \\ e^{i2\pi f_0 \Delta t} \\ \cdot \\ \cdot \\ \cdot \\ e^{i2\pi f_0 N\Delta t} \end{pmatrix} \tag{12.22}$$

in Kurzform

$$\mathbf{e}^{*T}\mathbf{w} = 1 \tag{12.23}$$

schreiben läßt.

Weiterhin muß für das zu (x_k) konjugiert komplexe Signal (x_k^*) anstelle von (12.14)

$$\begin{aligned}
y_k^* &= \sum_{n=0}^{N} w_n^* x_{k-n}^* \\
&= \mathbf{x}_k^{*T}\mathbf{w}^* \quad , \tag{12.24}
\end{aligned}$$

gelten, wie sich durch einen Vergleich der Fourier-Transformierten von (12.14) und (12.24) bei Anwendung des Faltungstheorems zeigen läßt. Setzt man nämlich

$$W(f) = U(f) + iV(f) \tag{12.25}$$

und

$$X(f) = R(f) + iS(f) \quad , \tag{12.26}$$

dann läßt sich Gleichung (12.14) im Frequenzbereich wie folgt schreiben:

$$\begin{aligned}
Y(f) &= W(f)X(f) \\
&= (U(f) + iV(f))(R(f) + iS(f)) \\
&= U(f)R(f) - V(f)S(f) + i(U(f)S(f) + V(f)R(f)).
\end{aligned} \tag{12.27}$$

Transformiert man andererseits die rechte Seite von (12.24) in den Frequenzbereich, dann ergibt sich:

$$\begin{aligned}
(U(f) - iV(f))&(R(f) - iS(f)) \\
&= U(f)R(f) - V(f)S(f) - i(U(f)S(f) + V(f)R(f)) \\
&= Y^*(f) \quad .
\end{aligned} \tag{12.28}$$

Aus Gleichung (12.24) folgt als Bedingung für den Operator:

$$Ce^{-i2\pi f_0 k\Delta t} = \sum_{n=0}^{N} w_n^* C e^{-i2\pi f_0 (k-n)\Delta t} \qquad (12.29)$$

und hieraus

$$\sum_{n=0}^{N} w_n^* e^{i2\pi f_0 n\Delta t} = 1 \qquad (12.30)$$

bzw.

$$\mathbf{w}^{*T}\mathbf{e} = 1 \ . \qquad (12.31)$$

Der Operator $\mathbf{w}$ wird durch Minimierung der Varianz (12.18) mit den Nebenbedingungen (12.23) und (12.31) bestimmt:

$$J = \mathbf{w}^{*T}\mathbf{R}\mathbf{w} - \mu(\mathbf{e}^{*T}\mathbf{w} - 1) - \lambda(\mathbf{w}^{*T}\mathbf{e} - 1) = \text{Min.} \qquad (12.32)$$

Bei der Differentiation kann J so behandelt werden, als seien $\mathbf{w}$ und $\mathbf{w}^{*T}$ unabhängige Variable (siehe Ahlfors, 1966). Dabei ist die partielle Ableitung von J nach dem Vektor $\mathbf{w}$ definiert durch:

$$\frac{\partial J}{\partial \mathbf{w}} = \begin{pmatrix} \frac{\partial J}{\partial w_0} \\ \frac{\partial J}{\partial w_1} \\ \cdot \\ \cdot \\ \frac{\partial J}{\partial w_N} \end{pmatrix} \qquad (12.33)$$

(siehe Graybill, 1961). Es gilt:

$$\frac{\partial(\mathbf{w}^{*T}\mathbf{R}\mathbf{w})}{\partial \mathbf{w}} = (\mathbf{w}^{*T}\mathbf{R})^T \qquad (12.34)$$

sowie

$$\frac{\partial(\mathbf{w}^{*T}\mathbf{R}\mathbf{w})}{\partial \mathbf{w}^{*T}} = (\mathbf{R}\mathbf{w})^T \ . \qquad (12.35)$$

Zur Bestimmung des Minimums von $J(\mathbf{w}, \mathbf{w}^{*T})$ wird verlangt, daß sowohl $\frac{\partial J}{\partial \mathbf{w}} = 0$ als auch $\frac{\partial J}{\partial \mathbf{w}^{*T}} = 0$ ist. Beides führt zur gleichen notwendigen Bedingung für $\mathbf{w}$.

Aus

$$\frac{\partial J}{\partial \mathbf{w}^{*T}} = (\mathbf{R}\mathbf{w})^T - \lambda\mathbf{e}^T = 0 \qquad (12.36)$$

folgt:

$$\mathbf{w} = \lambda\mathbf{R}^{-1}\mathbf{e} \ . \qquad (12.37)$$

Hieraus folgt weiter unter Berücksichtigung der Symmetrieeigenschaften von $\mathbf{R}$:

$$\begin{aligned}
\mathbf{w}^{*T} &= \lambda(\mathbf{R}^{-1}\mathbf{e})^{*T} \\
&= \lambda(\mathbf{R}^{-1T}\mathbf{e}^{*})^{T} \\
&= \lambda\mathbf{e}^{*T}\mathbf{R}^{-1} \ .
\end{aligned} \tag{12.38}$$

Zur Bestimmung von λ wird (12.38) in die Nebenbedingung (12.31) eingesetzt. Man erhält

$$\lambda\mathbf{e}^{*T}\mathbf{R}^{-1}\mathbf{e} = 1 \tag{12.39}$$

bzw.

$$\lambda = \frac{1}{\mathbf{e}^{*T}\mathbf{R}^{-1}\mathbf{e}} \ . \tag{12.40}$$

Der gesuchte Operator ergibt sich damit nach (12.37) zu:

$$\mathbf{w} = \frac{\mathbf{R}^{-1}\mathbf{e}}{\mathbf{e}^{*T}\mathbf{R}^{-1}\mathbf{e}} \ . \tag{12.41}$$

Andererseits ergibt die Ableitung von (12.32) nach $\mathbf{w}$:

$$\frac{\partial J}{\partial \mathbf{w}} = (\mathbf{w}^{*T}\mathbf{R})^{T} - \mu(\mathbf{e}^{*T})^{T} \ . \tag{12.42}$$

Setzt man $\frac{\partial J}{\partial \mathbf{w}} = 0$, dann folgt:

$$\mathbf{w}^{*T} = \mu\mathbf{e}^{*T}\mathbf{R}^{-1} \tag{12.43}$$

und

$$\mathbf{w}^{*} = \mu(\mathbf{e}^{*T}\mathbf{R}^{-1})^{T} = \mu(\mathbf{R}^{-1T}\mathbf{e}^{*}) = \mu\mathbf{R}^{-1*}\mathbf{e}^{*} \tag{12.44}$$

sowie weiter

$$\mathbf{w} = \mu\mathbf{R}^{-1}\mathbf{e} \ . \tag{12.45}$$

Zur Bestimmung von μ wird Gleichung (12.45) in (12.23) eingesetzt:

$$\mathbf{e}^{*T}\mu\mathbf{R}^{-1}\mathbf{e} = 1 \ , \tag{12.46}$$

das heißt

$$\mu = \frac{1}{\mathbf{e}^{*T}\mathbf{R}^{-1}\mathbf{e}} \ . \tag{12.47}$$

Aus (12.45) folgt damit wiederum das Ergebnis (12.41):

$$\mathbf{w} = \frac{\mathbf{R}^{-1}\mathbf{e}}{\mathbf{e}^{*T}\mathbf{R}^{-1}\mathbf{e}} \ . \tag{12.48}$$

Für die Varianz des prozessierten Vorganges an der Stelle f_0 ergibt sich hiermit nach Gleichung (12.18):

$$
\begin{aligned}
\sigma_y^2 \big|_{f_0} &= \mathbf{w}^{*T}\mathbf{R}\mathbf{w} \\[2mm]
&= \frac{(\mathbf{R}^{-1}\mathbf{e})^{*T}\mathbf{R}(\mathbf{R}^{-1}\mathbf{e})}{(\mathbf{e}^{*T}\mathbf{R}^{-1}\mathbf{e})^{*T}(\mathbf{e}^{*T}\mathbf{R}^{-1}\mathbf{e})} \\[2mm]
&= \frac{(\mathbf{R}^{-1}\mathbf{e})^{*T}\mathbf{e}}{\mathbf{e}^{*T}(\mathbf{e}^{*T}\mathbf{R}^{-1})^{*T}(\mathbf{e}^{*T}\mathbf{R}^{-1}\mathbf{e})} \\[2mm]
&= \frac{(\mathbf{R}^{-1*}\mathbf{e}^{*})^{T}\mathbf{e}}{\mathbf{e}^{*T}(\mathbf{e}^{T}\mathbf{R}^{-1*})^{T}(\mathbf{e}^{*T}\mathbf{R}^{-1}\mathbf{e})} \\[2mm]
&= \frac{\mathbf{e}^{*T}\mathbf{R}^{-1}\mathbf{e}}{(\mathbf{e}^{*T}\mathbf{R}^{-1}\mathbf{e})(\mathbf{e}^{*T}\mathbf{R}^{-1}\mathbf{e})} \\[2mm]
&= \frac{1}{\mathbf{e}^{*T}\mathbf{R}^{-1}\mathbf{e}} \; .
\end{aligned}
\tag{12.49}
$$

Besitzt $\mathbf{R}^{-1}$, die Inverse der Kovarianzmatrix der zu analysierenden Zeitreihe, die Elemente q_{kl}, dann läßt sich Gleichung (12.49) in folgender Form darstellen:

$$
P_{MV}(f_0) = \frac{1}{\sum_{k=1}^{N}\sum_{j=1}^{N} q_{kj}\, e^{i2\pi f_0 (k-j)\Delta t}} \; .
\tag{12.50}
$$

Nach dieser Gleichung wird das Minimum-Varianz-Spektrum berechnet. f_0 kann dabei jeden beliebigen Wert innerhalb des Nyquist-Intervalls $(-f_{Ny}, f_{Ny})$ annehmen.

12.3 Die Maximum-Likelihood-Spektralanalyse

12.3.1 Grundlagen der Maximum-Likelihood-Schätzung

$p(x_j)$ sei die Wahrscheinlichkeit, mit der die Zufallsvariable X den Wert x_j annimmt. Dabei soll X von einem Parameter u abhängen, um dessen Schätzung es geht. Zusätzlich wird angenommen, daß die Ereignisse x_j statistisch unabhängig voneinander sind. Im Falle einer diskreten Variablen ist die Wahrscheinlichkeit, eine Stichprobe $(x_1, .., x_n)$ zu erhalten, durch $L = p(x_1)p(x_2) \ldots p(x_n)$ gegeben. L wird als Likelihood-Funktion bezeichnet.

Die Maximum-Likelihood-Methode besteht darin, daß man als Näherung für den unbekannten Parameter u einen Wert nimmt, für den L möglichst groß wird. Notwendigerweise muß $\frac{\partial L}{\partial u} = 0$ sein. Um die Differentiation von Produkten zu umgehen, bildet man stattdessen $\frac{\partial (ln(L))}{\partial u} = 0$.

Cramer (1951) zeigt: Gibt es eine Funktion, die eine erwartungstreue Schätzung minimaler Varianz des Parameters u liefert, so erhält man diese aus $\frac{\partial(ln(L))}{\partial u} = 0$.

Beispiel: Gesucht ist die Maximum-Likelihood-Schätzung des Parameters σ eines diskreten normalverteilten Prozesses $(x_1, ..., x_n)$ mit dem Mittelwert $\mu = 0$ und der Wahrscheinlichkeitsdichte

$$p(x) = \frac{1}{\sigma\sqrt{2\pi}} e^{-\frac{1}{2}(\frac{x-\mu}{\sigma})^2} \quad . \tag{12.51}$$

Für die Likelihood-Funktion ergibt sich

$$\begin{aligned} L &= \frac{1}{\sigma\sqrt{2\pi}} e^{-\frac{x_1^2}{2\sigma^2}} ... \frac{1}{\sigma\sqrt{2\pi}} e^{-\frac{x_n^2}{2\sigma^2}} \\ &= (\frac{1}{\sigma})^n (\frac{1}{\sqrt{2\pi}})^n e^{-h} \quad \text{mit} \quad h = \frac{1}{2\sigma^2} \sum_{k=1}^{n} x_k^2 \end{aligned} \tag{12.52}$$

und hieraus

$$ln(L) = -n \; ln\sqrt{2\pi} - n \; ln(\sigma) - h \quad .$$

Die Ableitung

$$\frac{\partial(lnL)}{\partial\sigma} = -\frac{n}{\sigma} - \frac{\partial h}{\partial\sigma} = -\frac{n}{\sigma} + \frac{1}{\sigma^3} \sum_{k=1}^{n} x_k^2 = 0$$

ergibt:

$$\sigma^2 = \frac{1}{n} \sum_{k=1}^{n} x_k^2 \quad . \tag{12.53}$$

12.3.2 Übertragung des Maximum-Likelihood-Prinzips auf die Spektralschätzung

Bei der Maximum-Likelihood-Spektralabschätzung erfolgt eine Maximum-Likelihood-Schätzung für die einzelne Spektralkomponente. x_j, $j = 0, 1, ..., N-1$ sei die zu analysierende Zeitreihe, die sich aus einem determinierten Signal s_j und einer regellosen Noise-Komponente n_j additiv zusammensetzen soll. Führt man den Vektor

$$\mathbf{x} = \begin{pmatrix} x_0 \\ x_1 \\ \cdot \\ \cdot \\ x_{N-1} \end{pmatrix} \tag{12.54}$$

und analog hierzu die Vektoren $\mathbf{s}$ und $\mathbf{n}$ ein, dann läßt sich hierfür in Kurzform schreiben:

$$\mathbf{x} = \mathbf{s} + \mathbf{n} \ . \tag{12.55}$$

$\mathbf{n}$ sei normalverteilt mit dem Mittelwert Null und besitze die Kovarianzmatrix $\mathbf{N}$ mit den Elementen N_{kl} und der Inversen $\mathbf{Q} = \mathbf{N}^{-1}$. Die Wahrscheinlichkeitsdichtefunktion $p(\mathbf{x})$ ist nach Papoulis (1965)

$$p(\mathbf{x}) = \frac{1}{\sqrt{2\pi}^N} \frac{1}{\sqrt{|\mathbf{N}|}} e^{(-\frac{1}{2}(\mathbf{x}-\mathbf{s})^T \mathbf{Q}(\mathbf{x}-\mathbf{s}))}, \tag{12.56}$$

dabei ist $|\mathbf{N}| = det(\mathbf{N}) \neq 0$. Um komplexe $\mathbf{s}$ und $\mathbf{x}$, z.B. Spektren, mit einschließen zu können, muß T durch $H = *T$ (hermitisch transponiert) ersetzt werden.

Zunächst wird der Fall behandelt, daß das Signal bis auf einen konstanten Faktor c bekannt sei:

$$\mathbf{s} = c\mathbf{g} \ . \tag{12.57}$$

Gesucht ist die Maximum-Likelihood-Schätzung von c. Hierzu wird das Maximum von $p(\mathbf{x})$ bzw. nach Gleichung (12.56) das Minimum des Ausdruckes $\frac{1}{2}(\mathbf{x}-\mathbf{s})^H \mathbf{Q}(\mathbf{x}-\mathbf{s})$ im Exponenten von $p(\mathbf{x})$ bestimmt:

$$\begin{aligned}
J &= \frac{1}{2}(\mathbf{x} - \mathbf{s})^H \mathbf{Q}(\mathbf{x} - \mathbf{s})) \\
&= \frac{1}{2}(\mathbf{x} - c\mathbf{g})^H \mathbf{Q}(\mathbf{x} - c\mathbf{g}) \\
&= \frac{1}{2}(\mathbf{x}^H \mathbf{Q}\mathbf{x} - c\mathbf{g}^H \mathbf{Q}\mathbf{x} - c\mathbf{x}^H \mathbf{Q}\mathbf{g} + c^2 \mathbf{g}^H \mathbf{Q}\mathbf{g}) \ . \tag{12.58}
\end{aligned}$$

Das Nullsetzen der partiellen Ableitung $\frac{\partial J}{\partial c}$ ergibt:

$$\frac{\partial J}{\partial c} = 2c\mathbf{g}^H \mathbf{Q}\mathbf{g} - \mathbf{g}^H \mathbf{Q}\mathbf{x} - \mathbf{x}^H \mathbf{Q}\mathbf{g} = 0 \ . \tag{12.59}$$

Da die Matrix $\mathbf{Q}$ hermitisch ist, gilt:

$$\mathbf{x}^H \mathbf{Q}\mathbf{g} = \mathbf{g}^H \mathbf{Q}\mathbf{x} \ . \tag{12.60}$$

Die Maximum-Likelihood-Schätzung von c ergibt sich damit zu:

$$\bar{c} = \frac{\mathbf{x}^H \mathbf{Q}\mathbf{g}}{\mathbf{g}^H \mathbf{Q}\mathbf{g}} \ . \tag{12.61}$$

Die Maximum-Likelihood-Schätzung des Signals selber ist damit:

$$\bar{\mathbf{s}} = \bar{c}\mathbf{g} = \frac{\mathbf{x}^H \mathbf{Q}\mathbf{g}}{\mathbf{g}^H \mathbf{Q}\mathbf{g}}\mathbf{g} \ . \tag{12.62}$$

Man sieht: ist $\mathbf{x} = c\mathbf{g}$, dann ergibt sich für das abgeschätzte Signal $c\mathbf{g}$, d.h. das Signal wird nicht verfälscht. Ausgehend von

$$\bar{c} - c = \frac{(\mathbf{x}^H - c\mathbf{g}^H)\mathbf{Q}\mathbf{g}}{\mathbf{g}^H\mathbf{Q}\mathbf{g}}, \qquad (12.63)$$

ergibt sich die Varianz der Schätzung von c unter Berücksichtigung, daß $\mathcal{E}[(\mathbf{x} - c\mathbf{g})(\mathbf{x} - c\mathbf{g})^H] = \mathbf{R}$ und $\mathbf{R} = \mathbf{Q}^{-1}$ ist, zu:

$$\begin{aligned}
\mathcal{E}[(\bar{c} - c)^2] &= \mathcal{E}[(\bar{c} - c)^H(\bar{c} - c)] \\
&= \mathcal{E}[\frac{\{(\mathbf{x}^H - c\mathbf{g}^H)\mathbf{Q}\mathbf{g}\}^H(\mathbf{x}^H - c\mathbf{g}^H)\mathbf{Q}\mathbf{g}}{(\mathbf{g}^H\mathbf{Q}\mathbf{g})^H(\mathbf{g}^H\mathbf{Q}\mathbf{g})}] \\
&= \frac{\mathbf{g}^H\mathbf{Q}\mathcal{E}[(\mathbf{x} - c\mathbf{g})(\mathbf{x} - c\mathbf{g})^H]\mathbf{Q}\mathbf{g}}{(\mathbf{g}^H\mathbf{Q}\mathbf{g})^2} \\
&= \frac{\mathbf{g}^H\mathbf{Q}\mathbf{R}\mathbf{Q}\mathbf{g}}{(\mathbf{g}^H\mathbf{Q}\mathbf{g})^2} \\
&= \frac{1}{\mathbf{g}^H\mathbf{Q}\mathbf{g}} . \qquad (12.64)
\end{aligned}$$

Die von Capon definierte Maximum-Likelihood-Schätzung des Leistungsspektrums ist die Varianz der Signal-Schätzung für Signale der Gestalt $g_k = e^{i2\pi f(k-1)\Delta t}$, wenn f die Frequenz ist, für die das Leistungsspektrum abgeschätzt wird. Die Maximum-Likelihood-Schätzung des Leistungsspektrums erfolgt damit nach folgender Gleichung:

$$\frac{1}{\mathbf{g}^H\mathbf{Q}\mathbf{g}} = \frac{1}{\sum_{k=1}^{N}\sum_{j=1}^{N} q_{kj}e^{i2\pi f(k-j)\Delta t}} . \qquad (12.65)$$

Dies entspricht gerade der Gleichung (12.50) für die Minimum-Varianz-Schätzung.

Nach Burg (1972) besteht zwischen dem Minimum-Varianz- bzw. Maximum-Likelihood-Spektrum und der Maximum-Entropie- oder AR-Schätzung ein analytischer Zusammenhang. Falls $\bar{G}_{AR}(f,n)$, $n = 1,...,N$ Maximum-Entropie-Spektralschätzungen mit zunehmender Ordnung n der Zeitserie der Länge N sind, dann ist das Maximum-Likelihood-Spektrum darstellbar durch:

$$\frac{1}{\bar{G}_{ML}(f)} = \frac{1}{N}\sum_{n=1}^{N}\frac{1}{\bar{G}_{AR}(f,n)} . \qquad (12.66)$$

Die Tatsache, daß der Kehrwert der Maximum-Likelihood-Schätzung gleich dem Mittelwert der Folge reziproker AR-Schätzungen wachsender Ordnung ist, spiegelt sich in dem geringeren Auflösungsvermögen der Maximum-Likelihood-Schätzung im Vergleich zum Maximum-Entropie-Spektrum wider. Dies wird durch das in Abb. 12.1 gezeigte

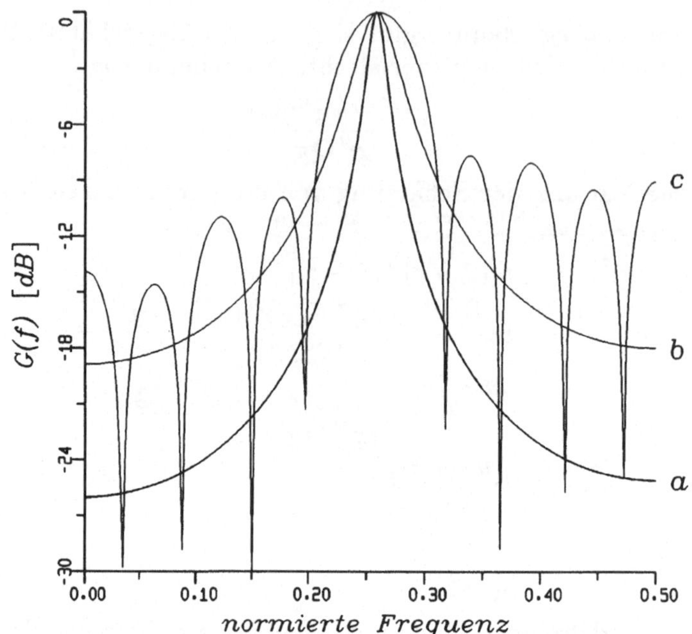

Abbildung 12.1:   Gegenüberstellung der a) Maximum-Entropie-,
b) der Maximum-Likelihood- und c) der Blackman-Tukey-Spektralschätzung (Bartlett-Gewichtsfunktion) für den AR(2)-Prozeß
$(-0.1, -0.9)$. Das Maximum-Entropie-Spektrum ist deckungsgleich
mit dem theoretischen Spektrum.

Beispiel bestätigt. Dargestellt sind die nach dem Blackman-Tukey-,
dem Maximum-Likelihood- und dem Maximum-Entropie-Verfahren
berechneten Spektren für einen AR(2)-Prozeß. Die Autokovarianzkoeffizienten wurden nach Gleichung (11.33) berechnet und auf 11
Werte begrenzt. Das Maximum-Entropie-Spektrum entspricht dem
Spektrum des analysierten AR(2)-Prozesses. Weitere Beispiele, die
das höhere Auflösungsvermögen der Maximum-Entropie-Spektralabschätzung gegenüber der Maximum-Likelihood-Schätzung zeigen, sind
von Lacoss (1971) publiziert worden.

Zusätzlich zur geringeren Auflösung besitzt das Maximum-Likelihood-Spektrum gegenüber dem Maximum-Entropie-Spektrum den
Nachteil, daß es nicht im Einklang mit der Autokorrelationsfunktion
ist (s. Pendrel and Smylie, 1979).

12.4 Zusammenfassende Beurteilung der Verfahren zur Spektralanalyse regelloser Prozesse

In den Kapiteln 8 - 12 wurden drei verschiedene Klassen bzw. methodische Ansätze zur Spektralanalyse regelloser Vorgänge behandelt:

1. die konventionellen Verfahren (Blackman-Tukey-Schätzung und das Periodogramm),

2. die Abschätzung des Leistungsspektrums durch Modellanpassung. Die Vorgehensweise wurde insbesondere anhand der Anpassung autoregressiver Modelle verdeutlicht.

3. die Spektralabschätzung auf der Basis informationstheoretischer Ansätze. Behandelt wurden die Maximum-Entropie-, die Minimum-Varianz- und die Maximum-Likelihood-Spektralschätzung.

Von den klassischen Verfahren werden heute wegen der Verfügbarkeit der schnellen Fourier-Transformation fast ausschließlich die Periodogramm-Verfahren eingesetzt, insbesondere in der von Welch vorgeschlagenen Form. Zur Beurteilung der abgeschätzten Leistungsspektren ist es wichtig, Konfidenzintervalle und Bandweiten der Schätzungen anzugeben. Verfahren hierzu wurden vorgestellt. Die klassischen Verfahren werden als linear bezeichnet, da sie ausschließlich die Anwendung linearer Operationen auf die zu analysierenden Daten beinhalten. Ein Nachteil dieser Verfahren besteht darin, daß sie den Einsatz von Gewichtsfunktionen verlangen, die unabhängig von den Eigenschaften des zu analysierenden regellosen Prozesses sind.

Dieses Problem läßt sich durch die Anwendung der Verfahren zur Modellanpassung vermeiden. Diese Verfahren unterscheiden sich gegenüber den konventionellen Methoden dadurch, daß bei ihnen keine Annahmen über die Fortsetzung der Daten außerhalb des Analysenintervalls eingehen. Die Spektralanalyse durch Modellanpassung bietet gegenüber den klassischen Verfahren insbesondere den Vorteil des deutlich höheren Auflösungsvermögens; dies gilt insbesondere für den Algorithmus von Burg. Der Einsatz dieser Verfahren ist damit insbesondere für die Analyse kurzer Zeitreihen, wie z.B. bei Prozessen mit zeitlich begrenzter Stationarität oder bei kurzer Registrierdauer, sowie zur Spektralanalyse von Zeitreihen mit schmalen Peaks im Spektrum zu empfehlen. Es bestehen allerdings zwei Probleme, durch die es schwierig ist, diese Verfahren routinemäßig anzuwenden:

- die Identifizierung des Modelltyps durch den der zu analysierende regellose Prozeß beschrieben wird,

- die Bestimmung der Ordnung des Modells.

Die hierzu entwickelten mathematischen Verfahren sind in der Geophysik vielfach mit gutem Erfolg eingesetzt worden.

Von den informationstheoretischen Verfahren entspricht die Maximum-Entropie-Spektralanalyse der Bestimmung des Leistungsspektrums durch Anpassung der zu analysierenden Daten an ein autoregressives Modell. Die zwei anderen behandelten informationstheoretischen Verfahren, die Minimum-Varianz- und die Maximum-Likelihood-Spektralanalyse, entsprechen einander; sie besitzen gegenüber dem Maximum-Entropie-Verfahren aber ein deutlich geringeres Auflösungsvermögen.

Die Maximum-Entropie- und Maximum-Likelihood-Spektralanalysen werden als nichtlinear bezeichnet, da ihre Bestimmung datenabhängig ist.

Referenzen Teil III

Ahlfors, L.V.: Complex Analysis, 2. Edition, McGraw-Hill Book Company, New York, 1966.

Akaike, H.: Fitting Autoregressive Models for Prediction, Ann. inst. stat. Math. $\underline{21}$, p. 261-265, 1969.

Akaike, H.: Statistical Predictor Identification, Ann. inst. stat. Math. $\underline{22}$, p. 293-217, 1970.

Akaike, H.: A New Look at the Statistical Model Identification, IEEE Trans. Automat. Contr. $\underline{AC\text{-}19}$, p. 716-723, 1974.

Andersen, N.: On the Calculation of Filter Coefficients for Maximum Entropy Spectral Analysis, Geophysics $\underline{39}$, p. 69-72, 1974.

Baggeroer, A.B.: Confidence Intervals for Regression Spectral Estimates, IEEE Trans. on Inform. Theory $\underline{22}$, p. 534-545, 1976.

Box, G.E. and G.M. Jenkins: Time Series Analysis: Forecasting and Control, Holden-Day, San Francisco, 1976.

Burg, J.P.: Maximum Entropy Spectral Analysis, in 37th Ann. Intern. Meeting of the Soc. of Explor. Geophys., Oklahoma City, 1967.

Burg, J.P.: The Relationship Between Maximum Entropy Spectra and Maximum Likelihood Spectra, Geophysics $\underline{37}$, p. 375-376, 1972.

Capon, J.: High Resolution Frequency-Wavenumber Spectrum Analysis, Proc. of the IEEE $\underline{57}$, p. 1408-1418, 1969.

Capon, J., R.J. Greenfield, and R.J. Kolker: Multidimensional Maximum-Likelihood Processing of a Large Aperture Seismic Array, Proc. of the IEEE $\underline{55}$, p. 192-211, 1967.

Chen, W.Y. and G.R. Stegen: Experiments with Maximum Entropy Power Spectra of Sinusoids, J. Geophys. Res. $\underline{79}$, p. 3019-3022, 1974.

Chow, J.C.: On the Estimation of the Order of a Moving Average Process, IEEE Trans. Autom. Control $\underline{AC\text{-}17}$, p. 386-387, 1972.

Cramer, H.: Mathematical Methods of Statistics, Princeton University Press, 1951.

Durbin, J.: The Fitting of Time-Series Models, Rev. Inst. Int. de Statist. $\underline{28}$, p. 233-244, 1960.

Edward, J.A. and M.M. Fitelson: Notes on Maximum-Entropy Processing, IEEE Transactions on Information Theory 19, p. 232-234, 1973.

Fougere, P.F.: A Solution to the Problem of Spontaneous Line Splitting in Maximum Entropy Power Spectrum Analysis, EOS Transactions, American Geophysical Union 56, p. 1054, 1975.

Gersch, W. and D.R. Sharpe: Estimation of Power Spectra with Finite Order Autoregressive Models, IEEE Trans. Automat. Contr. AC-18, p. 367-369, 1973.

Graybill, F.A.: An Introduction to Linear Statistical Models, Vol. 1, McGraw-Hill Book Company, New York, 1961.

Griffiths, L.J.: Rapid Measurement of Digital Instantaneous Frequency, IEEE Trans. Acoustics, Speech and Signal Proc. ASSP-23, p. 207-222, 1975.

Griffiths, L.J. and R. Prieto-Diaz: Spectral Analysis of Natural Seismic Events Using Autoregressive Techniques, IEEE Trans. Geosci. Electron. GE-15, p. 13-25, 1977.

Haykin, S. and S. Kesler: Prediction-Error Filtering and Maximum-Entropy Spectral Estimation, in: Topics in Applied Physics, Vol. 34, Nonlinear Methods of Spectral Analysis, Editor: S. Haykin, p. 9-72, Springer Verlag, Berlin-Heidelberg-New York, 1979.

Jaynes, E.T.: New Engineering Applications of Information Theory, in: Proceedings of the First Symposium on Engineering Applications of Random Function Theory and Probability, Editor Bogdanoff, J.L. and F. Kozin, John Wiley, New York, 1963.

Jaynes, E.T.: Prior Probabilities, IEEE Trans. Systems Sci. Cybern. SEC-4, p. 227-241, 1968.

Kelly, E.J. and M.J. Levin: Signal Parameter Estimation for Seismometer Arrays, Mass. Inst. Tech. Lincoln Lab., Lexington, Mass., Tech. Rept 339, 1964.

Kromer, R.E.: Asymptotic Properties of the Antoregressive Spectral Estimator, PH. D. Dissert., Stanford Univ., Stanford, Calif., 1970.

Lacoss, R.T.: Data Adaptive Spectral Analysis Methods, Geophysics 36, p. 661-675, 1971.

Landers, T.E. and R.T. Lacoss: Some Geophysical Applications of

Autoregressive Spectral Estimates, IEEE Trans. on Geoscience Electronics GE-15, p. 26-32, 1977.

Levin, M.J.: Maximum-Likelihood Array Processing, Mass. Inst. Tech. Lincoln Lab., Lexinton, Mass., Semiannual Tech. Summary Rept. on Seismic Discrimination, Dec. 31, 1964.

Levinson, N.: The Wiener RMS (Root Mean Square) Error Criterion in Filter Design and Prediction, Appendix B in: N. Wiener: Extrapolation, Interpolation and Smoothing of Stationary Time Series, Technology Press of the Mass. Inst. of Tech., Cambridge, Mass., 1947.

Marple, S.L.: Digital Spectrum Analysis with Applications, Prentice-Hall, Inc., Englewood Cliffs., New Jersey, 1987.

McDonough, R.N.: Application of the Maximum-Likelihood Method and the Maximum-Entropy Method to Array Processing, in: Topics in Applied Physics, Vol. 34, Nonlinear Methods of Spectral Analysis, Editor: S. Haykin, p. 181-244, Springer Verlag, Berlin-Heidelberg-New York, 1979.

Papoulis, A.: Probability, Random Variables, and Stochastic Processes, Mc Graw-Hill, New York, 1965.

Parzen, E.: Multiple Time Series : Determining the Order of Approximating Autoregressive Schemes, Statist. Sciences Div., State Univers. New York at Buffalo, Tech. Rep. 23, 1976.

Pendrel, J.V. and D.E. Smylie: The Relationship between Maximum Entropy and Maximum Likelihood Spectra, Geophysics 44, p. 1738-1739, 1979.

Radoski, H.R., P.F. Fougere, and E.J. Zawalick: A Comparison of Power Spectral Estimates and Applications of the Maximum Entropy Method, J. Geophys. Res. 80, p. 619-625, 1975.

Robinson, E.A. and S. Treitel: Geophysical Signal Analysis, Prentice-Hall, Inc., 1980.

Seidl, D., S.B. Kirbani and W. Brüstle: Maximum Entropy Spectral Analysis of Volcanic Tremors using Data from Etna (Sicily) and Merapi (Central Java), Bull. of Volcanol. 52, p. 460-477, 1990.

Silvia, M.T. and E.A. Robinson: Deconvolution of Geophysical Time Series in the Exploration for Oil and Natural Gas, Elsevier Scientific Publishing Comp., Amsterdam, 1979.

Smylie, D.E., G.K.C. Clarke, and T.J. Ulrych: Analysis of Irregularities in the Earth's Rotation, in: Methods in Computational Physics 13, Editor: B.A. Bolt, p. 391-430, Academic Press, New York, 1973.

Treitel, S., P.R. Gutowski, and E.A. Robinson: Empirical Spectral Analysis Revisited, in: Topics in Numerical Analysis, Editor: J.H. Miller, pp. 429-446, Academic Press, New York, 1977.

Ulrych, T.J.: Maximum Entropy Power Spectrum of Truncated Sinusoids, J. Geophys. Res. 77, p. 1396-1400, 1972.

Ulrych, T.J. and T.N. Bishop: Maximum Entropy Spectral Analysis and Autoregressive Decomposition, Rev. Geophysics and Space Physics 13, p. 183-200, 1975.

Ulrych, T.J. and R.W. Clayton: Time Series Modelling and Maximum Entropy, Phys. Earth Planet Inter. 12, 188-200, 1976.

Ulrych, T.J. and M. Ooe: Autoregressive and Mixed Autoregressive-Moving Average Models and Spectra, in: S. Haykin: Nonlinear Methods of Spectral Analysis, Springer Verlag Berlin, 1979.

Van der Bos, A.: Alternative Interpretation of Maximum Entropy Spectral Analysis, IEEE Trans. Inform. Theory IT-17, p. 493-494, 1971.

Wenzel, F. and W. Zürn: Numerical Investigation of the Resolving Power of Burg's Maximum Entropy Method, J. Geophysics 48, p. 121-123,1980.

Widrow, E. and M.E. Hoff: Adaptive Switching Circuits, in IRE WESCON Convention Rec. Pt 4, p. 96-104, 1960.

Wold, H.: A Study in the Analysis of Stationary Time Series, Almqvist and Wiksell, Uppsala, 1938.

Ergänzende Literatur

Eine Zusammenfassung vieler neuerer Artikel über Spektralanalyse, darunter viele der oben zitierten, findet man bei:

Childers, E.: Modern Spectrum Analysis, IEEE Press, New York, 1978.

Haykin, S.: Nonlinear Methods of Spectral Analysis, Topics in Applied Physics, Vol. 34, Springer-Verlag, Berlin-Heidelberg, 1979.

Teil IV

Grundlagen der Filtertheorie

Kapitel 13

Filterung aus der Sicht der Systemtheorie

Filterung bedeutet in diesem Buch die Trennung einzelner Komponenten der zu analysierenden Funktion. Dazu lassen sich Unterschiede im Frequenz- und Wellenzahlgehalt, der Geschwindigkeit und der Wellenpolarisation ausnutzen.
Probleme der Filterung, wie z.B. die Bestimmung der Eigenschaften vorgegebener Filter oder die Realisierung von Filtern mit gewünschten Eigenschaften, lassen sich zweckmäßigerweise mit der Systemtheorie behandeln. Ausgehend von der Systemtheorie werden im folgenden die Grundlagen der Filtertheorie für kontinuierliche Funktionen zusammengestellt.

13.1 Filtertypen-Einteilung

Jedes Filter kann allgemein als Übertragungssystem aufgefaßt werden, dessen Verhalten durch einen Operator $\mathcal{O}$ beschrieben wird, derart, daß für den Zusammenhang einer beliebigen Eingangsfunktion $x(t)$ und der zugehörigen Ausgangsfunktion $y(t)$ folgender eindeutiger Zusammenhang besteht:

$$y(t) = \mathcal{O}[x(t)] \ . \tag{13.1}$$

Der Operator $\mathcal{O}$ ist durch bestimmte Eigenschaften ausgezeichnet, die eine Klasseneinteilung ermöglichen.

- Der Operator $\mathcal{O}$ heißt linear, wenn er die Eigenschaften
    1. der Additivität

$$\mathcal{O}[\sum_{j=1}^{N} x_j(t)] = \sum_{j=1}^{N} \mathcal{O}[x_j(t)] \tag{13.2}$$

und

2. der Homogenität

$$\mathcal{O}[c_j x_j(t)] = c_j \mathcal{O}[x_j(t)] \qquad (13.3)$$

besitzt.

- Der Operator $\mathcal{O}$ heißt zeitinvariant, wenn aus jeder Eingangs-Ausgangskorrespondenz

$$y(t) = \mathcal{O}[x(t)] \qquad (13.4)$$

die Korrespondenz

$$y(t - \tau) = \mathcal{O}[x(t - \tau)] \qquad (13.5)$$

folgt, wobei τ jede beliebige feste Retardierung $\tau <$ oder ≥ 0 sein kann.

Für lineare zeitinvariante Operatoren gilt:

$$\begin{aligned}
\mathcal{O}[\int_{-\infty}^{\infty} x(\tau)y(t - \tau)d\tau] &= \int_{-\infty}^{\infty} x(\tau)\mathcal{O}[y(t - \tau)]d\tau \\
&= \int_{-\infty}^{\infty} \mathcal{O}[x(\tau)]y(t - \tau)d\tau. \qquad (13.6)
\end{aligned}$$

Generell muß an jedes Filter die Forderung der **Stabilität** gestellt werden, d.h. zu jedem beschränkten Eingangssignal $x(t)$ muß ein beschränktes Ausgangssignal $y(t)$ gehören:

$$|y(t)| \leq c < \infty \text{ für } |x(t)| \leq c_1. \qquad (13.7)$$

Die Stabilität der Filter muß, falls sie nicht von vornherein gewährleistet ist, erzwungen werden.

Weiterhin lassen sich Filter in **realisierbare** und **nichtrealisierbare** Filter einteilen. Bei einem realisierbaren Filter hängt die Ausgangsfunktion zur Zeit t_0 nur von den Werten der Eingangsfunktion ab, die zur Zeit $t < t_0$ zur Verfügung stehen. Nichtrealisierbare Filter verstoßen gegen das Kausalitätsgesetz von Ursache und Wirkung: während die Eingangsfunktion $x(t)$ erst zur Zeit $t = 0$ auf das Filter einwirkt, ist die Filterantwort bereits für $t < 0$ von Null verschieden. Für die Bearbeitung bereits auf einem Speichermedium aufgezeichneter Daten ist die Forderung der Kausalität ohne Bedeutung, da "zukünftige" Werte in bezug auf den augenblicklichen Zeitpunkt der Filterung zur Verfügung stehen.

Im weiteren Verlauf wird die für die geophysikalische Praxis wichtigste Filterklasse behandelt, die der Forderung der Linearität, Zeitinvarianz und Stabilität genügt.

13.2 Kennzeichnung linearer Filter im Zeit- und Frequenzbereich mittels Gewichts- und Übertragungsfunktion

Im allgemeinen läßt sich der Zusammenhang zwischen dem Eingangssignal bzw. der Anregung $x(t)$ und dem Ausgangssignal bzw. der Reaktion $y(t)$ eines linearen zeitinvarianten Systems durch eine lineare Differentialgleichung mit konstanten reellen Koeffizienten darstellen.

Die Systemeigenschaften lassen sich durch die Systemantwort h(t) auf einen Einheitsimpuls $\delta(t)$ beschreiben:

$$h(t) = \mathcal{O}[\delta(t)] \quad . \tag{13.8}$$

$h(t)$ wird als Impulsantwort bzw. Gewichtsfunktion bezeichnet. Mit der Kenntnis von $h(t)$ ist für die Klasse der linearen zeitinvarianten Filter für jede beliebige Filtereingangsgröße $x(t)$ die zugehörige Ausgangsfunktion $y(t)$ bestimmt. Wirkt auf das System die Anregung $x(t)$ ein, dann erhält man als Systemausgang:

$$y(t) = \mathcal{O}[x(t)] \quad . \tag{13.9}$$

Mit Hilfe der δ-Funktion läßt sich nach Gleichung (3.22) $x(t)$ als Faltungsintegral darstellen:

$$x(t) = \int_{-\infty}^{\infty} x(\tau)\delta(t - \tau)d\tau \quad . \tag{13.10}$$

Die Anwendung des Operators $\mathcal{O}$ auf $x(t)$ liefert:

$$\mathcal{O}[x(t)] = \mathcal{O}[\int_{-\infty}^{\infty} x(\tau)\delta(t - \tau)d\tau] \quad . \tag{13.11}$$

Nach Gleichung (13.6) folgt:

$$\mathcal{O}[x(t)] = \int_{-\infty}^{\infty} x(\tau)\mathcal{O}[\delta(t - \tau)]d\tau, \tag{13.12}$$

und mit Gleichung (13.8) ergibt sich:

$$\begin{aligned} y(t) = \mathcal{O}[x(t)] &= \int_{-\infty}^{\infty} x(\tau)h(t - \tau)d\tau \\ &= \int_{-\infty}^{\infty} h(\tau)x(t - \tau)d\tau \quad . \end{aligned} \tag{13.13}$$

Eingang und Ausgang eines linearen zeitinvarianten Systems, das durch die Gewichtsfunktion (13.8) charakterisiert ist, sind somit durch

das Faltungsintergral (13.13) verknüpft.
Die Fourier-Transformierte der Impulsantwortfunktion,

$$H(f) = \int_{-\infty}^{\infty} h(t)e^{-i2\pi ft}dt \quad, -\infty < f < \infty, \tag{13.14}$$

beschreibt das Verhalten des Systems im Frequenzbereich für alle Frequenzen. Sie wird als Frequenzgang, im Rahmen des Buches auch als Übertragungsfunktion, bezeichnet. Nach dem Faltungssatz (2.26) gilt für den Zusammenhang von Systemeingang, -ausgang und der Übertragungsfunktion $H(f)$ im Frequenzbereich:

$$Y(f) = H(f)X(f) \quad, \tag{13.15}$$

dabei sind $Y(f)$ und $X(f)$ die Fourier-Transformierten von $y(t)$ und $x(t)$. $H(f)$ ist im allgemeinen eine komplexe Funktion der Frequenz f,

$$H(f) = U(f) + iV(f) \quad, \tag{13.16}$$

die nach Betrag und Phase dargestellt werden kann:

$$H(f) = |H(f)|e^{i\Theta(f)} \quad. \tag{13.17}$$

Der Betrag von $H(f)$,

$$|H(f)| = \sqrt{U^2(f) + V^2(f)}, \tag{13.18}$$

beschreibt die Amplitudencharakteristik und

$$\Theta(f) = \arctan \frac{V(f)}{U(f)}, \ U(f) \neq 0, \tag{13.19}$$

die Phasencharakteristik des Filters. Man kann damit der Gleichung (13.15) folgende anschauliche Interpretation geben: Die Filterung verändert auf eine von den Eigenschaften des linearen Filters $H(f)$ abhängige Weise die Amplituden und Phasen der einzelnen Spektralanteile der zu filternden Funktion $x(t)$.

Mit der Impulsantwortfunktion bzw. der Übertragungsfunktion hat man Kennfunktionen zur Hand, die einerseits eine Beurteilung der Filterwirkung gestatten, andererseits auch die Berechnung von Filterantworten auf beliebige Eingangsfunktionen erlauben. Die Übertragungseigenschaften des Filters lassen sich im Frequenzbereich nach verschiedenen Kriterien definieren. So kann man z.B. bei der Filtersynthese fordern, daß bestimmte Spektralanteile der zu filternden Funktion unterdrückt werden oder daß Amplitude und Phase des

Filterausgangs für bestimmte Frequenzen gewisse gewünschte Werte annehmen. Diese Aufgabe, Filter mit vorgegebenen Eigenschaften zu entwerfen, wird in den Kapiteln 17 und 18 behandelt.

Zur Charakterisierung linearer zeitinvarianter Filter lassen sich anstelle der δ-Funktion andere Filtereingänge benutzen, z.B. nach Koopmans (1974) die komplexe Exponentialfunktion

$$x(t) = e^{i2\pi f_0 t} , \quad -\infty < f_0 < \infty . \qquad (13.20)$$

Jedes lineare zeitinvariante Filter transformiert die Funktion $e^{i2\pi f_0 t}$ wiederum in $e^{i2\pi f_0 t}$ multipliziert mit dem Faktor $\bar{H}(f_0)$, der durch die Antwort $y(t)$ des Filters auf $e^{i2\pi f_0 t}$ bestimmt wird:

$$\bar{H}(f_0) = \frac{y(t)}{e^{i2\pi f_0 t}} . \qquad (13.21)$$

Für den Zusammenhang mit der Faltungsoperation

$$y(t) = \mathcal{O}[x(t)] = \int_{-\infty}^{\infty} h(\tau)x(t-\tau)d\tau , \quad -\infty < t < \infty \qquad (13.22)$$

ergibt sich für $x(t) = e^{i2\pi f_0 t}$:

$$\begin{aligned}
y(t) = \mathcal{O}[x(t)] &= \int_{-\infty}^{\infty} h(\tau)e^{i2\pi f_0(t-\tau)}d\tau \\
&= (\int_{-\infty}^{\infty} h(\tau)e^{-i2\pi f_0 \tau}d\tau)e^{i2\pi f_0 t} \\
&- H(f_0)e^{i2\pi f_0 t} \qquad (13.23)
\end{aligned}$$

Nach Gleichung (13.21) folgt:

$$\bar{H}(f_0) = H(f_0) = \mathcal{F}(\mathcal{O}[\delta(t)])|_{f=f_0} = \mathcal{F}(h(t))|_{f=f_0} , \qquad (13.24)$$

das heißt: die das Filter kennzeichnende Größe $\bar{H}(f_0)$ entspricht der Fourier-Transformierten der Impulsantwortfunktion $h(t)$ an der Stelle $f = f_0$.

13.3 Eingang-Ausgang-Relationen linearer Filter

Für determinierte Signale ist die Eingang-Ausgangbeziehung bereits in Kapitel 13.2 hergeleitet. Die Verknüpfung ist im Zeitbereich durch das Faltungsintegral (13.13) gegeben, der im Frequenzbereich Gleichung (13.15) entspricht.

Abb. 13.1 veranschaulicht die Zusammenhänge im Zeit- und Frequenzbereich.

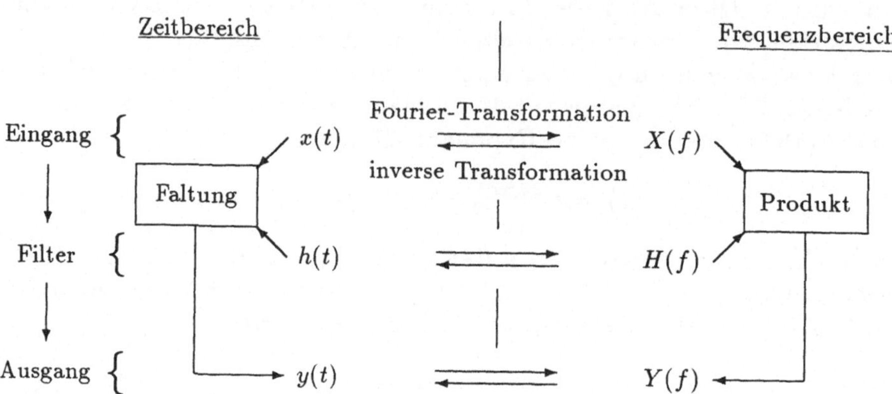

Abbildung 13.1: Filterung determinierter Vorgänge im Zeit- und Frequenzbereich.

Ist $H(f)$ eine reelle Funktion, dann besteht die Filterwirkung darin, daß in der gefilterten Zeitfunktion $y(t)$ nur die Amplituden verstärkt (falls $H(f) > 1$) bzw. abgeschwächt (für $H(f) < 1$) oder unterdrückt (bei $H(f) = 0$) werden. In der Regel ist die Übertragungsfunktion $H(f)$ komplex. Die Spektralkomponenten der gefilterten Funktion erleiden dann neben der Amplitudenänderung auch eine Phasenverschiebung um den Winkel $\Theta(f)$ gegenüber den Komponenten der ursprünglichen Funktion.

Beispiel: Es sei $X(f) = |X(f)|e^{i\Phi(f)}$ die komplexe Spektraldarstellung der Eingangsfunktion und $H(f) = |H(f)|e^{i\Theta(f)}$ die Übertragungsfunktion des Filters. Dann gilt für den Filterausgang gemäß Gleichung (13.15):

$$Y(f) = H(f)X(f) = |H(f)||X(f)|e^{i(\Phi(f)+\Theta(f))} \quad . \tag{13.25}$$

Wie man sieht, ist:

$$|Y(f)| = |H(f)||X(f)| \quad , \tag{13.26}$$

$$arg(Y(f)) = \Phi(f) + \Theta(f) \quad . \tag{13.27}$$

Für stochastische Vorgänge gelten nach Lee (1960) die in Tabelle 13.1 zusammengefaßten Eingang-Ausgang-Relationen:

$$R_{yy}(\tau) = \int_{-\infty}^{\infty} h(\lambda) \int_{-\infty}^{\infty} h(\eta) R_{xx}(\tau + \lambda - \eta) d\eta \, d\lambda \tag{13.28}$$

Prozeß	Zeitbereich	Frequenzbereich
determiniert	$y(t) = \int_{-\infty}^{\infty} h(\tau)x(t-\tau)d\tau$	$Y(f) = H(f)X(f)$
regellos	$R_{yy}(\tau) =$ $\int_{-\infty}^{\infty} h(\lambda) \int_{-\infty}^{\infty} h(\eta)R_{xx}(\tau + \lambda - \eta)d\eta d\lambda$ $R_{xy}(\tau) = \int_{-\infty}^{\infty} h(\lambda)R_{xx}(\tau - \lambda)d\lambda$	$G_{yy}(f) = H(f)H^*(f)G_{xx}(f)$ $G_{xy}(f) = H(f)G_{xx}(f)$

Tabelle 13.1: Eingang-Ausgang-Relationen linearer Filter für determinierte und regellose Prozesse.

und

$$R_{xy}(\tau) = \int_{-\infty}^{\infty} h(\lambda)R_{xx}(\tau - \lambda)d\lambda. \tag{13.29}$$

Wendet man die Fourier-Transformation auf die Gleichungen (13.28) und (13.29) an, so ergibt sich für die Zusammenhänge der Filterein- und -ausgänge im Frequenzbereich:

$$G_{yy}(f) = H(f)H^*(f)G_{xx}(f) \tag{13.30}$$

und

$$G_{xy}(f) = H(f)G_{xx}(f) \ . \tag{13.31}$$

Dabei sind $G_{xx}(f)$ und $G_{yy}(f)$ die Leistungsspektren der Filterein- und -ausgänge; $G_{xy}(f)$ ist das Kreuzleistungsspektrum zwischen der Filteranregung und der -reaktion. Abb. 13.2 veranschaulicht diese Beziehungen im Zeit- und Frequenzbereich.

Die meisten praktischen Filteranwendungen lassen sich anhand eines linearen Systems verdeutlichen, für das die Leistungsspektren $G_x(f)$ und $G_y(f)$ am Ein- und Ausgang mit der Übertragungsfunktion des Systems wie folgt verknüpft sind:

$$G_y(f) = |H(f)|^2 G_x(f) \ . \tag{13.32}$$

In der Praxis treten zwei Fragen auf:

• Gegeben sind die Übertragungscharakteristik $H(f)$ des Filters und das Leistungsspektrum $G_y(f)$ am Systemausgang; man bestimme das

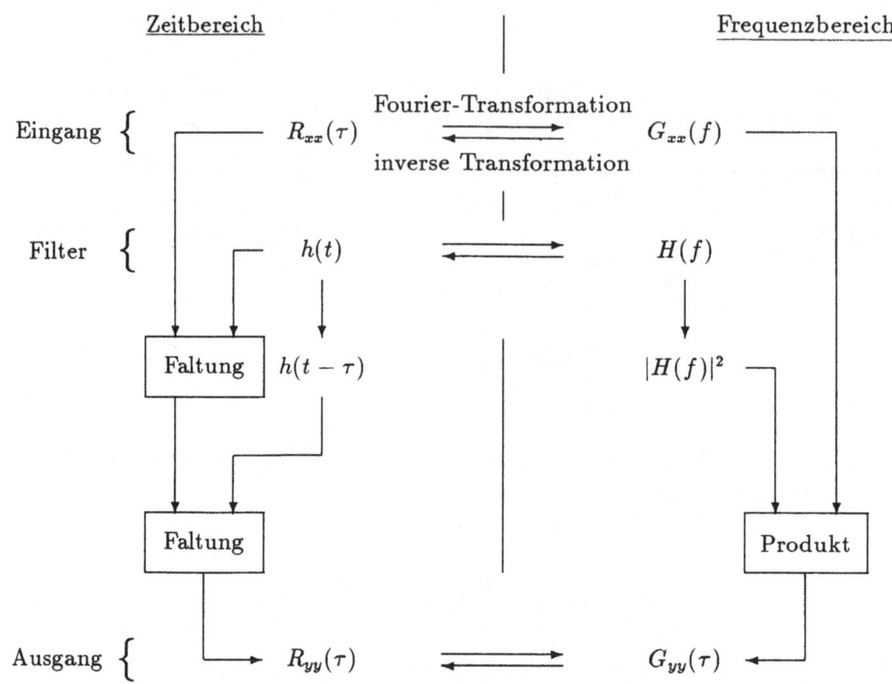

Abbildung 13.2: Zusammenhang der Filterprozesse regelloser Vorgänge im Zeit- und Frequenzbereich.

Leistungsspektrum $G_x(f)$ des Eingangsignals. Hierunter fallen die Probleme der inversen Filterung, die in Kapitel 13.4 andiskutiert und in Teil VII weiter behandelt werden.

• Gegeben sind $G_x(f)$ und $H(f)$; man vergleiche das hieraus errechnete Leistungsspektrum $G_y(f)$ mit dem beobachteten Leistungsspektrum und schließe daraus, ob die Annahmen über $H(f)$ richtig sind. Das Ziel ist hierbei die Bestimmung der Übertragungsfunktion, z.B. in der Seismik die Herleitung der Übertragungscharakteristik des von den seismischen Wellen durchlaufenen Mediums anhand der gemessenen Seismogramme und des Quellsignals.

13.4 Inversion linearer Filterung

Es sei H(f) die Übertragungsfunktion eines Filters $\mathcal{O}$, das angewendet auf $x(t)$ die gefilterte Funktion $y(t)$ liefert. Unter der Voraussetzung, daß $H(f) \neq 0 \;\; \forall\, f$ ist, läßt sich $x(t)$ aus $y(t)$ durch die

Anwendung eines Operators $\mathcal{O}^{-1}$ mit der Übertragungsfunktion $\frac{1}{H(f)}$ zurückgewinnen:

$$\frac{1}{H(f)}Y(f) = X(f) \ . \tag{13.33}$$

Falls $H(f)$ für bestimmte Frequenzbereiche Null ist, dann ist das Spektrum der gefilterten Funktion dort Null. Die einmal vollständig gelöschten Anteile können durch kein inverses Filter zurückgewonnen werden. Für die Inversion von Filterprozessen mit der Übertragungsfunktion $H(f)$ ist es daher zweckmäßig, einen inversen Operator $\mathcal{O}^{-1}$ mit der Übertragungsfunktion

$$I(f) = \left\{ \begin{array}{ll} \frac{1}{H(f)} & \text{für } H(f) \neq 0 \\ 0 & \text{für } H(f) = 0 \end{array} \right. \tag{13.34}$$

zu wählen. Dann stimmt das Spektrum von $\mathcal{O}^{-1}[y(t)]$ für den Frequenzbereich, in dem $H(f) \neq 0$ ist, mit dem Spektrum von $x(t)$ überein, während außerhalb dieses Spektralbereichs der Filterausgang Null ist.

13.5 Eigenschaften der Übertragungsfunktion

13.5.1 Symmetrie-Eigenschaften

Für **reelle** Impulsantwortfunktionen,

$$h(t) - \int_{-\infty}^{\infty} H(f)e^{i2\pi ft}df \ , \tag{13.35}$$

sind der Real- und Imaginärteil von $H(f)$ gegeben durch:

$$U(f) = \int_{-\infty}^{\infty} h(t)\cos(2\pi ft)dt \tag{13.36}$$

und

$$V(f) = -\int_{-\infty}^{\infty} h(t)\sin(2\pi ft)dt \ . \tag{13.37}$$

Hieraus folgt, daß $U(f)$ und $V(f)$ gerade bzw. ungerade Funktionen bezüglich $f = 0$ sind. Damit müssen die das Filter kennzeichnenden Funktionen $|H(f)|$, $\Theta(f)$ bzw. $U(f)$, $V(f)$ die folgenden Symmetrie-Eigenschaften erfüllen:

$$\begin{aligned} |H(f)| &= |H(-f)| \\ \Theta(f) &= -\Theta(-f) \\ U(f) &= U(-f) \\ V(f) &= -V(-f) \ , \end{aligned} \tag{13.38}$$

d.h. $|H(f)|$ und $U(f)$ sind gerade Funktionen, $\Theta(f)$ und $V(f)$ ungerade Funktionen bezüglich der Frequenz $f = 0$.

13.5.2 Folgerungen der Realisierbarkeitsbedingung

Für die Impulsantwortfunktion $h(t)$ realisierbarer Filter gilt:

$$h(t) = 0 \quad \text{für} \quad t < 0 \ . \tag{13.39}$$

Die Eingang-Ausgang-Relation realisierbarer Filter läßt sich daher anstelle von Gleichung (13.13) durch

$$y(t) = \int_0^\infty h(\tau)x(t - \tau)d\tau \tag{13.40}$$

darstellen.

Eine vorgegebene Amplitudencharakteristik $|H(f)|$ kann genau dann mit Hilfe eines solchen Systems realisiert werden, wenn es möglich ist, die Amplitudencharakteristik mit einer Phasencharakteristik derart zu kombinieren, daß die daraus hervorgehende Übertragungsfunktion eine für $t < 0$ verschwindende inverse Fourier-Transformierte besitzt. Von dieser Forderung ausgehend, läßt sich beweisen (s. Papoulis, 1962), daß eine notwendige und hinreichende Bedingung für die Realisierbarkeit eines Filters gegeben ist durch die sog. Paley-Wiener-Bedingung:

$$\int_{-\infty}^\infty \frac{|\ln(|H(f)|)|}{1 + f^2} df \leq c < \infty \ . \tag{13.41}$$

Physikalisch bedeutet dies, daß die Übertragungsfunktion $H(f)$ eines realisierbaren Prozesses nicht über ein endliches Frequenzband Null sein kann, weil dann in einem ganzen Intervall der Zähler $|\ln(|H(f)|)|$ unendlich ist und die Bedingung (13.41) nicht erfüllt wird. Folglich ist die Gewichtsfunktion des idealen Tiefpaßfilters mit $H(f) = 0$ für $f > f_g$, wie auch die des idealen Bandpaßfilters akausal, das heißt zweiseitig. Es läßt sich sogar zeigen, daß das Amplitudenspektrum realisierbarer Prozesse nicht schneller als exponentiell gegen Null gehen kann (s. Sauer und Szabo, 1967).

13.5.3 Folgerung der Stabilitätsbedingung für realisierbare Filter

Da der Absolutwert eines Integrals nicht größer ist als das Integral der Absolutwerte des Integranden, folgt aus der Stabilitätsforderung

(13.7) für $|x(t)| \leq c_1 \quad \forall \; t$:

$$\begin{aligned}
|y(t)| &= \left| \int_{-\infty}^{\infty} h(\tau)x(t-\tau)d\tau \right| \\
&\leq \int_{-\infty}^{\infty} |h(\tau)||x(t-\tau)|d\tau \\
&\leq c_1 \int_{-\infty}^{\infty} |h(\tau)|d\tau \quad ,
\end{aligned} \tag{13.42}$$

das heißt: ist $h(\tau)$ absolut integrierbar, dann ist der Filterausgang beschränkt und der Filteroperator stabil.

Für kausale Filter läßt sich aus der Forderung der Stabilität eine wichtige Eigenschaft dieser Filter herleiten. Hierzu wird für das Spektrum $H(f)$ der realisierbaren Impulsantwortfunktion die analytische Fortsetzung $H(p)$ für die komplexe Argumentebene $p = \alpha + i2\pi f$ betrachtet. Es gilt:

$$H(p) = \int_0^{\infty} h(t)e^{-pt}dt \quad . \tag{13.43}$$

Gleichung (13.43) ist die einseitige Laplace-Transformation. Aus Gleichung (13.43) folgt:

$$|H(p)| \leq \int_0^{\infty} |h(t)||e^{-pt}|dt \quad . \tag{13.44}$$

Besitzt $H(p)$ bei p_0 eine Polstelle, $|H(p_0)| = \infty$, dann folgt aus (13.44):

$$\infty \leq \int_0^{\infty} |h(t)||e^{-p_0 t}|dt \quad . \tag{13.45}$$

Falls man p_0 in der rechten p-Halbebene bzw. auf der Imaginärachse ($\Re(p_0) \geq 0$) annimmt, dann gilt:

$$|e^{-p_0 t}| \leq K = 1 \quad . \tag{13.46}$$

Damit ergibt sich aus Gleichung (13.45):

$$\infty \leq \int_0^{\infty} K|h(t)|dt = \int_0^{\infty} |h(t)|dt \quad \text{für } \Re(p_0) \geq 0 \quad . \tag{13.47}$$

Da dies im Widerspruch zur Stabilitätsbedingung steht, muß gefolgert werden, daß für stabile realisierbare Gewichtsfunktionen sämtliche Pole der Übertragungsfunktion in der **linken** p-Halbebene liegen.

• **Beispiel:** Gesucht ist die Gewichtsfunktion des Filters mit der Übertragungsfunktion

$$H(\omega) = \frac{1}{1 + i\frac{\omega}{\omega_L}} \quad , \quad \omega_L > 0 \quad , \quad \omega = 2\pi f \quad ,$$

$$= \frac{\omega_L}{i\omega + \omega_L} \quad . \tag{13.48}$$

(Quelle: Vorlesungsmanuskript G. Müller, Universität Frankfurt)
Dieses Filter ist ein Tiefpaß mit dem Amplitudenspektrum

$$|H(\omega)| = \frac{1}{\sqrt{1 + \frac{\omega^2}{\omega_L^2}}} = \frac{\omega_L}{\sqrt{\omega_L^2 + \omega^2}} \quad . \tag{13.49}$$

ω_L bestimmt den 3-dB-Punkt, d.h. bei ω_L ist das Amplitudenspektrum um den Faktor 0.71 abgefallen ($|H(\omega_L)| = \frac{1}{\sqrt{2}}$). Die Flankensteilheit des Filters bei $\omega \gg \omega_L$ ist $\approx -6 \frac{dB}{Oktave}$, denn für $\omega \gg \omega_L$ folgt aus

$$|H(\omega)| = \frac{\omega_L}{\sqrt{\omega_L^2 + \omega^2}} \approx \frac{\omega_L}{\omega} \quad \text{für} \quad \omega \gg \omega_L \quad : \tag{13.50}$$

$$\frac{|H(2\omega_1)|}{|H(\omega_1)|} \approx \frac{\frac{\omega_L}{2\omega_1}}{\frac{\omega_L}{\omega_1}} = \frac{1}{2} \tag{13.51}$$

und somit

$$20\log_{10}(\frac{|H(2\omega_1)|}{|H(\omega_1)|}) = 20\log_{10}(\frac{1}{2}) \approx -6 \text{ dB.} \tag{13.52}$$

Das Filter besitzt das zusammen mit dem Amplitudenspektrum in Abb. 13.3 dargestellte Phasenspektrum:

$$\Theta(\omega) = arg(H(\omega)) = \arctan(-\frac{\omega}{\omega_L}) = -\arctan(\frac{\omega}{\omega_L}) \quad . \tag{13.53}$$

Die analytisch fortgesetzte Funktion

$$H(p) = \frac{\omega_L}{p + \omega_L} \quad , \quad p = \alpha + i\omega \tag{13.54}$$

besitzt einen einfachen Pol in der linken p-Halbebene bei $p = -\omega_L$. Das Filter ist daher kausal, d.h. $h(t) = 0$ für $t < 0$. Für $t \geq 0$ läßt sich $h(t)$ nach Gleichung (2.66) unter Zuhilfenahme des Residuensatzes berechnen:

$$h(t) = \frac{1}{2\pi i} \int_{c-i\infty}^{c+i\infty} H(p)e^{pt}\,dp \quad . \tag{13.55}$$

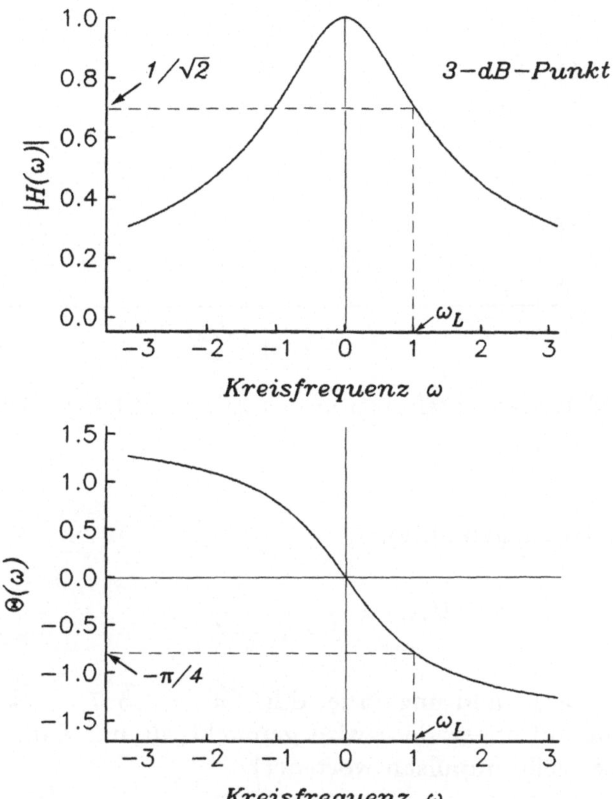

Abbildung 13.3: Amplituden- und Phasenspektrum des Filters (13.48).

Da die imaginäre Achse im Konvergenzbereich von $H(p)$ liegt, kann man $c = 0$ wählen. Wird das Linienintegral über die linke p-Halbebene geschlossen, so ist

$$
\begin{aligned}
\oint_{\hookrightarrow} H(p)e^{pt}\,dp &= \oint_{\hookrightarrow} \frac{\omega_L}{p + \omega_L}e^{pt}\,dp \\
&= 2\pi i \lim_{p \to -\omega_L} (\omega_L e^{pt}) \quad \text{nach (2.69),} \\
&= 2\pi i \omega_L e^{-\omega_L t}
\end{aligned}
\tag{13.56}
$$

und somit

$$
h(t) = \omega_L e^{-\omega_L t} \quad \text{für } t \geq 0 \ .
\tag{13.57}
$$

Die ermittelte Gewichtsfunktion $h(t)$ ist in Abb. 13.4 dargestellt. **Anmerkung:** Im Gegensatz zu dem Filter (13.48) sind die Filter

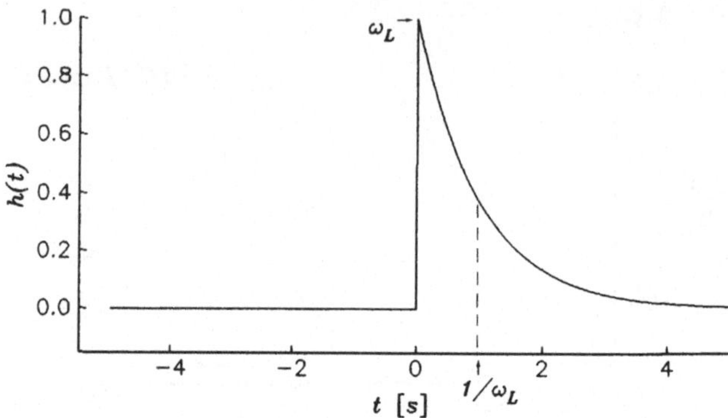

Abbildung 13.4: Gewichtsfunktion des Filters (13.48). Bei $t = \frac{1}{\omega_L}$ ist $h(t)$ um $\frac{1}{e}$ abgefallen.

mit der Übertragungsfunktion

$$H(\omega) = \frac{1}{1 + i(\frac{\omega}{\omega_L})^n} \ , \tag{13.58}$$

$\omega_L > 0$, $n > 1$ und ungerade, d.h. $n = 3, 5, 7, \ldots$ akausal. Die Beschränkung auf ungerade n wird gemacht, da nur dann die Bedingung für eine reelle Impulsantwort $h(t)$,

$$H(-\omega) = H^*(\omega) \tag{13.59}$$

erfüllt ist:

$$
\begin{aligned}
H(-\omega) &= \frac{1}{1 + (-1)^n i(\frac{\omega}{\omega_L})^n} = \frac{1}{1 - i(\frac{\omega}{\omega_L})^n} \ \text{für } n = 1, 3, 5, \ldots \\
&= H^*(\omega) \ .
\end{aligned}
\tag{13.60}
$$

Die Pole der analytischen Fortsetzung von (13.58),

$$H(p) = \frac{1}{1 + \frac{1}{i^{(n-1)}}(\frac{p}{\omega_L})^n}, \tag{13.61}$$

ergeben sich aus

$$1 + \frac{1}{i^{(n-1)}}(\frac{p}{\omega_L})^n = 0 \tag{13.62}$$

bzw.

$$(\frac{p}{\omega_L})^n = -i^{(n-1)} = -(e^{i\frac{\pi}{2}})^{(n-1)} \tag{13.63}$$

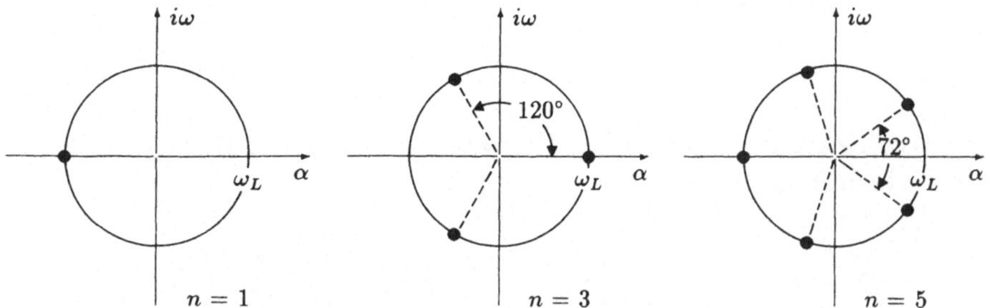

Abbildung 13.5: Pollagen der Filter (13.58) für $n = 1$, 3 und 5.

zu:

$$\frac{p_k}{\omega_L} = -e^{i(\frac{\pi}{2}+2\pi(k-1))\frac{(n-1)}{n}}, \quad k = 1, 2, ..., n. \tag{13.64}$$

Hiernach ergeben sich folgende Pole:

$n = 1$: $\frac{p_1}{\omega_L} = -1$,

$n = 3$: $\frac{p_1}{\omega_L} = -0.5 + 0.866i$, $\frac{p_2}{\omega_L} = -0.5 - 0.866i$, $\frac{p_3}{\omega_L} = 1$.

Die Pole für $n = 5$ liegen bei: $0.809 \pm i0.588$, $-0.309 \pm i0.951$, -1.
Die Pole sind gleichmäßig auf einem Kreis um den Ursprung mit dem
Radius ω_L verteilt (siehe Abb. 13.5). Aus der Tatsache, daß für $n = 3$
und $n = 5$ die Pole zum Teil in der rechten p-Halbebene liegen, läßt
sich folgern, daß diese Filter im Gegensatz zu $n = 1$ akausal sind.
Numerische Untersuchungen zeigen, daß die Akausalität dieser Filter
nicht sehr ausgeprägt ist. Die Amplitudencharakteristiken der Filter
(13.58) sind:

$$|H(\omega)| = \frac{1}{\sqrt{1 + (\frac{\omega}{\omega_L})^{2n}}} . \tag{13.65}$$

Die Flankensteilheit läßt sich über n steuern. Für $\omega \gg \omega_L$ ist die
Flankensteilheit $\approx -n \cdot 6 \frac{dB}{Oktave}$. Die Filter (13.58) besitzen die
Phasencharakteristiken

$$\Phi(\omega) = -\arctan(\frac{\omega}{\omega_L})^n . \tag{13.66}$$

Im Vergleich zu (13.41) ist es in der Regel einfacher, die Kausalität
eines Filters mit vorgegebener Übertragungsfunktion anhand der Pollagen zu prüfen. Für Filter mit stabilen realisierbaren Gewichtsfunktionen liegen sämtliche Pole der Übertragungsfunktion in der linken

304

p-Halbebene. Für gebrochen rationale Funktionen mit reellen Koeffizienten in p, $H(p) = \frac{A(p)}{B(p)}$, ist diese Bedingung, daß alle Nullstellen des Nennerpolynoms

$$B(p) = b_0 + b_1 p + b_2 p^2 + \dots + b_n p^n \quad (b_0 > 0 \ , b_n \neq 0) \qquad (13.67)$$

negative Realteile haben, nach Hurwitz (siehe Kuo, 1975) erfüllt, falls alle Determinanten

$$D_1 = b_1 \ , \quad D_2 = \begin{vmatrix} b_1 & b_0 \\ b_3 & b_2 \end{vmatrix} \ , \quad D_3 = \begin{vmatrix} b_1 & b_0 & 0 \\ b_3 & b_2 & b_1 \\ b_5 & b_4 & b_3 \end{vmatrix} \ ,$$

$$D_4 = \begin{vmatrix} b_1 & b_0 & 0 & 0 \\ b_3 & b_2 & b_1 & 0 \\ b_5 & b_4 & b_3 & b_2 \\ b_7 & b_6 & b_5 & b_4 \end{vmatrix} \ , \quad D_n = \begin{vmatrix} b_1 & b_0 & 0 & \dots & 0 \\ b_3 & b_2 & b_1 & \dots & 0 \\ \cdot & \cdot & \cdot & \dots & \cdot \\ \cdot & \cdot & \cdot & \dots & \cdot \\ b_{2n-1} & b_{2n-2} & b_{2n-3} & \dots & b_n \end{vmatrix}$$

$$(13.68)$$

positiv sind. Hierbei ist $b_j = 0$ für $j > n$ zu setzen.

Beispiel: Das Nennerpolynom $B(p) = 6 + 5p + 4p^2 + 2p^3$ ergibt folgende Determinanten:

$$D_1 = 5 \ , \quad D_2 = \begin{vmatrix} 5 & 6 \\ 2 & 4 \end{vmatrix} = 8 \ , \quad D_3 = \begin{vmatrix} 5 & 6 & 0 \\ 2 & 4 & 5 \\ 0 & 0 & 2 \end{vmatrix} = 16 \ , \qquad (13.69)$$

die sämtlich größer Null sind. Alle Nullstellen dieses Polynoms liegen damit in der linken p-Halbebene und die zu $H(p) = \frac{A(p)}{B(p)}$ zugehörige Impulsantwortfunktion ist kausal.

13.5.4 Spektren reeller stabiler realisierbarer Filter

Zerlegt man die Filterfunktion h(t) in den geraden und ungeraden Anteil

$$h(t) = h_g(t) + h_u(t) \qquad (13.70)$$

mit

$$h_g(t) = \frac{h(t) + h(-t)}{2} \qquad (13.71)$$

und

$$h_u(t) = \frac{h(t) - h(-t)}{2} \ , \qquad (13.72)$$

dann gilt für kausale Filter mit $h(t) = 0$ für $t < 0$:

$$h_u(t) = sgn(t)h_g(t) \qquad (13.73)$$

mit

$$sgn(t) = \begin{cases} 1 & \text{für } t > 0 \\ 0 & \text{für } t = 0 \\ -1 & \text{für } t < 0 \end{cases} \qquad (13.74)$$

Damit folgt

$$h(t) = (1 + sgn(t))h_g(t) \quad . \qquad (13.75)$$

Die Anwendung des Faltungstheorems auf Gleichung (13.75) liefert mit $A(f) = \mathcal{F}(h_g(t))$:

$$H(f) = A(f) + \mathcal{F}(sgn(t)) * A(f) \quad . \qquad (13.76)$$

Die Funktion $sgn(t)$ liefert kein absolut konvergentes Fourier-Integral. Deshalb wird die Funktion $e^{-\tau|t|} sgn(t)$ betrachtet, die für $\tau \to 0$ gegen $sgn(t)$ geht. Die Fourier-Transformierte ergibt sich unter Berücksichtigung, daß

$$\int_0^\infty e^{-at} dt = \frac{1}{a} \qquad (13.77)$$

ist, zu:

$$\int_{-\infty}^\infty e^{-\tau|t|} sgn(t) e^{-i2\pi ft} dt = -\int_{-\infty}^0 e^{(\tau - i2\pi f)t} dt + \int_0^\infty e^{-(\tau + i2\pi f)t} dt$$

$$= -\frac{1}{\tau - i2\pi f} + \frac{1}{\tau + i2\pi f} \quad . \qquad (13.78)$$

Für $\tau \to 0$ hat dieser Ausdruck den Grenzwert $\frac{1}{i\pi f} = -\frac{i}{\pi f}$. Damit folgt

$$H(f) = A(f) + i\frac{-1}{\pi f} * A(f)$$

$$= A(f) + iB(f) \qquad (13.79)$$

mit

$$B(f) = \frac{-1}{\pi f} * A(f) = \frac{1}{\pi} P \int_{-\infty}^\infty \frac{A(g)}{g - f} dg \quad . \qquad (13.80)$$

Da die Fourier-Transformierte der reellen geraden Funktion $h_g(t)$ wiederum reell ist, ist $A(f)$ und wegen (13.80) auch $B(f)$ eine reelle Funktion, so daß gilt:

$$\Re(H(f)) = A(f) \qquad (13.81)$$

$$\Im(H(f)) = B(f) \quad . \tag{13.82}$$

Gleichung (13.80) besagt damit, daß der **Real- und Imaginärteil** des Spektrums stabiler realisierbarer Filter, für die $H(p)$ in der rechten p-Halbebene analytisch ist, eindeutig über die Hilbert-Transformation (13.80) voneinander abhängen. (13.80) ist die sogenannte **Kramers-Kronig**-Relation, die den Zusammenhang zwischen dem Real- und Imaginärteil der Übertragungsfunktion eines kausalen Filters beschreibt. Es läßt sich weiterhin zeigen, daß

$$A(f) = -\frac{1}{\pi} P \int_{-\infty}^{\infty} \frac{B(g)}{g - f} dg \quad . \tag{13.83}$$

13.6   Spezielle Filtertypen

13.6.1   Filter ohne Phasenverschiebung

Vielfach ist es wünschenswert, eine Filterung von Meßdaten ohne Phasenverschiebung durchzuführen. Nach Gleichung (13.25) muß hierzu $\Theta(f)$ und damit nach (13.19) der Imaginärteil von $H(f)$ für alle Frequenzen Null sein. $H(f)$ ist dann reell, und es gilt für reelles $h(t)$ nach Gleichung (2.32): $H(-f) = H(f)$. Aus Gleichung (2.2) folgt dann

$$h(t) = 2 \int_{0}^{\infty} H(f) cos(2\pi f t) df \tag{13.84}$$

und hieraus $h(-t) = h(t)$, d.h. das phasenverschiebungsfreie Filter ist akausal; seine Gewichtsfunktion $h(t)$ ist eine gerade Funktion bezüglich $t = 0$.
Derartige Filter, bei denen $H(f)$ für alle Frequenzen reell ist, sind phasentreu. Bei diesen Filtern kann höchstens ein Phasensprung um 180° auftreten, nämlich für die Frequenzen, für die $H(f)$ negativ ist. Dies bedeutet eine Vorzeichenumkehrung des gefilterten Signals.
Im Gegensatz zu den akausalen Filtern mit gerader Impulsantwortfunktion ist bei realisierbaren Filtern das Phasenspektrum $\Theta(f)$ stets ungleich Null, d.h. realisierbare Filter bewirken stets Phasenverschiebungen.

13.6.2   Filter mit linearem Phasengang

Das zu filternde Signal x(t) besitze das Spektrum

$$X(f) = |X(f)| e^{i\phi(f)} \quad . \tag{13.85}$$

Die um t_0 verzögerte Funktion $x(t - t_0)$ besitzt dann das Spektrum

$$X(f) e^{-i2\pi f t_0} = |X(f)| e^{i(\phi(f) - 2\pi t_0 f)} \quad . \tag{13.86}$$

Die zeitliche Verzögerung bewirkt also eine Änderung des Phasenspektrums um

$$\Psi(f) = -2\pi t_0 f \ . \tag{13.87}$$

Umgekehrt bewirken Filter mit linearem Phasengang $\Theta(f) = -2\pi t_0 f$ frequenzabhängige Laufzeitverzögerungen. Die sogenannte Phasenlaufzeit beträgt:

$$t_0 = -\frac{\Theta(f)}{2\pi f} \ . \tag{13.88}$$

Übertragungssysteme $H(f) = |H(f)|e^{i\Theta(f)}$, bei denen für alle Frequenzen die Amplitudenveränderung konstant ($|H(f)| = H_0$) und deren Phasenspektrum $\Theta(f)$ linear in f ist, bewirken keine eigentliche Filterung. Für diesen Sonderfall ist

$$H(f) = |H(f)|e^{i\Theta(f)} = H_0 e^{-it_0 2\pi f} \ . \tag{13.89}$$

Am Filterausgang eines derartigen Filters ergibt sich

$$Y(f) = H_0 e^{-it_0 2\pi f} X(f) \tag{13.90}$$

und

$$y(t) = H_0 x(t - t_0) \ . \tag{13.91}$$

Die Ausgangsfunktion eines derartigen Filters gibt die Eingangsfunktion genau wieder, nur zeitlich verschoben und mit der Amplitude H_0. Ist $|H(f)|$ nicht für alle Frequenzen konstant, so heißt die Übertragung amplitudenverzerrt; ist $\Theta(f)$ nicht linear von der Frequenz abhängig, so heißt sie phasenverzerrt. Die nur amplitudenverzerrenden Filter, also solche mit $|H(f)| \neq H_0$ und linearem Phasengang $\Theta(f) = -2\pi f t_0$ haben eine Reihe allgemeiner Eigenschaften:
a) die Gewichtsfunktion ist symmetrisch zu der Stelle t_0,
b) $|h(t)| \leq h(t_0)$,
c) $\lim_{t \to \pm\infty} h(t) = 0$.

13.6.3 Einführung minimalphasiger Filter

Von besonderer Bedeutung ist jene Filterklasse, für die sich das Phasenspektrum eindeutig aus dem Amplitudenspektrum bestimmen läßt. Man betrachte dazu den Logarithmus der Übertragungsfunktion

$$H(f) = |H(f)|e^{i\Theta(f)} \quad : \tag{13.92}$$

$$\begin{aligned}
\ln(H(f)) &= \ln(|H(f)|) + \ln(e^{i\Theta(f)}) \\
&= \ln(|H(f)|) + i\Theta(f) = \alpha(f) + i\Theta(f) \ .
\end{aligned} \tag{13.93}$$

Falls $\ln(H(f))$ in der rechten p-Halbebene analytisch ist, dann kann nach (13.80) $\Theta(f)$ aus $\alpha(f)$ und damit aus $|H(f)|$ bestimmt werden. Voraussetzung dafür ist, daß $H(p)$ in der rechten p-Halbebene frei von Pol- **und** Nullstellen ist. Dann gelten auch für $\ln(H(f))$ und $\Theta(f)$ die Relationen (13.83) und (13.80):

$$\ln(|H(f)|) = -\frac{1}{\pi} P \int_{-\infty}^{\infty} \frac{\Theta(g)}{g-f} dg \quad , \tag{13.94}$$

und

$$\Theta(f) = \frac{1}{\pi} P \int_{-\infty}^{\infty} \frac{\ln(|H(g)|)}{g-f} dg \quad . \tag{13.95}$$

Besitzt $H(p)$ dagegen in der rechten p-Halbebene Nullstellen, dann hat $\ln(H(p))$ dort Pole, und die Voraussetzung für die Gültigkeit der Kramers-Kronig-Relationen ist verletzt.

Die Berechnung der Integrale (13.94) und (13.95) oder auch der in (13.80) oder (13.83) ist normalerweise nicht trivial. Wollte man zum Beispiel beim kausalen Tiefpaß (13.48) aus dem Betrag

$$|H(\omega)| = \frac{1}{\sqrt{1 + \frac{\omega^2}{\omega_L^2}}} = \frac{\omega_L}{\sqrt{\omega_L^2 + \omega^2}} \tag{13.96}$$

die zugehörige Phase (siehe (13.53)) über (13.95) berechnen, so müßte man auch hier funktionentheoretische Methoden der Integralrechnung benutzen.

Filter, die weder Pol- noch Nullstellen in der rechten p-Halbebene besitzen, werden als **Filter minimaler Phasenverschiebung** bezeichnet. Die Kramers-Kronig-Relationen für **Betrag und Phase** der Übertragungsfunktion gelten nur für diesen minimalphasigen Filtertyp. Das heißt: Bei Vorgabe des Amplitudenspektrums läßt sich durch Anwendung von (13.95) die Phase des minimalphasigen realisierbaren stabilen Filters berechnen. Es gibt kein kausales stabiles Filter mit demselben Amplitudenspektrum und (betragsmäßig) kleinerer Phase. Phasenspektren, die kleiner als die Minimalphase sind, führen stets zu akausalen Filtern.

Man sieht, daß ein Filter kausal aber nicht minimalphasig sein kann, daß andererseits aber alle stabilen minimalphasigen Filter auch realisierbar sind.

Beispiel 1: Gesucht ist die minimalphasige Übertragungsfunktion eines realisierbaren stabilen Filters mit dem quadratischen Spektrum der Gewichtsfunktion

$$G(\omega) = \frac{(1 + \omega^2 T_2^2)}{(1 + \omega^2 T_1^2)(1 + \omega^2 T_3^2)} \quad , \quad \omega = 2\pi f \quad . \tag{13.97}$$

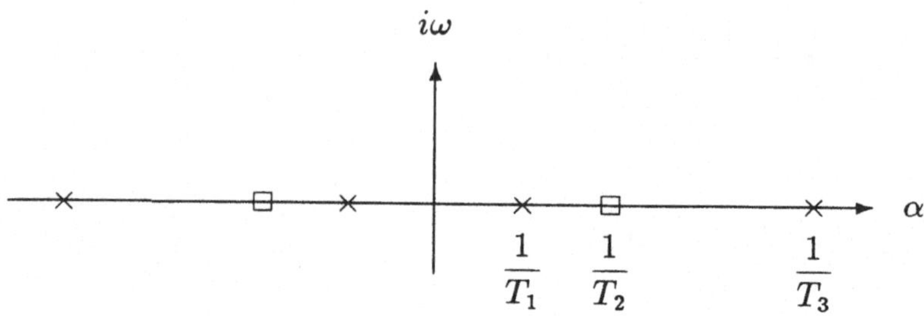

Abbildung 13.6: Pol- und Nullstellenverteilung der Übertragungsfunktion (13.99).

$H(\omega)$ beschreibe die Klasse der Übertragungsfunktionen, die der Gleichung (13.97) genügen, das heißt

$$G(\omega) = H(\omega)H^*(\omega) \ . \tag{13.98}$$

Mit der analytischen Fortsetzung $p = \alpha + i\omega$ läßt sich das Leistungsspektrum darstellen als

$$G(p) = H(p)H(-p) = \frac{(1 - p^2 T_2^2)}{(1 - p^2 T_1^2)(1 - p^2 T_3^2)} \ . \tag{13.99}$$

Abb. 13.6 zeigt die Pol-Nullstellenverteilung des quadratischen Spektrums in der komplexen p-Ebene.

Aufgrund der Realisierbarkeits- und Stabilitätsforderung muß die Übertragungsfunktion $H(p)$ in der rechten p-Halbebene analytisch sein. Es gibt zwei zulässige Möglichkeiten der Aufspaltung $G(p) = H(p)H(-p)$ mit den in Abb. 13.7 angegebenen Pol- und Nullstellenverteilungen:

$$(1) \ H_1(p) = \frac{(1 + pT_2)}{(1 + pT_1)(1 + pT_3)}, \ H_1(-p) = \frac{(1 - pT_2)}{(1 - pT_1)(1 - pT_3)} \ , \tag{13.100}$$

$$(2) \ H_2(p) = \frac{(1 - pT_2)}{(1 + pT_1)(1 + pT_3)}, \ H_2(-p) = \frac{(1 + pT_2)}{(1 - pT_1)(1 - pT_3)} \ . \tag{13.101}$$

In beiden Fällen liegen die Pole der Übertragungsfunktionen $H_1(p)$ bzw. $H_2(p)$ in der linken p-Halbebene. $H_1(p)$ ist dabei ein Filter mit minimaler Phasendrehung zwischen Eingang- und Ausgangsignal, da

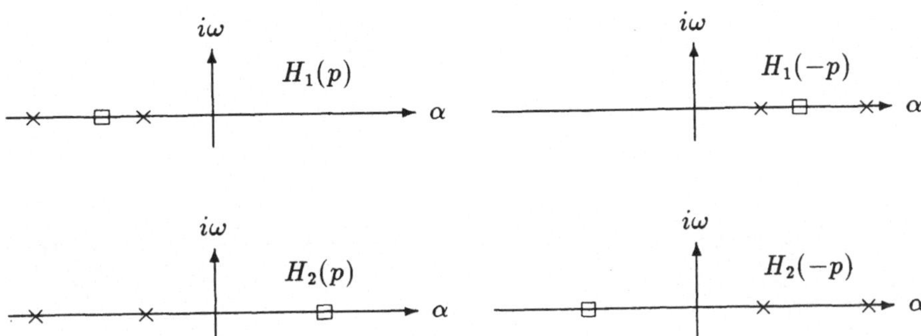

Abbildung 13.7: Pol- und Nullstellenverteilung $H_1(p)$, $H_1(-p)$ (13.100) sowie $H_2(p)$, $H_2(-p)$ (13.101).

auch alle Nullstellen von $H_1(p)$ in der linken p-Halbebene liegen. Die gesuchte Übertragungsfunktion ist somit

$$H_1(\omega) = \frac{(1 + i\omega T_2)}{(1 + i\omega T_1)(1 + i\omega T_3)} \quad .\tag{13.102}$$

Beispiel 2: Bestimme die Übertragungsfunktion des **minimalphasigen** Filters mit der Amplitudencharakteristik

$$|H(f)| = e^{\frac{a^2}{f^2 + a^2}} \quad .\tag{13.103}$$

Dieses Filter wirkt als Tiefpaß. Damit das Filter minimalphasig ist, muß es nach Gleichung (13.95) die Phasencharakteristik

$$
\begin{aligned}
\Theta(f) &= \frac{1}{\pi} P \int_{-\infty}^{\infty} \frac{a^2}{(g^2 + a^2)(g - f)} dg \\
&= \frac{1}{\pi} [P \int_{-\infty}^{0} \frac{a^2}{(g^2 + a^2)(g - f)} dg + P \int_{0}^{\infty} \frac{a^2}{(g^2 + a^2)(g - f)} dg] \\
&= \frac{1}{\pi} [P \int_{0}^{\infty} \frac{-a^2}{(g^2 + a^2)(g + f)} dg + P \int_{0}^{\infty} \frac{a^2}{(g^2 + a^2)(g - f)} dg] \\
&= \frac{1}{\pi} P \int_{0}^{\infty} \frac{a^2(g + f) - a^2(g - f)}{(g^2 + a^2)(g^2 - f^2)} dg \\
&= \frac{1}{\pi} P \int_{0}^{\infty} \frac{a^2 2f}{(g^2 + a^2)(g^2 - f^2)} dg \\
&= \frac{2fa^2}{\pi} P \int_{0}^{\infty} \frac{1}{(g^2 + a^2)(g^2 - f^2)} dg
\end{aligned}
$$

$$= \frac{2fa^2}{\pi} \frac{-\pi}{2a(a^2 + f^2)}$$

$$= \frac{-fa}{(a^2 + f^2)} \qquad (13.104)$$

besitzen. Bei der Lösung des Integrals wurde die Integraltafel von Gröbner umd Hofreiter (1950), S. 17, Nr. 13 benutzt. Die Übertragungsfunktion dieses Filters lautet somit:

$$H(f) = |H(f)|e^{i\Theta(f)}$$
$$= e^{\frac{a}{f^2 + a^2}(a - if)} \qquad . \qquad (13.105)$$

Abb. 13.8 zeigt die Amplituden- und Phasencharakteristik des Filters (13.105).

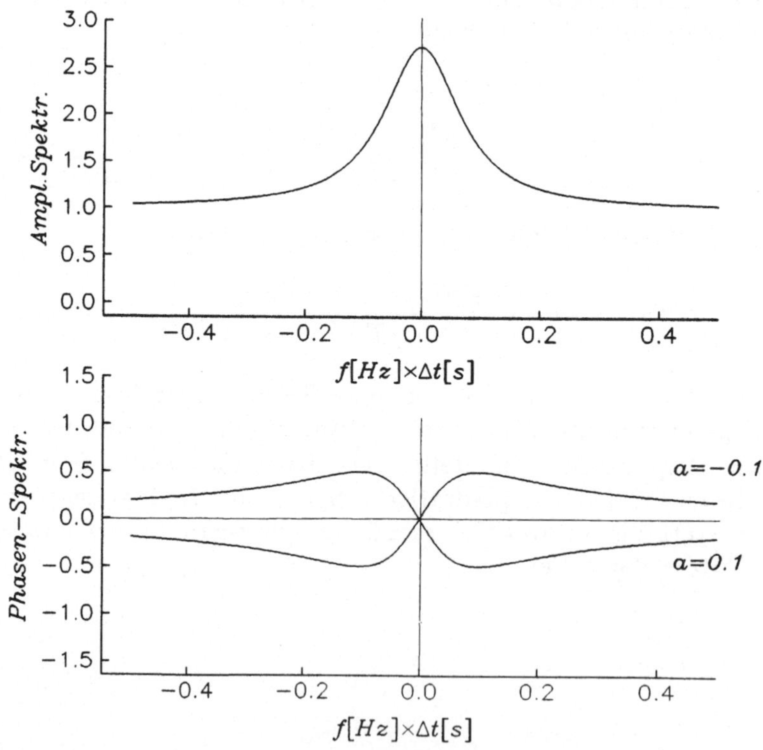

Abbildung 13.8: Amplituden- und Phasencharakteristik des Filters (13.105) für $a = \pm 0.1$.

312

13.6.4 Allpaß-Filter

Realisierbare Filter mit frequenzunabhängiger konstanter Amplitudenverstärkung werden Allpaß-Filter genannt. Sie besitzen einen frequenzabhängigen Phasengang. Die Übertragungsfunktion ist dabei stets von der Form

$$H(\omega) = H_0 \frac{\prod_{n=1}^{N}(1 - i\omega T_n)}{\prod_{n=1}^{N}(1 + i\omega T_n)} \quad , \quad \omega = 2\pi f \qquad (13.106)$$

mit dem Amplitudenspektrum $|H(\omega)| = H_0$. Hieraus folgt unmittelbar, daß für Allpaß-Filter die Pole der analytischen Fortsetzung $H(p)$,

$$H(p) = H_0 \frac{\prod_{n=1}^{N}(1 - pT_n)}{\prod_{n=1}^{N}(1 + pT_n)} \quad , \quad p = \alpha + i\omega \qquad (13.107)$$

symmetrisch bezüglich der Imaginärachse zu den Nullstellen liegen.

Es soll nochmals die Aufspaltung (13.101) des quadratischen Spektrums (13.99) betrachtet werden:

$$\begin{aligned}
G(p) &= H_2(p)H_2(-p) \\
&= \frac{(1 - pT_2)}{(1 + pT_1)(1 + pT_3)} \frac{(1 + pT_2)}{(1 - pT_1)(1 - pT_3)} \quad . \qquad (13.108)
\end{aligned}$$

Durch eine einfache Umformung von $H_2(p)$ ergibt sich:

$$H_2(p) = \frac{(1 + pT_2)}{(1 + pT_1)(1 + pT_3)} \frac{(1 - pT_2)}{(1 + pT_2)} \quad . \qquad (13.109)$$

Nach Gleichung (13.100) ist der erste Term der rechten Seite das zu $G(p)$ gehörende minimalphasige Filter $H_1(p)$, während der zweite Term ein Allpaß-Filter darstellt. Die Übertragungsfunktion $H(f)$ eines Filters, für das das quadratische Spektrum $G(f)$ vorgegeben ist, läßt sich stets als Produkt eines minimalphasigen Filters und eines Allpaß-Filters darstellen.

Kapitel 14

Filterung im Frequenzbereich

Die Frequenzfilterung ist aus der Optik bekannt, wo zur Trennung
der Einzelkomponenten des weißen Lichts eine Spektralzerlegung z.B.
über ein Prisma erfolgt, an die sich eine Ausblendung der nicht erwünschten Spektralanteile anschließt (s. Abb. 14.1). Die Prisma-
Wirkung wird rechnerisch über die Fourier-Analyse erzielt, dem
Schirm entspricht das zu konzipierende Filter.
Die klassische Filtertheorie versucht, mit Hilfe von Durchlaß- und
Sperrbereichen auf der Frequenzachse die Nutzinformation von stö-
renden Überlagerungen zu trennen. Durchlaßbereich und Flanken-
steilheit der Amplitudencharakteristik des Filters werden dabei dem
Amplitudenspektrum des Nutzsignals angepaßt. Die Phasencharak-
teristik des Filters wird in der Regel Null gesetzt. Wenn sich die Spek-
tren von Nutz und Störsignal nicht überlagern, dann läßt sich die
Übertragungsfunktion des Filters so spezifizieren, daß bei Erhalt der
Signalanteile die Störanteile vollständig unterdrückt werden. Stim-

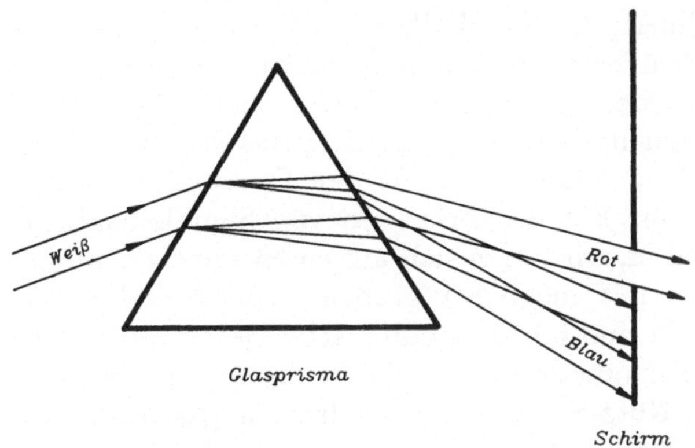

Abbildung 14.1: Spektralanalyse und Filterung in der Optik (nach
Crawford, 1989).

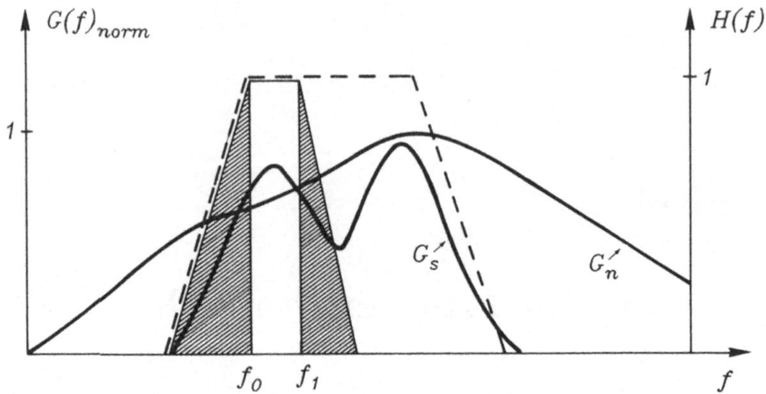

Abbildung 14.2: Anpassung der Übertragungsfunktion $H(f)$ des Bandpaßfilters an die Signal- und Noise-Leistungsspektren $G_s(f)$ und $G_n(f)$.

men die Spektren der zu trennenden Anteile in wesentlichen Teilen überein, wie z.B. in Abb. 14.2, wo $G_n(f)$ und $G_s(f)$ die hypothetisch angenommenen Leistungsspektren einer Stör- und Signalkomponente wiedergeben, so ist man bei der Filterung zu einem Kompromiß gezwungen. Ein Bandpaßfilter, das nur dem Signalspektrum $G_s(f)$ angepaßt ist, ist wenig geeignet, um Signal und Noise voneinander zu trennen. Zwar wird dann das Signal unverfälscht übertragen, jedoch sind die Störanteile in der gefilterten Spur recht groß. Für das **Erkennen** des Signals im Noise ist eine Übertragungsfunktion wesentlich günstiger, die gleichzeitig der Spektralverteilung der Störsignale angepaßt ist, und z.B. für die in Abb. 14.2 dargestellten Verhältnisse einen Durchlaßbereich von f_0 bis f_1 besitzt, mit einer Flankensteilheit, die innerhalb der schraffierten Bereiche der Signal-Noise-Spektralverteilung anzupassen ist. Zwar werden jetzt wesentliche Störanteile herausgefiltert, aber durch die Unterdrückung der höheren Frequenzen wird gleichzeitig das Nutzsignal verfälscht.
Die zu wählende Bandbreite für den Durchlaßbereich hängt von der Zielsetzung ab. Für das Erkennen von Signaleinsätzen, d.h. für die Signaldetektion, wird man sich auf einen relativ schmalbandigen Frequenzbereich mit möglichst großem Nutz-Störsignal-Verhältnis beschränken. So sind z.B. seismologische Detektionsarrays mit schmalbandigen Seismometern ausgerüstet, die auf die Frequenzbereiche mit maximalem Nutz-Störsignal-Verhältnis abgestimmt sind. Will man dagegen die Signalinformation möglichst vollständig erfassen, so wird man die Bandbreite des Erfassungssystems der Spektralweite des Signals anpassen. Entsprechend breitbandig sind daher seismologische

Stationen instrumentiert.

14.1 Frequenz-Filter-Typen und ihre Impulsantwortfunktionen

Entsprechend der Filterwirkung unterscheidet man Tiefpaß-, Hochpaß-, Bandpaß- und Kerbfilter. Damit die Impulsantwortfunktionen dieser Filter reell sind, wird mittels der Einführung negativer Frequenzen die Übertragungsfunktion als gerade Funktion der Frequenz angesetzt. Die verschiedenen phasenverschiebungsfrei angesetzten Filtertypen besitzen dann die in Abb. 14.3 dargestellten Übertragungsfunktionen:

idealer Tiefpaß:

$$H_T(f) = \begin{cases} 1 & \text{für } -f_g \leq f \leq f_g \\ 0 & \text{sonst} \end{cases} , \tag{14.1}$$

idealer Hochpaß:

$$H_H(f) = \begin{cases} 1 & \text{für } f_g < |f| \\ 0 & \text{für } -f_g \leq f \leq f_g \end{cases} , \tag{14.2}$$

idealer Bandpaß:

$$H_B(f) = \begin{cases} 1 & \text{für } f_{Min} \leq |f| \leq f_{Max} \\ 0 & \text{sonst} \end{cases} \tag{14.3}$$

$$f_{Min} = f_0 - \frac{\Delta f}{2}, \quad f_{Max} = f_0 + \frac{\Delta f}{2}, \quad f_{Max} - f_{Min} = \Delta f ,$$

ideales Kerbfilter:

$$H_K(f) = \begin{cases} 0 & \text{für } f_{Min} \leq |f| \leq f_{Max} \\ 1 & \text{sonst} \end{cases} . \tag{14.4}$$

Zur Bestimmung der Gewichtsfunktionen dieser Filter wird die inverse Fourier-Transformation auf die Übertragungsfunktionen angewendet.

Das **ideale Tiefpaßfilter** besitzt die Gewichtsfunktion:

$$\begin{aligned} h_T(t) &= \int_{-f_g}^{f_g} H_T(f) e^{i2\pi f t} df = 2 \int_0^{f_g} \cos(2\pi f t) df \\ &= 2 \frac{\sin(2\pi f t)}{2\pi t} \Big|_0^{f_g} = 2 f_g \frac{\sin(2\pi f_g t)}{2\pi f_g t} . \end{aligned} \tag{14.5}$$

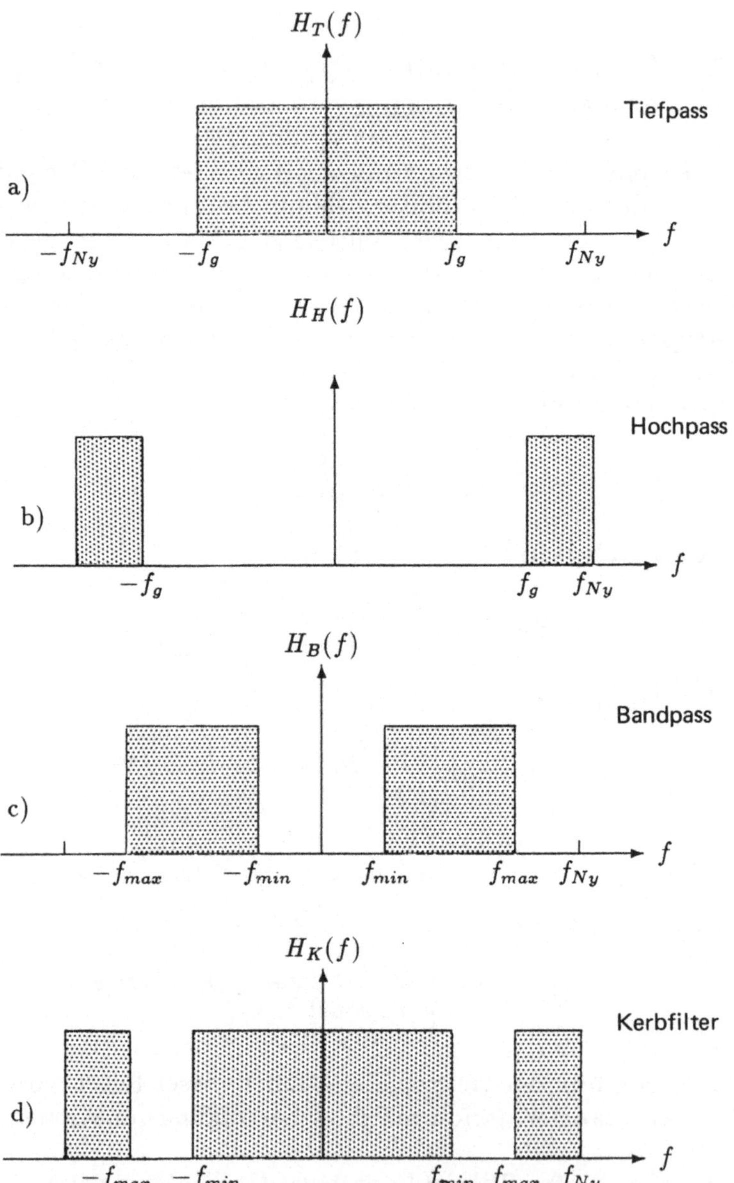

Abbildung 14.3: Übertragungsfunktionen idealer Filtertypen:
a) Tiefpaßfilter, b) Hochpaßfilter, c) Bandpaßfilter, d) Kerbfilter.

Das **ideale Hochpaßfilter** besitzt die Gewichtsfunktion:

$$
\begin{aligned}
h_H(t) &= \int_{f_H}^{f_{Ny}} H_H(f)e^{i2\pi ft}df + \int_{-f_H}^{-f_{Ny}} H_H e^{i2\pi ft}df \\
&= 2\int_{f_H}^{f_{Ny}} \cos(2\pi ft)df \\
&= \frac{1}{\pi t}\left(\sin(2\pi f_{Ny}t) - \sin(2\pi f_H t)\right) \ .
\end{aligned}
\tag{14.6}
$$

Die Gewichtsfunktion des **idealen Bandpaßfilters** mit der Bandbreite $\Delta f = f_{Max} - f_{Min}$ des Durchlaßbereichs ergibt sich zu:

$$
\begin{aligned}
h_B(t) &= \int_{-\infty}^{\infty} H_B(f)e^{i2\pi ft}df \\
&= \int_{-f_0-\frac{\Delta f}{2}}^{-f_0+\frac{\Delta f}{2}} e^{i2\pi ft}df + \int_{f_0-\frac{\Delta f}{2}}^{f_0+\frac{\Delta f}{2}} e^{i2\pi ft}df \\
&= \frac{2}{\pi t}\sin(2\pi\frac{\Delta f}{2}t)\cos(2\pi f_0 t) \\
&= \frac{2}{\pi t}\sin(2\pi\frac{f_{Max}-f_{Min}}{2}t)\cos(2\pi\frac{f_{Max}+f_{Min}}{2}t).
\end{aligned}
\tag{14.7}
$$

Abb. 14.4 zeigt die Gewichtsfunktion des idealen Bandpaßfilters mit der Durchlaßweite Δf im Vergleich zu der Gewichtsfunktion eines idealen Tiefpaßfilters mit der Grenzfrequenz $\frac{\Delta f}{2}$. Die effektive Länge

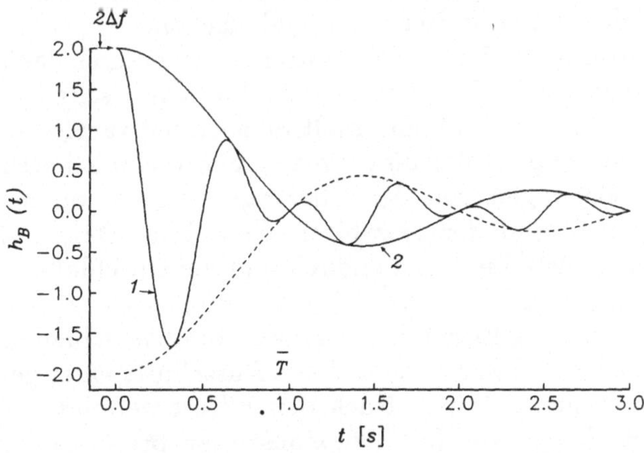

Abbildung 14.4: Impulsantwortfunktionen des idealen Bandpaß- (1) und Tiefpaßfilters (2) für $t \geq 0$; die Funktionen sind bezüglich $t = 0$ symmetrisch. $\tau = 2\bar{T}$ ist die effektive Länge des Bandpaß-Filteroperators. Im Beispiel ist $f_{Max} = 2$ Hz, $f_{Min} = 1$ Hz.

τ des Filteroperators kann als die doppelte Länge seiner Einhüllenden bis zum ersten Nulldurchgang definiert werden und beträgt nach Gleichung (14.7):

$$\tau = 2\bar{T} = \frac{2}{\Delta f}. \tag{14.8}$$

Die effektive Filterlänge τ bestimmt die Minimallänge des bandpaßgefilterten Signals. Es gilt die Unschärferelation

$$\Delta f \cdot \tau \geq 2. \tag{14.9}$$

Gleichung (14.9) besagt: Je schmaler der Bandpaß, desto länger ist die Impulsantwort des Filters, oder: je breiter der Bandpaßbereich, desto kürzer ist die effektive Länge des Filteroperators und umso besser ist damit die Zeitauflösung. Damit eine Folge von Signaleinsätzen gut trennbar ist, sollten daher Seismographen möglichst breitbandig abgestimmt sein. Abb. 14.5 zeigt an einem Beispiel aus der Erdbebenseismologie (Müller, Bonjer, Stöckl und Enescu, 1978), daß sich für das Bukarest-Beben vom 4. März 1977 anhand der geschwindigkeitsproportionalen Breitbandregistrierung des Gräfenberg-Array mit dem Wielandt-Seismometer (s. Wielandt und Streckeisen, 1982) drei Einsätze innerhalb der ersten 15 Sekunden der P-Wellengruppe festlegen lassen, die in den relativ schmalbandigen Seismogramm-Simulationen des World-Wide Standardized Seismograph Network (WWSSN-LP bzw. -SP) nur andeutungsweise erkennbar sind. Mit Hilfe der Breitbanddaten war es den Autoren möglich, die WWSSN-Daten in die Inversion des Bukarest-Bebens einzubeziehen.

Die Impulsantwort der idealen Filter ist unendlich lang. In der Praxis muß man sie zeitlich begrenzen, d.h. man schneidet sie bei einer endlichen Zeit $t = T$ ab und multipliziert den verbleibenden Teil mit einer der in Kapitel 4.2 diskutierten Fensterfunktionen. Damit hat man Abweichungen von der Übertragungsfunktion des idealen Filters, die von T und der gewählten Gewichtsfunktion abhängen; z.B. ist die Flankensteilheit nun endlich und die Durchlaß- und Sperrplateaus sind nicht mehr eben.

Abb. 14.6 zeigt das Ergebnis der Anwendung verschiedener Bandpaßfilter auf den ganz links dargestellten Ausschnitt einer gestapelten reflexionsseismischen Sektion. Nach den Filterergebnissen liegen die dominierenden Frequenzen für Reflexionszeiten bis zu ca. 1.4 Sekunden zwischen 30 und 50 Hz, für größere Laufzeiten zwischen 5 und 30 Hz. Mit wachsender Laufzeit nimmt der hochfrequente Anteil der Signale ab.

Eine charakteristische Filtergröße ist die **Flankensteilheit**. Sie

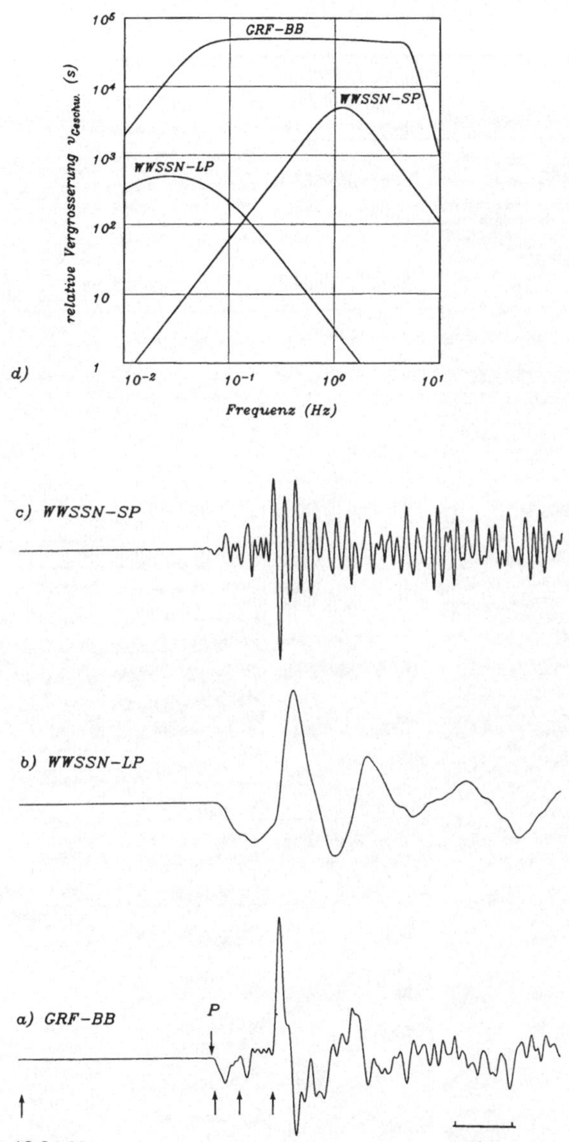

Abbildung 14.5: a) Breitbandregistrierung der GRF-Array Station A1, Herddaten: Bukarest-Beben, 4.3.1977, $m_b = 6.4$, $h = 94\ km$, $\Delta = 11.2°$; die durch Pfeile markierten Mehrfacheinsätze werden als Folge eines komplizierten Herdvorganges interpretiert. b), c) simulierte WWSSN lang- und kurzperiodische Seismogramme, d) Übertragungsfunktionen der Seismographen bei Messung der Bodengeschwindigkeit.

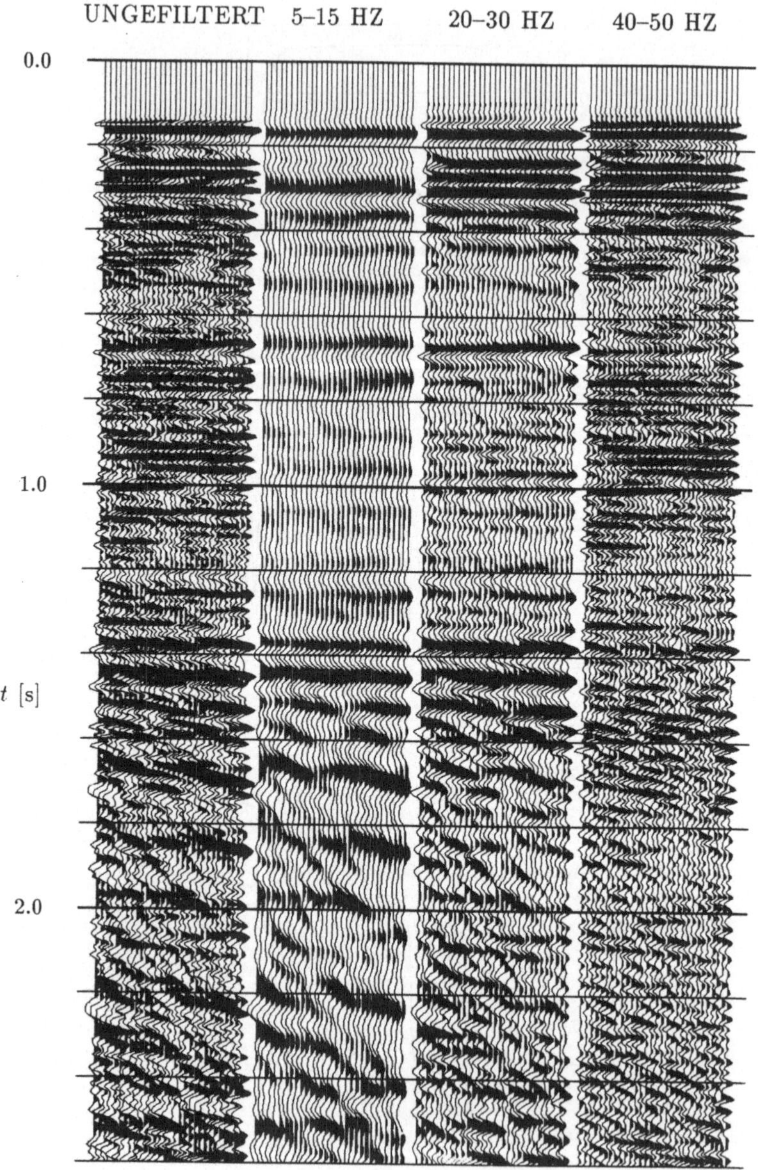

Abbildung 14.6: Bandpaß-Filterungen gestapelter reflexionsseismischer Meßdaten aus dem Gebiet der Astrid Ridge, Antarktis (BGR-Meßfahrt 1988). Die Null-Linie entspricht einer Reflexionszeit von 6450 *ms*. Von links nach rechts: Originaldaten, gefilterte Daten mit den Durchlaßbereichen 5-15 Hz, 20-30 Hz, 40-50 Hz. Die niederfrequente Sequenz unterhalb 1.4 *s* wird als Basalt-Folge interpretiert.

ist streng definiert für Übertragungsfunktionen vom Typ

$$H(f) = c\, f^m \ , \quad (c, m\ reell) \ . \tag{14.10}$$

Dann ist:

$$\log_{10}(H(f)) = \log_{10}(c) + m \log_{10}(f) \ . \tag{14.11}$$

In doppeltlogarithmischer Darstellung von $H(f)$ gegen f ist die Übertragungsfunktion eine Gerade. Bei einer Frequenzverdopplung nimmt $\log_{10}(H)$ immer um $m \log_{10}(2)$ zu. Die Amplitudenänderung pro Oktave (d.h. bei Frequenzverdopplung), ausgedrückt in dB, ist also:

$$20 \log_{10}\left(\frac{H(2f)}{H(f)}\right) = 20m \log_{10}(2) = 6.02\ m\ \frac{dB}{Oktave} \ , \tag{14.12}$$

d.h. die Flankensteilheit in dB pro Oktave beträgt etwa 6mal dem Exponenten von f. Für beliebige $H(f)$ gilt als Faustformel, daß die Flankensteilheit in dB pro Oktave ungefähr 6mal der Steigung in doppeltlogarithmischer Darstellung ist.

14.2 Kombination linearer Filter

Aufgrund der Linearität der Filteroperationen läßt sich durch die aufeinanderfolgende Anwendung verschiedener Filter fast jede beliebige Filterwirkung erzielen.

14.2.1 Filter in Reihenanordnung

Hat man durch die Filterung von $x(t)$ mit der Gewichtsfunktion $h_1(t)$ eine Ausgangsfunktion

$$y(t) = \int_{-\infty}^{\infty} h_1(\sigma)x(t-\sigma)d\sigma \tag{14.13}$$

gewonnen und unterwirft diese einer weiteren Filterung mit der Gewichtsfunktion $h_2(t)$, dann ist die resultierende Zeitfunktion

$$\begin{aligned}
z(t) &= \int_{-\infty}^{\infty} h_2(\tau)y(t-\tau)d\tau \\
&= \int_{-\infty}^{\infty} h_2(\tau)\left(\int_{-\infty}^{\infty} h_1(\sigma)x(t-\tau-\sigma)d\sigma\right)d\tau.
\end{aligned} \tag{14.14}$$

Die Durchlaßcharakteristik $H(f)$ der gesamten Operation ist gleich dem Produkt der zu $h_1(t)$ und $h_2(t)$ gehörenden Übertragungsfunktionen:

$$H(f) = H_1(f)H_2(f) \ . \tag{14.15}$$

Amplituden- und Phasengang in Reihe geschalteter Filter sind damit wie folgt miteinander verknüpft:

$$|H(f)| = |H_1(f)||H_2(f)| \quad , \tag{14.16}$$

$$\Phi(f) = \Phi_1(f) + \Phi_2(f) \quad . \tag{14.17}$$

14.2.2 Filter in Parallelanordnung

Nimmt man andererseits mit x(t) parallel zueinander mehrere verschiedene Filterungen $\mathcal{O}_1[x(t)]$, $\mathcal{O}_2[x(t)]$,... vor und addiert die Filterausgänge $y_1(t)$, $y_2(t)$,... ,

$$\begin{aligned}
y(t) &= y_1(t) + y_2(t) + ... \\
&= \mathcal{O}_1[x(t)] + \mathcal{O}_2[x(t)] + ... \\
&= (\mathcal{O}_1 + \mathcal{O}_2 + ...)[x(t)] \quad ,
\end{aligned} \tag{14.18}$$

dann ist die Filtercharakteristik der gesamten Operation gleich der Summe der Übertragungsfunktionen der einzelnen Filterungen:

$$H(f) = H_1(f) + H_2(f) + ... \quad . \tag{14.19}$$

Eine Verallgemeinerung der Parallelanordnung von Filtern ist deren Linearkombination: Falls $\mathcal{O}_1$ und $\mathcal{O}_2$ lineare Filter mit den Übertragungsfunktionen $H_1(f)$ und $H_2(f)$ sind, dann besitzt der Prozeß $\mathcal{O} = a\mathcal{O}_1 + b\mathcal{O}_2$ die Übertragungsfunktion

$$H(f) = aH_1(f) + bH_2(f) \quad . \tag{14.20}$$

14.2.3 Beispiele der Filterkombination

Die in den Abschnitten 14.2.1 und 14.2.2 behandelte Filterung in Parallel- bzw. Reihenanordnung erweist sich oft als nützlich für die Konstruktion gewünschter Durchlaßbereiche. Dies wird an einigen Beispielen demonstriert:

1. Konstruktion von Hochpaßfiltern aus Tiefpaßfiltern:

$$H_T(f) = \begin{cases} 1 & \text{für } -f_g \leq f \leq f_g \\ 0 & \text{sonst} \end{cases} \tag{14.21}$$

sei das Tiefpaßfilter mit dem Filteroperator $\mathcal{O}_T$.
Die Operation

$$y(t) = x(t) - \mathcal{O}_T[x(t)] \tag{14.22}$$

beschreibt die Anwendung des Operators $\mathcal{O}_H = \mathcal{I} - \mathcal{O}_T$ auf $x(t)$, wobei $\mathcal{I}$ der Identitätsoperator ist mit der Übertragungsfunktion $H_I(f) = 1$ für alle f. Damit besitzt der Operator $\mathcal{O}_H$ die Übertragungsfunktion

$$H_H(f) = 1 - H_T(f) = \begin{cases} 0 & \text{für } |f| \leq f_g \\ 1 & \text{sonst} \end{cases} \qquad (14.23)$$

Dies ist das ideale symmetrische Hochpaßfilter mit der Grenzfrequenz $f = f_g$.

2. Konstruktion von Bandpaßfiltern aus Hoch- und Tiefpaßfiltern:

Es seien $H_1(f)$ und $H_2(f)$ ideale symmetrische Tief- und Hochpaßfilter:

$$H_T(f) = \begin{cases} 1 & \text{für } |f| \leq f_1 \\ 0 & \text{sonst} \end{cases}, \qquad (14.24)$$

$$H_H(f) = \begin{cases} 0 & \text{für } |f| < f_0 < f_1 \\ 1 & \text{sonst} \end{cases} \qquad (14.25)$$

Die sequentielle Anwendung der Filter hat die Übertragungsfunktion

$$H_B(f) = H_T(f) H_H(f) = \begin{cases} 1 & \text{für } f_0 \leq |f| \leq f_1 \\ 0 & \text{sonst} \end{cases} \qquad (14.26)$$

Dies ist die Übertragungsfunktion eines idealen Bandpaßfilters mit dem Durchlaßbereich $f_0 \leq |f| \leq f_1$.

3. Kerbfilter-Konstruktion:

Durch die Operation

$$y(t) = x(t) - \mathcal{O}_B[x(t)] \qquad (14.27)$$

wird ein Kerbfilter realisiert, das die Frequenzanteile des Bandpaßbereichs unterdrückt. Die Übertragungsfunktion des Prozesses (14.27) lautet:

$$H_K(f) = H_I(f) - H_B(f) = \begin{cases} 0 & \text{für } f_0 \leq |f| \leq f_1 \\ 1 & \text{sonst} \end{cases} \qquad (14.28)$$

4. Wiederholte Filteranwendung:

Wird ein linearer Filteroperator $\mathcal{O}$ mit der Übertragungsfunktion $H(f)$ N-mal nacheinander angewendet, dann ist nach Abschnitt 14.2.1 die Gesamtwirkung der Filter in Reihenschaltung gleich der eines Filters mit der Übertragungsfunktion $H^N(f)$.

5. Approximation der gewünschten Filtercharakteristik durch die Kombination einfacher Filter:

Weist eine Übertragungsfunktion Sprungstellen auf, so kann sie nur durch eine unendlich lange Impulsantwort realisiert werden. In praxi muß man die Impulsantwortfunktion zeitlich beschränken. Es kommt dadurch in der Umgebung der Diskontinuitätsstellen von $H(f)$ zu Undulationen der Übertragungsfunktion mit den als Gibbssches Phänomen bekannten Überschwingeffekten.

Durch die Anwendung zweier in Reihe geschalteter Filter läßt sich die Reduktion der Überschwingeffekte erzwingen. Während das erste Filter die gewünschte Filtercharakteristik approximiert, dient das zweite Filter dazu, die Nebenmaxima der Übertragungsfunktion des ersten Filters zu reduzieren. Wird z.B. als Tiefpaßfilter ein symmetrischer Mittelungsoperator $\mathcal{O}_1$ mit $M_1 = 2N + 1$ (M_1 ungerade) Gewichtskoeffizienten angewendet,

$$y_k = \sum_{j=-N}^{N} x_{k-j} \; , \qquad (14.29)$$

dann besitzt das Amplitudenspektrum der zugehörigen Übertragungsfunktion (siehe Kapitel 16.1),

$$H_1(f) = \frac{\sin(\pi f M_1)}{M_1 \sin(\pi f)} \; , \qquad (14.30)$$

das erste Nebenmaximum im Frequenzbereich $\frac{1}{M_1} \leq f \leq \frac{2}{M_1}$ mit dem Maximum bei ungefähr $f = \frac{3}{2M_1}$. Bei der zweiten symmetrischen Mittelung ist die Operatorlänge M_2 so zu wählen, daß die erste Nullstelle von $|H_2(f)|$ dort liegt, wo $|H_1(f)|$ das erste Nebenmaximum besitzt. Da die erste Nullstelle von $|H_2(f)|$ bei $f = \frac{1}{M_2}$ liegt, ergibt sich aus der obigen Forderung: $M_2 = \frac{2}{3}M_1$.

Abb. 14.7 zeigt die Amplitudencharakteristiken zweier in Reihe geschalteter Filter $H_1(f)$ und $H_2(f)$ sowie die des Gesamtfilterprozesses $H(f) = H_1(f)H_2(f)$. Angepaßt wurde hier die 2. Nullstelle von $|H_2(f)|$ auf das 1. Nebenmaximum von $|H_1(f)|$. Aus $\frac{2}{M_2} = \frac{3}{2M_1}$ folgt dann: $M_2 = \frac{4}{3}M_1$. Für $M_1 = 7$ ist danach $M_2 = 9$ zu wählen.

6. Beseitigung der Phasenverschiebung eines Filters:

$y(t)$ sei der Ausgang eines Filters mit der Übertragungsfunktion

$$H_1(f) = |H_1(f)|e^{i\Phi_1(f)} \qquad (14.31)$$

auf die Anregung $x(t)$ mit dem Spektrum

$$X(f) = |X(f)|e^{i\Phi_x(f)}. \qquad (14.32)$$

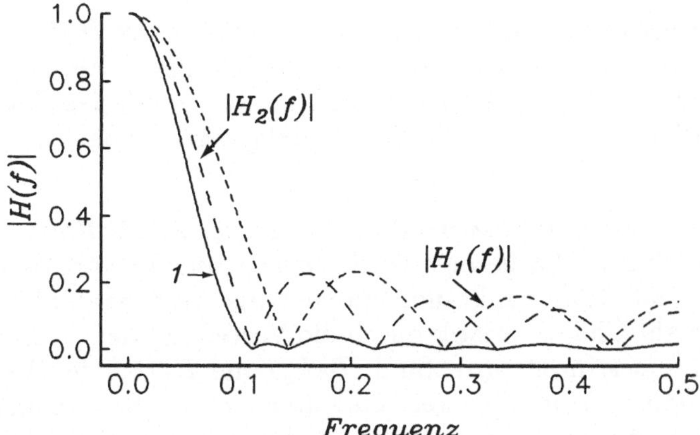

Abbildung 14.7: Unterdrückung der Nebenmaxima durch die Reihenschaltung zweier Mittelungsfilter mit den Übertragungsfunktionen $H_1(f)$ und $H_2(f)$; Kurve 1: $|H(f)| = |H_1(f)||H_2(f)|$; $M_1 = 7$, $M_2 = 9$.

Die Funktion $y(t)$ besitzt damit das Spektrum:

$$Y(f) = |Y(f)|e^{i\Phi_y(f)} = |X(f)||H_1(f)|e^{i(\Phi_x(f)+\Phi_1(f))} \ . \qquad (14.33)$$

Zur Beseitigung der Phasenverschiebung des Filters wird die Zeitinvertierte der gefilterten Funktion $y(t)$ erneut der Filterung mit $H_1(f)$ unterworfen. Das Spektrum der zeitinvertierten Funktion $y(-t)$ ist:

$$\int_{-\infty}^{\infty} y(-t)e^{-i2\pi ft}\,dt \ = \ -\int_{\infty}^{-\infty} y(\sigma)e^{i2\pi f\sigma}\,d\sigma$$

$$= \ \int_{-\infty}^{\infty} y(t)e^{i2\pi ft}\,dt = Y^*(f) \ , \qquad (14.34)$$

das heißt:

$$Y^*(f) = |Y(f)|e^{-i\Phi_y(f)} = |X(f)||H_1(f)|e^{-i(\Phi_x(f)+\Phi_1(f))} \ . \qquad (14.35)$$

Die nochmalige Anwendung des Filters H_1 auf $y(-t)$ liefert:

$$\begin{aligned} z(t) \ &= \ |X(f)||H_1(f)|e^{-i(\Phi_x(f)+\Phi_1(f))}|H_1(f)|e^{i\Phi_1(f)} \\ &= \ |X(f)||H_1(f)|^2 e^{-i\Phi_x(f)} \ . \qquad (14.36) \end{aligned}$$

Bei erneuter Zeitinvertierung des Filterausgangs $z(t)$ hat die sich dann ergebende Funktion das Spektrum

$$|X(f)||H_1(f)|^2 e^{i\Phi_x(f)} = X(f)|H_1(f)|^2 \ . \qquad (14.37)$$

Die Übertragungsfunktion des gesamten Prozesses ist $H(f) = |H_1(f)|^2$. Nach Gleichung (14.37) wird durch die nochmalige Filterung der zeitinvertierten mit $H_1(f)$ gefilterten Funktion die durch das Filter $H_1(f)$ bedingte Phasenverschiebung wieder rückgängig gemacht.

7. Wellenzahl-Charakteristiken seismischer Meßanordnungen: Wie in Abschnitt 24.3 gezeigt wird, wirken lineare und flächenhafte Geophon- und Schußpunktanordnungen als Wellenzahlfilter, wobei die Wellenzahl-Charakteristik durch die Verteilung der Geophone und Schußpunkte bestimmt wird. Sind $H_1(k_x)$ und $H_2(k_x)$ die Wellenzahl-Charakteristiken einer linearen Geophon- bzw. Schußpunktanordnung in x-Richtung, dann ist wegen der sequentiellen Einwirkung von Schuß- und Empfangsanordnung auf das abgestrahlte Signal die Wellenzahl-Charakteristik der Gesamtanordnung:

$$H(k_x) = H_1(k_x)H_2(k_x) \ . \tag{14.38}$$

Bei den seismischen Feldmessungen werden die Geophon- und Schußpunktanordnungen so abgestimmt, daß die kohärenten Störwellen durch die Wellenzahl-Filterwirkung der Anordnungen weitgehend unterdrückt werden.

14.3   Rekursivfilter

Generell muß zwischen zwei Filtertypen unterschieden werden:

- **Nichtrekursive oder Faltungsfilter**, gelegentlich auch **Transversalfilter** genannt: Die Eingang-Ausgang-Relation wird im Zeitbereich durch das Faltungsintegral (13.13) und im Frequenzbereich durch Gleichung (13.15) beschrieben.

- **Rekursivfilter**: Bei diesem Filtertyp wird der Filterausgang zur Zeit t_j rekursiv aus dem Filterausgang zu Zeiten $t < t_j$ und der zu filternden Funktion $x(t)$, $t \le t_j$ berechnet.

Beide Filtertypen - das Rekursivfilter wie auch das realisierbare Faltungsfilter - können eingesetzt werden, um die Meßdaten bereits während ihrer Aufnahme (in real-time) zu filtern. Jede Filterklasse besitzt bestimmte Vor- und Nachteile, die in Kapitel 15.3 zusammengestellt werden.

14.3.1 Rekursivfilter erster Ordnung

Das rekursive Filter erster Ordnung, das auf $x(t)$ angewendet wird, läßt sich wie folgt darstellen:

$$y(t) = \alpha y(t - t_0) + g(x(t)). \qquad (14.39)$$

Die Filterzeitkonstante t_0 beschreibt, welcher Filterausgang bei der Filterung mit genutzt wird. t_0 muß größer Null sein, denn nur auf bereits berechnete y-Werte kann bei der Rekursion zurückgegriffen werden. Damit der Filterprozeß realisierbar ist, dürfen zur Berechnung von $y(t)$ nur Werte der Funktion $x(t)$ zu den Zeiten $\leq t$ eingehen.

Ein Sonderfall von (14.39) ist das einfachste realisierbare Rekursivfilter

$$y(t) = \alpha y(t - t_0) + \beta x(t), \quad t_0 > 0, \qquad (14.40)$$

mit der Fourier-Transformierten

$$Y(f) = \alpha Y(f)e^{-i2\pi f t_0} + \beta X(f) \ . \qquad (14.41)$$

α und β sind frei wählbare Konstanten. Aus Gleichung (14.41) folgt:

$$Y(f) = \frac{\beta X(f)}{1 - \alpha e^{-i2\pi f t_0}} \ . \qquad (14.42)$$

Gemäß der Eingang-Ausgangrelation (13.15) besitzt der obige Rekursivprozeß die Übertragungsfunktion

$$H(f) = \frac{\beta}{1 - \alpha e^{-i2\pi f t_0}} \qquad (14.43)$$

mit der Amplitudencharakteristik

$$|H(f)| = \frac{\beta}{\sqrt{1 - 2\alpha \cos(2\pi f t_0) + \alpha^2}} \qquad (14.44)$$

und der Phasencharakteristik

$$\Phi(f) = \arctan\left(\frac{-\alpha \sin(2\pi f t_0)}{1 - \alpha \cos(2\pi f t_0)}\right) \ . \qquad (14.45)$$

Nach Abschnitt 13.5.3 muß für das stabile realisierbare Filter (14.43) der Pol der analytischen Fortsetzung $H(p)$,

$$H(p) = \frac{\beta}{1 - \alpha e^{-p t_0}}, \qquad (14.46)$$

in der **linken** p-Halbebene liegen. Für die Polstelle $p = -\frac{1}{t_0}ln(\frac{1}{\alpha})$ ist diese Bedingung erfüllt, falls $0 < \alpha < 1$ ist.

Zur Klasse der stabilen realisierbaren Filter (14.40) gehören:

1. das rekursive Tiefpaßfilter erster Ordnung:
Dieser Filtertyp besitzt die Form

$$y(t) = \alpha y(t - t_0) + (1 - \alpha)x(t) \ , \quad 0 < \alpha < 1 \tag{14.47}$$

und hat die Übertragungsfunktion

$$H_T(f) = \frac{1 - \alpha}{1 - \alpha e^{-i2\pi f t_0}} \tag{14.48}$$

mit

$$|H_T(f)| = \frac{1 - \alpha}{\sqrt{1 - 2\alpha \cos(2\pi f t_0) + \alpha^2}} \tag{14.49}$$

und

$$\Phi(f) = -\arctan \frac{\alpha \sin(2\pi f t_0)}{1 - \cos(2\pi f t_0)} \ . \tag{14.50}$$

Abb. 14.8 zeigt die Amplituden- und Phasencharakteristiken des rekursiven Tiefpaßfilters (14.48) als Funktion der Frequenz f für $t_0 = 0.01$ s für verschiedene Werte von α. Mit wachsendem α wird das Tiefpaßfilter schmalbandiger. Gleiches gilt für größer werdendes t_0. Vergrößert man z.B. t_0 um den Faktor zwei, dann gelten die dargestellten Werte der Übertragungsfunktionen für die Frequenzen $\frac{f}{2}$.

2. das rekursive Hochpaßfilter erster Ordnung:
Dieses Filter besitzt die Form

$$y(t) = \beta y(t - t_0) + (1 + \beta)x(t) \ , \quad -1 < \beta < 0 \tag{14.51}$$

mit

$$H_H(f) = \frac{1 + \beta}{1 - \beta e^{-i2\pi f t_0}} \tag{14.52}$$

und

$$|H_H(f)| = \frac{1 + \beta}{\sqrt{1 - 2\beta \cos(2\pi f t_0) + \beta^2}} \ . \tag{14.53}$$

Abb. 14.9 zeigt die Übertragungsfunktionen des rekursiven Tiefpaßfilters erster Ordnung für verschiedene β-Werte. Je größer der Absolutwert von β, desto schmalbandiger ist die zugehörige Übertragungsfunktion.

Nach Brown (1962) haben die rekursiven Filter 1. Ordnung erhebliche Bedeutung in der Volks- und Betriebswirtschaft erlangt. In der Geophysik werden dagegen primär Rekursivfilter höherer Ordnung eingesetzt.

14.3.2 Rekursivdarstellung rationaler Filter

Das allgemeine realisierbare Rekursivfilter ist darstellbar in der Form

$$y(t) = \sum_{j=0}^{N} a_j x(t - t_j) - \sum_{l=1}^{M} b_l y(t - t_l) \;, \quad t_0 = 0 \;. \qquad (14.54)$$

Die Fourier-Transformation liefert

$$Y(f) = \sum_{j=0}^{N} a_j X(f) e^{-i2\pi f t_j} - \sum_{l=1}^{M} b_l Y(f) e^{-i2\pi f t_l} \;. \qquad (14.55)$$

Das Filter besitzt danach die Übertragungsfunktion

$$H(f) = \frac{a_0 + a_1 e^{-i2\pi f t_1} + ... + a_N e^{-i2\pi f t_N}}{1 + b_1 e^{-i2\pi f t_1} + ... + b_M e^{-i2\pi f t_M}} \;. \qquad (14.56)$$

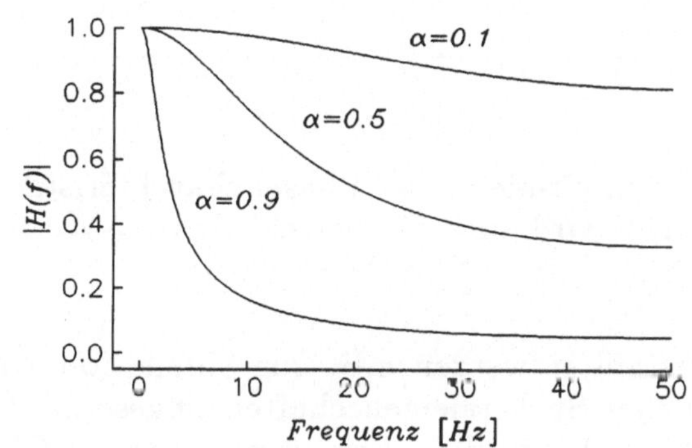

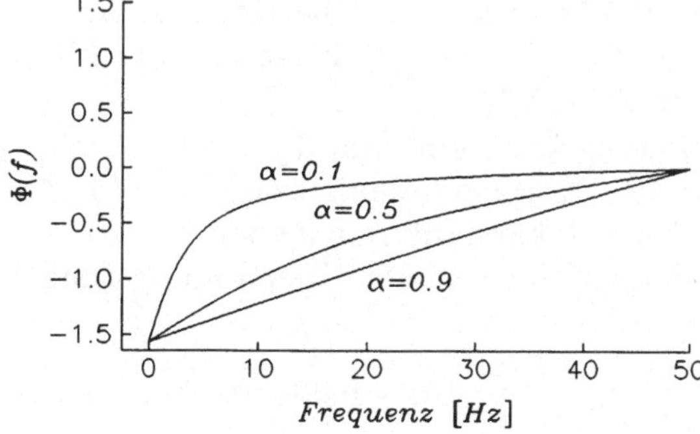

Abbildung 14.8: Amplituden- und Phasencharakteristiken rekursiver Tiefpaßfilter erster Ordnung für verschiedene α-Werte, dargestellt für $t_0 = 0.01$ s.

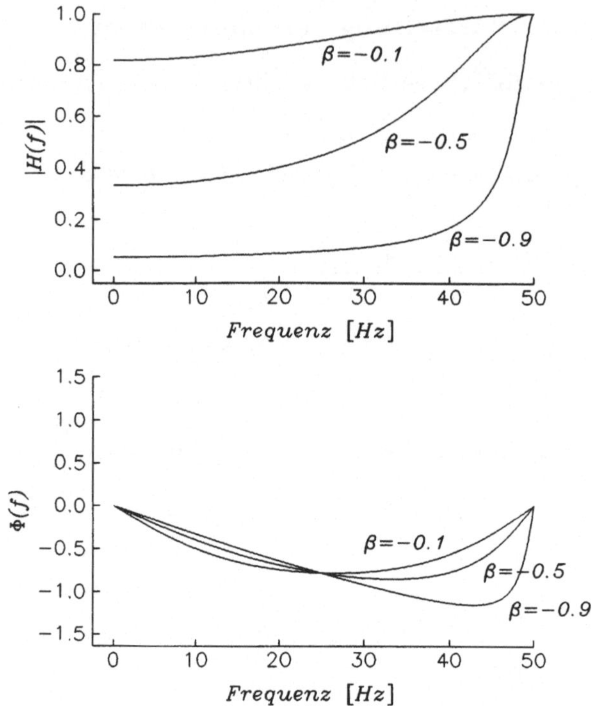

Abbildung 14.9: Amplituden- und Phasencharakteristiken rekursiver Hochpaßfilter erster Ordnung für verschiedene β-Werte, dargestellt für $t_0 = 0.01$ s.

Derartige Rekursivfilter werden z.B. zur Simulation von Zeitreihen mit vorgeschriebenen Spektraleigenschaften eingesetzt. Wird die regellose weiße Folge (x_j) mit dem Leistungsspektrum $G(f) = 1 \; \forall \; f$ dem Filterprozeß (14.56) mit der Übertragungsfunktion $H(f)$ unterworfen, dann besitzt die regellose Folge (y_j) am Filterausgang das Leistungsspektrum $H(f)H^*(f)$.

Ist die Übertragungsfunktion vom Typ (14.56) vorgegeben, dann läßt sich anhand der Korrespondenz zwischen (14.54) und (14.56) direkt das zugehörige Rekursivfilter angeben.

Beispiel: Das Tiefpaßfilter mit der Übertragungsfunktion

$$H(f) = \frac{1.0}{1.0 - 0.95e^{-i2\pi f t_1}} \tag{14.57}$$

und der Amplitudencharakteristik

$$|H(f)| = \frac{1.0}{\sqrt{1.0 + 0.95^2 - 2.0 \cdot 0.95 \cos(2\pi f t_1)}} \tag{14.58}$$

und der Amplitudencharakteristik

$$|H(f)| = \frac{1.0}{\sqrt{1.0 + 0.95^2 - 2.0 \cdot 0.95 \cos(2\pi f t_1)}} \qquad (14.58)$$

besitzt nach Gleichung (14.56) und (14.54) folgende Rekursivdarstellung

$$y(t) = x(t) + 0.95y(t - t_1) \ . \qquad (14.59)$$

Wie in Abschnitt 14.3.1 gezeigt wurde, wird die Filterwirkung in diesem Beispiel durch die Konstanten $a_0 = 1$, $b_1 = -0.95$ und die Filterzeitkonstante t_1 bestimmt. Nach den Ergebnissen von Abschnitt 14.3.1 kann man erwarten, daß das Tiefpaßfilter (14.57) relativ schmalbandig ist.

Beim Rekusivfilter (14.59) braucht nur eine Multiplikation und eine Addition pro Ausgangswert ausgeführt zu werden. Der Vergleich mit dem entsprechenden Faltungsfilter verdeutlicht den rechnerischen Vorteil des Rekursivfilters: Zur Bestimmung der Gewichtsfunktion des Faltungsfilters wird die Division in Gleichung (14.57) durchgeführt:

$$H(f) = 1.0 + 0.95 e^{-i2\pi f t_1} + 0.95^2 e^{-i2\pi f t_1 2} + 0.95^3 e^{-i2\pi f t_1 3} + ... \qquad (14.60)$$

und die inverse Fouriertransformierte berechnet:

$$h(t) = \delta(t) + 0.95\delta(t - t_1) + 0.9025\delta(t - 2t_1) + 0.8574\delta(t - 3t_1) + ... \ . \qquad (14.61)$$

Da der Betrag der Filterkoeffizienten nur relativ langsam mit der Zeit abnimmt, wäre zur Approximation der Filtercharakteristik des Rekursivfilters (14.57) ein recht langer Faltungsoperator erforderlich.

Referenzen Teil IV

Brown, R.G.: Smoothing, Forecasting and Prediction of Discrete Time Series, Prentice-Hall, Inc., Englewood Cliffs, New Jersey, 1962.

Crawford, F.S.: Schwingungen und Wellen, Berkeley Physik Kurs Band 3, 3. verbesserte Auflage, Friedr. Vieweg und Sohn, Braunschweig/Wiesbaden, 1989.

Gröbner, W. und N. Hofreiter: Integraltafel - zweiter Teil - Bestimmte Integrale, Springer Verlag, Wien und Innsbruck, 1950.

Kuo, B.C.: Automatic Control Systems, Prentice-Hall, Inc., Englewood Cliffs, New Jersey, USA, 1975.

Koopmans, L.H.: Spectral Analysis of Time Series, Academic Press, New York, 1974.

Lee, Y.W.: Statistical Theory of Communication, John Wiley and Sons, New York, 1960.

Müller, G., K.-P. Bonjer, H. Stöckl and D. Enescu: The Romanian Earthquake of March 4, 1977: I. Rupture Process Inferred from Fault-Plan Solution and Multiple-Event Analysis, J. Geophys. $\underline{44}$, p. 203-218, 1978.

Papoulis, A.: The Fourier Integral and its Applications, Mc. Graw-Hill Book Comp., New York, 1962.

Sauer, R. and J. Szabo: Mathematische Hilfsmittel des Ingenieurs, Vol. 1, Springer Verlag, Berlin, 1967.

Wielandt, E. and G. Streckeisen: The Leaf-Spring Seismometer: Design and Performance, Bull. Seism. Soc. Amer. $\underline{72}$, p. 2349-2367, 1982.

Einführende und weiterführende Literatur

Für das weitere Studium der Systemtheorie werden folgende zwei deutschsprachige Bücher empfohlen:

Kaufmann, M.: Dynamische Vorgänge in linearen Systemen der Nachrichten- und Regelungstechnik, Oldenbourg Verlag, München, 1959.

Unbehauen, R.: Systemtheorie, Oldenbourg Verlag, München 1980.

Gute Übersichtsartikel über die Grundlagen der Filtertheorie findet man bei

Bendat, J.: A General Theory of Linear Prediction and Filtering, J. Soc. Indust. Appl. Math. $\underline{4}$, p. 131-151, 1956.

Bucy, R.S.: Linear and Nonlinear Filtering, Proc. of the IEEE $\underline{58}$, p. 854-864, 1970.

Erheblich weiterführend und lohnend zu lesen, aber auch schwieriger zu verstehen, ist der Artikel:

Kailath, T.: A View of Three Decades of Linear Filtering Theory, IEEE Transactions of Information Theory $\underline{IT-20}$, p. 146-181, 1974.

Teil V

Digitalfilterung

Kapitel 15

Grundlagen der Digitalfilterung

Während bei der Analogfilterung physikalische Systeme eingesetzt werden, wird die Digitalfilterung numerisch durchgeführt. Das Digitalfilter wird im Zeitbereich durch die diskrete Impulsantwortfunktion (h_n), im Frequenzbereich durch die diskrete Fourier-Transformierte der diskreten Impulsantwortfunktion, die Übertragungsfunktion des Digitalfilters (H_k), beschrieben. Die Eingang-Ausgang-Beziehungen werden bei der Digitalfilterung im Zeitbereich durch die diskrete Faltung,

$$y_n = \sum_{j=0}^{M} h_j x_{n-j}, \; n = 0, 1, \dots , \tag{15.1}$$

im Frequenzbereich nach dem Faltungstheorem durch

$$Y_k = H_k X_k \tag{15.2}$$

beschrieben. Nach Abschnitt 6.3 entspricht der diskreten Faltung zweier Folgen die Multiplikation ihrer z-Transformierten. Damit hat man insgesamt drei Möglichkeiten zur digitalen Filterung:

- die diskrete Faltung:

$$y_j = h_j * x_j , \tag{15.3}$$

- die Multiplikation der z-Transformierten $H(z)$ und $X(z)$:

$$Y(z) = X(z) \, H(z) , \tag{15.4}$$

- die Multiplikation der Übertragungsfunktion (H_k) mit (X_k) gemäß Gleichung (15.2). Hierbei wird die Filterung im Frequenzbereich durchgeführt.

15.1 Klasseneinteilung digitaler Filter

Die wichtigste Klasse der Digitalfilter ist die, bei der sich die Systemfunktion $H(z)$, definiert als z-Transformierte der diskreten Impulsantwortfunktion, als Verhältnis zweier Polynome in z darstellen läßt:

$$H(z) = \frac{\sum_{k=k_0}^{M} a_k z^k}{\sum_{k=0}^{L} b_k z^k}, \quad b_0 = 1 \ . \tag{15.5}$$

Diese Filter, deren Systemfunktion sich als gebrochen rationale Funktion darstellen läßt, werden als **rationale Filter** bezeichnet. Aus der
Eingang-Ausgang-Beziehung

$$Y(z) = H(z)X(z) \tag{15.6}$$

folgt:

$$(1 + b_1 z + b_2 z^2 + \dots + b_L z^L)Y(z)$$
$$= (a_{k_0} z^{k_0} + a_{k_0+1} z^{k_0+1} + \dots + a_M z^M)X(z). \tag{15.7}$$

Nach dem Translationstheorem (6.34), $X(z)z^k \iff (x_{j-k})$, ergibt
sich:

$$(y_n) + b_1(y_{n-1}) + \dots + b_L(y_{n-L})$$
$$= a_{k_0}(x_{n-k_0}) + a_{k_0+1}(x_{n-k_0-1}) + \dots + a_M(x_{n-M}). \tag{15.8}$$

Hieraus folgt, daß zu jedem Zeitpunkt n die folgende rekursive Filter-
gleichung gelten muß:

$$y_n = a_{k_0} x_{n-k_0} + a_{k_0+1} x_{n-k_0-1} + \dots + a_M x_{n-M}$$
$$-b_1 y_{n-1} - b_2 y_{n-2} - \dots - b_L y_{n-L}. \tag{15.9}$$

Anhand der Koeffizienten b_k des Nennerpolynoms kann man die Filter
in rekursive und nichtrekursive einteilen. Für nichtrekursive Filter
endlicher Länge sind alle b_k, $k \geq 1$ Null, d.h. $H(z)$ ist ein Polynom
in z und hat nur Nullstellen, aber keine Pole:

$$H(z) = \sum_{k=k_0}^{M} a_k z^k \ . \tag{15.10}$$

Falls einer der Koeffizienten b_k, $k \neq 0$ ungleich Null ist, dann ist das
Filter rekursiv. Rekursive Filter weisen unendlich lange Impulsant-
worten auf. Dementsprechend werden sie in der angelsächsischen
Literatur als "Infinite Impulse Response" (IIR)-Filter bezeichnet,

im Gegensatz zu den durch Gleichung (15.10) beschriebenen "Finite Impulse Response" (FIR)-Filtern. Für realisierbare Filter ist $k_0 \geq 0$. Nach Kapitel 11 kann ein kausales FIR-Filter als Moving-Average (MA)-Prozeß verstanden werden, während die kausalen IIR-Filter zur Klasse der $ARMA$-Prozesse gehören. Beide Filtertypen (FIR und IIR) sind durch besondere Filtereigenschaften gekennzeichnet. So besitzen FIR-Filter gegenüber den Rekursivfiltern folgende Vorteile:

• eine gewünschte Amplitudencharakteristik läßt sich mit gewünschter Genauigkeit bei exakt linearem Phasengang approximieren,

• da keine Pole, sondern lediglich Nullstellen existieren, sind nichtrekursive Filter endlicher Länge stets stabil,

• Quantisierungs- und Rundungsfehler sind bei FIR-Filtern in der Regel kleiner als bei Rekursivfiltern,

• Einschwingvorgänge dauern höchstens bis zum Zeitpunkt, der der Länge des nichtrekursiven Filteroperators entspricht.

Andererseits benötigt man große Operatorlängen, um mit nichtrekursiven Filtern Übertragungsfunktionen mit großen Flankensteilheiten oder hoher Dämpfung im Sperrbereich zu realisieren.

Rekursive Filter erfordern in aller Regel eine geringere Anzahl von Koeffizienten bei vergleichbarer Amplitudencharakteristik.

15.2 Die Übertragungsfunktion eines Digitalfilters

Die Übertragungsfunktion eines Digitalfilters läßt sich nach Kapitel 6 darstellen als z-Transformierte $H(z)$ längs des Einheitskreises $z = e^{-i2\pi f \Delta t}$. Die Digitalfilter (15.5) besitzen danach die Übertragungsfunktion

$$H(f) = \frac{\sum_{k=k_0}^{M} a_k e^{-i2\pi fk\Delta t}}{\sum_{k=0}^{L} b_k e^{-i2\pi fk\Delta t}}. \tag{15.11}$$

Im folgenden werden realisierbare Filter endlicher Länge betrachtet. Diese Filter besitzten die z-Transformierte:

$$H(z) = \sum_{n=0}^{N-1} h_n z^n . \tag{15.12}$$

Der Filterausgang ergibt sich nach Gleichung (15.9) zu:

$$\begin{aligned} y_n &= h_0 x_n + h_1 x_{n-1} + \dots + h_{N-1} x_{n-N+1} \\ &= h_n * x_n . \end{aligned} \tag{15.13}$$

Die Koeffizienten h_n der z-Transformierten sind die Koeffizienten der Impulsantwortfunktion des Digitalfilters.

Zur Bestimmung der Übertragungsfunktion einer gegebenen diskreten Impulsantwort gibt es zwei Möglichkeiten:

- durch Berechnung der diskreten Fourier-Transformierten von (h_n),
- durch Bestimmung der z-Transformierten $H(z)$ längs des Einheitskreises $z = e^{-i2\pi f \Delta t}$.

Die zweite Möglichkeit wird an einem einfachen Beispiel verdeutlicht.

Beispiel: Berechne die Übertragungsfunktion des Digitalfilters

$$h_n = \begin{cases} 1 & \text{für } 0 \le n \le N - 1 \\ 0 & \text{sonst .} \end{cases} \tag{15.14}$$

Diese Folge hat nach Gleichung (6.25) die z-Transformierte

$$H(z) = \sum_{n=0}^{N-1} z^n = \frac{1 - z^N}{1 - z} . \tag{15.15}$$

Die Übertragungsfunktion ergibt sich zu

$$\begin{aligned} H(f) &= \frac{1 - e^{-i2\pi f N \Delta t}}{1 - e^{-i2\pi f \Delta t}} \\ &= \left(\frac{1 - e^{-i2\pi f N \Delta t}}{1 - e^{-i2\pi f \Delta t}}\right) \frac{e^{i2\pi f \frac{N\Delta t}{2}}}{e^{i2\pi f \frac{\Delta t}{2}}} \frac{e^{-i2\pi f \frac{N\Delta t}{2}}}{e^{-i2\pi f \frac{\Delta t}{2}}} \\ &= \left(\frac{e^{i\pi f N \Delta t} - e^{-i\pi f N \Delta t}}{e^{i\pi f \Delta t} - e^{-i\pi f \Delta t}}\right) e^{-i\pi f (N-1)\Delta t} . \end{aligned} \tag{15.16}$$

Da $\frac{e^{i\Theta} - e^{-i\Theta}}{2i} = \sin \Theta$ ist, folgt:

$$H(f) = \frac{\sin(\pi f N \Delta t)}{\sin(\pi f \Delta t)} e^{-i\pi f (N-1)\Delta t} . \tag{15.17}$$

Der Exponentialterm beschreibt die Phasencharakteristik des Digitalfilters (15.14). Gegenüber einem zum Zeitpunkt Null symmetrischen Filteroperator (h_n) beträgt die Phasendifferenz des Filters (15.14) $\Phi(f) = -\pi f (N - 1)\Delta t$. Die in Gleichung (13.88) definierte Phasenlaufzeit beträgt $\frac{(N-1)\Delta t}{2}$.

15.3 Pol- und Nullstellenverteilung kausaler und minimalphasiger Filter

Überträgt man die Ergebnisse der Stabilitätsbetrachtungen von Abschnitt 13.5.3 und die Pol-Nullstelleneigenschaften minimalphasiger Filter aus Abschnitt 13.6.3 auf die z-Ebene, so gilt:

- sämtliche Pole stabiler kausaler Filter liegen außerhalb des Einheitskreises.

- für minimalphasige Filter liegen sowohl sämtliche Pole als auch alle Nullstellen außerhalb des Einheitskreises.

Vorsicht: Bei der Definition der z-Transformierten nach (6.32) sind kausale stabile Filter dadurch gekennzeichnet, daß sämtliche Pole innerhalb des Einheitskreises liegen. Liegt dagegen mindestens ein Pol außerhalb des Einheitskreises, so ist das zugehörige stabile Filter akausal.

Indem man die z-Transformierte der diskreten Funktion h_n, $n = 0, 1, ..., M$,

$$H(z) = h_0 + h_1 z + ... + h_M z^M \ ,\qquad(15.18)$$

faktorisiert,

$$H(z) = h_M \prod_{j=1}^{M} (z - z_j) \ ,\qquad(15.19)$$

läßt sich (h_n) als Folge von Faltungen von Operatoren der Länge zwei darstellen:

$$(h_n) = h_M(-z_1, 1) \ * \ (-z_2, 1) \ * \ ... \ * \ (-z_M, 1) \ .\qquad(15.20)$$

Für einen minimalphasigen Operator der Form (15.19), der in der z-Darstellung keine Nullstellen innerhalb des Einheitskreises besitzt, müssen alle z_j, $j = 1, ..., M$, betragsmäßig größer als Eins sein. Liegen dagegen alle Nullstellen von $H(z)$ innerhalb des Einheitskreises, so wird der Operator als maximalphasig bezeichnet. Kommen Nullstellen sowohl außerhalb wie innerhalb von $|z| = 1$ vor, so spricht man von Operatoren mit "gemischten" (mixed) Phaseneigenschaften.

Beispiel 1: Betrachtet man die zwei 2-Punkte-Wavelets (c, d) und (d, c) mit $|c| > |d|$, die dieselbe Energie $c^2 + d^2$ haben, dann heißt das Wavelet (c, d) minimalphasig und das Wavelet (d, c) maximalphasig, da die Phase von (c, d) betragsmäßig kleiner als die von (d, c) ist. Die beiden Wavelets haben die z-Transformierten

$$H_1(z) = c + dz \text{ und } H_2(z) = d + cz\qquad(15.21)$$

(s. Abb. 15.1) und die Fourier-Transformierten

$$H_1(f) = c + de^{-i2\pi f \Delta t} \text{ und } H_2(f) = d + ce^{-i2\pi f \Delta t} \ .\qquad(15.22)$$

Deren Beträge sind gleich (s. Abb.15.1c):

$$|H_1(f)| = |H_2(f)| = \sqrt{c^2 + 2cd \cos(2\pi f \Delta t) + d^2} \ .\qquad(15.23)$$

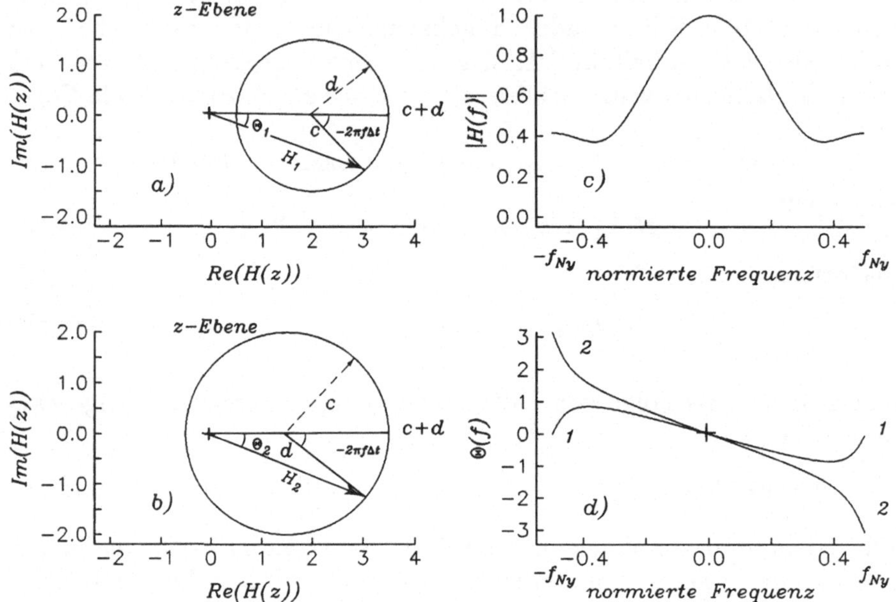

Abbildung 15.1: Phaseneigenschaften für 2-Punkte-Wavelets: a), b) Darstellung von $H_1(z)$ und $H_2(z)$ aus (15.21), $c = 2.0$, $d = 1.5$, c) Amplitudenspektren (15.23), d) Phasenspektren: Kurve 1: $\Theta_1(f)$ (15.24), Kurve 2: $\Theta_2(f)$ (15.25).

Die Phasen sind verschieden und für den Fall $0 < d < c$ in Abb. 15.1d) dargestellt:

$$\Theta_1(f) = \arctan\left(\frac{-d\sin(2\pi f\Delta t)}{c + d\cos(2\pi f\Delta t)}\right) \tag{15.24}$$

$$\Theta_2(f) = \arctan\left(\frac{-c\sin(2\pi f\Delta t}{d + c\cos(2\pi f\Delta t)}\right). \tag{15.25}$$

Es ist $|\Theta_1(f)| < |\Theta_2(f)|$ für alle f. Dies gilt auch für die anderen bei $|c| > |d|$ möglichen Fälle: $c < d < 0$, $-|c| < d < 0 < c$, $c < 0 < d < |c|$. Das Wavelet (c, d) hat also immer eine betragsmäßig geringere Phase als das Wavelet (d, c).

Signal	E_0	E_1	E_2	E_3(Gesamt-energie)	Phasen-spektrum	Signaltyp
(1)	256	272	288	289	0,0.245,0	minimalphasig
(2)	1	17	33	289	0,1.326,0	maximalphasig
(3)	64	164	285	289	0,-1.212,0	gemischt

Tabelle 15.1: Partialenergien und Phasenspektren dreier Signale mit gleichen Autokovarianzkoeffizienten; die Amplitudenspektren der 3 Signale sind identisch: $9.0, 20.6, 15.0$.

Für das minimalphasige Wavelet (c, d) liegt in allen Fällen die Nullstelle von $H_1(z)$ außerhalb des Einheitskreises; die Nullstelle von $H_2(z)$ befindet sich dagegen stets innerhalb des Einheitskreises.

Beispiel 2: Untersuche die Phaseneigenschaften der drei Folgen:

1. $(h_1) = (16, -4, -4, 1)$
Das Polynom $16 - 4z - 4z^2 + z^3$ besitzt die Nullstellen $z_1 = -2$, $z_2 = 2$, $z_3 = 4$, d.h. der Operator (h_1) ist minimalphasig, da der Betrag aller Nullstellen größer Eins ist.

2. $(h_2) = (1, -4, -4, 16)$
Die Nullstellen des z-Polynoms sind $z_1 = -\frac{1}{2}$, $z_2 = \frac{1}{2}$, $z_3 = \frac{1}{4}$, d.h. der Operator (h_2) ist maximalphasig.

3. $(h_3) = (8, -10, 11, 2)$
Da die Nullstellen des z-Polynoms bei $z_1 = 2$, $z_2 = 4$, $z_3 = -\frac{1}{2}$ liegen, ist (h_3) ein Operator mit gemischter Phaseneigenschaft, dessen Phasenspektrum zwischen dem des minimal- und maximalphasigen Wavelets liegt.

Die Berechnung der AKV-Koeffizienten ergibt für diese drei Beispiele das gleiche Resultat: $r_0 = 289$, $r_1 = r_{-1} = -52$, $r_2 = r_{-2} = -68$, $r_3 = r_{-3} = 16$. Die drei Signale besitzen damit dasselbe Amplitudenspektrum, sie unterscheiden sich jedoch in ihren Partialenergien,

$$E_K = \sum_{j=0}^{K} h_j^2, \ K = 0, 1, 2 \ , \tag{15.26}$$

die in Tabelle 15.1 aufgelistet sind, und im Phasenspektrum.
Beim Signal (h_1) ist der größte Teil der Energie am Signalanfang konzentriert. Beim Signal (h_2) liegt dagegen der wesentliche Teil

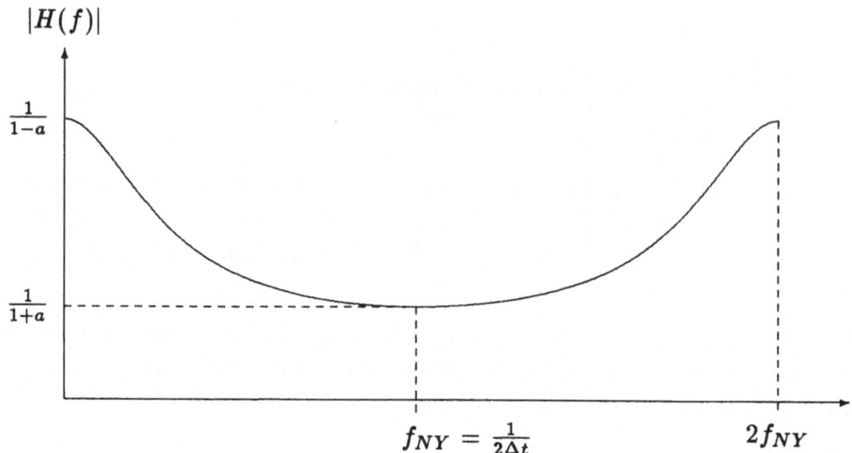

Abbildung 15.2: Amplitudencharakteristik der Übertragungsfunktion (15.27).

des Energiezuwachses am Signalende. Entsprechend dieser Eigenschaft bezeichnet man das Signal (h_1) auch als Signal mit minimaler bzw. das maximalphasige Signal (h_2) als Signal maximaler (Energie-) Verzögerung.

Beispiel 3: Diskutiere das Filter mit der Übertragungsfunktion

$$H(f) = \frac{1}{1 - ae^{-i2\pi f \Delta t}}, \quad 0 < a < 1 \ . \tag{15.27}$$

Das Filter besitzt die in Abb. 15.2 dargestellte Amplitudencharakteristik. Die zugehörige Systemfunktion $H(z)$ lautet:

$$H(z) = \frac{1}{1 - az} \ . \tag{15.28}$$

$H(z)$ hat einen Pol außerhalb des Einheitskreises $|z| = 1$ bei $z = \frac{1}{a}$ (s. Abb. 15.3): das Filter ist kausal und stabil. Dies wird durch die Reihendarstellung

$$H(z) = \sum_{n=0}^{\infty} a^n z^n = 1 + az + a^2 z^2 + \dots \tag{15.29}$$

bestätigt, aus der die kausale Impulsantwort mit den Filterkoeffizienten

$$h_n = \begin{cases} 0 & \text{für } n < 0 \\ a^n & \text{für } n \geq 0 \end{cases}, \tag{15.30}$$

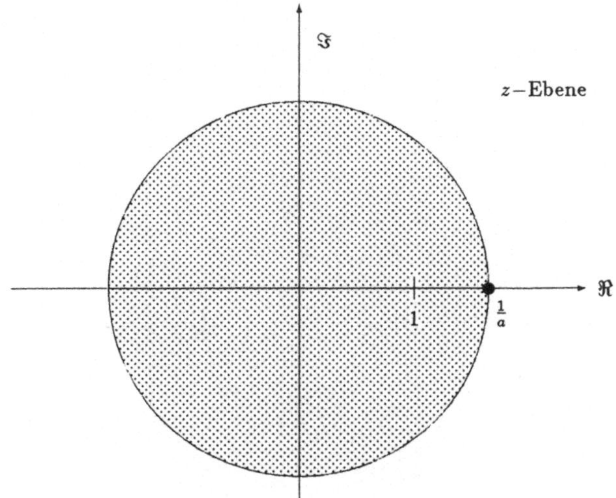

Abbildung 15.3: Pollage und Konvergenzbereich (punktiert) der Systemfunktion (15.28).

folgt. Da keine Nullstellen existieren, ist das Filter auch minimalphasig.

Gleichung (15.29) ist eine Taylor-Reihenentwicklung mit dem Konvergenzbereich $|z| < \frac{1}{a}$.

Ist $a > 1$, so gilt Gleichung (15.29) immer noch; das Filter ist kausal, aber instabil. Der Pol von $H(z)$ und der Konvergenzbereich liegen jetzt innerhalb des Einheitskreises. Eine andere Reihenentwicklung des obigen Beispiels mit $a > 1$ ist:

$$
\begin{aligned}
H(z) &= \frac{1}{1 - az} = \frac{-1}{az} \frac{1}{\left(1 - \frac{1}{az}\right)} = \frac{-1}{az} \sum_{n=0}^{\infty} \frac{1}{(az)^n} \\
&= -\sum_{n=1}^{\infty} \frac{1}{(az)^n} = -\sum_{n=-\infty}^{-1} a^n z^n,
\end{aligned}
\tag{15.31}
$$

aus der die akausale stabile Impulsantwort

$$
h_n = \begin{cases} -a^n & \text{für } n < 0 \\ 0 & \text{für } n \geq 0 \end{cases}
\tag{15.32}
$$

folgt. Gleichung (15.31) ist eine Laurent-Reihenentwicklung mit dem Konvergenzbereich $|z| > \frac{1}{a}$ (s. Abb. 15.4).

Das behandelte Beispiel zeigt: Für **stabile** kausale oder akausale Filter liegt der Einheitskreis $|z| = 1$ im Konvergenzbereich. Ist diese Bedingung nicht erfüllt, so ist das Filter instabil.

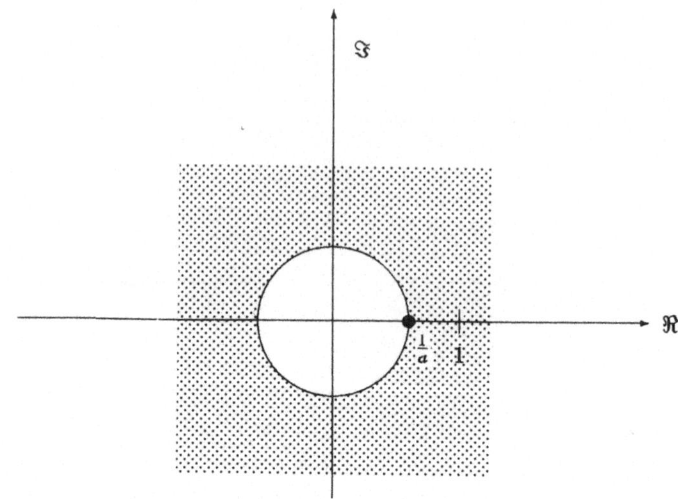

Abbildung 15.4: Pollage und Konvergenzbereich (punktiert) des Filters $H(z) = \frac{1}{1-az}$, $a > 1$.

Zusammenfassung: Die Systemfunktion $H(z)$, d.h. die z-Transformierte der diskreten Impulsantwortfunktion, ist bei der Digitalfilterung von zentraler Bedeutung. Mit ihr ist es möglich:

- die Übertragungsfunktion zu bestimmen, indem man $H(z)$ für $z = e^{-i2\pi f \Delta t}$ berechnet,

- für die Klasse der rationalen Filter (15.5) den rekursiven Filterprozeß (15.9) unmittelbar anzugeben,

- die Filtereigenschaften anhand der Pol- und Nullstellenverteilung zu ermitteln. Für die Klasse der rationalen Filter läßt sich weiterhin direkt aus $H(z)$ ablesen, ob es sich um ein rekursives, realisierbares oder nichtrealisierbares Filter handelt. Umgekehrt lassen sich - wie in Abschnitt 18.2 ausgeführt wird - durch gezielte Vorgaben der Null- und Polstellen Digitalfilter mit gewünschten Übertragungseigenschaften entwickeln.

Kapitel 16

Filterwirkung einfacher mathematischer Operationen

Mathematische Operationen stellen Filterprozesse dar, deren Filterwirkung durch die zu bestimmende Übertragungsfunktion gekennzeichnet ist. Die Wirkungsweise mathematischer Operationen $\mathcal{O}[...]$ im Frequenzbereich läßt sich bestimmen, indem man die Operation

$$y(t) = \mathcal{O}[x(t)] \tag{16.1}$$

auf den Faltungsprozeß

$$y(t) = x(t) * h(t) \tag{16.2}$$

zurückführt und anschließend die Übertragungsfunktion $H(f)$ aus $h(t)$ berechnet.

Am Beispiel der gewichteten Mittelwertbildung wird das prinzipielle Vorgehen zur Bestimmung der Übertragungsfunktion aufgezeigt. In Abschnitt 16.2 schließt sich eine tabellarische Zusammenstellung der Übertragungsfunktionen diverser mathematischer Operationen an, die sich in Analogie zum Vorgehen in Abschnitt 16.1 bestimmen lassen.

16.1 Die Filterwirkung der gewichteten Mittelwertbildung

$x(t)$ sei eine kontinuierliche Funktion, die an den Stellen t_j mit den Faktoren a_j gewichtet und über $N + 1$ Werte gemittelt wird:

$$y(t) = \sum_{j=0}^{N} a_j x(t - t_j) \ . \tag{16.3}$$

348

Nach (3.22) läßt sich $x(t - t_j)$ mit Hilfe der Dirac δ-Funktion als Faltungsintegral darstellen:

$$\begin{aligned} x(t - t_j) &= \int_{-\infty}^{\infty} x(\tau)\delta(t - t_j - \tau)d\tau \\ &= x(t) * \delta(t - t_j) \ . \end{aligned} \tag{16.4}$$

Damit folgt:

$$\begin{aligned} y(t) &= \sum_{j=0}^{N} a_j(x(t) * \delta(t - t_j)) \\ &= x(t) * \sum_{j=0}^{N} a_j\delta(t - t_j) \ . \end{aligned} \tag{16.5}$$

Der Ausdruck

$$h(t) = \sum_{j=0}^{N} a_j\delta(t - t_j) \tag{16.6}$$

ist die Impulsantwortfunktion des Prozesses (16.3) mit der Übertragungsfunktion

$$\begin{aligned} H(f) &= \int_{-\infty}^{\infty} h(t)e^{-i2\pi ft}dt \\ &= \int_{-\infty}^{\infty} \sum_{j=0}^{N} a_j\delta(t - t_j)e^{-i2\pi ft}dt \\ &= \sum_{j=0}^{N} a_j e^{-i2\pi ft_j} \ . \end{aligned} \tag{16.7}$$

Analog ergibt sich für den nichtrealisierbaren Prozeß

$$y(t) = \sum_{j=-N}^{N} a_j x(t - t_j) \tag{16.8}$$

die Impulsantwortfunktion

$$h(t) = \sum_{j=-N}^{N} a_j\delta(t - t_j) \tag{16.9}$$

mit der Übertragungsfunktion

$$H(f) = \sum_{j=-N}^{N} a_j e^{-i2\pi ft_j} \ . \tag{16.10}$$

Für $a_{-j} = a_j$ folgt:

$$H(f) = a_0 + 2\sum_{j=1}^{N} a_j \cos(2\pi f t_j) \ . \tag{16.11}$$

Mittelwertbildungen wirken als Tiefpaßfilter. Bei Koeffizientensätzen, die bezüglich $j = 0$ symmetrisch sind, ist die Mittelwertbildung phasentreu. Für den Spezialfall

$$a_j = 1 \ \text{ für alle } j \text{ und } t_j = j\Delta t \tag{16.12}$$

ergibt sich aus Gleichung (16.10)

$$\begin{aligned}
H(f) \ &= \ \sum_{j=-N}^{N} e^{-i2\pi f j \Delta t} \\
&= \ \sum_{j=-N}^{N} e^{-ij\Theta} \ \text{ mit } \Theta = 2\pi f \Delta t \ , \\
&= \ e^{-iN\Theta}(1 + e^{i\Theta} + ... + e^{i2N\Theta}) \ . \tag{16.13}
\end{aligned}$$

Die Anwendung der Summenformel für die geometrische Reihe ergibt:

$$H(f) = e^{-iN\Theta}\frac{e^{i(2N+1)\Theta} - 1}{e^{i\Theta} - 1} \ . \tag{16.14}$$

Multipliziert man oben und unten mit $e^{-i\frac{\Theta}{2}}$, so folgt:

$$\begin{aligned}
H(f) \ &= \ \frac{e^{(N+\frac{1}{2})i\Theta} - e^{-(N+\frac{1}{2})i\Theta}}{e^{i\frac{\Theta}{2}} - e^{-i\frac{\Theta}{2}}} \\
&= \ \frac{\sin((N + \frac{1}{2})\Theta)}{\sin(\frac{\Theta}{2})} = \frac{\sin(M\pi f \Delta t)}{\sin(\pi f \Delta t)} \ \text{ mit } M = 2N + 1.
\end{aligned}$$
$$\tag{16.15}$$

Gleichung (16.15) beschreibt ein Tiefpaßfilter für $f \leq f_{Ny}$.
Da $H(0) = M$ ist, wird für einen unmittelbaren Vergleich der Übertragungsfunktionen für verschiedene M die Übertragungsfunktion $H(f)$ auf $H(0) = 1$ normiert:

$$\tilde{H}(f) = \frac{H(f)}{M} = \frac{1}{M}\frac{\sin(M\pi f \Delta t)}{\sin(\pi f \Delta t)} \ . \tag{16.16}$$

$\tilde{H}(f)$ ist für $M = 3$, 5 und 9 in Abb. 16.1 dargestellt. M bestimmt die Schärfe des Filters. Mit wachsendem M wird das Filter schmalbandiger; es besitzt größere Flankensteilheit und stärker reduzierte Nebenmaxima im Sperrbereich.

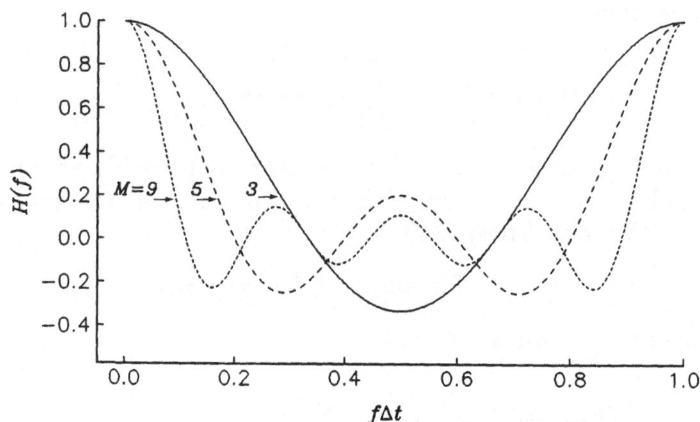

Abbildung 16.1: Die Übertragungsfunktionen der gewichteten Mittelwertbildung $\frac{1}{M}\sum_{j=-N}^{N} x(t-t_j)$, $M = 2N+1$ für $M = 3$, 5, 9.

16.2 Zusammenstellung der Filterwirkung verschiedener mathematischer Operationen

Tabelle 16.1 zeigt die Filterwirkung einiger einfacher mathematischer Operationen. Während Glättungsverfahren und Integrationsprozesse Tiefpaßfilter bilden, wirken Differenzenverfahren und Ableitungen als Hochpaßfilter.

Derartige mathematische Operationen werden z.B. als Prewhitening-Filter bei der Abschätzung quadratischer Spektren regelloser Prozesse eingesetzt (s. Abschnitt 9.5.2), um alle Spektralanteile auf das gleiche Niveau zu ziehen. Für Spektren mit großen Anteilen im unteren Frequenzbereich eignet sich hierfür ein Hochpaßfilter wie z.B. das Differenzenverfahren, das aber den Nachteil besitzt, daß es einen bestimmten Frequenzbereich vollständig unterdrückt. Demgegenüber ist der Prozeß

$$y(t) = x(t) - \alpha x(t - \Delta t) \; , \quad \alpha > 0 \tag{16.17}$$

mit der Übertragungsfunktion

$$H(f) = 1 - \alpha e^{-i2\pi f \Delta t} \tag{16.18}$$

und der Amplituden- und Phasencharakteristik

$$\mid H(f) \mid = \sqrt{1 - 2\alpha \cos(2\pi f \Delta t) + \alpha^2} \tag{16.19}$$

und

$$\Theta(f) = \arctan\left(\frac{\sin(2\pi f \Delta t)}{1 - \alpha \cos(2\pi f \Delta t)}\right) \tag{16.20}$$

Prozeß	Gewichtsfunktion	Übertragungsfunktion	Wirkung
gewichtete Mittelwertbildung $y(t) = \sum_{j=0}^{N} a_j x(t - t_j)$	$h(t) = \sum_{j=0}^{N} a_j \delta(t - t_j)$	$H(f) = \sum_{j=0}^{N} a_j e^{-i2\pi f t_j}$	Tiefpaß
$y(t) = \sum_{j=-N}^{N} a_j x(t - t_j)$	$h(t) = \sum_{j=-N}^{N} a_j \delta(t - t_j)$	$H(f) = a_0 +$ $2 \sum_{j=1}^{N} a_j \cos(2\pi f t_j)$ für $a_{-j} = a_j$	Tiefpaß
Glättungsformeln $y_j^{(1)} = \frac{x_{j-1} + 2x_j + x_{j+1}}{4}$	$h(t) = \frac{1}{4}\delta(t - \Delta t)$ $+ \frac{1}{2}\delta(t) + \frac{1}{4}\delta(t + \Delta t)$	$H^{(1)}(f) = \cos^2(\pi f \Delta t)$	Tiefpaß
$y_j^{(2)} = \frac{y_{j-1}^{(1)} + 2y_j^{(1)} + y_{j+1}^{(1)}}{4}$		$H^{(2)}(f) = \cos^4(\pi f \Delta t)$	Tiefpaß
Integration $y(t) = \int_{t-\frac{T}{2}}^{t+\frac{T}{2}} x(\tau)d\tau$	$h(t) = \begin{cases} 1 \text{ für } \mid t \mid \le \frac{T}{2} \\ 0 \text{ für } \mid t \mid > \frac{T}{2} \end{cases}$	$H(f) = \frac{\sin(\pi f T)}{\pi f}$	Tiefpaß
Differenzbildung $y^{(1)}(t) =$ $\quad x(t + \frac{\Delta t}{2}) - x(t - \frac{\Delta t}{2})$	$h(t) =$ $\quad \delta(t + \frac{\Delta t}{2}) - \delta(t - \frac{\Delta t}{2})$	$H^{(1)}(f) = 2i \sin(\pi f \Delta t)$	Hochpaß
$y^{(2)}(t) =$ $\quad y^{(1)}(t + \frac{\Delta t}{2}) - y^{(1)}(t - \frac{\Delta t}{2})$		$H^{(2)}(f) = -4 \sin^2(\pi f \Delta t)$	Hochpaß
Differentiation $y(t) =$ $\lim_{\Delta t \to 0} \frac{x(t + \frac{\Delta t}{2}) - x(t - \frac{\Delta t}{2})}{\Delta t}$	$h(t) = \delta^{(1)}(t)$	$H^{(1)}(f) = \lim_{\Delta t \to 0} \frac{2i \sin(\pi f \Delta t)}{\Delta t}$ $= 2i\pi f$	Hochpaß
zweite Ableitung	$h(t) = \delta^{(2)}(t)$	$H^{(2)}(f) = -4\pi^2 f^2$	Hochpaß

Tabelle 16.1: Filterwirkung einfacher mathematischer Operationen.

ein Hochpaßfilter, das in keinem Frequenzbereich vollständig sperrt und damit zum Ausbalancieren "roter" Spektren besser geeignet ist. Die Spektralschätzung des Leistungsspektrums ergibt sich durch Multiplikation der Schätzwerte des so ausbalancierten quadratischen Spektrums mit $\frac{1}{|H(f)|^2}$.

Kapitel 17

Entwurf nichtrekursiver Digitalfilter endlicher Länge

Die direkteste Methode der Bestimmung eines Digitalfilters endlicher Länge besteht darin, die unendlich lange Impulsantwortfolge idealer Filter zeitlich zu begrenzen. Dies führt zu Verfälschungen gegenüber der gewünschten Filtercharakteristik, die durch eine zusätzliche Gewichtung der Impulsantwort nur zum Teil korrigiert werden können. Daneben gibt es Verfahren, mit denen sich gewünschte Filtercharakteristiken besser approximieren lassen.

In praxi erfolgt die Konzipierung der nichtrekursiven Digitalfilter in der Regel nach einem der nachfolgend aufgeführten Verfahren:

- Fourierreihen-Approximation des Analogfilters,

- Frequenzabtastung der Übertragungsfunktion des Analogfilters,

- Filterentwurf bei vorgegebenen Toleranzen zwischen den Übertragungsfunktionen des Analog- und Digitalfilters.

Im weiteren Verlauf von Kapitel 17 wird die Übertragungsfunktion des Analogfilters mit $\hat{H}(f)$, die des Digitalfilters mit $H(f)$ bezeichnet. Weiterhin beschreiben $\hat{H}_k$ und H_k die Stützwerte des diskretisierten Analogfilters $\hat{H}(f)$ bzw. des Digitalfilters $H(f)$. Bei der nachfolgenden Behandlung der Bestimmung nichtrekursiver Digitalfilter wird sich weitgehend an den Darstellungen von Oppenheim und Schafer (1975) orientiert.

17.1 Entwurf digitaler Filter durch Fourierreihen-Approximation

Die Übertragungsfunktion eines Digitalfilters, dessen Impulsantwortfunktion reell ist, besitzt folgende Eigenschaften:

354

- die Übertragungsfunktion ist periodisch mit $\frac{1}{\Delta t}$, d.h.:

$$H(f) = H(f + \frac{n}{\Delta t}) \ , \quad n = 0, \pm 1, \pm 2, \ldots \ ; \tag{17.1}$$

- Real- und Imaginärteil von $H(f)$ sind gerade bzw. ungerade Funktionen bezüglich der Frequenz $f = 0$, d.h.:

$$|H(-f)| = |H(f)| \tag{17.2}$$

und

$$\Phi(-f) = -\Phi(f) \ , \quad 0 \leq |f| \leq \frac{1}{2\Delta t} \ . \tag{17.3}$$

Die periodische Übertragungsfunktion eines Digitalfilters kann in eine Fourierreihe entwickelt werden. Nach Gleichung (1.7) und (1.9) gilt:

$$H(f) = \sum_{n=-\infty}^{\infty} h_n e^{i2\pi n \Delta t f} \tag{17.4}$$

mit

$$h_n = \Delta t \int_{-\frac{1}{2\Delta t}}^{\frac{1}{2\Delta t}} H(f) e^{-i2\pi n \Delta t f} df, \ n = 0, \pm 1, \pm 2, \ldots \ . \tag{17.5}$$

Das Filter (17.4) besitzt die Systemfunktion:

$$H(z) = \sum_{n=-\infty}^{\infty} h_n z^{-n} \ . \tag{17.6}$$

(h_n) ist die Impulsantwort des Digitalfilters. Wird die Reihe in (17.6) bei $n = \pm N$ abgebrochen, so ist

$$H_N(z) = \sum_{n=-N}^{N} h_n z^{-n} \ . \tag{17.7}$$

Die Übertragungsfunktion dieser Fourierreihen-Approximation ist damit:

$$H_N(f) = \sum_{n=-N}^{N} h_n e^{i2\pi n \Delta t f} \ , \tag{17.8}$$

wobei die Fourierkoeffizienten h_n nach Gleichung (17.5) berechnet werden. Das Vorgehen wird an zwei Beispielen erläutert.

Beispiel 1: Gesucht ist die Fourierreihen-Approximation der Länge $2N + 1 = 11$ des Analog-Tiefpaßfilters

$$\hat{H}(f) = \begin{cases} M & \text{für } -f_g \leq f \leq f_g \\ 0 & \text{sonst} \end{cases}. \qquad (17.9)$$

Die Berechnung der Filterkoeffizienten nach Gleichung (17.5) ergibt:

$$\begin{aligned} h_n &= \Delta t \int_{-f_g}^{f_g} M e^{-i2\pi n \Delta t f} df \\ &= 2\Delta t M \int_0^{f_g} \cos(2\pi n \Delta t f) df \\ &= M\frac{\sin(2\pi n \Delta t f_g)}{\pi n} \,, n = \pm 1, \pm 2, \pm 3, \pm 4, \pm 5 \quad (17.10) \end{aligned}$$

und

$$h_0 = 2M\Delta t f_g \,. \qquad (17.11)$$

Man erhält damit die Systemfunktion des Filters:

$$H_5(z) = \frac{M}{\pi}(\frac{\sin(2\pi f_g 5\Delta t)}{5} z^{-5} + .. + 2\pi f_g \Delta t + .. + ..\frac{\sin(2\pi f_g 5\Delta t)}{5} z^5). \qquad (17.12)$$

Die Übertragungsfunktion dieses Filters ergibt sich nach Gleichung (17.8) unter Berücksichtigung der Symmetrieeigenschaften der Exponential- und Sinusfunktion zu:

$$H_5(f) = 2M f_g \Delta t + \frac{2M}{\pi} \sum_{n=1}^{5} \frac{\sin(2\pi n f_g \Delta t)}{n} \cos(2\pi n f \Delta t). \qquad (17.13)$$

Die Übertragungsfunktion der Fourierreihen-Approximation des Analogfilters (17.9) mit $\bar{f}_g = f\Delta t = 0.2$ ist in Abb. 17.1 für $N = 5$ und $N = 49$ dargestellt. Aufgrund der Unstetigkeiten von $\hat{H}(f)$ bei $f = \pm f_g$ oszilliert die Übertragungsfunktion des Digitalfilters. Diese nach Gibbs bezeichneten Oszillationen lassen sich durch Gewichten der Filterkoeffizienten reduzieren, z.B. mit den in Kapitel 4 abgehandelten Gewichtsfunktionen, was jedoch zu Lasten der Flankensteilheit geht:

$$H_N(z) = \sum_{n=-N}^{N} (w_n h_n) z^n \,. \qquad (17.14)$$

Die Übertragungsfunktion dieses Digitalfilters wird durch die Faltung der Fourier-Transformierten von (w_n) und (h_n) ($W_N(f)$ und $H_N(f)$)

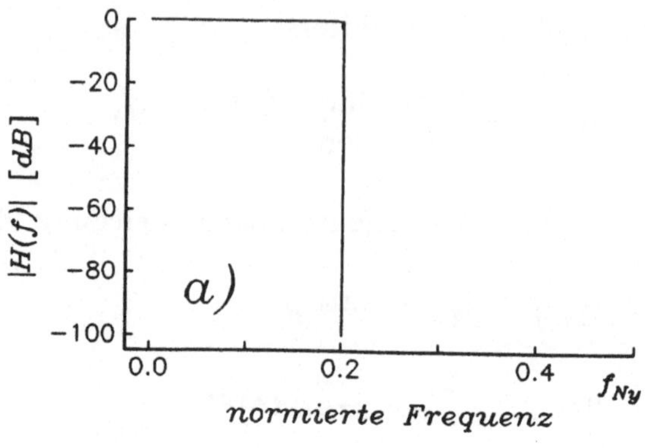

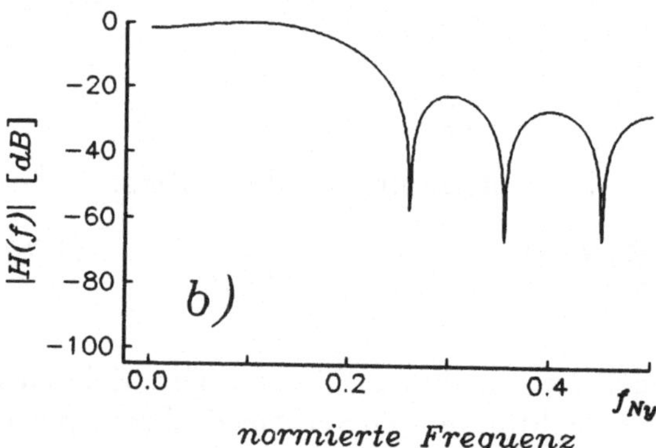

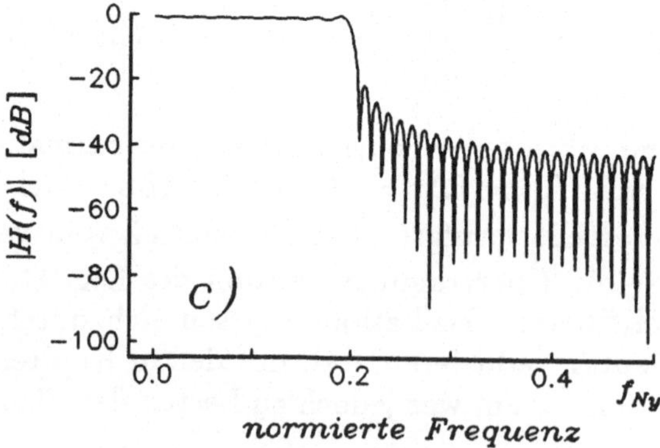

Abbildung 17.1: Fourierreihen-Approximation des Tiefpaßfilters (17.9) für $M = 1$, $f_g = 0.2$: a) ideales Tiefpaßfilter b) $N = 5$, c) $N = 49$.

bestimmt. Anstelle der Diskontinuitäten von $\hat{H}(f)$ ergeben sich beim Digitalfilter Übergangsbereiche, deren Weite durch die Breite des zentralen Maximums von $W_N(f)$ bestimmt wird.

Beispiele zum Gebrauch der gewichteten Fourierreihen-Approximation geben Rabiner und Gold (1975).

Beispiel 2: In der Gravimetrie und Magnetik wird das Verfahren der zweiten Vertikalableitung zur Trennung der Regional- und Lokalanteile des gemessenen Feldes eingesetzt. Der Operator wird im zweidimensionalen Wellenzahlbereich durch

$$\hat{H}(k_x, k_y) = 4\pi^2(k_x^2 + k_y^2) \tag{17.15}$$

beschrieben. Die Herleitung dieser Gleichung erfolgt in Abschnitt 25.2.2.

Aufgabe: Zu bestimmen ist die Fourierreihen-Approximation $H(k_x, k_y)$ der in Gleichung (17.15) gegebenen zweidimensionalen Übertragungsfunktion.

$H(k_x, k_y)$ ist periodisch mit der Periode $\frac{1}{\Delta x}$ bzw. $\frac{1}{\Delta y}$ bezüglich k_x und k_y. Die Verallgemeinerung der Fourierreihen-Approximation (17.4) mit den Fourierkoeffizienten (17.5) auf den zweidimensionalen Fall lautet dann:

$$H(k_x, k_y) = \sum_{j=-\infty}^{\infty} \sum_{l=-\infty}^{\infty} c_{jl} e^{i2\pi(j\Delta x k_x + l\Delta y k_y)} \tag{17.16}$$

mit

$$c_{jl} = \Delta x \Delta y \int_{-\frac{1}{2\Delta y}}^{\frac{1}{2\Delta y}} \int_{-\frac{1}{2\Delta x}}^{\frac{1}{2\Delta x}} H(k_x, k_y) e^{-i2\pi(j\Delta x k_x + l\Delta y k_y)} dk_x dk_y. \tag{17.17}$$

Gleichung (17.17) beschreibt die Impulsantwort des zweidimensionalen Digitalfilters.

Die Fourierkoeffizienten des periodischen Feldes $H(k_x, k_y)$ lassen sich für die zweidimensionale Übertragungsfunktion (17.15), wenn man die Intervallweiten Δx und Δy gleich 1 wählt, wie folgt berechnen:

$$c_{jl} = \int_{-\frac{1}{2}}^{\frac{1}{2}} \int_{-\frac{1}{2}}^{\frac{1}{2}} 4\pi^2(k_x^2 + k_y^2) e^{-i2\pi(jk_x + lk_y)} dk_x dk_y, \tag{17.18}$$

$$j = -\infty, ..., \infty, \quad l = -\infty, ..., \infty \quad .$$

Wegen der Symmetrie von $H(k_x, k_y)$ folgt:

$$c_{jl} = \int_{-\frac{1}{2}}^{\frac{1}{2}} 2 \int_{0}^{\frac{1}{2}} 4\pi^2(k_x^2 + k_y^2) \cos(2\pi j k_x) dk_x e^{-i2\pi l k_y} dk_y$$

358

$$= 4\int_0^{\frac{1}{2}}[\int_0^{\frac{1}{2}} 4\pi^2(k_x^2 + k_y^2)\cos(2\pi j k_x)dk_x]\cos(2\pi l k_y)dk_y$$

$$= 16\pi^2 \int_0^{\frac{1}{2}}[\int_0^{\frac{1}{2}}(k_x^2 + k_y^2)\cos(2\pi j k_x)dk_x]\cos(2\pi l k_y)dk_y.$$

$$(17.19)$$

Zur Bestimmung der c_{jl} wird zunächst das innere Integral berechnet:

$$I = \int_0^{\frac{1}{2}}(k_x^2 + k_y^2)\cos(2\pi j k_x)dk_x$$

$$= \int_0^{\frac{1}{2}} k_x^2 \cos(2\pi j k_x)dk_x + \int_0^{\frac{1}{2}} k_y^2 \cos(2\pi j k_x)dk_x \ . \quad (17.20)$$

Für $j = 0$ folgt:

$$I = \frac{k_x^3}{3}\Big|_0^{\frac{1}{2}} + k_y^2 k_x \Big|_0^{\frac{1}{2}} = \frac{1}{24} + \frac{k_y^2}{2} \ . \quad\quad (17.21)$$

Für $j \neq 0$ erhält man wegen

$$\int x^2 \cos(cx)dx = x^2 \frac{\sin(cx)}{c} - \frac{2}{c}\Big(\frac{\sin(cx)}{c^2} - x\frac{\cos(cx)}{c}\Big) : \quad (17.22)$$

$$I = (k_x^2 \frac{\sin(2\pi j k_x)}{2\pi j} - \frac{2}{2\pi j}[\frac{1}{(2\pi j)^2}\sin(2\pi j k_x) - \frac{k_x}{2\pi j}\cos(2\pi j k_x)])\Big|_0^{\frac{1}{2}}$$

$$+ k_y^2 \frac{\sin(2\pi j k_x)}{2\pi j}\Big|_0^{\frac{1}{2}}$$

$$= \frac{1}{(2\pi j)^2}(-1)^j \ . \quad\quad (17.23)$$

Für $j = 0$ folgt aus (17.19) mit Gleichung (17.21):

$$c_{0l} = 16\pi^2 \int_0^{\frac{1}{2}}(\frac{1}{24} + \frac{k_y^2}{2})\cos(2\pi l k_y)dk_y \ , \quad\quad (17.24)$$

das heißt: für $l = 0$:

$$c_{00} = 16\pi^2(\frac{1}{24}k_y\Big|_0^{\frac{1}{2}} + \frac{k_y^3}{6}\Big|_0^{\frac{1}{2}}) = \frac{2}{3}\pi^2 \quad\quad (17.25)$$

und für $l \neq 0$:

$$c_{0l} = 16\pi^2 \int_0^{\frac{1}{2}}(\frac{1}{24} + \frac{k_y^2}{2})\cos(2\pi l k_y)dk_y$$

$$= 16\pi^2 \left(\frac{1}{24} \frac{\sin(2\pi l k_y)}{2\pi l} + \frac{1}{2} \left\{ k_y^2 \frac{\sin(2\pi l k_y)}{2\pi l} \right. \right.$$

$$\left. \left. - \frac{2}{2\pi l} \left[\frac{1}{(2\pi l)^2} \sin(2\pi l k_y) - \frac{k_y}{2\pi l} \cos(2\pi l k_y) \right] \right\} \right) \Big|_0^{\frac{1}{2}}$$

$$= \frac{2}{l^2}(-1)^l \quad . \tag{17.26}$$

Für $j \neq 0$ folgt aus Gleichung (17.19) mit Gleichung (17.23):

$$c_{jl} = 16\pi^2 \int_0^{\frac{1}{2}} \frac{1}{(2\pi j)^2}(-1)^j \cos(2\pi l k_y) dk_y \quad . \tag{17.27}$$

Für $l = 0$ ergibt sich hieraus:

$$c_{j0} = 16\pi^2 \int_0^{\frac{1}{2}} \frac{1}{(2\pi j)^2}(-1)^j dk_y = \frac{2}{j^2}(-1)^j \tag{17.28}$$

und für $l \neq 0$:

$$c_{jl} = 16\pi^2 \int_0^{\frac{1}{2}} \frac{1}{(2\pi j)^2}(-1)^j \cos(2\pi l k_y) dk_y$$

$$= \frac{16\pi^2}{4\pi^2 j^2}(-1)^j \frac{\sin(2\pi l k_y)}{2\pi l} \Big|_0^{\frac{1}{2}} = 0 \quad . \tag{17.29}$$

Zusammenfassung der Ergebnisse:

$$c_{00} = \frac{2}{3}\pi^2$$

$$c_{0l} = \frac{2}{l^2}(-1)^l, \; l \neq 0$$

$$c_{j0} = \frac{2}{j^2}(-1)^j, \; j \neq 0$$

$$c_{jl} = 0 \quad \text{für } j \neq 0 \wedge l \neq 0 \quad . \tag{17.30}$$

Abb. 17.2 zeigt in einer Gegenüberstellung die Funktion (17.15) und ihre Fourierreihen-Approximation (17.16) mit den Fourierkoeffizienten (17.30) für $j = -7, ..., 7$; $l = -7, ..., 7$. Bereits mit diesem kurzen Operator wird eine relativ gute Approximation erzielt.

Im allgemeinen kann das Integral in Gleichung (17.5) zur Berechnung der Impulsantwort des Digitalfilters für eine vorgegebene Übertragungsfunktion $\hat{H}(f)$ eines Analogfilters nicht wie bei den gezeigten Beispielen in geschlossener Form gelöst werden. Gleichung (17.5) muß dann numerisch berechnet werden.

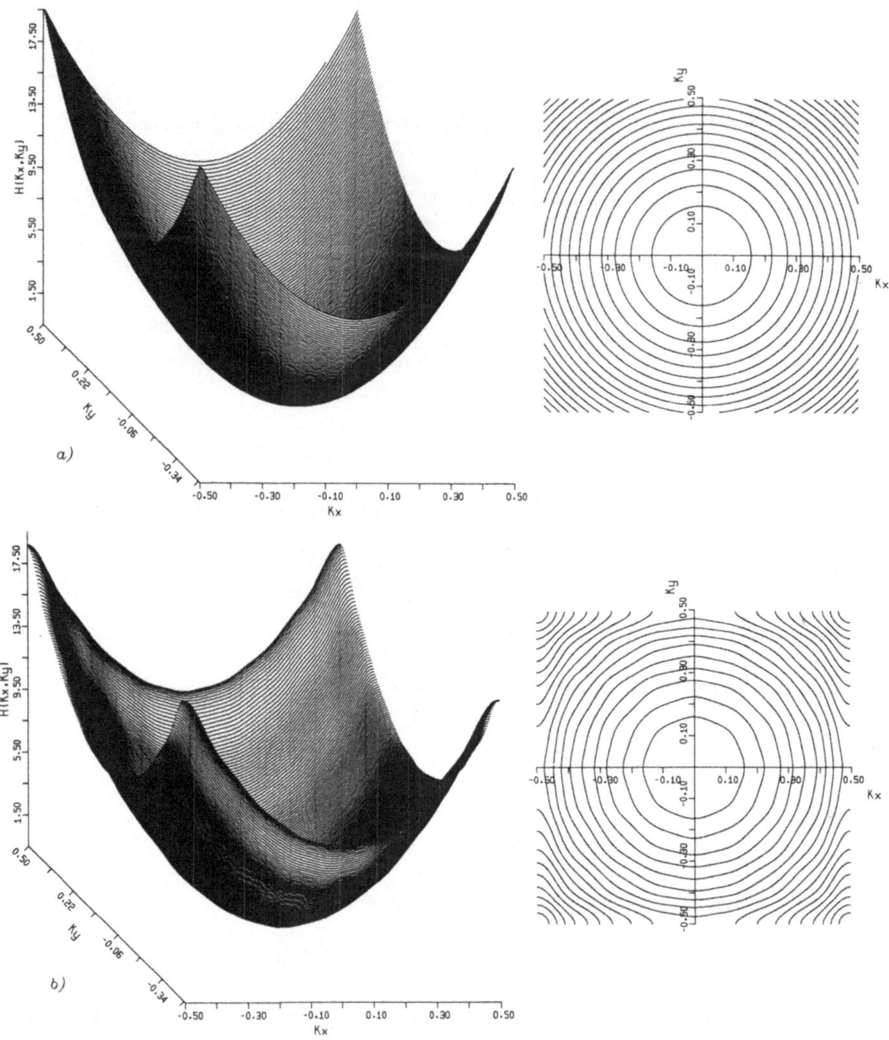

Abbildung 17.2: Fourierreihen-Approximation der in Gleichung (17.15) beschriebenen zweidimensionalen Funktion für $j = -7, ..., 7$; $l = -7, ..., 7$. a) Charakteristik der Funktion (17.15), b) Fourierreihen-Approximation nach Gleichung (17.16) mit (17.17).

17.2 Entwurf digitaler Filter durch Frequenzabtastung

Bei diesem Verfahren wird die Übertragungsfunktion $\hat{H}(f)$ eines vorgegebenen Analogfilters an den äquidistanten Stellen $\hat{H}_k$ abgetastet. Die Filterkoeffizienten h_n, $n = 0, 1, ..., N-1$, des Digitalfilters werden dann dadurch bestimmt, daß man die diskrete inverse Fourier-Transformierte der diskretisierten Übertragungsfunktion $\hat{H}_k$ berechnet:

$$h_n = \frac{1}{N} \sum_{k=0}^{N-1} \hat{H}_k e^{i2\pi \frac{kn}{N}}, \quad n = 0, 1, ..., N-1. \tag{17.31}$$

Die Systemfunktion des Digitalfilters ergibt sich zu:

$$\begin{aligned} H(z) &= \sum_{n=0}^{N-1} \frac{1}{N} \sum_{k=0}^{N-1} \hat{H}_k e^{i2\pi \frac{nk}{N}} z^n \\ &= \sum_{k=0}^{N-1} \hat{H}_k \frac{1}{N} \sum_{n=0}^{N-1} (e^{i2\pi \frac{k}{N}} z)^n \ . \end{aligned} \tag{17.32}$$

Da die z-Transformierte der Folge

$$h_n = \begin{cases} a^n & \text{für } 0 \le n \le N-1 \\ 0 & \text{sonst} \end{cases} \tag{17.33}$$

gegeben ist durch $\frac{1 - a^N z^N}{1 - az}$, folgt mit $a = e^{i2\pi \frac{k}{N}}$ und $a^N = e^{i2\pi k} = 1$:

$$\begin{aligned} H(z) &= \sum_{k=0}^{N-1} \frac{\hat{H}_k}{N} \left(\frac{1 - z^N}{1 - e^{i2\pi \frac{k}{N}} z} \right) \\ &= \frac{1 - z^N}{N} \sum_{k=0}^{N-1} \frac{\hat{H}_k}{1 - e^{i2\pi \frac{k}{N}} z} \ . \end{aligned} \tag{17.34}$$

Mit Gleichung (17.34) läßt sich die z-Transformierte des Digitalfilters direkt aus den Koeffizienten $\hat{H}_k$ berechnen.

Die Berechnung von (17.34) längs des Einheitskreises $z = e^{-i2\pi f \Delta t}$ ergibt die zum abgetasteten Analogfilter mit den Koeffizienten $\hat{H}_k$ zugehörige Übertragungsfunktion des Digitalfilters:

$$H(f) = \frac{1 - e^{-i2\pi f \Delta t N}}{N} \sum_{k=0}^{N-1} \frac{\hat{H}_k}{1 - e^{i2\pi \frac{k}{N}} e^{-i2\pi f \Delta t}} \ . \tag{17.35}$$

362

Die einzelnen Beiträge zur Summe sind von der Form:

$$S \;=\; \frac{1 - e^{-i\omega N}}{1 - e^{-i2\phi}}$$

$$=\; \frac{e^{i\frac{\omega}{2}N} - e^{-i\frac{\omega}{2}N}}{e^{i\phi} - e^{-i\phi}}\, e^{i(\phi - \frac{\omega}{2}N)} \tag{17.36}$$

mit

$$\omega = 2\pi f \Delta t \tag{17.37}$$

und

$$\phi = \frac{\omega}{2} - \frac{\pi k}{N} \quad . \tag{17.38}$$

Mit

$$\frac{\omega}{2}N = \phi N + \pi k \tag{17.39}$$

und

$$\phi - \frac{\omega}{2}N = -(N-1)\phi - \pi k \tag{17.40}$$

folgt:

$$S \;=\; \frac{e^{i\phi N} e^{i\pi k} - e^{-i\phi N} e^{-i\pi k}}{2i\sin(\phi)}\, e^{-i(N-1)\phi}\, e^{-i\pi k}$$

$$=\; \frac{e^{i\phi N} - e^{-i\phi N} e^{-i2\pi k}}{2i\sin(\phi)}\, e^{-i(N-1)\phi}$$

$$=\; \frac{\sin(N\phi)}{\sin(\phi)}\, e^{-i(N-1)\phi} \quad . \tag{17.41}$$

Hiermit ergibt sich aus Gleichung (17.35):

$$H(f) = \frac{1}{N} \sum_{k=0}^{N-1} \hat{H}_k \frac{\sin(N(\pi f \Delta t - \frac{\pi k}{N}))}{\sin(\pi f \Delta t - \frac{\pi k}{N})}\, e^{-i(N-1)(\pi f \Delta t - \frac{\pi k}{N})} \quad . \tag{17.42}$$

Schreibt man Gleichung (17.42) in der Form

$$H(f) = \frac{1}{N} \sum_{k=0}^{N-1} \alpha_k e^{-\beta_k} \, , \tag{17.43}$$

dann sieht man, daß

$$|H(f)| = \frac{1}{N} \sum_{k=0}^{N-1} \sqrt{\alpha_k^2 \cos^2 \beta_k + \alpha_k^2 \sin^2 \beta_k} = \frac{1}{N} \sum_{k=0}^{N-1} \alpha_k \tag{17.44}$$

ist. Das Filter (17.31) besitzt damit die Amplitudencharakteristik:

$$|H(f)| = \frac{1}{N} \sum_{k=0}^{N-1} \hat{H}_k \frac{\sin(N(\pi f \Delta t - \frac{\pi k}{N}))}{\sin(\pi f \Delta t - \frac{\pi k}{N})} \ . \qquad (17.45)$$

Beispiel: Zu bestimmen sei das digitale Tiefpaßfilter mit der Grenzfrequenz $\bar{f}_g = 0.2$ und der Filterlänge $N = 33$. Gemäß Abb. 17.3a) wird die Übertragungsfunktion in Abständen $\Delta f = \frac{1}{33}$ Schwingungen pro Zeiteinheit vorgegeben. Die Filterkoeffizienten (h_n) werden über die diskrete inverse Fourier-Transformation berechnet:

$$h_n = \frac{1}{N} \sum_{k=0}^{N-1} \hat{H}_k e^{i2\pi \frac{kn}{N}} \ , \quad n = 0, 1, ..., N-1 \ . \qquad (17.46)$$

Die nach Gleichung (17.45) berechnete und in Abb. 17.3b) dargestellte Amplitudencharakteristik dieses Digitalfilters zeigt, daß vollständige Unterdrückung nur in einzelnen Punkten gegeben ist; dagegen liegt über weite Bereiche die Reduktion nur bei 20 bis 30 dB. Bessere Unterdrückungseigenschaften lassen sich erzielen, indem man die gewünschte Übertragungsfunktion so abändert, daß der Übergangsbereich zwischen Durchlaß- und Sperrbereich breiter wird (s. Abb. 17.3c und d).

Das Frequenzabtastverfahren ist besonders attraktiv für schmale Bandpaßfilter, wo nur wenige Stützwerte der Übertragungsfunktion ungleich Null sind. Wie das Tiefpaßbeispiel zeigt, ist das Verfahren jedoch wenig flexibel in der Festlegung der Grenzfrequenzen, da man bei der Vorgabe der Stützwerte an Vielfache von $\frac{1}{N}$ gebunden ist. Wählt man N hinreichend groß, dann können die Stützwerte zwar beliebig nahe an die gewünschten Frequenzen angepaßt werden, das Verfahren benötigt dann jedoch größere Rechenzeiten.

Da die Übertragungsfunktion des Digitalfilters $H(f)$ eine lineare Funktion der Parameter $\hat{H}_k$ ist (siehe Gleichung (17.42)), lassen sich lineare Optimierungstechniken zur Variation dieser Parameter benutzen, um bei vorgegebener Filterlänge die beste Approximation der gewünschten Filtercharakteristik zu erhalten. Die hierzu entwickelten Verfahren werden in Abschnitt 18.3 behandelt, da sie auch die rekursiven Filter betreffen.

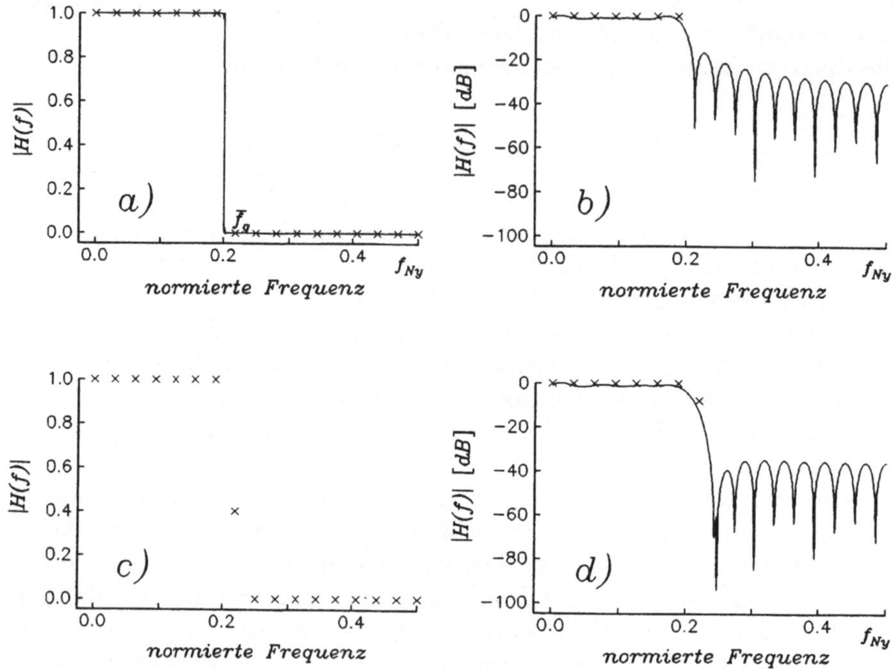

Abbildung 17.3: Übertragungsfunktionen zweier nach der Frequenzabtastmethode berechneter Tiefpaßfilter. a): Amplitudenspektrum des vorgegebenen Analogfilters (linear dargestellt) mit vorgegebenen Abtastpunkten ($N = 33$); b): Amplitudenspektrum in dB des zu a) gehörenden Digitalfilters; c): wie a), jedoch mit geringerer Flankensteilheit; d): Amplitudencharakteristik des zu c) gehörenden Digitalfilters. Die mit × gekennzeichneten Punkte stellen die Abtastpunkte der vorgegebenen Analogfilter dar.

Kapitel 18

Synthese rekursiver Digitalfilter

Die Systemfunktionen rekursiver realisierbarer Digitalfilter haben die Form:

$$H(z) = \frac{a_0 + a_1 z + a_2 z^2 + \ldots + a_k z^k}{1 + b_1 z + b_2 z^2 + \ldots + b_l z^l} \; . \qquad (18.1)$$

Nach Abschnitt (15.1) lassen sich diese Filter wie folgt im Zeitbereich verwirklichen:

$$y_n = a_0 x_n + a_1 x_{n-1} + \ldots + a_k x_{n-k} - b_1 y_{n-1} - b_2 y_{n-2} - \ldots - b_l y_{n-l} \; . \qquad (18.2)$$

In Gleichung (18.2) gehen rechts nur die vergangenen Werte und der gegenwärtige Wert von (x_n) sowie vergangene Werte von (y_n) ein. Rekursive Filter der Form (18.1) sind also kausal, und nur kausale Filter können in dieser Form rekursiv realisiert werden. Die Koeffizienten in Gleichung (18.1) bzw. (18.2) müssen reell sein.

Die Bestimmung rekursiver Filter erfolgt zur Zeit im wesentlichen nach drei unterschiedlichen Methoden:

- Die geläufigste Art basiert auf der Transformation bekannter Analogfilter in den Digitalbereich nach bestimmten Abbildungsprozeduren (siehe Abschnitt 18.1).

- Der Filterentwurf erfolgt direkt in der z-Ebene durch Plazierung von Polen und Nullstellen zur Approximation der Übertragungsfunktion des Digitalfilters (siehe Abschnitt 18.2).

- Zur Approximation der gewünschten Filtercharakteristik werden Optimierungsverfahren eingesetzt, mit denen unter Vorgabe eines gewählten Fehlerkriteriums und im Rahmen vorgegebener Toleranzen die gewünschte Filtercharakteristik angenähert wird (siehe Abschnitt 18.3).

18.1 Digitalfilterbestimmung durch Approximation vorgegebener Analogfilter

Die Bereitstellung bestimmter Digitalfilter gelingt mit der Übertragung vorgegebener Analogfilter nach festen Transformationsregeln. Zwei Forderungen werden an die eingesetzten Verfahren gestellt:

- die Imaginärachse der p-Ebene soll sich auf dem Einheitskreis $|z| = 1$ abbilden, und zwar möglichst linear, um Verfälschungen der Übertragungseigenschaften zu vermeiden;

- die linke p-Halbebene soll sich außerhalb des Einheitskreises $|z| = 1$ abbilden, um die Stabilität des Digitalfilters zu gewährleisten.

Die wichtigsten Abbildungsmethoden sind die **Impulsinvarianz-** und die **Bilinear**-Transformation. Bei der Herleitung der Grundlagen der Bilinear-Transformation wird sich an Kulhanek (1976) orientiert; bei der Darstellung der Bilinear-Transformation werden Vorlesungsunterlagen von G. Müller, Universität Frankfurt, mit benutzt.

18.1.1 Approximation von Analogfiltern nach der Impulsinvarianzmethode

Hierbei soll die Impulsantwort beim Übergang vom Analog- zum Digitalfilter an den gewählten Stützstellen

$$h_n = h(t)|_{t=n\Delta t} \quad , \quad n = 0, 1, 2, \ldots \tag{18.3}$$

unverändert bleiben. Für die Übertragungsfunktion des vorgegebenen Analogfilters $\hat{H}(f)$ wird die kontinuierliche Impulsantwort $h(t)$ berechnet, die dann mit dem Stützstellenabstand Δt diskretisiert wird. Die z-Transformierte von (h_n) liefert die System-Funktion $H(z)$.

Die Übertragungsfunktionen der in der Literatur bekannten Analogfilter können in der p-Ebene vielfach als Verhältnis zweier Polynome in p dargestellt werden:

$$\hat{H}(p) = \frac{\sum_{k=0}^{M} u_k p^k}{\sum_{k=0}^{L} v_k p^k} = \frac{U_p}{V_p} \quad , \quad L > M \quad , \quad p = \alpha + i2\pi f \quad . \tag{18.4}$$

Besitzt $\hat{H}(p)$ nur Pole erster Ordnung, dann ergibt sich durch Partialbruchzerlegung aus Gleichung (18.4):

$$\hat{H}(p) = \sum_{k=1}^{L} \frac{K_k}{(p - p_k)} \tag{18.5}$$

mit den Residuen der Pole:

$$K_k = \frac{U_p}{V_p}(p - p_k)|_{p=p_k} \ .$$ (18.6)

Damit die Impulsantwortfunktion des Filters stabil und realisierbar ist, müssen sämtliche Pole von $\hat{H}(p)$ in der linken p-Halbebene liegen. Die Impulsantwort des kausalen Analogfilters läßt sich durch Anwendung der inversen Laplace-Transformation (2.48),

$$h(t) = \mathcal{L}^{-1}(\hat{H}(p)) = \frac{1}{2\pi i} \int_{c-i\infty}^{c+i\infty} \hat{H}(p)e^{pt}dp, \ t \geq 0 \ ,$$ (18.7)

bestimmen. Zur Lösung von (18.7) kann man analog zu Gleichung (13.56) vorgehen, indem man den Residuensatz anwendet. Einfacher ist die Lösung unter Zuhilfenahme einer Tabelle der Laplace-Transformierten (z. B. Holbrook (1973)). Die inverse Laplace-Transformierte von $\frac{1}{p-\alpha}$ ist $e^{\alpha t}$. Damit lautet die Lösung von Gleichung (18.7) für die in (18.5) angegebene Übertragungsfunktion:

$$h(t) = \sum_{k=1}^{L} K_k e^{p_k t} \text{ für } t \geq 0 \ .$$ (18.8)

Die Impulsantwort des impulsinvarianten Digitalfilters ergibt sich damit, indem man $h(t)$ in Gleichung (18.8) äquidistant abtastet, zu:

$$h_n = \sum_{k=1}^{L} K_k e^{p_k n \Delta t} = \sum_{k=1}^{L} K_k (e^{p_k \Delta t})^n, \ n = 0, 1, 2, \ldots \ .$$ (18.9)

Unter Zuhilfenahme von Gleichung (6.23) lautet damit die z-Transformierte von (h_n):

$$\begin{aligned} H(z) &= \sum_{n=0}^{\infty} h_n z^n = \sum_{n=0}^{\infty} \sum_{k=1}^{L} K_k e^{p_k n \Delta t} z^n \\ &= \sum_{k=1}^{L} K_k \sum_{n=0}^{\infty} (e^{p_k \Delta t} z)^n = \sum_{k=1}^{L} \frac{K_k}{1 - e^{p_k \Delta t} z} \ . \end{aligned}$$ (18.10)

Aus dem Vergleich der Gleichungen (18.5) und (18.10) folgt: Besitzt $\hat{H}(p)$ einfache Pole, dann ist die Korrespondenz zwischen $\hat{H}(p)$ und $H(z)$ gegeben durch

$$\sum_{k=1}^{L} \frac{K_k}{(p - p_k)} \rightarrow \sum_{k=1}^{L} \frac{K_k}{1 - e^{p_k \Delta t} z} \ .$$ (18.11)

368

Die das Digitalfilter (18.9) bestimmenden Konstanten K_k und p_k sind damit direkt aus der Partialbruchzerlegung von $\hat{H}(p)$ zu ermitteln.

Entsprechende Transformationsregeln für mehrfache Polstellen findet man z.B. bei Kulhanek (1976). Besitzt $\hat{H}(p)$ ein Paar konjugiert komplexer Pole, dann sind die Koeffizienten K_k gleichfalls konjugiert komplex, so daß gilt:

$$\hat{H}(p) = \frac{U_p}{V_p} = \frac{K_1}{p - p_1} + \frac{K_1^*}{p - p_1^*} = \frac{c + id}{p + \alpha_1 + i\beta_1} + \frac{c - id}{p + \alpha_1 - i\beta_1} \quad (18.12)$$

mit

$$c + id = \frac{U_{p_1}}{V'_{p_1}} \ , \quad \text{wobei} \ V'_{p_1} = \frac{d}{dp}(V_p)|_{p=p_1} \ \text{und} \ U_{p_1} = U_p|_{p=p_1}. \quad (18.13)$$

Gleichung (18.12) läßt sich wie folgt umformen:

$$\hat{H}(p) = \frac{2c(p + \alpha_1) + 2d\beta_1}{(p + \alpha_1)^2 + \beta_1^2} \ . \quad (18.14)$$

Durch Anwendung der inversen Laplace-Transformation erhält man die Impulsantwortfunktion:

$$h(t) = 2ce^{-\alpha_1 t}\cos(\beta_1 t) + 2de^{-\alpha_1 t}\sin(\beta_1 t), \ t \geq 0. \quad (18.15)$$

Die Diskretisierung dieser Funktion und die Berechnung der z-Transformierten liefert die Systemfunktion des impulsinvarianten Digitalfilters (s. Kulhanek (1976), Tabelle II):

$$H(z) = \sum_{n=0}^{\infty} h_n z^n = \frac{2c(1 - e^{-\alpha_1 \Delta t}\cos(\beta_1 \Delta t)z) - 2de^{-\alpha_1 \Delta t}\sin(\beta_1 \Delta t)z}{1 - 2e^{-\alpha_1 \Delta t}\cos(\beta_1 \Delta t)z + e^{-2\alpha_1 \Delta t}z^2} \ .$$
$$(18.16)$$

Beispiel 1: Gesucht ist die Übertragungsfunktion des zum Analogfilter

$$\hat{H}(\omega) = \frac{2}{(3 - \omega^2) + 4i\omega}, \quad \omega = 2\pi f \ , \quad (18.17)$$

gehörenden impulsinvarianten Digitalfilters (nach Rabiner und Gold (1975)). Ausgehend von der analytischen Fortsetzung

$$\hat{H}(p) = \frac{2}{3 + p^2 + 4p} = \frac{2}{(p+1)(p+3)} = \frac{1}{p+1} - \frac{1}{p+3}, \quad (18.18)$$

ergibt die Anwendung von Gleichung (18.11):

$$H(z) = \frac{1}{1 - e^{-\Delta t}z} - \frac{1}{1 - e^{-3\Delta t}z} = \frac{z(e^{-\Delta t} - e^{-3\Delta t})}{1 - z(e^{-\Delta t} + e^{-3\Delta t}) + z^2 e^{-4\Delta t}} \ .$$
$$(18.19)$$

Die Übertragungsfunktion des Digitalfilters ist:

$$H(f) = \frac{e^{-i2\pi f \Delta t}\left(e^{-\Delta t} - e^{-3\Delta t}\right)}{1 - e^{-i2\pi f \Delta t}\left(e^{-\Delta t} + e^{-3\Delta t}\right) + e^{-i4\pi f \Delta t}e^{-4\Delta t}} \quad . \tag{18.20}$$

Gleichung (18.17) beschreibt die Übertragungsfunktion eines Tiefpaßfilters. Die Amplitudencharakteristik des Analogfilters fällt gemessen an der Nyquist-Frequenz des mit Δt abgetasteten Digitalfilters mit wachsendem f nur langsam ab, so daß das Digitalfilter Alias-Effekte aufweist. Dies wird durch Abb. 18.1 bestätigt, die in der oberen Hälfte die Amplituden- und Phasencharakteristiken des Analogfilters (18.17) sowie des Digitalfilters (18.20) für verschiedene Abtastintervalle Δt (untere Hälfte) zeigt. Das Ergebnis (18.20) hängt von Δt ab. Mit kleiner werdendem Δt werden die Alias-Effekte reduziert. Die Anwendung der Impulsinvarianzmethode setzt voraus, daß die Übertragungsfunktion des Analogfilters "hinreichend" stark gegen die Nyquist-Frequenz abfällt. Somit läßt sich das Verfahren z.B. nicht bei der Entwicklung digitaler Hochpaßfilter anwenden. Stattdessen muß man den in Abschnitt 14.2.3 skizzierten Umweg über das Tiefpaßfilter gehen.

Der Filterausgang zur Zeit $j\Delta t$ des zu (18.17) gehörenden Digitalfilters mit der Übertragungsfunktion (18.20) bzw. der Systemfunktion (18.19) ergibt sich nach dem Translationstheorem $X(z)z^k \Longleftrightarrow (x_{j-k})$ zu:

$$y_j - (e^{-\Delta t} + e^{-3\Delta t})y_{j-1} + e^{-4\Delta t}y_{j-2} = x_{j-1}(e^{-\Delta t} - e^{-3\Delta t}) \quad . \tag{18.21}$$

Beispiel 2: Gesucht ist das nach der Impulsinvarianzmethode zu bestimmende digitale Butterworth-Tiefpaßfilter, dessen Amplitudencharakteristik bei $\bar{f} = 0.1$ um maximal 1 dB und bei $\bar{f} = 0.2$ um wenigstens 10 dB abgefallen ist ($\bar{f} = f\Delta t$).

Das Butterworth-Tiefpaßfilter N-ter Ordnung mit der Grenzfrequenz $\hat{f}_L$ ist durch das Quadrat des Betrags der Übertragungsfunktion in folgender Form definiert:

$$|\hat{H}_L(\bar{f})|^2 = \frac{1}{1 + (\frac{\bar{f}}{\bar{f}_L})^{2N}} \quad , \quad N \text{ ganze Zahl} \tag{18.22}$$

bzw. in der komplexen p-Ebene

$$|\hat{H}_L(p)|^2 = \hat{H}_L^*(p)\hat{H}_L(p) = \frac{1}{1 + (\frac{p}{i\omega_L})^{2N}} \quad . \tag{18.23}$$

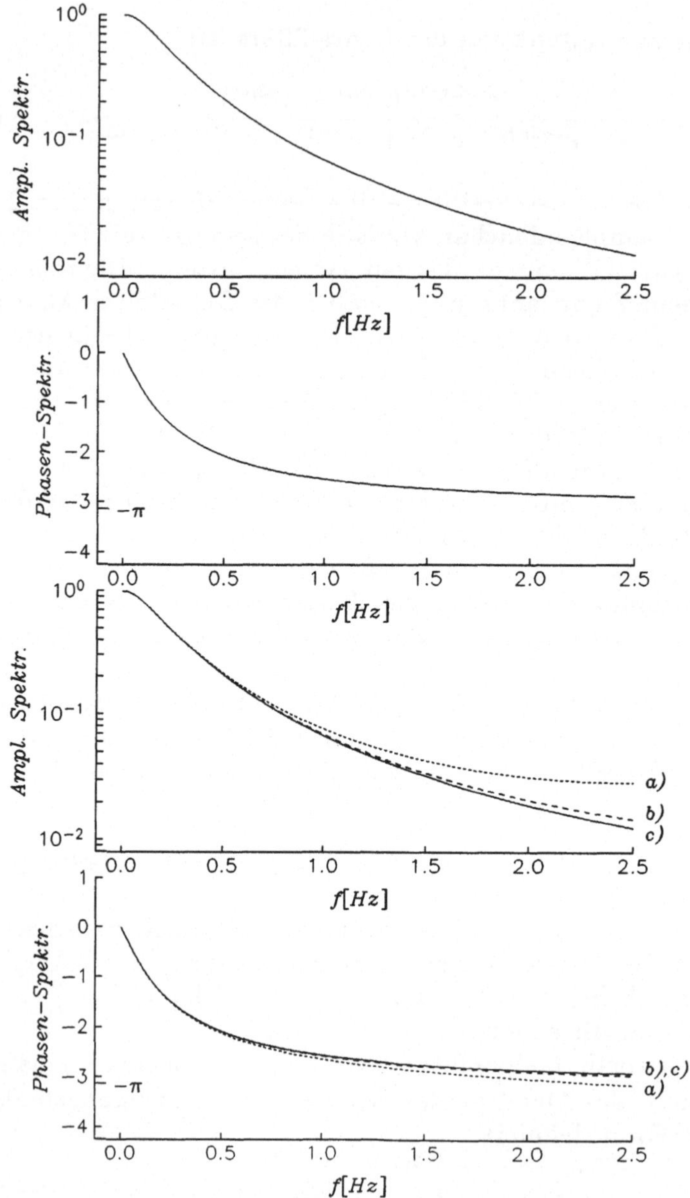

Abbildung 18.1: Amplituden- und Phasenspektrum des Analogfilters (18.17) (obere Hälfte) und des nach der Impulsinvarianzmethode bestimmten Digitalfilters (18.20) für a) $\Delta t = 0.2$ s, b) $\Delta t = 0.1$ s, c) $\Delta t = 0.05$ s. Dargestellt sind die Charakteristiken bis zur Nyquistfrequenz für $\Delta t = 0.2$ s. Die auf 1 normierten Amplitudenspektren sind in halblogaritmischer Form dargestellt. Die Übertragungsfunktionen der Digitalfilter zeigen Alias-Effekte.

Aus den gestellten Forderungen folgt:

$$20\log_{10}(|\hat{H}_L(0.1)|) \geq -1 \quad ,$$

$$20\log_{10}(|\hat{H}_L(0.2)|) \leq -10 \quad ,$$

bzw.

$$|\hat{H}_L(0.1)| \geq 10^{-\frac{1}{20}} \quad \text{und} \quad |\hat{H}_L(0.2)| \leq 10^{-\frac{10}{20}} \quad ; \tag{18.24}$$

das heißt

$$|\hat{H}_L(0.1)|^2 = \frac{1}{1+(\frac{0.1}{\bar{f}_L})^{2N}} \geq 10^{-0.1} \quad , \tag{18.25}$$

$$|\hat{H}_L(0.2)|^2 = \frac{1}{1+(\frac{0.2}{\bar{f}_L})^{2N}} \leq 10^{-1.0} \quad . \tag{18.26}$$

Die Lösung des Gleichungssystems

$$1+(\frac{0.1}{\bar{f}_L})^{2N} = 10^{0.1} \tag{18.27}$$

$$1+(\frac{0.2}{\bar{f}_L})^{2N} = 10^{1.0} \tag{18.28}$$

liefert $N = 2.56$ und $\bar{f}_L = 0.1302$. Danach muß ein Filter dritter Ordnung angesetzt werden, für das man z.B. aus der ersten Bestimmungsgleichung (18.27) $\bar{f}_L = 0.12526$ erhält. Zur Bestimmung eines kausalen und stabilen Operators werden von

$$|\hat{H}_L(p)|^2 = \frac{1}{1+(\frac{p}{i0.78702})^6} \tag{18.29}$$

nur die Pole in der linken p-Halbebene zusammengefaßt:

$$\begin{aligned} \hat{H}_L(p) &= \frac{1}{(p-p_1)(p-p_2)(p-p_3)} \\ &= \frac{K_1}{(p-p_1)} + \frac{K_2}{(p-p_2)} + \frac{K_2^*}{(p-p_2^*)} \end{aligned} \tag{18.30}$$

mit

$$\begin{aligned} p_1 &= -0.78702 \\ p_{2,3} &= -0.39351 \pm i\,0.68158 \end{aligned} \tag{18.31}$$

und

$$\begin{aligned} K_1 &= 1.61447 \\ K_2 &= -0.80723 - i\,0.46605 \quad . \end{aligned} \tag{18.32}$$

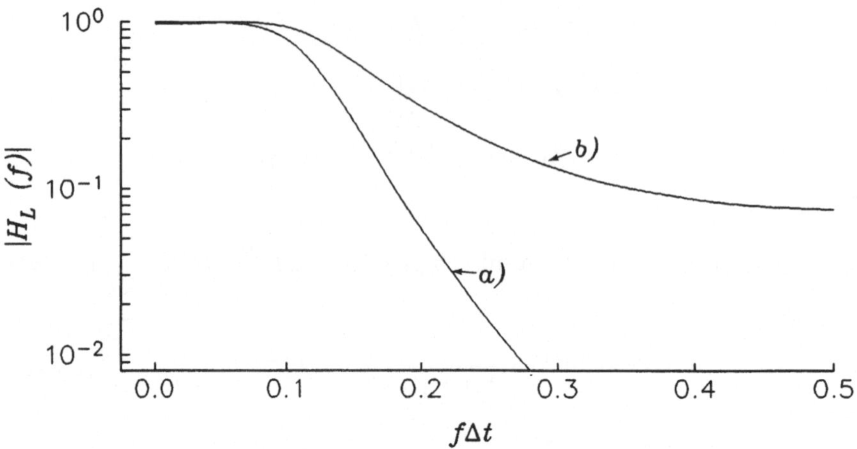

Abbildung 18.2: Amplitudencharakteristik a) des Analogfilters (18.30) und b) des nach der Impulsinvarianzmethode bestimmten Digitalfilters (18.33). Dargestellt sind die Charakteristiken bis zur Nyquist-Frequenz $f\Delta t = 0.5$.

Nach Gleichung (18.11) und (18.16) ergibt sich für die z-Transformierte des impulsinvarianten Digitalfilters:

$$H_L(z) \;=\; \frac{1.61447}{1 - 0.45520z} + \frac{-1.61447 + 2.72869z}{1. - 2.30205z + 2.19685z^2}. \quad (18.33)$$

Abb. 18.2 zeigt die Amplitudencharakteristik des Analogfilters (18.30) sowie die des Digitalfilters (18.33). Die in b) dargestellte Übertragungsfunktion des Digitalfilters erfüllt die geforderten Bedingungen: -1 dB entspricht 0.891, -10 dB ist 0.316.

Die Realisierung dieses Filters erfolgt durch Parallelanordnung der beiden Filter mit den Systemfunktionen $H_1(z)$, $H_2(z)$, wobei $H_L(z) = H_1(z) + H_2(z)$ ist, gemäß der Eingang-Ausgang-Relation:

$$Y(z) = Y_1(z) + Y_2(z) = [H_1(z) + H_2(z)]X(z) \;. \quad (18.34)$$

Für $Y_1(z) = H_1(z)X(z)$ ergibt sich:

$$Y_1(z)(1 - 0.45520z) = 1.61447X(z) \;. \quad (18.35)$$

Für einen beliebigen festen Zeitpunkt n läßt sich der Filterprozeß wie folgt beschreiben:

$$y_n^1 - 0.45520y_{n-1}^1 = 1.61447x_n \;. \quad (18.36)$$

Analog hierzu erhält man für den Ausgang des Filters $H_2(z)$:

$$y_n^2 - 2.30205 y_{n-1}^2 + 2.19685 y_{n-2}^2 = -1.61447 x_n + 2.72869 x_{n-1}. \quad (18.37)$$

Anmerkungen zum Butterworth-Filter:

Aus dem Butterworth-Tiefpaßfilter (18.22) läßt sich die Übertragungsfunktion des Butterworth-Hochpaßfilters mit der Grenzfrequenz f_H wie folgt herleiten:

$$
\begin{aligned}
|\hat{H}_H(f)|^2 &= 1 - |\hat{H}_L(f)|^2 \\
&= 1 - \frac{1}{1 + (\frac{f}{f_H})^{2N}} \\
&= \frac{(\frac{f}{f_H})^{2N}}{1 + (\frac{f}{f_H})^2 N}.
\end{aligned}
\quad (18.38)
$$

Die Übertragungsfunktion des Butterworth-Bandpaßfilters mit den Grenzfrequenzen des Durchlaßbereichs f_1 und f_2 mit $f_2 > f_1$ erhält man durch die Produktbildung der Übertragungsfunktionen des Hoch- und Tiefpaßfilters:

$$
\begin{aligned}
|\hat{H}_B(f)|^2 &= |\hat{H}_L(f)|^2 |\hat{H}_H(f)|^2 \\
&= \left(\frac{1}{1 + (\frac{f}{f_2})^{2N}} \right)\left(\frac{(\frac{f}{f_1})^{2N}}{1 + (\frac{f}{f_1})^{2N}} \right).
\end{aligned}
\quad (18.39)
$$

Bemerkungen zur Impulsinvarianzmethode:

1. Während sich die Pole der p-Ebene nach festen Korrespondenzen in Pole der z-Ebene abbilden (z.B. einfache Pole gemäß der Beziehung $z_k = e^{-p_k \Delta t}$), liefert das Impulsinvarianz-Verfahren keine Beziehung, mit der sich generell die eine Ebene in die andere abbilden läßt. Insbesondere sind die Nullstellen von $H(z)$ eine Funktion der Pollagen **und** der Koeffizienten der Partialbruchzerlegung.

2. Die Übertragungsfunktion des Digitalfilters, das nach der Impulsinvarianzmethode berechnet wird, kann durch Alias-Effekte gegenüber der des zugehörigen Analogfilters verfälscht sein.

3. Bei einem anderen Verfahren werden Pol- **und** Nullstellen bekannter Analogfilter gemäß $z = e^{-p \Delta t}$ in die z-Ebene abgebildet. Bei diesem Verfahren gelten folgende Abbildungsvorschriften:

- einfache Pole und Nullstellen:

$$p - p_k \rightarrow 1 - e^{p_k \Delta t} z \ , \quad (18.40)$$

• konjugiert komplexe Pole und Nullstellen:

$$(p+a-ib)(p+a+ib) \rightarrow 1-2e^{-a\Delta t}cos(b\Delta t)z+e^{-2a\Delta t}z^2 \quad . \quad (18.41)$$

Die Pole sind identisch mit denen der Impulsinvarianzmethode, die Nullstellen sind jedoch verschieden. Das direkte Abbilden der Pol- und Nullstellen von der p- in die z-Ebene ist zwar leicht durchzuführen, sofern $\hat{H}(p)$ in faktorisierter Form vorliegt; vielfach tritt jedoch auch hier Aliasing auf. Ein Fall, wo das direkte Abbilden nicht die gewünschte Übertragungsfunktion des Analogfilters liefert, sind All-Pol-Filter, die ausschließlich Polstellen besitzen. Durch Hinzufügen von Nullstellen lassen sich bessere Approximationen der gewünschten Übertragungsfunktion erzielen (siehe Kapitel 18.2).

18.1.2 Bilinear-Transformation und Frequenzvorverzerrung

Für kausale rekursive Digitalfilter muß die z-Transformierte die gebrochen rationale Form (18.1) haben. In vielen Fällen ist dagegen die Übertragungsfunktion des Analogfilters $\hat{H}(\omega)$ bzw. die analytische Fortsetzung $\hat{H}(p)$ in gebrochen rationaler Form gegeben. Die Umkehrung der Abbildung $z = e^{-p\Delta t}$, d.h.

$$p = -\frac{1}{\Delta t}ln(z) \quad , \quad\quad\quad (18.42)$$

liefert für derartige Übertragungsfunktionen $\hat{H}(p)$ keine gebrochen rationale z-Transformierte. Benutzt man aber die Reihenentwicklung

$$ln(z) = 2[\frac{z-1}{z+1} + \frac{(z-1)^3}{3(z+1)^3} + \frac{(z-1)^5}{5(z+1)^5} + ...] \quad\quad (18.43)$$

und beschränkt sich auf das erste Glied ($ln(z) \approx 2\frac{z-1}{z+1}$), so folgt aus Gleichung (18.42):

$$p = \frac{2}{\Delta t}\frac{(1-z)}{(1+z)} \quad . \quad\quad\quad (18.44)$$

Führt man hiermit für Übertragungsfunktionen vom Typ (18.4) die Abbildung von der p- in die z-Ebene durch, so ergibt sich wie gewünscht eine gebrochen rationale Systemfunktion H(z), mit der man die rekursive Filterung gemäß Gleichung (18.2) durchführen kann.

Beispiel: Für

$$H(p) = \frac{u_0 + u_1 p}{v_0 + v_1 p} \quad\quad\quad (18.45)$$

ergibt die Abbildungsvorschrift (18.42):

$$H(z) = \frac{u_0 - \frac{u_1}{\Delta t}\ln(z)}{v_0 - \frac{v_1}{\Delta t}\ln(z)},\tag{18.46}$$

während (18.44) die gebrochen rationale Funktion

$$H(z) = \frac{a + bz}{c + dz}\tag{18.47}$$

mit $a = u_0\Delta t + 2u_1$, $b = u_0\Delta t - 2u_1$, $c = v_0\Delta t + 2v_1$, $d = v_0\Delta t - 2v_1$ liefert.

Gleichung (18.44) ist die Abbildungsvorschrift der Bilinear-Transformation. Ihr entsprechend wird im ω-Bereich anstelle der Umkehrung der Abbildung $z = e^{-i\omega\Delta t}$, d.h. anstelle von

$$\omega = \frac{i}{\Delta t}ln(z) \quad ,\tag{18.48}$$

bei der Bilinear-Transformation (im weiteren Verlauf wird hier die Frequenz mit Ω bezeichnet)

$$\Omega = \frac{2i}{\Delta t}\frac{(z-1)}{(z+1)}\tag{18.49}$$

angewendet.

Die Bilinear-Transformation (18.44) besitzt folgende Abbildungseigenschaften:

• Die Imaginärachse der p-Ebene bildet sich nur einmal auf dem Einheitskreis $|z| = 1$ ab. Im Gegensatz zur Impulsinvarianzmethode treten daher hier keine Aliasing-Fehler auf.

Beweis: Aus Gleichung (18.44) folgt:

$$z = \frac{\frac{2}{\Delta t} - p}{\frac{2}{\Delta t} + p} \quad .\tag{18.50}$$

Für die Imaginärachse $p = i2\pi f$ ist

$$z = \frac{\frac{2}{\Delta t} - i2\pi f}{\frac{2}{\Delta t} + i2\pi f} \quad \text{und} \quad |z| = 1 \quad .\tag{18.51}$$

Für $f = 0$ ist $z = 1$; für $f = \infty$ folgt aus Gleichung (18.51) $z = -1$. Zwischen diesen Grenzen variiert der Winkel Φ von z monoton von $0°$ zu $-180°$, z.B. ergibt sich für $f = \frac{1}{2\Delta t}$ ein Winkel von $\Phi = -64.96°$, anstelle von -90^0 bei Anwendung von Gleichung (18.42).

• Kausale stabile Analogfilter werden bei der Bilinear-Transformation in kausale stabile Digitalfilter transformiert.

Beweis: Für $p = \alpha + i2\pi f$ gilt nach Gleichung (18.50):

$$z = \frac{\frac{2}{\Delta t} - \alpha - i2\pi f}{\frac{2}{\Delta t} + \alpha + i2\pi f} \; . \tag{18.52}$$

Für die linke Hälfte der komplexen p-Ebene, d.h. falls $\alpha < 0$ ist, ergibt sich $|z| > 1$, d.h. die linke p-Halbebene und die dort befindlichen Pole der Übertragungsfunktionen stabiler realisierbarer Analogfilter bilden sich bei der Bilinear-Transformation außerhalb des Einheitskreises $|z| = 1$ ab.

Die Übertragungsfunktion des Digitalfilters ergibt sich durch algebraische Substitution gemäß Gleichung (18.44),

$$H(z) = \hat{H}(p)\big|_{p = \frac{2}{\Delta t}\frac{1-z}{1+z}}, \tag{18.53}$$

und Berechnung von $H(z)$ längs $z = e^{-i2\pi f \Delta t}$.

Die Güte der Bilinear-Transformation läßt sich anhand der Abbildungsgesetze (18.48) und (18.49) beurteilen. Multipliziert man in Gleichung (18.49) Zähler und Nenner mit $z^{-\frac{1}{2}}$, dann folgt:

$$\Omega = \frac{2i}{\Delta t} \frac{\left(z^{\frac{1}{2}} - z^{-\frac{1}{2}}\right)}{\left(z^{\frac{1}{2}} + z^{-\frac{1}{2}}\right)} \; . \tag{18.54}$$

Setzt man $z = e^{-i\omega\Delta t}$, dann ergibt sich unter Anwendung der Eulerschen Gleichung:

$$\begin{aligned}
\Omega &= \frac{2i}{\Delta t} \frac{\left(e^{-i\frac{\omega}{2}\Delta t} - e^{i\frac{\omega}{2}\Delta t}\right)}{\left(e^{-i\frac{\omega}{2}\Delta t} + e^{i\frac{\omega}{2}\Delta t}\right)} \\[2mm]
&= \frac{2i}{\Delta t} \frac{\left(-2i\sin\left(\frac{\omega}{2}\Delta t\right)\right)}{\left(2\cos\left(\frac{\omega}{2}\Delta t\right)\right)} \\[2mm]
&= \frac{2}{\Delta t} \tan\left(\frac{\omega}{2}\Delta t\right) \; .
\end{aligned} \tag{18.55}$$

Dieser Zusammenhang zwischen der Frequenz Ω der Bilinear-Transformation (18.49) und der Frequenz ω der exakten Abbildung (18.48) ist in Abb. 18.3 dargestellt. Danach bewirkt die Bilinear-Transformation Frequenzverzerrungen, die bei niedrigen Frequenzen gering, bei der halben Nyquist-Frequenz schon beträchtlich und bei noch höheren

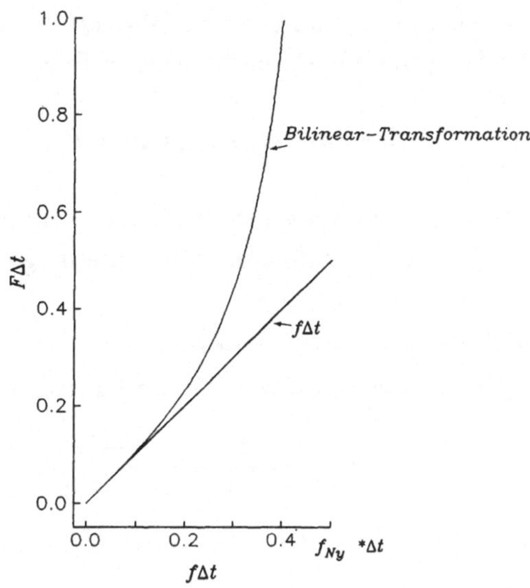

Abbildung 18.3: Frequenzverzerrung der Bilinear-Transformation. Hier ist $F = \frac{\Omega}{2\pi} = \frac{1}{\pi\Delta t}\tan(\pi f \Delta t)$.

Frequenzen sehr groß sind. Die großen Unterschiede bei höheren Frequenzen spielen keine allzu große Rolle, da dort bei richtig gewählter Nyquist-Frequenz die spektrale Energie immer geringer wird. Gravierender sind die Unterschiede bei mittleren Frequenzen.
Rekursive Filter, die alleine gemäß Gleichung (18.49) abgeleitet werden, sind in der Regel nicht genau genug. Man ergänzt die Bilinear-Transformation durch eine Vorverzerrung der charakteristischen Frequenzen der Übertragungsfunktion $\hat{H}(\omega)$, z.B. die Grenzfrequenzen eines Bandpasses, derart, daß wenn ω_0 eine derartige charakteristische Frequenz ist und Ω_0 ihr vorverzerrter Wert, die Abbildungen von ω_0 und Ω_0 auf die z-Ebene übereinstimmen. Aus Gleichung (18.55) folgt für die zu wählende Vorverzerrung:

$$\Omega_0 = \frac{2}{\Delta t}\tan\left(\frac{\omega_0 \Delta t}{2}\right) \ . \tag{18.56}$$

Dieser Wert wird anstelle von ω_0 in $\hat{H}(\omega)$ vorgegeben, bevor dann die Bilinear-Transformation angewendet wird. Hierdurch bleibt der Wert der Übertragungsfunktion an den charakteristischen Frequenzen unverändert. Dasselbe gilt für $\omega = 0$. Bei allen anderen Frequenzen ändert sich die Übertragungsfunktion, aber normalerweise nur wenig, wie aus Abb. 18.3 abzuleiten ist.

Zur Konstruktion eines rekursiven Digitalfilters aus der gebrochen rationalen Übertragungsfunktion $\hat{H}(\omega)$ sind folgende Schritte erforderlich:

1. Vorverzerrung der charakteristischen Frequenzen gemäß Gleichung (18.56),

2. Einsetzen von Gleichung (18.49) in die vorverzerrte Filtercharakteristik $\hat{H}(\Omega)$ und Umformung zu einem gebrochen rationalen Ausdruck der Form (18.1).

3. Übergang zu Gleichung (18.2).

Beispiel: Bestimme das rekursive Tiefpaß-Filter mit der Übertragungsfunktion

$$\hat{H}(\omega) = \frac{1}{1 + i\frac{\omega}{\omega_0}} = \frac{-i\omega_0}{\omega - i\omega_0} \tag{18.57}$$

mit der Bilinear-Transformation bei einer Vorverzerrung der Grenzfrequenz ω_0.

Mit der Vorverzerrung (18.56) folgt:

$$\begin{aligned} \hat{H}(\Omega) &= \frac{-i\Omega_0}{\Omega - i\Omega_0} \\ &= \frac{-i\frac{2}{\Delta t}\tan(\frac{\omega_0 \Delta t}{2})}{\Omega - i\frac{2}{\Delta t}\tan(\frac{\omega_0 \Delta t}{2})} \cdot \end{aligned} \tag{18.58}$$

Durch Einsetzen von Gleichung (18.49) in (18.58) ergibt sich die z-Transformierte

$$H(z) = \frac{a_0 + a_1 z}{1 + b_1 z} \, , \tag{18.59}$$

mit

$$a_0 = a_1 = \frac{\tan(\frac{\omega_0 \Delta t}{2})}{1 + \tan(\frac{\omega_0 \Delta t}{2})}, \quad b_1 = -\frac{1 - \tan(\frac{\omega_0 \Delta t}{2})}{1 + \tan(\frac{\omega_0 \Delta t}{2})} \cdot \tag{18.60}$$

Der rekursive Filterprozeß lautet nach Gleichung (18.2):

$$y_n = a_0 x_n + a_1 x_{n-1} - b_1 y_{n-1} \, . \tag{18.61}$$

Zusammenfassung: Die Bilinear-Transformation (18.49) ergibt zusammen mit der Vorverzerrung nach Gleichung (18.56) im allgemeinen eine sehr gute gebrochen rationale Näherung der wahren z-Transformierten, die aus einer gebrochen rationalen Übertragungsfunktion $\hat{H}(\omega)$ bei Anwendung von Gleichung (18.48) folgen würde. Die Frequenzvorverzerrung macht die Frequenzverzerrung der Bilinear-Transformation weitgehend wett. Je kleiner Δt ist (oder: je größer die

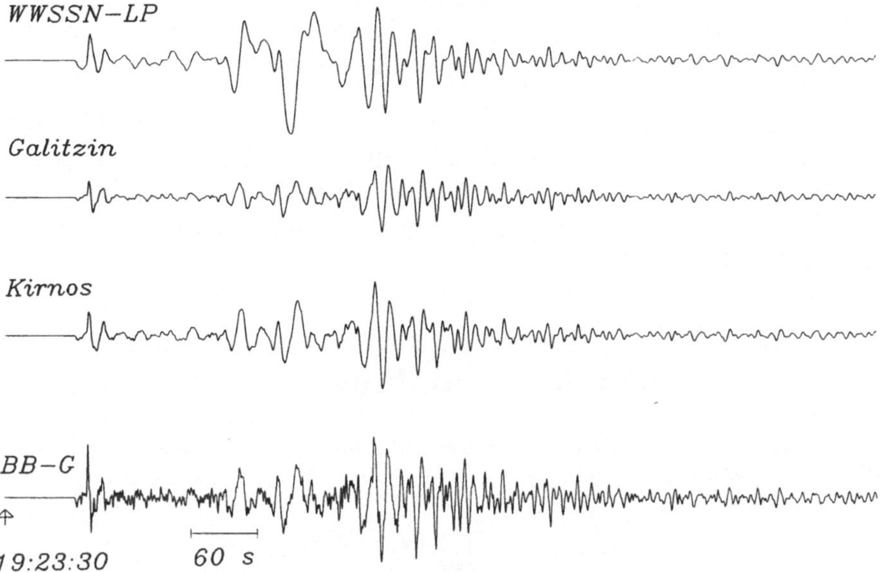

Abbildung 18.4: Simulation verschiedener Seismographen-Charakteristiken mittels der Bilinear-Transformation anhand des Gräfenberg-Breitbandseismogramms (BB-G).

Nyquist-Frequenz), desto geringer ist der Unterschied zwischen den wahren und den vorverzerrten Frequenzen des Filters.

Ein praktisches Beispiel für den Einsatz der Bilinear-Transformation in der Seismologie gibt Seidl (1980), der die Simulation von schmalbandigen Seismographentypen mit bestimmter Übertragungscharakteristik, z.B. des World-Wide Standardized Seismograph Network ($WWSSN$), aus Breitbandregistrierungen des Gräfenberg-Array mit Hilfe einfacher Rekursionsfilter behandelt. Abb. 18.4 zeigt die Gräfenberg-Breitbandregistrierung des Bukarest-Erdbebens vom 4. März 1977 und die mit Hilfe der Bilinear-Transformation simulierten Seismogramme des Kirnos-, Galitzin- und WWSSN-langperiodischen (LP) Systems. Derartige Simulationsfilter werden in der Seismologie für verschiedene Aufgaben eingesetzt. Sie ermöglichen:

- die kombinierte Interpretation von digitalen Breitband- und bandbegrenzten Seismogrammen,

- eine mit gewöhnlichen Analogstationen konsistente Analyse von digitalen Breitbandseismogrammen,

- die Bestimmung der lokalen Magnitude anhand von Breitband-registrierungen durch Simulation von Seismogrammen des Wood-Anderson-Seismographen. Für diesen Seismometertyp ist die Bestimmung der lokalen Magnitude definiert.

- die Rekonstruktion der wegproportionalen Bodenverschiebung aus dem Ausgangssignal eines bandbegrenzten geschwindigkeits-proportionalen Systems mit bekannter Übertragungsfunktion. Dies ist z.B. eine wichtige Voraussetzung für herdmechanische Untersuchungen.

18.2 Synthese rekursiver Filter an Hand der Pol- und Nullstellenverteilung

Die z-Transformierte des gebrochen rationalen Rekursivfilters (18.1) läßt sich in Faktoren zerlegen

$$H(z) = \beta \frac{\prod_{j=1}^{N}(z_j - z)}{\prod_{j=1}^{M}(p_j - z)} \ . \tag{18.62}$$

Die Lage der Null- und Polstellen z_j, $j = 1, ..., N$ und p_j, $j = 1, ..., M$ bestimmt bis auf einen konstanten Faktor die Filtercharakteristik. Hat $H(z)$ z.B. - wie in Abb. 18.5 dargestellt - bei A eine Nullstelle und bei B einen Pol, dann ergeben sich die Amplituden- und Phasenwerte für $f = f_0$ aus

$$\begin{aligned} H(z_0) &= \beta \frac{A - z_0}{B - z_0} = |H(z_0)|e^{i\Phi(z_0)} \\ &= \beta \frac{r_z e^{i(\Theta - \epsilon)}}{r_p e^{i(\Psi - \epsilon)}} = \beta \frac{r_z}{r_p} e^{i(\Theta - \Psi)} \end{aligned} \tag{18.63}$$

zu

$$|H(f_0)| = \beta \frac{r_z}{r_p} \tag{18.64}$$

und

$$\Phi(f_0) = \Theta - \Psi \ . \tag{18.65}$$

Für Rekursivfilter mit mehreren Nullstellen z_j, $j = 1, ..., N$ und Polen p_j, $j = 1, ..., N$ gilt analog

$$H(z_0) = |H(z_0)|e^{i\Phi(z_0)} = \beta \frac{\prod_{j=1}^{N} r_{z_j} e^{i(\Theta_j - \epsilon)}}{\prod_{j=1}^{M} r_{p_j} e^{i(\Psi_j - \epsilon)}} \ . \tag{18.66}$$

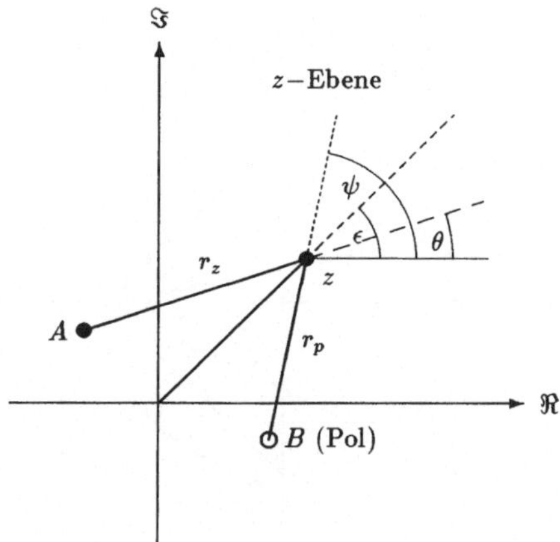

Abbildung 18.5: Pol-Nullstellenverteilung eines Rekursivfilters erster Ordnung.

Grundsätzlich läßt sich damit für die rationalen Filter die Filterwirkung für jede beliebige Frequenz leicht an Hand der Pol- und Nullstellendiagramme feststellen oder auch durch entsprechende Null- und Polstellenverteilung steuern.

Beispiel: Synthese rekursiver Kerbfilter

Das einfachste Kerbfilter hat in der z-Ebene eine Nullstelle auf dem Einheitskreis bei der Frequenz, die unterdrückt werden soll. Nach Kapitel 6 wird man z.B. zur Unterdrückung der Nullfrequenz die Systemfunktion des Filters $H(z)$ so konzipieren, daß sie bei $z = (1,0)$ eine Nullstelle besitzt:

$$H(z) = 1 - z \ . \tag{18.67}$$

Abb. 18.6 zeigt die Amplituden- und Phasencharakteristik des Filters sowie die Lage der Nullstelle in der z-Ebene. Das Amplitudenverhalten des Filters läßt sich direkt in der z-Ebene ablesen. Die Längen der Kreissehnen entsprechen dem Betrag der Amplitude bei der entsprechenden Frequenz. Der Beitrag der Nullfrequenz verschwindet zwar, das übrige Amplitudenspektrum wird aber verzerrt. Durch die Hinzunahme einer Polstelle außerhalb des Einheitskreises in unmittelbarer Nähe der Nullstelle kann das Filter verbessert werden (s. Abb. 18.7). Einerseits bleibt die Nullstelle bei $z = (1,0)$ erhalten, andererseits geht $H(z)$ für die anderen z-Werte längs des Einheitskreises umso stärker gegen 1, je näher Pol- und Nullstelle beieinander liegen. Wählt man einen Pol bei $z = (1.01,0)$, so ergibt sich für die auf 1 normierte z-Transformierte des Rekursivfilters:

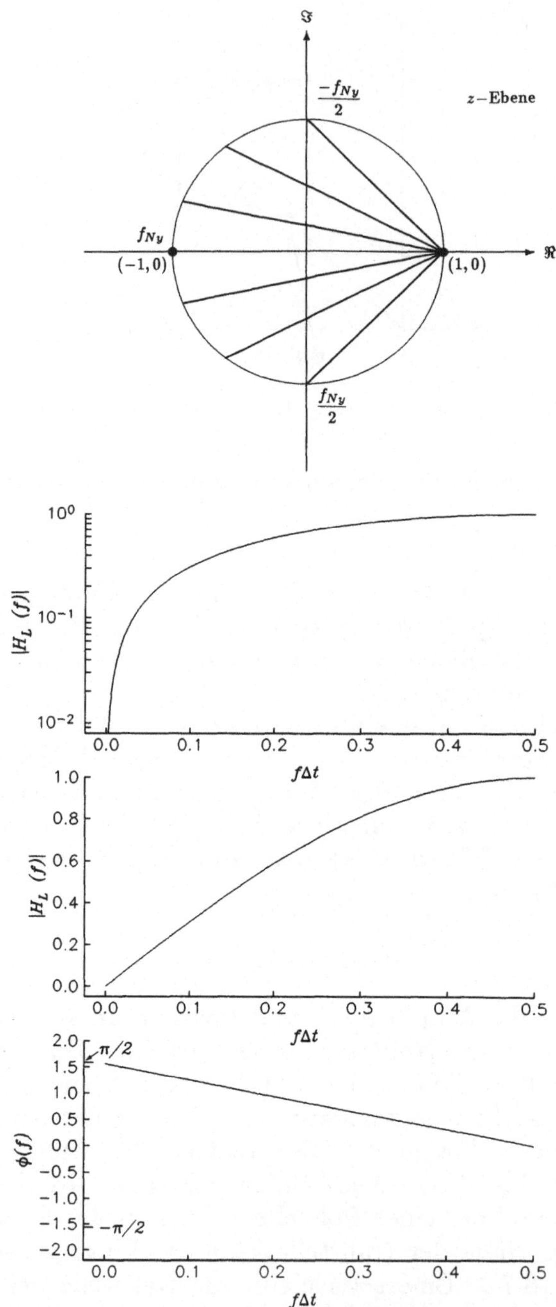

Abbildung 18.6: Das Kerbfilter $H(z) = 1 - z$. Dargestellt sind von oben nach unten: - Lage der Nullstelle und der Amplitudenwerte des Filters in der z-Ebene, - Amplitudencharakteristik in halblogarithmischer und linearer Darstellung, - Phasencharakteristik.

$$H(z) = \frac{0.9901(1 - z)}{1 - 0.9901z} \; . \tag{18.68}$$

Der Filterprozeß dieses Rekursivfilters lautet:

$$y_n = 0.9901(x_n - x_{n-1} + y_{n-1}) \; . \tag{18.69}$$

Die Übertragungsfunktion des Filters (18.68) ist in Abb. 18.7b) dargestellt.

Ebenso einfach kann man für jede andere Frequenz das rekursive Kerbfilter konstruieren, indem man für die zu unterdrückende Frequenz die entsprechende Nullstelle auf dem Einheitskreis festlegt und die Polstelle in unmittelbarer Nähe außerhalb des Einheitskreises positioniert. Damit die Koeffizienten in (18.1) reell sind, muß das Kerbfilter um die konjugiert komplexe Null- und Polstelle erweitert werden. Zur Unterdrückung der Frequenz f_0 sieht dann die Pol-Nullstellen-Verteilung wie folgt aus:

Nullstellen:

$$z_1 = e^{-i2\pi f_0 \Delta t} \; , \quad z_1^* = e^{i2\pi f_0 \Delta t} \tag{18.70}$$

Pole:

$$p_1 = az_1 \; , \quad p_1^* = az_1^* \; , \quad a = 1 + \epsilon \; , \quad \epsilon > 0 \; . \tag{18.71}$$

Die z-Transformierte des Digitalfilters ist dann:

$$\begin{aligned}
H(z) &= \frac{(z_1 - z)(z_1^* - z)}{(p_1 - z)(p_1^* - z)} \\[2mm]
&= \frac{z^2 - (z_1 + z_1^*)z + z_1 z_1^*}{z^2 - (p_1 + p_1^*)z + p_1 p_1^*} \\[2mm]
&= \frac{z^2 - 2\cos(2\pi f_0 \Delta t)z + 1}{z^2 - 2a\cos(2\pi f_0 \Delta t)z + a^2} \\[2mm]
&= \frac{\frac{1}{a^2} - \frac{2}{a^2}\cos(2\pi f_0 \Delta t)z + \frac{1}{a^2}z^2}{1 - \frac{2}{a}\cos(2\pi f_0 \Delta t)z + \frac{1}{a^2}z^2} \; .
\end{aligned} \tag{18.72}$$

Der Vergleich mit Gleichung (18.1) zeigt, daß der rekursive Filterprozeß folgende Koeffizienten besitzt:

$$\begin{aligned}
a_0 &= a_2 = b_2 = \frac{1}{a^2} \; , \\[2mm]
a_1 &= -\frac{2}{a^2}\cos(2\pi f_0 \Delta t) \; , \\[2mm]
b_1 &= -\frac{2}{a}\cos(2\pi f_0 \Delta t) \; .
\end{aligned} \tag{18.73}$$

Die Pol- und Nullstellenverteilung des Kerbfilters (18.72) ist zusammen mit der Amplituden- und Phasencharakteristik in Abb. 18.8

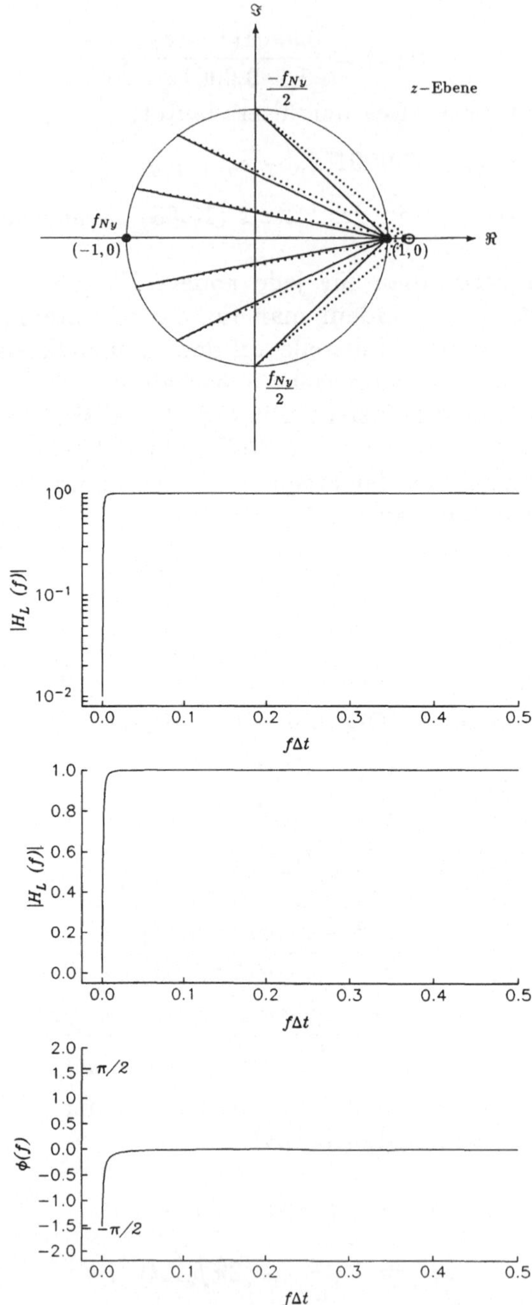

Abbildung 18.7: Das Kerbfilter (18.68). Dargestellt sind von oben nach unten: - Pol- und Nullstellenverteilung, - Amplitudencharakteristik in halblogarithmischer und linearer Darstellung, - Phasencharakteristik.

dargestellt.

Das Filter mit der in (18.72) angegebenen Systemfunktion besitzt folgende **Eigenschaften:**

1. $H(z_1) = H(z_1^*) = 0$: Die Frequenzen f_0 und $2f_{Ny} - f_0$ (bzw. $-f_0$) werden unterdrückt.

2. Ist $\epsilon \ll 1$, so ist für z auf dem Einheitskreis in einiger Entfernung von z_1 und z_1^* die Systemfunktion $H(z) \approx 1$, d.h. die entsprechenden Frequenzen werden unverändert durchgelassen.

3. Die Schärfe des Minimums von $|H(z)|$ bei z_1 bzw. z_1^* hängt von ϵ ab. Je kleiner ϵ ist, desto schärfer ist das Minimum.

Aufgabe: Es sei $\Delta t = 2\ ms$, d.h. $f_{Ny} = 250$ Hz. Zu konstruieren ist das rekursive Kerbfilter, das die 50-Hz-Schwingung unterdrückt.

Lösung: In der z-Ebene liegt die zu unterdrückende Frequenz $f_0 = \frac{1}{5}f_{Ny} = \frac{1}{10\Delta t}$ auf dem Einheitskreis bei $z = e^{-i2\pi \frac{1}{10\Delta t}\Delta t}$, d.h. zur Unterdrückung der 50-Hz-Komponente sind die Nullstellen des Filters wie folgt zu wählen:

$$\begin{aligned} z_{1,2} &= \cos(0.2\pi) \pm i\sin(0.2\pi) \\ &= 0.8090 \ \pm i\ 0.5878 \ . \end{aligned} \tag{18.74}$$

Die zwei Pole werden in unmittelbarer Nähe der Nullstellen außerhalb des Einheitskreises festgelegt, z.B. bei

$$p_{1,2} = 0.82 \pm i\ 0.5897 \ , \quad |p_{1,2}| = 1.01 \ . \tag{18.75}$$

Damit lautet die z-Transformierte des Filters:

$$\begin{aligned} H(z) &= \frac{(z_1 - z)(z_2 - z)}{(p_1 - z)(p_2 - z)} \\ &= \frac{z^2 - 1.618z + 1.0}{z^2 - 1.640z + 1.0201} \\ &= \frac{0.9803 - 1.5861z + 0.9803z^2}{1 - 1.6077z + 0.9803z^2} \ . \end{aligned} \tag{18.76}$$

Der rekursive Filterprozeß lautet damit:

$$y_n = 0.9803x_n - 1.5861x_{n-1} + 0.9803x_{n-2} + 1.6077y_{n-1} - 0.9803y_{n-2} \ . \tag{18.77}$$

18.3 Optimierungsmethoden zur Bestimmung frequenzselektiver Digitalfilter

Nach Abschnitt 18.1 lassen sich Digitalfilter durch die Transformation vorgegebener Analogfilter mit gewünschter Übertragungsfunktion herleiten. Dieses Vorgehen setzt jedoch voraus, daß die gewünschte

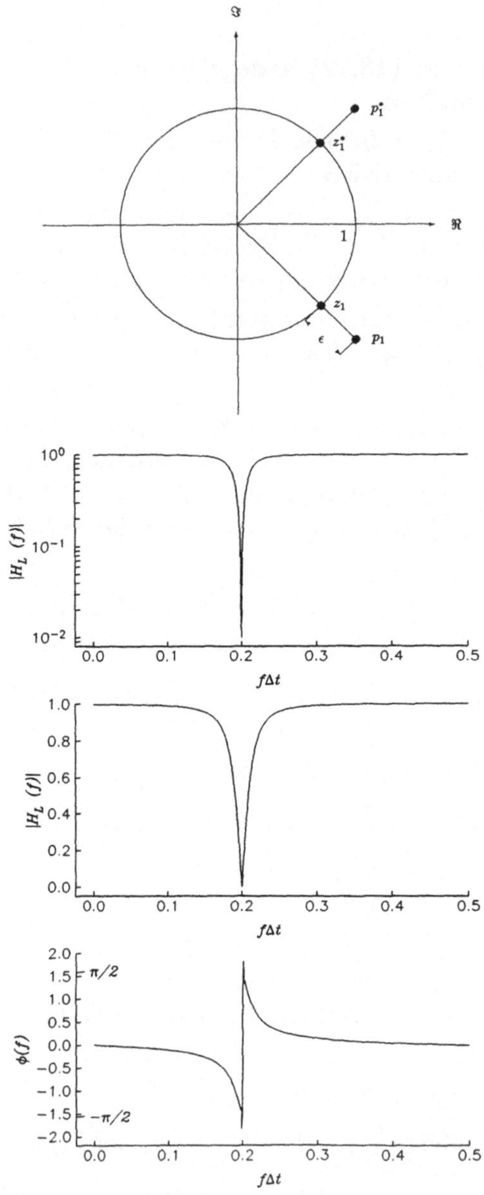

Abbildung 18.8: Pol- und Nullstellenverteilung (oben), Amplituden- und Phasencharakteristik des Kerbfilters (18.72) zur Unterdrückung der Frequenz $f_0\Delta t = 0.2$ für $\epsilon = 0.1$. In der Umgebung der zu unterdrückenden Frequenz ändert sich das Phasenspektrum drastisch. An der Diskontinuitätsstelle beträgt der Phasensprung 2π. Tatsächlich ist das Phasenspektrum dort kontinuierlich. Den Teil rechts der Diskontinuität muß man sich um 2π nach unten verschoben vorstellen.

Übertragungsfunktion des Analogfilters analytisch beschrieben werden kann, wie z.B. beim Butterworth-Filter. Da dies vielfach nicht möglich ist, bleibt die Bestimmung digitaler Filter durch die Transformation von Analogfiltern auf nur wenige Filter beschränkt. So können die meisten der bisher vorgestellten Verfahren nicht benutzt werden, falls die gewünschte Übertragungsfunktion mehr als einen Durchlaß- oder Sperrbereich besitzt. Zur Konzipierung derartiger frequenzselektiver Filter werden stattdessen beliebige Filtercharakteristiken rechnerisch nach verschiedenen mathematischen Kriterien approximiert. Die drei wichtigsten Verfahren sind:

- die Approximation der gewünschten Filtercharakteristik durch Minimierung des gewichteten Fehlerquadrats über bestimmte Frequenzbereiche, in denen eine besonders gute Approximation gefordert wird;

- die Chebyshev-Approximation der gewünschten Übertragungsfunktion, bei der das Maximum der Abweichung von der gewünschten Filtercharakteristik minimiert wird.

- die Approximation der gewünschten Übertragungsfunktion bei Vorgabe von Toleranzen der Übertragungsfunktion des Digitalfilters und Optimierung einiger weniger Stützwerte H_k.

Bei der Minimierung der mittleren quadratischen Abweichung zwischen der an M vorgegebenen Stützstellen f_k, $k = 1, ..., M$ gewünschten Übertragungsfunktion $H_d(f)$ und der tatsächlichen Übertragungsfunktion $H(f)$,

$$E = \sum_{k=1}^{M} (|H(f_k)| - |H_d(f_k)|)^2 \stackrel{!}{=} Min., \qquad (18.78)$$

wird die Systemfunktion vielfach in der rekursiven Form

$$H(z) = A \prod_{j=1}^{N} \frac{1 + a_j z + b_j z^2}{1 + c_j z + d_j z^2} \qquad (18.79)$$

angesetzt. Das Nullsetzen der Partialableitung von E nach den Koeffizienten A, a_j, b_j, c_j, d_j, $j = 1, ..., N$ liefert ein nichtlineares Gleichungssystem mit $4N + 1$ Unbekannten, das z.B. durch einen Algorithmus von Flechter-Powell gelöst werden kann (s. Rabiner und Gold, 1975), der laut Deczky (1972) gute Konvergenzeigenschaften besitzt. Ein Fortran-Programm nach Steiglitz (1970) findet man bei Peled und Liu (1976). Da nur der Betrag der Übertragungsfunktion in die Rechnung eingeht, können die über die Optimierung ermittelten Filterparameter auf ein instabiles Filter führen. Bei dem Verfahren nach Steiglitz wird die Lage der Pole geprüft. Pole, die innerhalb des Einheitskreises liegen, werden durch die reziproken Werte ersetzt.

Filter mit der Systemfunktion (18.79) besitzen gegenüber der direkten Festlegung von Pol- und Nullstellen nach Gleichung (18.62) den Vorteil, daß die Übertragungsfunktion relativ unabhängig von den Filterkoeffizienten ist.

Bei der Herleitung frequenzselektiver Digitalfilter ist es das Ziel, die Übertragungsfunktion so zu bestimmen, daß die maximale Abweichung von der gewünschten Übertragungsfunktion möglichst klein ist. Im Vergleich zum Ansatz (18.78) (Minimierung der mittleren quadratischen Abweichung) werden bessere Anpassungen an die gewünschte Übertragungsfunktion erzielt, wenn man (s. Parks und McClellan (1972)):

- die Approximation auf die durch ein Toleranzschema spezifizierten Durchlaß- und Sperrbereiche beschränkt. Das bedeutet, daß nur ein abgeschlossener Bereich B aus dem Intervall $[0, f_{N}y]$ betrachtet wird.

- als Fehlermaß den **maximalen** Abweichungsbetrag wählt.

Ein Digitalfilter der Länge $2N + 1$ und dem Phasenspektrum Null hat die Systemfunktion:

$$H(z) = \sum_{j=-N}^{N} h_j z^j \tag{18.80}$$

mit $h_j = -h_j$. Dieses Filter ist im Gegensatz zu (18.79) nichtrekursiv. Die Übertragungsfunktion des Filters (18.80) lautet:

$$
\begin{aligned}
H(f) &= \sum_{j=-N}^{N} h_j e^{-i2\pi f \Delta t j} \\
&= h_0 + \sum_{j=1}^{N} h_j \cos(2\pi f \Delta t j) \ .
\end{aligned}
\tag{18.81}
$$

Das Approximationsproblem besteht dann darin, für eine vorgegebene Filterlänge die Koeffizienten h_j der Übertragungsfunktion (18.81) so zu bestimmen, daß der maximale absolute Fehler in B minimal wird:

$$\max_{f \in B}(|H_d(f) - H(f)|) \stackrel{!}{=} Min. \tag{18.82}$$

Numerische Methoden zur Lösung der Chebychev-Approximation (18.82) werden z.B. bei Remez (1957) behandelt.

18.4 Zusammenfassende Beurteilung der Digitalfilter-Synthese

Digitalfilter lassen sich als Faltungs- oder Rekursivfilter herleiten. Entscheidend für den zu wählenden Ansatz sind die Anforderungen, die an das Filter gestellt werden, wie z.B. Phasenverhalten und Flankensteilheit. Digitalfilter werden in der Regel als Zero-Phase-Filter konzipiert. Für die meisten geophysikalischen Anwendungen sind einfache Bandpaßfilter und Kerbfilter ausreichend. Einfache Tiefpaß-, Hochpaß- und Bandpaßfilterungen werden in der Geophysik gewöhnlich als symmetrische Faltungsfilter mit endlich langen Operatoren realisiert, indem man die gewünschten Grenzfrequenzen und Flankensteilheiten im Frequenzbereich vorgibt, die Flanken durch eine der in Kapitel 4 behandelten Gewichtsfunktionen annähert, die Impulsantwortfunktion durch inverse Fouriertransformation berechnet und zeitlich begrenzt. Eine Alternative hierzu bilden die Butterworth-Filter (rekursive FIR-Filter). Kerbfilter sollten als Rekursivfilter durch Vorgabe von Null- und Polstellen der Systemfunktion bestimmt werden. Damit das Filter reelle Koeffizienten hat, muß es als Filter mit zwei Nullstellen und zwei Polen definiert werden. Um Phaseneffekte zu eliminieren, muß es vorwärts und rückwärts angewendet werden.

In Spezialfällen, wenn besondere Anforderungen an das Filter gestellt werden, wie z.B. große Flankensteilheiten bei gleichzeitiger Einhaltung vorgegebener Toleranzgrenzen in den Durchlaß- und Sperrbereichen, empfiehlt sich der Einsatz von Optimalfiltern nach dem Chebychev-Kriterium.

Werden Filter mit großer Flankensteilheit gefordert, so sollte man grundsätzlich Rekursivfilter verwenden. Bei der Realisierung rekursiver Digitalfilter nach der Impulsinvarianzmethode oder der Bilinear-Transformation ist abzuwägen, ob die Alias-Effekte bei Anwendung des Impulsinvarianz-Verfahrens oder die durch eine Vorverzerrung weitgehend wettzumachenden Verzerrungen der Bilinear-Transformation eher zu tolerieren sind.

Jedes Verfahren hat besondere Vor- und Nachteile sowohl hinsichtlich der Anpassung an die gewünschte Übertragungsfunktion als auch bei der Realisierung (s. Rabiner und Gold, 1975; Schüßler, 1973). Bei der Beurteilung eines Filters ist es weniger entscheidend, wie elegant die Herleitung des Filters ist, sondern vielmehr, wie gut die gewünschten Filtereigenschaften realisiert werden.

Referenzen Teil V

Deczky, A.G.: Synthesis of Recursive Digital Filters Using the Minimum P-Error Criterion, IEEE Trans. on Audio and Electroacoustics AU-20, 4, p. 257-263, 1972.

Holbrook, J.G.: Laplace-Transformation, Friedr. Vieweg + Sohn, Braunschweig, 1973.

Kulhanek, O.: Introduction to Digital Filtering in Geophysics, Elsevier Scientific Publ. Comp., Amsterdam, 1976.

Oppenheim, A.V.F. and R.W. Schafer: Digital Signal Processing, Prentice Hall, 1975.

Parks, T.W. and J.H. McClellan: Chebychev Approximation for Non-recursive Digital Filters with Linear Phase, IEEE Trans. Circuit Theory CT-19, p. 189-194, 1972.

Peled, A. and B. Liu: Digital Signal Processing, John Wiley and Sons, New York, 1976.

Rabiner, L.R. and B. Gold: Theory and Application of Digital Signal Processing, Prentice Hall, 1975.

Remez, E.Y.: General Computational Methods of Tchebycheff Approximation, AEC Trans. 4491, p. 1-85, 1957.

Schüßler, H.W.: Digitale Systeme zur Signalverarbeitung, Springer Verlag, Berlin, 1973.

Seidl, D.: The Simulation Problem for Broad-Band Seismograms, Journal of Geophysics 48, p. 84-93, 1980.

Steiglitz, K.: Computer-Aided Design of Recursive Digital Filters, IEEE Trans. on Audio and Electroacoustics 18, p. 123-129, 1970.

Einführende und ergänzende Literatur

(1) Sehr zu empfehlen für weitergehende Studien über die digitale Signalverarbeitung ist das oben zitierte Buch von Oppenheim und Schafer (1975).

(2) Die Grundlagen der Digitalfilterung mit wohl den ausführlichsten Literaturhinweisen über ihren Einsatz in der Geophysik findet man bei:

• Kanasewich, E.R.: Time Sequence Analysis in Geophysics, Third

Edition, University of Alberta Press, 1981.

● Kulhanek, O.: Introduction to Digital Filtering in Geophysics, Elsevier Scientific Publ. Comp., Amsterdam, 1976.

(3) Eine Kurzfassung der theoretischen Grundlagen der Digitalfilterung seismischer Daten geben:

Finetti, I., R. Nicolich, and S. Sancin: Review on the Basic Theoretical Assumptions in Seismic Digital Filtering, Geophys. Prosp. 19, p. 292-320, 1971.

Empfehlenswert ist die Arbeit von

Wood, L.C.: A Review of Digital Pass Filtering, Rev. Geophys. 6, p. 73-97, 1968.

(4) Ergänzende Literaturhinweise über Rekursivfilter:

Holtz, H. and C.T. Leondes: The Synthesis of Recursive Digital Filters, J. Assoc. Comput. Mach. 13, p. 262-280, 1966.

Mooney, H.M.: Pole and Zero Design of Digital Filters, Geophysics 33, p. 354-360, 1968.

Shanks, J.L.: Resursive Filters of Digital Processing, Geophysics 32, p. 33-51, 1967.

Aguilera, R., J.C. De Bremaeker, and S. Hermandez: Design of Recursive Filters, Geophysics 35, p. 247-253, 1970.

(5) Programme zum Filterentwurf finden sich in den folgenden beiden Arbeiten:

● IEEE-ASSP Society: Programs for Digital Signal Processing, IEEE Press, New York, 1978.

● Bernstein, R., U. Heute, O. Herrmann, G. Kettler, G. Oetken, G. Steeger: Programme zur digitalen Signalverarbeitung und zum Entwurf nichtrekursiver digitaler Filter. Ausgewählte Arbeiten über Nachrichtensysteme, Band 36, Institut für Nachrichtentechnik, Erlangen, 1979.

Teil VI

Grundlagen der Optimalfilterung

Kapitel 19

Entwurf analoger und digitaler Optimalfilter

Der Einsatz der klassischen Frequenzfilter zur Trennung von Signal- und Noise-Anteilen setzt voraus, daß sie verschiedene Frequenzbänder überdecken. Diese Voraussetzung ist in der Geophysik in der Regel nicht erfüllt. In der Seismik und Seismologie z.B. überdeckt das Spektrum der Bodenunruhe vollständig den Frequenzbereich der seismischen Signale, wobei für verschiedene Frequenzbereiche das Verhältnis von Signal- zu Störanteilen unterschiedlich ist. Der Einsatz der klassischen Frequenzfilter zielt darauf, die Frequenzanteile aus dem Gesamtspektrum zu extrahieren, für die das Signal-Noise-Verhältnis groß ist im Vergleich zu anderen Frequenzbereichen. Hierzu werden die Bandbereiche anhand vorher durchgeführter Spektralanalysen und sonstiger Kenntnisse über das Signal- und Noise-Spektrum festgelegt.

Die Trennung der Signal- und Noise-Anteile läßt sich andererseits optimieren, indem man den obigen Ansatz mathematisch formuliert. Dieses Vorgehen führt zu den sogenannten Optimalfiltern. Die Vorteile der Optimalfilterung gegenüber der klassischen Frequenzfilterung lassen sich am einfachsten anhand zweier aperiodischer Signale verdeutlichen. Besitzen die Signale das gleiche Amplitudenspektrum, dann ist eine Trennung mit konventionellen Frequenzfiltern nicht möglich; dagegen lassen sich auch dann noch die Signale mit Hilfe von Optimalfiltern trennen, indem man Unterschiede im Phasenspektrum ausnutzt.

Die Optimalfilter werden für regellose Vorgänge konzipiert. Ihr Einsatz setzt zweierlei voraus:

- Um die Anteile trennen zu können, müssen sie sich "irgendwie" unterscheiden. Bei seismischen Registrierungen können zur Trennung von Signal und Noise Unterschiede im Frequenzspektrum, im Wellenzahlspektrum bzw. in der Ausbreitungsgeschwindigkeit und -richtung sowie der Wellenpolarisation ausgenutzt werden.

• Es müssen gewisse Signal- und/oder Noise-Kenngrößen bekannt sein, am besten das Signal selber oder die Autokorrelationsfunktionen von Signal und Noise.

Zwischen den in Abschnitt 18.3 behandelten optimalen frequenzselektiven Filtern und den hier behandelten Optimalfiltern besteht ein grundsätzlicher Unterschied. Während die in Abschnitt 18.3 behandelten Filter darauf ausgerichtet sind, eine gewünschte Filtercharakteristik möglichst genau zu verwirklichen, zielen die Optimalfilter darauf hin, vorhandene Unterschiede von Signal und Noise - und zwar nicht nur im Leistungsspektrum - optimal zur Trennung auszunutzen.

Bei der Herleitung der Optimalfilter werden Unterschiede der Signal- und Störkomponente, z.B. im Frequenz- oder Wellenzahlgehalt, in einem präzise definierten Sinne, d.h. nach mathematischen Kriterien zur Trennung der Einzelkomponenten ausgenutzt, und zwar unter Zugrundelegung eines Modells für die Zusammensetzung des zu filternden Vorgangs. Abb. 19.1 zeigt z.B. ein Modell für den Aufbau eines Reflexionsseismogramms bestehend aus Nutzsignalen und Störanteilen. Die Signalkomponente $u(t)$ läßt sich als Faltung des regellosen Impulsseismogramms $\xi(t)$ mit dem seismischen Wavelet $s(t)$, die Noise-Komponente als bandbegrenzter regelloser Prozeß, darstellbar als Faltung der regellosen weißen Noise-Innovation $\eta(t)$ mit dem Bandpaß-Operator $w(t)$, beschreiben. Je nach Zielsetzung lassen sich

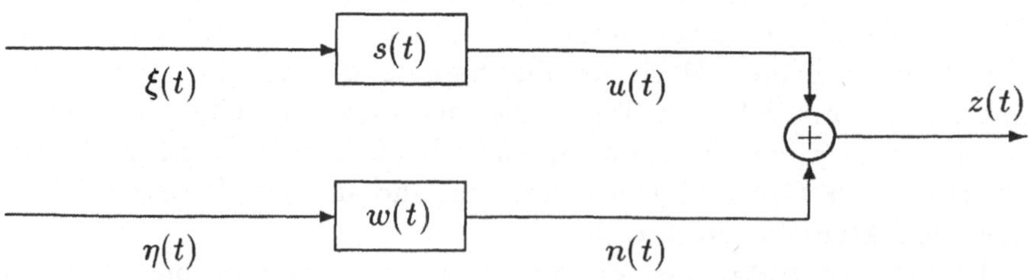

Abbildung 19.1: Modell eines Reflexionsseismogramms; $u(t)$: Signalkomponente mit $\xi(t)$ = Impulsseismogramm, $s(t)$ = Signal-Wavelet; $n(t)$: Noise-Komponente mit $\eta(t)$ = regellose Noise-Innovation, $w(t)$ = Noise-Wavelet.

unterschiedliche Aufgaben formulieren, wie z.B. für das in Abb. 19.1 gegebene Beispiel die Unterdrückung der Störanteile $n(t)$, die Abschätzung des seismischen Signals $s(t)$ oder die Bestimmung des Impulsseismogramms $\xi(t)$. Die Filterbestimmung kann nach verschiedenen Kriterien erfolgen, z.B. nach Wiener (1949) in der Form, daß am Filterausgang die gewünschte Komponente möglichst ungestört erscheint. Häufig wird auch gefordert, daß am Filterausgang zu den Zeitpunkten der Signaleinsätze das Nutz-Störsignal-Verhältnis möglichst groß wird. Dabei ist man sich der Tatsache bewußt, daß bei jedem Filterprozeß Abweichungen vom gewünschten Filterergebnis auftreten, die aber möglichst klein ausfallen sollen.

19.1 Das Wiener-Optimalfilter

Die Bestimmung der Optimalfilter kann nach verschiedenen mathematischen Kriterien erfolgen. Der wohl wichtigste Ansatz geht auf Wiener (1949) zurück. Beim Wiener-Optimalfilter wird das Filter derart konstruiert, daß der zu filternde Vorgang $z(t)$ am Filterausgang möglichst gut mit einem gewünschten Filterausgang $d(t)$ übereinstimmt. Wiener löst dieses Problem unter den Annahmen:

- das Filter ist linear und zeitinvariant,
- die Impulsantwortfunktion $h(t)$ ist zeitlich nicht begrenzt und verschwindet für $t < 0$, d.h. das Filter ist realisierbar,
- die zu filternde Funktion ist eine Realisierung eines ergodischen Prozesses,

durch Minimierung des Erwartungswertes der quadratischen Abweichung zwischen dem gewünschten und tatsächlichen Filterausgang (siehe Abb. 19.2):

$$\mathcal{E}\left[\epsilon^2(t)\right] \overset{!}{=} Min \ . \tag{19.1}$$

Dabei bedeutet die Ergodizität, daß die Ensemble-Mittelwerte durch entsprechende Zeitmittel der einzelnen Realisierung ersetzt werden können. Ausgeschrieben lautet die linke Seite von Gleichung (19.1):

$$\mathcal{E}\left[\epsilon^2(t)\right] = \mathcal{E}\left[(d(t) - y(t))^2\right]$$

$$= \lim_{T \to \infty} \frac{1}{2T} \int_{-T}^{T} (d(t) - \int_0^\infty h(\tau)z(t-\tau)d\tau)^2 \, dt$$

$$= \lim_{T \to \infty} \frac{1}{2T} \int_{-T}^{T} d^2(t)dt \ - \ 2 \lim_{T \to \infty} \frac{1}{2T} \int_{-T}^{T} \{d(t) \int_0^\infty h(\tau)z(t-\tau)d\tau\}dt$$

$$+ \ \lim_{T \to \infty} \frac{1}{2T} \int_{-T}^{T} \{\int_0^\infty h(\tau)z(t-\tau)d\tau \int_0^\infty h(\sigma)z(t-\sigma)d\sigma\}dt$$

$$= \lim_{T \to \infty} \frac{1}{2T} \int_{-T}^{T} d^2(t)dt - 2 \int_{0}^{\infty} h(\tau)\{\lim_{T \to \infty} \frac{1}{2T} \int_{-T}^{T} d(t)z(t - \tau)dt\}d\tau$$

$$+ \int_{0}^{\infty} \{h(\tau) \int_{0}^{\infty} (h(\sigma) \lim_{T \to \infty} \frac{1}{2T} \int_{-T}^{T} z(t - \tau)z(t - \sigma)dt)d\sigma\}d\tau.$$

$$(19.2)$$

Für ergodische Prozesse lauten die Kovarianzfunktionen:

$$R_{zz}(\tau - \sigma) = \lim_{T \to \infty} \frac{1}{2T} \int_{-T}^{T} z(t - \tau)z(t - \sigma)dt,$$

$$R_{zd}(\tau) = \lim_{T \to \infty} \frac{1}{2T} \int_{-T}^{T} d(t)z(t - \tau)dt,$$

$$R_{dd}(0) = \lim_{T \to \infty} \frac{1}{2T} \int_{-T}^{T} d^2(t)dt. \qquad (19.3)$$

Damit folgt aus Gleichung (19.1) mit (19.2):

$$\int_{0}^{\infty} h(\tau)\{\int_{0}^{\infty} h(\sigma)R_{zz}(\tau - \sigma)d\sigma\}d\tau$$

$$-2\int_{0}^{\infty} h(\tau)R_{zd}(\tau)d\tau + R_{dd}(0) \stackrel{!}{=} Min. \qquad (19.4)$$

Die Lösung dieser Extremalaufgabe führt nach Abschnitt 19.2 auf die Wiener-Hopf-Integralgleichung

$$\int_{0}^{\infty} h_{opt}(\sigma)R_{zz}(\tau - \sigma)d\sigma = R_{zd}(\tau), \tau \geq 0. \qquad (19.5)$$

$h_{opt}(t)$ ist die gesuchte Impulsantwortfunktion des Wiener-Optimalfilters. Da die Wiener-Hopf-Gleichung wegen der Kausalitätsbedingung

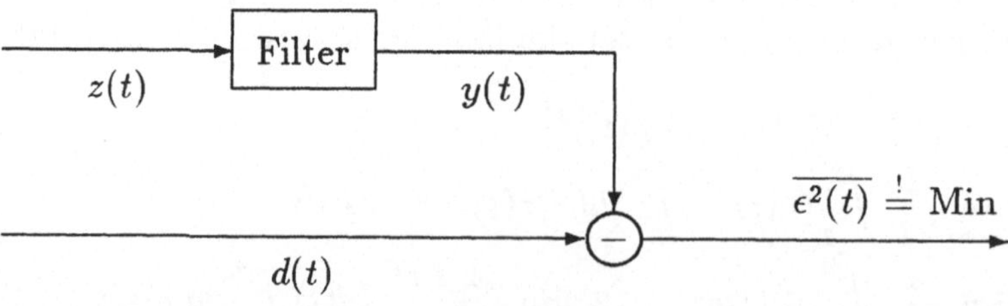

Abbildung 19.2: Zur Definition des Wiener-Optimalfilters; $z(t)$: Filtereingang, $y(t)$: Filterausgang, $d(t)$: gewünschter Filterausgang.

nur für $\tau \geq 0$ gilt, ist sie nicht über die Fourier-Transformation zu lösen, sondern muß über eine Faktorenzerlegung der quadratischen Spektren angegangen werden (s. Abschnitt 19.2). Glücklicherweise kann man für Rechner-simulierte Filter die Kausalitätsbedingung fallen lassen. Für nichtrealisierbare Filter geht die Wiener-Hopf-Gleichung über in

$$\int_{-\infty}^{\infty} h_{opt}(\sigma) R_{zz}(\tau - \sigma) d\sigma = R_{zd}(\tau), \quad -\infty < \tau < \infty. \tag{19.6}$$

Für dieses Optimalfilter läßt sich die Übertragungsfunktion mit Hilfe der Leistungsspektren $G_{zd}(f)$, $G_{zz}(f)$ der durch die Indizes gekennzeichneten Vorgänge nach dem Faltungstheorem direkt angeben:

$$H_{opt}(f) = \frac{G_{zd}(f)}{G_{zz}(f)}. \tag{19.7}$$

Die Gewichtsfunktion dieses Filters ergibt sich durch inverse Fourier-Transformation zu:

$$h_{opt}(t) = \int_{-\infty}^{\infty} \frac{G_{zd}(f)}{G_{zz}(f)} e^{i2\pi ft} df. \tag{19.8}$$

Das von Wiener gewählte Optimierungskriterium ist nur eines von vielen möglichen. Für die Minimierung lassen sich auch andere Fehlermaße wählen, z.B. nach Chebyshev das Maximum der Abweichung oder auch verschiedene Integralnormen (s. Lee (1960)). Das Wiener-Kriterium gewichtet große Abweichungen stärker als kleine. Damit wird die Wahrscheinlichkeit großer Fehler klein gehalten. Andererseits ist das Filter relativ unempfindlich gegenüber kleinen Fehlern. Alle Realisierungen $(z(t))$ ein und desselben regellosen Vorganges besitzen das gleiche Wiener-Filter. Das Wiener-Filter kann bestimmt werden, ohne daß die Vorgänge $z(t)$ und $d(t)$ vorliegen. Einzige Voraussetzung ist, daß die Kovarianzfunktionen $R_{zz}(\tau)$ und $R_{zd}(\tau)$ bekannt sind. Das Wiener-Filter ist damit nicht dem einzelnen Prozeß angepaßt, sondern es wirkt auf alle Vorgänge mit gleichen statistischen Kenngrößen gleichermaßen optimal. Da über die gewünschte Ausgangsfunktion $d(t)$ keine Voraussetzungen gemacht werden, läßt sich das Wiener-Filter zur Lösung verschiedenster Probleme heranziehen.
Der Wiener-Ansatz wurde Anfang der 50er Jahre durch Arbeiten von Zadeh und Raggazini (1950), Booton (1952), Davis (1952) auf zeitlich begrenzte Filterfunktionen sowie auf nichtstationäre Vorgänge und zeitabhängige Filter ausgeweitet.

19.2 Lösung der Wiener-Extremalaufgabe

Bei der Lösung von Gleichung (19.4) werden nur die Gewichtsfunktionen von kausalen und stabilen Filtern zugelassen; für sie gilt:

$$h(t) = 0 \quad \text{für} \quad t < 0 \tag{19.9}$$

und

$$\int_0^\infty |h(t)|dt \ \leq \ c \ < \ \infty \ . \tag{19.10}$$

Die Lösung erfolgt nach den Methoden der klassischen Variationsrechnung. Man bettet die gesuchte Lösung $h_{opt}(t)$ in eine Schar von Vergleichsfunktionen $\mu q(t)$ ein, die den gleichen Bedingungen (19.9) und (19.10) genügen:

$$h_r(t,\mu) = h_{opt}(t) + \mu q(t) \ . \tag{19.11}$$

$h_r(t,\mu)$ ist die Klasse der Funktionen, unter denen die Lösung gefunden werden kann. Wird $h_r(t,\mu)$ in (19.4) eingesetzt, so folgt:

$$\int_0^\infty (h_{opt}(\tau) + \mu q(\tau))\{\int_0^\infty (h_{opt}(\sigma) + \mu q(\sigma))R_{zz}(\tau - \sigma)d\sigma\}d\tau$$

$$- \ 2\int_0^\infty (h_{opt}(\tau) + \mu q(\tau))R_{zd}(\tau)d\tau + R_{dd}(0) \overset{!}{=} Min \ . \tag{19.12}$$

Notwendigerweise muß die Ableitung dieser Gleichung nach μ für $\mu \to 0$ verschwinden. Man erhält:

$$\int_0^\infty q(\tau)\{R_{zd}(\tau) - \int_0^\infty h_{opt}(\sigma)R_{zz}(\tau - \sigma)d\sigma\}d\tau = 0 \ . \tag{19.13}$$

Die Gleichung ist von der Form

$$\int_0^\infty q(\tau)Q(\tau)d\tau = 0 \ . \tag{19.14}$$

Hieraus folgt, daß $Q(\tau)$ für $\tau < 0$ beliebig, aber für $\tau \geq 0$ Null sein muß, damit Gleichung (19.14) gilt, d.h. für

$$Q(\tau) = R_{zd}(\tau) \ - \ \int_0^\infty h_{opt}(\sigma)R_{zz}(\tau - \sigma)d\sigma \tag{19.15}$$

muß die nach Wiener und Hopf benannte Gleichung gelten:

$$Q(\tau) = \begin{cases} 0 & \text{für} \quad \tau \geq 0 \\ \text{zunächst unbekannt für} \quad \tau < 0 \ . \end{cases} \tag{19.16}$$

In vielen Fällen sind die Leistungsspektren $G_{zz}(f)$ und $G_{zd}(f)$ vorgegeben und es ist das zugehörige Wiener-Filter zu bestimmen. Zur Lösung dieses Problems wird von der Fourier-Transformierten von Gleichung (19.15) ausgegangen:

$$G_{zd}(f) - H_{opt}(f)G_{zz}(f) = \int_{-\infty}^{\infty} Q(\tau)e^{-i2\pi f\tau}d\tau = \Theta(f) \quad . \qquad (19.17)$$

$H_{opt}(f)$ ist die Übertragungsfunktion des Optimalfilters. Zur Lösung von Gleichung (19.17) wird die analytische Fortsetzung der Spektren in die komplexe p-Ebene betrachtet. Mit der Aufspaltung des quadratischen Spektrums $G_{zz}(p)$ in

$$G_{zz}(p) = P_{zz}(p)P_{zz}^{*}(p) \quad , \qquad (19.18)$$

wobei alle Nullstellen und Pole von $P_{zz}(p)$ in der linken p-Halbebene und für $P_{zz}^{*}(p)$ in der rechten p-Halbebene liegen sollen, erhält man aus Gleichung (19.17):

$$\frac{G_{zd}(p)}{P_{zz}^{*}(p)} - H_{opt}(p)P_{zz}(p) = \frac{\Theta(p)}{P_{zz}^{*}(p)} \quad . \qquad (19.19)$$

Zur Bestimmung der Übertragungsfunktion $H_{opt}(p)$, die nach Abschnitt 13.5.3 wegen der Realisierbarkeit-Forderung stabiler Filter nur Pole in der Halbebene $\Re(p) < 0$ besitzt, müssen die einzelnen Summanden nach ihren möglichen Pollagen sortiert werden. $\Theta(p)$ kann, wenn überhaupt, nur Pole in der rechten p-Halbebene haben, da die zugehörige Funktion $Q(\tau)$ für $\tau \geq 0$ immer Null sein soll. $G_{zd}(p)$ kann Pole in der linken und rechten p-Halbebene haben. Da $H_{opt}(p)$ alle Pole in der linken p-Halbebene haben soll, und von $P_{zz}(p)$ alle Nullstellen bzw. von $\frac{1}{P_{zz}(p)}$ alle Pole in der linken p-Halbebene liegen, während $\frac{\Theta(p)}{P_{zz}^{*}(p)}$ alle Pole in der rechten p-Halbebene hat, erhält man den realisierbaren Filteroperator $H_{opt}(p)$ aus Gleichung (19.19) durch Berechnung von

$$H_{opt}(p) = \frac{1}{P_{zz}(p)}\mathcal{O}_{Re}\left\{\frac{G_{zd}(p)}{P_{zz}^{*}(p)}\right\} \quad . \qquad (19.20)$$

Dabei ist $\mathcal{O}_{Re}\{...\}$ ein Operator, mit dem alle Pole von $\{...\}$ in der rechten p-Halbebene unterdrückt werden. Am einfachsten wird der realisierbare Anteil von $\frac{G_{zd}(p)}{P_{zz}^{*}(p)}$ durch eine Partialbruchzerlegung gewonnen: Es werden die Summanden weggelassen, deren Pole in der rechten Halbebene liegen. Die restlichen Terme ergeben den realisierbaren Anteil.

402

Ein anderer Weg ist die Berechnung der inversen Laplace-Transformierten von $\frac{G_{zd}(p)}{P_{zz}^*(p)}$ und anschließende Anwendung der einseitigen Laplace-Transformation, d.h. die Anwendung des Realisierbarkeit-Operators

$$\mathcal{O}_{Re}\{...\} = \int_0^\infty e^{-pt}\left(\frac{1}{2\pi i}\int_{c-i\infty}^{c+i\infty}\{...\}e^{pt}\,dp\right)dt. \qquad (19.21)$$

Durch die untere Grenze im ersten Integral wird erzwungen, daß alle in der rechten p-Halbebene vorhandenen Pole von $\{...\}$ unterdrückt werden.

Beispiel für die Synthese eines Optimalfilters:

Gegeben sei eine Registrierung, bei der das Nutzsignal $s(t)$ additiv von dem breitbandigen regellosen Störsignal $n(t)$ mit dem konstanten Leistungsspektrum $G_{nn}(\omega) = \nu^2$ überlagert wird. Bekannt ist weiterhin das quadratische Spektrum des Signals:

$$G_{ss}(\omega) = \frac{\alpha^2}{\omega_g^2 + \omega^2}, \quad \omega = 2\pi f\ . \qquad (19.22)$$

ω_g ist die Eck- oder Grenzfrequenz des Spektrums; dies ist der Schnittpunkt der Tief- und Hochfrequenzasymptoten. Signal und Noise sollen nicht miteinander korrelieren. Gesucht wird das Optimalfilter, das am Filterausgang das Nutzsignal bei bestmöglicher Unterdrückung des Störpegels liefert.

Da $s(t)$ und $n(t)$ nicht miteinander korrelieren sollen, folgt für das Leistungsspektrum von

$$z(t) = s(t) + n(t) \quad : \qquad (19.23)$$

$$\begin{aligned} G_{zz}(\omega) &= G_{ss}(\omega) + G_{nn}(\omega) \\ &= \frac{\alpha^2}{(\omega_g)^2 + (\omega)^2} + \nu^2 = \frac{\nu^2(\omega_0^2 + \omega^2)}{\omega_g^2 + \omega^2} \end{aligned} \qquad (19.24)$$

mit $\omega_0^2 = \omega_g^2 + \frac{\alpha^2}{\nu^2}$. Die Aufspaltung der analytischen Fortsetzung von (19.24),

$$G_{zz}(p) = \frac{\nu^2(\omega_0^2 - p^2)}{\omega_g^2 - p^2}\ , \qquad (19.25)$$

entsprechend Gleichung (19.18) liefert:

$$P_{zz}(p) = \frac{\nu(\omega_0 + p)}{\omega_g + p}, \quad P_{zz}^*(f) = \frac{\nu(\omega_0 - p)}{\omega_g - p}\ . \qquad (19.26)$$

Aus der Forderung nach unverfälschter Wiedergabe des Signals $s(t)$ am Filterausgang folgt für das Kreuzleistungsspektrum $G_{zd}(f)$, da Signal und Noise nicht miteinander korrelieren:

$$
\begin{aligned}
G_{zd}(f) \;&=\; G_{ss}(f) + G_{ns}(f) = G_{ss}(f) \\
&=\; \frac{\alpha^2}{(\omega_g)^2 + (\omega)^2} \\
&=\; \frac{\alpha^2}{(\omega_g + i\omega)(\omega_g - i\omega)}
\end{aligned}
\tag{19.27}
$$

mit der analytischen Fortsetzung:

$$
G_{zd}(p) = \frac{\alpha^2}{(\omega_g + p)(\omega_g - p)} \ .
\tag{19.28}
$$

Das Einsetzen der so bestimmten Ausdrücke in Gleichung (19.20) führt auf:

$$
\begin{aligned}
H_{opt}(p) \;&=\; \frac{\omega_g + p}{\nu(\omega_0 + p)}\mathcal{O}_{Re}\Big\{\frac{\alpha^2}{(\omega_g + p)(\omega_g - p)}\frac{(\omega_g - p)}{\nu(\omega_0 - p)}\Big\} \\
&=\; \frac{\omega_g + p}{\nu(\omega_0 + p)}\mathcal{O}_{Re}\Big\{\frac{\alpha^2}{\nu(\omega_0 - p)(\omega_g + p)}\Big\} \ .
\end{aligned}
\tag{19.29}
$$

Der realisierbare Anteil von

$$
\frac{G_{zd}(p)}{P_{zz}^{*}(p)} = \frac{\alpha^2}{\nu(\omega_0 - p)(\omega_g + p)}
\tag{19.30}
$$

wird mit Hilfe der Partialbruchzerlegung bestimmt:

$$
\begin{aligned}
\frac{G_{zd}(p)}{P_{zz}^{*}(p)} \;&=\; \frac{\alpha^2}{\nu}\Big(\frac{K_1}{\omega_g + p} + \frac{K_2}{\omega_0 - p}\Big) \\
\text{mit } K_1 \;&=\; \frac{(\omega_g + p)}{(\omega_g + p)(\omega_0 - p)}\Big|_{p=-\omega_g} = \frac{1}{\omega_0 + \omega_g} \\
\text{und } K_2 \;&=\; \frac{(\omega_0 - p)}{(\omega_g + p)(\omega_0 - p)}\Big|_{p=\omega_0} = \frac{1}{\omega_g + \omega_0} \ .
\end{aligned}
$$

Damit läßt sich Gleichung (19.30) wie folgt darstellen:

$$
\frac{G_{zd}(p)}{P_{zz}^{*}(p)} = \frac{\alpha^2}{\nu}\Big(\frac{1}{(\omega_0 + \omega_g)(\omega_g + p)} + \frac{1}{(\omega_g + \omega_0)(\omega_0 - p)}\Big) \ .
\tag{19.31}
$$

404

Da nur der Pol des ersten Summanden in der linken p-Halbebene liegt, folgt:

$$O_{Re}(p) = \frac{\alpha^2}{\nu} \frac{1}{(\omega_0 + \omega_g)(\omega_g + p)}. \tag{19.32}$$

Setzt man diesen Ausdruck in Gleichung (19.29) ein, so erhält man:

$$\begin{aligned}
H_{opt}(p) &= \frac{\alpha^2}{\nu^2} \frac{1}{(\omega_0 + p)(\omega_0 + \omega_g)} \\
&= \frac{S_0^2}{\nu^2} \frac{\omega_g^2}{(\omega_0 + p)(\omega_0 + \omega_g)}
\end{aligned} \tag{19.33}$$

mit $S_0^2 = \frac{\alpha^2}{\omega_g^2}$. Das Filter ist minimalphasig. Aus (19.33) ergibt sich für die Übertragungsfunktion des Optimalfilters:

$$H_{opt}(\omega) = \frac{S_0^2}{\nu^2} \frac{\omega_g^2}{(\omega_0 + \omega_g)(\omega_0 + i\omega)} \tag{19.34}$$

mit

$$|H_{opt}(\omega)| = \frac{S_0^2}{\nu^2} \frac{\omega_g^2}{(\omega_0 + \omega_g)\sqrt{\omega_0^2 + \omega^2}} . \tag{19.35}$$

Gleichung (19.33) hat die Form:

$$H_{opt}(p) = \beta \frac{1}{p + \omega_0} \tag{19.36}$$

mit

$$\beta = \frac{S_0^2}{\nu^2} \frac{\omega_g^2}{(\omega_0 + \omega_g)} . \tag{19.37}$$

Die inverse Laplace-Transformation ergibt die zugehörige Gewichtsfunktion:

$$h(t) = \begin{cases} \beta e^{-\omega_0 t} & \text{für } t \geq 0, \\ 0 & \text{für } t < 0 . \end{cases} \tag{19.38}$$

Abb. 19.3 zeigt die Amplituden- und Phasencharakteristiken des Optimalfilters (19.34) für verschiedene $\frac{S_0^2}{\nu^2}$-Verhältnisse sowie das normierte Signalspektrum $|S(\omega)| = (G_{ss}(\omega))^{\frac{1}{2}}$. Wie zu erwarten, handelt es sich bei dem Optimalfilter um ein Tiefpaßfilter, das dem Signalspektrum weitgehend angepaßt ist.

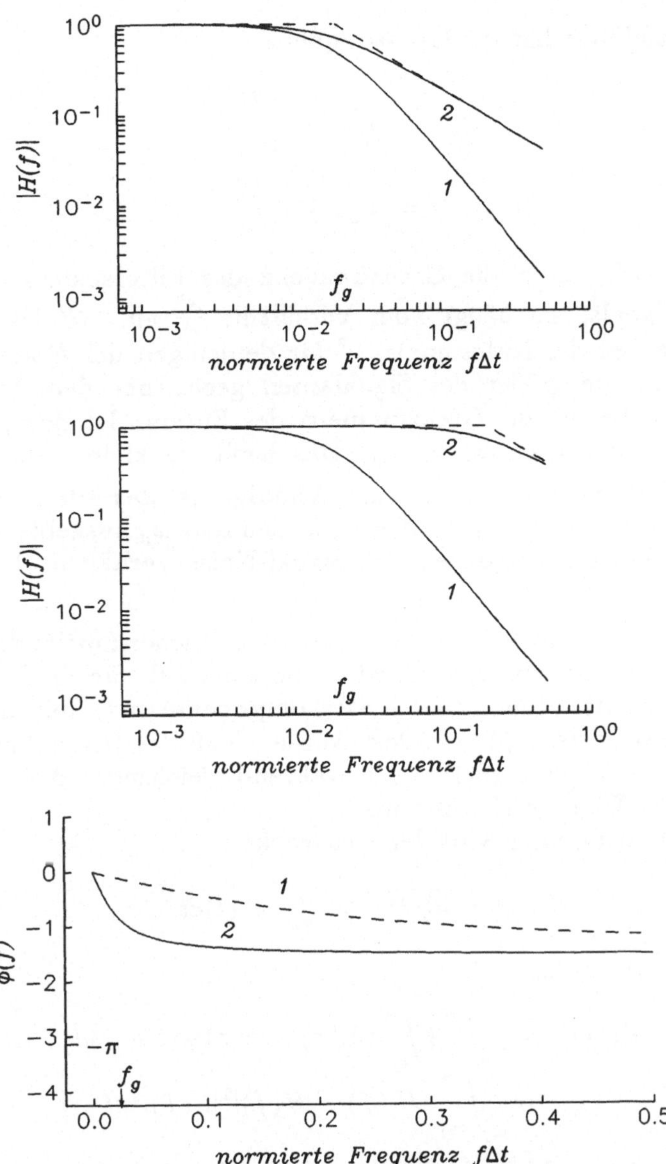

Abbildung 19.3: Amplituden- und Phasencharakteristiken des Optimalfilters (19.34) für verschiedene Signal-Noise-Verhältnisse. Oben: $\frac{S_0^2}{\nu^2} = 0.01$, Mitte: $= 100$. Die Kurve 1 zeigt jeweils das quadratische Signalspektrum (19.22), Kurve 2 das Amplitudenspektrum des Filters. Mit abnehmendem SNR wird das Filter schmalbandiger. Der Schnittpunkt der Asymptoten (gestrichelt dargestellt) gibt die Eckfrequenz des Optimalfilters an; $f_g \Delta t$ ist 0.02. Unten: Phasenspektren; Kurve 1 (gestrichelt): $\frac{S_0^2}{\nu^2} = 100$, Kurve 2: $= 0.01$.

Das Optimalfilter hat die Grenzfrequenz

$$\omega_0 = \sqrt{\omega_g^2 + \frac{\alpha^2}{\nu^2}}$$

$$= \omega_g \sqrt{1 + \frac{S_0^2}{\nu^2}} \,. \tag{19.39}$$

Wie man sieht, liegt die Grenzfrequenz des Filters stets oberhalb der des Signals; sie hängt vom Verhältnis $\frac{S_0^2}{\nu^2}$ ab. S_0^2 ist für den Leistungsanteil des Nutzsignals, ν^2 für denjenigen der Noise-Anteile maßgebend. Je größer der Signalanteil gegenüber dem Störanteil ist, desto höher ist die Grenzfrequenz des Filters. Ist dagegen $\nu \gg S_0^2$, dann erhält man $\omega_0 \approx \omega_g$. Das heißt, je kleiner das Signal-Noise-Verhältnis $\frac{S_0^2}{\nu^2}$ ist, desto schmalbandiger ist das Filter und umso stärker werden die Anteile mit Frequenzen $\omega > \omega_g$ ausgeblendet; das sind jene Anteile, bei denen das Signal-Noise-Verhältnis besonders klein ist.

Anmerkung: Analog hierzu läßt sich das Wiener-Optimalfilter für andere Aufgabenstellungen herleiten. So kann z.B. für ein Signal $s(t)$ mit einer additiv überlagerten Störkomponente $n(t)$ mit dem Leistungsspektrum $G_{nn}(f)$ gefordert werden, daß der Noise-Anteil $n(t)$ möglichst stark unterdrückt wird, während gleichzeitig das Signal in gewünschter Weise verformt wird.
Zur Filterbestimmung wird der Ausdruck

$$M = \overline{n_0^2(t)} + \lambda^2 \int_0^\infty \epsilon^2(t)dt \tag{19.40}$$

minimiert. Dabei ist

$$\int_0^\infty \epsilon^2(t)dt = \int_0^\infty \{ \int_0^\infty (h_i(\tau) - h(\tau))s(t - \tau)d\tau \}^2 dt$$

$$= \int_{-\infty}^\infty |H_i(f) - H(f)|^2 |S(f)|^2 df \tag{19.41}$$

der integrierte quadratische Fehler, der sich bei der angestrebten Signalverformung ergibt, und

$$\overline{n_0^2(t)} = \int_{-\infty}^\infty |H(f)|^2 G_{nn}(f)df \tag{19.42}$$

die Gesamtleistung der Rauschanteile am Filterausgang. λ ist ein Gewichtsfaktor, mit dem der Grad der Signalanpassung im Verhältnis zur Noise-Reduktion gesteuert werden kann. $h(t)$ ist die Gewichtsfunktion des tatsächlichen Filters und $h_i(t)$ die des idealen Filters, das die gewünschte Signalverformung in Gestalt von $H_i(f)$ an dem Nutzsignal ausführt. Aus Gleichung (19.40) folgt mit (19.41) und (19.42):

$$M = \int_{-\infty}^{\infty} \{|H(f)|^2 G_{nn}(f) + \lambda^2 |H_i(f) - H(f)|^2 |S(f)|^2\} df \stackrel{!}{=} Min .$$

$$(19.43)$$

Die Filterberechnung erfolgt in folgenden Schritten:

1. Formulierung des Variationsproblems durch Einführung der einparametrigen Funktionenschar $H_{opt}(f) + \mu Q(f)$, wobei $Q(f)$ die Klasse der Übertragungsfunktionen realisierbarer stabiler Filter sein soll; M wird damit eine Funktion von μ.

2. Differentiation von $M(\mu)$ nach μ und Nullsetzen der Ableitung. Für $\mu = 0$ ergibt sich eine Gleichung zur Bestimmung der Übertragungsfunktion des realisierbaren Operators.

3. Die Bestimmung der Übertragungsfunktion erfolgt durch Separation der Pole in Analogie zum vorherigen Beispiel.

Dieser Fall ist ausführlich bei Schlitt und Dittrich (1972) behandelt.

19.3 Signal-Noise-angepaßte Optimalfilterung

Nach Gleichung (8.18) besteht zwischen dem komplexen Signalspektrum $S(f)$ und der Signal-AKV-Funktion folgender Zusammenhang

$$R_{ss}(\tau) = \int_{-\infty}^{\infty} S(f) S^*(f) e^{i2\pi f\tau} df .$$

$$(19.44)$$

Vergleicht man Gleichung (19.44) mit dem Filterprozeß

$$y(t) = \int_{-\infty}^{\infty} S(f) H(f) e^{i2\pi ft} df ,$$

$$(19.45)$$

und bedenkt, daß $R_{ss}(\tau)$ den Maximalwert für $\tau = 0$ annimmt, so kommt man zu dem Analogieschluß, daß bei gegebenem Signalspektrum $S(f)$ der Filterausgang $y(t)$ zur Zeit $t = 0$ ein Maximum besitzt, wenn

$$H(f) = S^*(f)$$

$$(19.46)$$

ist. Ein derartiges Filter ist auf das spezielle Signal $s(t)$ mit dem Spektrum $S(f)$ zugeschnitten und wird daher als signalangepaßtes

bzw. in der angelsächsischen Literatur als **matched** Filter bezeichnet. Läßt man auf dieses Filter die δ-Funktion wirken, so ergibt sich
am Filterausgang

$$h(t) = \int_{-\infty}^{\infty} S^*(f) e^{i2\pi ft} df \; . \tag{19.47}$$

Da für das Spektrum reeller Funktionen $s(t)$ die Symmetrie-Eigenschaft
$S^*(f) = S(-f)$ gilt, folgt:

$$\begin{aligned}
h(t) &= \int_{-\infty}^{\infty} S(-f) e^{i2\pi ft} df \\
&= -\int_{\infty}^{-\infty} S(g) e^{-i2\pi gt} dg \\
&= \int_{-\infty}^{\infty} S(g)^{i2\pi g(-t)} dg = s(-t) \; ,
\end{aligned} \tag{19.48}$$

d.h. die Impulsantwortfunktion des signalangepaßten Filters ist das
zeitinvertierte Signal, auf das das Filter angepaßt ist.
Trifft ein Signal $s(t)$ mit der Verzögerungszeit t_0 auf das auf $s(t)$ an-
gepaßte Filter mit der Gewichtsfunktion $h(t) = s(-t)$, so ergibt sich
am Filterausgang nach Gleichung (13.13):

$$\begin{aligned}
y(t) &= \int_{-\infty}^{\infty} h(\tau) s(t - t_0 - \tau) d\tau = \int_{-\infty}^{\infty} s(-\tau) s(t - t_0 - \tau) d\tau \\
&= -\int_{\infty}^{-\infty} s(g) s(t - t_0 + g) dg = \int_{-\infty}^{\infty} s(g) s(g + t - t_0) dg \\
&= R_{ss}(t - t_0) \; .
\end{aligned} \tag{19.49}$$

Am Filterausgang ergibt sich die AKV-Funktion des Signals, wobei
der Maximalwert von $y(t)$ zur Zeit $t = t_0$, d.h. zur Signaleinsatzzeit,
erzielt wird.

Das signalangepaßte Filter (19.46) gehört zur Klasse der Filter,
von denen man fordert, daß der Signal-Störabstand möglichst groß
wird. Definiert man das Signal-Störverhältnis zu einem Zeitpunkt t_0
($SNR|_{t_0}$) als Verhältnis des Quadrats des Betrags der Signalamplitu-
de, $|y(t_0)|^2$, zur mittleren quadratischen Amplitude der Störkompo-
nente n_0^2, so ergibt sich am Filterausgang:

$$SNR|_{t_0} = \frac{|y(t_0)|^2}{n_0^2} = \frac{|\int_{-\infty}^{\infty} S(f) H(f) e^{i2\pi ft_0} df|^2}{\int_{-\infty}^{\infty} H(f) H^*(f) G_i(f) df} \; , \tag{19.50}$$

wobei $G_i(f)$ das Noise-Leistungsspektrum des zu filternden Prozesses
ist. Multipliziert man im Zähler $S(f)$ mit $\frac{1}{\sqrt{G_i(f)}}$ und $H(f)$ mit

$\sqrt{G_i(f)}$, so folgt:

$$SNR|_{t_0} = \frac{|\int_{-\infty}^{\infty}(S(f)G_i^{-\frac{1}{2}}(f))H(f)G_i^{\frac{1}{2}}(f)e^{i2\pi f t_0}\,df|^2}{\int_{-\infty}^{\infty}|H(f)|^2 G_i(f)df} \;. \tag{19.51}$$

Mit der Schwarzschen Ungleichung,

$$|\int_a^b g_1(t)g_2(t)dt|^2 \leq \int_a^b |g_1(t)|^2\,dt \int_a^b |g_2(t)|^2\,dt \;, \tag{19.52}$$

folgt für den Zähler A von (19.51):

$$\begin{aligned} A &= |\int_{-\infty}^{\infty}(S(f)G_i^{-\frac{1}{2}}(f))H(f)G_i^{\frac{1}{2}}(f)e^{i2\pi f t_0}\,df|^2 \\ &\leq \int_{-\infty}^{\infty}|S(f)G_i^{-\frac{1}{2}}(f)|^2\,df \int_{-\infty}^{\infty}|H(f)G_i^{\frac{1}{2}}(f)e^{i2\pi f t_0}|^2\,df. \end{aligned}$$

$$\tag{19.53}$$

Da $G_i^{\pm\frac{1}{2}}(f)$ eine reelle Funktion ist, folgt:

$$A \leq \int_{-\infty}^{\infty}\frac{|S(f)|^2}{G_i(f)}\,df \int_{-\infty}^{\infty}|H(f)|^2 G_i(f)df \;. \tag{19.54}$$

Damit ergibt sich aus Gleichung (19.51):

$$SNR|_{t_0} \leq \int_{-\infty}^{\infty}\frac{|S(f)|^2}{G_i(f)}\,df \;. \tag{19.55}$$

Das Gleichheitszeichen in (19.52) gilt, falls $g_2(t)$ proportional zu $y_1^*(t)$ ist. Damit wird das Signal-Störverhältnis zum Maximum für

$$(S(f)G_i^{-\frac{1}{2}}(f))^* = H(f)G_i^{\frac{1}{2}}(f)e^{i2\pi f t_0} \;, \tag{19.56}$$

das heißt, falls

$$H(f) = \frac{S^*(f)}{G_i(f)}e^{-i2\pi f t_0} \tag{19.57}$$

gewählt wird. Mit diesem Filter wird das in (19.50) definierte Nutz-Störverhältnis zum Zeitpunkt t_0 maximal groß. Setzt man $t_0 = 0$, dann bedeutet das, daß der Operator $h(t)$ mit der Übertragungsfunktion $H(f) = \frac{S^*(f)}{G_i(f)}$ das maximal erzielbare Nutz-Störsignal-Verhältnis zum Zeitpunkt der Filtereinwirkung liefert. Das Filter zur Maximierung des momentanen Signal-Noise-Verhältnisses besitzt damit die Filtercharakteristik

$$H_{SN}(f) = \frac{S^*(f)}{G_i(f)} \;. \tag{19.58}$$

410

Gleichung (19.58) entspricht einer Vorfilterung mit $G_i(f)^{-1}$, wodurch das Noise-Leistungsspektrum auf konstantes Niveau gezogen wird, und der anschließenden signalangepaßten Filterung mit $S^*(f)$ für weißen Noise. Nach dem Noise-Whitening liegt das Signal mit dem Spektrum $\frac{S(f)}{G_i(f)}$ vor; am Ausgang des Filters besitzt es das Spektrum $S(f)\frac{S^*(f)}{G_i(f)}$. Die physikalische Bedeutung der Übertragungsfunktion ist einfach. Je größer das Amplitudenspektrum des Signals und je kleiner das quadratische Noise-Spektrum über ein Frequenzintervall $(f, f + \Delta f)$ sind, desto vollständiger werden die Anteile dieser Frequenzen übertragen. Für weiße Störanteile $(G_i(f) = \frac{1}{c})$ vereinfacht sich Gleichung (19.58) zu

$$H(f) = cS^*(f) \, , \qquad (19.59)$$

was bis auf den konstanten Faktor c der Übertragungsfunktion des signalangepaßten Filters (19.46) entspricht. Das signalangepaßte Filter (19.46) liefert nur für den Sonderfall, daß die Störanteile des zu filternden Vorgangs weiß sind, ein maximales Signal-Noise-Verhältnis. Für farbige Störanteile muß das Filter dem Verhältnis der Spektren $\frac{S^*(f)}{G_i(f)}$ angepaßt werden, um im Sinne des Kriteriums (19.50) optimal zu wirken.

Beispiel: Signaldetektion bei farbigem Noise

Zur Klärung der Frage, ob ein bekanntes Signal $s(t)$ in einem gegebenen Zeitintervall der Registrierung $z(t)$ vorhanden ist oder nicht, wird nach Gleichung (19.58) das Filter mit der Übertragungsfunktion

$$H(f) = \frac{S^*(f)}{G_i(f)} \qquad (19.60)$$

angesetzt. Für das um $t = t_0$ zeitverzögerte Signal

$$\bar{s}(t) = as(t - t_0) \qquad (19.61)$$

mit der Fourier-Transformierten

$$\bar{S}(f) = aS(f)e^{-i2\pi f t_0} \qquad (19.62)$$

ergibt sich am Filterausgang

$$\begin{aligned}
Y(f) &= \frac{S^*(f)}{G_i(f)}\bar{S}(f) = \frac{S^*(f)}{G_i(f)}aS(f)e^{-i2\pi f t_0} \\
&= a\frac{|S(f)|^2}{G_i(f)}e^{-i2\pi f t_0} \qquad (19.63)
\end{aligned}$$

bzw. im Zeitbereich

$$y(t) = a \int_{-\infty}^{\infty} \frac{|S(f)|^2}{G_i(f)} e^{i2\pi f(t-t_0)} df \ . \tag{19.64}$$

Bezeichnet man mit $R_{S/G}(\tau)$ die inverse Fourier-Transformierte von $\frac{|S(f)|^2}{G_i(f)}$, das heißt

$$R_{S/G}(\tau) = \int_{-\infty}^{\infty} \frac{|S(f)|^2}{G_i(f)} e^{i2\pi f\tau d\tau} df \ , \tag{19.65}$$

dann folgt aus (19.64) mit $\tau = t - t_0$:

$$y(t) = aR_{S/G}(t - t_0) \ . \tag{19.66}$$

$R_{S/G}(\tau)$ entspricht nach Gleichung (19.65) der Faltung des Filteroperators $h(t)$ mit der Filtercharakteristik $H(f) = \frac{S^*(f)}{G_i(f)}$ mit dem Signal $s(t)$. $y(t)$ ist proportional dieser um t_0 verschobenen Funktion mit dem Leistungsspektrum $\frac{|S(f)|^2}{G_i(f)}$. Ist der Noise am Filtereingang weiß, dann ergibt sich am Filterausgang - wie nach Gleichung (19.49) zu erwarten - aus (19.64) der Ausdruck:

$$y(t) \sim \int_{-\infty}^{\infty} |S(f)|^2 e^{i2\pi f(t-t_0)} df \doteq R_{ss}(t - t_0). \tag{19.67}$$

Durch den Vergleich der gefilterten Registrierung mit der bekannten Signal-AKV-Funktion läßt sich die Existenz von Signaleinsätzen prüfen. Die Zuverlässigkeit der Aussage hängt vom Nutz-StörsignalVerhältnis ab. Bei kleinem Nutz-Störsignal-Verhältnis kann das Signal so vollständig durch den Noise verdeckt sein, daß die Anwendung eines Filters keine Entscheidungshilfe mehr bieten kann. Ist das Signal nachgewiesen, so läßt sich die Einsatzzeit t_0 des Signals festlegen. t_0 ist die Zeit, bei der der für die Signalerkennung maßgebende Ausschnitt von $y(t)$ seinen Maximalwert hat.

19.4 Filterwirkungen im Frequenzbereich

Für das zu filternde Seismogramm wird das Modell in Abb. 19.1 zugrunde gelegt. Es wird die zusätzliche Annahme gemacht, daß $\xi(t)$ und $\eta(t)$ voneinander statistisch unabhängige weiße Rauschprozesse der mittleren Leistung p und q sind. Unter der Annahme, daß die beiden Vorgänge $\xi(t)$ und $\eta(t)$ unkorreliert sind, ist

$$R_{zz}(\tau) = pR_{ss}(\tau) + qR_{ww}(\tau) \tag{19.68}$$

412

und

$$R_{zs}(\tau) = p R_{ss}(\tau) \quad , \tag{19.69}$$

so daß die Übertragungsfunktion des nichtrealisierbaren Wiener-Filters (19.7) für $d(t) = s(t)$ gegeben ist durch

$$H_{opt}(f) = \frac{p|S(f)|^2}{p|S(f)|^2 + q|W(f)|^2} = \frac{1}{1 + \frac{q|W(f)|^2}{p|S(f)|^2}} \quad . \tag{19.70}$$

$|S(f)|$, $|W(f)|$ sind die Amplitudenspektren von $s(t)$ bzw. $w(t)$. Im Vergleich hierzu ist die Übertragungsfunktion des Filters zur Maximierung des Signal-Noise-Verhältnisses nach Gleichung (19.58) für das obige Modell:

$$H_{SN}(f) = \frac{p^{\frac{1}{2}} S^*(f)}{q|W(f)|^2} \quad , \tag{19.71}$$

so daß

$$|H_{SN}(f)| = \frac{p^{\frac{1}{2}}|S(f)|}{q|W(f)|^2} = c\frac{|S(f)|}{|W(f)|^2}. \tag{19.72}$$

Die Übertragungsfunktionen (19.70) und (19.72) kennzeichnen das Verhalten der beiden Filter in folgender Weise:

- **Signal-Noise-angepaßtes Filter (19.72):**

Da der auf 1 normierte Betrag der Übertragungsfunktion unabhängig vom Signal-Noise-Verhältnis $\frac{p}{q}$ ist, wird die Filterwirkung durch das Verhältnis von $|S(f)|$ zu $|W(f)|^2$ bestimmt. Nur bei konstantem $|W(f)|$ über den vom Signal überdeckten Frequenzbereich ist die Übertragungsfunktion proportional dem Signalamplitudenspektrum. Ist dagegen der Noise farbig, so ist der Durchlaßbereich dieses Filters im wesentlichen auf die Frequenzbereiche begrenzt, für die das Verhältnis von $|S(f)|$ zu $|W(f)^2|$ am größten ist.

- **Wiener-Filter (19.70):**

Die Übertragungsfunktion (19.70) dieses speziellen Wiener-Filters besteht aus lauter Amplitudenspektren und ist damit phasentreu. Für unverrauschte Signale ($q = 0$) ist $H_{opt}(f) = 1$. Bei vorhandenen Störsignalen nimmt $H_{opt}(f)$ mit wachsendem Störpegel ab. Für $q|W(f)|^2 \gg p|S(f)|^2$ sperrt das Filter. Die Amplitudencharakteristik ist abhängig vom Verhältnis $\frac{p}{q}$. Mit abnehmendem $\frac{p}{q}$, d.h. mit zunehmenden Störanteilen, wird die Übertragungsfunktion schmalbandiger. Die Noise-Unterdrückung beim Wiener-Filter ist bei großem $\frac{p}{q}$ in den Frequenzbereichen, in denen $|W(f)|$ dominiert, erheblich geringer als beim Signal-Noise-angepaßten Filter. Mit zunehmenden Störanteilen paßt sich der Durchlaßbereich des Wiener-Filters (1970) dem Nutz-Störsignal-Verhältnis an, denn

$$|H_{opt}(f)| = \frac{p|S(f)|^2}{p|S(f)|^2 + q|W(f)|^2} = \frac{\frac{p|S(f)|^2}{q|W(f)|^2}}{\frac{p|S(f)|^2}{q|W(f)|^2} + 1} \qquad (19.73)$$

$$\text{geht für } \frac{p|S(f)|^2}{q|W(f)|^2} \ll 1 \text{ gegen } \frac{p|S(f)|^2}{q|W(f)|^2} \ . \qquad (19.74)$$

Dies ist gerade das Verhältnis der mittleren Signal- und Noise-Leistungen, definiert durch:

$$\overline{SNR} = \frac{\lim\limits_{T \to \infty} \dfrac{1}{2T} \displaystyle\int_{-T}^{T} u^2(t)dt}{\lim\limits_{T \to \infty} \dfrac{1}{2T} \displaystyle\int_{-\infty}^{\infty} n^2(t)dt} . \qquad (19.75)$$

Unter Anwendung des Parsevalschen Theorems folgt hieraus

$$\overline{SNR} = \frac{\int_{-\infty}^{\infty} G_{\xi\xi}(f)|S(f)|^2 df}{\int_{-\infty}^{\infty} G_{\eta\eta}(f)|W(f)|^2 df} \qquad (19.76)$$

und da $\xi(t)$ und $\eta(t)$ regellose weiße Folgen mit den mittleren Leistungen p bzw. q sind:

$$\overline{SNR} = \frac{p}{q} \frac{\int_{-\infty}^{\infty} |S(f)|^2 df}{\int_{-\infty}^{\infty} |W(f)|^2 df} \ . \qquad (19.77)$$

Einfache Modellrechnungen über die Wirkungsweise digitaler Optimalfilter im Frequenzbereich bei vorhandenem weißen und farbigen Rauschen findet man bei Robinson und Treitel (1980).

19.5 Bestimmung digitaler Optimalfilter

Die Herleitung digitaler Optimalfilter wird für das realisierbare Wiener-Filter skizziert. Anstelle der kontinuierlichen Funktion $z(t)$, $0 \le t \le T$ sei die Folge z_j, $j = 0,1,..,LZ$ gegeben, zu deren Filterung der einseitige Operator h_m, $m = 0,...,M$ so zu bestimmen ist, daß die mittlere quadratische Abweichung zwischen dem tatsächlichen Filterausgang

$$y_j = \sum_{m=0}^{M} h_m z_{j-m}, \ j = 0,1,...,LZ + M \qquad (19.78)$$

und dem gewünschten Filterausgang d_j, $j = 0, 1, ..., LZ + M$ möglichst klein wird, das heißt, gefordert wird:

$$\sum_{j=0}^{LZ+M} (y_j - d_j)^2 \stackrel{!}{=} Min.$$ (19.79)

In Zukunft wird eine Folge x_j, $j = 0, 1, ..., LX$ auch in der kürzeren Schreibweise (x_j) dargestellt. Mit (19.78) folgt aus Gleichung (19.79):

$$\sum_{j=0}^{LZ+M} (\sum_{m=0}^{M} h_m z_{j-m} - d_j)^2 \stackrel{!}{=} Min .$$ (19.80)

Das Minimum wird durch partielle Differentiation bezüglich der Filterkoeffizienten h_l, $l = 0, 1, ..., M$ ermittelt:

$$\frac{\partial}{\partial h_l} (\sum_{j=0}^{LZ+M} (\sum_{m=0}^{M} h_m z_{j-m} - d_j)^2) = 0, \quad l = 0, ..., M .$$ (19.81)

Hieraus folgt:

$$\sum_{j=0}^{LZ+M} 2(\sum_{m=0}^{M} h_m z_{j-m} - d_j) z_{j-l} = 0, \quad l = 0, ..., M$$ (19.82)

bzw.

$$\sum_{m=0}^{M} h_m \sum_{j=0}^{LZ+M} z_{j-m} z_{j-l} = \sum_{j=0}^{LZ+M} d_j z_{j-l}, \quad l = 0, ..., M .$$ (19.83)

Mit $j - l = k$ ergibt sich

$$\sum_{m=0}^{M} h_m \sum_{k=-l}^{LZ+M-l} z_k z_{k+l-m} = \sum_{k=-l}^{LZ+M-l} z_k d_{k+l}, \quad l = 0, ..., M .$$ (19.84)

Da $z_k = 0$ ist für $k < 0$ und $k > LZ$, folgt:

$$\sum_{m=0}^{M} h_m \sum_{k=0}^{LZ} z_k z_{k+l-m} = \sum_{k=0}^{LZ} z_k d_{k+l}$$ (19.85)

und weiter

$$\sum_{m=0}^{M} h_m R_{zz}(l - m) = R_{zd}(l), \quad l = 0, ..., M .$$ (19.86)

R_{zz} und R_{zd} sind **Schätzwerte** für die Auto- und Kreuzkovarianz-funktion. Ausführlich in Matrixform geschrieben lautet das Normal-gleichungssystem (19.86) bei Benutzung der übersichtlicheren Schreib-weise $R_j = R_{zz}(j)$ und $r_j = R_{zd}(j)$ und unter Berücksichtigung, daß $R_{-j} = R_j$ ist:

$$\begin{pmatrix} R_0 & R_1 & R_2 & \dots & R_{M-1} & R_M \\ R_1 & R_0 & R_1 & & R_{M-2} & R_{M-1} \\ R_2 & R_1 & R_0 & & & \\ \cdot & & & & & \\ \cdot & & & & & \\ R_{M-2} & \dots & & & R_1 & R_2 \\ R_{M-1} & R_{M-2} & \dots & & R_0 & R_1 \\ R_M & R_{M-1} & R_{M-2} & \dots & R_1 & R_0 \end{pmatrix} \begin{pmatrix} h_0 \\ h_1 \\ h_2 \\ \\ \\ h_{M-2} \\ h_{M-1} \\ h_M \end{pmatrix} = \begin{pmatrix} r_0 \\ r_1 \\ r_2 \\ \\ \\ r_{M-2} \\ r_{M-1} \\ r_M \end{pmatrix} .$$

$$(19.87)$$

Für zweiseitige nichtrealisierbare Operatoren ergibt sich, wenn man analog zu oben vorgeht, folgendes Gleichungssystem:

$$\sum_{m=-M}^{M} h_m R_{zz}(l - m) = R_{zd}(l), \quad l = -M, ..., M \ . \tag{19.88}$$

Die Länge M des Wiener-Filters bestimmt sich aus der Bedingung, daß die in die Gleichungen (19.86) und (19.88) eingehenden Kovarianz-funktionen im Idealfall die Informationen des Filtereingangs und des gewünschten Filterausgangs vollständig enthalten müssen. Wählt man den gewünschten Filterausgang in der Länge des Filtereingangs, dann müßte die Filterlänge so lang wie der Filtereingang gewählt werden. Tatsächlich liegt in den meisten Fällen die wesentliche Infor-mation in den ersten 10 bis 20% der Kovarianzfunktionen, und somit ist diese Filterlänge in der Regel ausreichend, um mit dem Wiener-Filter zufriedenstellende Ergebnisse zu erzielen.

Bemerkungen:

1. Die Optimalfilterung umfaßt vier Schritte:

1. das Aufstellen der Gleichungen (19.86) für einseitige bzw. (19.88) für zweiseitige Filteroperatoren,
2. die Berechnung der Auto- und Kreuzkovarianz-Koeffizienten,
3. das Lösen des Gleichungssystems (19.86) bzw. (19.88),
4. die Berechnung des Filterausgangs, indem man die diskrete Fal-tung durchführt.

Beispiele der Optimalfilterung in der Seismik werden in Kapitel 20 behandelt.

416

2. Das Wiener-Filter ist optimal in dem Sinne, daß es kein lineares Filter derselben Länge gibt, für das die Fehlerenergie kleiner als beim Wiener-Filter ist. Für den mittleren quadratischen Fehler ergibt sich aus

$$
\begin{aligned}
I \;=\;& \sum_{j=0}^{LZ+M} \Big(\sum_{m=0}^{M} h_m z_{j-m} - d_j \Big)^2 \\
=\;& \sum_{m=0}^{M} \sum_{n=0}^{M} h_m h_n \sum_{j=0}^{LZ+M} z_{j-m} z_{j-n} - 2 \sum_{m=0}^{M} h_m \sum_{j=0}^{LZ+M} z_{j-m} d_j + \sum_{j=0}^{LZ+M} d_j^2 \\
=\;& \sum_{m=0}^{M} \sum_{n=0}^{M} h_m h_n R_{zz}(m-n) - 2 \sum_{m=0}^{M} h_m R_{zd}(m) + R_{dd}(0). \qquad (19.89)
\end{aligned}
$$

Hieraus ergibt sich für den mittleren quadratischen Fehler des Wiener-Optimalfilters unter Berücksichtigung der Normalgleichungen (19.86):

$$
\begin{aligned}
I_{min} \;=\;& R_{dd}(0) - \sum_{m=0}^{M} h_m R_{zd}(m) \\
& + \sum_{m=0}^{M} h_m \Big\{ \sum_{n=0}^{M} h_n R_{zz}(m-n) - R_{zd}(m) \Big\} \\
=\;& R_{dd}(0) - \sum_{m=0}^{M} h_m R_{zd}(m) \;, \qquad\qquad (19.90)
\end{aligned}
$$

da der Ausdruck in der geschweiften Klammer nach (19.86) für jedes m, $m = 0, 1, ..., M$, Null ist.

Die Gleichungssysteme (19.86) und (19.88) werden als Normalgleichungssysteme bezeichnet, da der aus der Fehlerfolge $(\epsilon_j) = (y_j - d_j)$ gebildete Fehlervektor, der sich bei Anwendung des aus (19.86) bzw. (19.88) bestimmten Operators ergibt, senkrecht (orthogonal) auf dem aus dem Filterausgang gebildeten Vektor steht.

Beispiel: Es soll das Wiener-Filter $(h_j) = (h_0, h_1)$ bestimmt werden, mit dem die Folge $(z_j) = (2, 1)$ auf das gewünschte Signal $(d_j) = (1, 0, 0)$ überführt wird.

Die Kovarianzkoeffizienten ergeben sich zu $R_0 = 5$, $R_1 = 2$, $r_0 = 2$ und $r_1 = 0$. Die Lösung des Normalgleichungssystems (19.87),

$$
\begin{aligned}
5h_0 + 2h_1 &= 2 \\
2h_0 + 5h_1 &= 0, \qquad\qquad (19.91)
\end{aligned}
$$

liefert $h_0 = \frac{10}{21}$, $h_1 = -\frac{4}{21}$. Der tatsächliche Filterausgang beträgt $(y_j) = (\frac{20}{21}, \frac{2}{21}, -\frac{4}{21})$. Mit der Fehlerfolge $(\epsilon_j) = (y_j - d_j) = (-\frac{1}{21}, \frac{2}{21}, -\frac{4}{21})$

ergibt sich für das innere Produkt von (y_j) und (ϵ_j): $(y_j) \cdot (\epsilon_j) = -\frac{20}{21^2} + \frac{4}{21^2} + \frac{16}{21^2} = 0$.

3. Bei dem die Wiener-Hopf-Integralgleichung (19.5) ersetzenden Normalgleichungssystem (19.87) ist die Koeffizientmatrix vom Töplitz-Typ, d.h. die Matrix ist symmetrisch und besitzt längs der einzelnen Diagonalen von links oben nach rechts unten gleiche Elemente. Dies gilt auch für das zweiseitige Filter.

4. Das Normalgleichungssystem läßt sich nach einem auf Levinson zurückgehenden Algorithmus rekursiv lösen. Hierbei werden nacheinander die Untersysteme

$$R_0 h_0^{(0)} = r_0 \quad ,$$

$$\begin{pmatrix} R_0 & R_1 \\ R_1 & R_0 \end{pmatrix} \begin{pmatrix} h_0^{(1)} \\ h_1^{(1)} \end{pmatrix} = \begin{pmatrix} r_0 \\ r_1 \end{pmatrix} \quad ,$$

$$\begin{pmatrix} R_0 & R_1 & R_2 \\ R_1 & R_0 & R_1 \\ R_2 & R_1 & R_0 \end{pmatrix} \begin{pmatrix} h_0^{(2)} \\ h_1^{(2)} \\ h_2^{(2)} \end{pmatrix} = \begin{pmatrix} r_0 \\ r_1 \\ r_2 \end{pmatrix} \quad , \qquad (19.92)$$

usw. gelöst. Zur Berechnung von $h_0^{(k+1)}$, $h_1^{(k+1)}$, ..., h_{k+1}^{k+1} werden die im vorangegangenen Schritt bestimmten Werte für h_0^k, h_1^k, ..., h_k^k benutzt. Wenn k+1=M erreicht ist, sind die gesuchten Filterkoeffizienten bestimmt. Die Ableitung der Rekursionsformeln des Levinson-Algorithmus findet man bei Levinson (1946). Diese Methode ist schneller als die Lösung von Gleichungssystemen mit Verfahren für symmetrische Koeffizientenmatrizen. Ein Fortran-Programm zur Lösung des Gleichunssystems (19.86) unter Benutzung des Levinson-Algorithmus findet man bei Robinson (1967). Eine Alternative hierzu ist die iterative Lösung des Gleichungssystems nach der Gradienten- oder Subgradientenmethode (s. Wang und Treitel, 1973).

5. Zur Bestimmung der Filterkoeffizienten ist die Kenntnis der Kovarianzfunktionen

$$R_{zz}(j) = \sum_{k=0}^{LZ} z_k z_{k+j} \qquad (19.93)$$

und

$$R_{zd}(j) = \sum_{k=0}^{LZ} z_k d_{k+j} \qquad (19.94)$$

erforderlich. Während die Bestimmung der AKV-Werte $R_{zz}(j)$ der zu filternden Funktion unproblematisch ist, setzt die Bestimmung der

KKV-Werte $R_{zd}(j)$ im allgemeinen die Kenntnis von (d_j) voraus. Bei sich überlagernden Signalen, deren Einsatzzeiten nicht bekannt sind, ist die Vorgabe von (d_j) nicht direkt möglich. Zur Filterbestimmung müssen wie z.B. in Abschnitt 19.1.1 Modellannahmen zugrunde gelegt werden. Dieses Problem wird in Kapitel 20.1 behandelt.

6. Ein spezielles Wiener-Optimalfilter ist das Vorhersagefehler-Filter. Zur Vorhersage des Funktionswertes $z_{j+\alpha}$ (α = Vorhersagedistanz) aus den $M+1$ Funktionswerten z_j, $z_{j-1}, ..., z_{j-M}$ wird für den gewünschten Filterausgang $(d_j) = (z_{j+\alpha})$ gesetzt. Aus Gleichung (19.86) folgt:

$$\sum_{m=0}^{M} h_m R_{zz}(l - m) = R_{zz}(l + \alpha), \quad l = 0, 1, ..., M \quad , \qquad (19.95)$$

oder symbolisch

$$h_l \, * \, R_{zz}(l) = R_{zz}(l + \alpha), \quad l = 0, 1, ..., M \quad , \qquad (19.96)$$

d.h. die AKV-Funktion $R_{zz}(l)$ wird durch das Vorhersagefilter auf $R_{zz}(l + \alpha)$ abgebildet. Der Fehler der Vorhersage ergibt sich zu

$$\epsilon_{j+\alpha} = z_{j+\alpha} - \sum_{m=0}^{M} h_m z_{j-m} \, . \qquad (19.97)$$

Mit der Substitution:

$$\gamma_0 = 1 \ , \quad \gamma_j = 0 \quad \text{für} \quad j = 1, 2, ..., \alpha - 1$$

und

$$\gamma_{j+\alpha} = -h_j \quad \text{für} \quad j = 0, 1, ..., M \qquad (19.98)$$

läßt sich Gleichung (19.97) schreiben als

$$\epsilon_{j+\alpha} = \sum_{m=0}^{M+\alpha} \gamma_m z_{j-m} \, . \qquad (19.99)$$

Die rechte Seite stellt die Faltung des Operators (γ_m) mit (z_j) dar. Das Ergebnis ist die Folge der Vorhersagefehler. (γ_m) wird daher als Vorhersagefehler-Filteroperator bezeichnet.

Für eine erfolgreiche Vorhersage-Filterung muß der zu filternde Vorgang den Bedingungen für stationäres **farbiges** Rauschen genügen, das heißt, er muß regellos sowie stationär sein und die Länge der von Null verschiedenen AKV-Funktion muß größer als 1 sein. Bei weißem Rauschen ist lediglich $R_0 \neq 0$. Das Normalgleichungssystem

(19.95) ist dann für jede Vorhersagedistanz $\alpha \geq 1$ ein homogenes Gleichungssystem und hat nur die triviale Lösung $h_m = 0$, $m = 0, 1, ..M$. Bei farbigem Rauschen besteht dagegen eine gewisse Erhaltungstendenz zwischen benachbarten Werten; es ist daher vorhersagbar.

Der Einsatz des Vorhersagefehler-Filters in der Seismik wird in Kapitel 20 ausführlich behandelt.

19.6 Erweiterung der Theorie der Optimalfilter auf nichtstationäre Prozesse

Bei den hier betrachteten nichtstationären Prozessen sollen sich lediglich die Mittelwerte und die Autokovarianz-Funktionen mit der Zeit ändern. Um diesen Änderungen bei der Filterung Rechnung tragen zu können, ist es erforderlich, zeitvariierende Filter einzusetzen, bei denen sich die Gewichtsfunktion mit der Zeit ändert. Es sei $h(t, \tau)$ die Impulsantwort des zeitvariierenden Filters zum Zeitpunkt t. Dabei ist $h(t, \tau)$ die Antwort zur Zeit t auf die Impulsanregung des Filters zum Zeitpunkt $t - \tau$. Ist $x(t) = 0$ für $t < 0$ und läßt man nur kausale Filter zu, dann läßt sich der Zusammenhang zwischen dem Filtereingang $x(t)$ und dem Filterausgang $y(t)$ wie folgt beschreiben:

$$y(t) = \int_0^t h(t, \tau) x(t - \tau) d\tau \ . \tag{19.100}$$

Beispiel: Ein R, C-Stromkreis mit der Eingangsspannung $x(t)$ und der Ausgangsspannung $y(t)$ läßt sich durch

$$C R(t) \frac{dy}{dt} + y(t) = x(t) \tag{19.101}$$

beschreiben. Schaltet man das System zur Zeit $t = 0$ ein, so sind $x(t)$ und $y(t)$ für $t < 0$ gleich Null. Ist $R(t) = t$, dann lautet die Lösung der Differentialgleichung:

$$y(t) = \begin{cases} \frac{1}{Ct^{\frac{1}{C}}} \int_0^t (t - \tau)^{\frac{1-C}{C}} x(t - \tau) d\tau & \text{für } t \geq 0 \\ 0 & \text{für } t < 0 \ , \end{cases} \tag{19.102}$$

das heißt, das System besitzt die zeitvariierende Gewichtsfunktion

$$h(t, \tau) = \begin{cases} \frac{1}{Ct^{\frac{1}{C}}} (t - \tau)^{\frac{1-C}{C}} & \text{für } t \geq 0 \\ 0 & \text{sonst} \ . \end{cases} \tag{19.103}$$

420

Für nichtstationäre Prozesse sind die Auto- und Kreuzkovarianzfunktionen zeitabhängig, das heißt,

$$R_{xx}(t_1, t_2) = \mathcal{E}[x(t_1), x(t_2)] \qquad (19.104)$$

und

$$R_{xy}(t_1, t_2) = \mathcal{E}[x(t_1), y(t_2)] \qquad (19.105)$$

hängen von t_1 und t_2 ab.

Gesucht ist das zeitvariierende lineare Filter, das die zu filternde nichtstationäre Funktion $x(t)$ auf den gewünschten Ausgang $y(t)$ nach dem Kriterium der kleinsten mittleren quadratischen Abweichung überführt. Der Fehler zwischen gewünschtem und tatsächlichem Filterausgang beträgt

$$\epsilon(t) = d(t) - \int_0^t h(t, \tau) x(t - \tau) d\tau \ . \qquad (19.106)$$

Der mittlere quadratische Fehler ist dann:

$$
\begin{aligned}
\mathcal{E}[\epsilon^2(t)] &= \mathcal{E}[(d(t) - \int_0^t h(t, \tau) x(t - \tau) d\tau)^2] \\
&= R_{dd}(t, t) - 2 \int_0^t h(t, \tau) R_{dx}(t, t - \tau) d\tau \\
&\quad + \int_0^t \int_0^t h(t, \tau) h(t, \nu) R_{xx}(t - \tau, t - \nu) d\tau \, d\nu .
\end{aligned}
\qquad (19.107)
$$

Die Bestimmung des optimalen Filters erfolgt analog zu Abschnitt 19.2 mit Hilfe der Variationsrechnung. Booton (1952) zeigt: Die optimale Gewichtsfunktion $h_{opt}(t, \tau)$ muß folgender Gleichung genügen:

$$\int_0^t h_{opt}(t, \tau) R_{xx}(t - \nu, t - \tau) d\tau = R_{dx}(t, t - \nu), \ 0 \le \nu \le t \ . \quad (19.108)$$

Hierbei handelt es sich um eine notwendige und hinreichende Bedingung. Gleichung (19.108) ist die nichtstationäre Form der Wiener-Hopf-Gleichung; sie umfaßt zeitabhängige Kovarianzfunktionen und ein zeitvariierendes lineares Filter.

Da die Booton-Integralgleichung in der Regel schwer zu lösen ist, wurde Anfang der 50er Jahre ein anderer Ansatz zur Bestimmung optimaler Filter für nichtstationäre Prozesse verfolgt, bei dem das Problem mit Hilfe von Zustandsvariablen beschrieben wird. Dieser Ansatz führt auf das in Kapitel 21 behandelte Kalman-Bucy-Filter, bei dem anstelle der Integralgleichung (19.108) ein System von Differentialgleichungen 1. Ordnung zu lösen ist.

Kapitel 20

Ansätze digitaler Optimalfilter in der Reflexionsseismik

Die Optimalfilter wurden Mitte der 60er Jahre in die Geophysik eingeführt, insbesondere zur Lösung seismischer Probleme im Zusammenhang mit der Exploration auf Erdöl und Erdgas. Zwei Zielsetzungen bestimmten dabei die Filteransätze:

- die **Verbesserung des Auflösungsvermögens** in den Seismogrammen zur genaueren Erfassung dünner Schichtfolgen, kleinräumiger Strukturen, Verwerfungen und auskeilender Schichten durch die Reduktion der Folge der registrierten Signale auf möglichst scharfe Impulse.

- die **Verbesserung des Nutz- zu Störsignalverhältnisses** seismischer Registrierungen.

Beide Aufgaben lassen sich nach den Ausführungen in Kapitel 19 mit dem Wiener-Optimalfilter bearbeiten. Das Wiener-Filter zielt ganz allgemein darauf hin, die gemessenen Daten in einen gewünschten Filterausgang zu transformieren. Die seismischen Signale sind bandbegrenzt, wobei die dominierenden Frequenzen auf einen relativ schmalen Frequenzbereich begrenzt sind. Mit dem Wiener Filter besteht die Möglichkeit, diesen Bandbereich der dominierenden Frequenzen zu erweitern, indem man als gewünschten Filterausgang den Einheitsimpuls oder ein anderes beliebiges möglichst breitbandiges Signal wählt. Nach der Unschärferelation bedeutet diese Banderweiterung, daß die effektive Signaldauer kürzer und damit die Auflösung besser wird. In Abhängigkeit des gewünschten Filterausgangs unterscheidet man zwischen Impulsformungsfiltern, in der angelsächsischen Literatur als **spiking filter** bezeichnet, und allgemeinen Formungsfiltern (**shaping filter**), bei denen möglichst breitbandige Signale einfacher Gestalt als gewünschte Filterausgänge vorgegeben werden.

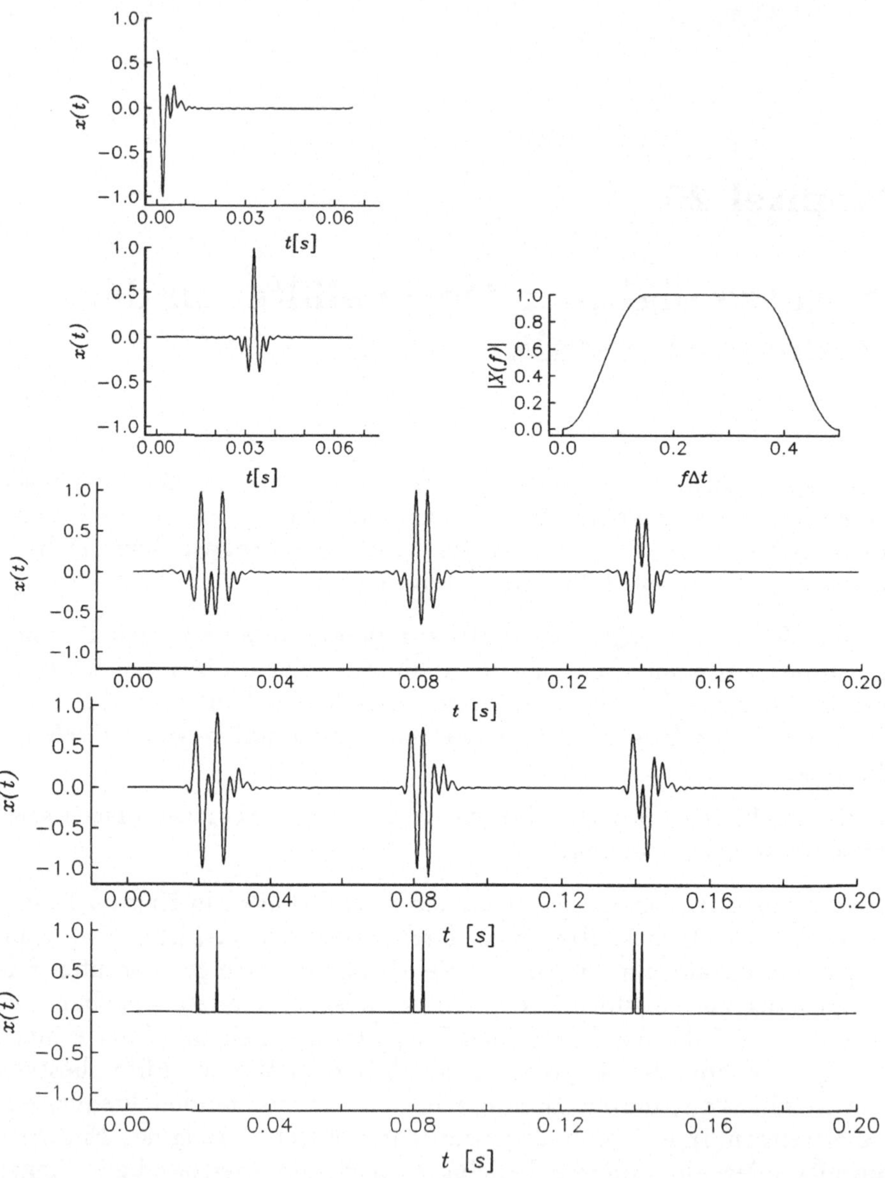

Abbildung 20.1: Das Auflösungsvermögen verschiedener Signale. Von oben nach unten sind dargestellt: Minimum- und zero-phase-Signal, daneben das zugehörige Signal-Amplitudenspektrum; synthetische Seismogramme für das zero-phase- und minimum-phase-Signal; vorgegebene Impulsfolge (nach Schoenberger, 1974).

Nach Berkhout (1973, 1974) und Schoenberger (1974) liefert die Umwandlung des registrierten Signals in ein symmetrisches Signal mit dem Phasenspektrum Null (zero phase Wavelet) das größte Auflösungsvermögen aller möglichen Signale gleicher Bandbreite. Abb. 20.1 zeigt eine Impulsfolge, die jeweils aus zwei Spikes mit unterschiedlichem zeitlichen Abstand besteht, sowie die Seismogramme, die sich durch Faltung dieser Folge mit den zum gleichen Amplitudenspektrum gehörenden minmalphasigen und nullphasigen Signalen ergeben. Für die Impulsfolge mit der kleinsten Laufzeitdifferenz lassen sich die Signaleineinsatzzeiten nur noch im oberen Seismogramm festlegen. Das Phasenspektrum der Signale ist für diese Spur Null. Derartige Signale besitzten das klar bessere Auflösungsvermögen gegenüber den minimalphasigen Signalen.

Zusätzlich zur Verbesserung des Auflösungsvermögens bietet der Einsatz der Impulsformungs- bzw. Shapingfilter den Vorteil, daß die seismischen Signale auf eine vorgegebene und damit bekannte Signalform überführt werden. Jede Änderung der akustischen Impedanz ist damit durch eine bekannte einfache Signalform gekennzeichnet, so daß die Interpretation erleichtert wird. Abb. 20.2 verdeutlicht dies an einem synthetischen Modell. Durch die Signalgestalt werden in der oberen Sektion auskeilende Schichten, d.h. nicht existierende Fangstrukturen, vorgetäuscht. Die Transformation des Signals in ein Wavelet mit dem Phasenspektrum Null gibt die tatsächlichen geologischen Gegebenheiten richtiger wieder.
Die Grundlagen der Formungsfilter werden in Kapitel 20.1 behandelt.

In der Seismik ist die Nutz-Störsignalverbesserung auf die Unterdrückung sowohl der regellosen als auch der kohärenten Störanteile, wie z.B. der Oberflächenwellen, mehrfach reflektierter Einsätze, refraktierter Reflexionen oder Diffraktionen, ausgerichtet. Die Verbesserung des Nutz-Störsignalverhältnisses ist vielfach eine notwendige Voraussetzung, um die Meßdaten geologisch interpretieren und sonstige Informationen - wie z.B. Stapelgeschwindigkeiten - zuverlässig aus ihnen extrahieren zu können.

In Abhängigkeit von der Information, die man über das Nutz- und Störsignal besitzt, lassen sich verschiedene Filter zur Verbesserung des Nutz-Störsignalverhältnisses konzipieren, deren Ansätze in Kapitel 20.2 skizziert werden.
Die Gliederung der Filterprobleme in die Bereiche **Signalverkürzung** und **Signal-Noise-Verbesserung** ist nicht zwingend. Insbesondere eignet sich das Wiener-Formungsfilter auch zur Nutz-Störsignal-Verbesserung.

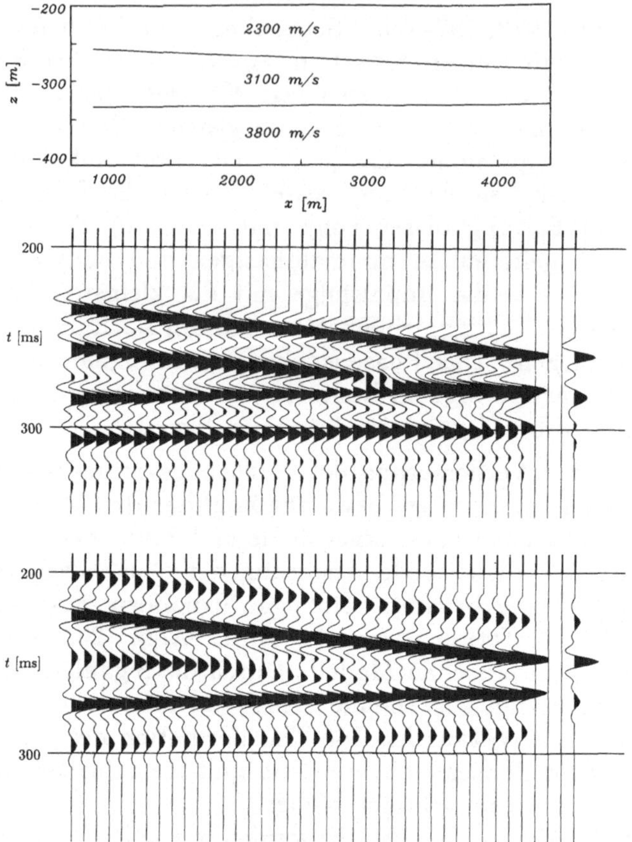

Abbildung 20.2: Synthetische seismische Sektionen eines vorgegebenen Modells (oben), berechnet für zero-phase- (unten) und mixed-phase-Wavelets (Mitte) mit gleichem Amplitudenspektrum; die Wavelets sind jeweils in der rechten Spur dargestellt.

20.1 Signalverkürzung durch den Einsatz von Formungsfiltern

Nach Modellrechnungen von Sheriff (1976) liegt die mit der Seismik maximal erreichbare Grenze der strukturellen Auflösung, z.B. beim Erkennen von Verwerfungen oder auskeilenden Schichten, bei etwa $\frac{1}{8}$ bis $\frac{1}{4}$ der seismischen Wellenlänge. Theoretisch läßt sich das Auflösungsvermögen über die zu wählenden Frequenzen des Quellsignals steuern. In praxi sind jedoch Grenzen gesetzt, dadurch, daß

- mit wachsendem Frequenzgehalt die Leistung seismischer Quellen gewöhnlich reduziert wird,

- höhere Frequenzen durch Absorption relativ stark im Erdinnern unterdrückt werden,

so daß man bei der Wahl des Quellsignalspektrums einen Kompromiß schließen muß zwischen dem geforderten Auflösungsvermögen und der angestrebten Eindringtiefe. Durch den Einsatz der Formungsfilter lassen sich jedoch gewisse Verbesserungen des Auflösungsvermögens nachträglich erzielen.

Die Herleitung der Formungsfilter basiert auf dem in Kapitel 19 hergeleiteten Wiener-Optimalfilter. Die Filtersynthese erfolgt anhand der in Kapitel 19.5 hergeleiteten Normalgleichungen zur Bestimmung **digitaler** Optimalfilter.

20.1.1 Formungsfilter für regellose weiße Signalfolgen

Es wird folgendes Modell zur Beschreibung von Seismogrammen zugrunde gelegt: An den Grenzflächen, an denen sich die akustische Impedanz (das Produkt aus Geschwindigkeit und Dichte) ändert, werden die seismischen Wellen reflektiert. Diese an der Erdoberfläche registrierten seismischen Signale haben, wenn man von Absorptionseffekten absieht, gleiche Gestalt (s_j) und überlagern sich dort aufgrund der unterschiedlichen Laufzeiten und Reflexionskoeffizienten mit bestimmten Zeitverzögerungen und mit verschiedenen Amplitudenwerten. Beschreibt man die Folge der Signaleinsätze der Primärund Mehrfachreflexionen laufzeit- und amplitudenmäßig durch (ξ_k), dann läßt sich das Seismogramm durch

$$z_k = s_k * \xi_k = \sum_{j=0}^{L} s_j \xi_{k-j} \quad , k = 0, 1, ..., N \qquad (20.1)$$

darstellen. Dabei beschreibt L die Signallänge. (ξ_j) ist das Impulsseismogramm, das bei impulsförmiger Anregung am Seismometer gemessen würde. Aus der Sicht der Filtertheorie ist (ξ_j) die Impulsantwort des Systems Erde. Das Seismogramm (20.1) soll mit Hilfe des Wiener-Filters auf ein Seismogramm (x_k) mit der einfacheren vorgegebenen Signalform (d_k) überführt werden.

Ist die Folge (ξ_n) regellos weiß und stationär mit

$$R_{\xi\xi}(j) = \left\{ \begin{array}{ll} p & \text{für } j = 0 \\ 0 & \text{sonst} \end{array} \right. , \qquad (20.2)$$

wobei p die Leistung von (ξ_k) beschreibt, dann ist

$$R_{zz}(j) \;=\; \frac{1}{N} \sum_{k=0}^{N} z_k z_{k+j} = \frac{1}{N} \sum_{k=0}^{N} \{ \sum_{m=0}^{L} s_m \xi_{k-m} \sum_{l=0}^{L} s_l \xi_{k+j-l} \}$$

$$= \sum_{m=0}^{L} \sum_{l=0}^{L} s_m s_l \frac{1}{N} \sum_{k=0}^{N} \xi_{k-m} \xi_{k+j-l} = \sum_{m=0}^{L} \sum_{l=0}^{L} s_m s_l R_{\xi\xi}(j-l+m)$$

$$= \sum_{m=0}^{L} \sum_{l=0}^{L} s_m s_l \left\{ \begin{array}{l} p \\ 0 \end{array} \right\} \begin{array}{l} \text{falls } l = m+j \\ \text{falls } l \neq m+j \end{array}$$

$$= \sum_{m=0}^{L} s_m s_{m+j} p = p R_{ss}(j) \ . \tag{20.3}$$

Für den gewünschten Filterausgang

$$x_k = d_k * \xi_k \ , \quad k = 0, 1, 2, ..., N \tag{20.4}$$

ergibt sich entsprechend

$$R_{zx}(j) = p R_{sd}(j) \ . \tag{20.5}$$

Das Normalgleichungssystem (19.86) zur Bestimmung realisierbarer Wiener-Digitalfilter,

$$\sum_{j=0}^{M} h_j R_{zz}(k-j) = R_{zx}(k), \quad k = 0, ... M, \tag{20.6}$$

geht über in

$$\sum_{j=0}^{M} h_j R_{ss}(k-j) = R_{sd}(k), \quad k = 0, ..., M \ . \tag{20.7}$$

Anstelle von $(x_k) = (d_k * \xi_k)$ genügt es, das gewünschte Filterausgangsignal (d_k) vorzugeben, um die Folge (z_k) im Sinne des Wiener-Kriteriums auf (x_k) zurückzuführen. (d_k) kann dabei beliebig gewählt werden.

20.1.2 Reduktion der Signallänge bei vorhandenem Noise

Man betrachte das in Abb. 19.1 gegebene Modell

$$z_k = u_k + n_k \ , \quad k = 0, 1, ..., N \tag{20.8}$$

mit der Signalkomponente

$$u_k = s_k * \xi_k \tag{20.9}$$

und den Störanteilen

$$n_k = w_k * \eta_k \ , \tag{20.10}$$

wobei ξ_k und η_k voneinander statistisch unabhängige, stationäre, weiße regellose Folgen mit $R_{\xi\xi}(0) = p$, $R_{\eta\eta}(0) = q$ sind, die die Signal- und Noise-Einsätze beschreiben. Analog zu Gleichung (20.3) läßt sich zeigen:

$$R_{uu}(j) = pR_{ss}(j) \ , \tag{20.11}$$

$$R_{nn}(j) = qR_{ww}(j) \ . \tag{20.12}$$

Da ξ_k und η_k nicht miteinander korrelieren, ergibt sich:

$$R_{zz}(j) = R_{uu}(j) + R_{nn}(j) = pR_{ss}(j) + qR_{ww}(j) \ . \tag{20.13}$$

Wählt man als gewünschten Filterausgang (x_k) die Folge der Signale mit der Signalgestalt d_k, $k = 0, 1, ..., L$, d.h.

$$x_k = d_k * \xi_k \ , \tag{20.14}$$

dann ergibt sich die KKV-Funktion

$$
\begin{aligned}
R_{zx}(j) &= \frac{1}{N}\sum_{k=0}^{N} z_k x_{k+j} = \frac{1}{N}\sum_{k=0}^{N}(u_k + n_k)x_{k+j} \\
&= \frac{1}{N}\sum_{k=0}^{N} u_k x_{k+j} + \frac{1}{N}\sum_{k=0}^{N} n_k x_{k+j} \ .
\end{aligned}
\tag{20.15}
$$

Da ξ_k und η_k nicht korrelieren, korrelieren $n_k = w_k * \eta_k$ und $x_k = d_k * \xi_k$ gleichfalls nicht miteinander, d.h.

$$\frac{1}{N}\sum_{k=0}^{N} n_k x_{k+j} = 0 \ \ \forall j \ , \tag{20.16}$$

und

$$R_{zx}(j) = \frac{1}{N}\sum_{k=0}^{N} u_k x_{k+j} = p\sum_{k=0}^{L} s_k d_{k+j} \ . \tag{20.17}$$

Mit (20.13) und (20.17) geht das Normalgleichungssystem (20.6) über in

$$\sum_{j=0}^{M} h_j(pR_{ss}(k - j) + qR_{ww}(k - j)) = p\sum_{j=0}^{L} s_j d_{j+k}, \ \ k = 0, ..., M \ . \tag{20.18}$$

Analog erhält man für nichtrealisierbare Filteroperatoren:

$$\sum_{j=-M}^{M} h_j(pR_{ss}(k - j) + qR_{ww}(k - j)) = p\sum_{j=0}^{L} s_j d_{j+k}, \ \ k = -M, ..., M \ . \tag{20.19}$$

Zur Bestimmung der AKV-Funktion $R_{zz}(j)$ bietet die in den Gleichungen (20.18) und (20.19) skizzierte Aufspaltung in einen Signal- und Noise-Term keinen Vorteil, da sie direkt aus dem zu filternden Seismogramm abgeschätzt werden kann, es sei denn, man kann die Signal- und Noise-AKV-Funktionen direkt vorgeben, wie z.B. in dem in Abb. 20.3 angegebenen Beispiel. Dabei ist allerdings zu prüfen, inwieweit die den Gleichungen (20.18) und (20.19) zugrunde liegende Annahme der statistischen Unabhängigkeit von Signal und Noise gerechtfertigt ist. Der eigentliche Vorteil der Darstellungen (20.18) und (20.19) liegt darin, daß in dieser Form die KKV-Funktionen zwischen der zu filternden Funktion und dem gewünschten Filterausgang vielfach leichter abgeschätzt werden können, wie an den nachfolgenden Beispielen gezeigt wird.

Die rechte Seite der Gleichungssysteme (20.18) und (20.19),

$$R_{zx}(k) = p \sum_{j=0}^{L} s_j d_{j+k} \ , \tag{20.20}$$

ist abhängig von dem jeweils gewählten Signal (d_j), auf das man das gemessene Wavelet zurückführen möchte. Für die Signal-Kontraktion werden Signale angesetzt, die im Vergleich zu den gemessenen Signalen größere Bandbreite mit höheren dominierenden Frequenzen und einfachere Signalgestalt besitzen, z.B. Signale mit Null- oder Minimum-Phasenspektrum.

Beispiel 1: Für die Signalprädiktion

$$(d_j) = (s_{j+\alpha}) \ , \quad \alpha \ \text{beliebig} \ , \tag{20.21}$$

ergibt sich aus den Gleichungen (20.20) und (20.11):

$$R_{zx}(k) = pR_{ss}(k + \alpha) = R_{uu}(k + \alpha) \ , \tag{20.22}$$

d.h. zur Filterbestimmung genügt die Kenntnis der AKV-Funktion der Signalkomponente bzw. - da der Faktor p unerheblich für die Bestimmung des Filteroperators ist - der Signal-AKV-Funktion. Bei vorhandenem Noise kann die AKV-Funktion der Signalkomponente $R_{uu}(j)$ nicht mehr direkt aus dem zu filternden Seismogramm abgeschätzt werden. Die Bestimmung von $R_{uu}(j)$ erfolgt daher in der Regel durch Abschätzung der Noise-AKV-Funktion $R_{nn}(j)$ aus einem Abschnitt, der vor dem Einsatz der Signale liegt, und anschließender Berechnung von

$$R_{uu}(j) = R_{zz}(j) - R_{nn}(j). \tag{20.23}$$

Beispiel 2: Wählt man als gewünschten Filterausgang

$$d_j = \begin{cases} 1 & \text{für } j = 0 \\ 0 & \text{für } j \neq 0 \,, \end{cases} \tag{20.24}$$

dann folgt aus Gleichung (20.20) für realisierbare Filteroperatoren:

$$R_{zx}(k) = \begin{cases} p\, s_0 & \text{für } k = 0 \\ 0 & \text{für } k > 0 \,. \end{cases} \tag{20.25}$$

Wie man sieht, ist es zur Bestimmung realisierbarer Impulsformungsfilter nicht erforderlich, das Signal zu kennen. Anders ist die Situation bei zweiseitigen Operatoren. Aus Gleichung (20.20) folgt dann:

$$R_{zx}(k) = \begin{cases} p\, s_{-k} & \text{für } -M \leq k \leq 0 \\ 0 & \text{für } k > 0 \,. \end{cases} \tag{20.26}$$

Nach Gleichung (20.26) muß zur Bestimmung zweiseitiger Impulsformungsfilter das Signal (s_j) bekannt sein.

Für den Ausdruck in der linken Seite von Gleichung (20.18) bzw. (20.19) wird die AKV-Schätzung des zu filternden Vorgangs (z_j) gewählt.

Beispiel 3: Für realisierbare Operatoren und impulsartigem gewünschten Filterausgang mit **Verzögerung** wird wiederum die Kenntnis des Signals (s_j) vorausgesetzt, z.B. erhält man für

$$(d_j) = (0, 1, 0, ..., 0) \tag{20.27}$$

aus Gleichung (20.20):

$$R_{zx}(k) = \begin{cases} p\, s_1 & \text{für } k = 0 \,, \\ p\, s_0 & \text{für } k = 1 \,, \\ 0 & \text{für } k = 2, ..., M \,. \end{cases} \tag{20.28}$$

Im Vergleich zum Impulsformungsfilter liefert ein Filter, bei dem der gewünschte Filterausgang ein Signal endlicher Bandbreite ist, in der Regel bessere (d.h. stabile) Resultate. Zur Bestimmung eines derartigen Filters muß die Signalgestalt der Registrierung bekannt sein oder abgeschätzt werden. Ist das Signal nicht bekannt, so kann man sich dadurch zu helfen versuchen, daß man aus der Autokovarianzfunktion des Signals das zugehörige Signal durch zusätzliche Annahmen über das Phasenspektrum bestimmt. Die hierbei eingesetzten Verfahren werden in Kapitel 23.2 behandelt.

Beispiele zur Aufstellung der Normalgleichungen:

1. Zu bestimmen ist das realisierbare Filter mit drei Koeffizienten, das das Signal der Form $(s_j) = (2,1)$ auf den gewünschten Ausgang $(d_j) = (0,1,0,0)$ reduziert. Die mittlere Signalleistung sei p. Zu filtern sei eine Registrierung mit weißen Rauschanteilen der Leistung Eins. Nach Gleichung (20.18) ergeben sich die Normalgleichungen zu

$$\left\{ p \begin{pmatrix} 5 & 2 & 0 \\ 2 & 5 & 2 \\ 0 & 2 & 5 \end{pmatrix} + 1 \begin{pmatrix} 1 & 0 & 0 \\ 0 & 1 & 0 \\ 0 & 0 & 1 \end{pmatrix} \right\} \left\{ \begin{matrix} h_0 \\ h_1 \\ h_2 \end{matrix} \right\} = p \left\{ \begin{matrix} 1 \\ 2 \\ 0 \end{matrix} \right\} \quad . \qquad (20.29)$$

2. Wählt man als gewünschten Filterausgang das Signal selber, dann ändern sich die Normalgleichungen gegenüber dem 1. Beispiel in der Weise, daß der Spaltenvektor auf der rechten Seite von (20.29) gemäß (20.22) durch die Signal-AKV-Funktion, das heißt durch den Spaltenvektor $(5,2,0)^T$, zu ersetzen ist.

3. Wählt man als Filterausgang das um eine Zeiteinheit vorhergesagte Signal, dann ergibt sich die rechte Seite von Gleichung (20.29) zu $(2,0,0)^T$.

20.2 Verbesserung des Nutz-Störsignalverhältnisses durch Optimalfilterung

Generell ist bei Filtern zur Nutz-Störsignalverbesserung zwischen Verfahren zu unterscheiden, die lediglich dem Störsignal angepaßt sind und solchen, die gleichzeitig die Eigenschaften der Stör- **und** Nutzsignale ausnutzen.

20.2.1 Detektion schwacher Signaleinsätze durch Vorhersagefehler-Filterung

Das in Kapitel 19.5 skizzierte Vorhersagefehler-Filter mit der Vorhersagedistanz α läßt sich zur Detektion schwacher Signaleinsätze in verrauschten Registrierungen einsetzen. Hierzu wird die Bodenunruhe mit Hilfe des Wiener-Filters vorhergesagt. Voraussetzung hierfür ist, daß die Bodenunruhe im statistischen Sinne vorhersagbar ist; dies ist nur dann der Fall, wenn sie nicht weiß ist. Ausgehend von den Noise-Eigenschaften, die aus einem Intervall hergeleitet werden, das zeitlich vor den zu erwartenden Signaleinsätzen liegt, wird nach dem Wiener-Kriterium ein Vorhersagefehler-Operator für den Noise bestimmt, der anschließend auf die Gesamtspur angewendet wird. Die

Ausgangsfunktion eines solchen Filters entspricht bei reinem Noise als Eingangsfunktion nur dem Fehler der Vorausberechnung, während ein von dieser Vorhersage nicht erfaßbares Nutzsignal zu großen Vorhersagefehlern führt. Das Verfahren der Vorhersagefehler-Filterung ist durch zwei wesentliche Eigenschaften ausgezeichnet:

1. Die Signaleinsätze werden über den Zeitraum der Vorhersagedistanz nicht verfälscht.

2. Anders als bei Bandpaßfiltern ist der Vorhersagefehler-Operator direkt den tatsächlichen Noise-Eigenschaften angepaßt. Entsprechend günstig ist die Noise-Unterdrückung durch Vorhersagefehler-Filterung.

Aufgrund dieser Eigenschaften wird das Vorhersagefehler-Filter in der Seismologie bei der digitalen Registrierung zur On-line-Detektion seismischer Ereignisse eingesetzt. Claerbout (1964) wendet das Vorhersagefehler-Filter zur Detektion schwacher Signale auf seismologische Array-Daten an. Die dabei erzielten Ergebnisse sind im Vergleich zur Stapelung deutlich besser.

Abb. 20.3 zeigt die Ergebnisse der Anwendung verschiedener Optimalfilter auf eine synthetische Spur, die sich aus einem AR(2)-Prozeß mit der dominierenden Frequenz 25 Hz und einer Signalkomponente, bestehend aus der additiven Überlagerung zeitlich verschobener 40-Hz-Ricker-Wavelets, zusammensetzt. In den drei oberen Spuren sind die Signalanteile, das zu bearbeitende synthetische Seismogramm und das Ergebnis der Vorhersagefehler-Filterung dargestellt. In der linken Hälfte der gefilterten Spur sind die Amplituden erheblich geringer als in der Originalspur: dort ist die Vorhersage erfolgreich. Im rechten Teil wachsen die Vorhersagefehler aufgrund der nicht vorhersagbaren Signalanteile erheblich an. Die Vorhersagefehler-Filterung hat zu einer deutlichen Verbesserung des Signal-Noise-Verhältnisses geführt.

Der erste Einsatz des Verfahrens in der Reflexionsseismik geht auf Wadsworth, Robinson, Bryan und Hurley (1953) zurück, die das Verfahren zur besseren Festlegung von Reflexionseinsätzen benutzten. Heute wird das Vorhersagefehler-Filter in der Reflexionsseismik primär zur Unterdrückung von Mehrfachreflexionen eingesetzt. Dieses Problem wird ausführlich in Abschnitt 23.3 behandelt.

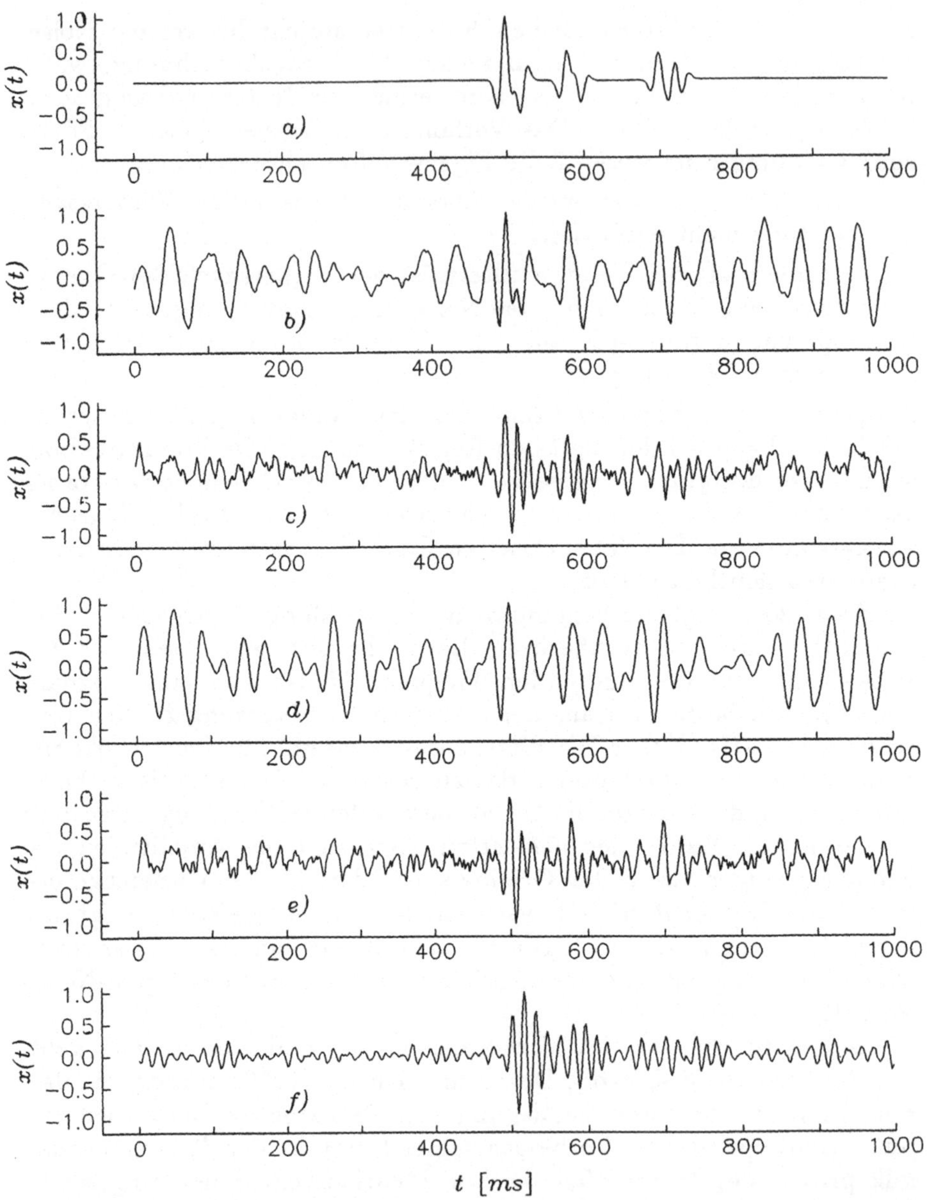

Abbildung 20.3: Optimalfilterung einer synthetischen Spur; von oben nach unten: a) Signal-Komponente: Überlagerung zeitlich verschobener Ricker-Wavelets; b) synthetische Spur: AR(2)-Noise überlagert mit der Signalkomponente (Amplitudenverhältnis 1:1); c) - f): Ergebnisse bei Anwendung verschiedener Filterprozesse: c) Vorhersagefehler-Filter; d) Korrelation des Ricker-Wavelets mit der synthetischen Spur; e) Wiener-Filter (20.32); f) Maximum-Energie-Filter (20.34).

20.2.2 Nutz-Störsignalverbesserung bei Kenntnis der Signalgestalt bzw. der Signal-Autokovarianzfunktion

Nach Robinson (1967, Kapitel 9.4) führt der der Gleichung (19.50) entsprechende Ansatz im Zeitbereich

$$SNR \mid_k = \frac{\sum_{j=0}^{N} h_j s_{k-j} \sum_{l=0}^{N} h_l s_{k-l}}{\sum_{j=0}^{N} h_j \sum_{l=0}^{N} h_l R_{nn}(j-l)} \overset{!}{=} \text{Max} \tag{20.30}$$

auf folgendes Normalgleichungssystem:

$$\sum_{j=0}^{N} h_j R_{nn}(k-j) = s_{N-k} \quad , \quad k = 0, ..., N \quad , \tag{20.31}$$

wobei $R_{nn}(k)$ die diskrete AKV-Funktion der Noise-Anteile der zu filternden Funktion ist. Der Einsatz dieses Filters verlangt die Kenntnis der Signalgestalt. Vielfach ist zwar die Signalgestalt nicht bekannt, aber es sind Aussagen über das Signalamplitudenspektrum möglich. So kann sich z.B. bei der Wellenausbreitung in dispersiven Medien die Signalgestalt aufgrund der Frequenzabhängigkeit der Ausbreitungsgeschwindigkeit ändern, jedoch ohne wesentliche Änderung des Frequenzgehalts. Für das Amplitudenspektrum des Signals am Geophon kann daher als Näherung das des Quellsignals angesetzt werden. Da die Signalgestalt selbst nicht bekannt ist, lassen sich die Signal-Noise-angepaßten Filter (19.58) und (20.31) nicht einsetzen. Stattdessen bietet sich zur Noise-Unterdrückung das in Abschnitt 20.1.2 behandelte Wiener-Optimalfilter zur Reduktion der Signallänge bei vorhandenem Noise an. Hierzu wählt man die unverrauschte Signalfolge als gewünschten Filterausgang. Durch das Wiener-Filter zur Minimierung der mittleren quadratischen Abweichung zwischen dem tatsächlichen und dem gewünschten Filterausgang, dem vom Rauschen befreiten Signal, wird das Signal aus dem Noise herausgehoben. Mit $(d_j) = (s_j)$, erhält man aus Gleichung (20.6) mit Gleichung (20.22) das Normalgleichungssystem

$$\sum_{j=0}^{M} h_j R_{zz}(k-j) = p R_{ss}(k), \quad k = 0, ..., M \quad , \tag{20.32}$$

aus dem bei Kenntnis der Signal-AKV-Koeffizienten $R_{ss}(k)$ die Filterkoeffizienten berechnet werden können.

Eine Alternative hierzu bietet das **Maximum-Energie-Filter**. Bei diesem Filter soll am Filterausgang das Energieverhältnis μ von Nutz-

zu Störsignal über ein Intervall $(0, T)$, das nach Möglichkeit der Signaldauer entspricht, möglichst groß werden:

$$\mu = \frac{\sum_{j=0}^{M} \sum_{l=0}^{M} h_j R_{ss}(j - l)h_l}{\sum_{j=0}^{M} \sum_{l=0}^{M} h_j R_{nn}(j - l)h_l} \overset{!}{=} Max \; . \qquad (20.33)$$

Dieser Ansatz führt nach Claerbout (1963) auf das allgemeine Eigenwertproblem

$$\sum_{j=0}^{M} R_{ss}(j - l)h_j - \mu \sum_{j=0}^{M} R_{nn}(j - l)h_j = 0 \; , \quad l = 0, 1, ..., M \; . \quad (20.34)$$

Das Signal-Noise-Verhältnis μ ist der Eigenwert. Gesucht ist der zum größten Eigenwert μ_{Max} gehörende Eigenvektor h_j, $j = 0, 1, ..., M$. Die Bestimmung des größten Eigenwertes μ_{Max} wird zweckmäßigerweise mit einem auf von Mises zurückgehenden Iterationsverfahren gelöst (s. Zurmühl, 1958).
Im Frequenzbereich läßt sich das Maximum-Energie-Filter als Extremalaufgabe mit Nebenbedingung definieren. Man fordert, daß die Gesamtenergie des gefilterten Signals möglichst groß werden soll, während die Energie der gefilterten Noise-Anteile einen bestimmten Wert nicht übersteigt. Mathematisch läßt sich die Forderung wie folgt ausdrücken:

$$\int_{f_o}^{f_1} \mid H(f) \mid^2 G_s(f)df \overset{!}{=} Max \qquad (20.35)$$

mit der Nebenbedingung:

$$\int_{f_o}^{f_1} \mid H(f) \mid^2 G_n(f)df = 1 \; . \qquad (20.36)$$

Die Übertragungsfunktion des Maximum-Energie-Filters ist somit direkt dem Signal-Noise-Verhältnis der zu filternden Funktion angepaßt und damit in der Regel deutlich schmalbandiger als die des Wiener-Filters.
Abb. 20.4 zeigt von oben nach unten für das in Abb. 20.3 behandelte synthetische Seismogramm mit den in a) vorgegebenen Leistungsspektren $G_s(f)$, $G_n(f)$ die Amplitudencharakteristiken des Maximum-Energie-Filters (b), des nichtrealisierbaren Wiener-Filters (c) und des Vorhersagefehler-Filters (d). Die Übertragungsfunktion des **Maximum-Energie-Filters** ist dem Signal-Noise-Verhältnis des Filtereingangs angepaßt; das **Wiener-Filter** ist erheblich breitbandiger und wirkt so, daß das Signalspektrum möglichst wenig verändert wird.

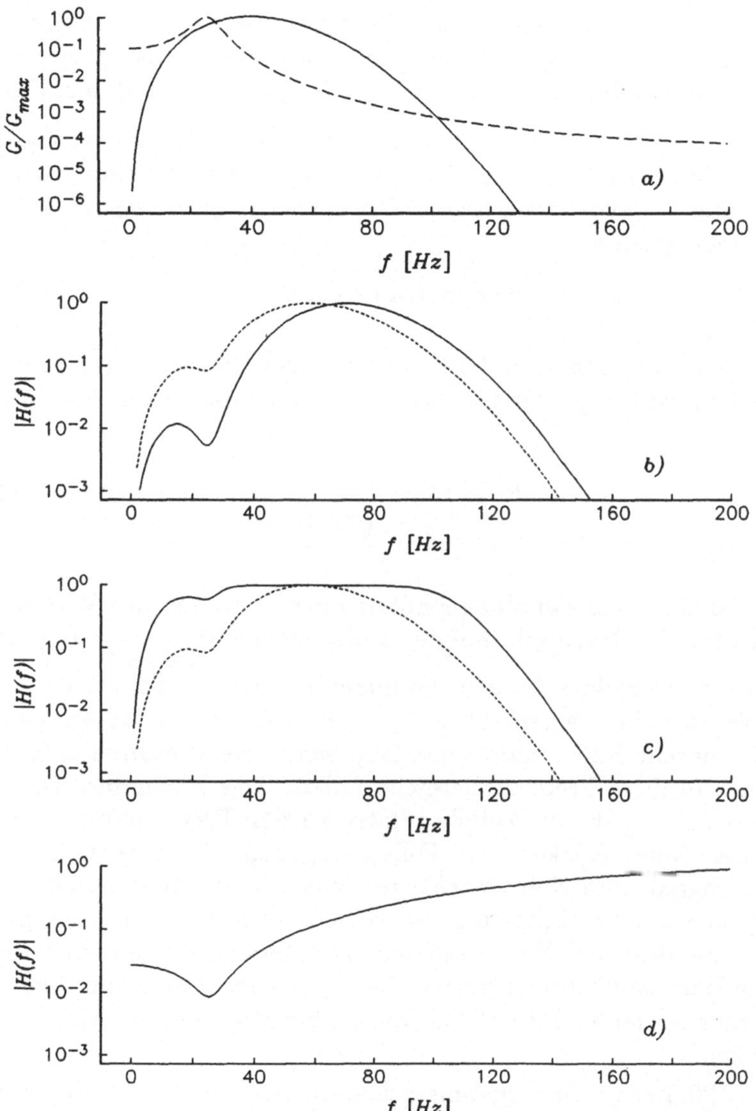

Abbildung 20.4: Die Wirkungsweise verschiedener Optimalfilter im Frequenzbereich; von oben nach unten: a) Signal-Noise-Modell, vorgegeben sind die quadratischen Spektren eines 40-Hz-Ricker-Signals (durchgezogene Linie) und eines $AR(2)$-Noise-Prozesses (dominierende Frequenz: 25 Hz). b) - d): Amplitudencharakteristiken (durchgezogene Linien) verschiedener Optimalfilter: b) Maximum-Energie-Filter, c) Wiener-Filter, d) Vorhersagefehler-Filter; beim Maximum-Energie- und Wiener-Filter ist fein gestrichelt das frequenzabhängige Nutz-Störsignalverhältnis dargestellt.

436

Die Amplitudencharakteristik des **Vorhersagefehler-Filters** der
Noise-Spur (n_k) mit dem Leistungsspektrum $G_n(f)$ ist proportional
$\frac{1}{\sqrt{G_n(f)}}$. Beschreibt man (n_k) nach Gleichung (20.10) als Faltung
eines vorhersagbaren Wavelets (w_k) mit der nicht vorhersagbaren
weißen Folge (η_k) (das sind die Vorhersagefehler), dann ergibt die
Anwendung des Vorhersagefehler-Operators $(a_k) = (w_k)^{-1}$ auf (n_k)
die Vorhersagefehler

$$(\eta_k) = (a_k) * (n_k). \tag{20.37}$$

Da das Leistungsspektrum der Folge (η_k) über den gesamten Frequenzbereich konstant ist, folgt für das Amplitudenspektrum des Filters:

$$\mid H_{PE}(f) \mid = \frac{1}{\sqrt{G_n(f)}} \ . \tag{20.38}$$

Im Vergleich zu den signalangepaßten Filtern besitzt das Vorhersagefehler-Filter den Nachteil, daß der Noise stets mit $\frac{1}{\sqrt{G_n(f)}}$ angehoben
und damit besonders in den Frequenzbereichen mit relativ gerin-
gen Noise-Anteilen verstärkt wird. Verbesserungen lassen sich daher mit diesem Filter dann erzielen, wenn die dominierenden Signalanteile in diese Frequenzbereiche fallen. Das Filter bewirkt dann
eine Verstärkung dieser Anteile relativ zu den Frequenzbereichen, in
denen der Noise stärker ist. Fallen dagegen die wesentlichen Anteile des Signal- und Noise-Spektrums zusammen, dann verschwindet
das Signal nach der Filterung im weißen Rauschen. Bei der praktischen Anwendung des Vorhersagefehler-Filters ist es vielfach erforderlich eine Bandpaßfilterung anzuschließen, insbesondere um den durch
das Vorhersagefehler-Filter verstärkten hochfrequenten Noise zu unterdrücken.

Abb. 20.3 zeigt die Ergebnisse bei Anwendung der verschiedenen
Optimalfilter auf das synthetische Seismogramm mit den in Abb. 20.4
oben dargestellten Leistungsspektren. Deutliche Verbesserungen des
Signal-Noise-Verhältnisses werden mit dem Vorhersagefehler-Filter,
dem Wiener-Filter und dem Maximum-Energie-Filter erzielt. Dagegen liefert die Korrelation der Spur mit dem Signal kaum eine
Verbesserung, da der Noise **farbig** und nicht weiß ist. Die stärkste
Noise-Unterdrückung wird mit dem Maximum-Energie-Filter erzielt;
allerdings ist bei diesem Filter auch die Veränderung der Signalform
am stärksten. Aufgrund des schmalen Durchlaßbereichs des Filters
hat das gefilterte Signal eine deutliche Schwebungsform.

20.3 Zusammenfassung

Bei allen Filterverfahren werden bewußt Signalverformungen erzwungen, sei es um die Signallänge zu reduzieren, sei es um die Signale möglichst stark aus dem Noise herauszuheben. Welches Filter man in praxi zweckmäßigerweise anwendet, hängt einerseits von der Zielsetzung ab, zum anderen davon, ob das Optimalfilter in der Praxis zu realisieren ist. Vielfach muß man auf die Filter verzichten, die die Kenntnis der Signalgestalt voraussetzen, da meistens lediglich das Amplitudenspektrum des Signals hinreichend genau abgeschätzt werden kann.

Das Wiener-Filter wird man zweckmäßigerweise einsetzen, um über Signalverformungen das Auflösungsvermögen zu erhöhen, oder nach Gleichung (20.18) mit $(d_j) = (s_j)$ dann, wenn bei der Verbesserung des Signal-Noise-Verhältnisses die Signalverformung möglichst klein gehalten werden soll. Demgegenüber kann man erwarten, daß für das Erkennen von Signalen im Noise und für die Bestimmung der Signaleinsatzzeiten das Maximum-Energie-Filter (20.34) der Problemstellung besser angepaßt ist als jedes Wiener-Filter. Gegenüber dem Wiener-Filter (20.18) mit dem gewünschten Filterausgang $(d_j) = (s_j)$, bei dem neben den AKV-Funktionen des Signal- und Noise-Wavelets das Verhältnis der mittleren Leistung ihrer regellosen Einsatzfolgen bekannt sein muß, ist das Maximum-Energie-Filter (20.34) mit geringeren Signal-Kenntnissen zu realisieren. Das einzige bisher entwickelte wirksame Filter zur Nutz-Störsignalverbesserung, das lediglich die Noise-Information ausnutzt, ist das Vorhersagefehler-Filter in der in Abschnitt 20.2.1 skizzierten Form.

Inwieweit die mit den Optimalfiltern verfolgten Ziele erreicht werden, hängt ganz wesentlich davon ab, ob die bei der Herleitung der Bestimmungsgleichungen zugrunde gelegten Modellannahmen in der Praxis zutreffen. Die Anwendung des Wiener-Filters (20.18) auf reflexionsseismische Daten setzt z.B. voraus, daß das gemessene Seismogramm eine stationäre regellose weiße Folge bildet, bei der die Signal- und Noise-Anteile nicht miteinander korrelieren. Diese Annahmen sind sehr weitgehend und in der Praxis nur zum Teil realisiert. Überlagern sich die quadratischen Spektren von Signal und Noise, dann müssen starke Unterschiede in den Phasen bestehen, damit Signal und Noise nicht miteinander korrelieren. Der Grad der Regellosigkeit der Signaleinsätze wird durch die geologischen Gegebenheiten bestimmt. Die Annahme der Stationarität der gemessenen Seismogramme setzt voraus, daß sowohl die Folge der Signaleinsätze als auch der Noise stationär über die Registrierdauer ist. Diese Problematik wird weiter in Abschnitt 23.2.2 behandelt.

Kapitel 21

Kalman-Filter

Bei der Herleitung der Wiener-Optimalfilter wird in der Regel von zeitinvarianten linearen Systemen und stationären Prozessen ausgegangen. Bei zahlreichen Prozessen in der Geophysik sind diese Voraussetzungen nur in grober Näherung erfüllt. Zum Beispiel müssen die Mikroseismik und das elektromagnetische Feld der Erde als nichtstationäre regellose Vorgänge eingestuft werden. Ein anderes Beispiel für einen nichtstationären geophysikalischen Vorgang ist das Reflexionsseismogramm, da die reflektierten Signale - bedingt durch Absorptions- und Dispersionseffekte - mit der Laufzeit ihre Form ändern.

Die in Kapitel 13.4 beschriebene Eingang-Ausgang-Relation linearer Filter läßt sich auf instationäre Vorgänge erweitern (siehe Abschnitt 19.6). Dabei darf das Beobachtungsintervall endlich lang sein; insbesondere wird $s \in [t_0, t]$ betrachtet. t_0 ist der Beginn des Beobachtungsintervalls oder der Zeitpunkt, zu dem das Filter eingeschaltet wird. Beschreibt $K(t, \tau)$ die mit t sich ändernde Gewichtsfunktion, die auf die zu filternde Funktion $z(t)$ angewendet wird, dann läßt sich der Filterausgang $y(t)$ in allgemeiner Form durch

$$y(t) = \int_{t_0}^{t} K(t, \tau) z(\tau) d\tau \qquad (21.1)$$

beschreiben. Für nichtstationäre Prozesse ist zur Herleitung der optimalen Gewichtsfunktion $K_{opt}(t, \tau)$ die von Booton (1952) auf instationäre Prozesse erweiterte Wiener-Hopf-Integralgleichung in der allgemeinen Form

$$\int_{t_0}^{t} K_{opt}(t, \tau) R_{zz}(\tau, s) d\tau = R_{dz}(t, s) \quad \text{für} \quad t_0 \leq s \leq t \quad (21.2)$$

zu lösen.

Da die Lösung von Integralgleichungen vielfach problematisch ist, wurde von Kalman und Bucy (1961) ein neuer Ansatz verfolgt, bei dem zur Bestimmung des Optimalfilters Differentialgleichungen anstelle von Integralgleichungen zu lösen sind. Die wesentlichen Unterschiede zum Wiener-Filter sind:

- die Darstellung linearer Systeme in Form von Matrix-Differentialgleichungen 1. Ordnung mit Hilfe von Zustandsvariablen,
- die Modellierung regelloser Prozesse als Ausgang linearer Systeme, die durch weißes Rauschen angeregt werden.

Das Kalman-Filter ist im allgemeinen ein zeitabhängiges, nichtstationären Prozessen angepaßtes Optimalfilter, das im stationären Fall nach Abklingen des Einschwingvorganges in das Wiener-Filter übergeht.

Die folgende Einführung in die Theorie der Kalman-Filter umfaßt im wesentlichen zwei Punkte:

1. die Beschreibung dynamischer Systeme mit Hilfe von Zustandsvariablen,
2. die Herleitung des Kalman-Formalismus für den kontinuierlichen und diskreten Fall.

Einen detaillierten Vergleich zwischen dem Wiener-Filter und dem Kalman-Filter geben Berkhout und Zaanen (1976).

Ein klassisches Anwendungsgebiet für das Kalman-Filter ist die Ozeanographie. Die dreidimensionale Temperatur-, Dichte- oder Geschwindigkeitsverteilung in den Ozeanen ändert sich mit der Zeit. Das Kalman-Filter wird dort eingesetzt, um z.B. die zu erwartenden Zustandsänderungen mit Hilfe von Messungen an der Oberfläche und in den Gewässern und unter Vorgabe von Anfangsbedingungen vom Ist-Zustand zeitlich vorherzusagen oder zu einem bereits zurückliegenden Zeitpunkt zu bestimmen.

21.1 Systembeschreibung durch Zustandsvariable

Als Zustandsvariable eines dynamischen Systems werden jene Variable bezeichnet, die das Systemverhalten zur Zeit t vollständig beschreiben, d. h. der Systemzustand - gekennzeichnet durch den Zustandsvektor - zur Zeit $t = t_0$ beschreibt mit den Systemeingängen zur Zeit $t \geq t_0$ eindeutig das Verhalten des Systems für alle $t \geq t_0$. Sind der Systemzustand zur Zeit t_0 und die Eingänge von t_0 bis t_1 gegeben, dann läßt sich der Ausgang und der Zustand zur Zeit t_1 bestimmen.

Beispiele:

1. Bei dem in Abb. 21.1 skizzierten RCL-Stromkreislauf wird der

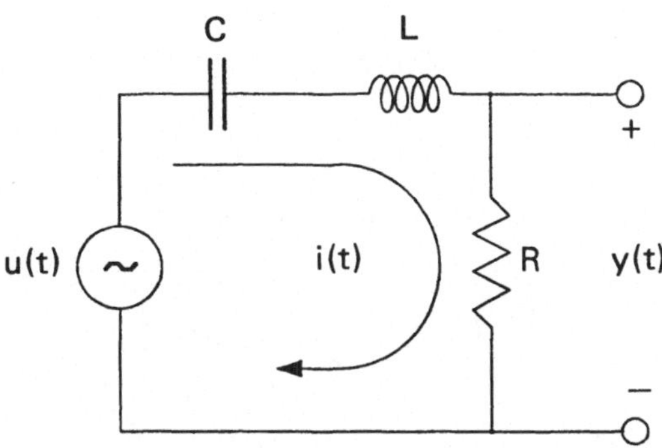

Abbildung 21.1: Beispiel eines linearen zeitvariierenden Systems 2. Ordnung (nach Bayless und Brigham (1970)).

Zusammenhang zwischen der Ausgangspannung $y(t)$ und der Eingangspannung $u(t)$ durch die System-Differentialgleichung

$$u(t) = \frac{1}{C} \int i(t)dt + L\frac{di(t)}{dt} + R(t)i(t) \tag{21.3}$$

und den System-Ausgang

$$y(t) = R(t)i(t) \tag{21.4}$$

beschrieben. Mit Einführung der Zustandsvariablen

$$x_1(t) = \int i(t)dt = q \quad \text{(Ladung)} \tag{21.5}$$

$$x_2(t) = \frac{dx_1(t)}{dt} = \dot{x}_1(t) = \frac{dq}{dt} = i(t) \quad \text{(Strom)} \tag{21.6}$$

folgt:

$$u(t) = \frac{1}{C}x_1(t) + L\dot{x}_2(t) + R(t)x_2(t) \ . \tag{21.7}$$

Aus den Gleichungen (21.6) und (21.7) folgt die Systembeschreibung als Funktion der Zustandsvariablen:

$$\dot{x}_1(t) = x_2(t) \tag{21.8}$$

$$\dot{x}_2(t) = -\frac{R(t)}{L}x_2(t) - \frac{1}{LC}x_1(t) + \frac{1}{L}u(t) \tag{21.9}$$

442

bzw. in Matrix-Form

$$\dot{\mathbf{x}}(t) = \mathbf{F}(t)\mathbf{x}(t) + \mathbf{G}(t)\mathbf{u}(t) \tag{21.10}$$

mit

$$\mathbf{x}(t) = \begin{pmatrix} x_1(t) \\ x_2(t) \end{pmatrix} , \tag{21.11}$$

$$\mathbf{F}(t) = \begin{pmatrix} 0 & 1 \\ -\frac{1}{LC} & -\frac{R(t)}{L} \end{pmatrix} \tag{21.12}$$

und

$$\mathbf{G}(t) = \begin{pmatrix} 0 \\ \frac{1}{L} \end{pmatrix} \tag{21.13}$$

sowie

$$\mathbf{u}(t) = \begin{pmatrix} u(t) \end{pmatrix} . \tag{21.14}$$

Die Matrix $\mathbf{F}(t)$ beschreibt vollständig das dynamische Verhalten des Systems; die Matrix $\mathbf{G}(t)$ beschreibt, wie die Aufprägung $\mathbf{u}(t)$ in das System eingeht. Der Systemausgang für dieses Beispiel, dargestellt als Funktion der Zustandsvariablen, ist:

$$y(t) = R(t)x_2(t) \tag{21.15}$$

bzw. in allgemeingültiger Matrix-Form:

$$\mathbf{y}(t) = \mathbf{A}(t)\mathbf{x}(t) \tag{21.16}$$

mit

$$\mathbf{y}(t) = \begin{pmatrix} y(t) \end{pmatrix} , \tag{21.17}$$

$$\mathbf{A}(t) = \begin{pmatrix} 0 & 1 \end{pmatrix} \tag{21.18}$$

und

$$\mathbf{x}(t) = \begin{pmatrix} x_1(t) \\ x_2(t) \end{pmatrix} . \tag{21.19}$$

2. Beschreibung eines elektrodynamischen Vertikalseismometers mit Hilfe von Zustandsvariablen:

Die schwingende Masse eines Vertikalseismometers führt als Folge der vertikalen Bodenbewegung $u(t)$ die Relativbewegung $x(t)$ gegenüber dem Seismometergehäuse und dem Boden aus. Die Differentialgleichung der Massenbewegung lautet nach Gleichung (2.55):

$$\ddot{x}(t) + 2h_0\omega_0\dot{x}(t) + \omega_0^2 x(t) = -\ddot{u}(t) . \tag{21.20}$$

ω_0 ist die Eigenfrequenz, h_0 die Dämpfungskonstante des Geophons. Beim elektrodynamischen Seismographen wird $x(t)$ in eine Induktionsspannung umgewandelt, z.B. dadurch, daß die Masse, ein Permanentmagnet, in einer mit dem Gehäuse fest verbundenen Spule aufgrund der Bodenbewegung Schwingungen ausführt. Die hierbei induzierte Spannung ist proportional zur Änderung des magnetischen Flusses in der Spule, die wiederum proportional zu $\dot{x}(t)$ ist:

$$U(t) = -c\dot{x}(t) \; . \tag{21.21}$$

Die Proportionalitätskonstante c ist von den Eigenschaften der Spule (Anzahl der Windungen) abhängig.

Wählt man $x_1(t) = x(t)$ und $x_2(t) = \dot{x}(t)$ als Zustandsvariable, dann erhält man mit

$$\dot{x}_1(t) = \dot{x}(t) = x_2(t) \tag{21.22}$$

aus Gleichung (21.20):

$$\dot{x}_2(t) = \ddot{x}(t) = -2h_0\omega_0\dot{x}(t) - \omega_0^2 x(t) - \ddot{u}(t) \tag{21.23}$$

bzw. wenn man (21.22) und (21.23) in Matrizen-Form schreibt:

$$\begin{pmatrix} \dot{x}_1(t) \\ \dot{x}_2(t) \end{pmatrix} = \begin{pmatrix} 0 & 1 \\ -\omega_0^2 & -2h_0\omega_0 \end{pmatrix} \begin{pmatrix} x_1(t) \\ x_2(t) \end{pmatrix} + \begin{pmatrix} 0 \\ 1 \end{pmatrix} (-\ddot{u}(t)). \tag{21.24}$$

Diese Matrizen-Gleichung hat die Form (21.10); dabei ist

$$\mathbf{x}(t) = \begin{pmatrix} x_1(t) \\ x_2(t) \end{pmatrix} , \tag{21.25}$$

$$\mathbf{F} = \begin{pmatrix} 0 & 1 \\ -\omega_0^2 & -2h_0\omega_0 \end{pmatrix} \tag{21.26}$$

und

$$\mathbf{G} = \begin{pmatrix} 0 \\ 1 \end{pmatrix} \tag{21.27}$$

sowie

$$\mathbf{u} = \begin{pmatrix} -\ddot{u}(t) \end{pmatrix} \; . \tag{21.28}$$

Am Seismometerausgang mißt man die Spannung

$$y(t) = U(t) = -c\dot{x}(t) = -cx_2(t) \tag{21.29}$$

bzw. bei Benutzung des Zustandsvektors $\mathbf{x}(t)$:

$$\mathbf{y}(t) = \begin{pmatrix} y(t) \end{pmatrix} = \begin{pmatrix} 0 & -c \end{pmatrix} \begin{pmatrix} x_1(t) \\ x_2(t) \end{pmatrix} \; . \tag{21.30}$$

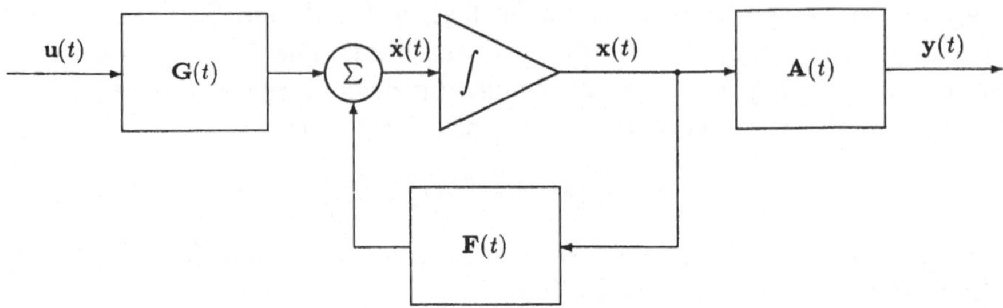

Abbildung 21.2: Zustandsvariablen-Realisierung eines dynamischen Systems gemäß den Gleichungen (21.31) und (21.32).

Diese Matrix-Gleichung hat wiederum die Form (21.16).

Die Gleichungen

$$\dot{\mathbf{x}}(t) = \mathbf{F}(t)\mathbf{x}(t) + \mathbf{G}(t)\mathbf{u}(t) \tag{21.31}$$

und

$$\mathbf{y}(t) = \mathbf{A}(t)\mathbf{x}(t) \tag{21.32}$$

beschreiben nicht nur das Systemverhalten der behandelten Beispiele, sondern repräsentieren die Zustandsvariablen-Darstellung eines jeden linearen zeitvariierenden Systems. Diese verallgemeinerte Darstellung entspricht der Impulsantwort-Darstellung linearer Systeme. Der Hauptvorteil dieser Darstellung ist darin zu sehen, daß sowohl zeitvariierende als auch mehrdimensionale Systeme leicht einzubeziehen sind. Diese Realisierung mit Hilfe von Zustandsvariablen ist in Abb. 21.2 dargestellt. Der Vektor $\mathbf{x}(t)$ wird als Zustandsvektor, $\mathbf{F}(t)$ als Zustandsmatrix und $\mathbf{y}(t)$ als Beobachtungsvektor bezeichnet. Bei zusätzlichen Störeinwirkungen $\mathbf{q}(t)$ muß Gleichung (21.32) entsprechend erweitert werden zu

$$\begin{aligned} \mathbf{z}(t) &= \mathbf{y}(t) + \mathbf{q}(t) \\ &= \mathbf{A}(t)\mathbf{x}(t) + \mathbf{q}(t) \ . \end{aligned} \tag{21.33}$$

Die Lösung des linearen Differentialgleichungssystems (21.31) lautet:

$$\mathbf{x}(t) = \mathbf{S}(t, t_0)\mathbf{x}(t_0) + \int_{t_0}^{t} \mathbf{S}(t, \tau)\mathbf{G}(\tau)\mathbf{u}(\tau)d\tau \tag{21.34}$$

(Beweis siehe Neuburger, 1972). Die Richtigkeit der Lösung läßt sich durch Substitution von Gleichung (21.34) in (21.31) überprüfen. Der erste Term stellt die allgemeine Lösung der homogenen Differentialgleichung mit der Anfangsbedingung $\mathbf{x}(t_0)$ dar, während der zweite Anteil ein Partikulärintegral für die inhomogene Gleichung bei verschwindenden Anfangsbedingungen beschreibt.

Die $(n \times n)$-Matrix

$$\mathbf{S} = \mathbf{S}(t, t_0) \qquad (21.35)$$

heißt Übergangsmatrix und genügt dem homogenen Differentialgleichungssystem

$$\frac{d}{dt}\mathbf{S}(t, t_0) = \mathbf{F}(t)\,\mathbf{S}(t, t_0) \qquad (21.36)$$

mit

$$\mathbf{S}(t_0, t_0) = \mathbf{I} \; ; \qquad (21.37)$$

sie kann im allgemeinen nur numerisch bestimmt werden. Bei zeitinvarianten Systemen ($\mathbf{F} =$const.), wie z.B. in Gleichung (21.26), kann man die Übergangsmatrix durch eine geschlossene Formel ausdrücken:

$$\mathbf{S}(t, t_0) = e^{\mathbf{F}(t - t_0)} = \mathbf{I} + \sum_{k=1}^{\infty} \frac{\mathbf{F}^k}{k!}(t - t_0)^k \; . \qquad (21.38)$$

Ist t_0 der Einschaltzeitpunkt des betrachteten Systems, ist also $\mathbf{x}(t_0) = 0$, dann folgt aus Gleichung (21.34):

$$\mathbf{x}(t) = \int_{t_0}^{t} \mathbf{S}(t, \tau)\mathbf{G}(\tau)\mathbf{u}(\tau)d\tau \; . \qquad (21.39)$$

21.2 Das Kalman-Bucy-Filter für kontinuierliche Funktionen

Das Kalman-Filter basiert auf einem Ansatz, bei dem der regellose Prozeß $\mathbf{y}(t)$ als Ausgang eines linearen Systems, auf das weißes Rauschen $\mathbf{u}(t)$ einwirkt, modelliert werden kann. Eine Darstellungsmöglichkeit eines regellosen Prozesses $y(t)$ besteht darin, $y(t)$ als Ausgang eines Systems mit der Übertragungsfunktion $H(f)$ aufzufassen, auf das das regellose Signal $u(t)$ mit dem Leistungsspektrum $G_u(f) = 1$ einwirkt. Eine Alternative hierzu ist die in Abb. 21.2 skizzierte Modellierung von $\mathbf{y}(t)$ gemäß den Gleichungen (21.31) und (21.32) unter Benutzung von Zustandsvariablen. $\mathbf{y}(t)$ kann dabei mehrere Ausgänge umfassen.

Zur Herleitung des Kalman-Filters wird das in Abb. 21.3 dargestellte Modell zugrunde gelegt. $\mathbf{z}(t)$ stellt den Beobachtungsvek-

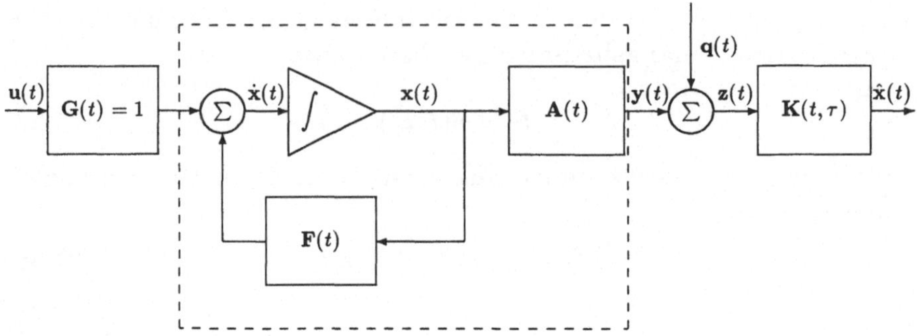

Abbildung 21.3: Modell zur Erzeugung des Beobachtungsvektors $\mathbf{z}(t)$: $\mathbf{u}(t)$ und $\mathbf{q}(t)$ sind weißes Rauschen, $\mathbf{y}(t)$ ist das Nutzsignal. Aus $\mathbf{z}(t)$ ist der Zustandsvektor $\hat{\mathbf{x}}(t)$ abzuschätzen.

tor dar; $\mathbf{y}(t)$ ist die Nutzsignalkomponente von $\mathbf{z}(t)$, der sich die Störanteile $\mathbf{q}(t)$ überlagern. $\mathbf{y}(t)$ wird mit Hilfe des Zustandsvektors $\mathbf{x}(t)$ des Systems beschrieben. Der n-dimensionale Zustandsvektor wird hierbei aus weißem Rauschen $\mathbf{u}(t)$ erzeugt verstanden. Die Zustandsmatrix $\mathbf{F}$ sei $(n \times n)$-dimensional, $\mathbf{u}(t)$ sei k-dimensional; dann ist $\mathbf{G}(t)$ eine $(n \times k)$-Matrix. $\mathbf{z}(t)$, $\mathbf{y}(t)$ und $\mathbf{q}(t)$ seien m-dimensional. Die $(m \times n)$-Matrix $\mathbf{A}(t)$ wird eingeführt, um der Möglichkeit Rechnung zu tragen, daß verschiedene Linearkombinationen der Komponenten des Vektors $\mathbf{x}(t)$ zu $\mathbf{y}(t)$ beitragen können. Neben $\mathbf{u}(t)$ wird der Einfachheit halber auch $\mathbf{q}(t)$ als weißes Rauschen angenommen. Damit besitzen $\mathbf{u}(t)$ und $\mathbf{q}(t)$ die folgenden zeitabhängigen Autokovarianzfunktionen:

$$\mathbf{R}_{uu}(t,s) = \mathcal{E}[u(t)u^T(s)] = \left\{ \begin{array}{ll} \mathbf{U}(t) & \text{für } s = t \\ 0 & \text{sonst, d.h. für } t_0 \leq s < t \end{array} \right.$$

$$(21.40)$$

und

$$\mathbf{R}_{qq}(t,s) = \mathcal{E}[q(t)q^T(s)] = \left\{ \begin{array}{ll} \mathbf{Q}(t) & \text{für } s = t \\ 0 & \text{für } t_0 \leq s < t. \end{array} \right. \qquad (21.41)$$

$\mathbf{R}_{uu}(t,s)$ und $\mathbf{R}_{qq}(t,s)$ sind die aus den Funktionswerten zu den beiden Zeitpunkten t und s berechneten Autokovarianzfunktionen.

Weiterhin soll gelten:

$$\mathbf{R}_{uq}(t,s) = \mathbf{R}_{qu}(t,s) = 0 \quad \forall \quad t \text{ und } s. \qquad (21.42)$$

Das in Abb. 21.3 dargestellte System wird durch folgende Gleichungen beschrieben:

$$\dot{\mathbf{x}}(t) = \mathbf{F}(t)\mathbf{x}(t) + \mathbf{G}(t)\mathbf{u}(t) \qquad (21.43)$$

$$\mathbf{y}(t) = \mathbf{A}(t)\mathbf{x}(t) \qquad (21.44)$$

$$\mathbf{z}(t) = \mathbf{y}(t) + \mathbf{q}(t) = \mathbf{A}(t)\mathbf{x}(t) + \mathbf{q}(t) \qquad (21.45)$$

mit der Anfangsbedingung

$$\mathbf{x}(t_0) = \mathbf{x}_0 \ . \qquad (21.46)$$

Ziel des Kalman-Filters ist die optimale Schätzung des Zustandsvektors $\mathbf{x}(t)$. Die Gewichtsfunktion $\mathbf{K}_{opt}(t,\tau)$ ist so zu bestimmen, daß

$$\hat{\mathbf{x}}(t) = \int_{t_0}^{t} \mathbf{K}_{opt}(t,\tau)\mathbf{z}(\tau)d\tau \qquad (21.47)$$

eine möglichst gute Schätzung für $\mathbf{x}(t)$ ergibt. Wie beim Wiener-Filter wird das Prinzip der kleinsten Fehlerquadrate zugrunde gelegt. Bei der Herleitung des Kalman-Filters wird von der von Booton (1952) auf instationäre Prozesse erweiterten Wiener-Hopf-Integralgleichung (21.2) ausgegangen. Entsprechend dem zugrunde gelegten Modell wird die Booton-Gleichung (21.2) so formuliert, daß sie die Behandlung von vektoriellen Eingängen $\mathbf{z}(t)$ ermöglicht. Gemäß der Zielsetzung wird der Zustandsvektor $\mathbf{x}(t)$ als gewünschter Filterausgang gewählt. Damit folgt aus Gleichung (21.2):

$$\int_{t_0}^{t} \mathbf{K}_{opt}(t,\tau)\mathbf{R}_{zz}(\tau,s)d\tau = \mathbf{R}_{xz}(t,s) \quad \text{für} \quad t_0 \leq s \leq t. \quad (21.48)$$

Das Kalman-Filter läßt sich nun aus den Gleichungen (21.40) bis (21.48) herleiten, indem die Integralgleichung (21.48) auf eine Differentialgleichung zurückgeführt wird, mit deren Hilfe dann die Filtergleichungen bestimmt werden. Diese zwei Punkte werden im folgenden skizziert.

1. Rückführung der Integralgleichung (21.48) auf eine Differentialgleichung:

1. Schritt: Die Multiplikation von Gleichung (21.43) mit $\mathbf{z}^T(s)$ und Berechnung des Erwartungswertes ergibt:

$$\mathcal{E}[\dot{\mathbf{x}}(t)\mathbf{z}^T(s)] = \mathbf{F}(t)\mathcal{E}[\mathbf{x}(t)\mathbf{z}^T(s)] + \mathbf{G}(t)\mathcal{E}[\mathbf{u}(t)\mathbf{z}^T(s)] \qquad (21.49)$$

448

bzw.

$$\frac{\partial}{\partial t}[\mathbf{R}_{xz}(t,s)] \;=\; \mathbf{F}(t)\mathbf{R}_{xz}(t,s) + \mathbf{G}(t)\mathbf{R}_{uz}(t,s)$$
$$\;=\; \mathbf{F}(t)\mathbf{R}_{xz}(t,s) + \mathbf{G}(t)(\mathbf{R}_{uq}(t,s) + \mathbf{R}_{uy}(t,s)).$$
$$(21.50)$$

Mit Gleichung (21.42) und unter Berücksichtigung, daß $\mathbf{y}(s)$ und $\mathbf{u}(t)$ für $s < t$ unkorreliert sind ($\mathbf{y}(s)$ entsteht durch lineare Operationen aus $\mathbf{u}(\tau)$ mit $\tau < s$), folgt aus Gleichung (21.50):

$$\frac{\partial}{\partial t}[\mathbf{R}_{xz}(t,s)] = \mathbf{F}(t)\mathbf{R}_{xz}(t,s), \;\; \text{für } t_0 \leq s < t \,. \qquad (21.51)$$

2. Schritt: Die Multiplikation von (21.45) mit $\mathbf{z}^T(s)$ und Berechnung des Erwartungswertes ergibt:

$$\mathcal{E}[\mathbf{z}(t)\mathbf{z}^T(s)] = \mathbf{A}(t)\mathcal{E}[\mathbf{x}(t)\mathbf{z}^T(s)] + \mathcal{E}[\mathbf{q}(t)\mathbf{z}^T(s)] \qquad (21.52)$$

oder

$$\mathbf{R}_{zz}(t,s) = \mathbf{A}(t)\mathbf{R}_{xz}(t,s) \text{ für } t_0 \leq s < t \,, \qquad (21.53)$$

da $\mathbf{R}_{qz}(t,s) = \mathbf{R}_{qq}(t,s) + \mathbf{R}_{qy}(t,s) = 0$ für $t_0 \leq s < t$.

3. Schritt: Differenziert man die linke Seite von (21.48), so ergibt sich nach der Leibniz-Formel zur Differentiation eines Integralausdruckes:

$$\frac{\partial}{\partial t}\int_{t_0}^{t}\mathbf{K}_{opt}(t,\tau)\mathbf{R}_{zz}(\tau,s)d\tau$$
$$= \mathbf{K}_{opt}(t,t)\mathbf{R}_{zz}(t,s) + \int_{t_0}^{t}\frac{\partial\mathbf{K}_{opt}(t,\tau)}{\partial t}\mathbf{R}_{zz}(\tau,s)d\tau. \quad (21.54)$$

Mit Gleichung (21.53) folgt:

$$\frac{\partial}{\partial t}\int_{t_0}^{t}\mathbf{K}_{opt}(t,\tau)\mathbf{R}_{zz}(\tau,s)d\tau$$
$$= \mathbf{K}_{opt}(t,t)\mathbf{A}(t)\mathbf{R}_{xz}(t,s) + \int_{t_0}^{t}\frac{\partial\mathbf{K}_{opt}(t,\tau)}{\partial t}\mathbf{R}_{zz}(\tau,s)d\tau.$$
$$(21.55)$$

Hiermit ergibt die Differentiation von (21.48):

$$\mathbf{K}_{opt}(t,t)\mathbf{A}(t)\mathbf{R}_{xz}(t,s) + \int_{t_0}^{t}\frac{\partial\mathbf{K}_{opt}(t,\tau)}{\partial t}\mathbf{R}_{zz}(\tau,s)d\tau = \frac{\partial\mathbf{R}_{xz}(t,s)}{\partial t}$$
$$(21.56)$$

bzw. mit Gleichung (21.51)

$$\{\mathbf{F}(t) - \mathbf{K}_{opt}(t,t)\mathbf{A}(t)\}\mathbf{R}_{xz}(t,s) - \int_{t_0}^{t} \frac{\partial \mathbf{K}_{opt}(t,\tau)}{\partial t}\mathbf{R}_{zz}(\tau,s)d\tau$$
$$= 0 \text{ für } t_0 \le s < t \ . \tag{21.57}$$

Substituiert man für $\mathbf{R}_{xz}(t,s)$ den Ausdruck aus Gleichung (21.48), so folgt:

$$\int_{t_0}^{t}\{\mathbf{F}(t)\mathbf{K}_{opt}(t,\tau) - \mathbf{K}_{opt}(t,t)\mathbf{A}(t)\mathbf{K}_{opt}(t,\tau) - \frac{\partial \mathbf{K}_{opt}(t,\tau)}{\partial t}\}\mathbf{R}_{zz}(\tau,s)d\tau$$
$$= 0 \text{ für } t_0 \le s < t \ . \tag{21.58}$$

Notwendig und hinreichend zur Lösung von (21.58) ist, daß $\mathbf{K}_{opt}(t,\tau)$ die Differentialgleichung

$$\frac{\partial \mathbf{K}_{opt}(t,\tau)}{\partial t} = \mathbf{F}(t)\mathbf{K}_{opt}(t,\tau) - \mathbf{K}_{opt}(t,t)\mathbf{A}(t)\mathbf{K}_{opt}(t,\tau) \text{ für } t_0 \le \tau < t$$
$$\tag{21.59}$$

erfüllt. Die Integralgleichung (21.48) ist somit auf die Differentialgleichung (21.59) zurückgeführt worden.

2. Herleitung der Filtergleichungen:

Zur Herleitung der Filtergleichungen des Kalman-Bucy-Filters zur optimalen Schätzung $\hat{\mathbf{x}}(t)$ wird Gleichung (21.47) differenziert:

$$\dot{\hat{\mathbf{x}}}(t) = \int_{t_0}^{t} \frac{\partial \mathbf{K}_{opt}(t,\tau)}{\partial t}\mathbf{z}(\tau)d\tau + \mathbf{K}_{opt}(t,t)\mathbf{z}(t) \ . \tag{21.60}$$

$\frac{\partial \mathbf{K}_{opt}(t,\tau)}{\partial t}$ wird durch Gleichung (21.59) ersetzt:

$$\dot{\hat{\mathbf{x}}}(t)$$
$$= \int_{t_0}^{t}[\mathbf{F}(t)\mathbf{K}_{opt}(t,\tau) - \mathbf{K}_{opt}(t,t)\mathbf{A}(t)\mathbf{K}_{opt}(t,\tau)]\mathbf{z}(\tau)d\tau + \mathbf{K}_{opt}(t,t)\mathbf{z}(t)$$
$$= \mathbf{F}(t)\int_{t_0}^{t}\mathbf{K}_{opt}(t,\tau)\mathbf{z}(\tau)d\tau - \mathbf{K}_{opt}(t,t)\mathbf{A}(t)\int_{t_0}^{t}\mathbf{K}_{opt}(t,\tau)\mathbf{z}(\tau)d\tau$$
$$+\mathbf{K}_{opt}(t,t)\mathbf{z}(t).$$
$$\tag{21.61}$$

Die beiden Integrale in Gleichung (21.61) kann man nach Gleichung (21.47) durch $\hat{\mathbf{x}}(t)$ ersetzen:

$$\dot{\hat{\mathbf{x}}}(t) = \mathbf{F}(t)\hat{\mathbf{x}}(t) - \mathbf{K}_{opt}(t,t)\mathbf{A}(t)\hat{\mathbf{x}}(t) + \mathbf{K}_{opt}(t,t)\mathbf{z}(t) \quad . \tag{21.62}$$

Mit

$$\mathbf{L}(t) = \mathbf{K}_{opt}(t,t) \tag{21.63}$$

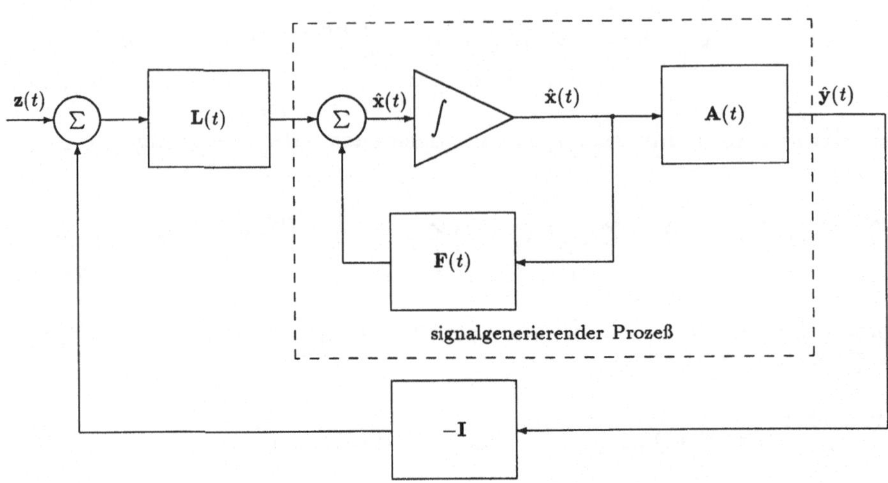

Abbildung 21.4: Ersatzschaltbild des Kalman-Bucy-Filters (21.64).

ergibt sich die Differentialgleichung von Kalman und Bucy für die Schätzung von $\hat{\mathbf{x}}(t)$:

$$\dot{\hat{\mathbf{x}}}(t) = \mathbf{F}(t)\hat{\mathbf{x}}(t) + \mathbf{L}(t)[\mathbf{z}(t) - \mathbf{A}(t)\hat{\mathbf{x}}(t)] \ . \qquad (21.64)$$

In dieser Gleichung ist lediglich $\mathbf{L}(t)$ unbestimmt. $\mathbf{L}(t)$ ist die Gewinnfunktion, die die Differenz zwischen dem tatsächlichen und dem abgeschätzten Beobachtungsvektor bewertet. Gleichung (21.64) läßt sich gemäß Abb. 21.4 darstellen. Der gestrichelt umrandete Teil stimmt mit dem in Abb. 21.3 überein. Die Spezifizierung des Systems zur Generierung des Nutzsignals $\mathbf{y}(t)$ aus $\mathbf{u}(t)$ ist damit wesentlicher Bestandteil der Herleitung des Kalman-Filters (21.64).
Die Gewinnfunktion $\mathbf{L}(t)$ muß der Matrizengleichung

$$\mathbf{L}(t) = \mathbf{R}_{\epsilon\epsilon}(t)\mathbf{A}^T(t)\mathbf{Q}^{-1}(t) \qquad (21.65)$$

genügen. $\mathbf{R}_{\epsilon\epsilon}(t)$ ist die Autokovarianzmatrix der Schätzfehler

$$\epsilon(t) = \hat{\mathbf{x}}(t) - \mathbf{x}(t) \ , \qquad (21.66)$$

das heißt

$$\mathbf{R}_{\epsilon\epsilon}(t) = \mathcal{E}[\epsilon(t)\epsilon^T(t)] \ . \qquad (21.67)$$

$\mathbf{Q}^{-1}(t)$ ist die Inverse der Autokovarianzfunktion $\mathbf{Q}(t)$ des weißen Rauschprozesses $\mathbf{q}(t)$. Um die Schreibweise zu vereinfachen, wird weiterhin $\mathbf{P}(t) = \mathbf{R}_{\epsilon\epsilon}(t)$ gesetzt. $\mathbf{P}(t)$ genügt der nichtlinearen Riccati-Differentialgleichung:

$$\frac{d\mathbf{P}(t)}{dt} = \mathbf{F}(t)\mathbf{P}(t) + \mathbf{P}(t)\mathbf{F}^T(t) - \mathbf{P}(t)\mathbf{A}^T(t)\mathbf{Q}^{-1}(t)\mathbf{A}(t)\mathbf{P}(t)$$
$$+\mathbf{G}(t)\mathbf{U}(t)\mathbf{G}^T(t) . \tag{21.68}$$

Weder Gleichung (21.65) zur Bestimmung von $\mathbf{L}(t)$ noch (21.68) zur Bestimmung von $\mathbf{P}(t)$ enthält $\mathbf{z}(t)$, d.h. $\mathbf{L}(t)$ kann berechnet werden, bevor die eigentliche Filterung der Daten erfolgt.
Auf die Herleitung der Gleichungen (21.65) und (21.68) wird verzichtet. Man findet sie z.B. bei Neuburger (1972) sowie Bayless und Brigham (1970), an deren Herleitung des Kalman-Bucy-Filters sich hier weitgehend gehalten wird.
Das praktische Vorgehen bei der Kalman-Filterbestimmung wird anhand eines einfachen Beispiels in Abschnitt 21.3 skizziert.

Anmerkung: Da Riccatische Differentialgleichungen oft schwer zu lösen sind, ist es zweckmäßig, die Fehlermatrix $\mathbf{P}(t)$ durch ein lineares Differentialgleichungssystem zu ersetzen. Hierzu wird folgender Ansatz gemacht:

$$\mathbf{P}(t) = \mathbf{V}(t)\mathbf{W}^{-1}(t) \tag{21.69}$$

mit

$$\mathbf{P}(t_0) = \mathbf{V}(t_0) , \tag{21.70}$$

so daß

$$\mathbf{W}^{-1}(t_0) = \mathbf{W}(t_0) = \mathbf{I} . \tag{21.71}$$

$\mathbf{V}(t)$ und $\mathbf{W}(t)$ sind $(n \times n)$-Matrizen.
Es läßt sich zeigen (siehe Neuburger, 1972), daß damit die Riccati-Differentialgleichung (21.68) in folgendes Differentialgleichungssystem überführt werden kann:

$$\frac{d}{dt} \begin{pmatrix} \mathbf{V} \\ \mathbf{W} \end{pmatrix} = \begin{pmatrix} \mathbf{F} & \mathbf{G}\mathbf{U}\mathbf{G}^T \\ \mathbf{A}^T\mathbf{Q}^{-1}\mathbf{A} & -\mathbf{F}^T \end{pmatrix} \begin{pmatrix} \mathbf{V} \\ \mathbf{W} \end{pmatrix} , \tag{21.72}$$

hierbei ist

$$\mathbf{B}(t) = \begin{pmatrix} \mathbf{F} & \mathbf{G}\mathbf{U}\mathbf{G}^T \\ \mathbf{A}^T\mathbf{Q}^{-1}\mathbf{A} & -\mathbf{F}^T \end{pmatrix} \tag{21.73}$$

eine $(2n \times 2n)$-Matrix.
·Ist $\overline{\mathbf{S}}(t,t_0)$ die zu $\mathbf{B}(t)$ gehörende Übergangsmatrix, also

$$\dot{\overline{\mathbf{S}}}(t,t_0) = \mathbf{B}(t)\,\overline{\mathbf{S}}(t,t_0) \quad \text{mit} \quad \overline{\mathbf{S}}(t_0,t_0) = \mathbf{I} , \tag{21.74}$$

452

dann stellt

$$\begin{pmatrix} \mathbf{V}(t) \\ \mathbf{W}(t) \end{pmatrix} = \overline{\mathbf{S}}(t,t_0) \begin{pmatrix} \mathbf{V}(t_0) \\ \mathbf{W}(t_0) \end{pmatrix} = \overline{\mathbf{S}}(t,t_0) \begin{pmatrix} \mathbf{P}(t_0) \\ \mathbf{I} \end{pmatrix} \qquad (21.75)$$

die Lösung des Differentialgleichungssystems (21.72) dar, was sich durch Differentiation von Gleichung (21.75) leicht verifizieren läßt. Die Berechnung von $\mathbf{P}(t)$ aus Gleichung (21.68) oder nach Gleichung (21.75) setzt voraus, daß man den Anfangswert $\mathbf{P}(t_0)$ kennt oder abschätzen kann. $\mathbf{P}(t_0)$ ist die Varianz von $\mathbf{x}(t)$ zum Zeitpunkt der Initialisierung des Filters. Der Zufallsprozeß kann zum Zeitpunkt t_0 mit einem bekannten Wert beginnen - $\mathbf{P}(t_0)$ ist dann Null - oder mit einem Zufallswert bekannter Varianz.

Aus Gleichung (21.69) folgt weiterhin:

$$\dot{\mathbf{P}} = \dot{\mathbf{V}}\,\mathbf{W}^{-1} + \mathbf{V}\frac{d}{dt}(\mathbf{W}^{-1}) \qquad (21.76)$$

und wegen

$$\frac{d}{dt}(\mathbf{W}^{-1}) = -\mathbf{W}^{-1}\dot{\mathbf{W}}\,\mathbf{W}^{-1} \qquad (21.77)$$

ergibt sich mit (21.72) und unter Berücksichtigung von (21.69):

$$\begin{aligned}
\dot{\mathbf{P}} &= \dot{\mathbf{V}}\,\mathbf{W}^{-1} - \mathbf{V}\,\mathbf{W}^{-1}\dot{\mathbf{W}}\,\mathbf{W}^{-1} \\
&= (\mathbf{F}\,\mathbf{V} + \mathbf{G}\,\mathbf{U}\,\mathbf{G}^T\mathbf{W})\mathbf{W}^{-1} - \mathbf{V}\,\mathbf{W}^{-1}(\mathbf{A}^T\mathbf{Q}^{-1}\mathbf{A}\,\mathbf{V} - \mathbf{F}^T\mathbf{W})\mathbf{W}^{-1} \\
&= \mathbf{F}\,\mathbf{P} + \mathbf{G}\,\mathbf{U}\,\mathbf{G}^T - \mathbf{P}\,\mathbf{A}^T\mathbf{Q}^{-1}\mathbf{A}\,\mathbf{P} + \mathbf{P}\,\mathbf{F}^T \ . \qquad (21.78)
\end{aligned}$$

Dies ist gerade Gleichung (21.68); d.h. die oben definierten Matrizen $\mathbf{V}(t)$ und $\mathbf{W}(t)$ ergeben nach (21.69) ein $\mathbf{P}(t)$, das die Differentialgleichung für die Fehlermatrix (21.68) erfüllt.

Statt der Riccati-Differentialgleichung hat man also das lineare Differentialgleichungssystem (21.74) zu lösen, d.h. die zu $\mathbf{B}(t)$ gehörende Übergangsmatrix $\overline{\mathbf{S}}(t,t_0)$ zu bestimmen. Mit ihr ergibt sich nach Gleichung (21.75) die Matrix $\begin{pmatrix} \mathbf{V}(t) \\ \mathbf{W}(t) \end{pmatrix}$, aus der dann gemäß Gleichung (21.69) die Fehlermatrix $\mathbf{P}(t)$ berechnet werden kann. Besteht die Matrix $\mathbf{B}$ aus konstanten Elementen,

$$\mathbf{B} = \begin{pmatrix} a & b \\ c & d \end{pmatrix} , \qquad (21.79)$$

dann läßt sich $\overline{\mathbf{S}}(t,t_0)$ explizit bestimmen:

$$\overline{\mathbf{S}}(t,t_0) = \cosh(w(t - t_0))\mathbf{I} + \frac{1}{w}\sinh(w(t - t_0))\mathbf{B} \qquad (21.80)$$

mit

$$w = \sqrt{cb - ad}. \qquad (21.81)$$

Dieser Lösungsweg wird bei dem nachfolgenden Beispiel eingeschlagen. Mit diesem Beispiel soll der mathematische Ablauf bei der Bestimmung des Kalman-Filters verdeutlicht werden. Um den mathematischen Aufwand möglichst gering zu halten, wird ein stationäres Problem behandelt, das einfacher mit dem Wiener-Filter zu lösen wäre.

21.3 Beispiel der Kalman-Bucy-Filterung

Ein Nutzsignal $y(t)$ sei durch additives Rauschen $q(t)$ gestört:

$$z(t) = y(t) + q(t), \ t \geq 0 \ . \qquad (21.82)$$

Die quadratischen Spektren von $y(t)$ und $q(t)$ seien

$$G_y(\omega) = \frac{2}{1 + \omega^2} = \frac{\sqrt{2}}{(1 + i\omega)}\frac{\sqrt{2}}{(1 - i\omega)} \qquad (21.83)$$

und

$$G_q(\omega) = 1 \ \forall \ \omega. \qquad (21.84)$$

Gesucht werden die Gleichungen des Kalman-Bucy-Filters zur optimalen Bestimmung der Signalkomponente $y(t)$ sowie die Lösungen für den stationären Fall und für den Einschwingvorgang.

Zunächst muß das Modell des beobachteten Prozesses mit Hilfe von Zustandsvariablen in Form der Gleichungen (21.43) bis (21.45) formuliert werden. Dazu wird die Zustandsvariable $x(t) = y(t)$ mit

$$X(\omega) = Y(\omega) \qquad (21.85)$$

eingeführt, die aus einem hypothetischen weißen Rauschen $u(t)$ erzeugt aufgefaßt wird. Die Differentialgleichung zur Erzeugung von $x(t)$ mit

$$X(\omega) = \frac{\sqrt{2}}{1 + i\omega} \qquad (21.86)$$

lautet:

$$\dot{x}(t) + x(t) = u(t). \qquad (21.87)$$

Von der Richtigkeit dieser Gleichung kann man sich überzeugen, indem man sie in den Frequenzbereich transformiert:

$$i\omega X(\omega) + X(\omega) = U(\omega) \ . \qquad (21.88)$$

454

Hieraus folgt:

$$X(\omega) = \frac{U(\omega)}{1 + i\omega} \ . \tag{21.89}$$

Damit muß $U(\omega) = \sqrt{2}$, d.h. $G_u(\omega) = 2$ gewählt werden. Das Modell zur Beschreibung des beobachteten Prozesses lautet damit:

$$\dot{x}(t) = -x(t) + u(t) \tag{21.90}$$

mit

$$\mathcal{E}[u(t)u^T(s)] = \begin{cases} 2 \ \text{für} \ s = t \\ 0 \ \text{sonst,} \end{cases}$$

$$y(t) = x(t) \ , \tag{21.91}$$

$$z(t) = y(t) + q(t) \tag{21.92}$$

mit

$$\mathcal{E}[q(t)q^T(s)] = \begin{cases} 1 \ \text{für} \ s = t \\ 0 \ \text{sonst.} \end{cases}$$

Nach Gleichung (21.43) und Gleichung (21.44) ist $\mathbf{F} = -1$, $\mathbf{G} = 1$, $\mathbf{A} = 1$, weiterhin ist $\mathbf{U} = 2$, $\mathbf{Q} = 1$. Die gesuchte Gleichung des Kalman-Bucy-Filters ist damit nach Gleichung (21.64):

$$\dot{\hat{x}}(t) = -\hat{x}(t) + L(t)[z(t) - \hat{x}(t)] \ . \tag{21.93}$$

Die Gewinnfunktion ist nach Gleichung (21.65) wegen $\mathbf{A} = 1$, $\mathbf{Q} = 1$ gegeben durch:

$$L(t) = P(t) \ , \tag{21.94}$$

wobei P(t) nach Gleichung (21.68) die Lösung der folgenden skalaren Riccati-Differentialgleichung ist:

$$\dot{P}(t) = -2P(t) - P^2(t) + 2 \ . \tag{21.95}$$

Im stationären Fall ist $\dot{P}(t) = 0$. Aus

$$P^2 + 2P - 2 = 0 \tag{21.96}$$

folgt: $P_{1,2} = -1 \pm \sqrt{3}$. Als Varianz kann P nicht negativ sein, so daß man als stationäre Lösung $P = -1 + \sqrt{3} \approx 0.73$ erhält. Das

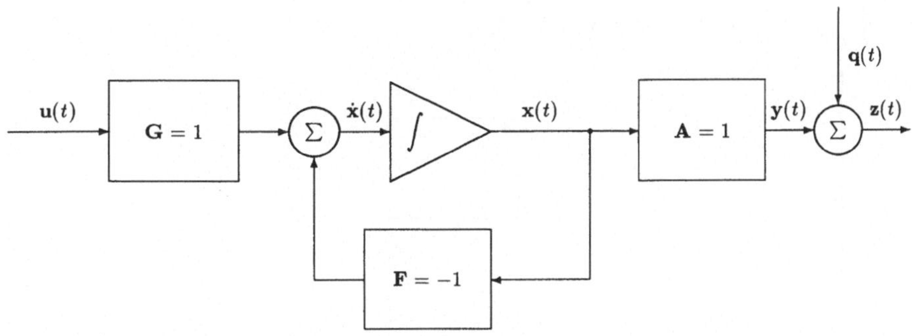

Abbildung 21.5: Ersatzschaltbild der zu filternden Funktion gemäß den Gleichungen (21.90) bis (21.92).

gesuchte Kalman-Bucy-Filter hat damit nach Gleichung (21.94) den Gewinnfaktor $L = 0.73$. Die Differentialgleichung zur optimalen Bestimmung von $\hat{x}(t)$ aus $z(t)$ lautet damit nach Gleichung (21.64):

$$\begin{aligned}
\dot{\hat{x}}(t) &= -\hat{x}(t) + 0.73[z(t) - \hat{x}(t)] \\
&= -1.73\hat{x}(t) + 0.73z(t) \ .
\end{aligned} \qquad (21.97)$$

In Abb. 21.5 und Abb. 21.6 sind das Ersatzschaltbild der zu filternden Funktion und das hergeleitete Kalman-Bucy-Filter dargestellt.

Aus Gleichung (21.97) läßt sich die Übertragungsfunktion des Filters zur optimalen Schätzung der Zustandsvariablen, die in diesem Beispiel der Signalkomonente entspricht, bestimmen. Die Anwendung der Fourier-Transformation auf Gleichung (21.97) ergibt:

$$i\omega\hat{X}(\omega) = -1.73\hat{X}(\omega) + 0.73Z(\omega) \ . \qquad (21.98)$$

Hieraus folgt:

$$\hat{X}(\omega) = \frac{0.73}{1.73 + i\omega}Z(\omega) \ , \qquad (21.99)$$

das heißt, das Optimalfilter besitzt die Übertragungsfunktion

$$H(\omega) = \frac{0.73}{1.73 + i\omega} \ . \qquad (21.100)$$

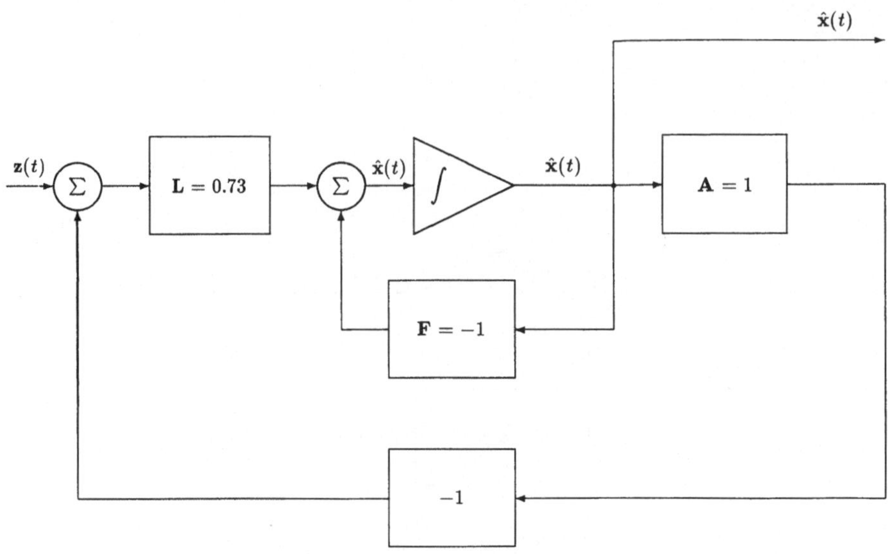

Abbildung 21.6: Struktur des Kalman-Bucy-Filters (21.97).

Abb. 21.7 zeigt die Amplitudenspektren der zu filternden Funktion,

$$|Z(\omega)| = \frac{\sqrt{2}}{\sqrt{1 + \omega^2}} + 1, \tag{21.101}$$

und des Kalman-Filters zur optimalen Schätzung der Zustandsvariablen:

$$|H(\omega)| = \frac{0.73}{\sqrt{1.73^2 + \omega^2}} \ . \tag{21.102}$$

Wie nach den Ausführungen in Kapitel 20 zu erwarten ist, ist die Übertragungsfunktion für den hier vorliegenden Fall des weißen Rauschens dem Signalspektrum angepaßt.

Das Beispiel macht deutlich, daß der wesentliche Schritt bei der Herleitung des Kalman-Filters die in den Gleichungen (21.90) bis (21.92) durchgeführte Beschreibung des zu filternden Prozesses ist. Danach erfolgt die Herleitung des Filters nach einem fest vorgegebenen mathematischen Algorithmus.

Zur Herleitung des Kalman-Bucy-Filters für den Einschwingvorgang wird das in den Gleichungen (21.69) bis (21.78) dargestellte Verfahren herangezogen. Nach Gleichung (21.73) ist

$$\mathbf{B} = \begin{pmatrix} -1 & 2 \\ 1 & 1 \end{pmatrix} \ . \tag{21.103}$$

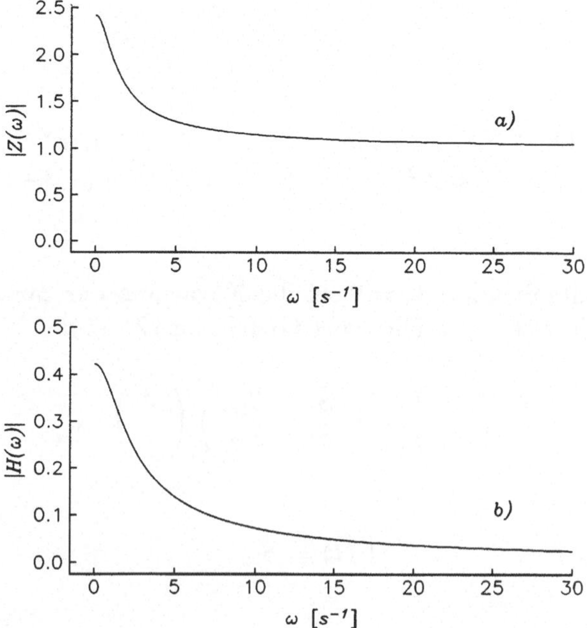

Abbildung 21.7: Vergleich der Amplitudenspektren a) des zu filternden Vorganges (21.101) und b) des Optimalfilters (21.102).

Die zu $\mathbf{B}$ gehörende 2×2-Übergangsmatrix $\bar{\mathbf{S}}(t, t_0)$ ist für $t_0 = 0$ definiert durch:

$$\dot{\bar{\mathbf{S}}}(t,0) = \mathbf{B}\,\bar{\mathbf{S}}(t,0) \ , \quad \bar{\mathbf{S}}(0,0) = \mathbf{I} \ . \tag{21.104}$$

Gewöhnlich läßt sich dieses gekoppelte Differentialgleichungssystem nur numerisch lösen, indem man bekannte Verfahren der numerischen Integration einsetzt. Das behandelte Beispiel läßt sich jedoch noch analytisch lösen: Das Differentialgleichungssystem (21.104) mit (21.103) lautet ausgeschrieben:

$$\begin{aligned}
\dot{\bar{S}}_{11} &= -\bar{S}_{11} + 2\bar{S}_{21} \\
\dot{\bar{S}}_{12} &= -\bar{S}_{12} + 2\bar{S}_{22} \\
\dot{\bar{S}}_{21} &= \bar{S}_{11} + \bar{S}_{21} \\
\dot{\bar{S}}_{22} &= \bar{S}_{12} + \bar{S}_{22} \ .
\end{aligned} \tag{21.105}$$

Es besitzt nach Gleichung (21.80) mit $w = \sqrt{3}$ gemäß (21.81) und unter Anwendung von

$$\cosh x = \frac{e^x + e^{-x}}{2} \ , \quad \sinh x = \frac{e^x - e^{-x}}{2} \tag{21.106}$$

458

die Lösung:

$$\bar{\mathbf{S}}(t,0) =$$
$$\frac{\sqrt{3}}{6} \begin{pmatrix} (\sqrt{3}+1)e^{-\sqrt{3}t}+(\sqrt{3}-1)e^{\sqrt{3}t} & -2e^{-\sqrt{3}t}+2e^{\sqrt{3}t} \\ -e^{-\sqrt{3}t}+e^{\sqrt{3}t} & (\sqrt{3}-1)e^{-\sqrt{3}t}+(\sqrt{3}+1)e^{\sqrt{3}t} \end{pmatrix} .$$

$$(21.107)$$

Zum Einschaltzeitpunkt $t_0 = 0$ sei die Kovarianz der Zustandsvariablen Null. Mit $P(t_0) = 0$ folgt aus Gleichung (21.75):

$$\begin{pmatrix} V(t) \\ W(t) \end{pmatrix} = \begin{pmatrix} \bar{S}_{11} & \bar{S}_{12} \\ \bar{S}_{21} & \bar{S}_{22} \end{pmatrix} \begin{pmatrix} 0 \\ 1 \end{pmatrix} , \qquad (21.108)$$

das heißt

$$V(t) = \bar{S}_{12} \qquad (21.109)$$

und

$$W(t) = \bar{S}_{22}. \qquad (21.110)$$

Nach Gleichung (21.69) ergibt sich:

$$P(t) = \frac{V(t)}{W(t)} = \frac{\bar{S}_{12}}{\bar{S}_{22}} = \frac{-2e^{-\sqrt{3}t} + 2e^{\sqrt{3}t}}{(\sqrt{3} - 1)e^{-\sqrt{3}t} + (\sqrt{3} + 1)e^{\sqrt{3}t}} . \qquad (21.111)$$

Für große t dominieren im Zähler und Nenner die Anteile mit positivem Exponenten, so daß

$$P(\infty) = \frac{2}{\sqrt{3} + 1} = \sqrt{3} - 1 \approx 0.73 . \qquad (21.112)$$

Dieses Ergebnis stimmt mit der stationären Lösung überein. Die zu $P(t)$ gehörende Gewinnfunktion (21.65),

$$L(t) = P(t)A^T(t)Q^{-1}(t) = P(t) , \qquad (21.113)$$

ist in Abb. 21.8 dargestellt. Auch bei stationären Prozessen ist die Gewinnfunktion zu Beginn der Kalman-Filterung zeitabhängig; im stationären Zustand wird dann diese Gewichtsfunktion, mit der die Abweichung zwischen den tatsächlichen und den abgeschätzten Beobachtungswerten bewertet wird, zeitunabhängig.

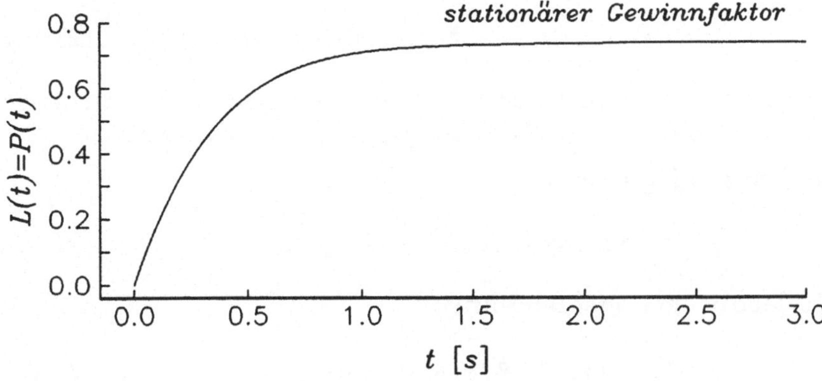

Abbildung 21.8: Gewinnfunktion $L(t)$ des Kalman-Bucy-Filters (21.93).

21.4 Das diskrete Kalman-Filter

21.4.1 Der Kalman-Filteralgorithmus

Die Gleichungen

$$\dot{\mathbf{x}}(t) = \mathbf{F}(t)\mathbf{x}(t) + \mathbf{G}(t)\mathbf{u}(t) \qquad (21.114)$$

und

$$\mathbf{z}(t) = \mathbf{A}(t)\mathbf{x}(t) + \mathbf{q}(t) \qquad (21.115)$$

repräsentieren das Kalman-Bucy-Modell zur Systembeschreibung kontinuierlicher Prozesse. Für diskrete Folgen wird von der allgemeinen Lösung (21.34) der Gleichung (21.114) ausgegangen,

$$\mathbf{x}(t) = \mathbf{S}(t,t_0)\mathbf{x}(t_0) + \int_{t_0}^{t} \mathbf{S}(t,\tau)\mathbf{G}(\tau)\mathbf{u}(\tau)d\tau \ , \qquad (21.116)$$

die in eine Differenzengleichung umgeformt wird. Aus Gleichung (21.116) folgt für $t = t_{k+1}$ und $t_0 = t_k$:

$$\mathbf{x}(t_{k+1}) = \mathbf{S}(t_{k+1,t_k})\mathbf{x}(t_k) + \int_{t_k}^{t_{k+1}} \mathbf{S}(t_{k+1},\tau)\mathbf{G}(\tau)\mathbf{u}(\tau)d\tau \qquad (21.117)$$

bzw. in Indexschreibweise unter der Annahme, daß für $t_k \leq t < t_{k+1}$ $\mathbf{u}(t) = \mathbf{u}(t_k)$ gesetzt werden kann:

$$\mathbf{x}_{k+1} = \mathbf{S}_{k+1,k}\mathbf{x}_k + \mathbf{H}_{k+1,k}\mathbf{u}_k \qquad (21.118)$$

460

mit

$$\mathbf{H}_{k+1,k} = \int_{t_k}^{t_{k+1}} \mathbf{S}(t_{k+1},\tau)\mathbf{G}(\tau)d\tau \ . \qquad (21.119)$$

Das mathematische Modell des zu filternden diskreten Prozesses wird damit durch folgende zwei Gleichungssysteme beschrieben:

a) **die Zustandsgleichung**

$$\mathbf{x}_{k+1} = \mathbf{S}_{k+1,k}\mathbf{x}_k + \mathbf{H}_{k+1,k}\mathbf{u}_k \ , \qquad (21.120)$$

b) **die Beobachtungsgleichung**

$$\mathbf{z}_{k+1} = \mathbf{A}_{k+1}\mathbf{x}_{k+1} + \mathbf{q}_{k+1} \ . \qquad (21.121)$$

Die Übergangsmatrix $\mathbf{S}_{k+1,k}$ beschreibt die physikalischen Eigenschaften des dynamischen Systems, während die Abbildungsmatrix $\mathbf{A}_{k+1}$ den linearen Zusammenhang zwischen dem Zustandsvektor $\mathbf{x}_{k+1}$ und dem Beobachtungsvektor $\mathbf{z}_{k+1}$ kennzeichnet.

Für die Anwendung der Kalman-Filtertechnik müssen neben dem Beobachtungsvektor die Übergangs- und Abbildungsmatrix wie auch die statistischen Eigenschaften der Rauschprozesse $\mathbf{u}_k$ und $\mathbf{q}_k$ bekannt sein. Im einfachsten Fall wird angenommen, daß

$$\mathcal{E}[\mathbf{u}_k] = 0, \qquad (21.122)$$

$$\mathcal{E}[\mathbf{u}_k \mathbf{u}_j^T] = \mathbf{U}_k \delta_{kj}, \qquad (21.123)$$

$$\mathcal{E}[\mathbf{q}_k] = 0, \qquad (21.124)$$

$$\mathcal{E}[\mathbf{q}_k \mathbf{q}_j^T] = \mathbf{Q}_k \delta_{kj}, \qquad (21.125)$$

$$\mathcal{E}[\mathbf{u}_k \mathbf{q}_j^T] = 0 \ . \qquad (21.126)$$

Das Ziel der Kalman-Filterung ist die Schätzung des Zustandsvektors $\mathbf{x}_k$ aus den Beobachtungen $\mathbf{z}_k$. Mit der Schätzung von $\mathbf{x}_k$ ist es dann möglich, jedes andere Signal, das linear mit $\mathbf{x}_k$ verknüpft ist, zu bestimmen, z.B. die Signalkomponente

$$\mathbf{y}_k = \mathbf{A}_k\mathbf{x}_k \ . \qquad (21.127)$$

Folgende Notationen werden eingeführt:

- $\hat{\mathbf{x}}_{k|j}$ ist die auf den Messungen $\mathbf{z}_1,...,\mathbf{z}_j$, basierende Schätzung von $\mathbf{x}_k$ zur Zeit t_k,
- $\tilde{\mathbf{x}}_{k|j}$ ist der Fehler dieser Schätzung, d.h.

$$\tilde{\mathbf{x}}_{k|j} = \mathbf{x}_k - \hat{\mathbf{x}}_{k|j} \ . \qquad (21.128)$$

Drei Fälle sind zu unterscheiden:

1. $k > j$: $\hat{x}_{k|j}$ ist ein vorhergesagter Wert von x_k,
2. $k = j$: $\hat{x}_{k|j}$ ist ein gefilterter Wert von x_k; dieser Fall stellt das eigentliche Kalman-Filter dar,
3. $k < j$: $\hat{x}_{k|j}$ ist ein geglätteter Wert von x_k.

Das Problem läßt sich dann wie folgt formulieren:
Gegeben seien $z_1, z_2, ..., z_j$; gesucht ist die Schätzung von x_k, d.h.

$$\hat{x}_{k|j} = F_k(z_1, ..., z_j) \, , \qquad (21.129)$$

die den bedingten mittleren quadratischen Fehler $\mathcal{E}[\tilde{x}_{k|j}^T \tilde{x}_{k|j} | z_1, z_2, ..., z_j]$ minimiert.
Die Lösung dieses Problems wird durch das Fundamentaltheorem der Schätztheorie beschrieben. Danach ist die mittlere quadratische Schätzung $\hat{x}$ einer vektoriellen Zufallsvariablen x bei Kenntnis der Variablen $z_1, z_2, ..., z_j$, d.h. die Schätzung von x, so daß

$$\mathcal{E}[(x - \hat{x})^T (x - \hat{x}) | z_1, z_2, ..., z_j] = Min. \qquad (21.130)$$

ist, gegeben durch die bedingte Erwartung

$$\hat{x} = \mathcal{E}[x | z_1, z_2, ..., z_j] \, . \qquad (21.131)$$

Beweis:

$$
\begin{aligned}
\mathcal{E}&[(x - \hat{x})^T (x - \hat{x}) | z_1, z_2, ..., z_j] \\
&= \mathcal{E}[x^T x - x^T \hat{x} - \hat{x}^T x + \hat{x}^T \hat{x} | z_1, z_2, ..., z_j] \\
&= \mathcal{E}[x^T x | z_1, ..., z_j] - \mathcal{E}[x^T | z_1, ..., z_j]\hat{x} - \hat{x}^T \mathcal{E}[x | z_1, ..., z_j] + \hat{x}^T \hat{x} \\
&= \mathcal{E}[x^T x | z_1, ..., z_j] + (\hat{x} - \mathcal{E}[x | z_1, ..., z_j])^T (\hat{x} - \mathcal{E}[x | z_1, ..., z_j]) \\
&\quad - \mathcal{E}[x^T | z_1, ..., z_j]\mathcal{E}[x | z_1, ..., z_j] \, . \qquad (21.132)
\end{aligned}
$$

Um den Ausdruck nach dem zweiten Gleichheitszeichen in (21.132) zu erhalten, wird die Tatsache ausgenutzt, daß $\hat{x}$ per Definition eine Funktion von $z_1, ..., z_j$ ist; dabei ist $\mathcal{E}[\hat{x} | z_1, ..., z_j] = \hat{x}$. Der erste und letzte Term nach dem letzten Gleichheitszeichen in Gleichung (21.132) hängen nicht von $\hat{x}$ ab. Der kleinste Wert von $\mathcal{E}[(x - \hat{x})^T (x - \hat{x}) | z_1, z_2, ..., z_j]$ wird erhalten, wenn die Ausdrücke in den Klammern Null werden, d.h. $\hat{x}$ muß wie in Gleichung (21.131) gewählt werden.

Zur Bestimmung von $\hat{x}_{k|j}$ ist die Gleichung (21.131) nicht sehr nützlich, da dazu die Wahrscheinlichkeitsdichtefunktion $p[x_k | z_1, ..., z_j]$ berechnet und anschließend eine Reihe von Integrationen durchgeführt werden müßten. Andererseits kann das Theorem zur Lösung bestimmter Probleme herangezogen werden. Im folgenden werden folgende zwei Fälle behandelt:

462

- die optimale Vorhersage,
- die Kalman-Filterung.

1. Optimale Vorhersage:

Gesucht ist die optimale Schätzung von $\mathbf{x}_k$ aus den Beobachtungen $\mathbf{z}_1,...,\mathbf{z}_j$, $k > j$. Die Zustandsgleichung

$$\mathbf{x}_k = \mathbf{S}_{k,k-1}\mathbf{x}_{k-1} + \mathbf{H}_{k,k-1}\mathbf{u}_{k-1} \qquad (21.133)$$

läßt sich durch direkte Iteration wie folgt darstellen:

$$\mathbf{x}_k = \mathbf{S}_{k,j}\mathbf{x}_j + \sum_{i=j+1}^{k} \mathbf{S}_{k,i}\mathbf{H}_{i,i-1}\mathbf{u}_{i-1} \qquad (21.134)$$

mit

$$\mathbf{S}_{k,i} = \begin{cases} \mathbf{S}_{k,k-1}\mathbf{S}_{k-1,k-2}...\mathbf{S}_{i-1,i} & \text{für } i = 0,1,...,k-1 \\ 1 & \text{für } i = k \end{cases} \qquad (21.135)$$

Die Anwendung des Fundamentaltheorems (21.131) ergibt die Lösung

$$\begin{aligned} \hat{\mathbf{x}}_{k|j} &= \mathcal{E}[\mathbf{x}_k|\mathbf{z}_1,...,\mathbf{z}_j] \\ &= \mathcal{E}[\mathbf{S}_{k,j}\mathbf{x}_j + \sum_{i=j+1}^{k} \mathbf{S}_{k,i}\mathbf{H}_{i,i-1}\mathbf{u}_{i-1}|\mathbf{z}_1,...,\mathbf{z}_j] \\ &= \mathbf{S}_{k,j}\mathcal{E}[\mathbf{x}_j|\mathbf{z}_1,...,\mathbf{z}_j] + \sum_{i=j+1}^{k} \mathbf{S}_{k,i}\mathbf{H}_{i,i-1}\mathcal{E}[\mathbf{u}_{i-1}|\mathbf{z}_1,...,\mathbf{z}_j] \\ &= \mathbf{S}_{k,j}\hat{\mathbf{x}}_{j|j}, \quad k > j, \end{aligned} \qquad (21.136)$$

da

$$\mathcal{E}[\mathbf{u}_{i-1}|\mathbf{z}_1,...,\mathbf{z}_j] = 0 \text{ für alle } i = j+1,...,k, \ k > j , \qquad (21.137)$$

denn $\mathbf{z}_j$ hängt höchstens von $\mathbf{x}_j$ und $\mathbf{x}_j$ höchstens von $\mathbf{u}_{j-1}$ ab. Folglich ist

$$\mathcal{E}[\mathbf{u}_{i-1}|\mathbf{z}_1,...,\mathbf{z}_j] = \mathcal{E}[\mathbf{u}_j|\mathbf{u}_1,...,\mathbf{u}_{j-1}] = \mathcal{E}[\mathbf{u}_j] = 0 . \qquad (21.138)$$

Ist z.B. $i = j+1$, so ergibt sich

$$\mathcal{E}[\mathbf{u}_j|\mathbf{z}_1,...,\mathbf{z}_j] = \mathcal{E}[\mathbf{u}_j|\mathbf{u}_1,...,\mathbf{u}_{j-1}] = \mathcal{E}[\mathbf{u}_j] = 0 . \qquad (21.139)$$

Die Kovarianzmatrix $\mathbf{P}_{k|j}$ des Schätzfehlers $\tilde{\mathbf{x}}_{k|j} = \mathbf{x}_k - \hat{\mathbf{x}}_{k,j}$, $k > j$ erhält man durch Bildung des Erwartungswertes

$$\mathcal{E}[\tilde{\mathbf{x}}_{k|j}^T \tilde{\mathbf{x}}_{k|j}] = \mathcal{E}[(\mathbf{x}_k - \hat{\mathbf{x}}_{k|j})^T(\mathbf{x}_k - \hat{\mathbf{x}}_{k|j})] , \qquad (21.140)$$

indem man berücksichtigt, daß $\hat{\mathbf{x}}_{k|j}$ und $\mathbf{u}_k$ unkorreliert sind (siehe Mendel, 1983):

$$\mathbf{P}_{k|j} = \mathbf{S}_{k,k-1}\mathbf{P}_{k-1|j}\mathbf{S}_{k,k-1}^T + \mathbf{H}_{k,k-1}\mathbf{U}_{k-1}\mathbf{H}_{k,k-1}^T \ . \qquad (21.141)$$

Für die 1-Schritt-Vorhersage $k \to k+1$ folgt aus den Gleichungen (21.136) und (21.141):

$$\hat{\mathbf{x}}_{k+1|k} = \mathbf{S}_{k+1,k}\hat{\mathbf{x}}_{k|k} \qquad (21.142)$$

und

$$\mathbf{P}_{k+1|k} = \mathbf{S}_{k+1,k}\mathbf{P}_{k|k}\mathbf{S}_{k+1,k}^T + \mathbf{H}_{k+1,k}\mathbf{U}_k\mathbf{H}_{k+1,k}^T \ . \qquad (21.143)$$

Gleichung (21.142) beschreibt die Schätzung des neuen Zustandsvektors zur Zeit t_{k+1} aus dem Zustandsvektor zur Zeit t_k und den Daten bis zum Zeitpunkt t_k.

2. Kalman-Filter:

Analog zu oben läßt sich durch Anwendung des Fundamentaltheorems (21.131) zeigen, daß die optimale Schätzung des Zustandsvektors $\hat{\mathbf{x}}_{k+1|k+1}$, das heißt die Schätzung unter Einbeziehung der neuen Beobachtung $\mathbf{z}_{k+1}$, nach folgendem Algorithmus bestimmt werden kann (siehe Kalman (1960) oder Mendel (1983)):

-

$$\hat{\mathbf{x}}_{k+1|k+1} = \hat{\mathbf{x}}_{k+1|k} + \mathbf{L}_{k+1}\tilde{\mathbf{z}}_{k+1|k}, \quad k = 0,1,2,\dots \qquad (21.144)$$

mit

$$\hat{\mathbf{x}}_{0|0} = \mathcal{E}[\mathbf{x}_0] \qquad (21.145)$$

und

$$\begin{aligned} \tilde{\mathbf{z}}_{k+1|k} &= \mathbf{z}_{k+1} - \hat{\mathbf{z}}_{k+1|k} \\ &= \mathbf{z}_{k+1} - \mathbf{A}_{k+1}\hat{\mathbf{x}}_{k+1|k} \ . \end{aligned} \qquad (21.146)$$

Gleichung (21.146) ergibt sich durch Anwendung der bedingten Erwartung $\mathcal{E}[*|\mathbf{z}_1,...,\mathbf{z}_k]$ auf die Beobachtungsgleichung (21.121):

$$\mathcal{E}[\mathbf{z}_{k+1}|\mathbf{z}_1,...,\mathbf{z}_k] = \mathbf{A}_{k+1}\mathcal{E}[\mathbf{x}_{k+1}|\mathbf{z}_1,...,\mathbf{z}_k] + \mathcal{E}[\mathbf{q}_{k+1}|\mathbf{z}_1,...,\mathbf{z}_k] \qquad (21.147)$$

oder

$$\hat{\mathbf{z}}_{k+1|k} = \mathbf{A}_{k+1}\hat{\mathbf{x}}_{k+1|k} \ , \qquad (21.148)$$

da $\mathbf{z}_k$ höchstens von $\mathbf{q}_k$ abhängt und $\mathbf{q}_k$ nicht mit $\mathbf{q}_{k+1}$ korreliert, so daß

$$\mathcal{E}[\mathbf{q}_{k+1}|\mathbf{z}_1,...,\mathbf{z}_k] = \mathcal{E}[\mathbf{q}_{k+1}] = \mathbf{0} \ . \qquad (21.149)$$

Gleichung (21.144) kann als rekursives lineares Filter aufgefaßt werden, bestehend aus einem Vorhersage- und einem Korrekturterm. Zur Bestimmung des Schätzwertes $\hat{\mathbf{x}}_{k+1|k+1}$ von $\mathbf{x}_{k+1}$ wird eine gewichtete Kombination des vorhergesagten Zustandsvektors $\hat{\mathbf{x}}_{k+1|k}$ aus $\hat{\mathbf{x}}_{k|k}$ und der vorhergesagten Beobachtungswerte benutzt. Während bei der Vorhersage des Zustandsvektors nach Gleichung (21.142) Informationen der Zustandsgleichung benutzt werden, geht in den Korrekturterm der neue Beobachtungswert zur Zeit t_{k+1} ein. Diese Korrektur ist nach Gleichung (21.144) proportional der Differenz zwischen dem Beobachtungswert $\mathbf{z}_{k+1}$ und dem optimal mit der Zustandsvariablen $\hat{\mathbf{x}}_{k+1|k}$ vorhergesagten Wert $\hat{\mathbf{z}}_{k+1|k}$.

- $\mathbf{L}_{k+1}$ ist die Gewinn-Matrix, die durch folgende Gleichungen definiert ist:

$$\mathbf{L}_{k+1} = \mathbf{P}_{k+1|k}\mathbf{A}_{k+1}^T[\mathbf{A}_{k+1}\mathbf{P}_{k+1|k}\mathbf{A}_{k+1}^T + \mathbf{Q}_{k+1}]^{-1} , \qquad (21.150)$$

$$\mathbf{P}_{k+1|k} = \mathbf{S}_{k+1,k}\mathbf{P}_{k|k}\mathbf{S}_{k+1,k}^T + \mathbf{H}_{k+1,k}\mathbf{U}_k\mathbf{H}_{k+1,k}^T , \qquad (21.151)$$

$$\mathbf{P}_{k+1|k+1} = [\mathbf{I} - \mathbf{L}_{k+1}\mathbf{A}_{k+1}]\mathbf{P}_{k+1|k} , \quad k = 0,1,2,\dots \qquad (21.152)$$

mit

$$\mathbf{P}_{0|0} = \mathbf{P}_0 . \qquad (21.153)$$

Durch die Kombination der drei Gleichungen (21.150) bis (21.152) ist es möglich, eine Matrix-Gleichung herzuleiten, mit der $\mathbf{P}_{k+1|k+1}$ aus $\mathbf{P}_{k|k}$ rekursiv bestimmt werden kann. Die sich ergebende Riccati-Matrix-Gleichung ist nichtlinear.

$\mathbf{P}_{k|j}$ ist die Kovarianzmatrix des Fehlers $\tilde{\mathbf{x}}_{k|j}$ des Zustandsvektors. Die Gewichte $\mathbf{L}_{k+1}$ in (21.144) hängen nach Gleichung (21.150) von den Beobachtungsfehlern $\mathbf{Q}_{k+1}$ ab. Falls der Fehler der neuen Beobachtungen groß im Vergleich zu den früheren Meßwerten ist, dann ist $\mathbf{L}_{L+1}$ relativ klein, und die vorherige Abschätzung $\hat{\mathbf{x}}_{k+1|k}$ wird kaum verändert. Zusätzlich ist $\mathbf{L}_{k+1}$ davon abhängig, inwieweit mit den neuen Beobachtungen die Elemente von $\mathbf{x}_{k+1}$ abgeschätzt werden können. Ist dies aufgrund der Struktur der Daten und Zustandsvariablen für bestimmte Elemente des Zustandsvektors $\mathbf{x}_{k+1}$ nicht möglich, dann werden bei der Abschätzung der neuen Werte der Zustandsvariablen für diese Elemente die alten Werte übernommen.

Weitere Erläuterungen:

1. Bei der Bestimmung von $\hat{\mathbf{x}}_{k+1|k}$ und $\mathbf{P}_{k+1|k}$ werden lediglich Informationen der Zustandsgleichung benutzt, während die Korrekturgleichungen, mit denen $\mathbf{L}_{k+1}$, $\hat{\mathbf{x}}_{k+1|k+1}$ und $\mathbf{P}_{k+1|k+1}$ berechnet werden, Informationen der Beobachtungsgleichung benutzen.

2. Die Berechnung läuft wie folgt ab:

- Beginnend mit $\mathbf{P}_{0|0}$ werden rekursiv $\mathbf{P}_{k|k} \rightarrow \mathbf{P}_{k+1|k} \rightarrow \mathbf{L}_{k+1} \rightarrow \mathbf{P}_{k+1|k+1} \rightarrow \dots$ berechnet. Die Gewinnmatrizen $\mathbf{L}_k$, $k = 1, 2, \dots, N$ können auf diese Art in den meisten Fällen vorausberechnet werden; sie werden im Rechner gespeichert und stehen dann zur Korrektur des vorhergesagten Schätzwertes zur Verfügung.

- Nachdem die Gewinn-Matrix $\mathbf{L}_{k+1}$ berechnet ist, stellt Gleichung (21.144) ein zeitvariierendes rekursives Digitalfilter dar. Die Substitution der Gleichungen (21.146) und (21.142) in (21.144) liefert:

$$\hat{\mathbf{x}}_{k+1|k+1} = [\mathbf{I} - \mathbf{L}_{k+1}\mathbf{A}_{k+1}]\mathbf{S}_{k+1,k}\hat{\mathbf{x}}_{k|k} + \mathbf{L}_{k+1}\mathbf{z}_{k+1}, \quad k = 0, 1, 2, \dots$$
$$(21.154)$$

Bei Kenntnis der Übergangsmatrix $\mathbf{S}_{k+1,k}$, der Abbildungsmatrix $\mathbf{A}_{k+1}$ und der Gewinn-Matrix $\mathbf{L}_{k+1}$ läßt sich hiernach der Zustandsvektor $\hat{\mathbf{x}}_{k+1|k+1}$ rekursiv bestimmen.

Abb. 12.9 zeigt den Zusammenhang zwischen dem Modell zur Generierung des zu filternden Prozesses, das durch die Gleichungen (21.120) und (21.121) beschrieben wird, und dem Kalman-Filter (21.154). Das Kalman-Filter enthält das System zur Modellierung des zu filternden regellosen Prozesses.

Gleichung (21.154) ist zeitvariierend und zwar selbst dann, wenn das durch die Gleichungen (21.120) und (21.121) beschriebene dynamische System stationär ist, da selbst dann die Gewinn-Matrix $\mathbf{L}_{k+1}$ zeitvariierend ist. $\mathbf{L}_{k+1}$ kann jedoch einen Grenzwert erreichen. Gleichung (21.154) reduziert sich dann zu einem rekursiven Filter mit konstanten Koeffizienten.

3. Ein Maß der Filtergüte ist die Kovarianzmatrix $\mathbf{P}_{k+1|k+1}$, die vor der eigentlichen Datenbearbeitung mit Hilfe der Gleichungen (21.150) bis (21.152) berechnet werden kann.

21.4.2 Beispiel eines diskreten Kalman-Filters

Mit dem nachfolgenden Beispiel soll der Rechengang des diskreten Kalman-Filters verdeutlicht werden. Um die Rechnungen einfach und übersichtlich zu halten, wird ein stationäres Problem behandelt. Es sei

$$g(t) = e^{-at}\sin(\omega_0 t) \qquad (21.155)$$

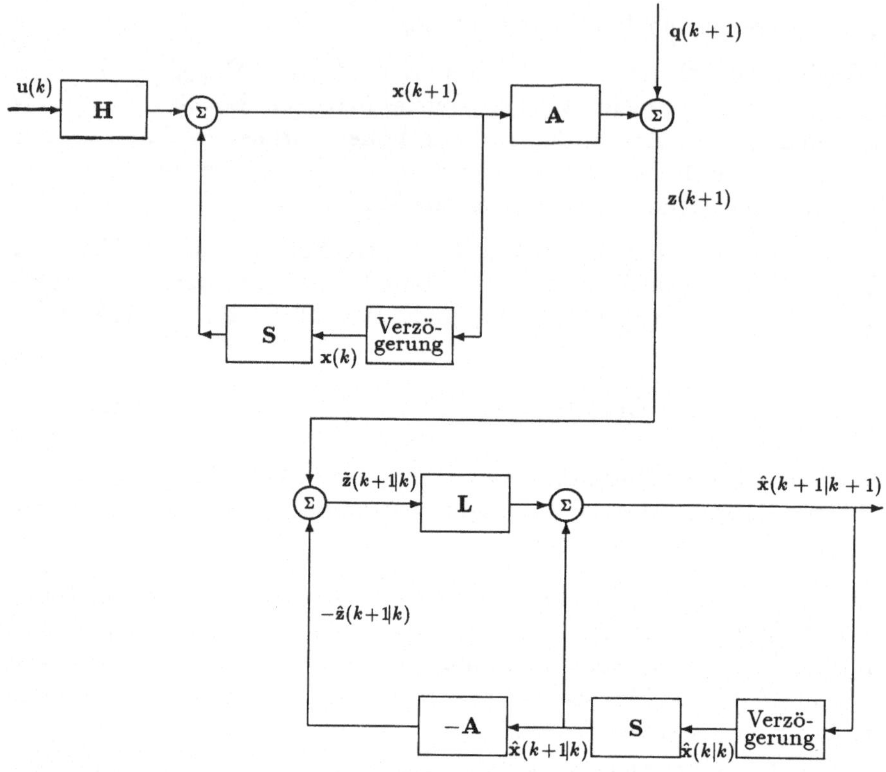

Abbildung 21.9: Zusammenhang zwischen dem durch die Gleichungen (21.120) und (21.121) beschriebenen Zustandsvariablen-System und dem Kalman-Filter (21.154).

die Impulsantwort eines gedämpften harmonischen Oszillators, der durch eine Folge regelloser Impulse,

$$r(t) = \sum_{j=1}^{N} A_j \delta(t - t_j) \, , \qquad (21.156)$$

mit der Varianz σ_r^2 angeregt wird. Die Amplituden A_j und die Impulseinsatzzeiten t_j seien regellos und gehorchen einer bestimmten Verteilung. Die Schwingung des Oszillators $x(t)$ wird durch die Faltung von $g(t)$ mit $r(t)$ beschrieben. Dieses auf Ott und Meder (1972) zurückgehende Beispiel läßt sich auf die Seismik übertragen. $g(t)$ entspricht dort dem Quellsignal, $r(t)$ der regellosen Folge der Reflexionseinsätze, das heißt $r(t)$ ist die Impulsantwort des Systems "Erde". $x(t)$ beschreibt dann das Reflexionsseismogramm.

Die Aufgabe besteht darin, aus den beobachteten Oszillationen $x(t)$ die Folge der anregenden Impulse $r(t)$ zu bestimmen.

Die Oszillationen lassen sich durch eine lineare Differentialgleichung 2. Ordnung beschreiben: Die Fourier-Transformierte von $g(t)$ ist

$$G(\omega) = \mathcal{F}(e^{-at}\sin(\omega_0 t)) = \frac{\omega_0}{(i\omega + a)^2 + \omega_0^2} \ . \qquad (21.157)$$

Multipliziert man beide Seiten mit dem Nenner der rechten Seite, so erhält man:

$$(i\omega)^2 G(\omega) + 2ai\omega G(\omega) + (a^2 + \omega_0^2)G(\omega) = \omega_0 \ . \qquad (21.158)$$

Die Rücktransformation dieser Gleichung in den Zeitbereich liefert:

$$\ddot{g}(t) + 2a\dot{g}(t) + (a^2 + \omega_0^2)g(t) = \omega_0\delta(t). \qquad (21.159)$$

Diese Gleichung beschreibt das zeitliche Verhalten der Impulsantwort $g(t)$ des Oszillators, d.h. seine Reaktion auf einen δ-Impuls.
Wirkt nun auf den Oszillator anstelle des Einzelimpulses die Impulsfolge $r(t)$, dann ist die auf der rechten Seite in Gleichung (21.159) stehende Anregung durch $r(t)$ und auf der linken Seite $g(t)$ durch die Systemantwort $x(t)$ zu ersetzen. Der Zusammenhang zwischen $r(t)$ und der Antwort des Systems $x(t)$ auf die Anregung $g(t)$ läßt sich damit wie folgt beschreiben:

$$\ddot{x}(t) + 2a\dot{x}(t) + (a^2 + \omega_0^2)x(t) = \omega_0 r(t) \ . \qquad (21.160)$$

Um diese Gleichung in die Form von Gleichung (21.114) zu bringen, wird der Zustandsvektor

$$\mathbf{x}(t) = \begin{pmatrix} x_1(t) \\ x_2(t) \end{pmatrix} = \begin{pmatrix} x(t) \\ \dot{x}(t) \end{pmatrix} \qquad (21.161)$$

eingeführt. Man erhält damit:

$$\dot{\mathbf{x}}(t) = \begin{pmatrix} \dot{x}_1(t) \\ \dot{x}_2(t) \end{pmatrix} = \begin{pmatrix} 0 & 1 \\ -\beta & -\alpha \end{pmatrix} \begin{pmatrix} x_1(t) \\ x_2(t) \end{pmatrix} + \omega_0 \begin{pmatrix} 0 \\ r(t) \end{pmatrix} \qquad (21.162)$$

mit

$$\begin{aligned} \alpha &= 2a \\ \beta &= a^2 + \omega_0^2 \ . \end{aligned} \qquad (21.163)$$

Gleichung (21.162) hat die Form

$$\dot{\mathbf{x}}(t) = \mathbf{F}\mathbf{x}(t) + \mathbf{G}\mathbf{u}(t) \ . \qquad (21.164)$$

Gemessen werde die von den Störanteilen $q(t)$ überlagerte Schwingung des Oszillators. Die Varianz von $q(t)$ sei σ_q^2. Damit läßt sich die Beobachtungsgleichung wie folgt darstellen:

$$z(t) = \begin{pmatrix} 1 & 0 \end{pmatrix} \begin{pmatrix} x_1(t) \\ x_2(t) \end{pmatrix} + q(t) \ . \tag{21.165}$$

Der zu (21.162) gehörende diskrete Zustandsvektor $\mathbf{x}_{k+1}$ wird nach Gleichung (21.120) ermittelt:

$$\mathbf{x}_{k+1} = \mathbf{S}_{k+1,k}\mathbf{x}_k + \mathbf{H}_{k+1,k}\mathbf{u}_k \tag{21.166}$$

mit

$$\mathbf{H}_{k+1,k} = \int_{t_k}^{t_{k+1}} \mathbf{S}(t_{k+1},\tau)\mathbf{G}(\tau)d\tau \ . \tag{21.167}$$

Zur Bestimmung von $\mathbf{x}_{k+1}$ werden $\mathbf{S}_{k+1,k}$ und $\mathbf{H}_{k+1,k}$ über die Reihenentwicklung (21.38) bzw. gemäß (21.167) berechnet. Für äquidistante Stützstellenabtastung $\Delta t = t_{k+1} - t_k$ ergibt sich für

$$\mathbf{F} = \begin{pmatrix} 0 & 1 \\ -\beta & -\alpha \end{pmatrix} \tag{21.168}$$

aus Gleichung (21.38):

$$\mathbf{S}_{k+1,k} =$$

$$\begin{pmatrix} 1 - \frac{\beta}{2}\Delta t^2 + \frac{\alpha\beta}{6}\Delta t^3 + ... & \Delta t - \frac{\alpha}{2}\Delta t^2 + \frac{(\alpha^2-\beta)}{6}\Delta t^3 + ... \\ -\beta\Delta t + \frac{\alpha\beta}{2}\Delta t^2 + \frac{(\beta^2-\alpha^2\beta)}{6}\Delta t^3 + .. & 1 - \alpha\Delta t + \frac{(\alpha^2-\beta)}{2}\Delta t^2 + \frac{(2\alpha\beta-\alpha^3)}{6}\Delta t^3 + .. \end{pmatrix}$$

und hiermit aus Gleichung (21.167):

$$\begin{aligned} \mathbf{H}_{k+1,k} &= \int_{t_k}^{t_{k+1}} \mathbf{S}(t_{k+1},\tau)\mathbf{G}d\tau \\ &= \int_{t_k}^{t_{k+1}} \begin{pmatrix} S_{11} & S_{12} \\ S_{21} & S_{22} \end{pmatrix} \omega_0 d\tau \\ &= \omega_0 \begin{pmatrix} S_{11} & S_{12} \\ S_{21} & S_{22} \end{pmatrix} \text{für } \Delta t = 1 \ . \end{aligned} \tag{21.169}$$

Mit

$$\mathbf{u}_k = \begin{pmatrix} 0 \\ A_k \end{pmatrix} \text{ falls ein Impuls ins Intervall } (t_k, t_{k+1}) \text{ fällt,} \tag{21.170}$$

$$\mathbf{u}_k = \begin{pmatrix} 0 \\ 0 \end{pmatrix} \text{ sonst },\qquad(21.171)$$

folgt:

$$\mathbf{H}_{k+1,k}\mathbf{u}_k = \omega_0 A_k \begin{pmatrix} S_{12} \\ S_{22} \end{pmatrix} \text{ falls ein Impuls ins Intervall } (t_k, t_{k+1}) \text{ fällt,}$$
$$(21.172)$$

$$\mathbf{H}_{k+1,k}\mathbf{u}_k = \omega_0 A_k \begin{pmatrix} 0 \\ 0 \end{pmatrix} \text{ sonst } .\qquad(21.173)$$

In Abb. 21.10 ist das diskrete Kalman-Filter auf eine synthetische Spur, dargestellt in Abb. 21.10 b) für den Noise-freien Fall bzw. in Abb. 21.10 d) bei 5 Prozent Störanteilen, angewendet worden. Die Folgen $\mathbf{x}_{k+1}$ und z_{k+1} sind dabei gemäß

$$\mathbf{x}_{k+1} = \mathbf{S}_{k+1,k}\mathbf{x}_k + \mathbf{H}_{k+1,k}\mathbf{u}_k\qquad(21.174)$$

und

$$z_{k+1} = \begin{pmatrix} 1 & 0 \end{pmatrix} \mathbf{x}_{k+1} + q_{k+1}\qquad(21.175)$$

generiert worden. Dabei wurden $\mathbf{S}_{k+1,k}$ und $\mathbf{H}_{k+1,k}$ für die in Abb. 21.10 a) dargestellte Impulsfolge mit gleichverteilten Amplituden zwischen -1 und 1 und gleichverteilten Abständen der Impulseinsätze zwischen 1 ms und 10 ms nach Gleichung (21.169) und Gleichung (21.170) berechnet. Die Anwendung des Kalman-Filteralgorithmus (Gleichungen (21.144) bis (21.153)) liefert die in Abb. 21.10 c) (Noisefreier Fall) bzw. die in e) (5 Prozent Noise) dargestellten Ergebnisse. Um die Kalman-Filterung durchführen zu können, müssen die Kovarianzmatrizen $\mathbf{U}$ und $\mathbf{Q}$, in diesem Beispiel gegeben durch

$$\mathbf{U} = \begin{pmatrix} 0 & 0 \\ 0 & \omega_0^2 \sigma_r^2 \end{pmatrix}\qquad(21.176)$$

und

$$\mathbf{Q} = \begin{pmatrix} \sigma_q^2 \end{pmatrix} ,\qquad(21.177)$$

bekannt sein. Das hier behandelte Beispiel der Dekonvolution stellt einen Spezialfall dar, der dadurch zu lösen ist, daß es gelingt, das Problem auf eine Differentialgleichung zurückzuführen. Ein anderer Ansatz zur Dekonvolution mit Hilfe des Kalman-Filters wird von Crump (1974) verfolgt, bei dem die diskrete Faltung als Matrizen-Multiplikation formuliert wird. Dieser Ansatz gestattet auch die Dekonvolution zeitvariierender Signale. Darüber hinaus wird für nichtstationäre Seismogramme die adaptive prädiktive Dekonvolution eingesetzt, bei der mit Hilfe des Kalman-Filters eine zeitabhängige Aufdatierung des Vorhersage-Operators erfolgt. Die Grundlagen der prädiktiven Dekonvolution werden in Kapitel 23 im Detail behandelt.

470

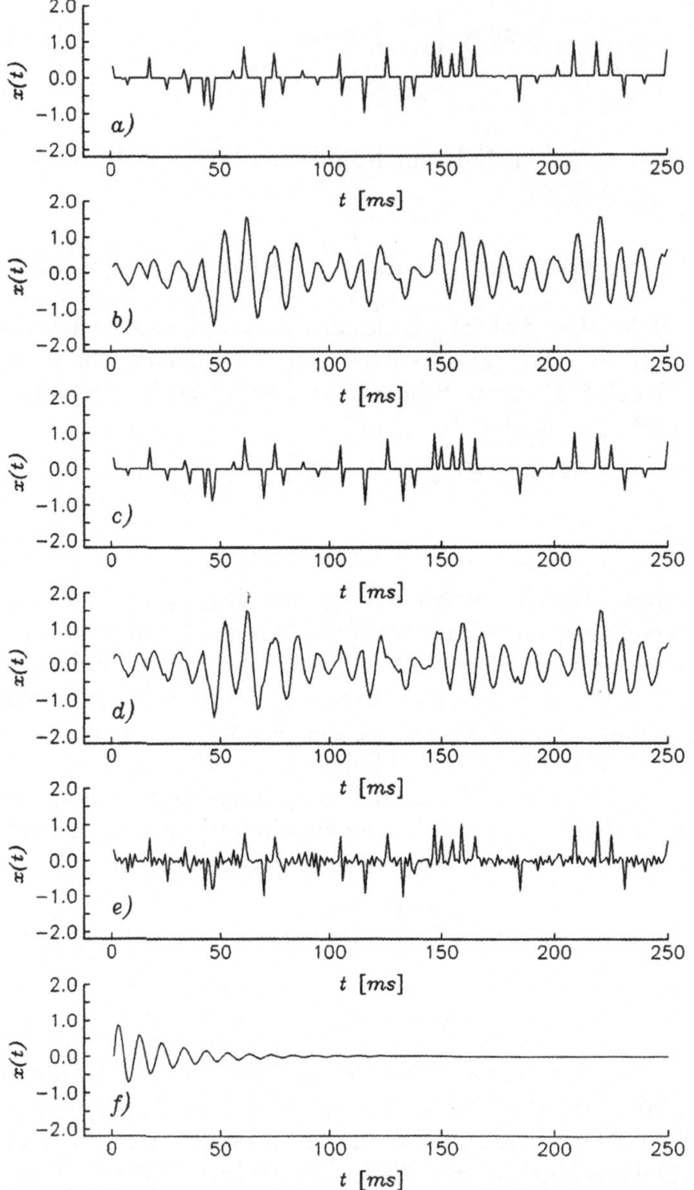

Abbildung 21.10: Dekonvolution durch Anwendung des diskreten Kalman-Filters: a) regellose Impulsfolge; b) Antwort des Oszillators mit der Impulsantwort (21.155) auf die Impulsfolge a) (Noise-frei); c) Ergebnis der Kalman-Filterung von b); d) Spur b) nach Addition von 5 Prozent Noise; e) Ergebnis der Kalman-Filterung von d); f) Impulsantwort des Oszillators.

21.5 Zusammenfassung

Beim Kalman-Filter wird das Filtersystem im Gegensatz zum Wiener-Filter nicht durch seine Impulsantwort oder Übertragungsfunktion beschrieben, sondern über einen Satz von Zustandsvariablen charakterisiert. Bei Kenntnis der Zustandsvariablen zur Zeit t_0 und des Filtereingangs zu Zeiten $t \geq t_0$ ist das weitere Systemverhalten, das heißt, der zukünftige Systemzustand und der Systemausgang, eindeutig bestimmt. Die Beschreibung über Zustandsvariable führt auf ein System von Differentialgleichungen 1. Ordnung, das Eingangssignal, gegenwärtigen und zukünftigen Systemzustand und Systemausgang miteinander verknüpft. Ebenso wie beim Wiener-Filter stützen sich die Kalman-Filter auf die Theorie der stochastischen Prozesse. Sie benutzen Ensemble-Informationen und lassen deshalb ebenfalls eine Filterbestimmung auch ohne explizite Kenntnis der einzelnen Realisierung des betrachteten Prozesses zu.

Der Vorteil der Beschreibung über Zustandsvariable liegt in der weitaus einfacheren Handhabung von zeitvariablen Systemen. Die für diesen Fall schwierig zu lösende Booton-Integralgleichung läßt sich in eine Riccati-Differentialgleichung überführen, die eine rekursive Lösung des Filterproblems ermöglicht. Dabei werden die Anfangsbedingungen des beobachteten Prozesses endlicher Dauer direkt in den Filterprozeß mit einbezogen.

Die prinzipielle Vorgehensweise beim Kalman-Filter läßt sich wie folgt zusammenfassend darstellen: Man hat eine Schätzung des anfänglichen Zustandes, z.B. die Temperaturverteilung eines sich zeitlich verändernden Temperaturfeldes, und eine Schätzung des Fehlers der anfänglichen Zustandsvariablen in Form der Kovarianzmatrix sowie mehrere Beobachtungen zu verschiedenen späteren Zeitpunkten. Ausgehend von den Anfangswerten werden die neuen Zustände zu den Beobachtungszeitpunkten bestimmt. Hierzu wird jeweils der Wert, der sich mit dem Modell ergibt, das man zur Beschreibung der Zustandsänderungen zugrunde gelegt hat, mit den beobachteten Werten verglichen. In der Regel stimmen diese Werte nicht überein. Es wird eine gewichtete Kombination von Vorhersage und Beobachtung benutzt, um die Vorhersage der Zustandsvariablen zu verbessern. Dabei wird die Gewichtsfunktion $\mathbf{L}(t)$ zum einen von den Beobachtungsfehlern bestimmt, zum anderen hängt $\mathbf{L}(t)$ davon ab, inwieweit die Zustandsvariablen anhand der neuen Daten bestimmbar sind.

Die Kalman-Filtertechnik ist vor allem in der Elektrotechnik zur Behandlung von elektrischen Netzwerken und in der Raumfahrt-Navigation verbreitet. Sie verlangt die Kenntnis über das signalgenerierende System $(\mathbf{G}(t), \mathbf{F}(t), \mathbf{A}(t))$ und der Kovarianzfunktionen des regellosen signalerzeugenden Prozesses und der Beobachtungsfehler. Das Kalman-Filter ist daher nur mit a-priori-Informationen zu formulieren. In der Seismik z.B. sind zur Lösung der beiden wichtigsten mit dem Kalman-Filter anzugehenden Aufgaben - Verbesserung des Nutz-Störsignal-Verhältnisses und Seismogramm-Dekonvolution (siehe Kapitel 23) - Kenntnisse über die zeitliche Änderung des Quellsignals durch Absorption und Dispersion erforderlich. Aufgrund dieser Voraussetzung und der Schwierigkeit, das Seismogramm als dynamisches System entsprechend dem Kalman-Formalismus zu beschreiben, ist der Einsatz der Kalman-Filter in der Seismik bislang auf wenige Anwendungen beschränkt geblieben.

Referenzen Teil VI

Bayless, J.W. and E.O. Brigham: Application of the Kalman Filter to Continuous Signal Restoration, Geophysics 35, p. 2-23, 1970.

Berkhout, A.J.: On the Minimum-Length Property of One-Sided Signals, Geophysics 38, p. 657-672, 1973.

Berkhout, A.J.: Related Properties of Minimum-Phase and Zero-Phase Time Functions, Geophys. Prosp. 22, p. 683-709, 1974.

Berkhout, A.J. and P.R. Zaanen: A Comparison between Wiener Filtering, Kalman Filtering, and Deterministic Least Squares Estimation, Geophys. Prosp. 24, p. 141-197, 1976.

Booton, R.C.: An Optimization Theory for Time-Varying Linear Systems with Nonstationary Statistical Inputs, MIT Meteor Report No. 72, 1951, Proc. I.R.E. 40, p. 977-981, 1952.

Claerbout, J.F.: Digital Filters and Applications to Seismic Detection and Discrimination, Ph.D.-Thesis, Mass. Inst. of Techn., Boston, 1963.

Claerbout, J.F.: Detection of P-Waves from Weak Sources at Great Distances, Geophysics 29, p. 197-211, 1964.

Crump, N.D.: A Kalman Filter Approach to the Deconvolution of Seismic Signals, Geophysics 39, p. 1-13, 1974.

Davis, R.C.: On the Theory of Prediction of Nonstationary Stochastic Processes, J. Appl. Phys. 23, p. 1047-1053, 1952.

Kalman, R.E.: A New Approach to Linear Filtering and Prediction Problems, Journal of Basic Engineering 82 D, p. 35-45, 1960.

Kalman, R.E. and R.S. Bucy: New Results in Linear Filtering and Prediction Theory, Journal of Basic Engineering 83 D, p. 95-108, 1961.

Lee, Y.W.: Statistical Theory of Communication, John Wiley and Sons, New York, 1960.

Levinson, N.: The Wiener RMS (Root Mean Square) Error Criterion in Filter Design and Prediction, J. Math. Phys. 25, p. 261-278, 1946.

Mendel, J.M.: Optimal Seismic Deconvolution - An Estimation-Based Approach, Academic Press, New York, 1983.

Neuburger, E.: Einführung in die Theorie des linearen Optimalfilters (Kalman Filter), R. Oldenbourg Verlag, München Wien, 1972.

Ott, N. and H.G. Meder: The Kalman Filter as a Prediction Error Filter, Geophys. Prosp. 20, p. 549-560, 1972.

Robinson, E.A.: Statistical Communication and Detection with Special Reference to Digital Data Processing of Radar and Seismic Signals, Griffin, London, 1967.

Robinson, E.A.: Multichannel Time Series Analysis with Digital Computer Programs, Holden-Day, San Francisco, 1967 a.

Robinson, E.A. and S. Treitel: Geophysical Signal Analysis, Prentice-Hall, Inc., Englewood Cliffs, 1980.

Schlitt, H. und F. Dittrich: Statistische Methoden der Regelungstechnik, BI-Hochschultaschenbücher 526, Mannheim, 1972.

Schoenberger, M.: Resolution Comparison of Minimum-Phase and Zero-Phase Signals, Geophysics 39, p. 826-833, 1974.

Sheriff, R.E.: Inferring Stratigraphy from Seismic Data, AAPG Bulletin 60, p. 528-542, 1976.

Wadsworth, G.P.,: E.A. Robinson, J.G. Bryan, and P.M. Hurley: Detection of Reflections on Seismic Records by Linear Operators, Geophysics 18, p. 539-586, 1953.

Wang, R.J. and S.Treitel: The Determination of Digital Wiener Filters by Means of Gradient Methods, Geophysics 38, p. 310-326, 1973.

Wiener, N.: Extrapolation, Interpolation and Smoothing of Stationary Time Series, John Wiley and Sons, New York, 1949.

Zadeh, L. and Raggazini, J.R.: An Extension of Wiener's Theory of Prediction, J. Appl. Phys. 21, p. 645-655, 1950.

Zurmühl, R.: Matrizen, Springer-Verlag, Berlin, 1958.

Teil VII

Grundlagen der Dekonvolution und ihre Anwendung in der Reflexionsseismik

Kapitel 22

Mathematische Grundlagen der Dekonvolution

Das Ziel der Dekonvolution ist die Elimination bestimmter Systemeinflüsse bzw., aus der Sicht der Systemtheorie, die Rückführung des Systemausgangs auf den Systemeingang. Da bei linearen Systemen Systemeingang und -ausgang über die Konvolution verknüpft sind, wird dieser inverse Filterprozeß als Dekonvolution bezeichnet.

Beispiel: Gegeben sei das von der Störkomponente befreite Seismogramm

$$y(t) = s(t) * r(t) \ , \tag{22.1}$$

wobei $s(t)$ das Quellsignal und $r(t)$ die Impulsantwort des durchlaufenen Schichtpakets ist. Bestimmt werden soll das Impulsseismogramm $r(t)$ aus $y(t)$.

Aus der Sicht der Filtertheorie läßt sich die inverse Filterung auf zwei Arten durchführen:

1. im **Frequenzbereich** durch Anwendung von $\frac{1}{S(f)}$ auf $Y(f)$, denn

$$\frac{1}{S(f)}Y(f) = \frac{1}{S(f)}S(f)R(f) = R(f) \ . \tag{22.2}$$

   $R(f)$ ist dabei nur soweit aus $Y(f)$ bestimmbar, wie Residuen von $R(f)$ in $Y(f)$ vorhanden sind.

2. im **Zeitbereich** durch Anwendung eines Operators $a(t)$ auf $y(t)$, wobei $a(t)$ derart zu bestimmen ist, daß

$$a(t) * s(t) = \begin{cases} 1 & \text{für } t = 0 \\ 0 & \text{sonst} \end{cases} \ . \tag{22.3}$$

Dies entspricht nach Gleichung (2.31) und Gleichung (3.5) im Frequenzbereich:

$$A(f)S(f) = 1 \ \forall \ f \ . \tag{22.4}$$

Die Anwendung von $a(t)$ auf $y(t)$ ergibt:

$$a(t) * y(t) = a(t) * (s(t) * r(t)) = (a(t) * s(t)) * r(t)$$

und wegen Gleichung (22.3):

$$a(t) * y(t) = r(t) \quad . \tag{22.5}$$

Für die praktische Durchführung der inversen Filterung existieren in der Literatur verschiedene Ansätze. Die bekanntesten Verfahren sind

- die exakte Dekonvolution,
- die optimale Dekonvolution nach verschiedenen mathematischen Kriterien,
- die homomorphe Dekonvolution.

22.1 Exakte Dekonvolution

Das zum Signal $(b_0, b_1, ..., b_{N-1})$ inverse Signal $(a_0, a_1, a_2, ...)$ ist dadurch definiert, daß die Faltung der beiden Signale den Einheitsimpuls ergibt:

$$(a_0, a_1, a_2, ...) * (b_0, b_1, ..., b_{N-1}) = (1, 0, 0, 0, ...) \quad . \tag{22.6}$$

Das prinzipielle Vorgehen bei der exakten Dekonvolution wird an einem Signal mit zwei Stützwerten b_j, $j = 0, 1$ mit der z-Transformierten $B(z) = b_0 + b_1 z$ demonstriert. $B(z)$ soll auf den Einheitsimpuls zurückgeführt werden. Gesucht ist ein Operator (a_j) derart, daß

$$a_j * b_j = \begin{cases} 1 & \text{für } j = 0 \\ 0 & \text{sonst} \end{cases} \tag{22.7}$$

ist. Ohne Einschränkung läßt sich b_0 auf Eins normieren:

$$B(z) = 1 + kz \quad , \quad \text{mit} \quad k = \frac{b_1}{b_0} \quad . \tag{22.8}$$

Für einen realisierbaren Operator $A(z) = a_0 + a_1 z + a_2 z^2 + ...$ folgt aus der Bedingung

$$(a_0 + a_1 z + a_2 z^2 + ...)(1 + kz) = 1 \tag{22.9}$$

der inverse Operator

$$(a_0 + a_1 z + a_2 z^2 + ...) = \frac{1}{1 + kz} = 1 - kz + k^2 z^2 ... \quad ,$$

das heißt

$$a_j = \begin{cases} 0 & \text{für negative } j \\ (-k)^j & \text{für } j = 0, 1, 2, 3, \ldots \end{cases} \qquad . \qquad (22.10)$$

Die Gewichtsfunktion des exakten inversen Operators (a_j) ist zeitlich nicht begrenzt.

Beispiele:

1. Für $k = 0.5$ ist $B(z)$ minimalphasig; Polstellen existieren nicht, die einzige Nullstelle in der z-Ebene liegt außerhalb des Einheitskreises. Der inverse Operator (a_j) ist nach Gleichung (22.10):

$$(a_j) = (1, -0.5, 0.25, \ldots) \; .$$

2. Für das maximalphasige Signal $B(z)$ mit $k = 2$ ergibt sich nach Gleichung (22.10) der inverse Operator

$$(a_j) = (1, -2, 4, -8, \ldots) \; .$$

In beiden Fällen ist die Bedingung (22.7) erfüllt. Im Gegensatz zum 1. Beispiel ist für das maximalphasige Signal der realisierbare inverse Filteroperator jedoch **instabil**. In praxi ist man gezwungen, den exakten inversen Filteroperator nach endlich vielen Stützstellenwerten abzuschneiden. Die Inversion von maximalphasigen Signalen mittels realisierbarer Operatoren führt daher zu erheblichen Fehlern. Diese Schwierigkeit läßt sich umgehen, wenn man nichtrealisierbare Operatoren zuläßt. Aus der Bedingung (22.7) folgt dann

$$(\ldots + a_{-3}z^{-3} + a_{-2}z^{-2} + a_{-1}z^{-1})(1 + kz) = 1$$

und hieraus

$$\ldots + a_{-3}z^{-3} + a_{-2}z^{-2} + a_{-1}z^{-1} = \frac{1}{1 + kz} = \frac{z^{-1}}{k + z^{-1}}$$

$$= k^{-1}z^{-1} - k^{-2}z^{-2} + k^{-3}z^{-3} - \ldots \; .$$

Durch Koeffizientenvergleich gleicher Potenzen in z ergibt sich:

$$(\ldots, a_{-3}, a_{-2}, a_{-1}) = (\ldots, k^{-3}, -k^{-2}, k^{-1}),$$

das heißt:

$$a_j = \begin{cases} -(-k)^j & \text{für } j = -1, -2, -3, \ldots \\ 0 & \text{für } j = 0, 1, 2, \ldots \end{cases} \qquad . \qquad (22.11)$$

Für $k = 2$, das heißt $B(z) = 1 + 2z$, ergibt sich z.B. der inverse stabile Operator

$$A(z) = \ldots - 0.0625 z^{-4} + 0.125 z^{-3} - 0.25 z^{-2} + 0.5 z^{-1} \quad .$$

Für Wavelets beliebiger Länge gilt allgemein:
Es läßt sich stets ein **stabiler** inverser Filteroperator angeben, dessen Form (kausal oder akausal) aber davon abhängt, ob das zu filternde Signal minimal- oder maximalphasig ist. In beiden Fällen ist der stabile inverse Operator von unendlicher Länge.

Weiterhin gilt:

1. Der inverse **realisierbare** Operator $A(z)$ ist dann stabil, wenn das Wavelet (b_j) mit der z-Transformierten

$$B(z) = \sum_{j=0}^{N-1} b_j z^j \tag{22.12}$$

minimalphasig ist.
Die z-Transformation von Gleichung (22.6) ergibt:

$$A(z)B(z) = 1 \quad .$$

Hieraus folgt:

$$A(z) = \frac{1}{B(z)} = \frac{1}{b_0 + b_1 z + \ldots b_{N-1} z^{N-1}} \quad . \tag{22.13}$$

Ist $B(z)$ minimalphasig, dann hat $B(z)$ keine Nullstellen im Einheitskreis und $A(z)$ daher keine Pole innerhalb von $|z| = 1$. $A(z)$ läßt sich dann in eine Potenzreihe um $z = 0$ entwickeln, deren Konvergenzradius nach Gleichung (6.17) größer 1 ist. Die Koeffizienten dieser Reihenentwicklung bilden den realisierbaren inversen Operator $(a_0, a_1, a_2, \ldots)$, der theoretisch unendlich lang ist. Nach Abschnitt 15.3 ist der realisierbare inverse Operator $A(z)$ stabil, da sämtliche Pole außerhalb des Einheitskreises liegen.

2. Ein minimalphasiges Wavelet der Form (22.12) hat eine stabile kausale **minimalphasige** Inverse.
Da sämtliche Polstellen von $A(z)$ außerhalb des Einheitskreises $|z| > 1$ liegen und $A(z)$ nach Gleichung (22.13) keine Nullstellen besitzt, ist die stabile realisierbare Inverse von $B(z)$ auch minimalphasig.

Wenn $(b_0, b_1, \ldots, b_{N-1})$ nicht minimalphasig ist, dann hat $A(z)$ mindestens einen Pol innerhalb von $|z| = 1$, und der Konvergenzradius

der Potenzreihe ist kleiner 1; das inverse Wavelet ist instabil.
Zur Dekonvolution von Signalen beliebiger Länge, die sich mittels der
z-Transformation als Polynom in z beschreiben lassen,

$$B(z) = b_0 + b_1 z + b_2 z^2 + ... + b_n z^n \ , \qquad (22.14)$$

wird $B(z)$ in ein Produkt von n Faktoren der Länge zwei zerlegt:

$$B(z) = (\alpha_1 + \beta_1 z)(......)(\alpha_n + \beta_n z) \ . \qquad (22.15)$$

Ohne Einschränkung wird angenommen, daß p minimalphasige Faktoren und q maximalphasige Faktoren vorkommen, wobei $n = p + q$.
Zur Bestimmung des inversen stabilen Operators $A(z)$, der $B(z)$ auf den Einheitsimpuls zurückführt, bestimmt man

1. die minimal- und maximalphasigen Anteile von $B(z)$ durch Ermittlung der Lage der Nullstellen von $(\alpha_j + \beta_j z) = 0$, $j = 1, ..., n$,

2. den jeweiligen stabilen inversen Operator, und zwar
a) für den minimalphasigen Anteil $C(z)$ von $B(z)$ durch den Ansatz:

$$a_0 + a_1 z + a^2 z^2 + ... = \frac{1}{c_0 + c_1 z + c_2 z^2 + ... + c_p z^p} \ , \qquad (22.16)$$

b) für den maximalphasigen Anteil $D(z)$ von $B(z)$ gemäß dem Ansatz:

$$... + a_{-2} z^{-2} + a_{-1} z^{-1} = \frac{1}{d_0 + d_1 z + d_2 z^2 + ... + d_q z^q} \ . \qquad (22.17)$$

3. Die Multiplikation der z-Transformierten der zwei inversen Operatoren liefert die gesuchte Filterfunktion.

Beispiel: Gesucht ist der stabile inverse Operator der Folge

$$(b_j) = (1, 2.2, 0.4) = (1, 2) * (1, 0.2) \ . \qquad (22.18)$$

Die z-Transformierte

$$B(z) = (1 + 2.2z + 0.4z^2) = (1 + 2z)(1 + 0.2z) \qquad (22.19)$$

besitzt sowohl minimalphasige als auch maximalphasige Anteile.
Für die maximalphasige Komponente $(1, 2)$ ergibt sich der stabile inverse nichtrealisierbare Operator aus Gleichung (22.11) zu:

$$(..., a_{-4}, a_{-3}, a_{-2}, a_{-1}) = (..., -0.0625, 0.125, -0.25, 0.5) \ . \qquad (22.20)$$

482

Für die minimalphasige Komponente $(1, 0.2)$ erhält man aus Gleichung (22.10) den stabilen inversen realisierbaren Operator

$$(a_0, a_1, a_2, a_3, ...) = (1, -0.2, 0.04, -0.008, ...) \ . \tag{22.21}$$

Der gesuchte stabile inverse Operator ist somit

$$
\begin{aligned}
A(z) \ &= \ (... - 0.0625z^{-4} + 0.125z^{-3} - 0.25z^{-2} + 0.5z^{-1}) \\
&\quad (1 - 0.2z + 0.04z^2 - 0.008z^3 ...) \\
&= \ (... - 0.0625z^{-4} + 0.1375z^{-3} - 0.2775z^{-2} + 0.5555z^{-1} \\
&\quad -0.111 + 0.022z - 0.004z^2 + ...) \ .
\end{aligned}
\tag{22.22}
$$

Der inverse Operator ist stabil und zweiseitig. Die Faltung des z.B. auf die in Gleichung (22.22) angegebenen Filterkoeffizienten beschränkten Operators mit dem Signal $(b_j) = (1, 2.2, 0.4)$ zeigt den Grad der Approximation:

$$
\begin{aligned}
A(z)B(Z) \ &= \ (-0.0625z^{-4} - 0.0z^{-3} - 0.0z^{-2} - 0.0z^{-1} \\
&\quad +1.0001 + 0.0z + 0.0z^2 + 0.0z^3 - 0.0016z^4).
\end{aligned}
$$

$$\tag{22.23}$$

In Näherung erhält man den gewünschten Einheitsimpuls.

22.2 Optimale Dekonvolution nach mathematischen Kriterien

Da man gezwungen ist, mit Operatoren endlicher Länge zu rechnen, kann die exakte Dekonvolution nur näherungsweise durchgeführt werden. Anstelle der exakten Dekonvolution ist es vorteilhafter, inverse Operatoren vorgegebener Länge näherungsweise zu bestimmen, deren Fehler möglichst klein ist.

Gegeben sei das Signal $(b_j) = (b_0, \ b_1, ..., b_N)$, für das der inverse Operator (a_j) der Länge M so zu bestimmen ist, daß die mittlere quadratische Abweichung zwischen tatsächlichem Filterausgang und angestrebtem Ausgang möglichst klein wird (sogenannter **least-mean-squares**-Ansatz):

$$I = \sum_{l=0}^{N+M} \epsilon_l^2 = \sum_{l=0}^{N+M} (\sum_{j=0}^{M} a_j b_{l-j} - d_l)^2 \ . \tag{22.24}$$

Das Nullsetzen der Ableitungen $\frac{\partial I}{\partial a_k}$, $k = 0, 1, ..., M$ führt auf das Gleichungssystem

$$\sum_{j=0}^{M} a_j R_{bb}(k - j) = R_{db}(k), \ k = 0, 1, 2, ..., M \ . \tag{22.25}$$

Für den gewünschten Filterausgang

$$d_k = \begin{cases} 1 & \text{für } k = 0 \\ 0 & \text{für } k = 1, 2, ..., N + M \end{cases} \qquad (22.26)$$

lautet die rechte Seite des Gleichungssystems (22.25):

$$\sum_{l=0}^{N+M} d_l b_{k-l} = \begin{cases} b_0 & \text{für } k = 0 \\ 0 & \text{für } k = 1, 2, ..., M \end{cases} \cdot \qquad (22.27)$$

Das Gleichungssystem zur Bestimmung des inversen least-mean-squares-Operators lautet damit:

$$\sum_{j=0}^{M} a_j R_{bb}(k - j) = \begin{cases} b_0 & \text{für } k = 0 \\ 0 & \text{für } k = 1, 2, ..., M \end{cases}, \qquad (22.28)$$

wobei $R_{bb}(k)$ die AKV-Koeffizienten des Signals (b_j) sind. Die Lösung dieser Normalgleichungen liefert den zu (b_j) im Sinne der kleinsten mittleren quadratischen Abweichung inversen Operator der Länge $M+1$, der nach Robinson (1967) für jedes beliebige Signal **minimalphasig** ist. Damit ist nicht nur der Fehler der least-mean-squares-Inversen kleiner als der des exakten Operators gleicher Länge, sondern es wird ein Operator mit sämtlichen Nullstellen außerhalb des Einheitskreises in der z-Ebene berechnet, der damit die Phaseneigenschaften zwischen Filtereingang und Filterausgang nur verändert, wenn das Signal am Filtereingang maximalphasig ist, andererseits aber die Minimal- bzw. Mischphasigkeit des zu filternden Signals als solche am Filterausgang erhält.
Formal entspricht die least-mean-squares-Inversion dem Wiener-Impulsformungsfilter für realisierbare Operatoren, wie der Vergleich von Gleichung (22.28) mit den Gleichungen (20.6) und (20.25) zeigt. Beide Prozesse unterscheiden sich jedoch methodisch und praktisch. Während es sich bei der least-mean-squares-Dekonvolution um einen deterministischen Ansatz handelt, wird das Wiener-Impulsformungsfilter - wie in Kapitel 23 gezeigt wird - zur statistischen Dekonvolution eingesetzt. Praktisch besteht der Unterschied darin, daß bei der least-mean-squares-Dekonvolution in das Gleichungssystem die Autokovarianz-Koeffizienten des Signals, beim Wiener-Impulsformungsfilter die des Seismogramms eingehen.
Der Fehler der least-mean-squares-Dekonvolution hängt von der Filterlänge und von den Phaseneigenschaften der zu filternden Signale ab. Mit wachsender Filterlänge wird der Fehler kleiner. Bei

fest vorgegebener Filterlänge gelingt die Dekonvolution für **minimalphasige** Signale am besten. Für Signale, die nicht minimalphasig sind, liefert die least-mean-squares-Dekonvolution bessere Resultate, wenn man den gewünschten impulsförmigen Filterausgang zeitlich verzögert oder zweiseitige Filteroperatoren einsetzt. Durch die zeitliche Verzögerung wird der gewünschte Filterausgang an die Phaseneigenschaften des zu invertierenden Wavelets angepaßt.

Das least-mean-squares-Kriterium - auch als L_2-Norm bezeichnet - ist nur eine von vielen Möglichkeiten, nach denen der inverse Filteroperator bestimmt werden kann. Eine Alternative zur L_2-Norm ist die L_1-Norm, bei der die Summe der Absolutbeträge der Abweichungen minimiert wird:

$$\sum_{j=0}^{N-1} |\epsilon_j| \stackrel{!}{=} Min \ . \tag{22.29}$$

Die Lösung des Problems erfolgt mit Hilfe der linearen Programmierung, die es gestattet, zusätzliche Nebenbedingungen einzubeziehen (siehe Chvatal, 1983). Techniken zur Lösung der linearen Programmierung von Faltungsproblemen werden von Claerbout und Muir (1973) behandelt. Einer der Vorteile der L_1-Norm ist ihre Robustheit gegenüber Datenausreißern. Im Gegensatz zur L_2-Norm wird in solchen Fällen bei Anwendung der L_1-Norm das Ergebnis nicht wesentlich verändert (siehe z.B. Tarantola, 1987). Bei der Rückführung des Seismogramms auf das Impulsseismogramm favorisiert die L_1-Norm Lösungen, die bis auf wenige Impulse Null sind, sogenannte "sparse spike"-Lösungen.

Jurkevics und Wiggins (1984) vergleichen verschiedene Dekonvolutionsalgorithmen bezüglich ihres Verhaltens in Abhängigkeit von der Signalphase, der Reflektivität der Erde sowie der Länge des zu bearbeitenden Datensegments. Neben dem L_2-Standardverfahren werden die L_1-Norm sowie die Dekonvolution unter Einsetzung der Filteralgorithmen von Burg und Kalman und verschiedene zeitadaptive Verfahren an synthetischen Seismogrammen untersucht. Alle Verfahren setzen voraus, daß das Signal minimalphasig ist. Ein Verfahren, das keine Annahmen über die Signalphase zugrunde legt, ist die Minimum-Entropie-Dekonvolution (siehe Wiggins, 1978). Bei diesem Verfahren wird die normierte Varianz des Filterausgangs

$$V = \frac{\sum_{k=0}^{N-1} y_k^4}{(\sum_{k=0}^{N-1} y_k^2)^2} \tag{22.30}$$

maximiert. Dabei ist

$$y_k = \sum_{j=0}^{M} a_j b_{k-j} \tag{22.31}$$

das Filterergebnis. Eine Folge mit lauter Nullen und nur einem Impuls liefert $V = 1$. Je mehr etwa gleich große Impulse die Folge enthält, desto kleiner ist V. Die Maximierung der Varianz bewirkt demnach eine möglichst einfache Impulsfolge. Diese sogenannte Varimax-Norm liefert am Filterausgang eine kleine Anzahl großer Impulse. Zur Bestimmung des Filters (a_j) wird V nach den Filterkoeffizienten differenziert. Das Nullsetzen der Ableitungen führt auf ein nichtlineares Gleichungssystem, das iterativ zu lösen ist.

Nach den Untersuchungen von Jurkevics und Wiggins ist die Qualität der Ergebnisse der L_2-Dekonvolution im Vergleich zu anderen Verfahren weitgehend unabhängig von der Verteilung der Reflektivität. Jedoch sind bei Abweichungen der Signalphase von der Minimalphasigkeit relativ starke Qualitätseinbußen zu erwarten. Das Wavelet läßt sich dann nicht mehr auf den gewünschten Impuls zurückführen. Deutliche Verbesserungen der Signalkompression lassen sich bei kurzen Datensegmenten erzielen, wenn man bei der L_2-Norm zur Berechnung der AKV-Koeffizienten den Burg-Algorithmus einsetzt. Sind die Signale nicht minimalphasig und weist gleichzeitig die Verteilung der Reflektivitätskoeffizienten nur wenige stärkere Impulse auf, dann empfiehlt sich der Einsatz der Minimum-Entropie-Dekonvolution. Neuere Dekonvolutionstechniken, die über den Rahmen dieses Buches hinausgehen, werden von Mendel (1983) behandelt.

22.3 Homomorphe Dekonvolution

22.3.1 Cepstrum-Algorithmus und inverse Filtrung

Eine Alternative zu den in den Abschnitten 22.1 und 22.2 behandelten Verfahren der exakten inversen Filterung sowie der optimalen Dekonvolution bietet die homomorphe Dekonvolution, bei der das Faltungsprodukt in eine additive Überlagerung der einzelnen Komponenten transformiert wird. Der relativ komplizierte Faltungsprozeß ist dann verhältnismäßig einfach durch Elimination der unerwünschten Komponente rückgängig zu machen.

Die homomorphe Dekonvolution ist insbesondere dadurch ausgezeichnet, daß bei diesem Verfahren keine Annahmen über das Phasenspektrum des Signals oder die Verteilung der Impulsfolge der Reflexionen eingehen. Das Verfahren beinhaltet die Berechnung des komplexen Cepstrums, die Elimination der zu unterdrückenden Anteile im Cepstrum und die anschließende Rücktransformation des so gefilterten Cepstrums in den Zeitbereich.

Der Algorithmus zur Berechnung des komplexen Cepstrums läßt sich am leichtesten für eine kontinuierliche Funktion $x(t)$, bestehend aus

486

zwei über die Faltung verknüpften Anteilen $s(t)$ und $r(t)$, in folgender Form darstellen:

• Berechnung des komplexen Spektrums $X(f)$ des invers zu filternden Vorgangs

$$x(t) = \int_0^{T_0} s(\sigma)r(t-\sigma)d\sigma \quad . \tag{22.32}$$

Das Ergebnis ist

$$X(f) = S(f)R(f) \quad , \tag{22.33}$$

d.h. die einzelnen Terme sind im Frequenzbereich multiplikativ miteinander verbunden.

• Logarithmieren des komplexen Spektrums $X(f)$. Die einzelnen Anteile sind danach additiv verknüpft:

$$\ln(X(f)) = \ln(S(f)) + \ln(R(f)) \quad . \tag{22.34}$$

Hierbei ist $\ln(X(f))$ der komplexe Logarithmus von $X(f)$, d.h. stellt man $X(f)$ in der Form

$$X(f) = |X(f)|e^{i\Phi(f)} \tag{22.35}$$

dar, dann ist

$$\ln(X(f)) = \ln(|X(f)|) + i\Phi(f) \quad . \tag{22.36}$$

• Berechnung der inversen Fourier-Transformierten des logarithmischen Spektrums $\ln(X(f))$. Das Ergebnis ergibt das Cepstrum von x(t):

$$\hat{z}(t) = \hat{s}(t) + \hat{r}(t) \quad . \tag{22.37}$$

$\hat{z}(t)$ ist eine reelle Funktion, da die Symmetrieeigenschaften von $X(f)$ durch die ln-Operation nicht verändert werden; das heißt, der Realteil von $\ln(X(f))$ ist eine gerade Funktion, der Imaginärteil eine ungerade Funktion. Man befindet sich wieder im Zeitbereich (im Englischen vielfach auch als **Quefrency** domain bezeichnet). Die Additivität der einzelnen Komponenten bleibt bei diesem letzten Schritt in vereinfachter Form erhalten. Periodische Anteile des logarithmischen komplexen Spektrums werden zu Deltaimpulsen reduziert.

Bei Kenntnis der herauszufilternden Komponente ist die Filterung z.B. dadurch zu realisieren, daß man das zugehörige Cepstrum berechnet und dieses von dem der zu filternden Aufzeichnung subtrahiert. Indem man im Anschluß hieran den Cepstrum-Algorithmus invers durchläuft, d.h. das Cepstrum Fourier-transformiert, exponentiert und anschließend die inverse Fourier-Transformation anwendet, erhält man das gefilterte Ergebnis. Unter Ausnutzung der Cepstrum-Eigenschaften aperiodischer Signale und diskreter Impulsfolgen läßt sich über das Cepstrum vielfach selbst dann noch die inverse Filterung durchführen, wenn die zu unterdrückende Komponente nicht genau bekannt ist (s. Buttkus, 1975). Eine ausführliche Darstellung der homomorphen Filtertheorie findet man bei Oppenheim und Schafer (1975).

Obgleich $\hat{z}(t)$ eine reelle Funktion ist, wird sie als komplexes Cepstrum bezeichnet, um sie von dem von Bogert, Healy und Tukey (1963) zur Detektion von Echo-Signalen eingeführten Cepstrum zu unterscheiden. Das Cepstrum ist als Leistungsspektrum des Logarithmus des Leistungsspektrums von $x(t)$ definiert; somit berücksichtigt es keine Phaseninformationen und beinhaltet den Logarithmus reeller positiver Werte, während beim komplexen Cepstrum der Logarithmus einer komplexen Funktion berechnet werden muß. Im Rahmen dieses Buches wird unter dem Begriff Cepstrum stets das komplexe Cepstrum verstanden, es sei denn, es wird extra darauf hingewiesen, daß es sich um das von Bogert, Healy und Tukey definierte Cepstrum handelt.

22.3.2 Berechnung des komplexen Cepstrums diskreter Folgen

Ist $X(z)$ die z-Transformierte der Folge (x_n),

$$X(z) = \sum_{-\infty}^{\infty} x_n z^n = |X(z)|e^{iarg(X(z))} \, , \tag{22.38}$$

dann ist das komplexe Cepstrum als inverse z-Transformierte der Funktion $\ln(X(z))$ definiert:

$$\hat{x}_n = \frac{1}{2\pi i} \int_{\hookrightarrow c} \hat{X}(z)z^{-n-1}dz \tag{22.39}$$

mit

$$\hat{X}(z) = \ln(X(z)) = \ln(|X(z)|) + iarg(X(z)) \, . \tag{22.40}$$

Der Integrationsweg c ist im mathematisch positiven Sinne in der z-Ebene durch $z = e^{\alpha - i2\pi f \Delta t}$, $-\frac{1}{2\Delta t} < f < \frac{1}{2\Delta t}$ festgelegt und muß innerhalb des Konvergenzbereichs von $\hat{X}(z)$ liegen. Bei den in der Praxis zu analysierenden Folgen endlicher Länge schließt der Konvergenzbereich von $\hat{X}(z)$ den Einheitskreis ein. Die inverse z-Transformierte von $\hat{X}(z)$ kann daher längs des Integrationsweges $z = e^{-i2\pi f \Delta t}$ berechnet werden.

488

Die Berechnung des komplexen Cepstrums ist nicht unproblematisch. Bei der Berechnung müssen bestimmte Bedingungen erfüllt werden, damit

- die Abbildung eindeutig ist,
- $\ln(X(z))$ längs des Integrationsweges analytisch ist.

Da $e^{i2\pi n} = 1$ ist für jede ganze Zahl n, ist es möglich, $arg(X(z))$ in Gleichung (22.38) als

$$arg(X(z)) = ARG(X(z)) \pm 2\pi n, \quad n = 0, 1, 2, \ldots , \qquad (22.41)$$

mit $-\pi < ARG(X(z)) < \pi$ darzustellen. Damit folgt für $\ln(X(z))$:

$$\ln(X(z)) = \ln(|X(z)|) + iARG(X(z)) \pm i2\pi n , \qquad (22.42)$$

d.h. für $\ln(X(z))$ sind mehrere Werte möglich. $ARG(X(z))$ ist der Hauptwert von $arg(X(z))$. Die Transformation der Daten in den Cepstral-Bereich muß eindeutig sein, daher muß der Logarithmus so definiert werden, daß der Imaginärteil von $\ln(X(z))$ nicht mehrdeutig ist. Bei der Beschränkung des Imaginärteils auf den Hauptwert von $arg(X(z))$ würde diese Forderung zwar erfüllt, sie ist aber nicht ausreichend, da weiterhin $\ln(X(z))$ innerhalb des Konvergenzbereichs, in dem der Integrationsweg verläuft, analytisch sein muß. Im allgemeinen ist der Hauptwert $ARG(X(e^{\alpha - i2\pi f \Delta t}))$ eine diskontinuierliche Funktion für Frequenzwerte, für die

$$arg(X(e^{\alpha - i2\pi f \Delta t})) = n\pi, \quad n = \pm 1, \pm 3, \pm 5, \ldots \qquad (22.43)$$

ist. An den Diskontinuitätsstellen der Funktion $ARG(X(e^{\alpha - i2\pi f \Delta t}))$ existiert die Ableitung nicht, und die Funktion $\ln(X(e^{\alpha - i2\pi f \Delta t}))$ ist in diesen Punkten nicht analytisch. Damit $\ln(X(z))$ entlang des Einheitskreises analytisch ist, muß eine Phasenkurve ohne Diskontinuitäten berechnet werden.

Für zwei über die Faltung verknüpfte Folgen mit

$$X(z) = X_1(z)X_2(z) \qquad (22.44)$$

muß längs des Integrationweges c gelten:

$$\ln(X(z)) = \ln(X_1(z)) + \ln(X_2(z))) , \qquad (22.45)$$

das heißt:

$$\ln(|X(z)|) = \ln(|X_1(z)|) + \ln(|X_2(z)|) \qquad (22.46)$$

und

$$arg(X(z)) = arg(X_1(z)) + arg(X_2(z)) \qquad (22.47)$$

für $z = e^{-i2\pi f \Delta t}$, $-\frac{1}{2\Delta t} < f < \frac{1}{2\Delta t}$.

Im allgemeinen gilt für die Hauptwerte von $arg(X(z))$:

$$ARG(X(z)) \neq ARG(X_1(z)) + ARG(X_2(z)), \qquad (22.48)$$

d.h. Gleichung (22.47) ist bei Benutzung der Hauptwerte nicht erfüllt. Ein Weg, um sicherzustellen, daß $\hat{X}(z)$ längs des Einheitskreises analytisch ist und Gleichung (22.47) gilt, besteht darin, die Berechnung von $\ln(X(z))$ kontinuierlich längs des Integrationsweges vorzunehmen. Dies bedeutet, daß die Hauptwerte des Phasenspektrums kontinuierlich als Funktion der Frequenz berechnet und die vorhandenen Phasensprünge um 2π behoben werden. Im Englischen wird dieser Prozeß als **unwrapping** bezeichnet. In der Regel besitzt das so bestimmte Phasenspektrum eine starke lineare Komponente, die sich im komplexen Cepstrum als Kosinusfunktion abbildet und die eigentlich interessierenden Anteile verdecken kann. Es empfiehlt sich daher, den linearen Phasenanteil, der lediglich einer Zeitverschiebung entspricht und bei der Rücktransformation wieder angebracht werden kann, bei der Berechnung des komplexen Cepstrums zu unterdrücken.

Ein anderer Algorithmus zur Berechnung des komplexen Cepstrums basiert auf der Integration der Ableitung der kontinuierlichen $\ln(X(z))$-Funktion (s. Tribolet (1977)). Unter der Annahme, daß $\ln(X(z))$ analytisch ist, gilt:

$$\frac{d}{dz}(\hat{X}(z)) = \frac{d}{dz}\ln(X(z)) = \frac{1}{X(z)}\frac{d}{dz}(X(z)). \qquad (22.49)$$

Hiermit ergibt sich für

$$z\frac{d}{dz}(\hat{X}(z)) = \sum_{n=-\infty}^{\infty}(n\hat{x}_n)z^n = z\frac{d}{dz}(X(z))\frac{1}{X(z)}. \qquad (22.50)$$

Nach (6.49) besitzt Gleichung (22.50) die inverse z-Transformierte

$$n\hat{x}_n = \frac{1}{2\pi i}\int_{\hookrightarrow c} z\frac{d}{dz}(X(z))\frac{1}{X(z)}z^{-n-1}dz, \qquad (22.51)$$

das heißt:

$$\hat{x}_n = \frac{1}{2\pi i n}\int_{\hookrightarrow c}\frac{d}{dz}(X(z))\frac{1}{X(z)}z^{-n}dz, \ n \neq 0. \qquad (22.52)$$

Integriert man längs des Einheitskreises $z = e^{-i2\pi f \Delta t}$, $-\frac{1}{2\Delta t} < f < \frac{1}{2\Delta t}$, dann ergibt sich:

$$\hat{x}_n = \frac{1}{2\pi i n}\int_{-\frac{1}{2\Delta t}}^{\frac{1}{2\Delta t}}\frac{d}{df}(X(f))\frac{1}{X(f)}e^{i2\pi f n \Delta t}df, \ n \neq 0. \qquad (22.53)$$

Der Wert für $n = 0$ ergibt sich direkt aus Gleichung (22.39) unter Berücksichtigung des Integrationsweges $z = e^{-i2\pi f \Delta t}$, $-\frac{1}{2\Delta t} < f < \frac{1}{2\Delta t}$:

$$\hat{x}_0 = -\Delta t \int_{-\frac{1}{2\Delta t}}^{\frac{1}{2\Delta t}} \ln(|X(f)|)df. \qquad (22.54)$$

Ausgehend von Gleichung (22.50) läßt sich eine direkte Beziehung zwischen den Cepstralwerten $(\hat{x}_n)$ und der Folge (x_n) herleiten. Aus Gleichung (22.50) folgt:

$$z\frac{d}{dz}(X(z)) = z\frac{d}{dz}(\hat{X}(z))X(z) \ . \qquad (22.55)$$

Mit

$$z\frac{d}{dz}(\hat{X}(z)) = \sum_{n=-\infty}^{\infty} (n\hat{x}_n)z^n \qquad (22.56)$$

und analog hierzu mit einem entsprechenden Ausdruck für $z\frac{d}{dz}(X(z))$ ergibt sich aus Gleichung (22.55):

$$\sum_{n=-\infty}^{\infty} (nx_n)z^n = \sum_{n=-\infty}^{\infty} (n\hat{x}_n)z^n \sum_{n=-\infty}^{\infty} x_n z^n \ . \qquad (22.57)$$

Da dem Produkt der z-Transformierten im Zeitbereich die Faltung der diskreten Folgen entspricht, folgt hieraus für die inverse z-Transformierte:

$$nx_n = \sum_{k=-\infty}^{\infty} k\hat{x}_k x_{n-k} \ . \qquad (22.58)$$

Diese implizite Beziehung zwischen $\hat{x}_n$ und x_n läßt sich unter bestimmten Voraussetzungen in eine Rekursivformel zur Berechnung von $\hat{x}_n$ umformen.

Beispiel: Ist (x_n) die Folge $(x_0, x_1, ..., x_M)$, dann folgt aus Gleichung (22.58):

$$nx_n = \sum_{k=n-M}^{n} k\hat{x}_k x_{n-k} \qquad (22.59)$$

und hieraus

$$\hat{x}_n = \frac{x_n}{x_0} - \frac{1}{nx_0} \sum_{k=n-M}^{n-1} k\hat{x}_k x_{n-k}, \ n \neq 0, \ x_0 \neq 0 \ . \qquad (22.60)$$

$\hat{x}_n$ hängt von allen x_n-Werten und den Werten $\hat{x}_k$, $k = n-M, ..., n-1$ des Cepstrums ab. Ist weiterhin $\hat{x}_n = 0$ für $n < 0$, d.h. ist die Folge

(x_n) minimalphasig ($\hat{x}_0 = 0$ läßt sich durch Normierung von (x_n) erzielen), dann ergibt sich aus (22.60):

$$\hat{x}_n = \frac{x_n}{x_0} - \frac{1}{nx_0} \sum_{k=0}^{n-1} k\hat{x}_k x_{n-k}, \; n > 0 \; . \qquad (22.61)$$

Aus

$$X(z) = \sum_{n=0}^{M} x_n z^n = e^{\ln(X(z))} = e^{\hat{X}(z)} = e^{\sum_{n=0}^{M} \hat{x}_n z^n} \qquad (22.62)$$

oder

$$x_0 + x_1 z + ... + x_M z^m = e^{(\hat{x}_0 + \hat{x}_1 z + ... + \hat{x}_M z^M)} \qquad (22.63)$$

folgt für $z = 0$:

$$x_0 = e^{\hat{x}_0} \qquad (22.64)$$

und hieraus

$$\hat{x}_0 = \ln(x_0) \; . \qquad (22.65)$$

Wird x_0 auf 1 normiert, dann ist $\hat{x}_0 = 0$. Aus Gleichung (22.61) folgt für die inverse Transformation des Cepstrums minimalphasiger Folgen:

$$x_n = \hat{x}_n x_0 + \frac{1}{n} \sum_{k=0}^{n-1} k\hat{x}_k x_{n-k}, \; n > 0 \; . \qquad (22.66)$$

Damit läßt sich für minimalphasige Folgen das Cepstrum nach (22.65) und (22.61) berechnen; durch Anwendung von (22.64) und (22.66) erhält man umgekehrt aus dem Cepstrum die Zeitreihe (x_n).

22.3.3 Cepstrum-Eigenschaften aperiodischer Signale und Impulsfolgen als Grundlagen der Dekonvolution

Die wesentlichen Cepstrum-Eigenschaften lassen sich an Hand zweier zeitlich verschobener, sich überlagernder Signale skizzieren:

$$x(t) = s(t) + as(t - t_0) \; , \; \mid a \mid < 1 \qquad (22.67)$$

mit dem logarithmischen Spektrum

$$\ln(X(f)) = \ln(S(f)) + \ln(1 + ae^{-i2\pi f t_0}) \; . \qquad (22.68)$$

Der zweite Term auf der rechten Seite läßt sich unter Anwendung von

$$\ln(1 + x) = x - \frac{x^2}{2} + \frac{x^3}{3} - ..., \; |x| < 1 \qquad (22.69)$$

492

in eine konvergente Reihe entwickeln. Die inverse Fourier-Transformation liefert das Cepstrum:

$$
\begin{aligned}
\hat{x}(t) &= \mathcal{F}^{-1}\{\ln(X(f))\} \\
&= \mathcal{F}^{-1}\{\ln(S(f))\} + a\delta(t - t_0) - \frac{a^2}{2}\delta(t - 2t_0) + \dots \ .
\end{aligned}
\tag{22.70}
$$

Die Reihe ist eine reelle Funktion, die für $t < 0$ verschwindet und für $t > 0$ eine Folge von δ-Impulsen bei den Zeiten jt_0 besitzt, wobei die Amplituden mit $\frac{a^j}{j}$ abklingen. Dabei wird im Cepstrum das Vorzeichen des Amplitudenkoeffizienten a bei $t = t_0$ richtig wiedergegeben. Darüber hinaus zeigen die Vielfachen der Primärimpulse des Cepstrums bei $t = jt_0$, $j = 2, 3, \dots$ für $a > 0$ alternierendes und für $a < 0$ negatives Vorzeichen.

Testrechnungen an einfachen synthetischen Daten zeigen folgende Eigenschaften für das komplexe Cepstrum (s. Ulrych, 1971):

1. Das komplexe Cepstrum eines Signals mit glattem Spektrum ist um den Cepstrum-Koordinatenursprung konzentriert. Größenordnungsmäßig entspricht die Länge derartiger Signale im Cepstrum der Signaldauer im Zeitbereich.

2. Das Cepstrum eines mit t_0 periodischen Impulszuges ist gleichfalls eine Impulsfolge mit der gleichen Periode.

3. Bei nichtperiodischen Impulsfolgen ist das Cepstrum minimalphasiger Impulsfolgen am einfachsten strukturiert und zum Teil vorhersagbar. Das Cepstrum einer minimalphasigen Impulsfolge ist Null über das Cepstrumintervall der ersten zwei Impulse. Danach zeigt das Cepstrum eine ziemlich komplizierte Impulsverteilung, die durch die Folge der Impulse und all ihrer Linearkombinationen bestimmt wird. Abb. 22.1 zeigt das logarithmische Amplitudenspektrum sowie das Cepstrum einer minimalphasigen Folge von drei Impulsen. Das Beispiel bestätigt die obige Aussage und verdeutlicht die Vorteile des Cepstrums gegenüber dem logarithmischen Amplitudenspektrum: Periodische Anteile des logarithmischen Amplitudenspektrums spiegeln sich im Cepstrum als Impulse wider. Aus der Folge der Impulse im Cepstrum kann auf die Impulsverzögerungszeiten geschlossen werden.

4. Generell bilden sich minimalphasige Anteile im Cepstrum bei $t \geq 0$ und maximalphasige Anteile bei $t \leq 0$ ab.

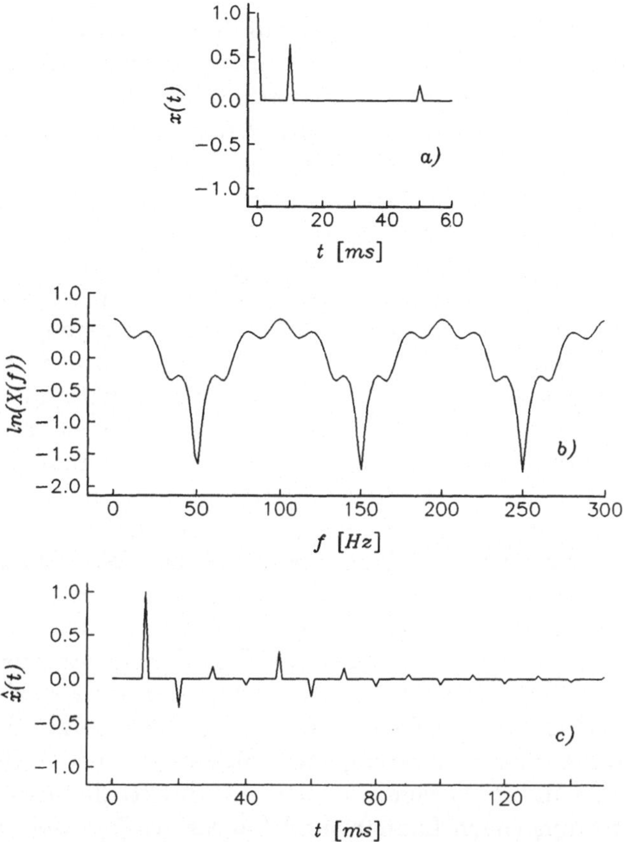

Abbildung 22.1: Gegenüberstellung des logarithmischen Amplitudenspektrums und des komplexen Cepstrums einer minimalphasigen Folge von drei Impulsen: a) Impulsfolge, b) logarithmisches Amplitudenspektrum, c) Cepstrum.

Zur Elimination der Signal-Anteile im Cepstrum läßt sich die Cepstrum-Eigenschaft ausnutzen, daß die Signal-Anteile im Gegensatz zu den Anteilen von Impulsfolgen um den Koordinatenursprung liegen und durch Nullsetzen dieses Bereichs im Prinzip einfach auszublenden sind. Die Trennung von Signal- und Impulsfolgeanteilen im Cepstrum ist am leichtesten für minimalphasige Impulsfolgen zu realisieren und hängt ganz wesentlich davon ab, ob das Signalcepstrum mit wachsendem t hinreichend stark abklingt. Ist die Länge des Signalcepstrums kleiner als die Laufzeitverzögerung des zweiten Signaleinsatzes, dann sind für minimalphasige Impulsfolgen die Signalanteile vollständig im Cepstrum zu eliminieren. Nach Schafer (1969) kann diese Forde-

494

rung für nichtminimalphasige Folgen durch exponentielles Gewichten der zu analysierenden Funktion erzwungen werden. Ist $R(z)$ die z-Transformierte der Impulsfolge (r_n), dann läßt sich jede Nullstelle von $R(z)$, die in der z-Ebene innerhalb des Einheitskreises liegt, damit in den Außenbereich des Einheitskreises verschieben, so daß die Impulsfolge minimalphasig wird. Pole existieren nicht.

Abb. 22.2 zeigt das komplexe Cepstrum eines synthetischen Seismogramms mit minimalphasiger Impulsfolge nach Abzug des linearen Phasenanteils. Da die Signalanteile im Cepstrum vollständig von den Impulsanteilen getrennt sind, läßt sich die Impulsfolge durch Ausblenden der Signalanteile im Cepstrum exakt bestimmen. Umgekehrt ist es möglich, das Signal durch Nullsetzen des Cepstrums außerhalb des Bereichs, in dem sich das Signal abbildet, zu extrahieren. Ist jedoch das zweite Signal gegenüber dem Primärsignal zeitlich nur wenig verzögert, so enthält das logarithmische Spektrum für den ohnehin nur interessanten Frequenzbereich mit großem Nutz-Störsignal-Verhältnis nur wenige Zyklen der durch das Folgesignal dem Signalspektrum aufgeprägten Oberschwingung, so daß der Zweiteinsatz im Cepstrum nur schwach herauskommen kann. In derartigen Fällen bietet sich das in Kapitel 11 skizzierte Burg-Verfahren zur Spektralanalyse kurzer Segmente zur Bestimmung der im logarithmischen Spektrum enthaltenen Perioden an. Abb. 22.3 zeigt die Einsatzzeitbestimmung eines zeitverzögerten Signals über die Berechnung des Cepstrums unter Anwendung der AR-Spektralanalyse mit dem Burg-Algorithmus (nach Landers und Lacoss, 1977). Bei diesem Beispiel aus der Seismologie ist die Verzögerungszeit der von der Quelle ausgehenden und zunächst an der Erdoberfläche reflektierten Welle pP gegenüber der direkt nach unten abgestrahlten Welle P ungefähr eine Sekunde. Das logarithmische Spektrum sollte demnach eine Periodizität von ≈ 1 Hz besitzen. Da die Signalbandbreite nur ≈ 1.5 Hz ist, wird bei der Berechnung des Cepstrums eine Spektralschätzung einer Folge durchgeführt, die lediglich $1\frac{1}{2}$ Zyklen der interessierenden Periode beinhaltet. Die Anwendung des Burg-Algorithmus auf das logarithmische Spektrum liefert das Ergebnis in Abb. 22.3 mit der Verzögerungszeit 0.95 s und der ersten Harmonischen bei 1.9 s.

22.4 Dekonvolution nichtstationärer Zeitreihen

Bei der Wiener-Filtertheorie wird die Stationarität des zu filternden Prozesses zugrunde gelegt, d.h. für Gaußsche Prozesse müssen Mittelwert, Varianz und Autokovarianz zeitunabhängig sein. Für Prozesse mit dem Mittelwert Null läßt sich die Stationarität mittels

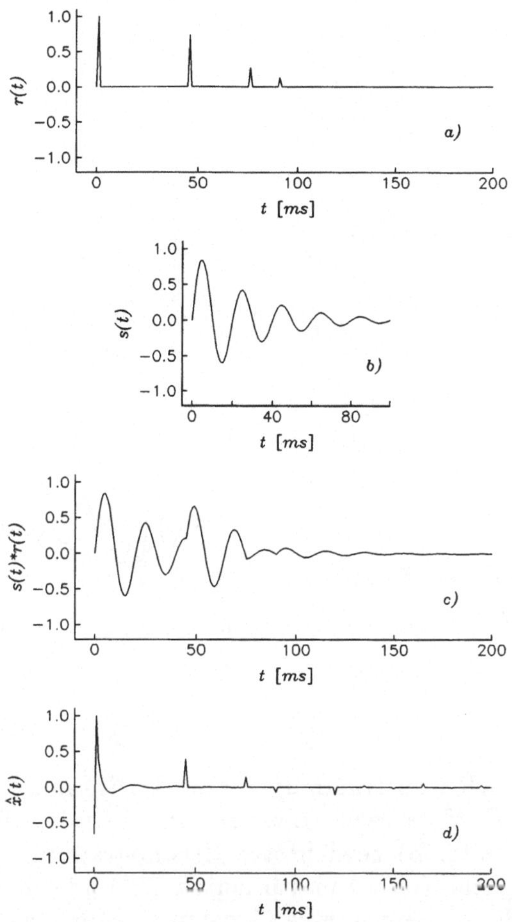

Abbildung 22.2: Komplexes Cepstrum eines synthetischen Seismogramms nach Abzug des linearen Phasenanteils: a) Impulsfolge $r(t)$, b) seismisches Wavelet $s(t)$, c) synthetisches Seismogramm $s(t)*r(t)$, d) Seismogramm-Cepstrum; im Cepstrum sind die Signalanteile und Cepstralanteile der Impulsfolge deutlich getrennt.

der Autokovarianz-Funktion überprüfen. Tests zeigen, daß die seismischen Registrierungen streng genommen nichtstationär sind (siehe Kap. 23.2.2). Da die Stationarität beim Wiener-Filter vorausgesetzt wird, versucht man sich bei nichtstationären Daten dadurch zu helfen, daß man Dekonvolutionsoperatoren für begrenzte Zeitsegmente bestimmt, deren optimale Länge anhand der Daten nach mathematischen Kriterien abgeschätzt werden kann (s. Wang, 1969). Diese Abschätzungen basieren auf den Forderungen, daß bei nicht-

496

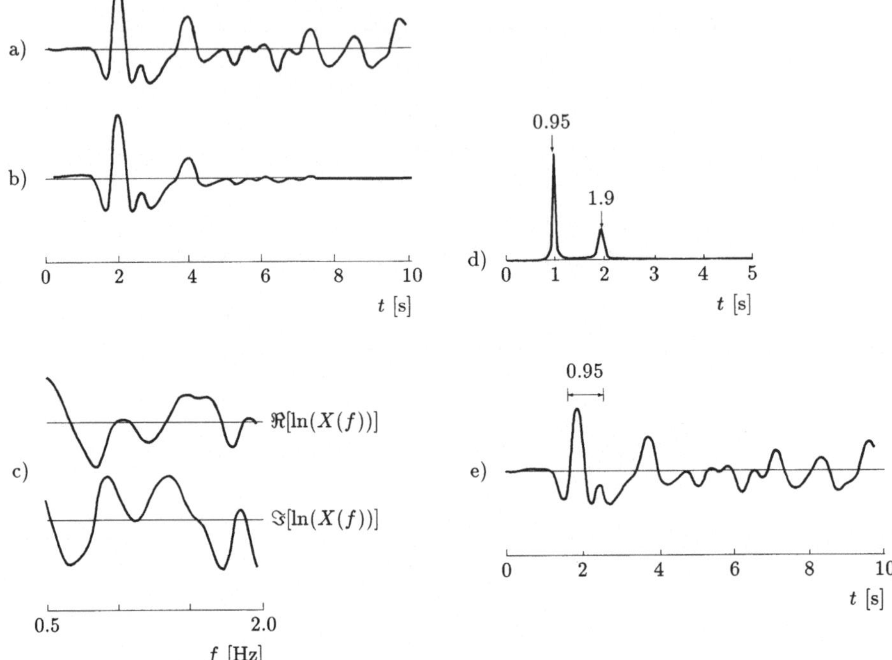

Abbildung 22.3: AR-Cepstralanalyse zur Bestimmung der Verzögerungszeit einer pP-Welle (nach Landers und Lacoss, 1977): a) Seismogramm-Ausschnitt, b) gewichtetes Seismogramm, c) logarithmisches Spektrum (Real- (oben) und Imaginärteil) über die Signalbandbreite 0.5 - 2.0 Hz, d) berechnetes Cepstrum, e) wie a).

stationären Vorgängen einerseits das Zeitfenster, für das man das Wiener-Filter bestimmt, so kurz sein muß, daß der Prozeß als stationär betrachtet werden kann, andererseits das Zeitfenster hinreichend lang sein muß, damit die Annahme eines regellosen Prozesses nicht ernsthaft verletzt wird.
Eine Alternative bildet die datenadaptive prädiktive Dekonvolution. Hierbei wird das zur Vorhersage zu lösende Gleichungssystem,

$$\sum_{m=0}^{M} h_m R_{xx}(k-m) = R_{xx}(k+\alpha), \quad k = 0, 1, ..., M, \tag{22.71}$$

mit Hilfe der in Kapitel 11.9 behandelten **adaptiven least-mean-squares (LMS)-Methode** gelöst:

$$h_k^{j+1} = h_k^j + \mu[R_{xx}(k+\alpha) - \sum_{m=0}^{M} h_m^j R_{xx}(k-m)], \quad k = 0, 1, ..., M, \quad (22.72)$$

beginnend mit einem frei wählbaren Startoperator h_k^0. Für $0 < \mu < \frac{2}{\lambda_{max}}$, wobei λ_{max} der größte Eigenwert der auf der linken Seite in Gleichung (19.87) definierten AKV-Matrix $\mathbf{R}_{xx}$ ist, geht h_k^j asymptotisch gegen die Lösung des stationären Prozesses.

Ein einfacher Gradienten-Algorithmus kann hergeleitet werden, bei dem $R_{xx}(k+\alpha)$ und $\sum_{m=0}^{M} R_{xx}(k-m)$ durch ihre momentanen Schätzwerte ersetzt werden:

$$h_k^{j+1} = h_k^j + \mu[x_{j+\alpha}x_{j-k} - \hat{x}_{j+\alpha}x_{j-k}], \quad k = 0, 1, ..., M, \quad (22.73)$$

mit

$$\hat{x}_{j+\alpha} = \sum_{m=0}^{M} h_m^j x_{j-m} \,. \quad (22.74)$$

Entscheidend bei der Dekonvolution nichtstationärer Zeitreihen ist, daß der adaptive Vorhersage-Operator in der Lage ist, den zeitlichen Veränderungen der statistischen Eigenschaften der Zeitreihe zu folgen. Die sogenannte Konvergenzzeit des Verfahrens hängt von μ ab; ein größerer μ-Wert garantiert schnellere Konvergenz (siehe Abschnitt 11.9).

Prasad und Mahalanabis (1980) vergleichen verschiedene adaptive Dekonvolutionsfilter, unter anderem die prädiktive Dekonvolution mit Hilfe des Kalman-Filters, die bei den behandelten seismischen Beispielen die besten Resultate liefert.

Kapitel 23

Dekonvolutionsprobleme und -ansätze in der Reflexionsseismik

In homogenen und isotropen Medien bleibt die Form des sich ausbreitenden Signals unverändert. Bei der sich ausbreitenden Welle kommt es aufgrund der Divergenz der Wellenfront lediglich zu einer Amplitudenabnahme. An den Grenzflächen erleidet das Signal zusätzlich eine Energieaufspaltung in einen reflektierten und transmittierten Anteil. Könnte man als Quellsignal einen δ-Impuls anregen, so würde man für ein derartiges Schichtpaket ein Impulsseismogramm messen, das aus scharfen primären und mehrfachen Reflexionen besteht. Tatsächlich ist die Situation erheblich komplizierter:

- das abgestrahlte Quellsignal ist kein δ-Impuls, sondern ein bandbegrenztes Signal,
- oberflächennahe Schichten erzeugen Reverberationen, die spätere Reflexionen verdecken können,
- aufgrund der Absorption ändert das Quellsignal seine Gestalt mit der Laufzeit,
- Geophone und Aufnahmeapparaturen verändern zusätzlich das seismische Signal,
- in der Regel kommen störende Noise-Anteile hinzu, die sich additiv dem reflektierten Wellenfeld überlagern.

Diese Prozesse - mit Ausnahme der additiven Noise-Anteile - können als Filterprozesse verstanden werden. Mit der Dekonvolution wird versucht, das bandbegrenzte Seismogramm soweit wie möglich auf das zugehörige Impulsseismogramm, bestehend aus Primär- und Mehrfachreflexionen, zurückzuführen. Diese Rückführung erfolgt in mehreren Schritten und umfaßt die Unterdrückung der Störanteile, die Rekonstruktion der wahren Bodenbewegung, die Inversion physikalischer Vorgänge wie Absorption und Amplitudenabnahme durch die Divergenz der sich ausbreitenden Wellen und die Rückführung des

Quellsignals - zusammen mit den Reverberationen und anderen Mehrfachreflexionen - auf den δ-Impuls. Theoretisch hat man erst danach das gemessene Seismogramm auf die Impulsfolge der Primärreflexionen zurückgeführt, aus denen nun unmittelbar die Reflexionskoeffizienten und hieraus die akustischen Impedanzen bestimmt werden können.

Bei der Dekonvolution werden zwei vom Ansatz her unterschiedliche Wege eingeschlagen und, falls erforderlich, kombiniert:

1. die Dekonvolution mittels **deterministischer** Ansätze,

2. die Dekonvolution auf der Basis **statistischer** Modelle.

Die deterministische Dekonvolution setzt voraus, daß das Amplituden- und Phasenspektrum des zu invertierenden Filterprozesses, d.h. der Filteroperator, bekannt ist. Typische Beispiele hierfür sind die Signaldekonvolution (in der angelsächsischen Literatur als **Signature Deconvolution** bezeichnet), die Dekonvolution der Geophon- und Aufnahmecharakteristiken oder in der Seismologie die Elimination der Filterwirkung der Erdkruste. Zwei Beispiele werden in Kapitel 23.1 behandelt, bei denen der Filteroperator unter Zugrundelegung einfacher Modelle bestimmt werden kann.
Ist lediglich das Amplitudenspektrum des zu invertierenden Filterprozesses bekannt, dann müssen zusätzliche Annahmen über das Phasenspektrum gemacht werden, um die Dekonvolution determiniert durchführen zu können. In der Seismik wird das Ziel verfolgt, die Dekonvolution so weit wie möglich determiniert vorzunehmen.

Eine vom Ansatz her völlig andere Grundidee liegt der statistischen Dekonvolution zugrunde. Hierbei wird die Folge der Reflexionskoeffizienten als regellos, im Idealfall als weiß, angenommen. Für ein derartiges Modell läßt sich eine Unterteilung des Seismogramms in vorhersagbare und nichtvorhersagbare Anteile vornehmen. Bei der statistischen Dekonvolution versucht man, die vorhersagbaren Anteile zu unterdrücken.

23.1 Beispiele der Dekonvolution mittels deterministischer Ansätze

Bei der determinierten Behandlung des in Gleichung (22.1) skizzierten Problems der Signal-Dekonvolution muß das seismische Signal bekannt sein. Bei seismischen Offshore-Messungen läßt sich das abgestrahlte Signal in einiger Entfernung von der Quelle messen. Ausgehend vom abgestrahlten Quellsignal versucht man, das Signal am Empfänger unter Berücksichtigung der Absorption abzuschätzen.

Für das so bestimmte Signal wird der inverse Operator z.B. nach einem der in den Abschnitten 22.1 und 22.2 beschriebenen Verfahren berechnet und angewendet. Im Idealfall wird damit die Gesamtheit der Signale im Seismogramm, bestehend aus Primär- und Mehrfachreflexionen, auf δ-Impulse zurückgeführt.

Im folgenden werden zwei Probleme aus der Reflexionsseismik behandelt, bei denen die Dekonvolution unter Zugrundelegung einfacher Modelle nach deterministischen Ansätzen erfolgt:

1. die Unterdrückung sogenannter Ghost-Reflexionen,

2. die Elimination von Wasserreverberationen.

23.1.1 Unterdrückung seismischer Ghost-Reflexionen

Liegt die Schußtiefe unterhalb einer Grenzfläche mit relativ großem Reflexionskoeffizienten, z.B. unterhalb der Verwitterungsschicht, dann besteht das Seismogramm aus den an den Grenzflächen reflektierten Einsätzen der direkt von der Quelle nach unten abgestrahlten Welle sowie aus den entsprechenden zeitlich verzögerten Reflexionen der Welle, die von der Quelle zunächst nach oben abgestrahlt und von der oberhalb der Quelle gelegenen Unstetigkeitsgrenze mit Phasenumkehr reflektiert wird (siehe Abb. 23.1 oben). Auf diese Weise erscheint jede reflektierende Grenzfläche im Seismogramm als Folge zweier Reflexionen, die zeitlich um die doppelte Laufzeit der Welle vom Schußpunkt zur darüberliegenden reflektierenden Unstetigkeitsgrenze getrennt sind.

Die Erfahrung zeigt, daß in vielen Fällen die primären Einsätze und die Ghost-Reflexionen nahezu gleiche Signalgestalt besitzen. Das insgesamt in den Untergrund abgestrahlte Signal (x_j) läßt sich dann als Faltung des direkt nach unten abgestrahlten Quellsignals (s_j) mit einem Operator

$$(g_j) = (1, 0, ..., c), \quad |c| < 1, \tag{23.1}$$

mit der z-Transformierten

$$G(z) = 1 + cz^n \tag{23.2}$$

darstellen, der die Ghost-Einsätze laufzeit- und amplitudenmäßig beschreibt:

$$x_j = s_j * g_j . \tag{23.3}$$

c ist das durch den Reflexionskoeffizienten der Grenzfläche, an der die Ghost-Reflexion generiert wird, bestimmte Amplitudenverhältnis von Ghost- und Primärsignal. Weiterhin ist $n\Delta t$ die Laufzeitdifferenz zwischen Ghost- und Primärsignal. Das Filter $H(z)$ zur Beseitigung

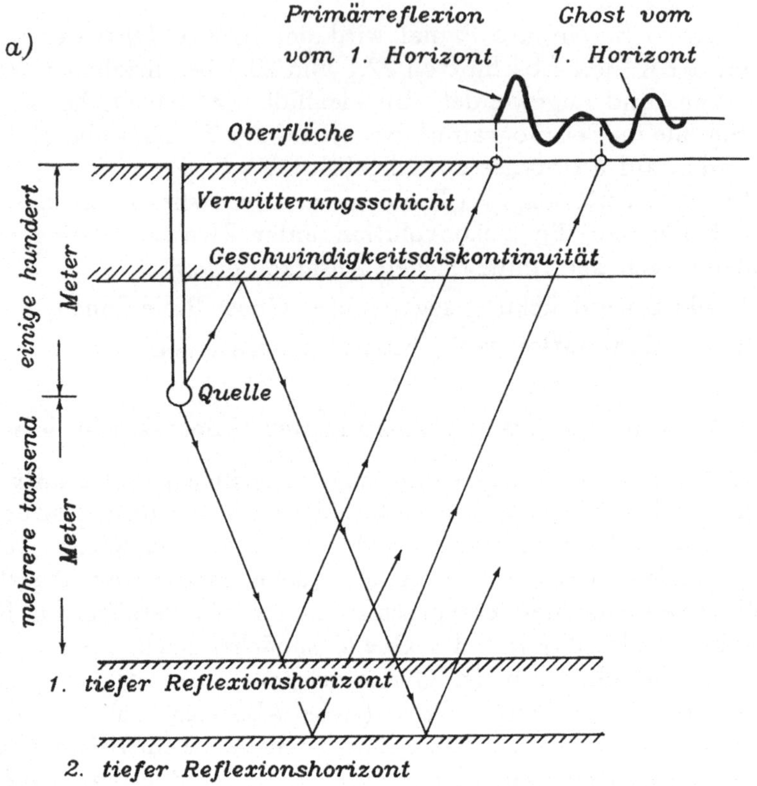

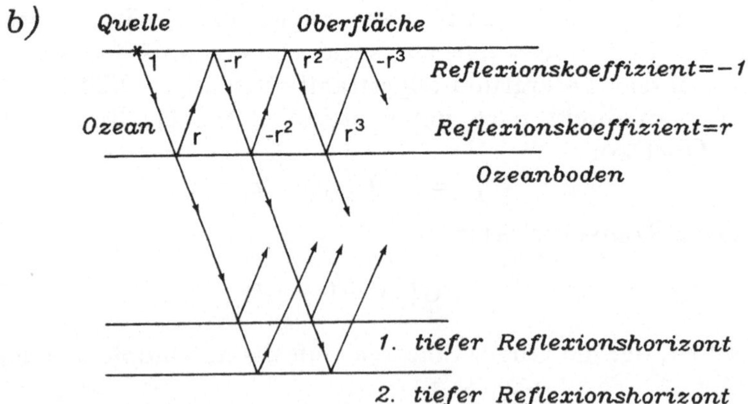

Abbildung 23.1: Seismische Dekonvolutionsprobleme: Modelle zur Beschreibung a) von Ghost-Reflexionen und b) von Wasserreverberationen (unten).

der Ghost-Reflexionen, mit dem das Reflexionspaar von Primäreinsatz und zugehöriger Ghost-Reflexion auf das Primärsignal zurückgeführt wird, ergibt sich damit aus der Forderung

$$(1 + cz^n)H(z) = 1 \tag{23.4}$$

zu

$$H(z) = \frac{1}{1 + cz^n} \ . \tag{23.5}$$

Nach Kapitel 22 handelt es sich bei diesem Filter um ein exaktes Dekonvolutionsfilter, dessen Operator wegen $|\,c\,| < 1$ **stabil** ist. Darüber hinaus ist $H(z)$ als Inverse der minimalphasigen Folge (g_j) **minimalphasig**. Die Bestimmung der Parameter c und n erfolgt zweckmäßigerweise an Hand der AKV-Funktion des Seismogramms.

Zur Unterdrückung der Ghost-Reflexionen läßt sich gleichfalls das Wiener-Formungsfilter einsetzen, mit dem die Folge von Primär- und Ghost-Reflexionen auf die Primärreflexionen zurückgeführt wird.

23.1.2 Elimination von Wasserreverberationen

In der Regel stellen Meeresoberfläche und Meeresboden starke Reflektoren dar, so daß ein seismisches Signal, das innerhalb der Wasserschicht erzeugt wird, an den beiden Grenzflächen der Wasserschicht mehrfach reflektiert wird (siehe Abb. 23.1 unten).
Der Reflexionskoeffizient an der Wasseroberfläche ist für die von unten einfallenden Wellen näherungsweise −1, so daß diese Wellen vollständig reflektiert werden. Verändert sich die Signalform bei der Wellenausbreitung nicht, d.h. besitzen die Primärreflexionen und ihre Multiplen gleiche Signalgestalt, so läßt sich das insgesamt in den festen Untergrund abgestrahlte Signal als Faltung des Quellsignals (s_j) mit einem Operator (g_j) mit der z-Transformierten

$$G(z) = 1 - kz^n + k^2 z^{2n} - k^3 z^{3n} + \dots \tag{23.6}$$

darstellen, der die Vielfachreflexionen in der Wasserschicht beschreibt. Dabei ist k der Reflexionskoeffizient am Meeresboden und $n\Delta t$ die doppelte Laufzeit der Welle durch die Wasserschicht. Wegen $|\,k\,| < 1$, ist $G(z)$ eine konvergente Reihe, die die Form einer geometrischen Reihe hat:

$$G(z) = \frac{1}{1 + kz^n} \ . \tag{23.7}$$

Die z-Transformation des gesuchten Filters $H(z)$ zur Elimination des Einflusses der Wasserschicht auf das abgestrahlte Signal hat daher

504

die Form

$$H(z) = G^{-1}(z) = 1 + kz^n \ . \tag{23.8}$$

Dieser Operator besitzt n Nullstellen außerhalb des Einheitskreises; er ist realisierbar, stabil und minimalphasig.

Zusätzlich hierzu wirkt die Wasserschicht auf der Empfängerseite auf die aus dem Untergrund reflektierten Signale in analoger Weise. Die Gesamtfilterwirkung der Wasserschicht $H_{WL}(z)$ auf das zweimal die Wasserschicht durchlaufende Signal ist gleich dem Produkt der Einzelfilter:

$$\begin{aligned}
H_{WL}(z) &= (1 - kz^n + k^2 z^{2n} - ...)(1 - kz^n + k^2 z^{2n} - ...) \\
&= \frac{1}{(1 + kz^n)^2} \ . \tag{23.9}
\end{aligned}$$

Das inverse Filter zur Unterdrückung der Wasserreverberationen ergibt sich zu:

$$H_{WL}^{-1}(z) = (1 + kz^n)^2 = 1 + 2kz^n + k^2 z^{2n} \ . \tag{23.10}$$

Dies ist das auf Backus (1959) zurückgehende 3-Punkte-Filter. Die Unterdrückung der Wasserreverberationen mit diesem Filter gelingt um so besser, je weniger sich die Signalform bei den diversen Reflexionen verändert.

23.2 Dekonvolution unter Modell-Annahmen

Für das Reflexionsseismogramm wird das in Abb. 23.2 dargestellte Modell zugrunde gelegt. Es wird als Überlagerung einzelner bandbegrenzter Wellenpakete (b_j) angesehen, die sich aus dem Quellsignal und möglichen Mehrfachreflexionen in Quell- und Empfängernähe zusammensetzen. Die Einsatzzeiten und Amplituden, mit denen die reflektierten Signale (b_j) einfallen, sind regellos und werden durch die Schichtmächtigkeiten sowie ihre Geschwindigkeits- und Dichtewerte bestimmt.

Das Reflexionsseismogramm (x_j) kann im einfachsten Fall als Faltung der Impulsantwort (r_j) des tieferen Untergrundes mit dem Signal (b_j) beschrieben werden:

$$x_j = b_j * r_j \ . \tag{23.11}$$

Ziel der Dekonvolution ist es, das gemessene Seismogramm auf das Impulsseismogramm oder auf ein Seismogramm mit vorgegebenem gewünschten Signal möglichst großer Bandbreite zurückzuführen. In

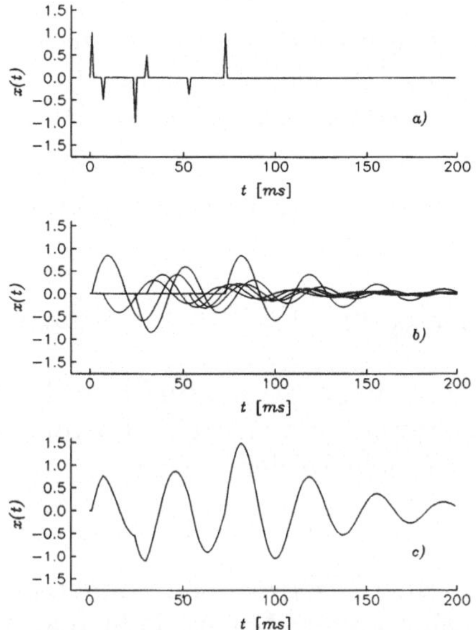

Abbildung 23.2: Modell eines Reflexionsseismogramms:
a) Impulsseismogramm, b) Überlagerung einzelner Wellenpakete,
c) Seismogramm.

den meisten Fällen ist das Signal (b_j) nicht bekannt; es muß dann aus
dem Seismogramm abgeschätzt werden. Hierzu werden zusätzliche
Modellannahmen über den Untergrund gemacht, die die Abschätzung
von (b_j) aus dem Seismogramm ermöglichen. Mit Hilfe des abgeschätzten Signals kann dann die Signaldekonvolution determiniert
durchgeführt werden.

23.2.1 Direkte Wavelet-Abschätzung aus dem Seismogramm und Bestimmung der Signaleinsatzzeiten

Unter der Annahme, daß die Folge der Signaleinsätze im Seismogramm regellos weiß und stationär ist, läßt sich die AKV-Funktion
des Wellenpakets (b_j) nach Abschnitt 20.1.1 direkt bis auf einen Faktor aus dem Seismogramm bestimmen:

$$R_{xx}(j) = pR_{bb}(j) \ . \tag{23.12}$$

Weiterhin ist nach Kapitel 8 die Bestimmung des Wavelets selber aus
der Autokovarianzfunktion nur möglich, falls man Annahmen über
das Phasenspektrum macht. Aufgrund der physikalischen Vorgänge
ist das in den Untergrund abgestrahlte Signal (b_j) vielfach minimalphasig. Ist die Signal-AKV-Funktion bekannt, dann lassen sich ex-

akte Verfahren und Näherungen - wie z.B. die least-mean-squares-Approximation - zur Bestimmung des minimalphasigen Signals (b_j) einsetzen. Die zwei wichtigsten Verfahren werden im folgenden skizziert.

1. Exakte Bestimmung des minimalphasigen Wavelets

Es sei

$$R(z) = R_{bb}(-n)z^{-n} + R_{bb}(-n+1)z^{-n+1} + ... + R_{bb}(0) + ... + R_{bb}(n)z^n$$
$$(23.13)$$

die z-Transformierte der Autokovarianzfunktion, für die das minimalphasige Signal zu bestimmen sei. Durch Multiplikation mit z^n läßt sich ein Polynom vom Grade $2n$ definieren:

$$G(z) = z^n R(z) = R_{bb}(-n) + R_{bb}(-n+1)z + ... + R_{bb}(n)z^{2n} \quad . \quad (23.14)$$

$G(z)$ besitzt $2n$ Nullstellen. Wegen der Symmetrie von $R(z)$ gehört zu jeder Nullstelle z_0 eine weitere bei $\frac{1}{z_0^*}$. Faßt man nun alle Nullstellen $z_1, z_2, ..., z_n$ außerhalb des Einheitskreises zusammen, so ist das Polynom

$$B(z) = (z - z_1)(z - z_2)...(z - z_n) \qquad (23.15)$$

minimalphasig und liefert gerade das gesuchte Wavelet. Bei diesem Verfahren muß man die $2n$ Nullstellen des Polynoms $G(z)$ bestimmen. Dieses Verfahren wird relativ rechenaufwendig, falls der Grad des Polynoms größer als 50 wird. Numerische Probleme können sich bereits für $n > 20$ ergeben.

2. Least-mean-squares-Bestimmung des minimalphasigen Signals

Nach Gleichung (22.28) läßt sich die least-mean-squares-Inverse des Signals (b_j) bis auf einen Faktor aus der Signal-Autokovarianzfunktion $(R_{bb}(j))$ bestimmen. Diese Inverse ist minimalphasig. Die Inverse der so berechneten Inversen liefert die minimalphasige least-mean-squares-Approximation des tatsächlichen Signals. Zur Bestimmung des minimalphasigen Signals aus der Signal-AKV-Funktion $(R_{bb}(j))$ sind bei dieser Methode, bei der zweimal das inverse Signal bestimmt wird, folgende Rechenschritte auszuführen:

- Lösung der Normalgleichungen (22.28):

$$\sum_{j=0}^{M} h_j R_{bb}(k - j) = \begin{cases} 1 & \text{für } k = 0 \\ 0 & \text{für } k = 1, 2, ..., M \end{cases} \quad . \quad (23.16)$$

(h_j) ergibt bis auf einen Faktor die Inverse des Signals im Sinne der kleinsten mittleren quadratischen Abweichung.

- Berechnung der Autokovarianzfunktion $(R_{hh}(j))$ des inversen Signals (h_j).

- Lösung der Normalgleichungen

$$\sum_{j=0}^{M} s_j R_{hh}(k-j) = \left\{ \begin{array}{ll} 1 & \text{für } k = 0 \\ 0 & \text{für } k = 1, 2, ..., M \end{array} \right. \quad . \qquad (23.17)$$

(s_j) ergibt bis auf einen Faktor die least-mean-squares-Schätzung des zu $(R_{bb}(j))$ gehörenden minimalphasigen Signals.

Im Gegensatz zur Abschätzung des minimalphasigen Signals ist die Bestimmung eines Allpaß-Filters direkt aus dem Seismogramm zur Überführung des bestimmbaren minimalphasigen Signals in das tatsächliche Signal ein ungelöstes Problem.

Gleichung (23.16) liefert die (minimalphasige) Inverse des Signals (b_j). Die Faltung der seismischen Spur mit diesem inversen Wavelet liefert eine Schätzung des Impulsseismogramms (r_j), d.h. des gesuchten Seismogramms mit optimaler Auflösung.

23.2.2 Diskussion der Modell-Annahmen

Bei dem in Abschnitt 23.2.1 skizzierten Lösungsweg werden zur Signalabschätzung folgende Annahmen gemacht:

- die Folge der Signaleinsätze ist regellos **weiß** und **stationär**,

- die Signale sind **minimalphasig**.

Je genauer in der Praxis diese Voraussetzungen erfüllt werden, desto besser sind die Dekonvolutionsergebnisse.

Die Annahme, daß das Impulsseismogramm im statistischen Sinne weiß ist, ist sehr weitgehend und in der Praxis nur selten erfüllt. Vielfach ist der Untergrund durch wenige markante Diskontinuitäten gekennzeichnet. Eine derartige Untergrundstruktur liefert keine weiße Folge der Signaleinsätze.

Aufgrund der Divergenz und der Absorption der sich ausbreitenden Wellen ändert sich die Signalform mit der Laufzeit . Damit ist das Seismogramm nichtstationär. Der herkömmliche Ansatz zur Reduktion der Nichtstationarität besteht darin, diese Prozesse quantitativ zu erfassen und ihre Wirkung rechnerisch zu kompensieren. Die durch die Absorption bedingte, mit der Wellenausbreitung zunehmende Unterdrückung der hohen Frequenzen wird durch Spektral-Whitening ausgeglichen. Hierzu wird das Seismogramm in eine Reihe schmalbandig gefilterter Seismogramme zerlegt; anschließend wird der mit der Laufzeit frequenzabhängige Amplitudenabfall bestimmt und jede gefilterte Spur umgekehrt proportional zum Amplitudenabfall skaliert, bevor die so korrigierten Spuren wieder superponiert werden.

Ähnlich ist das Vorgehen zur Korrektur der durch die Divergenz der Wellenfront bedingten Amplitudenabnahme; nur ist sie frequenzunabhängig. Für ein kugelförmiges Wellenfeld in einem geschichteten Medium ist diese Amplitudenabnahme als Funktion der Laufzeit t näherungsweise umgekehrt proportional zu $v_{RMS}^2(t)t$ (siehe Newman, 1973); dabei ist $v_{RMS}(t)$ die mittlere quadratische Geschwindigkeit, für die in der Praxis die Stapelgeschwindigkeit benutzt wird. Mit der Korrektur der Amplitudenabnahme der seismischen Signale werden gleichzeitig aber auch die Amplituden der registrierten Störanteile in Abhängigkeit der Registrierzeit verstärkt. Dies bedeutet, daß das Seismogramm nach der Korrektur wiederum nichtstationär ist. Wie man sieht, ist die Stationarität durch die oben skizzierten Korrekturen um so besser zu erreichen, je geringer die Noise-Anteile sind. In der Regel ist das registrierte Seismogramm nur über ein begrenztes Zeitintervall stationär.

In der Reflexionsseismik ist das registrierte Signal in vielen Fällen minimalphasig. Zum einen ist vielfach das Quellsignal, wie z.B. in der Sprengseismik, selber in guter Näherung minimalphasig, zum anderen kann die Folge der durch oberflächennahe Schichten hervorgerufenen Reverberationen als minimalphasig angesehen werden (siehe Robinson, 1977, Robinson und Treitel, 1980). Das einfachste Beispiel hierfür ist die Wasserschicht (siehe Abschnitt 23.1.2). Einige wichtige seismische Energiequellen, wie z.B. bei der Vibroseismik, sind jedoch nicht minimalphasig. Bei ihnen ist es daher mit den in Abschnitt 23.2.1 angegebenen Verfahren lediglich möglich, das zum tatsächlichen Signal gehörende minimalphasige Signal abzuschätzen.

Beim Einsatz des Wiener-Spike-Filters, das für realisierbare Operatoren ohne Signalkenntnisse bestimmt werden kann, wird man lediglich formal von der Signalabschätzung befreit. Die Rückführung der Signale auf die Impulsform mit dem Wiener-Filter gelingt am besten für minimalphasige Signale. Um hiermit im Falle nichtminimalphasiger Signale optimale Ergebnisse zu erzielen, muß das Seismogramm vor der Spike-Dekonvolution auf ein solches mit minimalphasigem Signal transformiert werden; hierzu muß das Signal wiederum bekannt sein.

23.3 Prädiktive Dekonvolution

Eine Alternative zu dem in Kapitel 20 eingeführten Impulsformungsfilter ist die prädiktive Dekonvolution, mit der im Prinzip gleichfalls das gemessene Seismogramm auf das Impulsseismogramm zurückgeführt werden kann. Das Verfahren basiert - wie es der Name besagt - auf der Elimination des vorhersagbaren Seismogramm-Anteils. Vorhersagbar im Seismogramm ist das seismische Signal einschließlich der von den Mehrfachreflexionen herrührenden periodischen Anteile; dagegen ist die Impulsfolge der Signaleinsätze als weiße Zufallsfolge nicht vorhersagbar.

Nachfolgend wird gezeigt, daß mit einem Vorhersagefehler-Filter mit der Vorhersagedistanz $\alpha = 1$ gleichfalls eine Spike-Dekonvolution durchgeführt werden kann. Für die Vorhersagedistanz $\alpha = 1$ folgt aus dem Gleichungssystem (19.95) zur Bestimmung des Vorhersage-operators durch Rändern:

$$
\begin{array}{llllll}
-R_0 & + h_0 R_1 & + h_1 R_2 & + ... + h_M R_{M+1} = \beta_0 & \\
-R_1 & + \boxed{\begin{array}{l} h_0 R_0 & + h_1 R_1 & + ... + h_M R_M & = R_1 \end{array}} & - R_1 \\
-R_2 & + \boxed{\begin{array}{l} h_0 R_1 & + h_1 R_0 & + ... + h_M R_{M-1} & = R_2 \end{array}} & - R_2 \\
\vdots \\
-R_{M+1} & + \boxed{\begin{array}{l} h_0 R_M & + h_1 R_{M-1} & + ... + h_M R_0 & = R_{M+1} \end{array}} & - R_{M+1}.
\end{array}
$$

$$(23.18)$$

Anstelle von $R_{zz}(j)$ ist in Gleichung (23.18) die kürzere Schreibweise R_j benutzt worden. Der umrandete Teil entspricht Gleichung (19.95) für die Vorhersagedistanz $\alpha = 1$. Mit dem in Gleichung (19.98) definierten Vorhersagefehler-Operator der Vorhersagedistanz $\alpha = 1$:

$$
\begin{aligned}
\gamma_0 &= 1 \\
\gamma_j &= -h_{j-1} \ , \quad j = 1, 2, ..., M + 1
\end{aligned}
\qquad (23.19)
$$

folgt aus Gleichung (23.18):

$$
\begin{pmatrix}
R_0 & R_1 & ... & R_{M+1} \\
\cdot & & & \\
\cdot & & & \\
R_{M+1} & R_M & ... & R_0
\end{pmatrix}
\begin{pmatrix}
\gamma_0 \\ \cdot \\ \cdot \\ \gamma_{M+1}
\end{pmatrix}
=
\begin{pmatrix}
\beta_0 \\ \cdot \\ \cdot \\ 0
\end{pmatrix} \ . \qquad (23.20)
$$

β_0 ist nach Gleichung (19.90) der mittlere quadratische Fehler der Vorhersage:

$$
\beta_0 = \sum_{k=0}^{M+1} \gamma_k R_k \ . \qquad (23.21)
$$

Der Vergleich von (23.20) mit Gleichung (22.28) zeigt, daß das least-mean-squares-Dekonvolutionsfilter, das das Signal (b_j) auf einen Impuls reduziert, bis auf einen Faktor diesem Vorhersagefehler-Filter

510

mit der Vorhersagedistanz 1 entspricht. Die durch Anwendung des Operators (23.19) berechneten Vorhersagefehler ergeben somit die Impulsfolge (r_j). Wie man sieht, ist der Vorhersagefehler-Operator mit der Vorhersagedistanz 1 gerade der Operator für die Signaldekonvolution im Sinne der kleinsten mittleren quadratischen Abweichung. Analog zu diesem Fall $\alpha = 1$, lassen sich für eine beliebige Vorhersagedistanz α die Normalgleichungen (19.95) in folgende Form bringen:

$$
\begin{pmatrix}
R_0 & R_1 & \cdots & R_{\alpha+M} \\
R_1 & R_0 & \cdots & R_{\alpha+M-1} \\
\cdot \\
\cdot \\
\cdot \\
& & & R_1 \\
R_{\alpha+M} & R_{\alpha+M-1} & \cdots & R_0
\end{pmatrix}
\begin{pmatrix}
1 \\ 0 \\ \cdot \\ \cdot \\ 0 \\ -h_0 \\ \cdot \\ \cdot \\ -h_M
\end{pmatrix}
=
\begin{pmatrix}
\beta_0 \\ \beta_1 \\ \cdot \\ \cdot \\ \beta_{\alpha-1} \\ 0 \\ \cdot \\ \cdot \\ 0
\end{pmatrix}
\qquad (23.22)
$$

mit

$$
\beta_j = R_j - \sum_{k=0}^{M} R_{\alpha-j+k} h_k \ , \quad j = 0,1,...,\alpha - 1 \ . \qquad (23.23)
$$

Für $\alpha = 1$ geht das Gleichungssystem (23.22) in (23.20) und (23.23) in (23.21) über.

Aus der Sicht der Wiener-Filtertheorie läßt sich folgender Schluß aus dem Gleichungssystem (23.22) ziehen: Die Autokovarianzkoeffizienten R_j, $j = 0,1,...,\alpha + M$ können gedeutet werden als die eines Signals der Länge $\alpha + M + 1$. Auf der rechten Seite des Gleichungssystems (23.22) steht die Kreuzkovarianz-Funktion zwischen dem gewünschten Filterausgang und der zu filternden Spur. Da die Kreuzkovarianzkoeffizienten für Retardierungen größer $\alpha - 1$ verschwinden, kann die Länge des gewünschten Filterausgangs nicht größer als α sein, d.h. der Vorhersagefehler-Operator mit der Vorhersagedistanz α entspricht einem least-mean-squares-Filter, das Signale der Länge $\alpha + M + 1$ auf die Länge α reduziert. Die Vorhersagedistanz α bestimmt den Grad der Signalkontraktion. Wählt man $\alpha = 1$, so hat man maximale Zusammenziehung; aber auch mit $\alpha > 1$ kann das Auflösungsvermögen verbessert werden. Daher heißt die Vorhersagefehler-Filterung mit $\alpha > 1$ ebenfalls prädiktive Dekonvolution. Die prädiktive Dekonvolution wirkt also wie eine Dekonvolution mit einem Formungsfilter. Bei ihr wird aber kein gewünschtes Wavelet, sondern neben der Filterlänge nur die Vorhersagedistanz α vorgegeben.

In der angewandten Seismik wird die prädiktive Dekonvolution vor allem zur Unterdrückung von Mehrfachreflexionen eingesetzt. Durch die Wahl der Parameter **Vorhersagedistanz** und **Filterlänge** kann man die zu unterdrückenden Bereiche steuern. Die Filterlänge muß so groß sein, daß die Mehrfachreflexionen erfaßt werden, denn nur so ist ihre Vorhersage möglich. Andererseits bestimmt die Vorhersagedistanz den Grad der Kontraktion des Signals, das sich aus der Primärreflexion und ihren Multiplen zusammensetzt. Die beiden Parameter α und M werden anhand der AKV-Funktion des zu bearbeitenden Seismogramms festgelegt. Nach Peacock und Treitel (1969) sind sie so zu wählen, daß die zu eliminierenden Multiplen, wie z.B. bei dem in Abschnitt 23.1 behandelten Problem der Unterdrückung von Ghost-Reflexionen, in den Zeitbereich der AKV-Funktion fallen, der durch α und $\alpha + M$ bestimmt wird.

Das Prinzip der prädiktiven Dekonvolution wird in Abb. 23.3 an einem synthetischen Beispiel zur Unterdrückung der Ghost-Reflexionen verdeutlicht. Die Werte der Parameter $\alpha = 30$ ms und $M = 70$ ms sind so gewählt, daß das durch α und $\alpha + M$ bestimmte Fenster der AKV-Funktion den Multiplenbereich überdeckt. Spur 2 stellt das synthetische Seismogramm dar, bestehend aus einer Folge von Ersteinsätzen und den dazu gehörenden Ghost-Reflexionen mit der zeitlichen Verzögerung von 50 ms. Spur 4 zeigt das Ergebnis der prädiktiven Dekonvolution. In Spur 3 ist zusätzlich der vorhergesagte Anteil dargestellt. Die Ghost-Anteile sind in Spur 4 weitgehend eliminiert. Dies wird durch den Vergleich der Autokovarianzfunktionen vor und nach der Filterung in den Spuren 6 und 7 bestätigt.

Ein zweites Beispiel soll die Möglichkeiten der prädiktiven Dekonvolution zur Unterdrückung langperiodischer Reverberationen verdeutlichen. Die Seismogramme in Abb. 23.4 zeigen Mehrfacheinsätze mit Perioden um ca. 400 ms. Deutlich spiegelt sich die Periodizität der Reverberationseinsätze in der Seismogramm-Autokovarianzfunktion wider. Zur Multiplenunterdrückung wurden bei der prädiktiven Dekonvolution die Filterparameter so gewählt, daß periodische Anteile mit Perioden bis zu 800 ms erfaßt werden können ($\alpha = 16$ ms, $\alpha + M = 800$ ms). Der Vergleich der AKV-Funktionen der Seismogramme vor und nach der Bearbeitung zeigt, daß die Unterdrückung der langperiodischen Multiplen sehr gut gelingt. Zusätzlich ist das Ergebnis der Spike-Dekonvolution zur Signalkontraktion dargestellt. Zur Unterdrückung der langperiodischen Multiplen ist die gewählte Filterlänge (260 ms) jedoch zu kurz.

Um die Wirkungsweise des Vorhersagefehler-Filters bei der Unterdrückung von Multiplen besser zu verstehen, wird das folgende Seis-

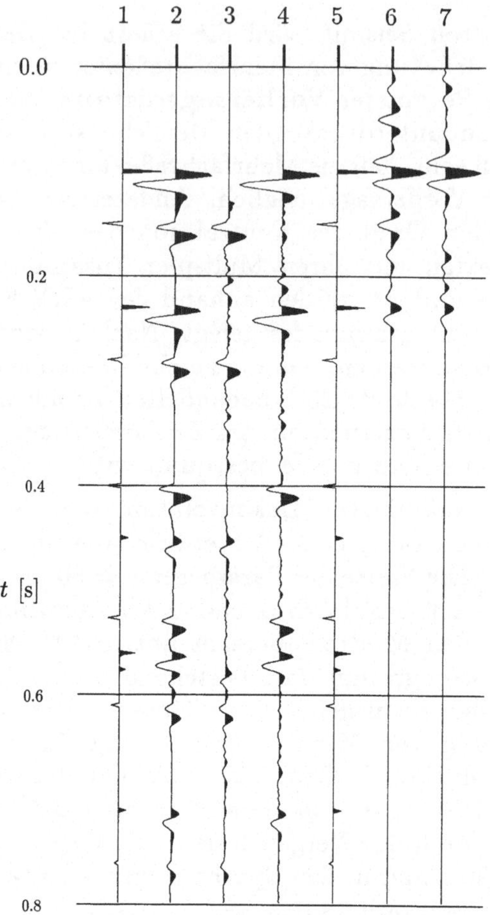

Abbildung 23.3: Prinzip der prädiktiven Dekonvolution. Dargestellt sind in den Spuren 1) und 5) das Impulsseismogramm bestehend aus Primärreflexionen und der zugehörigen Ghost-Reflexion ($\Delta t = 50$ ms); in Spur 2) das synthetische Seismogramm; in 3) die vorhersagbaren Anteile (Filterlänge 70 ms, Vorhersagedistanz 30 ms); in 4) das Resultat der prädiktiven Dekonvolution; in 6)und 7) die AKV-Funktionen der Spuren 2) bzw. 4), $R(0)$ liegt bei 100 ms.

mogramm-Modell näher untersucht:

$$x_k = w_k * r_k \, . \tag{23.24}$$

Dabei setzt sich das Signal (w_k) aus dem Quellsignal (s_k) und dem minimalphasigen Operator (b_k), der die durch die oberflächennahen

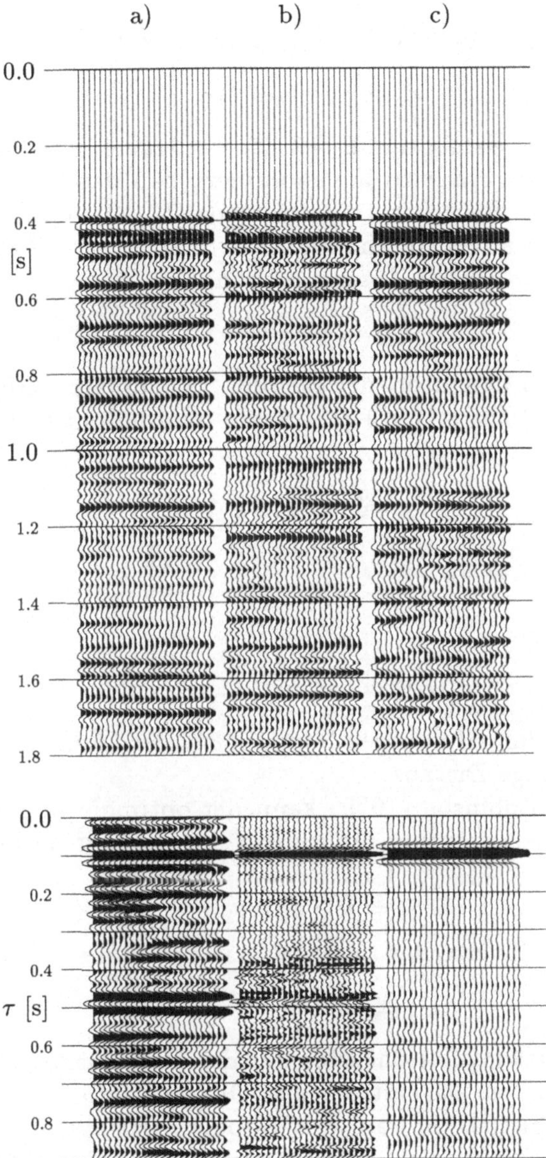

Abbildung 23.4: Unterdrückung langperiodischer Reverberationen durch prädiktive Dekonvolution: oben von links nach rechts: a) Ausschnitt einer Seismogramm-Sektion, Ergebnisse b) der Spike- und c) prädiktiven Dekonvolution, unten: zugehörige Autokorrelationsfunktionen, $R(0)$ liegt bei 0.1 s. Die Parameter bei der prädiktiven Dekonvolution betragen $\alpha = 16$ ms, $\alpha + M = 800$ ms; bei der Spike-Dekonvolution beträgt die Operatorlänge 260 ms.

Schichten hervorgerufenen Reverberationen beschreibt, zusammen:

$$x_k = s_k * b_k * r_k \ . \tag{23.25}$$

(r_k) ist das Impulsseismogramm des Schichtpakets, in das (w_k) abgestrahlt wird. Weiterhin wird angenommen, daß das Quellsignal (s_k) im Gegensatz zum Reverberationsoperator (b_k) nicht miminalphasig ist. Zu (s_k) gehöre das minimalphasige Signal (s_k^0). Zwischen (s_k) und (s_k^0) besteht folgender Zusammenhang:

$$s_k = p_k * s_k^0 \ . \tag{23.26}$$

(p_k) ist ein Allpaß-Operator, der nur die Signalphase verändert. Weiterhin sei (w_k^0) das zu (w_k) gehörende minimalphasige Signal. Da (b_k) minimalphasig ist, gilt:

$$w_k^0 = s_k^0 * b_k \tag{23.27}$$

und

$$w_k = p_k * w_k^0 \ . \tag{23.28}$$

Weiterhin wird mit

$$(w_k^0(\alpha)) = (w_0^0, w_1^0, ..., w_{\alpha-1}^0) \tag{23.29}$$

der Anfang des minimalphasigen Signals (w_k^0) der Länge α beschrieben. α ist die Vorhersage-Distanz.

Nach Silvia und Robinson (1979) kann der optimale unendlich lange und kausale Vorhersagefehler-Operator (γ_k) wie folgt dargestellt werden:

$$\gamma_k = w_k^0(\alpha) * q_k \ , \tag{23.30}$$

dabei ist (q_k) die Inverse des minimalphasigen Signals (w_k^0):

$$(q_k) = (w_k^0)^{-1} \ . \tag{23.31}$$

Das prädiktive Dekonvolutionsfilter mit der Vorhersagedistanz α läßt sich damit darstellen als Faltung des Operators (q_k), mit dem das minimalphasige Signal (w_k^0) auf den Impuls zurückgeführt wird, mit dem bei der Vorhersagelänge α abgeschnittenen minimalphasigen Signal $(w_k^0(\alpha))$. Die Anwendung von (γ_k) auf (x_k) ergibt unter Anwendung der Gleichungen (23.30), (23.24), (23.28) und (23.31):

$$\begin{aligned}
y_k &= \gamma_k * x_k \\
&= w_k^0(\alpha) * q_k * x_k \\
&= w_k^0(\alpha) * q_k * w_k * r_k \\
&= w_k^0(\alpha) * q_k * w_k^0 * p_k * r_k \\
&= w_k^0(\alpha) * p_k * r_k \ . \tag{23.32}
\end{aligned}$$

Ist das Quellsignal (s_k) minimalphasig, dann entartet (p_k) zum δ-Impuls. Nach Gleichung (23.32) erhält man dann am Filterausgang die Folge der Reflexionskoeffizienten (r_k) gefaltet mit dem Signal $(w_k^0(\alpha))$ der Länge α. Bei nichtminimalphasigen Signalen wird dagegen das Signal mit dem Operator (q_k) nicht vollständig auf den δ-Impuls zurückgeführt; es bleiben nach der Dekonvolution Signalreste bzw. - wenn man den Operator $(w_k^0(\alpha) * p_k)$ in (23.32) insgesamt betrachtet - zusätzlich zu $(w_k^0(\alpha))$ Signalschwänze übrig.

Ausgehend von Gleichung (23.30) wird im folgenden der Einsatz des Vorhersagefehler-Filters zur Unterdrückung langperiodischer und kurzperiodischer Reverberationen näher untersucht. Die Vorhersagedistanz α wird gleich der Reverberationsperiode $LREV$ gewählt.

1. Langperiodische Multiple:

Langperiodische Multiple sind dadurch gekennzeichnet, daß die Reverberationsperiode $LREV$ größer als die Länge des Signals (s_k) ist, das heißt, $LREV = \alpha$ ist größer als LS. Damit gilt:

$$(w_k(\alpha)) = (s_k) \tag{23.33}$$

und

$$(w_k^0(\alpha)) = (s_k^0) \ . \tag{23.34}$$

Aus Gleichung (23.30) folgt dann:

$$\gamma_k = s_k^0 * q_k \ . \tag{23.35}$$

Damit ergibt sich am Filterausgang nach Gleichung (23.32):

$$\begin{aligned} y_k &= \gamma_k * x_k \\ &= s_k^0 * p_k * r_k \\ &= s_k * r_k, \end{aligned} \tag{23.36}$$

das heißt, durch die Anwendung des Vorhersagefehler-Operators wird jedes seismische Wavelet (w_k) auf das Quellsignal (s_k) zurückgeführt. Am Filterausgang erhält man die gesuchte Reflexionsfolge (r_k) abgefaltet mit dem Quellsignal (s_k). Dabei wird nicht gefordert, daß das Quellsignal minimalphasig ist. Ist das jedoch der Fall, d.h. ist $(s_k) = (s_k^0)$, dann liefert der Filterausgang wegen der Energiekonzentration am Anfang der minimalphasigen Signale die höhere Auflösung.

2. Kurzperiodische Reverberationen:

Für kurzperiodische Multiple ist die Reverberationsperiode kleiner als die Signaldauer, das heißt, $LREV = \alpha$ ist kleiner als LS. Bezeichnet man mit $(s_k(\alpha))$ den anfänglichen Teil von (s_k) der Länge α, dann gilt:

$$(w_k(\alpha)) = (s_k(\alpha)) \tag{23.37}$$

516

sowie

$$(w_k^0(\alpha)) = (s_k^0(\alpha)) . \tag{23.38}$$

Mit Gleichung (23.38) folgt aus Gleichung (23.30):

$$\gamma_k = s_k^0(\alpha) * q_k, \quad q_k * w_k^0 = \delta_k \tag{23.39}$$

sowie aus Gleichung (23.32):

$$y_k = \gamma_k * x_k = s_k^0(\alpha) * p_k * r_k . \tag{23.40}$$

Nach Gleichung (23.40) erhält man am Filterausgang die Folge der Reflexionskoeffizienten gefaltet mit dem Operator $s_k^0(\alpha) * p_k$. Für $k \leq \alpha$ stimmt dieser Operator mit (s_k) überein. Da p_k keine δ-Funktion ist, erfolgt für $k > \alpha$ keine vollständige Unterdrückung des zusammengesetzten Signals (w_k), sondern es bleiben Reste des Signals übrig, die sich den späteren Primärreflexionen überlagern. Ist das Quellsignal minimalphasig, dann ist der Filterausgang

$$y_k = s_k^0(\alpha) * r_k . \tag{23.41}$$

In diesem Fall treten keine Signalreste auf.

Zusammenfassung: Die prädiktive Dekonvolution kann sowohl zur Unterdrückung langperiodischer als auch kurzperiodischer Reverberationen eingesetzt werden. Die besten Resultate werden für minimalphasige Signale erzielt. Bei kurzperiodischen Reverberationen und nicht minimalphasigen Quellsignalen bleiben nach der Dekonvolution Signalschwänze übrig, die sich späteren Primärreflexionen überlagern und die Auflösung reduzieren. Die ideale Auflösung erhält man für minimalphasige Quellsignale, unendlich lange Operatoren und die Vorhersage-Distanz $\alpha = 1$. Der Vorhersagefehler-Operator (23.30) $(\gamma_k) = w_k^0(1) * q_k$ liefert dann nach (23.32):

$$y_k = w_k^0(1) * r_k . \tag{23.42}$$

Bis auf einen Faktor ist dies gerade das Impulsseismogramm (r_k). Dieses Filter hat jedoch den Nachteil, daß es in der Praxis vielfach hochfrequente Noise-Anteile am Filterausgang produziert, die durch anschließende Tiefpaßfilterung eliminiert werden müssen. Wählt man die Vorhersage-Distanz α größer als 1, dann erhält man am Filterausgang die mit $(s_k^0(\alpha))$ bzw. mit $(s_k^0(\alpha) * p_k)$ gefalteten Reflexionskoeffizienten, wobei im Vergleich zu $\alpha = 1$ ein besseres Signal-Noise-Verhältnis am Filterausgang erzielt wird.

Die obigen Aussagen gelten für unendlich lange Vorhersage-Operatoren. Für Operatoren endlicher Länge läßt sich zeigen, daß es bei kurzperiodischen Multiplen - im Gegensatz zu langperiodischen Mehrfachreflexionen - auch bei minimalphasigen Signalen unerwünschte Signalschwänze gibt, die aber deutlich kleiner sind im Vergleich zu denen bei nicht minimalphasigen Signalen.

23.4 Homomorphe Seismogrammdekonvolution

Der Einsatz der homomorphen Filtertechnik in der Seismologie geht auf Arbeiten von Ulrych (1971) und Ulrych, Jensen, Ellis und Somerville (1972) zurück. Das Verfahren wird dort insbesondere zur Abschätzung der Quellsignale eingesetzt. In der Reflexionsseismik wurde die Technik erstmals von Stoffa, Buhl und Bryan (1974) zur Elimination kurzperiodischer Reverberationssignale, wie sie bei seismischen Messungen in Flachwassergebieten auftreten, und zur Dekonvolution des seismischen Quellsignals angewendet.

Die homomorphe Seismogrammdekonvolution basiert auf der unterschiedlichen Abbildung des seismischen Signals, der Impulsfolge der Reflexionseinsätze und der periodischen Seismogramm-Anteile, d.h. der Mehrfachreflexionen, im Cepstrum. Besitzt das seismische Quellsignal ein glattes Spektrum, dann bildet sich dieser Teil im Cepstrum um den Koordinatenursprung ab; ist die Folge der Reflexionsimpulse minimalphasig, dann trägt sie erst ab einer Zeit zum Cepstrum bei, die größer oder gleich der Laufzeitdifferenz der beiden ersten Reflexionen ist. Die Folge der Reverberationseinsätze ist periodisch und minimalphasig. Das zugehörige komplexe Cepstrum ist folglich rechtsseitig ($n \geq 0$) und periodisch mit der Reverberationsperiode und damit bei Kenntnis der Periode vorhersagbar.

Bei der homomorphen Seismogrammdekonvolution werden zwei unterschiedliche Ansätze verfolgt:

- die Abschätzung des Signals im Cepstrum; anschließend wird für das so ermittelte Signal die Dekonvolution z.B. durch Spektren-Division oder durch inverse least-mean-squares-Filterung durchgeführt.

- die direkte Elimination der Signalanteile im Cepstrum.

Da sich das Signal im Cepstrum um den Koordinatenursprung abbildet, läßt es sich näherungsweise durch Nullsetzen des Cepstrums außerhalb des Bereichs, in den das Signal abgebildet wird, abschätzen. Nach Buttkus (1975) hängt der Erfolg der Signalabschätzung bei dieser Methode im wesentlichen vom Grad der Überlagerung der Cepstren des seismischen Signals und der Reflektivitätsfolge sowie von der Wahl des Cepstrum-Fensters, das für die Signalabschätzung benutzt wird, ab.

518

Im Prinzip kann man auch so vorgehen, daß nur der maximalphasige Anteil des Signals im Cepstrum abgeschätzt wird. Hierzu
wird durch die Berechnung des Cepstrums eine Aufspaltung des Seismogramms in minimalphasige und maximalphasige Anteile durchgeführt. Ist das Impulsseismogramm - notfalls nach exponentieller
Gewichtung des Seismogramms - minimalphasig, dann entspricht der
maximalphasige Anteil des Cepstrums gerade dem maximalphasigen Anteil des Signals. Für den **minimalphasigen** Anteil des Seismogramms, der durch Ausblenden der maximalphasigen Anteile im
Cepstrum zu bestimmen ist, lassen sich dann mit einem der in Abschnitt 23.2.1 skizzierten Verfahren die minimalphasigen Anteile des
Signals berechnen. Die Faltung der beiden so abgeschätzten Signalanteile ergibt die Schätzung des tatsächlichen Signals, für das dann
die Signaldekonvolution z.B. mit einem der in Kapitel 22.1 und 22.2
skizzierten Verfahren durchgeführt werden kann.

Die Schwachpunkte bei der Signalabschätzung durch die Ausblendung bestimmter vorzugebender Cepstrum-Anteile lassen sich
durch Mittelungsprozeduren weitgehend beheben. Das Seismogramm
wird hierzu in mehrere Segmente unterteilt, die dann in den Cepstral
Bereich transformiert und dort gestapelt werden. Das komplexe Cepstrum jedes einzelnen Segments ist die Summe des Cepstrums des
seismischen Signals, das im Idealfall für jeden Ausschnitt gleich ist,
und des Cepstrums der Impulsfolge der Reflexionseinsätze innerhalb
des Analysenintervalls, das für jedes einzelne Intervall verschieden
ist. Durch die Mittelung der Cepstren läßt sich das Cepstrum des
Signals abschätzen, da sich die Cepstralanteile der regellosen Folge
der Signaleinsätze herausmitteln. Bei diesem Mittelungsverfahren
sollte über eine größere Anzahl von Cepstren gestapelt werden, um
die Anteile der regellosen Impulsfolge möglichst vollständig zu unterdrücken. Dieses Verfahren liefert an synthetischen Daten sehr gute
Signalabschätzungen. In der Praxis ist für die Signalabschätzung
entscheidend, daß sich die Signalform zeitlich nicht verändert. Gilt
diese Voraussetzung auch räumlich, dann läßt sich das Verfahren auch
auf benachbarte seismische Spuren einzelner Schußregistrierungen anwenden.

Zur Signalunterdrückung im Cepstrum wird die Eigenschaft ausgenutzt, daß sich die Signalanteile im Cepstrum um den Koordinatenursprung abbilden. Für die vollständige Elimination der Signalanteile dürften sich Signal- und Reflektivitätsanteile nicht überlappen. In der Regel wird diese Voraussetzung jedoch nicht erfüllt sein.
Die Dekonvolution läßt sich im gewissen Umfange jedoch auch dann
noch dadurch erzielen, daß man einen vorzugebenden Bereich um
den Koordinatenursprung des Cepstrums ausblendet. Das folgende

Beispiel der Unterdrückung kurzperiodischer Reverberationssignale verdeutlicht das. Die seismischen Daten werden durch das bereits in Gleichung (23.25) diskutierte Modell

$$x_j = s_j * b_j * r_j \qquad (23.43)$$

beschrieben, wobei (b_j) der periodische minimalphasige Reverberationsoperator ist. Weiterhin wird angenommen, daß die Reflexionsfolge (r_j) minimalphasig ist. Die Reverberationsperiode T_w der obersten Schicht sei klein im Vergleich zur Reflexionszeit T_1 des nächsten Reflektors , d.h. es gelte: $NT_w \leq T_1 < (N+1)T_w$. Dann bewirkt die Ausblendung der Cepstrum-Anteile bis zu einer cut-off-Zeit T_c, die so gewählt ist, daß $NT_w < T_c < T_1$ ist, zum einen die Dekonvolution des seismischen Signals, andererseits die Elimination der ersten N Multiplen der Reverberationsfolge und die Reduktion der verbleibenden Multiplen auf $\frac{1}{N+1}$ ihrer ursprünglichen Amplitude.

Nach den gegenwärtigen Erkenntnissen ist der vielversprechendste Weg der Signaldekonvolution bei der homomorphen Filterung der über die Signalabschätzung durch Mittelung der Cepstren.

23.5 Dynamische Dekonvolution

Die auf Robinson (1975) zurückgehende dynamische Dekonvolution basiert auf einem dynamischen Modell zur Beschreibung des Reflexionsseismogramms. Das Modell wird durch ein lineares zeitinvariantes diskretes System mit der System-Funktion

$$S_N(z) = \frac{C_N(z)}{D_N(z)} = \frac{c_0 + c_1 z + ... + c_N z^N}{1 + d_1 z + ... + d_N z^N} \qquad (23.44)$$

beschrieben. Bei der dynamischen Dekonvolution wird das Goupillaud Modell zugrunde gelegt, d.h. ein horizontal geschichtetes Medium mit konstanten Schichtgeschwindigkeiten und gleicher Laufzeit in den verschiedenen Schichten, auf das eine ebene Welle einfällt. Für dieses Modell lassen sich mit dem Verfahren die Reflexionskoeffizienten aus dem Seismogramm bestimmen. Bei dem Verfahren wird zum einen der Energie-Erhaltungssatz zum anderen die Tatsache ausgenutzt, daß die **transmittierten** Signale minimalphasig sind.

Es seien r_n und t_n der Reflexions- und Transmissionskoeffizient der n-ten Grenzfläche für eine von oben einfallende Welle sowie $\hat{r}_n$ und $\hat{t}_n$ die entsprechenden Koeffizienten für eine von unten einfallende Welle. Zwischen r_n und t_n, $\hat{r}_n$ und $\hat{t}_n$ gelten folgende Zusammenhänge:

$$t_n = 1 + r_n , \qquad (23.45)$$

$$\hat{r}_n = -r_n \tag{23.46}$$

und

$$\hat{t}_n = 1 - r_n \ . \tag{23.47}$$

Der 2-Wege-Transmissionskoeffizient der Grenzfläche n ist gleich

$$t_n \hat{t}_n = 1 - r_n^2 \ . \tag{23.48}$$

Sind σ_n und σ_{n+1} die akustischen Impedanzen oberhalb und unterhalb der n-ten Grenzfläche, dann ist

$$r_n = \frac{\sigma_n - \sigma_{n+1}}{\sigma_n + \sigma_{n+1}} \ , \tag{23.49}$$

$$t_n = 1 + r_n = \frac{2\sigma_n}{\sigma_n + \sigma_{n+1}} \tag{23.50}$$

und

$$\hat{t}_n = 1 - r_n = \frac{2\sigma_{n+1}}{\sigma_n + \sigma_{n+1}} \ . \tag{23.51}$$

Hiermit ergibt sich:

$$\frac{\hat{t}_n}{t_n} = \frac{\sigma_{n+1}}{\sigma_n} \tag{23.52}$$

sowie für ein Schichtpaket zwischen zwei Halbräumen mit den Impedanzen σ_0 und σ_{N+1}:

$$\frac{\hat{t}_0 \hat{t}_1 ... \hat{t}_N}{t_0 t_1 ... t_N} = \frac{\sigma_1}{\sigma_0} \frac{\sigma_2}{\sigma_1} ... \frac{\sigma_{N+1}}{\sigma_N} = \frac{\sigma_{N+1}}{\sigma_0} \ . \tag{23.53}$$

Sind A_i, A_r und A_t die Amplituden der an der Grenzfläche n einfallenden, reflektierten und transmittierten Welle, dann muß an dieser Grenzfläche folgende Energie-Beziehung gelten:

$$\sigma_n A_i^2 = \sigma_n A_r^2 + \sigma_{n+1} A_t^2 \ . \tag{23.54}$$

Die Gültigkeit dieser Gleichung läßt sich mit Hilfe der Gleichungen (23.49) und (23.50) überprüfen, wobei zu berücksichtigen ist, daß $r_n = \frac{A_r}{A_i}$ und $t_n = \frac{A_t}{A_i}$ ist.

Es sei $S_0(z)$ die z-Transformierte der Reflexionsantwort eines Schichtpakets mit $N + 1$ Grenzflächen, die bei einer Zählung von oben nach unten wie in Abb. 7.8 die Reflexionskoeffizienten $r_0, r_1, ..., r_N$ besitzen. $S_1(z)$ sei die Reflexionsantwort des Schichtpakets ohne die erste Schicht, d.h. dieses System besitzt die Reflexionskoeffizienten

$r_1, ..., r_N$. $S_0(z)$ läßt sich wie folgt als Funktion der Reflexionsantwort $S_1(z)$ darstellen.

$$S_0(z) = r_0 + t_0 S_1(z)\hat{t}_0 z + t_0 S_1(z)\hat{r}_0 S_1(z)\hat{t}_0 z^2$$
$$+ t_0 S_1(z)\hat{r}_0 S_1(z)\hat{r}_0 S_1(z)\hat{t}_0 z^3 ... . \tag{23.55}$$

Die Reihe baut sich wie folgt auf: Das Schichtpaket $(r_0, r_1, ..., r_N)$ wird zur Zeit $t = 0$ durch einen Impuls der Amplitude 1 angeregt. Dieser bewirkt zur Zeit $t = 0$ an der Grenzfläche Null die Reflexion r_0. Der an dieser Grenzfläche transmittierte Anteil regt das darunter liegende Schichtpaket $(r_1, ..., r_N)$ an. Die Reflexionsantwort ist $t_0 S_1(z)$. Dieser reflektierte Anteil wird anschließend wieder von unten kommend an der Grenzfläche Null zum Teil reflektiert bzw. tranmittiert. Der zweite Summand beschreibt den transmittierten Teil. Der nächste Summand beschreibt den reflektierten Anteil, der erneut das Schichtpaket $(r_1, ..., r_N)$ anregt und dort reflektiert wird, bevor er an der Grenzfläche Null transmittiert wird. Die weiteren Summanden lassen sich analog verifizieren, indem man die weiteren Wellenwege verfolgt.

Gleichung (23.55) läßt sich wie folgt darstellen, wobei der in eckigen Klammern stehende Ausdruck die Form einer geometrischen Reihe hat:

$$\begin{aligned} S_0(z) &= r_0 + t_0 S_1(z)\hat{t}_0 z[1 + \hat{r}_0 S_1(z)z + (\hat{r}_0 S_1(z))^2 z^2 + ...] \\ &= r_0 + \frac{t_0 S_1(z)\hat{t}_0 z}{1 - \hat{r}_0 S_1(z)z} \\ &= \frac{r_0 + S_1(z)z}{1 + r_0 S_1(z)z} . \end{aligned} \tag{23.56}$$

Analog hierzu läßt sich der Zusammenhang der Transmissionsantworten der beiden Schichtsysteme herleiten:

$$T_0(z) = \frac{t_0 T_1(z)}{1 + r_0 S_1(z)z} . \tag{23.57}$$

Die Gleichungen (23.56) und (23.57) haben den gleichen Nenner.

Es wird zunächst angenommen, daß sich die Reflexions- und Transmissionsantworten des Schichtpakets $(r_1, ..., r_N)$ mit Hilfe der Polynome $C_1(z)$ und $D_1(z)$ vom Grade $N - 1$ darstellen lassen:

$$S_1(z) = \frac{C_1(z)}{D_1(z)} = \frac{c_1 + c_2 z + ... + c_N z^{N-1}}{d_1 + d_2 z + ... + d_N z^{N-1}} \tag{23.58}$$

und

$$T_1(z) = \frac{t_1 t_2 ... t_N}{d_1 + d_2 z + ... + d_N z^{N-1}} \qquad (23.59)$$

mit $c_1 = r_1$ und $d_1 = 1$. Aus Gleichung (23.56) folgt damit:

$$S_0(z) = \frac{r_0 D_1(z) + C_1(z)z}{D_1(z) + r_0 C_1(z)z} \; . \qquad (23.60)$$

Setzt man analog zu (23.58) $S_0(z)$ als Quotient zweier Polynome jeweils vom Grade N an, das heißt

$$S_0(z) = \frac{C_0(z)}{D_0(z)} \; , \qquad (23.61)$$

dann folgen aus Gleichung (23.60) die Rekursionsformeln:

$$C_0(z) = r_0 D_1(z) + C_1(z)z \qquad (23.62)$$

und

$$D_0(z) = D_1(z) + r_0 C_1(z)z \; . \qquad (23.63)$$

Wie man anhand der beiden letzten Gleichungen sieht, ist $c_0 = r_0$ und $d_0 = 1$. Die Rekursionsgleichungen (23.62) und (23.63) gelten allgemein für jedes Untersystem, das durch die Reflexionskoeffizienten $r_j, r_{j+1}, ..., r_N$ beschrieben wird, in der Form:

$$C_j(z) = r_j D_{j+1}(z) + C_{j+1}(z)z \qquad (23.64)$$

und

$$D_j(z) = D_{j+1}(z) + r_j C_{j+1}(z)z \; . \qquad (23.65)$$

Analog ergibt sich für die Transmissionsantwort:

$$T_0(z) = \frac{\prod_{j=0}^{N} t_j}{D_1(z) + r_0 C_1(z)z} = \frac{\prod_{j=0}^{N} t_j}{D_0(z)} \; . \qquad (23.66)$$

$T_0(z)$ ist als transmittierter Anteil kausal und besitzt endliche Energie. Nach Abschnitt 22.1 muß das Nennerpolynom $D_0(z)$ notwendigerweise minimalphasig sein. $T_0(z)$ ist als Quotient einer Konstanten und eines minimalphasigen Polynoms dann selber auch minimalphasig.

Bei Kenntnis der Reflexionskoeffizienten läßt sich nach Gleichung (23.61) unter Benutzung von (23.64) und (23.65) das Seismogramm

$S_0(z)$ berechnen. Für $N = 2$ erhält man zum Beispiel:

$$
\begin{aligned}
C_2 &= r_2 \\
D_2 &= 1 \\
C_1(z) &= r_1 D_2(z) + C_2(z)z \\
&= r_1 + r_2 z \\
D_1(z) &= D_2(z) + r_1 C_2(z)z \\
&= 1 + r_1 r_2 z \\
C_0(z) &= r_0 D_1(z) + C_1(z)z \\
&= r_0(1 + r_1 r_2 z) + (r_1 + r_2 z)z \\
&= r_0 + (r_1 + r_0 r_1 r_2)z + r_2 z^2 \\
D_0(z) &= D_1(z) + r_0 C_1(z)z \\
&= 1 + r_1 r_2 z + r_0(r_1 + r_2 z)z \\
&= 1 + (r_0 r_1 + r_1 r_2)z + r_0 r_2 z^2 \ .
\end{aligned}
$$

Damit ergibt sich für das Seismogramm:

$$
S_0(z) = \frac{C_0(z)}{D_0(z)} = \frac{r_0 + (r_1 + r_0 r_1 r_2)z + r_2 z^2}{1 + (r_0 r_1 + r_1 r_2)z + r_0 r_2 z^2} \ . \tag{23.67}
$$

Für kleine Reflexionskoeffizienten ($|r_j| < 0.3$) stellen die Koeffizienten des Zählerpolynoms eine erste Näherung der Reflexionskoeffizienten dar.

Unter der Annahme, daß keine Energie-Umwandlung in Wärme stattfindet, muß nach dem Energie-Erhaltungssatz die einem Schichtpaket durch die einfallende Welle zugeführte Energie gleich der Summe der Energie der reflektierten und transmittierten Wellen sein. Die wiederholte Anwendung von Gleichung (23.54) ergibt für ein Schichtpaket, das von zwei Halbräumen mit den akustischen Impedanzen σ_0 und σ_{N+1} begrenzt wird, bei impulsförmiger Anregung folgenden Zusammenhang zwischen der dem System aufgeprägten Energie und den vom Schichtpaket reflektierten und transmittierten Energien:

$$
\sigma_0 a^2 = \sigma_0 S_0(z) S_0(\tfrac{1}{z})) + \sigma_{N+1} T_0(z) T_0(\tfrac{1}{z}) \ . \tag{23.68}
$$

$S_0(z)S_0(\tfrac{1}{z})$ und $T_0(z)T_0(\tfrac{1}{z})$ sind die AKV-Funktionen des reflektierten Seismogramms bzw. der transmittierten Wellen. Setzt man

$$
\Lambda(z) = a^2 - S_0(z)S_0(\tfrac{1}{z}) = \frac{\sigma_{N+1}}{\sigma_0} T_0(z) T_0(\tfrac{1}{z}) \ , \tag{23.69}
$$

so ist nach Gleichung (23.66) und unter Benutzung von (23.53):

$$
\Lambda(z) = \frac{\sigma_{N+1}}{\sigma_0} \frac{(\Pi_{j=0}^{N} t_j)^2}{D_0(z)D_0(\tfrac{1}{z})}
$$

524

$$= \frac{\prod_{j=0}^{N} \hat{t}_j (\prod_{j=0}^{N} t_j)^2}{\prod_{j=0}^{N} t_j D_0(z) D_0(\frac{1}{z})}$$

$$= \frac{\zeta_0^2}{D_0(z) D_0(\frac{1}{z})} \ . \tag{23.70}$$

Dabei ist ζ_0^2 das Produkt der 2-Wege-Transmissionskoeffizienten der N Schichten:

$$\zeta_0^2 = \prod_{j=0}^{N} \hat{t}_j \prod_{j=0}^{N} t_j = \prod_{j=0}^{N} (\hat{t}_j t_j) \ . \tag{23.71}$$

$\Lambda(z)$ wird als Spektralfunktion bezeichnet. Da $D_0(z)$ minimalphasig ist, läßt sich $\frac{1}{D_0(\frac{1}{z})}$ in eine konvergierende Reihe mit den Koeffizienten $m_j, \ j = 1, 2, \ldots$ entwickeln:

$$\frac{1}{D_0(\frac{1}{z})} = 1 + m_1 z^{-1} + m_2 z^{-2} + \ldots \ . \tag{23.72}$$

Hiermit folgt aus Gleichung (23.70):

$$D_0(z)\Lambda(z) = \zeta_0^2 (1 + m_1 z^{-1} + m_2 z^{-2} + \ldots) \ . \tag{23.73}$$

Die rechte Seite enthält keine positiven Potenzen in z; links steht die z-Transformierte der Faltung der Koeffizienten von $D_0(z)$ mit den AKV-Koeffizienten λ_j der transmittierten Welle. In ausgeschriebener Form lautet Gleichung (23.73):

$$\sum_{j=-\infty}^{\infty} (\sum_{k=0}^{N} d_k \lambda_{j-k}) z^j = \zeta_0^2 \sum_{j=-\infty}^{0} m_{-j} z^j, \ m_0 = 1 \ . \tag{23.74}$$

Durch Koeffizientenvergleich beider Seiten für $j = 0, 1, \ldots, N$ erhält man das Normalgleichungssystem

$$\sum_{k=0}^{N} d_k \lambda_{j-k} = \begin{cases} \zeta_0^2 & \text{für } j = 0 \\ 0 & \text{für } j = 1, 2, \ldots, N \end{cases} \ . \tag{23.75}$$

Das sind $N + 1$ Gleichungen, aus denen ζ_0^2 und die Koeffizienten $d_1, d_2, \ldots, d_N \ (d_0 = 1)$ des Nennerpolynoms in Gleichung (23.61) bestimmt werden können. Hierbei gilt nach Gleichung (23.69) für die AKV-Koeffizienten der transmittierten Signale:

$$\lambda_0 = a^2 - R_{xx}(0) \tag{23.76}$$

und

$$\lambda_j = -R_{xx}(j) \text{ für } j \neq 0 \ . \tag{23.77}$$

Die $R_{xx}(j)$ sind die AKV-Koeffizienten des Seismogramms $S_0(z)$. Die Anwendung des Dekonvolutionsfilters $D_0(z)$ auf das Seismogramm $S_0(z)$ liefert nach Gleichung (23.61) das Zählerpolynom $C_0(z)$,

$$C_0(z) = D_0(z)S_0(z) \, , \tag{23.78}$$

das näherungsweise die Folge der Reflexionskoeffizienten beschreibt.

Anstelle dieser Näherung lassen sich die Reflexionskoeffizienten theoretisch auch exakt aus den jetzt bekannten Polynomen $C_0(z)$ und $D_0(z)$ berechnen. Hierzu werden die Rekursionsformeln (23.64) und (23.65) invers benutzt. Löst man die beiden Gleichungen nach $C_{j+1}(z)$ und $D_{j+1}(z)$ auf, so erhält man:

$$C_{j+1}(z) = \frac{(C_j(z) - r_j D_j(z))z^{-1}}{1 - r_j^2} \tag{23.79}$$

und

$$D_{j+1}(z) = \frac{D_j(z) - r_j C_j(z)}{1 - r_j^2} \, . \tag{23.80}$$

Diese Formeln werden - ausgehend von j=0 - rekursiv für $j = 1, 2, \ldots$ zur Bestimmung der Reflexionskoeffizienten benutzt. Der jeweils erste Koeffizient der Polynomfolge $C_j(z)$, das ist c_j, ergibt gerade die Reflexionskoeffizienten r_j.

Die Bestimmung der Reflexionskoeffizienten läßt sich leicht anhand des Beispiels $N = 2$, für das das Seismogramm auf Seite 523 berechnet wurde, nachvollziehen. Ausgehend von

$$C_0(z) = r_0 + (r_1 + r_0 r_1 r_2)z + r_2 z^2 \tag{23.81}$$

und

$$D_0(z) = 1 + (r_0 r_1 + r_1 r_2)z + r_0 r_2 z^2 \, , \tag{23.82}$$

liefern die inversen Rekursionsformeln (23.79) und (23.80) gerade $C_1(z) = r_1 + r_2 z$ und $D_1(z) = 1 + r_1 r_2 z$ sowie $C_2 = r_2$ und $D_2 = 1$.

Die dynamische Dekonvolution umfaßt folgende Rechenschritte:

1. Bestimmung der AKV-Funktion der transmittierten Signale gemäß (23.76) und (23.77),

2. Berechnung des Nennerpolynoms $D_0(z)$ von Gleichung (23.61) durch Lösung des Normalgleichungssystems (23.75),

3. Bestimmung des Zählerpolynoms $C_0(z)$ durch Lösung von Gleichung (23.78),

4. Berechnung der Reflexionskoeffizienten durch Anwendung der Gleichungen (23.79) und (23.80).

Im Gegensatz zur prädiktiven Dekonvolution werden bei der dynamischen Dekonvolution sämtliche Mehrfachreflexionen unterdrückt. Diesem Vorteil stehen bestimmte Einschränkungen und Probleme gegenüber:

- die Modellannahmen schränken die Einsatzmöglichkeiten erheblich ein,

- das Verfahren ist Noise-empfindlich; aufgrund der nichtlinearen Terme des Algorithmus akkumuliert der Noise bei der Rekursion.

- die Abschätzung der AKV-Funktion der transmittierten Wellen ist in der Praxis problematisch.

Aufgrund dieser Nachteile gegenüber der prädiktiven Dekonvolution wird die dynamische Dekonvolution bislang in der Praxis so gut wie nicht eingesetzt.

23.6 Zusammenfassung

Zur Dekonvolution reflexionsseismischer Daten werden bei dem gegenwärtigen Entwicklungsstand insbesondere folgende drei Verfahren eingesetzt: die deterministische, die prädiktive und die homomorphe Dekonvolution. Im Vergleich hierzu spielt die dynamische Dekonvolution - wie auch die Kalman-Dekonvolution - in der Praxis gegenwärtig kaum ein Rolle.

Die Grundidee ist, die Dekonvolution in mehreren Schritten und, soweit wie nur möglich, determiniert durchzuführen. Dies setzt voraus, daß man die Filtercharakteristiken der zu invertierenden Filterprozesse kennt. Die deterministische Dekonvolution wird insbesondere zur inversen Filterung des Quellsignals sowie der Aufnahmeapparatur eingesetzt.

Der direkteste und konzeptionell einfachste Weg zur Signaldekonvolution besteht darin, das abgestrahlte Signal im Fernfeld zu messen. Diese Möglichkeit wird bei Messungen in Offshore-Gebieten genutzt, indem mit einem Hydrophon, das in einiger Entfernung von der Quelle bei den Messungen mitgeschleppt wird, laufend das abgestrahlte Signal gemessen wird. Bei Landmessungen ist man in der Regel gezwungen, das seismische Signal anhand der registrierten Seismogramme abzuschätzen. Hierzu sind Annahmen über den Untergrund bzw. die Folge der Reflexionskoeffizienten und über das Signalphasenspektrum erforderlich. Das Problem der Signalabschätzung aus Seismogrammen ist gelöst für ein regellos weißes Untergrund-Modell und minimalphasige Signale.

Eine andere Möglichkeit zur Abschätzung des Signals aus dem Seismogramm bietet die homomorphe Dekonvolution, d.h. die Filterung im Cepstral-Bereich. Die Annahme der Minimalphasigkeit des Signals läßt sich hierbei zwar vermeiden, jedoch hängt der Erfolg davon ab, wie stark sich die Cepstrum-Anteile des Signals und des Impulsseismogramms überlagern. In der Regel lassen sich diese Anteile nicht vollständig trennen. Daher ist die Signalabschätzung durch die Mittelung der Cepstren mehrerer Seismogramm-Ausschnitte mit anschließender deterministischer Dekonvolution des so ermittelten Signals vielfach der Filterung im Cepstrum vorzuziehen.

Die prädiktive Dekonvolution geht auf Arbeiten der MIT Geophysical Analysis Group Anfang der 60er Jahre zurück und basiert auf der von Wiener (1942) und Kolmogorov (1941) entwickelten Vorhersage-Theorie stationärer regelloser Prozesse. Die Grundidee ist, die seismische Spur als stationären regellosen Prozeß aufzufassen, deren vorhersagbarer Teil das seismische Signal mit seinen Mehrfachreflexionen ist, während die Folge der Primäreinsätze vollständig unvorhersagbar, das heißt, regellos weiß ist. Die prädiktive Dekonvolution wird seit Jahren primär zur Unterdrückung von Mehrfachreflexionen einschließlich der Ghost-Signale und Wasserreverberationen eingesetzt; das Verfahren ermöglicht gleichzeitig die Signalkontraktion bis hin zur Impulsformung. Die erforderlichen Parameter sind für das jeweils vorliegende Problem relativ leicht festzulegen. Der Erfolg bei der Anwendung des Verfahrens hängt im wesentlichen davon ab, inwieweit die dem Verfahren zugrunde liegenden Annahmen - das seismische Signal ist minimalphasig und die Folge der Signaleinsätze ist regellos weiß - verwirklicht sind.

528

Referenzen Teil VII

Backus, M.M.: Water Reverberations - Their Nature and Elimination, Geophysics 24, p. 233-261, 1959.

Bogert, B.P., M.J.R. Healy and J.W. Tukey: The Quefrency Analysis of Time Series for Echoes: Cepstrum, Pseudo-Autocovariance, Cross-Cepstrum and Saphe Cracking, in: M. Rosenblatt (Editor): Time Series Analysis, Wiley, p. 209-243, 1963.

Buttkus, B.: Homomorphic Filtering - Theory and Practice, Geophys. Prosp. 23, p. 712-748, 1975.

Chvatal, V.: Linear Programming, Freeman, New York, 1983.

Claerbout, J.F. and F. Muir: Robust Modelling with Erratic Data, Geophysics 38, p. 826-844, 1973.

Jurkevics, A. and R. Wiggins: A Critique of Seismic Deconvolution Methods, Geophysics 49, p. 2109-2116, 1984.

Kolmogorov, A.N.: Interpolation und Extrapolation von stationären zufälligen Folgen, (in Russisch), Bull. Acad. Sci. USSR, Ser. Math. 5, p. 3-14, 1941.

Landers, T.E. and R.T. Lacoss: Some Geophysical Applications of Autoregressive Spectral Estimates, IEEE Trans. on Geoscience Electronics GE-15, p. 26-32, 1977.

Mendel, J.M.: Optimal Seismic Deconvolution - An Estimation-Based Approach, Academic Press, New York, 1983.

Newman. P.: Divergence Effects in a Layered Earth, Geophysics 38, p. 481-488, 1973.

Oppenheim, A.V. and R.W. Schafer: Digital Signal Processing, Prentice-Hall, Inc., Englewood Cliffs, New Jersey, 1975.

Peacock, K.L. and S. Treitel: Predictive Deconvolution: Theory and Practice, Geophysics 34, p. 155-169, 1969.

Prasad, S. and A.K. Mahalanabis: Adaptive Filter Structures for Deconvolution of Seismic Signals, IEEE Trans. on Geoscience and Remote Sensing GE-18, p. 267-272, 1980.

Robinson, E.A.: Statistical Communication and Detection with Special Reference to Digital Data Processing of Radar and Seismic Signals, Griffin, London, 1967.

Robinson, E.A.: Dynamic Predictive Deconvolution, Geophys. Prosp. 23, p. 779-797, 1975.

Robinson, E.A.: Geophysical Exploration for Petroleum and Natural Gas, IEEE Trans. on Geoscience Electronics GE - 15, p. 3-11, 1977.

Robinson, E.A.: Seismic Inversion and Deconvolution, Part A: Classical Methods, in: Handbook of Geophysical Exploration, Section 1. Seismic Exploration, Volume 4A, Editors: K. Helbig and S. Treitel, Geophysical Press, London - Amsterdam, 1984.

Robinson, E.A. and S. Treitel: Geophysical Signal Analysis, Prentice Hall Book Co., 1980.

Schafer, R.W.: Echo Removal by Discrete Generalized Linear Filtering, Tech. Rep. 466, MIT Research Lab. of Electronics, MIT, Cambridge, Mass., 1969.

Silvia, M.T. and E.A. Robinson: Deconvolution of Geophysical Time Series in the Exploration for Oil and Natural Gas, Elsevier Scientific Publishing Company, Amsterdam, 1979.

Stoffa, P., P. Buhl and G. Bryan: The Application of Homomorphic Deconvolution to Shallow Water Marine Seismology, 1. Theory, Geophysics 39, p. 417-436, 1974.

Tarantola, A.: Inverse Problem Theory - Methods of Data Fitting and Model Parameter Estimation, Elsevier, Amsterdam, 1987.

Tribolet, J.M.: A New Phase Unwrapping Algorithm, Inst. of. Electr. and Electron. Eng. Trans. Acoustics, Speach and Signal Processing ASSP-25, p. 170 ff, 1977.

Ulrych, T.: Application of Homomorphic Deconvolution to Seismology, Geophysics 36, p. 650-660, 1971.

Ulrych, T., O.G. Jensen, R.M. Ellis and P.G. Somerville: Homomorphic Deconvolution of some Teleseismic Events, Bull. Seism. Soc. Amer. 62, p. 1269-1281, 1972.

Wang, J.: The Determination of Optimal Gate Lengths for Time-Varying Wiener Filtering, Geophysics 34, p. 683-695, 1969.

Wiener, N.: Extrapolation, Interpolation and Smoothing of Stationary Time Series, Tech. Press of M.I.T. and Wiley, New York, 1949.

Wiggins, R.A.: Minimum Entropy Deconvolution, Geoexploration

$\underline{16}$, p. 21-35, 1978.

Ergänzende Literatur

1. Eine Zusammenfassung der in der Explorationsseismik zugrunde gelegten Modelle geben

Robinson, E.A. and S. Treitel: Digital Signal Processing in Geophysics, in: Oppenheim, A.V.: Application of Digital Signal Processing, p. 439-491, Prentice-Hall, 1978.

Wood, L.C. and S. Treitel: Seismic Signal Processing, Proc. of the IEEE $\underline{63}$, p. 649-661, 1975.

2. Eine ausgezeichnete Darstellung der Dekonvolutionsprobleme in der Seismik mit vielen praktischen Beispielen und Analyse der Parameter anhand synthetischer Modell-Rechnungen gibt:

Yilmaz, Ö.: Seismic Data Processing, Society of Exploration Geophysicists, Series: Investigations in Geophysics, Volume 2, Tulsa, 1987.

3. Einen guten Überblick über die Cepstrum-Bestimmung bzw. über die homomorphe Dekonvolution geben:

Fryer, G.J., M.E. Odegard and G.H. Sutton: Deconvolution and Spectral Estimation Using Final Prediction Error, Geophysics $\underline{40}$, p. 411-425, 1975.

Kemerait, R.C. and D.G. Childers: Signal Detection and Extraction by Cepstrum Techniques, IEEE Trans. on Information Theory $\underline{IT-18}$, p. 745-759, 1972.

Oppenheim, A.V., R.W. Schafer, and T.G. Stockham: Nonlinear Filtering of Multiplied and Convolved Signals, Proc. of the IEEE $\underline{56}$, p. 1254-1291, 1968.

Teil VIII

Mehrdimensionale und mehrkanalige Filterung

Kapitel 24

Mehrdimensionale Filterung

Neben der Ausnutzung von Frequenzunterschieden lassen sich andere Eigenschaften, wie z.B. Wellenzahl- oder Geschwindigkeitsunterschiede der Einzelkomponenten zu ihrer Trennung heranziehen. Bei Vorgängen, die von zwei Variablen abhängen, läßt sich der Filterprozeß dahin erweitern, daß jetzt Nutz- und Störsignalunterschiede beider Variablen gleichzeitig zur Unterdrückung bzw. Heraushebung bestimmter Anteile ausgenutzt werden, so z.B. in der Seismik Unterschiede im Frequenz- und Wellenzahlgehalt.

Abb. 24.1 zeigt die im Prinzip im Frequenz-Wellenzahlbereich unterschiedlichen Filtermöglichkeiten. Frequenzfilter und Wellenzahlfilter hängen jeweils nur von einer Veränderlichen ab. Beim Frequenz-Wellenzahlfilter ist der Durchlaßbereich der Übertragungsfunktion - wie in Abb. 24.1d) dargestellt - auf den Bereich $f_1 \leq f \leq f_2$, $k_1 \leq k \leq k_2$ begrenzt. Filter, die längs der Geraden $f - vk$ wirken, stellen Geschwindigkeitsfilter dar (siehe Abb. 24.1c)). Diese werden weiter in Geschwindigkeits-Frequenzfilter und Geschwindigkeits-Wellenzahlfilter unterteilt, wenn der Durchlaßbereich auf einen bestimmten Frequenz- bzw. Wellenzahlbereich begrenzt wird (siehe Abb. 24.1e) bzw. Abb. 24.1f)). Bei flächenhaft angelegten Messungen kann die Filterung richtungsabhängig durchgeführt werden, indem man die Charakteristik auf bestimmte Winkelbereiche beschränkt.

Bei zeitlich konstanten Feldern - wie z.B. in der Gravimetrie - kann nur das Wellenzahlfilter eingesetzt werden. Bei flächenhaften Messungen kann dabei die Filterung zweidimensional in Abhängigkeit der Wellenzahlkomponenten k_x, k_y in x- und y-Richtung erfolgen.

24.1 Mehrdimensionale Gewichtsfunktion

Durch die Einführung der zweidimensionalen Gewichtsfunktion als Antwort des Filters auf den Einheitsimpuls, der zur Zeit $t = 0$ in

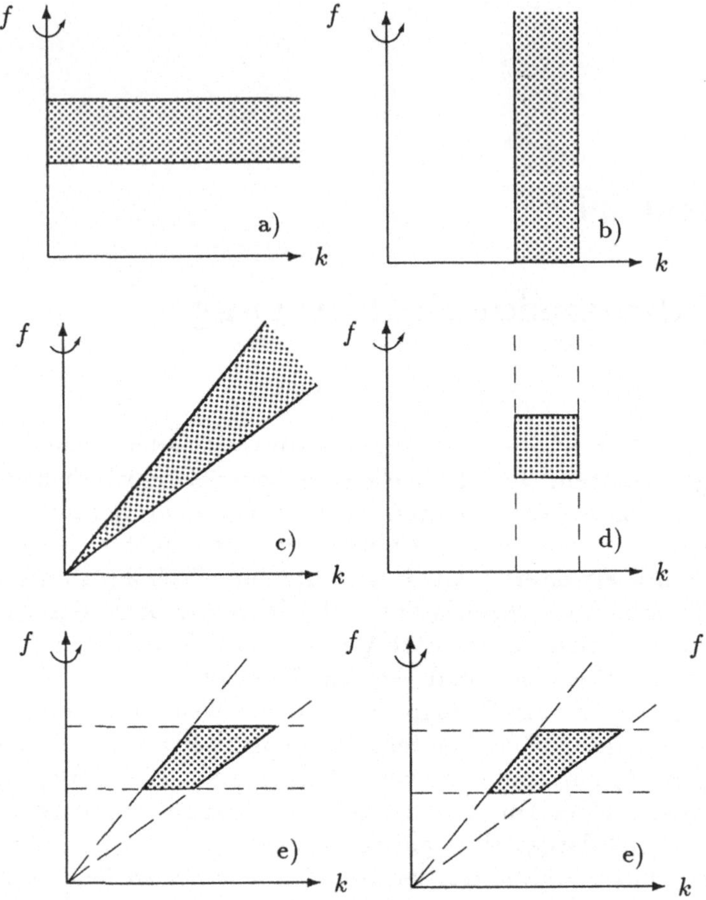

Abbildung 24.1: Übertragungsfunktionen verschiedener Frequenz-Wellenzahlfiltertypen: a) Frequenzfilter, b) Wellenzahlfilter, c) Geschwindigkeitsfilter, d) $(f - k)$-Filter, e) $(v - f)$-Filter, f) $(v - k)$-Filter. Mit der Rotation um die Frequenzachse soll die Möglichkeit der richtungsabhängigen Filterung angedeutet werden (nach Bath (1974)).

$x = 0$ wirkt, läßt sich die lineare Filtertheorie auf Eingangsfunktionen erweitern, die von zwei Variablen t und x abhängig sind. Mit der so definierten zweidimensionalen Gewichtsfunktion $h(x,t)$ ist für lineare Filter die Antwort auf jede beliebige Eingangsfunktion $g(x,t)$ bestimmt. Analog zur eindimensionalen Filterung gilt bei zweidimensionalen linearen zeitinvarianten Filtern für den Zusammenhang zwischen einer beliebigen Eingangsfunktion $g(x,t)$ und der zugehörigen Ausgangsfunktion $y(x,t)$:

a) im Entfernung-Zeit-Bereich:

$$y(x,t) = \int_{-\infty}^{\infty} \int_{-\infty}^{\infty} h(u,v)g(x-u,t-v)\, du\; dv \; , \qquad (24.1)$$

b) im Frequenz-Wellenzahl-Bereich:

$$Y(k,f) = H(k,f)\; G(k,f) \; , \qquad (24.2)$$

dabei ist

$$H(k,f) = \int_{-\infty}^{\infty} \int_{-\infty}^{\infty} h(x,t)e^{-i2\pi(ft+kx)}dt\; dx \qquad (24.3)$$

die zweidimensionale Übertragungsfunktion des Filters.

Im weiteren Verlauf wird zwischen **mehrdimensionalen** und **mehrkanaligen** Filtern unterschieden. Dabei wird der Begriff "mehrdimensionale Filter" für die Filter benutzt, die durch die zweidimensionale Gewichtsfunktion beschrieben werden, und für die die Eingangs-Ausgangsbeziehungen durch die zweidimensionale Faltung (24.1) bzw. im $(f-k)$-Bereich durch Gleichung (24.2) beschrieben werden.

24.2   Zweidimensionale Filterung diskreter Felder

Für die Filterung zweidimensionaler diskreter Felder $g_{k,j}$, $k = 0,1,..,K$; $j = 0,1,...,L$ tritt an die Stelle von Gleichung (24.1) die Gleichung (5.78):

$$y_{k,j} = \sum_{m=0}^{M} \sum_{n=0}^{N} h_{m,n}g_{k-m,j-n} \;\;,\left\{ \begin{array}{lll} k &=& 0,1,...,M+K \\ j &=& 0,1,...,N+L \end{array} \right. . \qquad (24.4)$$

Wie bei den eindimensionalen diskreten Folgen läßt sich bei zweidimensionalen Feldern die digitale Filterung mit Hilfe der z-Transformation durchführen. Zur Filterung eines zweidimensionalen Feldes, das z.B. von den zwei Raumkoordinaten x und y abhängen soll, werden die Einheitsverzögerungsoperatoren z und w eingeführt. Die z-Transformierte des zweidimensionalen Feldes

$$\left(\begin{array}{ccc} a_{11} & a_{12} & a_{13} \\ a_{21} & a_{22} & a_{23} \end{array} \right) , \qquad (24.5)$$

die auch als zweidimensionale z-Transformierte bezeichnet wird, ist dann zum Beispiel

$$\mathbf{A}(z,w) = a_{11} + a_{12}z + a_{13}z^2 + a_{21}w + a_{22}zw + a_{23}z^2w \; . \qquad (24.6)$$

Ist $\mathbf{B}(z,w)$ die z-Transformierte des zweidimensionalen Filters, dann läßt sich die Digitalfilterung durch zweidimensionale Polynommultiplikation

$$\mathbf{C}(z,w) = \mathbf{A}(z,w)\mathbf{B}(z,w) \tag{24.7}$$

durchführen.

Beispiel: Die zweidimensionale Filterung eines zweidimensionalen (2×3)-Feldes $\mathbf{A}$ mit einem (2×2)-Operator $\mathbf{B}$ kann hiernach wie folgt durchgeführt werden:

$$\begin{pmatrix} a_{11} & a_{12} & a_{13} \\ a_{21} & a_{22} & a_{23} \end{pmatrix} * \begin{pmatrix} b_{11} & b_{12} \\ b_{21} & b_{22} \end{pmatrix} = \begin{pmatrix} c_{11} & c_{12} & c_{13} & c_{14} \\ c_{21} & c_{22} & c_{23} & c_{24} \\ c_{31} & c_{32} & c_{33} & c_{34} \end{pmatrix} . \tag{24.8}$$

Die Koeffizienten c_{jk} werden gemäß Gleichung (24.7) berechnet. Mit

$$\mathbf{A}(z,w) = a_{11} + a_{12}z + a_{13}z^2 + a_{21}w + a_{22}zw + a_{23}z^2 w \tag{24.9}$$

und

$$\mathbf{B}(z,w) = b_{11} + b_{12}z + b_{21}w + b_{22}zw \tag{24.10}$$

folgt:

$$\mathbf{C}(z,w) = a_{11}b_{11} + (a_{11}b_{12} + a_{12}b_{11})z + (a_{11}b_{21} + a_{21}b_{11})w + \ldots + a_{23}b_{22}z^3 w^2. \tag{24.11}$$

Für die Koeffizienten c_{jk} ergibt sich somit:

$$\begin{aligned} c_{11} &= a_{11}b_{11} \\ c_{12} &= a_{11}b_{12} + a_{12}b_{11} \\ c_{13} &= a_{12}b_{12} + a_{13}b_{11} \\ c_{14} &= a_{13}b_{12} \\ c_{21} &= a_{11}b_{21} + a_{21}b_{11} \\ c_{22} &= a_{12}b_{21} + a_{21}b_{12} + a_{22}b_{11} + a_{11}b_{22} \\ .. &= ... \\ c_{34} &= a_{23}b_{22} \ . \end{aligned} \tag{24.12}$$

Im zweidimensionalen Wellenzahlbereich tritt an die Stelle von (24.4)

$$Y_{m,n} = H_{m,n}\, G_{m,n} \quad , \begin{cases} m &= 0,1,...,M+K \\ n &= 0,1,...,M+L, \end{cases} \tag{24.13}$$

wobei $H_{m,n}$ und $G_{m,n}$ die diskreten Fourier-Transformierten von

$$\bar{h}_{k,j} = \begin{cases} h_{k,j} & \text{für k} = 0,1,...,M, & j = 0,1,...,N \\ 0 & \text{für k} = M+1,...,M+K, & j = N+1,...,N+L \end{cases} \tag{24.14}$$

bzw.

$$\bar{g}_{k,j} = \begin{cases} g_{k,j} & \text{für } k = 0,1,...,K, \qquad j = 0,1,...,L \\ 0 & \text{für } k = K+1,...,M+K, \quad j = L+1,...,L+N \end{cases}$$
$$(24.15)$$

sind.

Zur Filterung der Meßwerte längs eines zweidimensionalen Rasters mit den Punktabständen Δx in x-Richtung und Δy in y-Richtung werden die Meßwerte mittels der zweidimensionalen diskreten Fourier-Transformation in den Wellenzahlbereich transformiert, wo dann nach Vorgabe der Filtercharakteristik die Filterung in der gewünschten Form durchgeführt wird. Es handelt sich dabei um eine mehrdimensionale Filterung im Wellenzahlbereich. Die inverse zweidimensionale diskrete Fourier-Transformierte stellt das gefilterte Feld dar. Wie in Kapitel 5 muß man sich auch hier der Tatsache bewußt sein, daß bei falscher Wahl der Rasterweite durch vorhandene höhere Wellenzahlen Alias-Anteile im unteren Wellenzahlbereich vorgetäuscht werden können. Zur Vermeidung derartiger Effekte muß die Rasterweite

$$\Delta x \leq \frac{1}{2k_x^{max}} \quad und \quad \Delta y \leq \frac{1}{2k_y^{max}} \qquad (24.16)$$

gewählt werden. Die mit der Wahl von Δx und Δy festgelegten Nyquist-Wellenzahlen

$$k_x^{Ny} = \frac{1}{2\Delta x} \quad und \quad k_y^{Ny} = \frac{1}{2\Delta y} \qquad (24.17)$$

bestimmen die Grundperiode des mit $\frac{1}{\Delta x}$, $\frac{1}{\Delta y}$ periodischen Wellenzahlspektrums.

Beispiel: Zu bestimmen sei die Gewichtsfunktion eines zweidimensionalen digitalen Bandpaßfilters mit der Übertragungsfunktion

$$H(k_x,k_y) = \begin{cases} 1 & \text{für } A < |k_y| < B \quad und \quad \frac{k_y}{m_1} < |k_x| < \frac{k_y}{m_2}, \\ 0 & \text{sonst} \end{cases}$$
$$(24.18)$$

im Nyquist-Intervall $-\frac{1}{2\Delta x} \leq k_x \leq \frac{1}{2\Delta x}$, $-\frac{1}{2\Delta y} \leq k_y \leq \frac{1}{2\Delta y}$. Der Durchlaßbereich dieses Filters wird in k_y-Richtung durch die Wellenzahlen $|k_y| = A$ und $|k_y| = B$, ansonsten durch die beiden durch den Koordinatenursprung gehenden Geraden mit den Steigungen $m_1 = \frac{k_y}{k_x} = \tan\alpha_1$ und $m_2 = \tan\alpha_2$ begrenzt (siehe Abb 24.2).

Die Übertragungsfunktion ist symmetrisch bezüglich des Koordinatenursprungs. Daher kann die zugehörige Gewichtsfunktion über

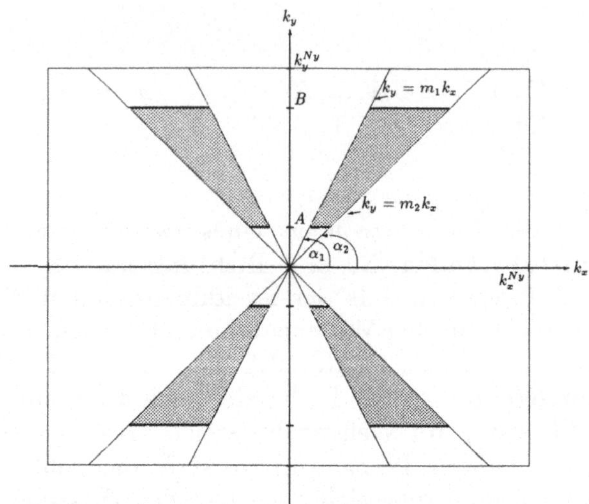

Abbildung 24.2: Übertragungsfunktionen des zweidimensionalen Bandpaßfilters (24.18). Im gepunkteten Bereich hat die Übertragungsfunktion den Wert Eins, ansonsten den Wert Null.

die inverse Fourier-Transformation wie folgt berechnet werden:

$$h(x,y) = 2 \int_A^B \int_{\frac{k_y}{m_1}}^{\frac{k_y}{m_2}} cos(2\pi(xk_x + yk_y))dk_x dk_y \quad . \qquad (24.19)$$

Die Lösung des inneren Integrals ergibt:

$$\frac{1}{2\pi x}\{sin(2\pi k_y(\frac{x}{m_2} + y)) - sin(2\pi k_y(\frac{x}{m_1} + y))\} \quad .$$

Die Berechnung des äußeren Integrals liefert:

$$\begin{aligned}
h(x,y) &= \frac{1}{2\pi^2 xa}(cos(2\pi Aa) - cos(2\pi Ba)) \\
&\quad - \frac{1}{2\pi^2 xb}(cos(2\pi Ab) - cos(2\pi Bb)) \quad , \\
\text{mit } a &= \frac{x}{m_2} + y \text{ und } b = \frac{x}{m_1} + y \quad . \qquad (24.20)
\end{aligned}$$

Zwei Spezialfälle des Filters (24.18) sind:

1. $A = 0$, $B = \frac{1}{2\Delta y}$ mit der Gewichtsfunktion:

$$h(x,y) = \frac{sin^2(\frac{\pi}{2\Delta y}(\frac{x}{m_2} + y))}{\pi^2 x(\frac{x}{m_2} + y)} - \frac{sin^2(\frac{\pi}{2\Delta y}(\frac{x}{m_1} + y))}{\pi^2 x(\frac{x}{m_1} + y)} \qquad (24.21)$$

sowie

2. $A = 0$, $B = \frac{1}{2\Delta y}$ und $m_1 = -m$, $m_2 = m$ mit der Gewichtsfunktion:

$$h(x,y) = \frac{sin^2(\frac{\pi}{2\Delta y}(y + \frac{x}{m}))}{\pi^2 x(y + \frac{x}{m})} - \frac{sin^2(\frac{\pi}{2\Delta y}(y - \frac{x}{m}))}{\pi^2 x(y - \frac{x}{m})} \quad . \tag{24.22}$$

Die die Übertragungsfunktion bestimmenden Parameter A, B, m_1, m_2 sind so zu wählen, daß Alias-Effekte vermieden werden. Hierzu muß die Übertragungsfunktion außerhalb des durch die Nyquist-Wellenzahlen k_x^{Ny}, k_y^{Ny} definierten Intervalls $(-k_x^{Ny}, k_x^{Ny})$, $(-k_y^{Ny}, k_y^{Ny})$ Null sein. Hat man z.B. $B = k_y^{Ny}$ festgelegt, so muß, damit keine Alias-Effekte auftreten, $m_2 \geq 1$, $m_1 \leq -1$, das heißt $\alpha_2 > 45°$ und $\alpha_1 < 135°$ sein.

Abbildung 24.3 zeigt die Übertragungsfunktion des zweidimensionalen Digitalfilters $h_{j,l}$, $j = -7, ..., 7$; $l = -7, ...7$ für zwei verschiedene Hochpaßfilter mit $A = 0$ und $B = k_y^{Ny}$. Bei dem in der Mitte der Abbildung dargestellten Beispiel wurden die Parameter $m = -m_1 = m_2 = 2.747$ gewählt, d.h. der Durchlaßbereich des Filters wurde durch die Steigung $m = \frac{|k_y|}{|k_x|} = \tan \alpha = 2.747$ bzw. $\alpha = 70°$ festgelegt. Der Durchlaßbereich liegt damit innerhalb des Winkelbereichs $70° < \alpha < 135°$. Bei dem in Abb. 24.3 oben gezeigten Beispiel wurde $m = 0.5774$ ($\alpha = 30°$) gesetzt. Durch Spiegelung an den Geraden $k_x = \pm 0.5$ treten Alias-Effekte auf. Durch Erhöhung der Zahl der Filterkoeffizienten läßt sich die gewünschte Übertragungscharakteristik verbessern. Abb. 24.3 unten entspricht der Übertragungsfunktion in Abb. 24.3 Mitte bei Vergrößerung der Anzahl der Filterkoeffizienten auf 25×25. Durch die größere Anzahl an Filterkoeffizienten wird die gewünschte Übertragungsfunktion besser approximiert: die Flanken sind steiler und die Gibbs-Überschwingeffekte sind weniger stark ausgeprägt.

24.3 Mehrdimensionale Filterprozesse in der Seismik

In der angewandten Seismik spielt die mehrdimensionale Filterung aus zwei Gründen eine wichtige Rolle:

• Bei der Anregung seismischer Wellen werden gleichzeitig Störwellen generiert, die sich - wie in Kapitel 7 gezeigt wurde - in ihren Wellenzahlen und Geschwindigkeiten von den Nutzsignalen unterscheiden. Wie in Abschnitt 24.3.1 dargelegt wird, wirken Schuß- und Geophonanordnungen als Wellenzahlfilter. Durch Anpassung der Meßanordnung an die Wellenzahlbereiche von Signal und Noise läßt sich der

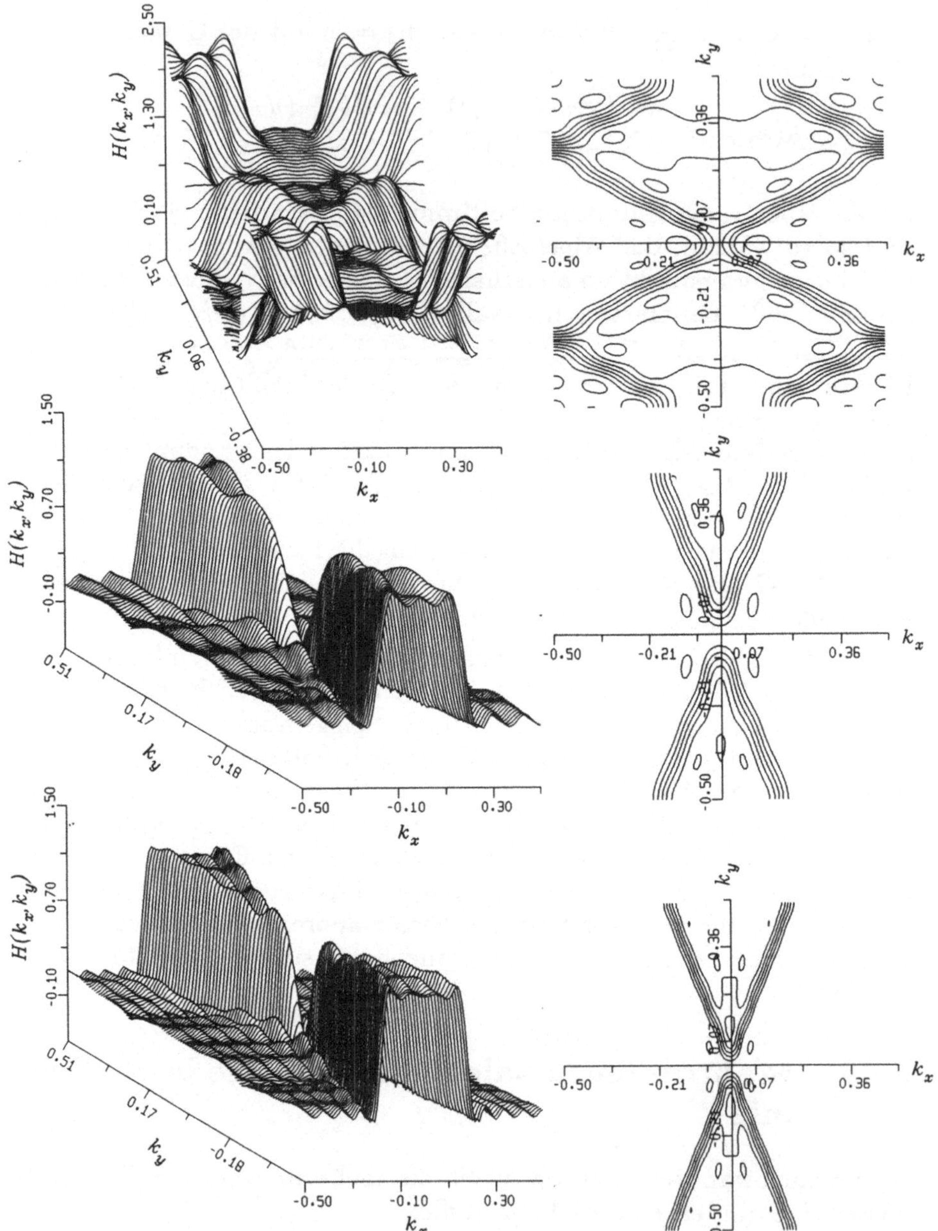

Abbildung 24.3: Übertragungsfunktionen zweidimensionaler Bandpaßfilter; links: 3d-Darstellung, rechts: Isoliniendarstellung, Abstand der Isolinien: 0.2; oben: $\alpha = 30°$, Mitte: $\alpha = 70°$, Mitte und oben: Operatorlänge 15×15 Filterkoeffizienten; unten: wie Mitte, jedoch mit der Operatorlänge von 25×25 Koeffizienten.

Anteil der signalgenerierten Störwellen in den Registrierungen reduzieren.

• Frequenz-Wellenzahlfilter, angewandt auf die mehrspurigen Registrierungen, bieten die Möglichkeit das Nutz-Störsignal-Verhältnis zu verbessern und Signalanteile zu separieren.

Im Abschnitt 24.3.1 wird die Wellenzahlfilterung seismischer Feldanordnungen behandelt, im Anschluß daran in Abschnitt 24.3.2 die Geschwindigkeits- und Frequenz-Wellenzahlfilterung seismischer Registrierungen.

24.3.1 Geophonanordnungen als Wellenzahlfilter

Die Lage der Seismometer sei durch die Ortsvektoren

$$\mathbf{r}_j = \begin{pmatrix} r_x^j \\ r_y^j \end{pmatrix}, \quad j = 1, ..., N \tag{24.23}$$

von einem gewählten Koordinaten-Ursprung gegeben. Einfallsrichtung Θ und Scheingeschwindigkeit des Signals v_s werden durch den Vektor der Langsamkeit

$$\vec{\alpha} = \begin{pmatrix} \alpha_x \\ \alpha_y \end{pmatrix} \quad \text{mit} \quad |\vec{\alpha}| = \frac{1}{v_s} \tag{24.24}$$

und

$$\Theta = \arctan(\frac{\alpha_x}{\alpha_y}) \tag{24.25}$$

beschrieben (siehe Abb. 24.4). Bezogen auf die Zeit t des Signaleinsatzes am Bezugspunkt treffe das seismische Signal zur Zeit $t+\Delta t_j$ am j-ten Seismometer ein. Die Registrierung am j-ten Seismometer läßt sich dann wie folgt beschreiben:

$$x_j(t) = s(t - \Delta t_j) = s(t - \vec{\alpha} \cdot \mathbf{r}_j) \quad . \tag{24.26}$$

Summiert man die N-kanalige Registrierung, so ergibt sich

$$y(t) = \sum_{j=1}^{N} x_j(t) = \sum_{j=1}^{N} s(t - \vec{\alpha} \cdot \mathbf{r}_j) \quad . \tag{24.27}$$

Unter der Annahme, daß die Signalform an den N Aufnehmerpositionen identisch ist und $S(f)$ das Signalspektrum darstellt, erhält man im Frequenzbereich:

$$Y(f) = S(f) \sum_{j=1}^{N} e^{-i2\pi f(\vec{\alpha} \cdot \mathbf{r}_j)} \quad . \tag{24.28}$$

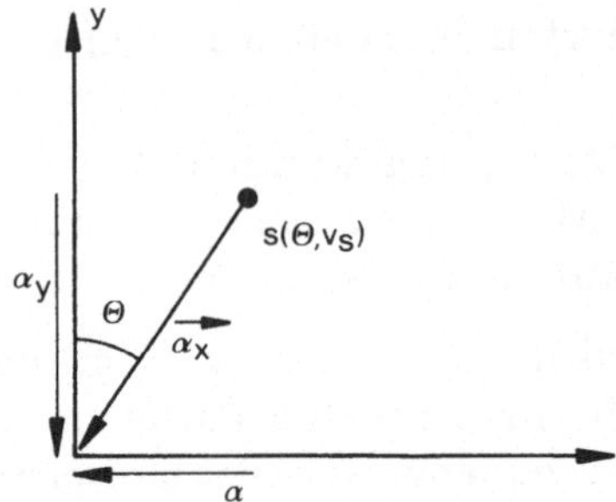

Abbildung 24.4: Zur Definition der Langsamkeit (slowness) $\vec{\alpha}$.

Mit Einführung des scheinbaren Wellenzahlvektors $\mathbf{k}$ längs der Erdoberfläche,

$$\mathbf{k} = \begin{pmatrix} k_x \\ k_y \end{pmatrix} = f\vec{\alpha} = f\begin{pmatrix} \alpha_x \\ \alpha_y \end{pmatrix} = \begin{pmatrix} f\alpha_x \\ f\alpha_y \end{pmatrix} \, , \qquad (24.29)$$

folgt:

$$Y(f) = S(f) \sum_{j=1}^{N} e^{-i2\pi(\mathbf{k}\cdot\mathbf{r}_j)} \, . \qquad (24.30)$$

Dabei gilt: $|\mathbf{k}| = \frac{1}{\lambda_s}$; λ_s ist die scheinbare Wellenlänge der Welle in Ausbreitungsrichtung. Aus der Sicht der Eingang-Ausgang-Relation beschreibt

$$H(\mathbf{k}) = \sum_{j=1}^{N} e^{-i2\pi(\mathbf{k}\cdot\mathbf{r}_j)} \, , \qquad (24.31)$$

bzw. bei Komponentenschreibweise

$$H(k_x, k_y) = \sum_{j=1}^{N} \sum_{l=1}^{N} e^{-i2\pi(k_x x_j + k_y y_l)} \, , \qquad (24.32)$$

die Filtercharakteristik der diskreten Seismometeranordnung. Die Charakteristik ist unabhängig von der Frequenz. $H(\mathbf{k})$ ist die diskrete Fourier-Transformierte der N Seismometerpositionen.

Eine andere Herleitung der Übertragungsfunktion diskreter Seismometeranordnungen basiert auf der mehrdimensionalen Impulsantwortfunktion $g(\mathbf{r}, t)$, d.h. der Antwort der Geophonanordnung im Punkte $(\mathbf{r}, t)$ auf eine zur Zeit $t = 0$ in $\mathbf{r} = 0$ erzeugte impulsförmige Anregung. Die Gesamtfilterwirkung von $g(\mathbf{r}, t)$ auf das in t und $\mathbf{r}$ kontinuierliche Feld $x(\mathbf{r}, t)$ ist gegeben durch

$$y(\mathbf{r}, t) = \int_{-\infty}^{\infty} \int_{-\infty}^{\infty} \int_{-\infty}^{\infty} g(\vec{\rho}, \tau) \, x(\mathbf{r} - \vec{\rho}, t - \tau) \, d\tau \, d\vec{\rho} \, . \qquad (24.33)$$

Für die in **r** diskrete Seismometeranordnung ist

$$g(\mathbf{r}, t) = \sum_{j=1}^{N} a_j(t) \, \delta(\mathbf{r} - \mathbf{r}_j) \ . \tag{24.34}$$

Dabei ist

$$\delta(\mathbf{r} - \mathbf{r}_j) = \left\{ \begin{array}{ll} 1 & \text{für } \mathbf{r} = \mathbf{r}_j \\ 0 & \text{sonst} \ . \end{array} \right. \tag{24.35}$$

$a_j(t)$ ist die Impulsantwortfunktion des j-ten Seismometers inklusive möglicher Folgeprozesse, die auf den j-ten Seismometerausgang angewendet werden. Diese Mehrkanal-Prozesse werden in Kapitel 26 behandelt. Aus Gleichung (24.33) folgt:

$$\begin{aligned} y(\mathbf{r}, t) &= \int_{-\infty}^{\infty} \int_{-\infty}^{\infty} \int_{-\infty}^{\infty} (\sum_{j=1}^{N} a_j(\tau)\delta(\mathbf{r} - \mathbf{r}_j)) x(\mathbf{r} - \vec{\rho}, t - \tau) d\tau \, d\vec{\rho} \\ &= \int_{-\infty}^{\infty} \sum_{j=1}^{N} a_j(\tau) x(\mathbf{r}_j, t - \tau) \, d\tau \ . \end{aligned} \tag{24.36}$$

Durch die dreidimensionale Fourier-Transformation von Gleichung (24.34) erhält man die dreidimensionale Übertragungsfunktion $G(\mathbf{k}, f)$, die das Verhalten der diskreten Seismometeranordnung beschreibt:

$$G(\mathbf{k}, f) = \int_{-\infty}^{\infty} \int_{-\infty}^{\infty} \int_{-\infty}^{\infty} \sum_{j=1}^{N} a_j(t)\delta(\mathbf{r} - \mathbf{r}_j) e^{-i2\pi(ft + (\mathbf{k} \cdot \mathbf{r}))} dt \, d\mathbf{r} \ . \tag{24.37}$$

Führt man die Übertragungsfunktion $A_j(f)$ des Prozesses $a_j(t)$ ein, so folgt mit

$$A_j(f) = \int_{-\infty}^{\infty} a_j(t) e^{-i2\pi ft} dt \tag{24.38}$$

aus Gleichung (24.37):

$$\begin{aligned} G(\mathbf{k}, f) &= \sum_{j=1}^{N} A_j(f) \int_{-\infty}^{\infty} \int_{-\infty}^{\infty} \delta(\mathbf{r} - \mathbf{r}_j) e^{-i2\pi(\mathbf{k} \cdot \mathbf{r})} d\mathbf{r} \\ &= \sum_{j=1}^{N} A_j(f) e^{-i2\pi(\mathbf{k} \cdot \mathbf{r}_j)} \ . \end{aligned} \tag{24.39}$$

Die Größe

$$H(\mathbf{k}) = \sum_{j=1}^{N} e^{-i2\pi(\mathbf{k} \cdot \mathbf{r}_j)} \tag{24.40}$$

544

gibt die Charakteristik der Seismometeranordnung an. Jede Seismometeranordnung wirkt damit als Wellenzahlfilter, wobei die Filtercharakteristik durch die Geometrie der Anordnung bestimmt wird. Die Darstellung von $|H(\mathbf{k})|^2$ als Funktion der scheinbaren Wellenzahlkomponenten k_x und k_y bzw. als Funktion der Signaleinfallsrichtung Θ und $|\mathbf{k}| = \frac{1}{\lambda_s}$ zeigt, wie die Anordnung, die durch die Seismometerlokationen $\mathbf{r}$ bestimmt ist, die Signale in Abhängigkeit ihrer Wellenzahlen bzw. der scheinbaren Wellenlängen und der Signal-Einfallsrichtungen unterdrückt. Abb. 24.5 zeigt die nach Gleichung (24.32) berechneten Array-Antwortfunktionen für 2, 6 und 12 linear im Abstand von 15 m angeordnete Geophone als Funktion der Wellenlänge. Die Unterdrückung erfolgt erst für Wellenlängen größer als der Geophonabstand. Der Abbildung entnimmt man, daß bei dem in Kapitel 7, Abb. 7.5 diskutierten Beispiel die Noise-Anteile mit den kürzesten Wellenlängen um 30 m $-$ 50 m mit einer Anordnung von 6 linear angeordneten Geophonen im Abstand von 15 m weitgehend unterdrückt würden; dagegen würden Anteile mit 150 m Wellenlänge lediglich um den Faktor 0.5 abgeschwächt. Mit einem linearen Array, bestehend aus 12 Geophonen im Abstand von 15 m, würden Wellen mit Wellenlängen zwischen etwa 16 m und 100 m auf $\frac{1}{10}$ des ursprünglichen Betrages reduziert.

Für die in Abb. 24.6 gezeigte flächenhafte Anordnung mit 16 Geophonen und einer Auslagenlänge von 90 m in Profilrichtung ($D = 15\ m$) ist die Unterdrückung der Anteile im Wellenlängenbereich zwischen 20 m und 80 m im Vergleich zu den linearen Anordnungen erheblich stärker. Dagegen ist die Abschwächung der Anteile mit Wellenlängen um 150 m mit dieser flächenhaften Anordnung nicht wirksamer als die einer linearen Anordnung mit 6 Geophonen. Trotzdem liefern flächenhafte Arrays vielfach erhebliche Vorteile gegenüber linearen Anordnungen; insbesondere lassen sich mit ihnen regellose Noise-Anteile sowie kohärente Störanteile aus Richtungen, die nicht mit der Profilrichtung zusammenfallen, stärker unterdrücken.

Abb. 24.7 zeigt den Betrag der Wellenzahlcharakteristik

$$|H(k_x, k_y)| = |\sum_{j=1}^{N} \sum_{l=1}^{N} e^{-i2\pi(k_x x_j + k_y y_l)}| \qquad (24.41)$$

einer symmetrischen Kreuzanordnung mit 16 Elementen und 15 m Geophonabstand. Für senkrecht von unten einfallende Wellen ($v_s \to \infty$) liegen die Signale an den Seismometerpositionen in Phase, so daß die Anordnung die Signalenergie dieser Wellen voll aufnimmt. Für Signale mit Scheingeschwindigkeiten kleiner unendlich besitzen die Signale an den Seismometerpositionen eine Phasendifferenz, die zu

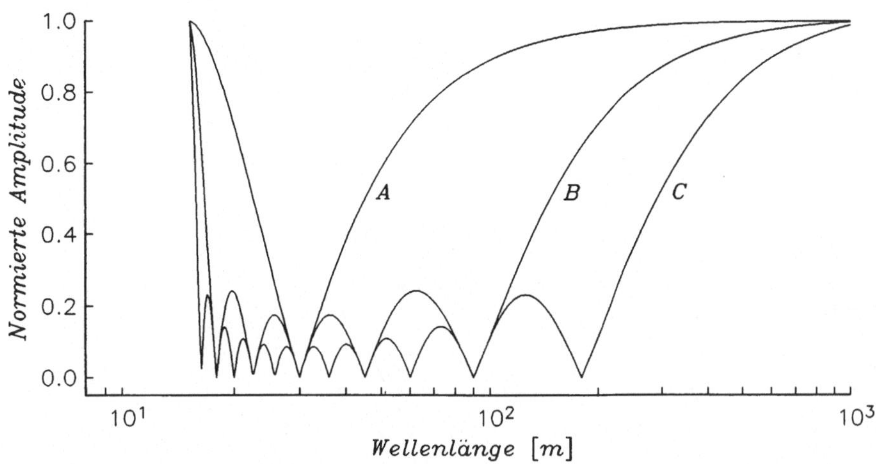

Abbildung 24.5: Übertragungsfunktionen linearer Arrays mit 15 m Geophonabstand als Funktion der scheinbaren Wellenlänge für Anordnungen mit 2 (Kurve A), 6 (B) und 12 (C) Geophonen, d.h. mit Auslagenlängen von 15 m, 75 m bzw. 165 m.

einer Reduktion der aufsummierten Signale führt.

Ideale Wellenzahlfiltercharakteristiken zur Trennung verschiedener Signale mit unterschiedlichem Wellenzahlgehalt sind durch ein möglichst schmales Hauptmaximum, einen niedrigen Sperrbereichpegel und eine hinreichend große Nyquist-Wellenzahl, die außerhalb des Wellenzahlbereichs liegen muß, den man für die interessierenden Signale zu erwarten hat, ausgezeichnet. Ausgehend von Gleichung (24.32) lassen sich über die Beziehungen zwischen den Parametern der Seismometer-Anordnung und den Empfangseigenschaften folgende Aussagen machen (s. Birtill und Whiteway (1965) sowie Harjes und Henger (1973)):

- Die **Ausdehnung** einer Anordnung bestimmt ihre Trennschärfe für die aus verschiedenen Richtungen bzw. mit unterschiedlichen Scheingeschwindigkeiten einfallenden Signale. Je größer die Gesamtauslage der Geophone, desto schmaler ist der Hauptbeam der Filtercharakteristik, d.h. umso besser ist die Trennschärfe der Geophonanordnung.

- Die **Anzahl** der Seismometer legt die Höhe des Sperrbereichpegels fest, d.h. die Anzahl der Geophone bestimmt die Güte des Wellenzahlfilters. Mit zunehmender Seismometerzahl reduziert sich der Sperrbereichpegel (siehe Abb. 24.5).

- Der **Abstand** der Seismometer bestimmt die Nyquist-Wellen-

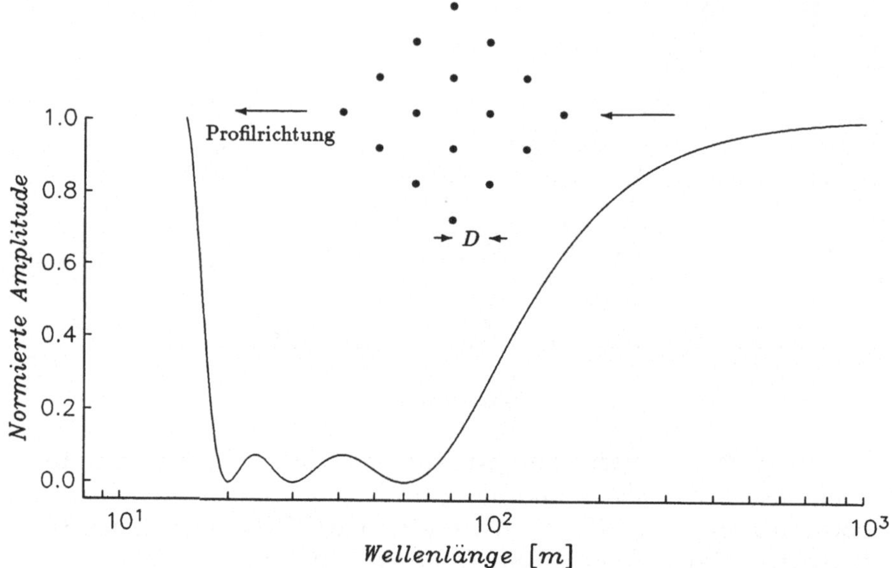

Abbildung 24.6: Wellenzahlcharakteristik einer flächenhaften Geophonanordnung (16 Geophone, D=projizierter Geophonabstand = 15 m) als Funktion der scheinbaren Wellenlänge.

zahl.

Schoenberger (1970) behandelt die Optimierung von Arrays fester Länge durch Anpassung von Gewichtsfaktoren, so daß die Unterdrückung der ungewünschten Wellenzahlen $k_1 < k < k_2$ möglichst groß ist.

Bei einer zeitlichen Verschiebung der einzelnen Registrierungen um τ_j, $j = 1,...,N$, ist die zweidimensionale Gewichtsfunktion einer linearen Seismometeranordnung mit N Aufnehmern anstelle von Gleichung (24.34) gegeben durch:

$$g(x,t) = \sum_{j=1}^{N} a_j(t - \tau_j)\delta(x - x_j) \ . \tag{24.42}$$

$a_j(t)$ hat dabei die gleiche Bedeutung wie in Gleichung (24.34).
Mit der zweidimensionalen Fourier-Transformierten von Gleichung (24.42),

$$G(k_x, f) = \int_{-\infty}^{\infty} \int_{-\infty}^{\infty} \sum_{j=1}^{N} a_j(t - \tau_j)\delta(x - x_j)e^{-i2\pi(ft+k_x x)}dt \ dx \ , \tag{24.43}$$

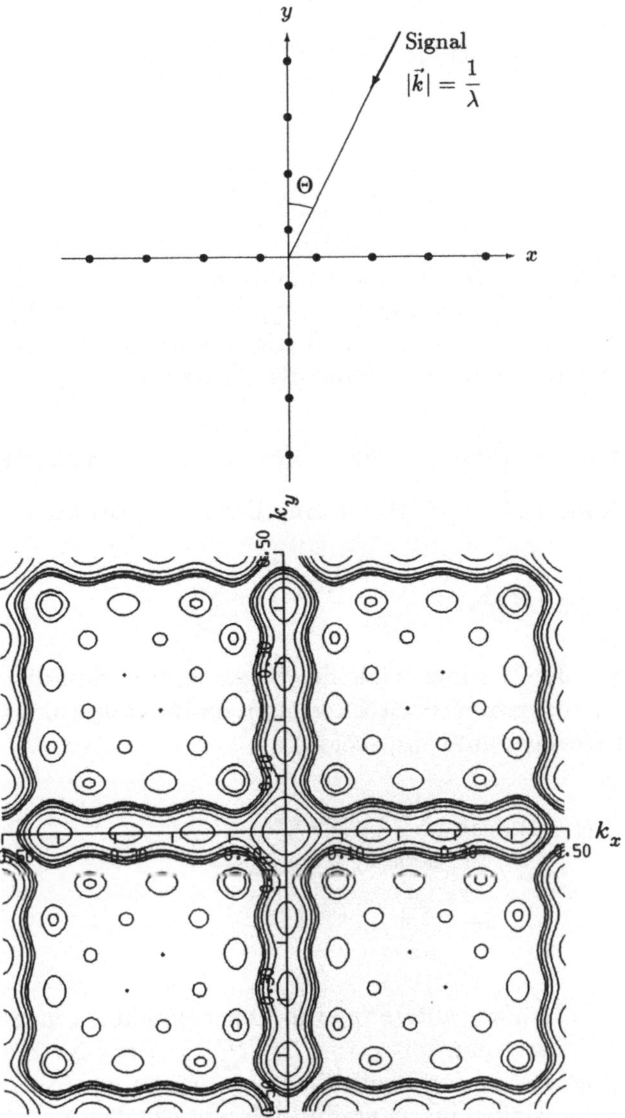

Abbildung 24.7: Zweidimensionale Array-Antwortfunktion einer symmetrischen kreuzförmigen Geophonanordnung bestehend aus 16 Seismometern; der Isolinienabstand beträgt -3 dB.

folgt mit $\sigma = t - \tau_j$ und $d\sigma = dt$:

$$G(k_x, f) = \int_{-\infty}^{\infty} \int_{-\infty}^{\infty} \sum_{j=1}^{N} a_j(\sigma)\delta(x - x_j)e^{-i2\pi(f(\sigma+\tau_j)+k_x x)}d\sigma \; dx$$

$$= \sum_{j=1}^{N} A_j(f) e^{-i2\pi(k_x x_j + f\tau_j)} \; . \tag{24.44}$$

Die Funktion

$$H(k_x, f) = \sum_{j=1}^{N} e^{-i2\pi(k_x x_j + f\tau_j)} \tag{24.45}$$

gibt das Verhalten der Seismometer-Anordnung an, wenn eine Verschiebung der Registrierungen um τ_j, $j = 1, ..., N$ erfolgt. Die Übertragungsfunktion ist frequenzabhängig; die zeitliche Verschiebung der Spuren wirkt im Frequenzbereich als Phasenfilter.

24.3.2 Das Auflösungsvermögen linearer Anordnungen

Aus Gleichung (24.32) folgt für eine lineare Anordnung mit N Seismometern:

$$H(k_x) = \sum_{j=1}^{N} e^{-i2\pi k_x x_j} = \sum_{j=1}^{N} e^{-i2\pi \frac{x_j}{\lambda_x}} \; . \tag{24.46}$$

N sei ungerade. Ordnet man die Seismometer äquidistant im Abstand Δx und symmetrisch zu einem im Mittelpunkt der Auslage gewählten Bezugspunkt an, so folgt:

$$\begin{aligned}
H(\lambda_x) &= \sum_{j=-M}^{M} e^{-i2\pi j \frac{\Delta x}{\lambda_x}} \; , \quad M = \frac{(N-1)}{2} \\
&= \sum_{j=-M}^{M} e^{-i2\pi j \Delta x \frac{f}{v_x}} \; .
\end{aligned} \tag{24.47}$$

Es sei $\Delta \tau$ die Laufzeitdifferenz zwischen benachbarten Seismometerlokationen. Führt man mit $\zeta = -2\pi f \frac{\Delta x}{v_x} = -2\pi f \Delta \tau$ die Phasendifferenz des Signals an den benachbarten Seismometerpositionen längs der linearen Auslage ein, so ergibt sich aus (24.47):

$$\begin{aligned}
H(\zeta) &= \sum_{j=-M}^{M} e^{ij\zeta} \\
&= e^{-Mi\zeta}(1 + e^{i\zeta} + ... + e^{i2M\zeta}) \\
&= e^{-Mi\zeta}\left(\frac{e^{(2M+1)i\zeta} - 1}{e^{i\zeta} - 1}\right) \\
&= \frac{e^{(M+1)i\zeta} - e^{-Mi\zeta}}{e^{i\zeta} - 1}
\end{aligned}$$

$$= \frac{e^{(M+\frac{1}{2})i\zeta} - e^{-(M+\frac{1}{2})i\zeta}}{e^{i\frac{\zeta}{2}} - e^{-i\frac{\zeta}{2}}}$$

$$= \frac{\sin((M+\frac{1}{2})\zeta)}{\sin(\frac{\zeta}{2})} = \frac{\sin(\frac{N}{2}\zeta)}{\sin(\frac{\zeta}{2})} \ . \qquad (24.48)$$

Für eine lineare Seismometeranordnung, die auf ein mit der Scheingeschwindigkeit v_1 aus der Richtung Θ_1 einfallendes Signal $s(v_1, \Theta_1)$ abgestimmt ist, ist die Phasendifferenz an benachbarten Seismometern für jedes andere Signal der Scheingeschwindigkeit v und der Einfallsrichtung Θ gegeben durch

$$\zeta = 2\pi f \Delta x \left(\frac{\cos\Theta}{v} - \frac{\cos\Theta_1}{v_1} \right) \ . \qquad (24.49)$$

Zur Bestimmung des Auflösungsvermögens bezüglich der Geschwindigkeit einer linearen Anordnung, bestehend aus N Aufnehmern im Abstand Δx, werden zwei unter dem Azimut $\Theta = \Theta_1$ einfallende Signale unterschiedlicher Scheingeschwindigkeit v und v_1 betrachtet, für die

$$\begin{aligned}
\zeta &= 2\pi f \Delta x \left(\frac{\cos\Theta_1}{v} - \frac{\cos\Theta_1}{v_1} \right) \\
&= 2\pi \frac{\Delta x}{\lambda_x} \cos\Theta_1 \left(\frac{v_1}{v} - 1 \right)
\end{aligned} \qquad (24.50)$$

ist. Abb. 24.8 zeigt für eine lineare Anordnung der Gesamtlänge D mit neun Seismometern für drei aus $\Theta = 0°$ einfallende Signale mit unterschiedlichen scheinbaren Wellenlängen $\lambda_x = \frac{D}{5}$, D, $2D$ die normierten Seismometercharakteristiken $\frac{H}{H_{Max}}$ als Funktion von $\frac{v_1}{v}$. Entscheidend für das Trennvermögen von Signalen, die aus gleicher Richtung mit unterschiedlicher Scheingeschwindigkeit einfallen, ist das Verhältnis $\frac{D}{\lambda_x}$. Aus Abb. 24.8 liest man ab, daß die Signale mit einer Auslagenweite $D = \lambda_x$ (Kurve B) kaum zu trennen sind, falls $1.5 \geq \frac{v_1}{v} \geq 0.5$ ist. Voraussetzung für ein scharfes Trennvermögen ist eine große Gesamtauslage der Geophone; dabei sollte $D > 2\lambda_x$ sein. Andererseits muß man vor zu großen Auslagen warnen, da damit die Signalkohärenz abnimmt.

Analog zu Abb. 24.8 kann man die Richtungsempfindlichkeit der obigen Anordnung überprüfen, indem man für die auf eine vorgegebene Signaleinfallsrichtung abgestimmte Anordnung die Charakteristik in Abhängigkeit des Azimuts für Signale gleicher Scheingeschwindigkeit bestimmt. Mit einer linearen Anordnung sind Signale aus unterschiedlichen Einfallsrichtungen nur sehr schwer zu trennen, falls die

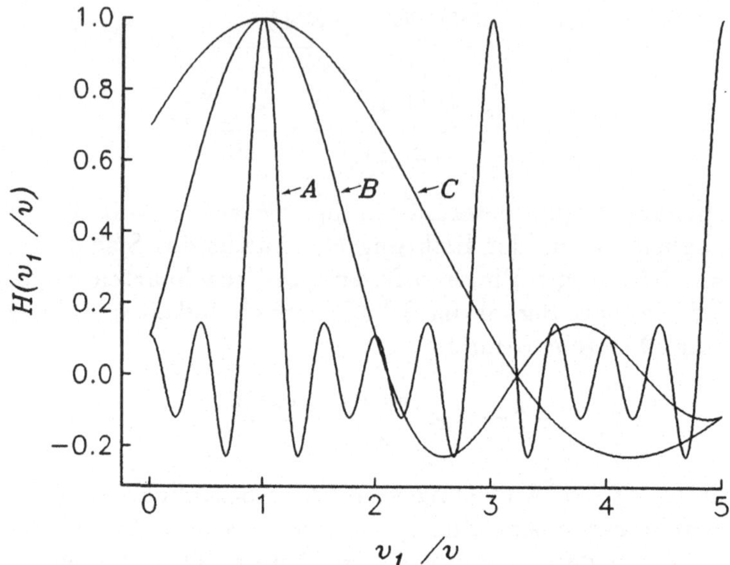

Abbildung 24.8: Geschwindigkeitscharakteristiken einer linearen Anordnung ($\Theta = \Theta_1 = 0°$, $N = 9$, $\Delta x = 100\ m$), Kurve $A : \frac{D}{\lambda_x} = 5$, $B : \frac{D}{\lambda_x} = 1$, $C : \frac{D}{\lambda_x} = \frac{1}{2}$.

Signale in etwa in Richtung der Seismometerauslage einfallen. Die richtungsabhängige Trennbarkeit dieser Anordnung ist am größten, wenn die Signale senkrecht zur Auslage einfallen. Will man gleichzeitig gute Geschwindigkeits- und Azimutauflösung erzielen, so muß man zu komplizierteren Anordnungen übergehen, wie z.B. zur Kreuzanordnung.

24.3.3 Geschwindigkeits- und Frequenz-Wellenzahlfilterung

Wie in Kapitel 7 ausgeführt ist, überlagern sich in den seismischen Registrierungen verschiedene Wellentypen, die sich sowohl im Frequenzgehalt als auch in den Scheingeschwindigkeiten, mit denen sie sich längs der Erdoberfläche ausbreiten, unterscheiden können. Diese Geschwindigkeitsunterschiede lassen sich wie die Frequenzunterschiede zur Trennung der verschiedenen Wellentypen ausnutzen. Diese Trennung geschieht mit Geschwindigkeitsfiltern, die jeweils in Abhängigkeit von der Zielsetzung und unter Berücksichtigung der vorliegenden Geschwindigkeitsgegebenheiten als Geschwindigkeits-Hochpaß-, Tiefpaß- oder Bandpaßfilter spezifiziert werden müssen. Für die Geschwindigkeitsfilterung ist es erforderlich, das Wellenfeld simultan an benachbarten Orten zu messen und auf die so gewonnenen mehrspurigen Registrierungen ein Filtersystem anzuwenden, das lediglich Signale des vorgegebenen Geschwindigkeitsbereichs passieren läßt. Der entscheidende Unterschied gegenüber der Anwendung mehrerer Einkanalfilter auf die verschiedenen seismischen Spuren besteht darin, daß das simultan auf die zu filternden Spuren wirkende Filtersystem in sich gekoppelt ist, d.h. die einzelnen Filterparameter miteinander in Beziehung stehen.

Die folgenden Betrachtungen werden auf den räumlich eindimensionalen Fall, d.h. auf Wellen, die sich in x-Richtung ausbreiten, beschränkt. Bei der Synthese der Geschwindigkeitsfilter wird von den Abbildungseigenschaften linearer Ereignisse aus dem $(x - t)$-Bereich in den Frequenz-Wellenzahlbereich ausgegangen. Anhand der Beispiele in Abb. 24.9 werden die für die Geschwindigkeitsfilterung wesentlichen Abbildungseigenschaften verdeutlicht:

• Lineare Ereignisse im $(x - t)$-Bereich bilden sich in der Frequenz-Wellenzahlebene längs Geraden ab, die durch den Koordinatenursprung gehen. Die Steigung der Geraden wird durch die Scheingeschwindigkeit v der linearen Ereignisse bestimmt; es gilt: $f = vk_x$ (s. die beiden oberen Beispiele in Abb. 24.9). Eine Ausnahme bilden dispersive Wellen, die sich gleichfalls längs Geraden abbilden, deren Verlauf jedoch durch die Gruppengeschwindigkeit $\frac{df}{dk}$ bestimmt wird. Da diese kleiner als die Phasengeschwindigkeit ist, gehen diese Geraden nicht durch den $(f - k_x)$-Nullpunkt.

• Lineare Ereignisse mit gegenläufigen Neigungen bilden sich in unterschiedlichen Quadranten ab (s. das 3. Beispiel von oben in Abb. 24.9).

• Bei nicht hinreichender Abtastung bei der Datenaufnahme treten Alias-Effekte auf (s. das unterste Beispiel in Abb. 24.9). In der Seismik geschieht dies primär dadurch, daß der Spurabstand aus Kostengründen nicht beliebig klein gewählt werden kann.

Diese Abbildungseigenschaften zeigen:

1. Um alle linearen Ereignisse mit Neigungen zwischen zwei bestimmten Werten durchzulassen bzw. zu unterdrücken, muß ein keilförmiges Gebiet der Frequenz-Wellenzahlfiltercharakteristik, dessen Spitze im Koordinatenursprung liegt, Eins bzw. Null gesetzt werden, während der komplementäre $(f - k_x)$-Bereich Null bzw. Eins zu setzen ist.

2. Um Anteile mit gegenläufigen Neigungen voneinander zu trennen, genügt es, zwei Quadranten des $(f - k_x)$-Spektrums Null zu setzen.

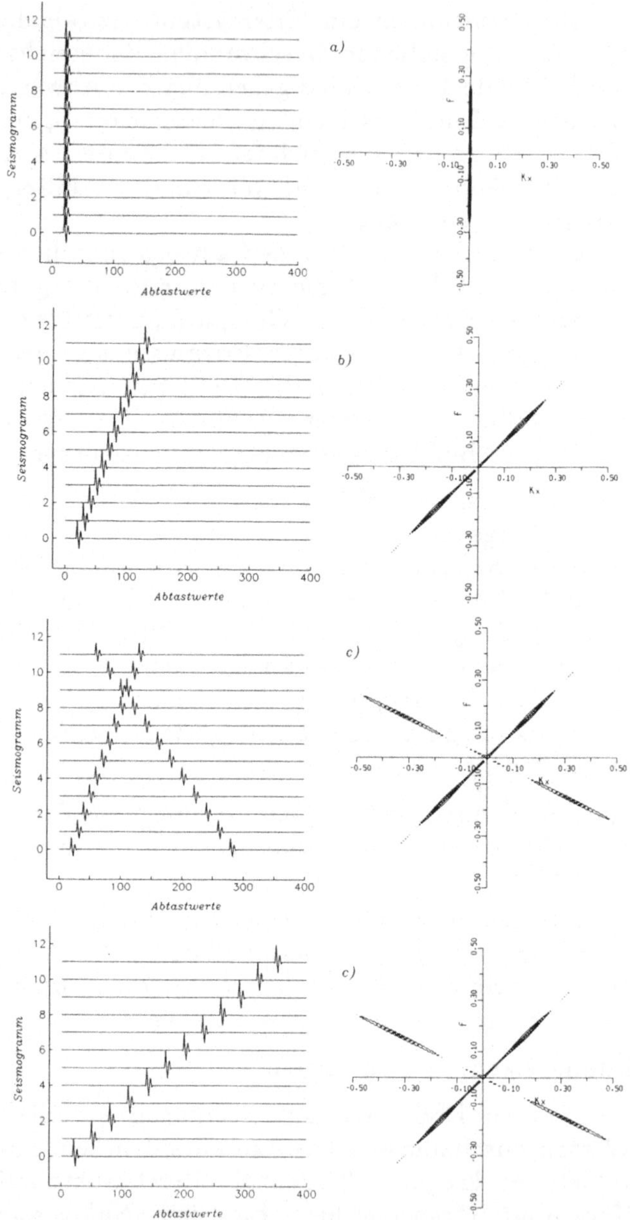

Abbildung 24.9: Abbildung linearer Ereignisse (links dargestellt) in den Frequenz-Wellenzahlbereich; von oben nach unten: a) ebene Welle mit der Scheingeschwindigkeit unendlich; b) wie a) jedoch mit $v < \infty$; c) zwei ebene Wellen unterschiedlicher Einsatzzeit und gegenläufiger Neigung; d) ebene Welle langsamer Scheingeschwindigkeit; wegen der zu groben Abtastung in x-Richtung tritt Aliasing auf.

Zur Bestimmung des Geschwindigkeitsfilters wird die Charakteristik des Geschwindigkeitsfilters im $(f - k_x)$-Bereich anhand der Geschwindigkeitsverteilung der Nutz- und kohärenten Störsignale vorgegeben. Die Filterung kann dann in unterschiedlicher Form durchgeführt werden, indem man entweder die vorgegebene $(f-k_x)$-Filtercharakteristik nach $(x - t)$ transformiert und dort den zweidimensionalen Operator anwendet, oder indem man die zu filternden Daten in den $(f - k_x)$-Raum transformiert, das so erhaltene zweidimensionale Spektrum mit der Filtercharakteristik multipliziert und anschließend das Ergebnis wieder zurücktransformiert. Hierbei wird die zweidimensionale schnelle Fourier-Transformation eingesetzt.

Im folgenden wird am Beispiel des Hochpaß-Geschwindigkeitsfilters die Vorgehensweise bei der Bestimmung des Filteroperators im $(x - t)$-Bereich veranschaulicht. Für die seismischen Simultanregistrierungen $y_k(t)$, $k = 1, ..., N$ soll das digitale Geschwindigkeitsfilter bestimmt werden, das alle Anteile mit Geschwindigkeiten größer einer vorgegebenen Grenzgeschwindigkeit v_c passieren läßt und Signale mit $v < v_c$ unterdrückt. Hierzu wird im Frequenz-Wellenzahlraum die gewünschte Filtercharakteristik

$$H(k_x, f) = \begin{cases} 1 & \text{für } -\frac{|f|}{v_c} < k_x < \frac{|f|}{v_c} \\ 0 & \text{sonst} \end{cases} \qquad (24.51)$$

vorgegeben. Die Charakteristik dieses auf Fail und Grau (1963) und Embree, Burg und Backus (1963) zurückgehenden Filters hat jeweils für $f \geq 0$ und $f \leq 0$ die Form eines Kuchenstückes und wird daher in der angelsächsischen Literatur als **Pie-Slice** Filter bezeichnet. Der in t und x diskrete mehrkanalige Filteroperator wird durch zweidimensionale inverse Fourier-Transformation über das Nyquist-Intervall $-\frac{1}{2\Delta t} < f < \frac{1}{2\Delta t}$, $-\frac{1}{2\Delta x} < k_x < \frac{1}{2\Delta x}$ bestimmt:

$$h(x, t) = \int_{-\frac{1}{2\Delta t}}^{\frac{1}{2\Delta t}} \int_{-\frac{1}{2\Delta x}}^{\frac{1}{2\Delta x}} H(k_x, f) e^{i2\pi(ft - k_x x)} dk_x df \ . \qquad (24.52)$$

Für die Übertragungsfunktion (24.51) hängen die Integrationsgrenzen von v_c, k_{Ny} und f_{Ny} ab. Die drei in Abb. 24.10 skizzierten Fälle sind zu unterscheiden:

1. Fall: $f_{Ny} = v_c k_{Ny}$, d.h. $v_c = \frac{f_{Ny}}{k_{Ny}} = \frac{\Delta x}{\Delta t}$:

$$h(x, t) = \int_{-\frac{1}{2\Delta t}}^{\frac{1}{2\Delta t}} \int_{-\frac{|f|}{v_c}}^{\frac{|f|}{v_c}} e^{i2\pi(ft - k_x x)} dk_x df \ . \qquad (24.53)$$

554

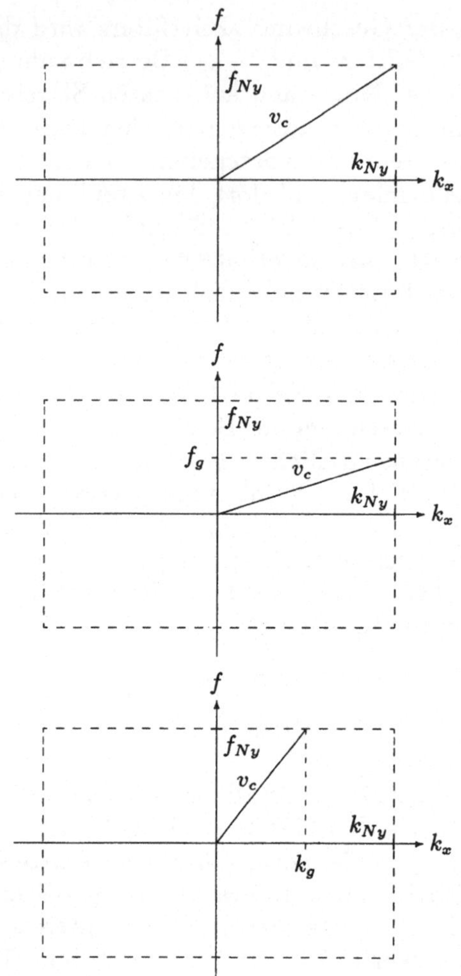

Abbildung 24.10: Festlegung der Übertragungsfunktionen der drei
möglichen Hochpaß-Geschwindigkeitsfilter.

2. Fall: $f_g = v_c k_{Ny} < f_{Ny}$, d.h. $f_g = \frac{v_c}{2\Delta x}$:

$$h(x,t) = \int_{-f_g}^{f_g} \int_{-\frac{|f|}{v_c}}^{\frac{|f|}{v_c}} e^{i2\pi(ft-k_x x)} dk_x df + \int_{f_g}^{f_{Ny}} \int_{-k_{Ny}}^{k_{Ny}} e^{i2\pi(ft-k_x x)} dk_x df$$

$$+ \int_{-f_{Ny}}^{-f_g} \int_{-k_{Ny}}^{k_{Ny}} e^{i2\pi(ft-k_x x)} dk_x df \ . \qquad (24.54)$$

3. Fall: $f_{Ny} = v_c k_g, \ k_g < k_{Ny}$:

$$h(x,t) = \int_{-\frac{1}{2\Delta t}}^{\frac{1}{2\Delta t}} \int_{-\frac{|f|}{v_c}}^{\frac{|f|}{v_c}} e^{i2\pi(ft-k_x x)}\,dk_x\,df \ . \tag{24.55}$$

Das weitere Vorgehen wird für den 1. Fall verdeutlicht: Aus Gleichung (24.53) folgt:

$$
\begin{aligned}
h(x,t) &= \int_{-\frac{1}{2\Delta t}}^{\frac{1}{2\Delta t}} \int_{-\frac{|f|}{v_c}}^{\frac{|f|}{v_c}} e^{i2\pi(ft-k_x x)}\,dk_x\,df \\[2mm]
&= \int_{-\frac{1}{2\Delta t}}^{\frac{1}{2\Delta t}} \frac{\sin(2\pi x \frac{|f|}{v_c})}{\pi x} e^{i2\pi ft}\,df \\[2mm]
&= \frac{2}{\pi x} \int_0^{\frac{1}{2\Delta t}} \sin(2\pi x \frac{f}{v_c})\cos(2\pi ft)\,df \ .
\end{aligned}
\tag{24.56}
$$

Mit

$$\int \sin(ax)\cos(bx)\,dx = -\frac{\cos((a+b)x)}{2(a+b)} - \frac{\cos((a-b)x)}{2(a-b)} \tag{24.57}$$

erhält man:

$$
\begin{aligned}
h(x,t) &= \frac{2}{\pi x}\Big\{ -\frac{\cos[2\pi f(\frac{x}{v_c}+t)]}{2[2\pi(\frac{x}{v_c}+t)]} - \frac{\cos[2\pi f(\frac{x}{v_c}-t)]}{2[2\pi(\frac{x}{v_c}-t)]} \Big\}\Big|_0^{\frac{1}{2\Delta t}} \\[2mm]
&= \frac{1}{\pi x}\Big\{ -\frac{\cos[\frac{\pi}{\Delta t}(\frac{x}{v_c}+t)]}{2\pi(\frac{x}{v_c}+t)} - \frac{\cos[\frac{\pi}{\Delta t}(\frac{x}{v_c}-t)]}{2\pi(\frac{x}{v_c}-t)} \\[2mm]
&\quad + \frac{1}{2\pi(\frac{x}{v_c}+t)} + \frac{1}{2\pi(\frac{x}{v_c}-t)} \Big\} \ .
\end{aligned}
\tag{24.58}
$$

Wählt man

1. eine symmetrische Geophonanordnung mit $N = 2M$ Geophonen,

2. $x = 0$ in der Mitte der linearen Geophonauslage, so daß

$$x_m = \begin{cases} (m-\frac{1}{2})\Delta x &, \quad m = 1,2,3,...,M \\ (m+\frac{1}{2})\Delta x &, \quad m = -1,-2,-3,...,M \end{cases} \tag{24.59}$$

ist, dann ergibt sich für den 1. Fall wegen $v_c = \frac{\Delta x}{\Delta t}$:

$$
\begin{aligned}
\cos[\frac{\pi}{\Delta t}(\frac{(m\pm\frac{1}{2})\Delta x}{v_c} \pm n\Delta t)] &= \cos[\pi(m\pm\frac{1}{2})\pm\pi n] \\[2mm]
&= \cos[\pi(m\pm\frac{1}{2}\pm n)] = 0 \ .
\end{aligned}
\tag{24.60}
$$

556

Aus Gleichung (24.58) folgt dann:

$$h(n\Delta t, x_m) = \frac{1}{2\pi^2 x_m}\Big[\frac{1}{\frac{x_m\Delta t}{\Delta x}+n\Delta t}+\frac{1}{\frac{x_m\Delta t}{\Delta x}-n\Delta t}\Big]$$

$$= \frac{1}{\pi^2\Delta t\Delta x}\Big[\frac{1}{(\frac{x_m}{\Delta x})^2-n^2}\Big] \qquad (24.61)$$

und hieraus in Index-Schreibweise:

$$h_{m,n} = \begin{cases} \frac{1}{\pi^2\Delta t\Delta x}\Big[\frac{1}{(m-\frac{1}{2})^2-n^2}\Big] & \text{für } m = 1,\,2,\,3,...,\,M \\[2mm] \frac{1}{\pi^2\Delta t\Delta x}\Big[\frac{1}{(m+\frac{1}{2})^2-n^2}\Big] & \text{für } m = -1,-2,-3,...,-M\,. \end{cases} \qquad (24.62)$$

Das Filter ist orts- und zeitabhängig. In der Regel wird ein Operator gewählt, der auch bezüglich der Zeit zweiseitig ist. Für $m = -2,-1,1,2$ und $n = -2,-1,0,1,2$ lauten dann z.B. die Koeffizienten des zweidimensionalen Filteroperators mit $\alpha = \frac{1}{\pi^2\Delta x\Delta t}$:

Spurindex	Zeitindex				
	-2	-1	0	1	2
-2	-0.571α	0.800α	0.444α	0.800α	-0.571α
-1	-0.267α	-1.333α	4.000α	-1.333α	-0.267α
1	-0.267α	-1.333α	4.000α	-1.333α	-0.267α
2	-0.571α	0.800α	0.444α	0.800α	-0.571α

Die Gewichtsfunktion ist in x und t symmetrisch und wirkt daher ohne Phasenverschiebung.

Der Filterausgang wird nach Gleichung (24.4) berechnet:

$$z_{r,j} = \sum_{s=0}^{2M-1}\sum_{l=-L}^{L} h_{s,l}\, y_{r-s,j-l},\quad r = 0,1,..,N+M-2,\ j = 0,1,...\ .$$

$$(24.63)$$

Um die Gleichung anwenden zu können, muß die Zählung des Spurindexes des Operators von $-M,..,-1,1,..,M$ auf $0,1,..,2M-1$ umgeändert werden. Bei N zu filternden Spuren und Anwendung von $2M$ ortsabhängigen Filteroperatoren $h_{m,n}$, $m = 0,1,...,2M-1$, die über v_c, Δx und Δt miteinander gekoppelt sind, erhält man $N+2M-1$ gefilterte Spuren. Die Anwendung eines 4-spurigen Operators $h_{m,n}$, $m = 0,1,2,3$, $n = -L,...,L$ auf vier zu filternde Spuren y_j, $j = 0,...,3$ erfolgt gemäß

$$z_{r,j} = \sum_{s=0}^{3}\sum_{l=-L}^{L} h_{s,l}\, y_{r-s,j-l},\quad r = 0,1,...,6. \qquad (24.64)$$

Die gefilterten Spuren bauen sich wie folgt auf (um die Schreibweise zu vereinfachen, wird bei der folgenden Darstellung nur der Spurindex angegeben):

$$
\begin{aligned}
z_0 &= h_0 y_0 \\
z_1 &= h_0 y_1 + h_1 y_0 \\
z_2 &= h_0 y_2 + h_1 y_1 + h_2 y_0 \\
z_3 &= h_0 y_3 + h_1 y_2 + h_2 y_1 + h_3 y_0 \\
z_4 &= \qquad\quad h_1 y_3 + h_2 y_2 + h_3 y_1 \\
z_5 &= \qquad\qquad\qquad h_2 y_3 + h_3 y_2 \\
z_6 &= \qquad\qquad\qquad\qquad\quad h_3 y_3
\end{aligned}
\tag{24.65}
$$

Wegen der Symmetrie des Operators $h_{-s} = h_s$ läßt sich die zentrale Spur des Filterausgangs z_3 wie folgt darstellen:

$$
z_{3,j} = \sum_{s=0}^{3} \sum_{l=-L}^{L} h_{s,l} y_{s,j-l} \, ,
\tag{24.66}
$$

d.h. man erhält die zentrale Spur des Filterausgangs durch die Zeitfaltung der zu filternden Spuren und anschließende Summation der so gefilterten Spuren. Die Filterung wird daher so durchgeführt, daß man die $2M$ Einspurfilter auf $2M$ benachbarte Spuren anwendet und die Ergebnisse aufsummiert. Das Ergebnis ist die gefilterte Zentralspur. Anschließend werden die $2M$ Filter um jeweils eine Spur verschoben und der Prozeß wiederholt.

Abb. 24.11 a) zeigt die Gewichtsfunktionen eines zwölfspurigen Geschwindigkeitsfilters; in Abb. 24.11b) ist die zugehörige Frequenz-Wellenzahl-Charakteristik dargestellt, die sich durch zweidimensionale Fourier-Transformation der Gewichtsfunktionen ergibt. Das mit diesem Filter erzielte Sperrniveau liegt unterhalb von -18 dB. Die Anwendung der Gewichtsfunktionen auf die in Abb. 24.12 a) dargestellten synthetischen Seismogramme liefert das Ergebnis in Abb. 24.12 b). Signale mit Ausbreitungsgeschwindigkeiten kleiner v_c werden weitgehend unterdrückt, während Signale mit $v = v_c$ ungefähr um 6 dB reduziert werden. Entsprechend der Filtercharakteristik passieren Signale mit $v > v_c$ das Filter ungehindert. Für diese Signale ist $v \geq v_c = \frac{\Delta x}{\Delta t}$, d.h. für die Laufzeitdifferenz benachbarter Spuren gilt: $t = \frac{\Delta x}{v} \leq \frac{\Delta x}{v_c} = \Delta t$; die das Filter passierenden Signale müssen die Bedingung $t \leq \Delta t$ erfüllen.

Trotz deutlicher Geschwindigkeitsunterschiede zwischen den zu trennenden Komponenten kann der Einsatz des Geschwindigkeitsfilters an vorhandenen Alias-Anteilen der zu unterdrückenden Noise-

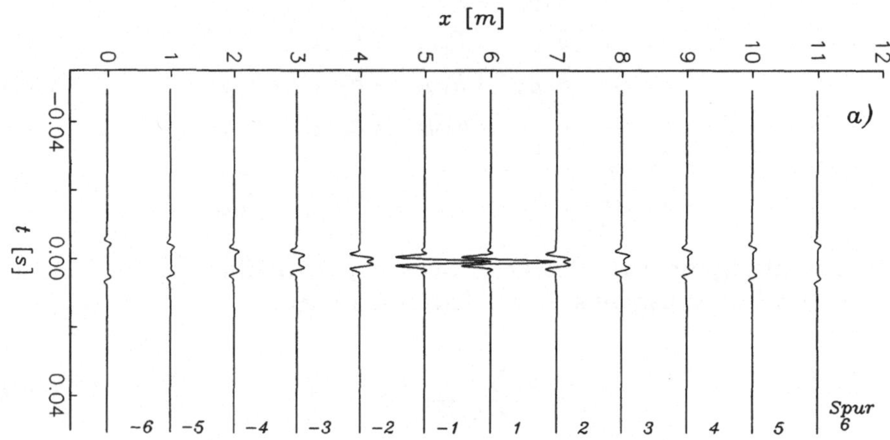

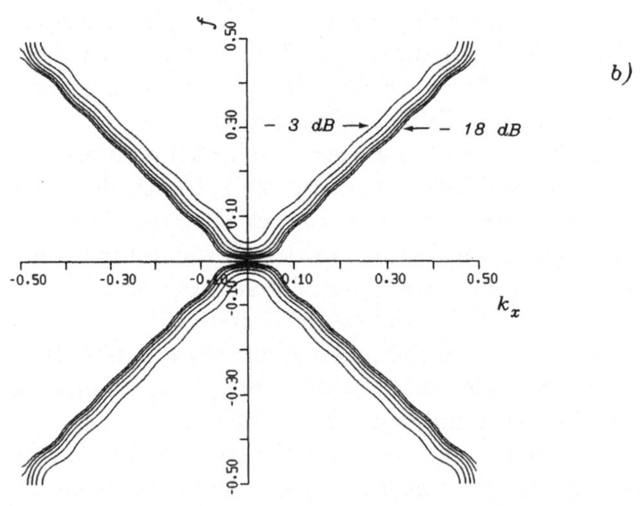

Abbildung 24.11: Gewichtsfunktionen a) und Übertragungsfunktion
b) eines zwölfkanaligen Geschwindigkeitsfilters, $\Delta x = 1\ m$, $\Delta t =
0.001\ s$, $v_c = 1000\ \frac{m}{s}$. Abstand der Isolinien: -3 dB.

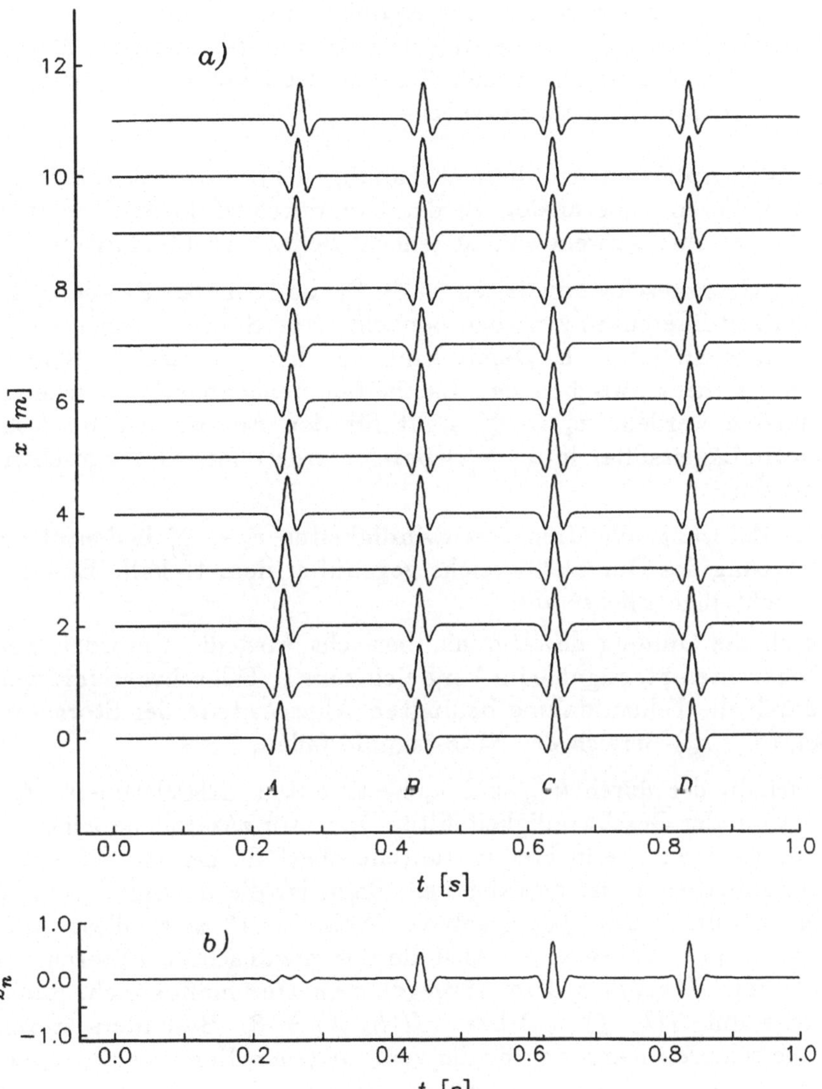

Abbildung 24.12: Anwendung des Geschwindigkeitsfilters aus Abb. 24.11 a) auf synthetische Signale unterschiedlicher Ausbreitungsgeschwindigkeit. $A: 330\ \frac{m}{s}$, $B: 1000\ \frac{m}{s}$, $C: 2000\ \frac{m}{s}$, $D: \infty$, a) synthetische Seismogramme, b) Filterergebnis.

Komponente scheitern. Ist der Spurabstand zu groß gewählt, dann werden insbesondere die Anteile mit niedrigen Geschwindigkeiten einmal oder sogar wiederholt in das Nyquist-Intervall hineingespiegelt. In der Seismik sind dies in der Regel die zu unterdrückenden Anteile. Die Alias-Anteile, die im Durchlaßbereich des Geschwindigkeitsfilters liegen, werden nicht mehr unterdrückt.

Im Prinzip lassen sich die mehrkanaligen Filteroperatoren für die beiden anderen Fälle analog zu der hier durchgeführten Herleitung bestimmen. Ihre Anwendung ist jedoch vielfach problematisch:

1. Für Grenzgeschwindigkeiten $v_c > \frac{\Delta x}{\Delta t}$ besteht das Problem, daß die Laufzeitdifferenzen zwischen benachbarten Spuren kleiner als das Abtastintervall Δt sind. Damit kann bei der numerischen Behandlung nicht mehr zwischen den Laufzeiten benachbarter Spuren unterschieden werden. $v_c = \frac{\Delta x}{\Delta t}$ stellt für den Einsatz der Hochpaß-Geschwindigkeitsfilter im $(x - t)$-Bereich eine obere Grenzgeschwindigkeit dar.

2. Die Filterung mit Grenzgeschwindigkeiten $v_c < \frac{\Delta x}{\Delta t}$ bedeutet eine Erweiterung des Durchlaßbereichs gegenüber dem 1. Fall. Es treten zwei nachteilige Effekte auf:

• Durch die Öffnung des Durchlaßbereichs wird die Unterdrückung der kohärenten Störsignale im Vergleich zum 1. Fall schwieriger, wenn die durch die Feldaufnahme bedingten Alias-Anteile der Störsignale in den $(f - k_x)$-Bereich der Nutz-Signale fallen.

• Oberhalb der durch k_{Ny} und v_c bestimmten Grenzfrequenz $f_g = v_c k_{Ny}$ kann der Geschwindigkeitsfilter-Operator zusätzliche Alias-Anteile produzieren, wenn Frequenzanteile oberhalb der Grenzfrequenz f_g vorhanden sind. Ist dies der Fall, dann ist die maximal nutzbare Frequenz durch $f_g < f_{Ny}$ gegeben. Abb. 24.13 zeigt diese Alias-Effekte im $(f - k_x)$-Bereich. Anstelle der gewünschten Filtercharakteristik mit $H(k_x, f) = 1$ im vorgegebenen Durchlaßbereich, gibt es Bereiche mit $H(k_x, f) = 2$ bzw. $H(k_x, f) = 3$. Besonders störend sind die scharfen Kannten, die die verschiedenen Bereiche abgrenzen.

Eine Möglichkeit, um die aufgeführten Probleme zu umgehen, besteht darin, die Spuren vor der Filterung zeitlich so zu verschieben, daß danach die Grenzgeschwindigkeit v_c möglichst nahe zu $\frac{\Delta x}{\Delta t}$ festgelegt werden kann, wobei die Verschiebung nach der Filterung rückgängig gemacht werden muß.

Hochpaß-Geschwindigkeitsfilter werden in der Seismik vor allem zur Unterdrückung von refraktierten Wellen und Oberflächenwellen (z.B. Ground-roll) sowie in der marinen Seismik zur Elimination des durch

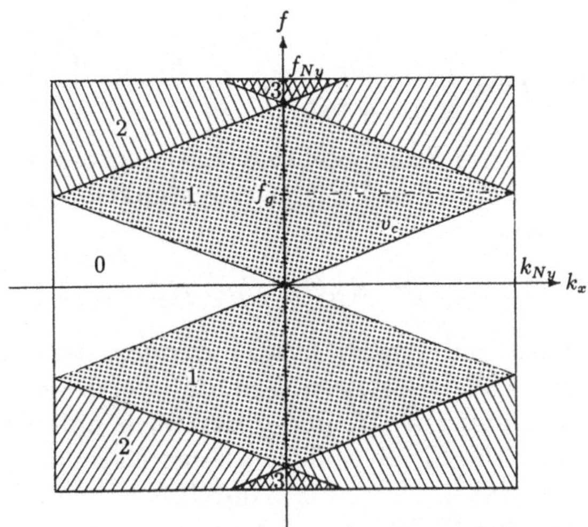

Abbildung 24.13: $(f - k_x)$-Charakteristik eines Hochpaßfilters mit $v_c < \frac{\Delta x}{\Delta t}$. Durch die auftretenden Alias-Anteile wird die gewünschte Filtercharakteristik mit $H(k_x, f) = 1$ im Durchlaßbereich oberhalb von f_g verfälscht. Der $(x - t)$-Operator wirkt in den einzelnen Bereichen unterschiedlich mit den angegebenen Verstärkungen.

den Streamer generierten Rauschens eingesetzt. Die Filterung erfolgt vor dem Stapeln. Gefiltert werden entweder mehrkanalige Registrierungen der Einzelschüsse oder verschiedene Sortierungen, wie z.B. die Spuren verschiedener Schüsse, die zum gleichen Empfangspunkt gehören.

Ausgehend von der Charakteristik $H_H(k_x, f)$ des Hochpaß-Geschwindigkeitsfilters lassen sich Geschwindigkeits-Tiefpaß- und -Bandpaßfilter bestimmen. Für das Geschwindigkeits-Tiefpaßfilter wird folgender Ansatz gemacht:

$$H_T(k_x, f) = \begin{cases} 0 & \text{für } -\frac{|f|}{v_c} < k_x < \frac{|f|}{v_c} \\ 1 & \text{sonst} \; . \end{cases} \qquad (24.67)$$

Diese Übertragungsfunktion läßt sich als Differenz eines Allpaßfilters und eines Hochpaßfilters wie folgt darstellen:

$$H_T(k_x, f) = W(k_x, f) - H_H(k_x, f) \qquad (24.68)$$

mit

$$W(k_x, f) = 1 \quad \text{für } -f_{Ny} \leq f \leq f_{Ny}, \; -k_{Ny} \leq k \leq k_{Ny} \qquad (24.69)$$

562

und

$$H_H(k_x, f) = \begin{cases} 1 & \text{für } -\frac{|f|}{v_c} < k_x < \frac{|f|}{v_c} \\ 0 & \text{sonst .} \end{cases} \tag{24.70}$$

Die Charakteristik des Bandpaßfilters läßt sich aus zwei verschiedenen Hochpaßfiltern mit den Übertragungsfunktionen $H_H^1(k_x, f)$ und $H_H^2(k_x, f)$ aufbauen:

$$H_B(k_x, f) = H_H^1(k_x, f) - H_H^2(k_x, f) . \tag{24.71}$$

Treitel, Shanks und Frazier (1967) wenden derartige Geschwindigkeitsfilter auf VSP-Registrierungen mit vertikalen Seismometer-Arrays in Bohrlöchern zur Trennung der nach unten und oben laufenden Wellen an. Die Einsätze liegen längs Geraden mit gegenläufigen Neigungen, so daß ihre Trennung durch Geschwindigkeitsfilterung möglich ist. Einzelne Reflexionen lassen sich danach auf ihrem Weg von unten zur Oberfläche und wieder nach unten direkt verfolgen, so daß die Ansprache von Multiplen erheblich erleichtert wird.

Analog zum Hochpaßfilter läßt sich der zweidimensionale $(x-t)$-Operator für das sogenannte Quadranten-Filter herleiten, mit dem alle linearen Ereignisse in zwei diagonal gelegenen $(f-k_x)$-Quadranten übertragen werden sollen, während in den beiden anderen Quadranten vollständige Unterdrückung stattfindet. Der Filteroperator wird über die zweidimensionale inverse Fourier-Transformierte definiert:

$$h(x,t) = \int_0^{f_{Ny}} \int_{-k_{Ny}}^0 e^{i2\pi(ft-k_x x)} df\, dk_x + \int_{-f_{Ny}}^0 \int_0^{k_{Ny}} e^{i2\pi(ft-k_x x)} df\, dk_x . \tag{24.72}$$

Die Lösung der Integrale führt auf:

$$h(x,t) = \frac{1}{2\pi^2 xt}[1-\cos(2\pi f_{Ny}t)-\cos(2\pi k_{Ny}x)+\cos(2\pi(f_{Ny}t-k_{Ny}x))] . \tag{24.73}$$

Mit $x = m\Delta x$, $t = n\Delta t$, $f_{Ny} = \frac{1}{2\Delta t}$ und $k_{Ny} = \frac{1}{2\Delta x}$ folgt:

$$\begin{aligned} h_{m,n} &= \frac{1}{2\pi^2 mn\Delta x\Delta t}[1 - \cos(\pi n) - \cos(\pi m) + \cos(\pi(n-m))] \\ &= \frac{1}{2\pi^2 mn\Delta x\Delta t}[1 - (-1)^n - (-1)^m + (-1)^{n-m}] . \end{aligned} \tag{24.74}$$

Dieses Quadranten-Filter wird in der Seismik zur Unterdrückung von Multiplen eingesetzt (s. Ryu (1982)). Hierzu werden die CMP-Anordnungen dynamisch so korrigiert, daß die Primäreinsätze überkorrigiert sind, während die Multiplen noch unterkorrigiert sind. Primär- und Mehrfachreflexionen besitzen damit gegenläufige Neigungen; im $(f-k_x)$-Bereich fallen sie damit in verschiedene Quadranten.

Die Filterung erfolgt mit dem oben hergeleiteten Operator im $(x-t)$-Bereich. Danach wird die dynamische Korrektur wieder rückgängig gemacht.

Bei der Herleitung zweidimensionaler Geschwindigkeitsfilter-Operatoren im $(x-t)$-Bereich ist man wenig flexibel, so daß dieser Weg auf wenige Sonderfälle beschränkt bleibt. In der Regel wird die Filterung, seitdem die schnelle Fourier-Transformation zur Verfügung steht, im Frequenz-Wellenzahlbereich durchgeführt. Hierzu werden die Daten in den $(f-k_x)$-Bereich transformiert und dort gefiltert. Dieses Vorgehen besitzt mehrere Vorteile: die Filtercharakteristiken lassen sich beliebig gestalten, die gewünschte Filtercharakteristik ist besser zu realisieren, es besteht größere Flexibilität bei der Beseitigung unerwünschter Nebeneffekte:

• Die Festlegung beliebiger Durchlaß- und Sperrbereiche ist erforderlich, um das Filter den jeweils vorliegenden Signal- und Noise-Gegebenheiten anpassen zu können. Neben Fächerfiltern kommen insbesondere Filter zum Einsatz, bei denen die Charakteristik im Frequenz-Wellenzahlraum durch Polygonzüge festgelegt wird.

• Die Spezifikation der Filtercharakteristik im $(f-k_x)$-Bereich mit scharfen Grenzen führt zu den aus dem eindimensionalen Fall bekannten Randeffekten. Anstelle der gewünschten idealen Charakteristik kommt es zu Gibbsschen Überschwingeffekten. Übertragen auf den $(x-t)$-Bereich bedeutet das, daß der Filteroperator nur langsam abklingt, so daß der in x und t begrenzte Operator periodische Fortsetzungen aufweist, die sich als Störsignale im Filterergebnis widerspiegeln. Durch die Definition weicher Flanken der Filtercharakteristik und unter Anwendung der in Kapitel 4 diskutierten und auf den zweidimensionalen Fall erweiterten Gewichtsfunktionen auf die Randbereiche der zu filternden Spuren sowie durch Anhängen von Nullspuren an die gemessenen Daten vor der Transformation in den Frequenz-Wellenzahlbereich lassen sich diese unerwünschten Nebeneffekte weitgehend vermeiden.

Die Filterung im Frequenz-Wellenzahlraum ist nicht auf lineare Ereignisse beschränkt und damit auf reflexionsseismische Messungen anwendbar. Während sich die refraktierten Wellen und Oberflächenwellen im Frequenz-Wellenzahl-Spektrum auf Geraden abbilden, belegen die reflektierten Signale aufgrund ihrer hyperbelartigen Laufzeitkurven flächenhafte Bereiche im $(f-k_x)$-Spektrum, die vielfach nicht mit den Geraden der Störsignale zusammenfallen, so daß ein Erkennen der Störwellen und ihre Unterdrückung durch Frequenz-Wellenzahlfilterung weitgehend möglich sind. Dies wird durch die Abb. 24.14 verdeutlicht. In der linken Hälfte ist eine synthetische mehr-

564

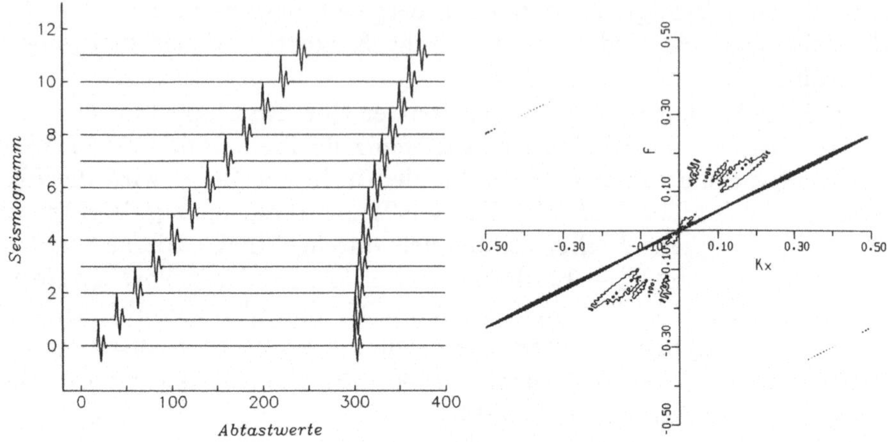

Abbildung 24.14: Synthetische Mehrspur-Seismogramme (linke Hälfte) mit zwei seismischen Ereignissen und das dazu gehörende $(f - k_x)$-Spektrum (rechts). Die Signaleinsätze liegen längs einer Geraden bzw. einer Hyperbel. Im $(f - k_x)$-Spektrum sind die zwei Anteile weitgehend getrennt. Das auftretende Aliasing des linear angeordneten Einsatzes stört nicht den Bereich der reflektierten Welle.

spurige Schußaufzeichnung für zwei Wellen mit konstanter Scheingeschwindigkeit bzw. mit Einsatzzeiten, die längs einer Hyperbel liegen, dargestellt. Im $(f - k_x)$-Spektrum sind die entsprechenden Anteile deutlich getrennt. Die Frequenz-Wellenzahl-Anteile der simulierten reflektierten Welle liegen gegenüber dem linearen Ereignis im Bereich der höheren Geschwindigkeiten und bilden sich nicht mehr linear, sondern flächenhaft ab.

Abb. 24.15 zeigt die zweidimensionale Filterung einer mehrspurigen Registrierung im Frequenz-Wellenzahlbereich (Quelle: H. Stümpel, Inst. für Geophysik, Universität Kiel). Die Daten wurden über einem Salzstock aufgenommen. Die deutlich erkennbaren Oberflächenwellen verdecken in den Messungen, dargestellt in der linken Hälfte der Abbildung, über mehrere Spuren das vom Caprock herrührende Reflexionsband zwischen 400 und 500 ms. Die Abtastrate beträgt 1 ms ($f_{Ny} = 500$ Hz), der Geophonabstand 10 m ($k_{Ny} = 0.05\ m^{-1}$). Die Filterparameter wurden anhand einer Frequenz-Wellenzahlanalyse festgelegt. Der Frequenz- und Geschwindigkeitsbereich der seismischen Nutzenergie liegt zwischen 30 Hz und 120 Hz bzw. 1400 $\frac{m}{s}$ und 2400 $\frac{m}{s}$. Der Durchlaßbereich des Geschwindigkeitsfilters wurde dementsprechend durch die Geraden $f = 30$ Hz, $f = 120$ Hz und $f = \pm 1400 k_x$ festgelegt. Die kohärenten Störanteile sind nach

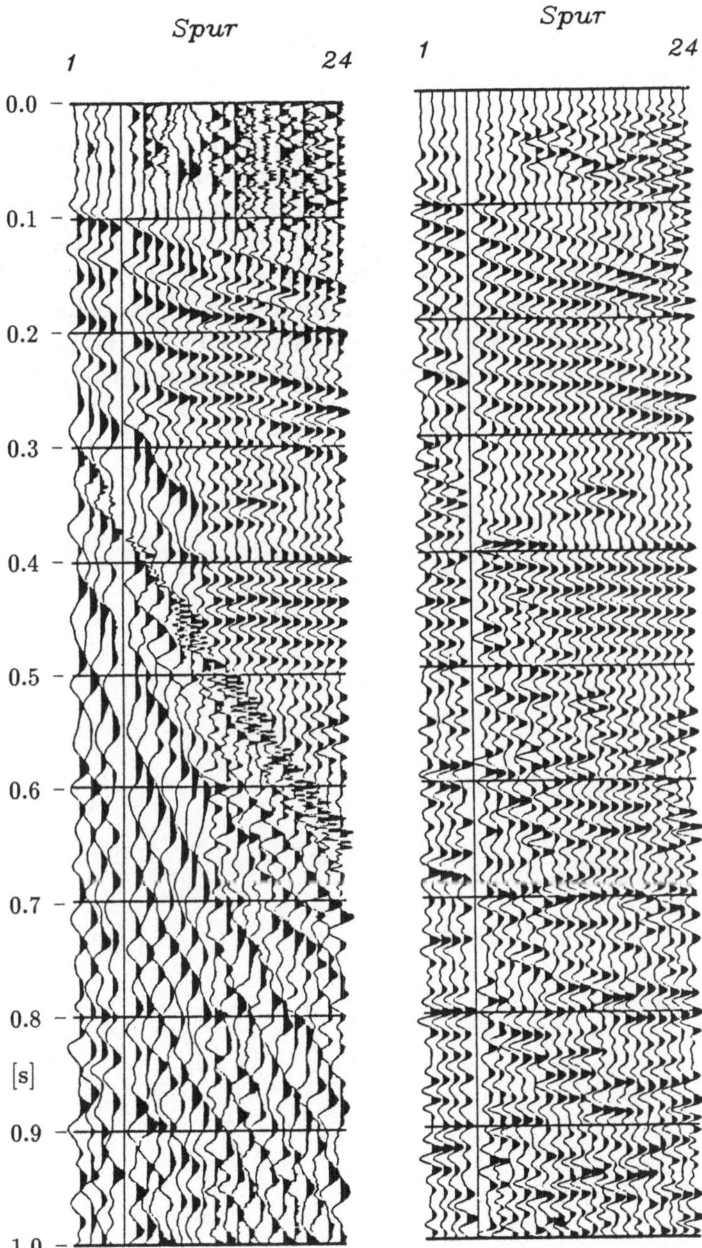

Abbildung 24.15: Ergebnisse einer Geschwindigkeitsfilterung (rechts) einer mehrkanaligen reflexionsseismischen Messung (links dargestellt) über einem Salzstock. Die Anregung der seismischen Wellen erfolgte mit einem beschleunigten Fallgewicht.

der Filterung weitgehend unterdrückt; die Reflexion vom Caprock ist über alle Spuren zu erkennen.

Die Geschwindigkeitsfilterung im $(x - t)$-Bereich ist primär von historischer Bedeutung. In der Praxis wird fast ausschließlich nur noch die Filterung im Frequenz-Wellenzahlbereich durchgeführt. Diese Filterung im Frequenz-Wellenzahlraum gestattet zum einen die Überprüfung der zu filternden Daten, z.B. ob Aliasing-Effekte zu tolerieren sind und inwieweit die kohärenten Stör- und Nutzsignale tatsächlich voneinander getrennt sind. Zum anderen bietet die Filterung im Frequenz-Wellenzahlbereich den Vorteil, daß die Durchlaß- und Sperrbereiche an die vorliegenden Gegebenheiten gezielt angepaßt werden können.

Kapitel 25

Einsatz zweidimensionaler Filter in der Gravimetrie und Magnetik

In der Angewandten Geophysik finden zweidimensionale Filter vor allem bei der Aufbereitung flächenhaft durchgeführter Potentialfeldmessungen Anwendung. Mit dem Einsatz zweidimensionaler Filter werden insbesondere zwei Ziele verfolgt:

• die Glättung der mehr oder weniger stark verrauschten Beobachtungsreihen. Die Beobachtungsreihen sind im allgemeinen nicht glatt; die Ursachen hierfür können kleinräumige Quellen sein, zu deren Erfassung die Meßpunkte geringere Abstände haben müßten; sie können aber auch auf Beobachtungsfehlern beruhen. In beiden Fällen ist es zweckmäßig, die Werte zu glätten. Hierzu werden zweidimensionale Tiefpaßfilter, wie z.B. die in Kapitel 16 behandelten Mittelungsverfahren eingesetzt.

• die Trennung der lokalen und regionalen Anteile des gemessenen Feldes. Die Quellen der regionalen Anomalien des Schwerefeldes zum Beispiel liegen in den mittleren Stockwerken der Erdkruste, während lokale Anomalien auf Dichteunterschiede in den oberen Schichten zurückzuführen sind. In der Angewandten Geophysik ist die Interpretation der lokalen Anomalien von primärer Bedeutung. Vielfach haben solche Anomalien nur geringe Beträge; sie werden vom Einfluß der tiefgelegenen Massen überlagert. Dabei kommt es vor, daß das Schwerebild ganz von dem regionalen Feld beherrscht wird und die lokalen Anomalien sich nur in schwachen Verformungen der Isogammen kundtun. Eine Bestimmung der lokalen Störungsmassen anhand der Meßdaten setzt voraus, daß es gelingt, den lokalen Anteil der Schwereanomalien von dem Regionalfeld zu trennen. In der Magnetik bestehen zur Trennung der gewünschten Anomalie aus dem gemessenen Integralfeld gegenüber der Gravimetrie die besseren Voraussetzungen. Der Grund liegt darin, daß sich verschiedene Gesteine in ihren magnetischen Kennwerten deutlicher als in ihren Dichtewerten unterscheiden. Außerdem ist durch die Curie-Isotherme eine natürliche Begrenzung der Lage der magnetischen Quellen gegeben, so daß sich im Vergleich zur Gravimetrie ein geringerer Tiefenbereich auf das gemessene Gesamtfeld auswirkt.

25.1 Glättung von Meßwerten

Zunächst wird auf die bereits in Kapitel 16 behandelte Glättung profilmäßig gewonnener Meßdaten eingegangen. Das Feld $g(x)$ sei an den diskreten äquidistanten oder nicht gleichabständigen Punkten gemessen. Wählt man zur Glättung der Meßwerte $g(x_j)$ folgenden Ansatz:

$$w(x) = \sum_{j=-N}^{N} d_j g(x - x_j) \; , \tag{25.1}$$

so ergibt sich unter der Annahme $d_{-j} = d_j$ nach Gleichung (16.11) für die Wellenzahlcharakteristik der Mittelungsprozedur:

$$H(k_x) = d_0 + 2 \sum_{j=1}^{N} d_j \cos(2\pi k_x x_j) \; , \quad \left(k_x = \frac{1}{\lambda_x}\right) \; , \tag{25.2}$$

bzw. im Falle eines äquidistanten Meßpunktabstandes Δx

$$H(k_x) = d_0 + 2 \sum_{j=1}^{N} d_j \cos(2\pi k_x j \Delta x) \; . \tag{25.3}$$

Entsprechende Koeffizientensätze nach Jung (1961) sind in Tabelle 25.1 für $N = 1, 4, 6$ zusammengestellt. Die zugehörigen Übertragungsfunktionen zeigt Abb. 25.1 a). Die Filterwirkung entspricht der eines Tiefpaßfilters. Mit wachsendem N nimmt der Grad der Glättung in der Weise zu, daß mehr und mehr Anteile höherer Wellenzahlen eliminiert werden und der Flankenabfall steiler wird, wobei aber über bestimmte Wellenzahlbereiche Phasenumkehrungen erfolgen.

Weitere gebräuchliche Formeln für die Glättung eindimensionaler Felder sind:

a) die **Binomialglättung**

$$w(x) = \frac{1}{2^{2N}} \sum_{j=0}^{N} \binom{2N}{N-j} (g(x - x_j) + g(x + x_j))\alpha_j \tag{25.4}$$

Prozeß	Koeffizienten						
	d_0	d_1	d_2	d_3	d_4	d_5	d_6
einfache Glättung							
$N = 1$	$\dfrac{1}{2}$	$\dfrac{1}{4}$					
$N = 4$	$\dfrac{5}{25}$	$\dfrac{4}{25}$	$\dfrac{3}{25}$	$\dfrac{2}{25}$	$\dfrac{1}{25}$		
$N = 6$	$\dfrac{25}{125}$	$\dfrac{24}{125}$	$\dfrac{21}{125}$	$\dfrac{7}{125}$	$\dfrac{3}{125}$	$\dfrac{-2}{125}$	$\dfrac{-3}{125}$
binomiale Glättung							
$N = 1$	0.500	0.250					
$N = 2$	0.375	0.250	0.062				
$N = 3$	0.312	0.234	0.094	0.016			
$N = 4$	0.273	0.219	0.109	0.031	0.004		
exponentiale Glättung							
$N = 1$	0.564	0.208					
$N = 2$	0.399	0.420	0.054				
$N = 3$	0.326	0.233	0.086	0.016			
$N = 4$	0.282	0.220	0.104	0.030	0.005		

Tabelle 25.1: Koeffizientensätze für einfache -, binomiale - und exponentiale Glättung (nach Jung, 1961).

$$\text{mit} \quad \alpha_0 = \frac{1}{2} \quad , \quad \alpha_1 = \alpha_2 = \ldots = \alpha_N = 1 \quad ,$$

b) die **Exponentialglättung**

$$w(x) = \frac{1}{\sqrt{N\pi}} \sum_{j=0}^{N} e^{-\frac{1}{N}j^2} (g(x + x_j) + g(x - x_j))\alpha_j \; . \qquad (25.5)$$

Die zu (25.4) und (25.5) gehörenden Übertragungsfunktionen,

$$H(k_x) = \cos^{2N}(\pi k_x)$$

und

$$H(k_x) = e^{-\pi^2 N k_x^2},$$

sind in Abb. 25.1 b) und c) dargestellt. Verglichen mit der einfachen Glättung nach (25.1) ist der Glättungseffekt bei diesen Prozessen bei gleicher Operatorlänge weniger stark. Binomial- und Exponentialglättung besitzen dabei den Vorteil, phasentreu zu wirken.

Für flächenhaft durchgeführte Messungen wird die Glättung der Meßwerte $g(x_j, y_j)$ in Analogie zu (25.1) durch die Mittelung benachbarter Meßwerte durchgeführt:

$$w(x,y) = \sum_{j=1}^{N} c_j g(x - x_j, y - y_j) \; . \qquad (25.6)$$

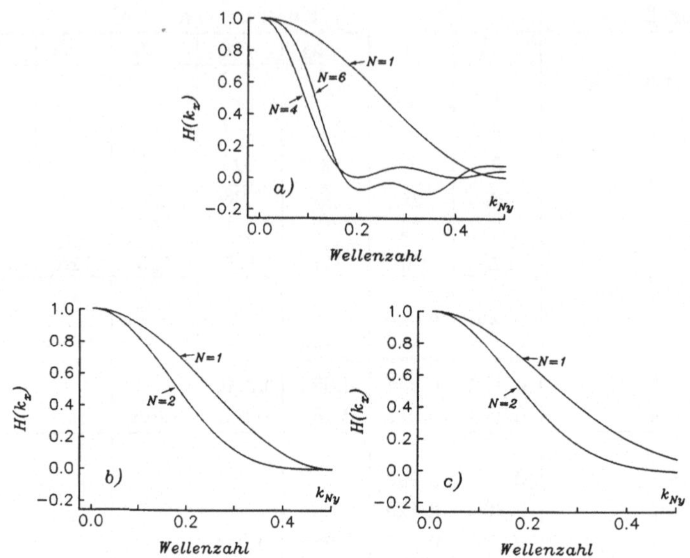

Abbildung 25.1: Übertragungsfunktionen verschiedener Glättungs-formeln; a) einfache Glättung nach Gleichung (25.3) für $N = 1,4$ und 6, b) Binomial- und c) Exponentialglättung für $N = 1$ und 2, d.h. 3- bzw. 5-Punkte-Glättung.

Ist $G(k_x, k_y)$ das zweidimensionale Spektrum von $g(x,y)$, dann läßt sich $w(x,y)$ wie folgt darstellen:

$$
\begin{aligned}
w(x,y) &= \sum_{j=1}^{N} c_j g(x - x_j, y - y_j) \\
&= \sum_{j=1}^{N} c_j \int_{-\infty}^{\infty} \int_{-\infty}^{\infty} G(k_x, k_y) e^{i2\pi(k_x(x-x_j)+k_y(y-y_j))} dk_x dk_y \\
&= \sum_{j=1}^{N} c_j \int_{-\infty}^{\infty} \int_{-\infty}^{\infty} G(k_x, k_y) e^{-i2\pi(k_x x_j + k_y y_j)} e^{i2\pi(k_x x + k_y y)} dk_x dk_y \\
&= \int_{-\infty}^{\infty} \int_{-\infty}^{\infty} \sum_{j=1}^{N} c_j e^{-i2\pi(k_x x_j + k_y y_j)} G(k_x, k_y) e^{i2\pi(k_x x + k_y y)} dk_x dk_y \; .
\end{aligned}
$$

$$(25.7)$$

Aus der Sicht der Filtertheorie ist

$$
H(k_x, k_y) = \sum_{j=1}^{N} c_j e^{-i2\pi(k_x x_j + k_y y_j)}
\tag{25.8}
$$

die Übertragungsfunktion des zweidimensionalen Mittelungsprozesses. Für die Mittelung von vier Meßwerten auf benachbarten Gitterpunkten im Abstand $r = \Delta x = \Delta y$ vom Bezugspunkt (x, y) ergibt sich mit $c_k = \frac{1}{N} = \frac{1}{4}$ nach Gleichung (25.8) die Übertragungsfunktion eines kreissymmetrischen Tiefpaßfilters:

$$H(k_x, k_y) = \frac{\cos(2\pi k_x r) + \cos(2\pi k_y r)}{2} \, . \tag{25.9}$$

Je größer r ist, desto stärker ist die Unterdrückung der Anteile im hochfrequenten Teil des Wellenzahlspektrums und umso stärker ist die Glättung des Wellenzahlfilters.

Zur Glättung lassen sich im Prinzip auch die in Abschnitt 25.2 behandelten Verfahren zur Trennung der Feldanteile einsetzen, insbesondere das zweidimensionale Tiefpaßfilter aus Abschnitt 25.2.2.

25.2 Trennung von Lokal- und Regionalfeldern gravimetrischer Messungen

Die an der Erdoberfläche gemessene Schwerkraft setzt sich aus zwei Komponenten zusammen:

- der von der Masse des Erdkörpers herrührenden Gravitation,
- der Zentrifugalkraft der rotierenden Erde.

Im folgenden interessiert lediglich der durch die Gravitation bedingte Anteil der Schwerkraft. Die Auswirkungen der Zentrifugalkraft werden daher vernachlässigt.

Das gemessene Schwerefeld $g(x, y)$ läßt sich als Superposition des Regionalfeldes $g_{reg}(x, y)$ und des Lokal- oder Residualfeldes $g_{res}(x, y)$ beschreiben:

$$g(x, y) = g_{reg}(x, y) + g_{res}(x, y) \tag{25.10}$$

bzw. im Wellenzahlbereich durch:

$$G(k_x, k_y) = G_{reg}(k_x, k_y) + G_{res}(k_x, k_y) \, . \tag{25.11}$$

Zur Trennung von Lokal- und Regionalfeldern lassen sich die Unterschiede ihrer Schwerewirkung bzw. Unterschiede ihrer Wellenzahlspektren ausnutzen. Im Vergleich zum Lokalfeld oberflächennaher Quellen besitzen die regionalen Feldanteile die größeren Wellenlängen. In praxi werden je nach Zielsetzung verschiedene Verfahren eingesetzt, die zweidimensionale Filter im Wellenzahlbereich darstellen. Zur Trennung der Feldanteile werden neben zweidimensionalen

572

Wellenzahlfiltern insbesondere die Methoden der höheren Ableitungen und der Feldfortsetzung angewendet, deren Wirkungsweise aus der Sicht der Filtertheorie in diesem Abschnitt aufgezeigt wird, nachdem zuvor in Abschnitt 25.2.1 die physikalischen Grundlagen zur Trennung der Komponenten skizziert werden.

25.2.1 Trennung der Anteile aufgrund der unterschiedlichen Schwerewirkung

Die Trennung der Regional- und Lokalanteile des gemessenen Schwerefeldes basiert auf der Gravitationswirkung der das Feld verursachenden Massen, die in unterschiedlicher Entfernung und Richtung zum Meßpunkt liegen können. Nach dem Newtonschen Gesetz ist die Kraft pro Einheitsmasse, also die Gravitationsbeschleunigung $\mathbf{g}$, die von dm auf die Einheitsmasse in der Entfernung $\bar{r}$ wirkt und auf dm gerichtet ist, gleich:

$$\mathbf{g} = \gamma \frac{dm}{\bar{r}^2} \frac{\bar{\mathbf{r}}}{\bar{r}} , \tag{25.12}$$

dabei ist γ die Gravitationskonstante. Zur Berechnung der Gravitationsbeschleunigung $\mathbf{g}$ wird das Gravitationspotential U eingeführt. Das in der Entfernung r im Punkte P von der Masse dm herrührende Gravitationspotential U ist definiert als die Arbeit, die erforderlich ist, um die Einheitsmasse aus dem Unendlichen nach P zu bewegen. Diese Arbeit ist mit Gleichung (25.12):

$$U = \gamma dm \int_{\infty}^{r} \frac{d\bar{r}}{\bar{r}^2} = -\gamma dm \frac{1}{\bar{r}} \Big|_{\infty}^{r} = -\gamma \frac{dm}{r} . \tag{25.13}$$

Führt man ein rechtwinkliges Koordinatensystem ein und berücksichtigt man, daß $r^2 = (x - x_0)^2 + (y - y_0)^2 + (z - z_0)^2$ ist, wobei x, y, z die Koordinaten des äußeren Punktes P und x_0, y_0, z_0 die des Massenpunktes P_m sind, dann folgt:

$$\frac{\partial^2}{\partial x^2} \frac{1}{r} = -\frac{1}{r^3} + \frac{3(x - x_0)^2}{r^5} , \tag{25.14}$$

$$\frac{\partial^2}{\partial y^2} \frac{1}{r} = -\frac{1}{r^3} + \frac{3(y - y_0)^2}{r^5} , \tag{25.15}$$

$$\frac{\partial^2}{\partial z^2} \frac{1}{r} = -\frac{1}{r^3} + \frac{3(z - z_0)^2}{r^5} . \tag{25.16}$$

Die Anwendung des Laplace-Operators

$$\Delta = \frac{\partial^2}{\partial x^2} + \frac{\partial^2}{\partial y^2} + \frac{\partial^2}{\partial z^2} \tag{25.17}$$

auf das Potential der Gravitation der Masse dm außerhalb derselben ergibt damit:

$$\Delta U = -\gamma(\Delta\frac{1}{r})dm$$

$$= -\gamma(\frac{\partial^2}{\partial x^2}\frac{1}{r} + \frac{\partial^2}{\partial y^2}\frac{1}{r} + \frac{\partial^2}{\partial z^2}\frac{1}{r})dm = 0, \qquad (25.18)$$

d.h. in jedem Punkt, der außerhalb der Masse gelegen ist, ist $\Delta U = 0$. Für die partiellen Ableitungen $\frac{\partial U}{\partial z}$, $\frac{\partial^2 U}{dz^2}$,... wird in diesem Kapitel die Index-Schreibweise U_z, U_{zz},... gewählt. Gleichung (25.18) lautet damit:

$$U_{xx} + U_{yy} + U_{zz} = 0 . \qquad (25.19)$$

Mit der Einführung des in Abb. 25.2 gezeigten rechtwinkligen Koordinatensystems und der Lage des Massenelementes im Punkte P_m mit den Koordinaten $x = 0, y = 0, z = -z_0$ ergibt sich nach (25.13) für das Gravitationspotential in einem Punkte P mit den Koordinaten $(x,y,z) \neq (0,0,-z_0)$:

$$U = -\gamma\frac{dm}{\sqrt{x^2 + y^2 + (z + z_0)^2}} . \qquad (25.20)$$

Mit dem so eingeführten Potential U läßt sich die durch dm im Punkte P senkrecht nach unten wirkende Komponente g der Gravitationskraft $\mathbf{g}$ als Gradient des Potentials in z-Richtung darstellen:

$$g = \frac{\partial U}{\partial z} = U_z = \gamma\frac{dm(z + z_0)}{(x^2 + y^2 + (z + z_0)^2)^{\frac{3}{2}}} . \qquad (25.21)$$

Für Beobachtungen an der Erdoberfläche ($z = 0$) folgt:

$$g = \gamma\frac{dm\, z_0}{(x^2 + y^2 + z_0^2)^{\frac{3}{2}}} . \qquad (25.22)$$

Ist ϕ der Neigungswinkel des Richtstrahls vom Aufpunkt P zum Quellpunkt P_m, dann ist $z_0 = r\sin\phi$. Hiermit erhält man aus (25.22):

$$g = \gamma\frac{dm}{r^3}r\sin\phi = \alpha_1\frac{\gamma dm}{r^2} \qquad (25.23)$$

mit $\alpha_1 = \sin\phi$. Für die höheren Ableitungen an der Erdoberfläche folgt aus (25.22):

$$g_z = \frac{\partial g}{\partial z} = U_{zz} = \frac{3\gamma dm z_0^2}{(x^2 + y^2 + z_0^2)^{\frac{5}{2}}} - \frac{\gamma dm}{(x^2 + y^2 + z_0^2)^{\frac{3}{2}}}$$

$$= \frac{\gamma dm}{r^3}(3\sin^2\phi - 1) = \alpha_2\frac{\gamma dm}{r^3} \qquad (25.24)$$

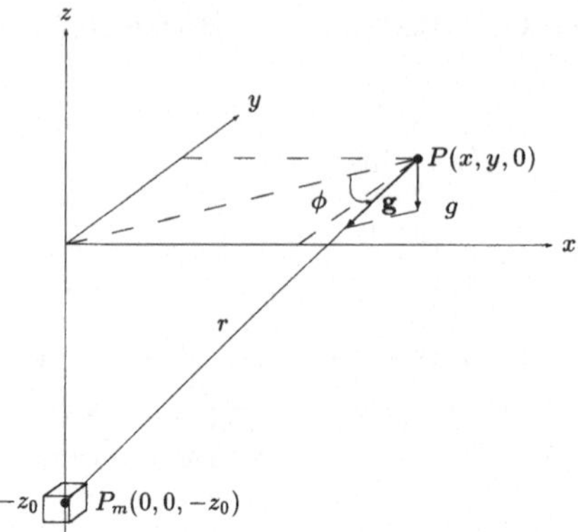

Abbildung 25.2: Definition des Koordinatensystems in Gleichung (25.22).

mit $\alpha_2 = 3\sin^2\phi - 1$ und

$$
\begin{aligned}
g_{zz} = \frac{\partial^2 g}{\partial z^2} = U_{zzz} &= \frac{15\gamma dm\, z_0^3}{(x^2 + y^2 + z_0^2)^{\frac{7}{2}}} - \frac{9\gamma dm\, z_0}{(x^2 + y^2 + z_0^2)^{\frac{5}{2}}} \\
&= \frac{\gamma dm}{r^4}\sin\phi(15\sin^2\phi - 9) \\
&= \alpha_3 \frac{\gamma dm}{r^4}
\end{aligned}
\tag{25.25}
$$

mit $\alpha_3 = \sin\phi(15\sin^2\phi - 9)$. $g_z = U_{zz}$ wird als Vertikalgradient, $g_{zz} = U_{zzz}$ als zweite Ableitung der Gravitation bezeichnet. Aus den obigen Formeln liest man ab:

- U_z nimmt mit der zweiten, U_{zz} mit der dritten und U_{zzz} mit der vierten Potenz der Entfernung ab.
- Die Abhängigkeit der Wirkung der Masse vom Neigungswinkel ϕ des Richtstrahls zum Massenelement wird durch die Faktoren α_1, α_2, α_3 bestimmt (siehe Tabelle 25.2).

Massen, für die ϕ sehr klein ist, haben danach keinen nennenswerten Einfluß auf U_z und U_{zzz}. Auf U_{zz} ist die Wirkung der in horizontaler Richtung vorhandenen Massen absolut genommen aber schon halb so groß wie diejenige gleichgroßer Massen, die in gleicher Entfernung senkrecht unter dem Beobachtungspunkt liegen. Da U_{zzz} mit der vierten Potenz des Abstandes abnimmt und die Wirkung der unter kleinem Winkel ϕ vorhandenen Massen relativ klein ist, sind die Isanomalen von U_{zzz} das beste Mittel, um die Grenzen oberflächennaher Dichteunterschiede zu kartieren. Weiterhin bietet die zweite Ableitung U_{zzz} - wegen ihrer Abnahme mit der vierten Potenz

$\phi[°]$	gravimetrische Wirkung		
	α_1	α_2	α_3
-26.5	-0.45	-0.39	2.68
0	0	-1	0
26.5	0.45	-0.39	-2.68
35	0.57	0	-2.25
45	0.71	0.5	-1.06
51	0.78	0.8	0
90	1	2	6

Tabelle 25.2: Gravimetrische Wirkung eines Massenelementes für verschiedene Neigungswinkel des Richtstrahls.

der Entfernung - die Möglichkeit zur Unterdrückung der regionalen Feldanteile.

U_z wird, da die Wirkung einer Masse auf g lediglich mit der zweiten Potenz der Entfernung abnimmt, im Vergleich zu U_{zz} und U_{zzz} stärker durch tiefer liegende Massen beeinflußt. Eine Analyse des gemessenen Schwerefeldes ist daher am besten möglich durch die parallele Darstellung von U_{zzz} und U_z. In U_{zzz} geht in erster Linie die Wirkung der oberflächennahen Quellen ein, dagegen in U_z die der ausgedehnteren Massen in größerer Tiefe. Während sich die Feldanteile von Quellen unterschiedlicher Tiefe anhand von U_z und U_{zzz} noch vielfach trennen lassen, ist das Problem der Trennung benachbarter Quellen in etwa gleicher Tiefe, die so dicht beieinander liegen, daß das gemessene Feld von einer einzelnen Quelle herzurühren scheint, nicht mehr zu lösen.

25.2.2 Zweidimensionale Wellenzahlfilterung

Der Aufbau zweidimensionaler Wellenzahlfilter mit variabler Übertragungsfunktion geht auf Dean (1958) zurück. Das ideale zweidimensionale Wellenzahl-Tiefpaßfilter mit der Cutoff-Wellenzahl k_c besitzt die kreissymmetrische Übertragungsfunktion

$$W(k_r) = \begin{cases} 1 & \text{für } k_r \leq k_c \\ 0 & \text{für } k_r > k_c \end{cases} \tag{25.26}$$

mit $k_r = \sqrt{k_x^2 + k_y^2}$. Für kreissymmetrische, d.h. vom Azimut unabhängige Übertragungsfunktionen $G(k_r)$ läßt sich der Zusammenhang zwischen $G(k_r)$ und der zugehörenden Gewichtsfunktion $g(r)$ über die Hankel-Transformation berechnen:

$$G(k_r) = 2\pi \int_0^\infty g(r) J_0(2\pi r k_r) r\, dr \qquad (25.27)$$

mit

$$g(r) = 2\pi \int_0^\infty G(k_r) J_0(2\pi r k_r) k_r\, dk_r \ , \qquad (25.28)$$

dabei ist $J_0(u)$ die Bessel-Funktion nullter Ordnung. Die Gültigkeit dieser Gleichungen läßt sich zeigen, indem man von der zweidimensionalen Fourier-Transformation,

$$G(k_x, k_y) = \int_{-\infty}^\infty \int_{-\infty}^\infty g(\sqrt{x^2 + y^2}) e^{-i2\pi(k_x x + k_y y)} dx\, dy \ , \qquad (25.29)$$

ausgeht und Polarkoordinaten einführt:

$$\begin{aligned}
x &= r\cos\Theta, \quad y = r\sin\Theta, \quad r = \sqrt{x^2 + y^2}, \\
k_x &= k_r\cos\Phi, \quad k_y = k_r\sin\Phi, \quad k_r = \sqrt{k_x^2 + k_y^2} \ .
\end{aligned} \qquad (25.30)$$

Hiermit ergibt sich:

$$\begin{aligned}
G(k_r, \Phi) &= \int_0^\infty \int_0^{2\pi} g(r) e^{-i2\pi k_r r(\cos\Theta\cos\Phi + \sin\Theta\sin\Phi)} r\, dr\, d\Theta \\
&= \int_0^\infty r g(r)\, dr \int_0^{2\pi} e^{-i2\pi k_r r\cos(\Theta - \Phi)} d\Theta \ .
\end{aligned} \qquad (25.31)$$

Die Lösung des zweiten Integrals läßt sich mit Hilfe der Bessel-Funktion $J_0(u)$ angeben:

$$\int_0^{2\pi} e^{iu\cos\phi} d\phi = 2\pi J_0(u) \ , \qquad (25.32)$$

so daß man

$$G(k_r, \Phi) = 2\pi \int_0^\infty r g(r) J_0(2\pi k_r r)\, dr = G(k_r) \qquad (25.33)$$

erhält. Für kreissymmetrische Funktionen $g(r)$ ist die Übertragungsfunktion unabhängig vom Azimut Φ. Die Richtigkeit der inversen Transformation (25.28) läßt sich analog prüfen.

Für das ideale Tiefpaßfilter (25.26) ergibt sich die Gewichtsfunktion:

$$
\begin{aligned}
w(r) &= 2\pi \int_0^\infty W(k_r) J_0(2\pi r k_r) k_r \, dk_r \\
&= 2\pi \int_0^{k_c} J_0(2\pi r k_r) k_r \, dk_r \\
&= \frac{2\pi}{(2\pi r)^2} \int_0^{k_c} J_0(\sigma)\sigma \, d\sigma \\
&= \frac{2\pi}{(2\pi r)^2} \{\sigma J_1(\sigma)\}\big|_0^{k_r=k_c} \\
&= \frac{k_c J_1(2\pi r k_c)}{r} .
\end{aligned}
\tag{25.34}
$$

Hierbei wird die Beziehung

$$
\int u J_0(u)\,du = u J_1(u)
\tag{25.35}
$$

zwischen den Bessel-Funktionen nullter und erster Ordnung ausgenutzt.

$w(r)$ klingt nur sehr langsam mit r ab und ist daher in der Praxis nicht anwendbar. Erst mit Hilfe zusätzlicher Fensterfunktionen lassen sich Gewichtsfunktionen mit hinreichenden Abklingeigenschaften ableiten. Lavin und Devane (1970) setzen als Fensterfunktion die bis zur ersten Nullstelle begrenzte Bessel-Funktion $J_0(u)$ an mit dem Ergebnis:

$$
g(r) = \frac{a J_1(2\pi a r)}{r} \frac{J_0(\pi r \Delta k)}{1 - \left(\frac{2\pi r \Delta k}{4{,}8096}\right)^2} .
\tag{25.36}
$$

Anstelle der Cutoff-Wellenzahl k_c wird die Wellenzahl a eingeführt, bei der die Übertragungsfunktion den Wert 0.5 erreicht. Der Flankenabfall erfolgt über den Wellenzahlbereich $a - \frac{\Delta k}{2} \leq k_r \leq a + \frac{\Delta k}{2}$, d.h. Δk ist die Breite der Fensterfunktion im Wellenzahlbereich. Zur Filtersynthese sind vom Interpreten die Filterparameter r, d.h. das Einzugsgebiet des Filters, die Halbwertswellenzahl a und die die Flankensteilheit bestimmende Größe Δk festzulegen.

Durch die Kombination zweier Gewichtsfunktionen $g(r, a_1)$ und $g(r, a_2)$ mit unterschiedlichem a_1 und a_2 lassen sich anhand der Tiefpaßfilter auch Bandpaßfilter definieren. Eine Tiefenzuordnung der mit derartigen zweidimensionalen Tief- oder Bandpaßfiltern separierten Anomalien bleibt dem Interpreten vorbehalten, der den Zusammenhang zwischen Wellenlänge, Tiefe und Geometrie des Störkörpers zu berücksichtigen hat.

25.2.3 Das Verfahren der zweiten Ableitung als zweidimensionales Filter

Das Potential der Gravitation außerhalb der Massen wird nach Gleichung (25.19) durch die Laplace-Gleichung beschrieben:

$$U_{xx} + U_{yy} + U_{zz} = 0 \ . \tag{25.37}$$

Differenziert man Gleichung (25.37) nach z, so ergibt sich:

$$U_{xxz} + U_{yyz} + U_{zzz} = 0 \ . \tag{25.38}$$

Mit

$$g_{xx} = U_{xxz} \quad \text{und} \quad g_{yy} = U_{yyz} \tag{25.39}$$

erhält man:

$$U_{zzz} = -(g_{xx} + g_{yy}) \ . \tag{25.40}$$

Nach (25.40) ist die zweite Vertikalableitung des Schwerefeldes außerhalb der Quellen durch die Anwendung des Operators

$$\mathcal{O} = -(\frac{\partial^2}{\partial x^2} + \frac{\partial^2}{\partial y^2}) \tag{25.41}$$

auf $g(x,y)$ zu realisieren:

$$\frac{\partial^2}{\partial z^2}g(x,y) = -(\frac{\partial^2}{\partial x^2} + \frac{\partial^2}{\partial y^2})g(x,y) \ \ . \tag{25.42}$$

Die Anwendung des Operators $\mathcal{O}$ auf die Schwerefelddaten $g(x,y)$ mit dem Spektrum $G(k_x, k_y)$ ergibt:

$$\begin{aligned}
w(x,y) \ &= \ \mathcal{O}\{g(x,y)\} \\
&= \ -(\frac{\partial^2}{\partial x^2} + \frac{\partial^2}{\partial y^2}) \int_{-\infty}^{\infty} \int_{-\infty}^{\infty} G(k_x, k_y)e^{i2\pi(k_x x + k_y y)}dk_x dk_y \\
&= \ \int_{-\infty}^{\infty} \int_{-\infty}^{\infty} 4\pi^2 (k_x^2 + k_y^2)G(k_x, k_y)e^{i2\pi(k_x x + k_y y)}dk_x dk_y
\end{aligned}$$

$$\tag{25.43}$$

bzw. im Wellenzahlbereich:

$$W(k_x, k_y) = 4\pi^2(k_x^2 + k_y^2)G(k_x, k_y) \ \ . \tag{25.44}$$

Der Prozeß der zweiten Vertikalableitung besitzt nach (25.44) die Übertragungsfunktion:

$$H(k_x, k_y) = 4\pi^2(k_x^2 + k_y^2) \ , \tag{25.45}$$

die in Abb. 17.2 dargestellt ist.
Die Übertragungsfunktion der zweiten Vertikalableitung

- besitzt keine Vorzugsrichtung,

- ist phasentreu,

- geht für kleine Wellenzahlen gegen Null und wächst quadratisch mit der Wellenzahl, d.h. die zweite Vertikalableitung wirkt im Wellenzahlbereich als Hochpaßfilter. Bei Bildung der zweiten Ableitung werden somit die Anteile mit großen Wellenlängen eliminiert. Da dies primär die Anteile des Regionalfeldes sind, läßt sich das Filter zu ihrer Unterdrückung einsetzen.

- ist proportional dem Quadrat der Wellenzahl mit dem Maximum $H_{Max} = 4\pi^2(k_x^2 + k_y^2)|_{k_{Ny}} = \frac{2\pi^2}{\Delta s^2}$ innerhalb des Nyquist-Intervalls $|k_x| \leq \frac{1}{2\Delta x}$, $|k_y| \leq \frac{1}{2\Delta y}$, $\Delta x = \Delta y = \Delta s$.

Die Übertragungsfunktion der zweiten Ableitung kann nicht als ideal bezeichnet werden: im oberen Wellenzahlbereich werden Meßfehler oder Fehler, die bei der Reduktion der Schwerewerte auf ein gemeinsames Bezugsniveau gemacht werden, zu sehr verstärkt. Um dieses zu vermeiden, ist zu fordern, daß die Übertragungsfunktion maximale Verstärkung im mittleren Wellenzahlbereich besitzt und zu höheren Wellenzahlen begrenzt wird. Diese gewünschten Eigenschaften besitzen die in Abschnitt 25.2.4 behandelten Mittelungsverfahren.

Für die zweite Ableitung der Schwerkraft U_{zzz} läßt sich eine direkte Beziehung zum Residualfeld,

$$g_{res}(x,y) = g(x,y) - g_{reg}(x,y) \ , \tag{25.46}$$

herleiten. Setzt man für den Wert des Regionalfeldes in (x_0, y_0) das arithmetische Mittel der vier Nachbarwerte im Abstand $\Delta x = \Delta y = \Delta s$ an,

$$g_{reg}(x_0, y_0) \;=\; \frac{1}{4}\{g(x_0 + \Delta s, y_0) + g(x_0 - \Delta s, y_0) \\ + \; g(x_0, y_0 + \Delta s) + g(x_0, y_0 - \Delta s)\} \ , \tag{25.47}$$

dann folgt für das Residualfeld:

$$g_{res}(x_0, y_0) \;=\; g(x_0, y_0) - \frac{1}{4}\{g(x_0 + \Delta s, y_0) + g(x_0 - \Delta s, y_0) \\ + \; g(x_0, y_0 + \Delta s) + g(x_0, y_0 - \Delta s)\} \ . \tag{25.48}$$

Die Multiplikation beider Seiten mit $-\frac{4}{\Delta s^2}$ liefert:

$$- \frac{4}{\Delta s^2} g_{res}(x_0, y_0)$$

$$= \frac{1}{\Delta s}\{\frac{g(x_0 + \Delta s, y_0) - g(x_0, y_0)}{\Delta s} - \frac{g(x_0, y_0) - g(x_0 - \Delta s, y_0)}{\Delta s}\}$$

580

$$+ \quad \frac{1}{\Delta s}\left\{\frac{g(x_0, y_0 + \Delta s) - g(x_0, y_0)}{\Delta s} - \frac{g(x_0, y_0) - g(x_0, y_0 - \Delta s)}{\Delta s}\right\}$$

$$\approx \quad \frac{\partial^2 g(x_0, y_0)}{\partial x^2} + \frac{\partial^2 g(x_0, y_0)}{\partial y^2} \quad . \tag{25.49}$$

Für $\Delta s \to 0$ ergibt sich:

$$\lim_{\Delta s \to 0} -\frac{4}{\Delta s^2} g_{res}(x_0, y_0) = \frac{\partial^2 g(x_0, y_0)}{\partial x^2} + \frac{\partial^2 g(x_0, y_0)}{\partial y^2} \quad . \tag{25.50}$$

Mit Gleichung (25.42) folgt:

$$\lim_{\Delta s \to 0} \frac{4}{\Delta s^2} g_{res}(x_0, y_0) = \frac{\partial^2 g(x_0, y_0)}{\partial z^2} \quad . \tag{25.51}$$

Gleichung (25.51) besagt zusammen mit den Gleichungen (25.47) und (25.48), daß das Residualfeld, berechnet als Differenz zwischen dem in (x_0, y_0) gemessenen Schwerewert und dem Mittelwert der Meßwerte in seiner Umgebung, bis auf einen Faktor der zweiten Ableitung $\frac{\partial^2 g(x_0, y_0)}{\partial z^2}$ entspricht. Die Übertragungsfunktion der Operation (25.48) muß damit für $\Delta s \to 0$ mit (25.45) übereinstimmen. Dies läßt sich wie folgt zeigen: Die Übertragungsfunktion des in (25.48) angewandten mathematischen Prozesses, multipliziert mit $\frac{4}{\Delta s^2}$, ist:

$$\frac{4}{\Delta s^2} H(k_x, k_y) = \frac{4}{\Delta s^2} \int_{-\infty}^{\infty} \int_{-\infty}^{\infty} h(x_0, y_0) e^{-i2\pi(k_x x + k_y y)} dx\, dy \tag{25.52}$$

mit

$$\begin{aligned}
h(x_0, y_0) &= \delta(x_0, y_0) - \frac{1}{4}\{\delta(x_0 + \Delta s, y_0) + \delta(x_0 - \Delta s, y_0) \\
&\quad + \delta(x_0, y_0 + \Delta s) + \delta(x_0, y_0 - \Delta s)\} \quad . \tag{25.53}
\end{aligned}$$

Mit

$$\mathcal{F}\{\delta(x_0, y_0)\} = 1 \quad \forall \ k_x, \ k_y \tag{25.54}$$

und Gleichung (3.26) folgt aus (25.52):

$$\begin{aligned}
\frac{4}{\Delta s^2} H(k_x, k_y) &= \frac{4}{\Delta s^2}\left(1 - \frac{1}{2}\{\cos(2\pi k_x \Delta s) + \cos(2\pi k_y \Delta s)\}\right) \\
&= \left(\frac{2\sin(\pi k_x \Delta s)}{\Delta s}\right)^2 + \left(\frac{2\sin(\pi k_y \Delta s)}{\Delta s}\right)^2 , \tag{25.55}
\end{aligned}$$

da $\cos(2\alpha) = 1 - 2\sin^2 \alpha$. Für $\Delta s \to 0$ ergibt sich aus (25.55):

$$\lim_{\Delta s \to 0} \frac{4}{\Delta s^2} H(k_x, k_y) = (2\pi k_x)^2 + (2\pi k_y)^2 = 4\pi^2(k_x^2 + k_y^2) \quad . \tag{25.56}$$

Dies ist gerade Gleichung (25.45), d.h. die Übertragungsfunktion der zweiten Vertikalableitung.

Die obigen Ausführungen zeigen:

- die zweite Vertikalableitung bestimmt bis auf einen Faktor das Residual- oder Lokalfeld,

- die zweite Vertikalableitung läßt sich in der Praxis näherungsweise durch den Mittelungsprozeß (25.48) realisieren. Weitere Approximationen werden in Abschnitt 25.2.4 vorgestellt.

25.2.4 Mittelungsprozesse als Approximation der zweiten Ableitung

Da das Schwerefeld nur an diskreten Punkten gemessen wird, müssen für die Datenbearbeitung anstelle der analytischen Ausdrücke, wie z.B. für die Übertragungsfunktion der zweiten Ableitung in Gleichung (25.45), numerische Näherungsformeln eingesetzt werden.

Für quadratische Meßgitter mit einem Punktabstand $\Delta x = \Delta y = \Delta s$ läßt sich die zweite Ableitung nach Abschnitt 17.1 durch folgende Gleichung approximieren:

$$\bar{g}_{zz}(x_0, y_0) = \frac{1}{\Delta s^2}(\frac{2\pi^2}{3} g(x_0, y_0)$$
$$+ \sum_{j=1}^{j_{Max}} \frac{2}{j^2}(-1)^j \{g(x_0 \pm j\Delta s, y_0) + g(x_0, y_0 \pm j\Delta s)\}) \ .$$

$$(25.57)$$

Die hier auftretenden Koeffizienten sind die in Abschnitt 17.1, Beispiel 2, mit Hilfe der Fourierreihen-Approximation hergeleiteten Koeffizienten (17.30) der Impulsantwort (17.17). Die nach (17.16) berechnete Übertragungsfunktion, dargestellt für $j_{Max} = 7$ in Abb. 17.2, ist weitgehend richtungsunabhängig und weicht von der theoretischen Übertragungsfunktion (25.45) kaum ab. Trotzdem ist - wie in Abschnitt 25.2.2 erläutert - die Übertragungsfunktion nicht als ideal zu bezeichnen, da die hohen Wellenzahlen zu sehr verstärkt werden.

Bei den auf Elkins (1951), Henderson und Zietz (1949), Peters (1949), Rosenbach (1953), Paul (1961), etc. zurückgehenden Näherungen der zweiten Ableitung versucht man, die Nachteile der theoretischen Übertragungsfunktion (25.45) zu vermeiden, indem man Operatoren herleitet, die im unteren und mittleren Wellenzahlbereich die zweite Ableitung möglichst gut approximieren, die Anteile mit höheren Wellenzahlen aber weniger stark als die zweite Ableitung anheben. Die publizierten Näherungsformeln der zweiten Ableitung sind in der Regel von der Form

$$\bar{g}_{zz}(x_0, y_0) = \frac{c}{\Delta s^2} \sum_{j=1}^{N} a_j \bar{g}(r_j) \quad \text{mit} \quad r_1 = 0 \ . \tag{25.58}$$

$\bar{g}(r_j)$, $j = 1, ..., N$ sind gemittelte Meßwerte der Schwere längs bestimmter Kreise in den Abständen r_j vom Bezugspunkt (x_0, y_0). Von den gitterförmig im Abstand Δs angeordneten Meßpunkten wird über die Meßwerte gemittelt, die einen bestimmten Abstand r_j vom Punkt (x_0, y_0) besitzen. Der Großteil der Koeffizientensätze basiert auf $N = 5$ mit den Radien $r_j = 0$, Δs, $\Delta s\sqrt{2}$, $2\Delta s$, $\Delta s\sqrt{5}$. Bei einem äquidistanten Raster der Weite Δs wird dabei für die Radien $r_j = \Delta s$, $\Delta s\sqrt{2}$ und $2\Delta s$ über jeweils 4 Meßwerte, für $r_5 = \Delta s\sqrt{5}$ über 8 Meßwerte gemittelt. Anschließend wird entsprechend den Koeffizienten a_k das gewichtete Mittel über die N Kreise bestimmt. Eine Zusammenstellung der wichtigsten Koeffizientensätze findet man bei Mesko (1984). Abb. 25.3 zeigt drei derartige Koeffizientensätze mit den zugehörigen zweidimensionalen Übertragungsfunktionen, die mittels der zweidimensionalen diskreten Fourier-Transformation (5.70) berechnet wurden. Entsprechend den Vorzeichen der Koeffizienten werden vom Meßwert für $r = 0$ die gewichteten Mittel für $r > 0$ abgezogen. Im Gegensatz zu dem in Kapitel 16 behandelten Mittelungsverfahren entspricht diese mathematische Operation einer Hochpaßfilterung. Im Vergleich zur Übertragungsfunktion der zweiten Ableitung wird beim Operator von Rosenbach (Abb. 25.3 unten) und noch stärker bei dem von Elkins (Abb. 25.3 Mitte) der Anstieg mit wachsender Wellenzahl beschränkt, wobei insbesondere bei der Approximation von Rosenbach die Kreissymmetrie der Übertragungsfunktion weitgehend realisiert wird. Der Einsatz richtungsabhängiger Übertragungsfunktionen kann zu fiktiven, d.h. nicht geologisch gegebenen, Strukturtrends führen. Daher ist bei der Interpretation von Karten der zweiten Ableitung, bei denen Koeffizientensätze mit nicht kreissymmetrischer Übertragungsfunktion angewendet wurden, Vorsicht geboten. Aus den in Abb. 25.3 dargestellten Übertragungsfunktionen liest man ab, daß beim Koeffizientensatz von Elkins und insbesondere bei dem von Henderson und Zietz zwei Vorzugsrichtungen existieren: In 45°-Richtung zum Meßpunktraster und senkrecht dazu werden die Anteile des höheren Wellenzahlbereichs besonders stark angehoben.

In der Praxis hat sich die Anwendung von Approximationsverfahren der zweiten Vertikalableitung auf vorher geglättete, das heißt tiefpaßgefilterte Daten als vielfach sehr nützlich herausgestellt. Die

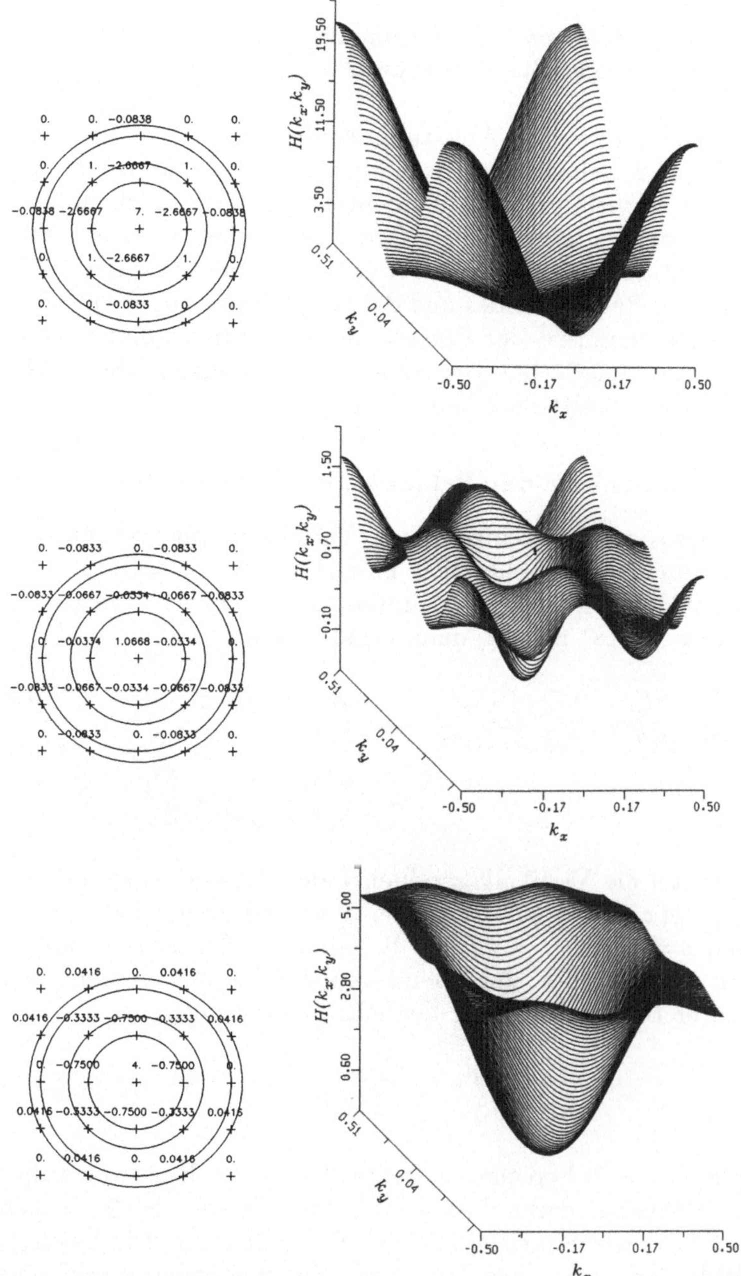

Abbildung 25.3: Filterkoeffizienten (links) und Wellenzahlcharakteristiken von drei verschiedenen Approximationen der zweiten Ableitung: nach Henderson-Zietz (oben), Elkins (Mitte) und Rosenbach (unten). Längs der 4 Kreise und dem zentralen Punkt werden die mit den angegebenen Koeffizienten gewichteten Meßdaten gemittelt.

584

Kombination dieser zwei Operationen entspricht insgesamt einer Bandpaßfilterung. Die größte Verstärkung erfolgt im mittleren Wellenzahlbereich.

Anstelle der zweiten Ableitung werden heute verstärkt die in Abschnitt 25.2.2 behandelten zweidimensionalen Bandpaßfilter eingesetzt, die sehr viel flexibler auf die interessierenden Wellenzahlbereiche angepaßt werden können. Die Grenzfrequenzen werden dabei unter Berücksichtigung des interessierenden Tiefenbereichs, der Wellenzahlspektren des Regionalfeldes und der Noise-Komponente gewählt. Eine Alternative hierzu ist der Einsatz der zweidimensionalen Optimalfilter. Die mathematischen Grundlagen zur Herleitung dieses Filtertyps werden in Abschnitt 26.2 behandelt.

25.2.5 Trennung der Feldanteile durch Feldfortsetzung

Ein anderes vielfach eingesetztes Verfahren zur Trennung der regionalen und lokalen Feldanteile basiert auf der Fortsetzung des gemessenen Feldes nach oben bzw. unten. Differenziert man die Laplace-Gleichung (25.18) nach z, dann erhält man:

$$\frac{\partial}{\partial z}\left(\frac{\partial^2 U}{\partial x^2} + \frac{\partial^2 U}{\partial y^2} + \frac{\partial^2 U}{\partial z^2}\right) = \frac{\partial^2}{\partial x^2}\frac{\partial U}{\partial z} + \frac{\partial^2}{\partial y^2}\frac{\partial U}{\partial z} + \frac{\partial^2}{\partial z^2}\frac{\partial U}{\partial z}$$

$$= \frac{\partial^2 g}{\partial x^2} + \frac{\partial^2 g}{\partial y^2} + \frac{\partial^2 g}{\partial z^2} = 0 \ . \quad (25.59)$$

Gegeben sei die Vertikalkomponente des Schwerefeldes in der Ebene $z = 0$: $g(x,y,z = 0)$. Unter der Voraussetzung, daß zwischen den Ebenen $z = 0$ und $z = h$, $h > 0$, keine Quellen liegen, läßt sich das Feld in der Ebene h, ausgehend von der Laplace-Gleichung (25.59) und unter Berücksichtigung der Randbedingungen

$$\begin{aligned} g(x,y,z)|_{z=0} &= g(x,y,z = 0) \ , \\ g(x,y,z)|_{z\to\infty} &= 0 \ , \end{aligned} \quad (25.60)$$

aus $g(x,y,z = 0)$ berechnen. Dies ist die erste Randwertaufgabe der Potentialtheorie, deren Lösung z.B. bei Peters (1949), Bosum und Hahn (1965) und Smirnow (1981) behandelt wird. Die Lösung erfolgt mit Hilfe der Greenschen Funktion. Für den zweidimensionalen Fall läßt sich das Potential $U(x,y)$, das längs einer geschlossenen Kurve s durch $U(s)$ gegeben ist, im Außenraum der Quellen durch

$$U(x,y) = \frac{1}{2\pi} \int_s \left(\frac{\partial G}{\partial n}\right)_s U(s)ds \quad (25.61)$$

bestimmen. n ist die Richtung der Normalen auf s (positiv nach außen). Die Greensche Funktion ist dabei wie folgt definiert:

$$\Delta G \;=\; 0 \text{ innerhalb der geschlossenen Kurve } s,$$

$$\frac{\partial G}{\partial n} \;=\; 0 \text{ auf } s,$$

$$\lim_{r \to 0} G \;\to\; \ln\left(\frac{1}{r}\right), \qquad (25.62)$$

wobei r der Abstand von der Quelle ist. Bosum und Hahn (1965) bestimmen die Greensche Funktion für den zweidimensionalen Fall mit Hilfe funktionentheoretischer Hilfsmittel. Für den dreidimensionalen Fall besteht nach Smirnow (1981) folgender Zusammenhang zwischen $g(x, y, 0)$ und $g(x, y, h)$:

$$g(x, y, z = h) = \frac{h}{2\pi} \int_{-\infty}^{\infty} \int_{-\infty}^{\infty} \frac{g(\xi, \eta, 0)}{(h^2 + (x - \xi)^2 + (y - \eta)^2)^{\frac{3}{2}}} d\xi\, d\eta.$$
$$(25.63)$$

Die rechte Seite von Gleichung (25.63) kann als Faltungsintegral aufgefaßt werden:

$$g(x, y, z = h) = \frac{1}{2\pi}\left(\frac{h}{(h^2 + x^2 + y^2)^{\frac{3}{2}}}\right) * g(\xi, \eta, 0) . \qquad (25.64)$$

Damit ist

$$w_{oben}(x, y)\big|_{z=0}^{h} = \frac{1}{2\pi} \frac{h}{(h^2 + x^2 + y^2)^{\frac{3}{2}}} \qquad (25.65)$$

die zweidimensionale Gewichtsfunktion für die durch $\big|_{z=0}^{h}$ gekennzeichnete Fortsetzung des Feldes nach oben von $z = 0$ auf $z = h$. Die zugehörige Übertragungsfunktion ergibt sich nach Gleichung (2.37) zu:

$$\begin{aligned}
W_{oben}(k_x, k_y)\big|_{z=0}^{h} &= \int_{-\infty}^{\infty} \int_{-\infty}^{\infty} \frac{h e^{-i2\pi(k_x x + k_y y)}}{2\pi(h^2 + x^2 + y^2)^{\frac{3}{2}}} dx\, dy \\
&= e^{-2\pi h \sqrt{k_x^2 + k_y^2}} \\
&= e^{-2\pi h k_r} \text{ mit } k_r = \sqrt{k_x^2 + k_y^2} . \qquad (25.66)
\end{aligned}$$

Bei der Lösung der Integrale in (25.66) wird von der Hankel-Transformation Gebrauch gemacht (s. Abschnitt 25.2.2). Wie man sieht, werden bei der Feldfortsetzung nach oben insbesondere die Anteile mit großen Wellenzahlen unterdrückt. Man erhält damit am Filterausgang die Anteile mit großen Wellenlängen, das sind die Anteile des Regionalfeldes, während die lokalen Anteile unterdrückt werden. Der Grad der Unterdrückung läßt sich dabei über die Distanz h der Feldfortsetzung steuern. Die Eingang-Ausgang-Relation im Wellenzahlbereich lautet mit Gleichung (25.66):

$$G(k_x,k_y)|_{z=h} = e^{-2\pi h \sqrt{k_x^2+k_y^2}} G(k_x,k_y)|_{z=0}, \qquad (25.67)$$

wobei $G(k_x,k_y)|_{z=0}$ und $G(k_x,k_y)|_{z=h}$ die Fourier-Transformierten von $g(x,y,0)$ bzw. $g(x,y,h)$ sind.

Ist $g(x,y,z=h)$ das im Abstand h oberhalb der Quellen gemessene Feld, dann folgt aus (25.67) für das zweidimensionale Spektrum des Feldes in $z=0$:

$$G(k_x,k_y)|_{z=0} = \frac{G(k_x,k_y)|_{z=h}}{e^{-2\pi h\sqrt{k_x^2+k_y^2}}} \ . \qquad (25.68)$$

Die zweidimensionale Übertragungsfunktion der Fortsetzung des Feldes nach unten ist danach:

$$W_{unten}(k_x,k_y)|_{z=h}^0 = e^{2\pi h\sqrt{k_x^2+k_y^2}} = e^{2\pi h k_r} \text{ mit } k_r = \sqrt{k_x^2+k_y^2} \ .$$
$$\qquad (25.69)$$

Die zu (25.69) zugehörige Gewichtsfunktion ist

$$w_{unten}(x,y)|_{z=h}^0 = \int_{-\infty}^{\infty}\int_{-\infty}^{\infty} e^{2\pi h\sqrt{k_x^2+k_y^2}} e^{i2\pi(k_x x+k_y y)} dk_x dk_y \ . \quad (25.70)$$

Gleichung (25.70) beschreibt die Übertragungsfunktion der Feldfortsetzung nach unten der zweidimensionalen analytischen Funktion $g(x,z)$. Für ein quadratisches Meßpunkteraster der Weite $\Delta x = \Delta y = \Delta s$ ist die Übertragungsfunktion eine periodische Wiederholung von $e^{2\pi h\sqrt{k_x^2+k_y^2}}$ des Nyquist-Intervalls $-\frac{1}{2\Delta s} \leq k_x \leq \frac{1}{2\Delta s}$, $-\frac{1}{2\Delta s} \leq k_y \leq \frac{1}{2\Delta s}$. Die zweidimensionale diskrete Gewichtsfunktion der periodischen Übertragungsfunktion ergibt sich durch die Berechnung der Koeffizienten der zweidimensionalen Fourierreihe (2d-Verallgemeinerung von Gleichung (1.9)) zu:

$$w_{j,l} = \frac{1}{(\frac{1}{\Delta s})^2}\int_{-\frac{1}{2\Delta s}}^{\frac{1}{2\Delta s}}\int_{-\frac{1}{2\Delta s}}^{\frac{1}{2\Delta s}} e^{2\pi h\sqrt{k_x^2+k_y^2}} e^{i2\pi\Delta s(jk_x+lk_y)} dk_x dk_y$$
$$j = 0,\pm 1,\pm 2,\dots \ , \quad l = 0,\pm 1,\pm 2,\dots \ . \qquad (25.71)$$

Bei Einführung der dimensionslosen Größen $\bar{k}_x = k_x\Delta s$, $\bar{k}_y = k_y\Delta s$ und $\bar{h} = \frac{h}{\Delta s}$ folgt aus (25.71):

$$w_{j,l} = \int_{-0.5}^{0.5}\int_{-0.5}^{0.5} e^{2\pi\bar{h}\sqrt{\bar{k}_x^2+\bar{k}_y^2}} e^{i2\pi(j\bar{k}_x+l\bar{k}_y)} d\bar{k}_x d\bar{k}_y \ ,$$
$$j = 0,\pm 1,\pm 2,\dots \ , \quad l = 0,\pm 1,\pm 2,\dots \ . \qquad (25.72)$$

Die Übertragungsfunktion des auf $jmax$, $lmax$ begrenzten Operators $w_{j,l}$ kann durch Anwendung der auf den zweidimensionalen Fall erweiterten Gleichung (1.7) berechnet werden:

$$W(\bar{k}_x, \bar{k}_y) \;=\; \sum_{j=-jmax}^{jmax} \sum_{l=-lmax}^{lmax} w_{j,l}\, e^{-i2\pi(j\bar{k}_x + l\bar{k}_y)} \,,$$

$$-0.5 \le \bar{k}_x \le 0.5 \,, \quad -0.5 \le \bar{k}_y \le 0.5 \,. \tag{25.73}$$

In der Praxis wird die theoretische Übertragungsfunktion mittels der Koeffizienten $w_{j,l}$ approximiert. Hierzu berechnet man die Koeffizienten $w_{j,l}$ nach Gleichung (25.72) für das vorgegebene Rasterintervall Δs und die Fortsetzungsweite h durch Anwendung der zweidimensionalen inversen diskreten Fourier-Transformation. Der auf $jmax$, $lmax$ begrenzte Filteroperator $w_{j,l}$ wird dann auf die zweidimensionalen Meßdaten angewendet. Die Übertragungsfunktion dieses Filters läßt sich nach Gleichung (25.73) berechnen. Die theoretische Übertragungsfunktion kann durch Verlängerung des Filteroperators zwar beliebig genau approximiert werden, für die Praxis muß man die Operatorlänge jedoch begrenzen. Da der Operator relativ langsam abklingt, sind in der Vergangenheit - wie zur Approximation der 2. Ableitung - auch für die Feldfortsetzung nach oben und unten Koeffizientensätze unter Zugrundelegung verschiedener Annahmen und Ansätze hergeleitet worden. Eine Zusammenfassung hierüber gibt Mesko (1984).

Das Schwerefeld genügt der Laplace-Gleichung (25.59) nur außerhalb der Quellen. Die Feldfortsetzung nach unten ist daher nur bis zur Oberkante der Körper, die die Quellen des Feldes bilden, zulässig. Bei einer Fortsetzung nach unten, die über die wahre Tiefenlage der Quellen hinausgeht, werden die Felder instabil. Diese Eigenschaft kann ausgenutzt werden, um mittels der Feldfortsetzung nach unten die Tiefenlage der Quellen abzuschätzen. Um regionale Feldanteile, deren Quellen in größerer Tiefe liegen, nach unten bis auf die Tiefe der Quellen fortsetzen zu können, müssen die oberflächennahen Anteile des gemessenen Feldes durch den Einsatz von Tiefpaßfiltern vorher herausgefiltert werden. In der Praxis wird die Feldfortsetzung nach unten heute nur selten benutzt, da zu befürchten ist, daß Meßungenauigkeiten verstärkt werden. Zur Trennung der Feldanteile werden heute vorzugsweise zweidimensionale Bandpaßfilter eingesetzt.

25.2.6 Zusammenfassung und Diskussion

Tabelle 25.3 zeigt in einer Zusammenfassung die wichtigsten der in der Gravimetrie zum Einsatz kommenden zweidimensionalen Filter.

Operator	Übertragungs-funktion	Gewichtsfunktion	Näherungen	Filterwirkung
zweite Ableitung	$4\pi^2(k_x^2 + k_y^2)$	$\mathcal{F}^{-1}\{4\pi^2(k_x^2 + k_y^2)\}$	Elkins (1951) Rosenbach (1953)	Hochpaß
Fortsetzung nach oben	$e^{-2\pi h\sqrt{k_x^2+k_y^2}}$	$\dfrac{h}{2\pi(h^2+x^2+y^2)^{\frac{3}{2}}}$	Peters (1949) Henderson (1960)	Tiefpaß
Fortsetzung nach unten	$e^{2\pi h\sqrt{k_x^2+k_y^2}}$	$\mathcal{F}^{-1}\{e^{2\pi h\sqrt{k_x^2+k_y^2}}\}$	Tsuboi,Oldham Waithman (1958)	Hochpaß

Tabelle 25.3: Gegenüberstellung der in der Gravimetrie eingesetzten zweidimensionalen Filteroperationen.

Die Operationen "zweite Ableitung" und "Fortsetzung nach unten" wirken als Hochpaßfilter; mit höheren Wellenzahlen k_x, k_y wächst die Übertragungsfunktion. Ist das Verhältnis $\frac{h}{\Delta s} < 0.5$ (h=Fortsetzungsintervall, Δs=Meßstellenabstand), dann ist die Differenz zwischen dem Originalfeld und dem nach unten fortgesetzten Feld relativ klein. Für den Bereich $0.5 < \frac{h}{\Delta s} < 1.0$ entsprechen die fortgesetzten Felder etwa denen der zweiten Ableitung des Originalfeldes (s. Abb. 25.4). Wesentliche Unterschiede liegen jedoch im unteren Wellenzahlbereich. Während die Feldanteile in diesem Bereich bei der zweiten Ableitung vollständig unterdrückt werden, bleiben sie bei der Fortsetzung nach unten erhalten, und zwar unabhängig von der Tiefe der Fortsetzung. Für $\frac{h}{\Delta s} > 1$ werden bei der Fortsetzung nach unten die hochfrequenten Anteile stärker angehoben als bei anderen Residuenmethoden oder höheren Ableitungen.

Beispiele über den praktischen Einsatz der zweidimensionalen Filter in der Gravimetrie findet man in verschiedenen Lehrbüchern der Angewandten Geophysik. Dobrin und Savit (1988) z.B. zeigen Ergebnisse der Tief- und Hochpaßfilterung, einer richtungsabhängigen Filterung sowie der Feldfortsetzung und der zweiten Vertikalableitung des gemessenen Schwerefeldes der östlichen Sierra Nevada Region in Kalifornien. Durch einfache Bandpaßfilterung, welcher Art auch immer, lassen sich die Beiträge der Massen in unterschiedlichen Tiefen zum gemessenen Feld nicht vollständig trennen, da sich die Spektren aller Anomalien im unteren Wellenzahlbereich überlagern. Daher

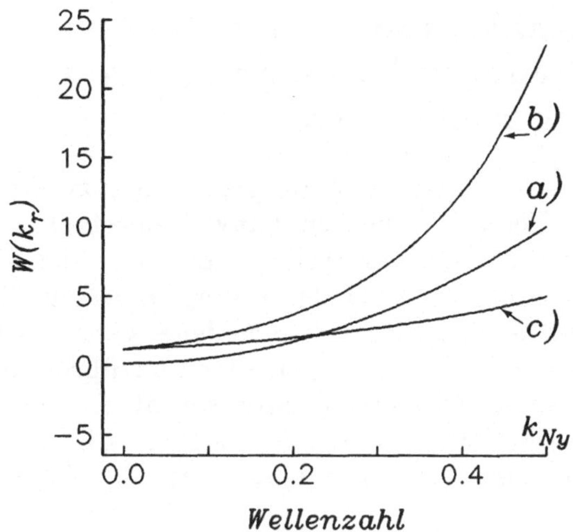

Abbildung 25.4: Gegenüberstellung der Übertragungsfunktionen der Methode der zweiten Ableitung (Kurve a)) und der Feldfortsetzung nach unten für $h = \Delta s$ (b)) und $h = \frac{\Delta s}{2}$ (c)).

lassen sich Regional- und Residualkarten durch Unterdrückung bestimmter Wellenzahlbereiche nur bedingt als solche produzieren. Dies wird recht gut durch Beispiele von Mesko (1984) sowie aeromagnetische Beispiele von Zurflueh (1967) belegt, bei denen die regionalen und residualen Anomalien auch nach Bandpaßfilterungen noch miteinander korrelieren. Zur Unterdrückung bestimmter Anteile muß deren Struktur, d.h. die Verteilung der Quellen, berücksichtigt werden. Bei den Ansätzen zur Trennung der regionalen und lokalen Feldanteile hat sich daher in den letzten Jahren ein Wandel vollzogen. Während bis Anfang der 70er Jahre diese Trennung ausschließlich durch zweidimensionale Filterung angegangen wurde, versucht man heute - ausgehend von den jeweils vorliegenden geologisch-geophysikalischen Kenntnissen - die Regionaleffekte über Modellrechnungen abzuschätzen bzw. die Modelle an das vorliegende Meßmaterial anzupassen. Dabei dienen die Wellenzahlspektren der Messungen dazu, durch Vergleich mit den Spektren bestimmter Modellkörper, regionale und lokale Effekte als solche zu erkennen und die Anpassung der Modelle an die Daten zu steuern. Während dieser Ansatz zunächst nur einzelne Körper mit geometrisch einfachen Formen umfaßte, mit denen die Meßdaten nur grob angenähert werden konnten, ist es heute möglich, das Regional- und/oder Residualfeld durch statistische Modelle unter Zugrundelegung bestimmter Verteilungsfunktionen anzupassen (s. Spector and Grant, 1970).

25.3 Wellenzahlanalyse magnetischer Meßdaten und Strukturabschätzungen durch Feldfortsetzung nach unten

Um die Verfahren der Feldfortsetzung oder der zweiten Ableitung zur Trennung der Feldkomponenten sinnvoll einsetzen zu können, ist es erforderlich, sich anhand der Wellenzahlanalyse der Meßdaten ein Bild über die Zusammensetzung der Daten zu verschaffen. Vielfach lassen sich anhand der Spektren verschiedene Anteile erkennen, z.B. solche, die von oberflächennahen Quellen herrühren oder auf das tiefgelegene magnetische Basement zurückzuführen sind. Zur Analyse zweidimensionaler Felder wird ein auf Hahn (1965) und Spector (1968) zurückgehendes Verfahren eingesetzt, das folgende Schritte umfaßt:

- Berechnung des komplexen zweidimensionalen Wellenzahlspektrums des gemessenen Feldes $g(x,y)$:

$$G(k_x, k_y) = \int_{-\infty}^{\infty} \int_{-\infty}^{\infty} g(x,y)e^{-i2\pi(k_x x + k_y y)}dk_x dk_y \ , \qquad (25.74)$$

- Berechnung des Quadrats des Amplitudenspektrums von $G(k_x, k_y)$, d.h. des Energiespektrums:

$$E(k_x, k_y) = |G(k_x, k_y)|^2 \qquad (25.75)$$

bzw. mit Einführung der Polarkoordinaten $\Theta = \tan^{-1}(\frac{k_x}{k_y})$ und $k_r = \sqrt{k_x^2 + k_y^2}$ die Berechnung von $E(k_r, \Theta)$.

- Bestimmung des gemittelten Energiespektrums als Funktion von k_r durch azimutale Mittelung von $E(k_r, \Theta)$ in der Wellenzahlebene:

$$\bar{E}(k_r) = \frac{1}{2\pi} \int_0^{2\pi} E(k_r, \Theta)d\Theta \ . \qquad (25.76)$$

Abb. 25.5 zeigt das Ergebnis einer derartigen Analyse für ein zweidimensionales Feld aeromagnetischer Daten bestehend aus einem Gitter von 128×128 Punkten. Dargestellt ist $\ln(\bar{E})$ als Funktion von k_r. Das Spektrum setzt sich im wesentlichen aus zwei Anteilen zusammen: einem sehr steilen Ast bei niedrigen Wellenzahlen ($0 \ \text{km}^{-1} \leq k_r \leq 0.1$ km^{-1} oder Wellenlängen größer 10 km) und einem flacheren Ast im Bereich höherer Wellenzahlen. Dieser bimodale Charakter zeigt, daß die aeromagnetischen Daten zwei Anteile beinhalten:

1. eine regionale Komponente größerer Wellenlänge, deren Quellen

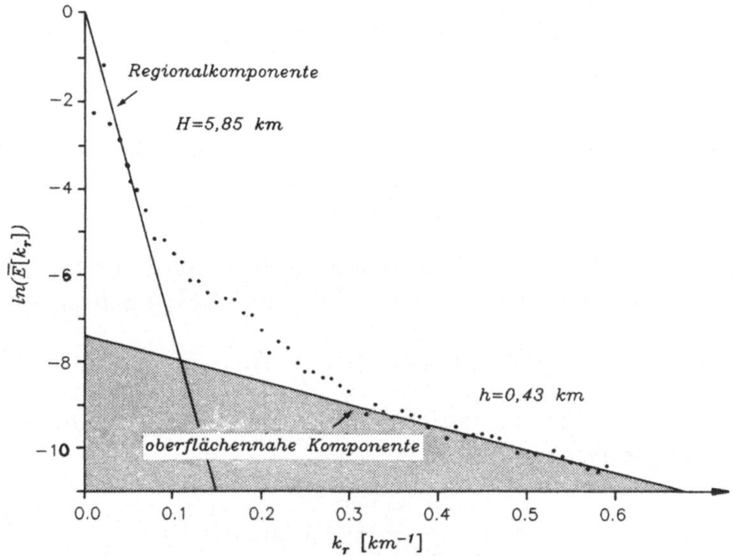

Abbildung 25.5: Logarithmisches Wellenzahlspektrum einer flächenhaften aeromagnetischen Vermessung als Funktion der Polarkoordinate k_r. Zusätzlich dargestellt sind die für die abgeschätzten "weißen" Tiefen berechneten Spektren der lokalen und regionalen Anteile.

in größerer Tiefe liegen,

2. Anomalien, die in geringen Tiefen ihre Ursachen haben und z.B. durch anstehendes vulkanisches Gestein hervorgerufen sein können.

Im Übergangsbereich zwischen 0.1 km^{-1} und 0.2 km^{-1} nimmt der Beitrag der Regionalkomponente mit wachsender Wellenzahl mehr und mehr ab, während die oberflächennahe Komponente relativ stärker wird.

Mit Hilfe der Feldfortsetzung nach unten lassen sich unter Zugrundelegung bestimmter Modelle die Tiefen der magnetischen Quellen abschätzen und die verschiedenen Feldanteile separieren. An der Oberfläche eines unendlichen Halbraumes mit vollständig regelloser Magnetisierung ist das Spektrum des magnetischen Feldes weiß. Damit ist bei der Messung des Feldes in einer Höhe h oberhalb der Quellen nach den Ergebnissen der Feldfortsetzung das zugehörige Spektrum rot, d.h. der untere Wellenzahlbereich dominiert. Unter Zugrundelegung eines derartigen Modells regelloser Magnetisierung läßt sich umgekehrt durch Fortsetzung der an der Oberfläche gemessenen Felder auf die Tiefe, in der die Felder weiß werden, eine Teufenabschätzung der Quellen durchführen.

592

Da nach Gleichung (25.69) die Feldfortsetzung nach unten mit

$$W(k_r) = e^{2\pi h k_r} \qquad (25.77)$$

auf das Spektrum $G(k_r)$ wirkt, ist die Wirkung auf $\bar{E}(k_r) = |G(k_r)|^2$ gleich

$$W^2(k_r) = e^{4\pi h k_r} \; . \qquad (25.78)$$

Aus der Modellannahme, daß das magnetische Feld in der Tiefe h weiß ist, folgt, daß bei Anwendung von $W^2(k_r)$ auf $\bar{E}(k_r)$ gelten muß:

$$W^2(k_r)\bar{E}(k_r) = 1 \quad \forall \quad k_r \; . \qquad (25.79)$$

Mit Gleichung (25.78) ergibt sich hieraus für die sogenannte "weiße" Tiefe der magnetischen Quellen:

$$h = -\frac{1}{4\pi}\frac{\ln(\bar{E})}{k_r} \; [\mathrm{km}] \; . \qquad (25.80)$$

Aus der Steigung der Spektralkurve läßt sich nach dieser Gleichung die Tiefe der magnetischen Quellen abschätzen (s. Spector und Grant (1970)).

In Wirklichkeit hat man magnetische Schichten endlicher Mächtigkeit. Das an der Oberfläche einer derartigen Schicht der Mächtigkeit h zu erwartende Feld ergibt sich nach Abb. 25.6 als Differenz der Felder des Halbraumes mit $z = 0$ (dessen Spektrum ist weiß) und des Halbraumes mit $z = h$ nach Fortsetzung nach oben auf $z = 0$ (dieses Spektrum ist rot). Das Spektrum an der Oberfläche der Schicht ist damit blau, d.h. die höheren Wellenzahlen dominieren. Dementsprechend ist für ein derartiges Modell einer Schicht begrenzter Mächtigkeit mit regelloser Magnetisierung für die Teufenabschätzung der Quellen die Fortsetzung des gemessenen Feldes bis zu dem Tiefenbereich fortzuführen, für den das Spektrum blau wird. Die "weiße" Tiefe ergibt für eine Schicht endlicher Mächtigkeit lediglich die minimale Tiefenlage der Quellen.

Zur Trennung der regionalen und lokalen Anteile in den Tiefen H und h lassen sich Filter einsetzen, die direkt dem Energiespektrum der gemessenen Daten angepaßt werden. Approximiert man unter Zugrundelegung des weißen Modells die Fourier-Transformierte der in den Abständen H und h oberhalb der Quellen gemessenen magnetischen Daten als Summe des regionalen und lokalen Anteils,

$$
\begin{aligned}
G(k_r) &= A e^{-2\pi H k_r} + B e^{-2\pi h k_r} \\
&= A e^{-2\pi H k_r}(1 + K e^{2\pi(H-h)k_r}) \, , \quad K = \frac{B}{A} \; ,
\end{aligned} \qquad (25.81)
$$

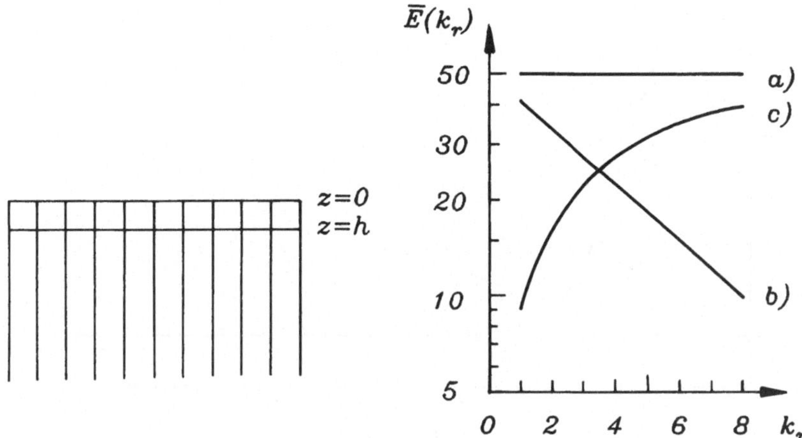

Abbildung 25.6: Das Spektrum einer regellos magnetisierten Schicht der Mächtigkeit h. Kurve a) zeigt das weiße Spektrum des Halbraums mit $z = 0$, Kurve b) das rote Spektrum des Halbraums mit $z = h$ nach Feldfortsetzung bis $z = 0$. Die Differenz dieser beiden Spektren ergibt für $z = 0$ das in c) dargestellte Spektrum der magnetisierten Schicht der Mächtigkeit h (nach Hahn et al. (1976)).

so läßt sich der lokale Feldanteil mit einem Filter mit der Übertragungsfunktion

$$W(k_r) = \frac{1}{1 + K e^{2\pi(H-h)k_r}} \tag{25.82}$$

eliminieren. Die Filterparameter werden anhand des Spektrums $\bar{E}(k_r)$ bestimmt. Für das in Abb. 25.5 gezeigte Beispiel ist z.B. $K = e^{-3.7}$, $H - h = 5.4$ km. In Abb. 25.7 ist die Übertragungsfunktion des so ermittelten Filters $W(k_r)$ dargestellt. Der Vergleich mit dem Spektrum der gemessenen Daten zeigt, daß alle Wellenzahlanteile größer 0.15 km^{-1} um mehr als den Faktor 0.25 gedämpft werden. Die Anwendung des so bestimmten Filters auf die gemessenen Daten liefert den Anteil des Regionalfeldes.

Zur Reliefberechnung werden im Prinzip zwei Wege beschritten:

• Fortsetzung des gemessenen Feldes nach unten in die weiße oder eine sonst vorgegebene Tiefe und Umwandlung der berechneten Feldstärke in Reliefschwankungen;

• Anpassung zwischen Modell- und Meßkurven für vorgegebe Modelle.

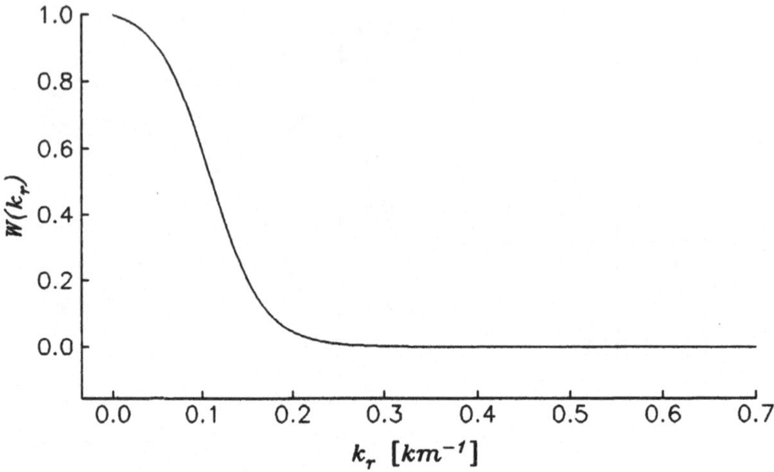

Abbildung 25.7: Übertragungsfunktion des Filters (25.82) zur Unterdrückung der lokalen Feldanteile in Abbildung 25.5.

Bei der Feldfortsetzung erfolgt die Bestimmung des Reliefs der magnetischen Schicht in zwei Schritten. Zunächst wird das nach unten fortgesetzte Magnetfeld bei vorgegebenen Suszeptibilitätswerten auf Magnetisierungsänderungen einer horizontalen planparallelen Schicht zurückgeführt. Die Bestimmung des Reliefs erfolgt dann nach Hahn (1965) unter der Annahme, daß die Schicht homogen magnetisiert ist, anhand des Äquivalenzprinzips: Magnetisierung × Schichtmächtigkeit = konstant. Das Verfahren wurde von Hahn, Kind und Mishra (1976) auf die Meßergebnisse der magnetischen Totalintensität in NW-Deutschland zur Kartierung der Tiefenlage der magnetischen Quellen angewendet. Das Spektrum $G(k_r)$ ist wie in Abb. 25.5 bimodal; aufgrund der Ergebnisse der Wellenzahlanalyse muß man die magnetischen Quellen in zwei Tiefenbereichen mit den "weißen" Tiefen von etwa 14.4 km und 3.5 km unter Meeresniveau erwarten.

Die Wellenzahlanalyse ist für die Interpretation magnetischer Messungen von zentraler Bedeutung. Anhand ihrer Ergebnisse lassen sich einerseits Aussagen über die Zusammensetzung des gemessenen Magnetfeldes machen und die Tiefen der Quellen abschätzen; zusätzlich bildet das Wellenzahlspektrum die Grundlage zur Bestimmung des datenangepaßten Filters zur Trennung der verschiedenen Anteile des Magnetfeldes. Dies wiederum ist erforderlich, um das gemessene Feld auf die Tiefe der Quellen fortsetzen und die Struktur des magnetischen Untergrundes abschätzen zu können.

Kapitel 26

Grundlagen der Mehrkanalfilterung

Filtersysteme mit mehreren Eingängen und einem oder mehreren Ausgängen werden als Mehrkanalfilter bezeichnet. Jeder Systemausgang ist über ein mehr oder weniger kompliziertes Filtersystem mit allen Eingangskanälen verknüpft. Im Gegensatz zum Geschwindigkeitsfilter kann der Zusammenhang zwischen den Filterausgängen und ihren Eingängen in der Regel jedoch nicht über die zweidimensionale Faltung beschrieben werden. Zwischen den in Kapitel 24 behandelten mehrdimensionalen Filtern und den Mehrkanalfiltern besteht somit ein fundamentaler Unterschied: Das zweidimensionale Filter ist durch die zweidimensionale Gewichtsfunktion gekennzeichnet. Die Charakteristik dieses Filters im Frequenz-Wellenzahl- bzw. im zweidimensionalen Wellenzahlbereich ergibt sich durch zweidimensionale Fourier-Transformation der Gewichtsfunktion. Der Zusammenhang zwischen Filtereingang und -ausgang wird durch die zweidimensionale Faltung beschrieben. Im Gegensatz hierzu gelten für die Mehrkanalfilterung andere Beziehungen für den Zusammenhang zwischen den Filtereingängen und -ausgängen, die in Abschnitt 26.1 hergeleitet werden. Eine Darstellung der Wirkungsweise der Mehrkanalfilter im Frequenz-Wellenzahlraum ist im allgemeinen nicht möglich. Dafür bietet die Mehrkanalfilterung andere Vorteile:

1. Mehrkanalfilter können zur Lösung verschiedenster Probleme eingesetzt werden, wie z.B. zur Trennung verschiedener Wellentypen oder zur Verbesserung des Nutz-Störsignal-Verhältnisses.

2. Die Filtersynthese erfolgt nach streng mathematischen Kriterien in Analogie zu den in Kapitel 19 behandelten Einkanal-Optimalfiltern. Dabei versucht man, die zwischen den Eingangskanälen redundante Information, wie z.B. in der Seismik die räumliche Kohärenz der Signale, auszunutzen.

Ein Beispiel für die Mehrkanalfilterung ist das Polarisationsfilter. Die Trennung der verschiedenen Wellentypen auf der Basis der Wellenpo-

596

larisation erfordert, daß man die Bodenbewegung in drei zueinander senkrechten Richtungen mißt. Sollen aus einer derartigen seismischen 3-Komponenten-Registrierung mit einem Polarisationsfilter z.B. zum einen die elliptisch polarisierten Rayleigh-Wellen und andererseits im selben Filterprozeß die linear polarisierten SV-Wellen extrahiert werden, dann hat man aus der Sicht der Systemtheorie ein mehrkanaliges Filterproblem mit drei Eingangskanälen (das sind die drei Spuren der 3-Komponenten-Registrierung) und zwei Ausgangskanälen (dies sind die zwei gewünschten Ausgänge). Um die gewünschte Information aus den Meßdaten extrahieren zu können, ist es erforderlich, den Filterprozeß auf mehrere Kanäle zu erweitern. Dabei stehen die Filteroperatoren, die auf die zu filternden Spuren angewendet werden, untereinander in Beziehung.

26.1 Prinzip der Mehrkanalfilterung

26.1.1 Eingang-Ausgangbeziehungen der Mehrkanalfilter

Die allgemeinste Form der Mehrkanalfilter besitzt N Eingangskanäle und M Ausgänge, wobei in der Regel $M \leq N$ ist. Die Anregung des k-ten Eingangskanals mit der δ-Funktion liefert an den M Ausgängen die Antwort

$$h_{jk}(t), \quad j = 1, ..., M, \quad k = 1, ..., N \ . \tag{26.1}$$

Das Mehrkanalsystem besitzt die Übertragungsfunktionen $H_{jk}(f)$, $j = 1, .., M$, $k = 1, .., N$. Werden alle Eingangskanäle simultan mit δ-Funktionen angeregt, dann erhält man für ein lineares System am Ausgangskanal j:

$$y_j(t) = \sum_{k=1}^{N} h_{jk}(t) \ . \tag{26.2}$$

Es wird angenommen, daß das Mehrkanalfilter die in Kapitel 13 definierten Eigenschaften der Stabilität, Zeitinvarianz und Linearität besitzt. Dann wird der Zusammenhang zwischen beliebigen Eingangsgrößen $x_k(t)$ und den zugehörigen Ausgangsfunktionen $y_j(t)$ durch folgenden Faltungsprozeß beschrieben:

$$y_j(t) = \sum_{k=1}^{N} \int_\tau h_{jk}(\tau) x_k(t - \tau) d\tau \ , \tag{26.3}$$
$$j = 1, ..., M \ , \quad k = 1, ..., N \ .$$

Jeder Ausgangskanal ist die Summe von N Einkanalfilterprozessen. Abb. 26.1 zeigt einen derartigen mehrkanaligen Filterprozeß für drei

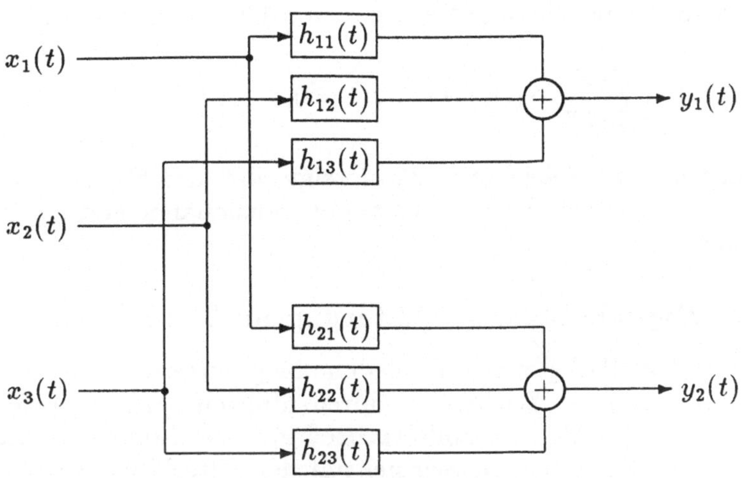

Abbildung 26.1: Prinzip der Mehrkanalfilterung.

Eingangs- und zwei Ausgangskanäle.
Mit den Übertragungsfunktionen $H_{jk}(f) = \mathcal{F}(h_{jk}(t))$ gilt im Frequenzbereich für die Eingang-Ausgang-Beziehungen:

$$Y_j(f) = \sum_{k=1}^{N} H_{jk}(f)X_k(f) \;, \quad j = 1, ..., M \;. \tag{26.4}$$

Von den möglichen Untergruppen ist für die Seismik der Mehrkanalfilterprozeß mit einem Ausgangskanal bei N Eingangskanälen und Anwendung von N Einkanalfiltern am wichtigsten:

$$y(t) = \sum_{k=1}^{N} \int_{\tau} h_k(\tau)x_k(t - \tau)d\tau \;. \tag{26.5}$$

Tatsächlich ist dieser Prozeß mehr als nur die Summe von N Einkanalfilterprozessen, da beim Mehrkanalfilterprozeß die Operatoren des Filtersystems miteinander in Beziehung stehen.

Für diskrete Zeitreihen der Länge LX lautet Gleichung (26.3) bei Anwendung der Digitalfilter $h_{jk}(t)$, $t = 0, 1, ..., L$:

$$\begin{aligned}
y_j(t) &= \sum_{k=1}^{N} h_{jk}(t) * x_k(t) \\
&= \sum_{k=1}^{N} \sum_{l=0}^{L} h_{jk}(l)x_k(t - l), \quad t = 0, 1, ..., LX + L \;, \tag{26.6}
\end{aligned}$$

598

dabei ist t jetzt der Zeitindex der diskreten Zeitreihe. Existiert nur ein Ausgangskanal, dann gilt anstelle von Gleichung (26.6):

$$y(t) = \sum_{k=1}^{N} \sum_{l=0}^{L} h_k(l) x_k(t-l), \quad t = 0, 1, ..., LX + L. \tag{26.7}$$

Der Vergleich mit Gleichung (24.4) zeigt, daß der Mehrkanalprozeß (26.6) nicht identisch ist mit der zweidimensionalen Faltung zweidimensionaler Felder.

26.1.2 Digitale Mehrkanalfilterung im Zeitbereich

Wie im Einkanalfall gibt es verschiedene Möglichkeiten, um den Mehrkanalfilterprozeß im Zeitbereich durchzuführen. Diese werden im folgenden für den Mehrkanalfilterprozeß mit drei Eingangs- und zwei Ausgangskanälen an einem Beispiel mit der Filterlänge 2 aufgezeigt. Bei diesem Beispiel sei die Antwort bei den Ausgangskanälen 1 und 2 auf den Einheitsimpuls, der auf den Eingangskanal 1 einwirkt, (6,1) bzw. (7,1), bei Anregung des zweiten Eingangskanals (0,2) und (1,3) sowie bei Anregung des dritten Kanals (8,2) und (4,2). Die Impulsantwortfunktion des gesamten Systems kann dann wie folgt in Matrixform dargestellt werden:

$$\begin{aligned}
\mathbf{h}_t &= \begin{pmatrix} h_{11}(t) & h_{12}(t) & h_{13}(t) \\ h_{21}(t) & h_{22}(t) & h_{23}(t) \end{pmatrix} \\
&= \begin{pmatrix} (6,1) & (0,2) & (8,2) \\ (7,1) & (1,3) & (4,2) \end{pmatrix} .
\end{aligned} \tag{26.8}$$

Der erste Index bezeichnet den Ausgangskanal. Weiterhin seien die Eingänge an den drei Eingangskanälen gegeben durch:

$$\begin{aligned}
x_1(t) &= (2, -5) \\
x_2(t) &= (4, \ \ 3) \\
x_3(t) &= (1, -1) \ .
\end{aligned} \tag{26.9}$$

1. Möglichkeit der Mehrkanalfilterung entsprechend der Gleichung (26.6):

Nach Gleichung (26.6) ergibt sich für das obige Filter an den zwei Ausgängen:

$$\begin{aligned}
y_1(t) &= h_{11}(t) * x_1(t) + h_{12}(t) * x_2(t) + h_{13}(t) * x_3(t) \\
&= (6,1) * (2, -5) + (0,2) * (4,3) + (8,2) * (1, -1) \\
&= (20, -26, -1)
\end{aligned} \tag{26.10}$$

und

$$\begin{aligned}
y_2(t) &= h_{21}(t) * x_1(t) + h_{22}(t) * x_2(t) + h_{23}(t) * x_3(t) \\
&= (7,1) * (2,-5) + (1,3) * (4,3) + (4,2) * (1,-1) \\
&= (22,-20,2) \ .
\end{aligned} \tag{26.11}$$

Die beiden Gleichungen (26.10) und (26.11) lassen sich wie folgt in Matrixform zusammenfassen:

$$\begin{pmatrix} y_1(t) \\ y_2(t) \end{pmatrix} = \begin{pmatrix} h_{11}(t) & h_{12}(t) & h_{13}(t) \\ h_{21}(t) & h_{22}(t) & h_{23}(t) \end{pmatrix} * \begin{pmatrix} x_1(t) \\ x_2(t) \\ x_3(t) \end{pmatrix} \tag{26.12}$$

oder in kürzerer Schreibweise:

$$\mathbf{y}_t = \mathbf{h}_t * \mathbf{x}_t \ , \tag{26.13}$$

dabei sind $\mathbf{y}_t$ und $\mathbf{x}_t$ Spaltenvektoren und $\mathbf{h}_t$ ist die Filtermatrix.

2. Möglichkeit der Mehrkanalfilterung bei Darstellung des Mehrkanalprozesses in Multiplex-Form:

Bei der sogenannten Multiplex-Darstellung werden für $\mathbf{x}_t$, $\mathbf{y}_t$ und $\mathbf{h}_t$ die zu einem Zeitpunkt gehörenden Werte zu Vektoren bzw. Matrizen zusammengefaßt (siehe auch Treitel, 1970):

$$\begin{aligned}
\mathbf{x}_t &= \begin{pmatrix} x_1(t) \\ x_2(t) \\ x_3(t) \end{pmatrix} \\
&= \left\{ \begin{pmatrix} x_1(0) \\ x_2(0) \\ x_3(0) \end{pmatrix}, \begin{pmatrix} x_1(1) \\ x_2(1) \\ x_3(1) \end{pmatrix}, \ldots, \begin{pmatrix} x_1(LX) \\ x_2(LX) \\ x_3(LX) \end{pmatrix} \right\} \\
&= (\mathbf{x}_0, \mathbf{x}_1, \ldots, \mathbf{x}_{LX}) \ , \tag{26.14}
\end{aligned}$$

$$\begin{aligned}
\mathbf{h}_t &= \begin{pmatrix} h_{11}(t) \ h_{12}(t) \ h_{13}(t) \\ h_{21}(t) \ h_{22}(t) \ h_{23}(t) \end{pmatrix} \\
&= \left\{ \begin{pmatrix} h_{11}(0) \ h_{12}(0) \ h_{13}(0) \\ h_{21}(0) \ h_{22}(0) \ h_{23}(0) \end{pmatrix}, \ldots, \begin{pmatrix} h_{11}(L) \ h_{12}(L) \ h_{13}(L) \\ h_{21}(L) \ h_{22}(L) \ h_{23}(L) \end{pmatrix} \right\} \\
&= (\mathbf{h}_0, \mathbf{h}_1, \ldots, \mathbf{h}_L) \ , \tag{26.15}
\end{aligned}$$

600

$$\mathbf{y}_t = \begin{pmatrix} y_1(t) \\ y_2(t) \end{pmatrix}$$

$$= \left\{ \begin{pmatrix} y_1(0) \\ y_2(0) \end{pmatrix}, \begin{pmatrix} y_1(1) \\ y_2(1) \end{pmatrix}, \ldots, \begin{pmatrix} y_1(L+LX) \\ y_2(L+LX) \end{pmatrix} \right\}$$

$$= (\mathbf{y}_0, \mathbf{y}_1, \ldots, \mathbf{y}_{L+LX}) \ . \tag{26.16}$$

Damit läßt sich Gleichung (26.13) wie folgt schreiben:

$$(\mathbf{y}_0, \mathbf{y}_1, \ldots, \mathbf{y}_{L+LX}) = (\mathbf{h}_0, \mathbf{h}_1, \ldots, \mathbf{h}_L) * (\mathbf{x}_0, \mathbf{x}_1, \ldots, \mathbf{x}_{LX}) \ . \tag{26.17}$$

Wie im Einkanalfall läßt sich dies in die Form

$$\mathbf{y}_t = \sum_{s=0}^{L} \mathbf{h}_s \mathbf{x}_{t-s} \ , \ t = 0, 1, \ldots, L + LX \tag{26.18}$$

bringen. Dabei sind $\mathbf{y}_t$, $\mathbf{x}_t$ die in Gleichung (26.16) bzw. (26.14) definierten Vektoren; die Filtermatrizen $\mathbf{h}_t$ sind bei dieser Multiplex-Darstellung gemäß Gleichung (26.15) definiert. Bei dem obigen Beispiel ist

$$\mathbf{y}_t = \sum_{s=0}^{1} \mathbf{h}_s \mathbf{x}_{t-s}, \ t = 0, 1, 2 \tag{26.19}$$

mit

$$\mathbf{h}_0 = \begin{pmatrix} 6 & 0 & 8 \\ 7 & 1 & 4 \end{pmatrix}, \quad \mathbf{h}_1 = \begin{pmatrix} 1 & 2 & 2 \\ 1 & 3 & 2 \end{pmatrix}, \tag{26.20}$$

$$\mathbf{x}_0 = \begin{pmatrix} 2 \\ 4 \\ 1 \end{pmatrix}, \quad \mathbf{x}_1 = \begin{pmatrix} -5 \\ 3 \\ -1 \end{pmatrix} . \tag{26.21}$$

Aus Gleichung (26.19) ergibt sich in Übereinstimmung mit den Ergebnissen in (26.10) und (26.11):

$$\mathbf{y}_0 = \begin{pmatrix} 6 & 0 & 8 \\ 7 & 1 & 4 \end{pmatrix} \begin{pmatrix} 2 \\ 4 \\ 1 \end{pmatrix} = \begin{pmatrix} 20 \\ 22 \end{pmatrix}, \tag{26.22}$$

$$\mathbf{y}_1 = \begin{pmatrix} 6 & 0 & 8 \\ 7 & 1 & 4 \end{pmatrix} \begin{pmatrix} -5 \\ 3 \\ -1 \end{pmatrix} + \begin{pmatrix} 1 & 2 & 2 \\ 1 & 3 & 2 \end{pmatrix} \begin{pmatrix} 2 \\ 4 \\ 1 \end{pmatrix} = \begin{pmatrix} -26 \\ -20 \end{pmatrix},$$

$$\tag{26.23}$$

$$\mathbf{y}_2 = \begin{pmatrix} 1 & 2 & 2 \\ 1 & 3 & 2 \end{pmatrix} \begin{pmatrix} -5 \\ 3 \\ -1 \end{pmatrix} = \begin{pmatrix} -1 \\ 2 \end{pmatrix} . \tag{26.24}$$

Wie man sieht, geschieht die Mehrkanalfilterung bei der Darstellung in Multiplex-Form wie bei der Einkanalfilterung durch die Faltung, wobei anstelle der einfachen Multiplikation der Filterkoeffizienten mit der zu filternden Funktion jetzt die Matrizenmultiplikation tritt.

3. Möglichkeit der Mehrkanalfilterung mit Hilfe der z-Transformation:

Die Anwendung der z- Transformation auf Gleichung (26.8) liefert

$$\begin{aligned} \mathbf{H}(z) &= \begin{pmatrix} H_{11}(z) & H_{12}(z) & H_{13}(z) \\ H_{21}(z) & H_{22}(z) & H_{23}(z) \end{pmatrix} \\ &= \begin{pmatrix} (6+z) & (0+2z) & (8+2z) \\ (7+z) & (1+3z) & (4+2z) \end{pmatrix} . \end{aligned} \tag{26.25}$$

Mit der so definierten z-Transformierten $\mathbf{H}(z)$ lassen sich die z-Transformierten der Gleichungen (26.10) und (26.11) wie folgt darstellen:

$$\begin{aligned} Y_1(z) &= H_{11}(z)X_1(z) + H_{12}(z)X_2(z) + H_{13}(z)X_3(z) \\ Y_2(z) &= H_{21}(z)X_1(z) + H_{22}(z)X_2(z) + H_{23}(z)X_3(z), \end{aligned} \tag{26.26}$$

das heißt, die Faltung im Zeitbereich wird durch die Multiplikation der z-Transformierten ersetzt. Die beiden Gleichungen in (26.26) lassen sich in Matrixform zusammenfassen:

$$\begin{pmatrix} Y_1(z) \\ Y_2(z) \end{pmatrix} = \begin{pmatrix} H_{11}(z) & H_{12}(z) & H_{13}(z) \\ H_{21}(z) & H_{22}(z) & H_{23}(z) \end{pmatrix} \begin{pmatrix} X_1(z) \\ X_2(z) \\ X_3(z) \end{pmatrix} \tag{26.27}$$

oder

$$\mathbf{Y}(z) = \mathbf{H}(z)\mathbf{X}(z) . \tag{26.28}$$

Bei dem oben behandelten Beispiel mit

$$\mathbf{X}(z) = \begin{pmatrix} 2 - 5z \\ 4 + 3z \\ 1 - z \end{pmatrix} \tag{26.29}$$

ergibt die Produktbildung der zwei Polynom-Matrizen $\mathbf{H}(z)$ und $\mathbf{X}(z)$ nach Gleichung (26.28) am Filterausgang:

$$\mathbf{Y}(z) = \begin{pmatrix} 6+z & 0+2z & 8+2z \\ 7+z & 1+3z & 4+2z \end{pmatrix} \begin{pmatrix} 2 - 5z \\ 4 + 3z \\ 1 - z \end{pmatrix}$$

$$= \begin{pmatrix} (6+z)(2-5z) + (0+2z)(4+3z) + (8+2z)(1-z) \\ (7+z)(2-5z) + (1+3z)(4+3z) + (4+2z)(1-z) \end{pmatrix}$$

$$= \begin{pmatrix} 20 - 26z - z^2 \\ 22 - 20z + 2z^2 \end{pmatrix} = \begin{pmatrix} Y_1(z) \\ Y_2(z) \end{pmatrix} . \tag{26.30}$$

Dies ist die z-Transformierte der Gleichungen (26.10) und (26.11).

Eine Alternative zu den Gleichungen (26.25) und (26.29) ist die Darstellung der z-Transformierten in Multiplex-Form:

$$\mathbf{H}(z) = \mathbf{h}_0 + \mathbf{h}_1(z)$$

$$= \begin{pmatrix} 6 & 0 & 8 \\ 7 & 1 & 4 \end{pmatrix} + \begin{pmatrix} 1 & 2 & 2 \\ 1 & 3 & 2 \end{pmatrix} z , \tag{26.31}$$

$$\mathbf{X}(z) = \mathbf{x}_0 + \mathbf{x}_1$$

$$= \begin{pmatrix} 2 \\ 4 \\ 1 \end{pmatrix} + \begin{pmatrix} -5 \\ 3 \\ -1 \end{pmatrix} z . \tag{26.32}$$

Bei dieser Multiplex-Darstellung sind die Koeffizienten des z-Polynoms Matrizen. Der Filterausgang kann als Produkt der zwei Matrizen-Polynome (26.31) und (26.32) berechnet werden. Es ergibt sich:

$$\mathbf{Y}(z) = \left\{ \begin{pmatrix} 6 & 0 & 8 \\ 7 & 1 & 4 \end{pmatrix} + \begin{pmatrix} 1 & 2 & 2 \\ 1 & 3 & 2 \end{pmatrix} z \right\} \left\{ \begin{pmatrix} 2 \\ 4 \\ 1 \end{pmatrix} + \begin{pmatrix} -5 \\ 3 \\ -1 \end{pmatrix} z \right\}$$

$$= \begin{pmatrix} 6 & 0 & 8 \\ 7 & 1 & 4 \end{pmatrix} \begin{pmatrix} 2 \\ 4 \\ 1 \end{pmatrix} + \begin{pmatrix} 1 & 2 & 2 \\ 1 & 3 & 2 \end{pmatrix} \begin{pmatrix} 2 \\ 4 \\ 1 \end{pmatrix} z$$

$$+ \begin{pmatrix} 6 & 0 & 8 \\ 7 & 1 & 4 \end{pmatrix} \begin{pmatrix} -5 \\ 3 \\ -1 \end{pmatrix} z + \begin{pmatrix} 1 & 2 & 2 \\ 1 & 3 & 2 \end{pmatrix} \begin{pmatrix} -5 \\ 3 \\ -1 \end{pmatrix} z^2$$

$$= \begin{pmatrix} 20 \\ 22 \end{pmatrix} + \begin{pmatrix} -26 \\ -20 \end{pmatrix} z + \begin{pmatrix} -1 \\ 2 \end{pmatrix} z^2$$

$$= \mathbf{y}_0 + \mathbf{y}_1 z + \mathbf{y}_2 z^2 . \tag{26.33}$$

Im Vergleich zur Mehrkanalfilterung nach Gleichung (26.6) hat die Multiplex-Darstellung den Vorteil, daß sie übersichtlicher ist. Die gewohnten Gleichungen der Einkanalfilterung gelten bei dieser Darstellung auch für die Mehrkanalfilterung weiter, jedoch treten an die Stelle der Stützwerte der zu filternden Folge und der Filterkoeffizienten jetzt Vektoren und Matrizen.

26.2 Mehrkanal-Optimalfilter

Die in Abschnitt 24.3.2 behandelten Geschwindigkeitsfilter nutzen lineare Phasenunterschiede auf benachbarten Spuren aus. Neben der Anpassung der Übertragungsfunktion auf bestimmte Signalgeschwindigkeiten ist es vielfach wünschenswert, den Durchlaßbereich der Filter auf bestimmte Frequenz-Wellenzahlbereiche zu beschränken bzw. anzupassen. Dies kann mit Hilfe zweidimensionaler Bandpaßfilter im $(f-k)$-Raum oder durch den Einsatz von Mehrkanalfiltern geschehen. Die unterschiedliche Filterwirkung zusätzlicher Prozesse in Ergänzung zu der in Abschnitt 24.3 behandelten Wellenzahlfilterung diskreter Schuß- und Geophonanordnungen läßt sich anhand Abb. 26.2 veranschaulichen. In der Abbildung sind die Frequenz-Wellenzahlcharakteristiken verschiedener Prozesse für flächenhafte Seismometer-Anordnungen gegenübergestellt. Abb. 26.2 d) zeigt den eigentlichen Mehrkanalfilterprozeß für mehrere Eingangskanäle und einen Ausgangskanal. Die Geophonanordnung wirkt wie in Abb. 26.2 a) angegeben als Wellenzahlfilter. Die in Abb. 26.2 b) gezeigte Verschiebung der Spuren bewirkt, daß der Durchlaßbereich der Filtercharakteristik auf bestimmte Geschwindigkeitsbereiche $v_s \neq \infty$ ausgerichtet wird. Durch zusätzliche Gewichtung läßt sich der Durchlaßbereich auf den Geschwindigkeitsbereich der interessierenden Signale begrenzen (siehe Abb. 26.2 c)). Der Einsatz der Mehrkanalfilter ermöglicht es, auf das Frequenz-Wellenzahlspektrum der registrierten Daten gezielt einzuwirken, was in Abb. 26.2 d) durch die unterschiedlichen Neigungen und Frequenz-Wellenzahlbegrenzungen der Durchlaßbereiche angedeutet ist. Im allgemeinen Fall mit mehreren Ausgängen existieren Verknüpfungen zwischen allen Eingangs- und Ausgangskanälen.

26.2.1 Grundlagen des mehrkanaligen Wiener-Optimalfilters

Das mehrkanalige Wiener-Optimalfilter basiert wie das entsprechende Einkanalfilter auf der Minimierung der mittleren quadratischen Abweichung zwischen gewünschtem und tatsächlichem Filterausgang:

$$I = \sum_{j=1}^{L} \left(\sum_{t=0}^{LX+LF-1} \epsilon_j(t) \right)^2 \overset{!}{=} Min. \qquad (26.34)$$

mit

$$\epsilon_j(t) = d_j(t) - y_j(t) \ , \qquad (26.35)$$

dabei sind $d_j(t)$ und $y_j(t)$ die gewünschten und tatsächlichen Filterausgangsfunktionen der Länge $LX + LF$, wobei die zu filternden

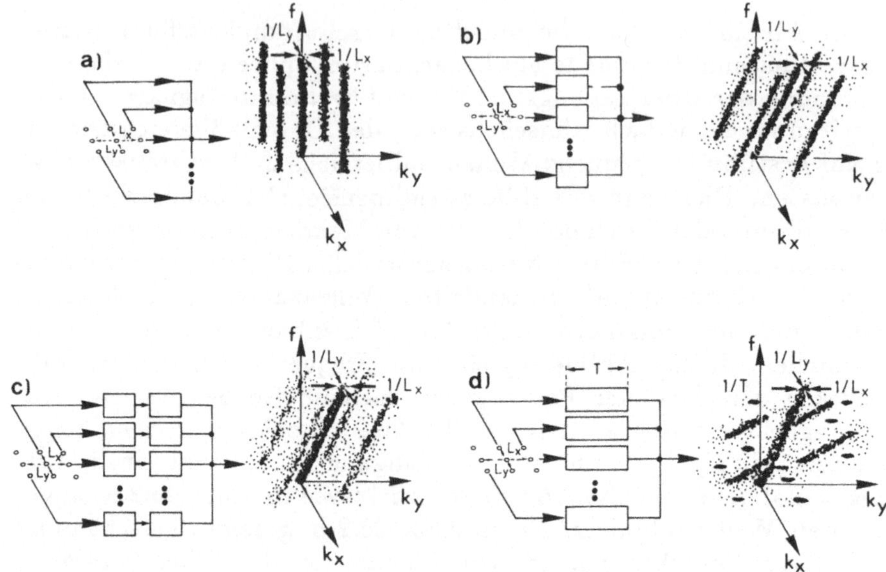

Abbildung 26.2: Filterwirkungen verschiedener Mehrkanalprozesse im Frequenz-Wellenzahlraum (nach Green, Kelly und Levin (1966)). a) Summationsprozeß, b) Verzögerungs- und Summationsprozeß (delay and sum), c) gewichteter Verzögerungs- und Summationsprozeß (weighted delay and sum), d) Mehrkanalfilterprozeß.

Funktionen x_k, $k = 1, ..., K$ und die Filteroperatoren die Längen LX und LF haben sollen. t ist der diskrete Zeitindex. Für das Modell mit zwei Ein- und Ausgangskanälen zeigt das Blockdiagramm in Abb. 26.3 den Wiener-Filteransatz. Mit

$$y_j(t) = \sum_{k=1}^{K} h_{jk}(t) * x_k(t)$$

$$= \sum_{k=1}^{K} \sum_{l=0}^{LF} h_{jk}(l) x_k(t - l) \ , \ j = 1, ..., L \qquad (26.36)$$

folgt aus Gleichung (26.34):

$$I = \sum_{j=1}^{L} \{ \sum_{t=0}^{LX+LF-1} (d_j(t) - \sum_{k=1}^{K} h_{jk}(t) * x_k(t)) \}^2 \doteq Min \ . \qquad (26.37)$$

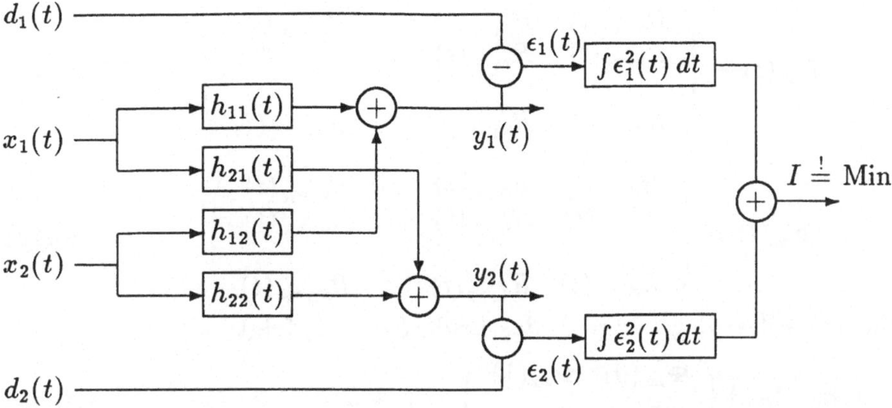

Abbildung 26.3: Zur Definition des mehrkanaligen Wiener-Optimalfilters für ein System mit zwei Ein- und Ausgangskanälen.

Das Nullsetzen der partiellen Ableitungen

$$\frac{\partial I}{\partial h_{jk}(t)} = 0 \quad \text{für} \quad \begin{cases} j &= 1,...,L \\ k &= 1,...,K \\ t &= 0,...,LF \end{cases} \qquad (26.38)$$

liefert das Normalgleichungssystem zur Bestimmung der Filterkoeffizienten:

$$\begin{pmatrix} \mathbf{h}_0 & \mathbf{h}_1 & .. & \mathbf{h}_L F \end{pmatrix} \begin{pmatrix} \mathbf{\Phi}_{xx}(0) & \mathbf{\Phi}_{xx}(1) & .. & \mathbf{\Phi}_{xx}(LF) \\ \mathbf{\Phi}_{xx}^T(1) & \mathbf{\Phi}_{xx}(0) & .. & \mathbf{\Phi}_{xx}(LF-1) \\ . & & & \\ . & & & \\ . & & & \\ \mathbf{\Phi}_{xx}^T(LF) & \mathbf{\Phi}_{xx}^T(LF-1) & .. & \mathbf{\Phi}_{xx}(0) \end{pmatrix}$$

$$= \begin{pmatrix} \mathbf{\Phi}_{dx}(0) & \mathbf{\Phi}_{dx}(1) & .. & \mathbf{\Phi}_{dx}(LF) \end{pmatrix} , \qquad (26.39)$$

dabei sind die Koeffizienten des Filters ($\mathbf{h}_j$), der Eingangs- und Kreuzkovarianzmatrizen $\mathbf{\Phi}_{xx}(t)$ und $\mathbf{\Phi}_{dx}(t)$ ($L \times K$), ($K \times K$) bzw. ($L \times K$) Matrizen, das heißt:

$$\mathbf{h}_j = \begin{pmatrix} h_{11}(j) & h_{12}(j) & ... & h_{1K}(j) \\ h_{21}(j) & h_{22}(j) & ... & h_{2K}(j) \\ ... & & & \\ h_{L1}(j) & ... & & h_{LK}(j) \end{pmatrix} , \qquad (26.40)$$

$$\Phi_{xx}(t) = \begin{pmatrix} R_{x_1 x_1}(t) & R_{x_1 x_2}(t) & \ldots & R_{x_1 x_K}(t) \\ R_{x_2 x_1}(t) & R_{x_2 x_2}(t) & \ldots & R_{x_2 x_K}(t) \\ \ldots \\ R_{x_K x_1}(t) & R_{x_K x_2}(t) & \ldots & R_{x_K x_K}(t) \end{pmatrix}, \qquad (26.41)$$

$$\Phi_{dx}(t) = \begin{pmatrix} R_{d_1 x_1}(t) & R_{d_1 x_2}(t) & \ldots & R_{d_1 x_K}(t) \\ R_{d_2 x_1}(t) & R_{d_2 x_2}(t) & \ldots & R_{d_2 x_K}(t) \\ \ldots \\ R_{d_L x_1}(t) & R_{d_L x_2}(t) & \ldots & R_{d_L x_K}(t) \end{pmatrix}. \qquad (26.42)$$

Für ein Filter der Länge 2, das heißt $LF = 1$, folgt:

$$\begin{pmatrix} \mathbf{h}_0 & \mathbf{h}_1 \end{pmatrix} \begin{pmatrix} \Phi_{xx}(0) & \Phi_{xx}(1) \\ \Phi_{xx}^T(1) & \Phi_{xx}(0) \end{pmatrix} = \begin{pmatrix} \Phi_{dx}(0) & \Phi_{dx}(1) \end{pmatrix}. \qquad (26.43)$$

Für ein System mit drei Eingangs- und zwei Ausgangskanälen lautet dieses Gleichungssystem in ausgeschriebener Form:

$$\begin{pmatrix} h_{11}(0) & h_{12}(0) & h_{13}(0) & h_{11}(1) & h_{12}(1) & h_{13}(1) \\ h_{21}(0) & h_{22}(0) & h_{23}(0) & h_{21}(1) & h_{22}(1) & h_{23}(1) \end{pmatrix}$$

$$\begin{pmatrix} R_{x_1 x_1}(0) & R_{x_1 x_2}(0) & R_{x_1 x_3}(0) & R_{x_1 x_1}(1) & R_{x_1 x_2}(1) & R_{x_1 x_3}(1) \\ R_{x_2 x_1}(0) & R_{x_2 x_2}(0) & R_{x_2 x_3}(0) & R_{x_2 x_1}(1) & R_{x_2 x_2}(1) & R_{x_2 x_3}(1) \\ R_{x_3 x_1}(0) & R_{x_3 x_2}(0) & R_{x_3 x_3}(0) & R_{x_3 x_1}(1) & R_{x_3 x_2}(1) & R_{x_3 x_3}(1) \\ R_{x_1 x_1}(1) & R_{x_2 x_1}(1) & R_{x_3 x_1}(1) & R_{x_1 x_1}(0) & R_{x_1 x_2}(0) & R_{x_1 x_3}(0) \\ R_{x_1 x_2}(1) & R_{x_2 x_2}(1) & R_{x_3 x_2}(1) & R_{x_2 x_1}(0) & R_{x_2 x_2}(0) & R_{x_2 x_3}(0) \\ R_{x_1 x_3}(1) & R_{x_2 x_3}(1) & R_{x_3 x_3}(1) & R_{x_3 x_1}(0) & R_{x_3 x_2}(0) & R_{x_3 x_3}(0) \end{pmatrix}$$

$$= \begin{pmatrix} R_{d_1 x_1}(0) & R_{d_1 x_2}(0) & R_{d_1 x_3}(0) & R_{d_1 x_1}(1) & R_{d_1 x_2}(1) & R_{d_1 x_3}(1) \\ R_{d_2 x_1}(0) & R_{d_2 x_2}(0) & R_{d_2 x_3}(0) & R_{d_2 x_1}(1) & R_{d_2 x_2}(1) & R_{d_2 x_3}(1) \end{pmatrix}.$$

$$(26.44)$$

Man erhält ein Gleichungssystem mit insgesamt 12 Gleichungen. Die Gültigkeit des obigen Gleichungssystems läßt sich anhand von Gleichung (26.37) überprüfen. Für das System mit drei Eingangs- und zwei Ausgangskanälen lautet diese Gleichung:

$$I = \sum_{j=1}^{2}\{\sum_t (d_j(t) - \sum_{k=1}^{3}\sum_{l=0}^{1} h_{jk}(l)x_k(t-l))\}^2 \overset{!}{=} Min \ . \qquad (26.45)$$

Das Nullsetzen der partiellen Ableitung

$$\frac{\partial I}{\partial h_{11}(0)} = 2\{\sum_t (d_1(t) - [h_{11}(0)x_1(t) + h_{11}(1)x_1(t-1) + h_{12}(0)x_2(t)$$
$$+ h_{12}(1)x_2(t-1) + h_{13}(0)x_3(t) + h_{13}(1)x_3(t-1)])\}(-x_1(t))$$

$$(26.46)$$

ergibt:

$$\sum_t d_1(t)x_1(t) \;=\; h_{11}(0)\sum_t x_1(t)x_1(t) + h_{11}(1)\sum_t x_1(t-1)x_1(t)$$

$$+h_{12}(0)\sum_t x_2(t)x_1(t) + h_{12}(1)\sum_t x_2(t-1)x_1(t)$$

$$+h_{13}(0)\sum_t x_3(t)x_1(t) + h_{13}(1)\sum_t x_3(t-1)x_1(t)$$

$$(26.47)$$

bzw.

$$R_{d_1x_1}(0) \;=\; h_{11}(0)R_{x_1x_1}(0) + h_{12}(0)R_{x_2x_1}(0) + h_{13}(0)R_{x_3x_1}(0)$$

$$+h_{11}(1)R_{x_1x_1}(1) + h_{12}(1)R_{x_1x_2}(1) + h_{13}(1)R_{x_1x_3}(1).$$

$$(26.48)$$

Dies ist gerade die erste Gleichung des Gleichungsystems (26.44). Die anderen Gleichungen von (26.44) lassen sich analog hierzu überprüfen.

Beispiel der Mehrkanal-Optimalfilterung:

Zu filtern seien die zwei Eingangsspuren

$$\mathbf{x}(t) = \begin{pmatrix} x_1(t) \\ x_2(t) \end{pmatrix} = \begin{pmatrix} (-1,2,5,2) \\ (3,1,1,2) \end{pmatrix} \qquad (26.49)$$

mit dem gewünschten Filterausgang

$$\mathbf{d}(t) = (d_1(t)) = (1,0,0,0,0) \ . \qquad (26.50)$$

Das gesuchte Filter besitzt zwei Eingänge und einen Ausgang. Zu bestimmen ist das Wiener-Filter der Länge zwei.
Die Berechnung der Korrelationsmatrizen $\mathbf{\Phi}_{xx}$, $\mathbf{\Phi}_{dx}$ ergibt:

$$\mathbf{\Phi}_{xx}(0) \;=\; \begin{pmatrix} R_{x_1x_1}(0) & R_{x_1x_2}(0) \\ R_{x_2x_1}(0) & R_{x_2x_2}(0) \end{pmatrix} \;=\; \begin{pmatrix} 34 & 8 \\ 8 & 15 \end{pmatrix}$$

$$\mathbf{\Phi}_{xx}(1) \;=\; \begin{pmatrix} R_{x_1x_1}(1) & R_{x_1x_2}(1) \\ R_{x_2x_1}(1) & R_{x_2x_2}(1) \end{pmatrix} \;=\; \begin{pmatrix} 18 & 13 \\ 11 & 6 \end{pmatrix} \qquad (26.51)$$

$$\mathbf{\Phi}_{dx}(0) \;=\; \begin{pmatrix} R_{d_1x_1}(0) & R_{d_1x_2}(0) \end{pmatrix} \;=\; \begin{pmatrix} -1 & 3 \end{pmatrix}$$

$$\mathbf{\Phi}_{dx}(1) \;=\; \begin{pmatrix} R_{d_1x_1}(1) & R_{d_1x_2}(1) \end{pmatrix} \;=\; \begin{pmatrix} 0 & 0 \end{pmatrix} \ .$$

Für $LF = 1$ ist das Gleichungssystem (26.43) zu lösen:

$$\left(\begin{array}{cc} \mathbf{h}_0 & \mathbf{h}_1 \end{array} \right) \left(\begin{array}{cc} \Phi_{xx}(0) & \Phi_{xx}(1) \\ \Phi_{xx}(1)^T & \Phi_{xx}(0) \end{array} \right) = \left(\begin{array}{cc} \Phi_{dx}(0) & \Phi_{dx}(1) \end{array} \right) . \qquad (26.52)$$

Man erhält:

$$\left(\begin{array}{cc} \mathbf{h}_0 & \mathbf{h}_1 \end{array} \right) = \left(\begin{array}{cccc} h_{11}(0) & h_{12}(0) & h_{11}(1) & h_{12}(1) \end{array} \right)$$

$$= \left(\begin{array}{cccc} -1 & 3 & 0 & 0 \end{array} \right) \left(\begin{array}{cc|cc} 34 & 8 & 18 & 13 \\ 8 & 15 & 11 & 6 \\ \hline 18 & 11 & 34 & 8 \\ 13 & 6 & 8 & 15 \end{array} \right)^{-1}$$

$$= \left(\begin{array}{cccc} -0.05215 & 0.28375 & -0.05503 & -0.03896 \end{array} \right) .$$

$$(26.53)$$

Das Filter besteht aus zwei Einkanalfiltern mit jeweils zwei Koeffizienten:

$$\begin{array}{rcl} (h_{11}(0), h_{11}(1)) & = & (\quad -0.05215 \quad , \quad -0.05503 \quad) \\ (h_{12}(0), h_{12}(1)) & = & (\quad 0.28375 \quad , \quad -0.03896 \quad) \end{array} . \qquad (26.54)$$

Die Anwendung dieses Filters auf die Daten in (26.49) liefert am Ausgang:

$$\begin{array}{rcl} y_1(t) & = & h_{11}(t) * x_1(t) + h_{12}(t) * x_2(t) \\ & = & (0.90339, 0.11761, -0.12601, 0.14911, -0.18796) . \end{array}$$

$$(26.55)$$

Bereits dieses einfache Beispiel verlangt die Inversion einer (4×4)-Matrix. In praxi wird der hier skizzierte Weg der Matrixinversion nicht beschritten, sondern man löst die Normalgleichungen nach dem auf den Mehrkanalprozeß erweiterten Wiener-Levinson-Algorithmus (s. Wiggins und Robinson (1965)).

Der Wiener-Optimalfilter-Ansatz läßt sich gleichfalls zur Filterung zweidimensionaler Felder einsetzen.

Beispiel: Gesucht ist das Wiener-Optimalfilter der Länge (2×2), das das zu filternde zweidimensionale Feld

$$\mathbf{x} = \left(\begin{array}{cc} 1 & 2 \\ 3 & 4 \end{array} \right) \qquad (26.56)$$

auf den gewünschten Filterausgang

$$\mathbf{D} = \left(\begin{array}{ccc} 0 & 0 & 0 \\ 0 & 1 & 0 \\ 0 & 0 & 0 \end{array} \right) \qquad (26.57)$$

überführt. Der zweidimensionale Filterausgang ist nach Gleichung (24.4) definiert durch

$$y_{mn} = \sum_{j=0}^{1} \sum_{k=0}^{1} h_{jk} x_{m-j,n-k} \;,\; \begin{cases} m &= 0,1,2 \\ n &= 0,1,2 \end{cases}. \tag{26.58}$$

Zu minimieren ist der Ausdruck

$$I = \sum_{m=0}^{2} \sum_{n=0}^{2} (d_{mn} - y_{mn})^2$$

$$= \sum_{m=0}^{2} \sum_{n=0}^{2} \left(d_{mn} - \sum_{j=0}^{1} \sum_{k=0}^{1} h_{jk} x_{m-j,n-k}\right)^2 . \tag{26.59}$$

Durch Nullsetzen der partiellen Ableitungen,

$$\frac{\partial I}{\partial h_{rs}} = \sum_{m=0}^{2} \sum_{n=0}^{2} 2\left(d_{mn} - \sum_{j=0}^{1} \sum_{k=0}^{1} h_{jk} x_{m-j,n-k}\right)(-x_{m-r,n-s}),$$

$$r = 0,1, \quad s = 0,1 \tag{26.60}$$

ergibt sich das Gleichungssystem:

$$\sum_{m=0}^{2} \sum_{n=0}^{2} d_{mn} x_{m-r,n-s} = \sum_{j=0}^{1} \sum_{k=0}^{1} h_{jk} \sum_{m=0}^{2} \sum_{n=0}^{2} x_{m-j,n-k} x_{m-r,n-s},$$

$$r = 0,1, \quad s = 0,1 . \tag{26.61}$$

Für das obige Zahlenbeispiel erhält man:

$$\begin{aligned} 4 &= 30h_{00} + 14h_{01} + 11h_{10} + 4h_{11} \\ 3 &= 14h_{00} + 30h_{01} + 6h_{10} + 11h_{11} \\ 2 &= 11h_{00} + 6h_{01} + 30h_{10} + 14h_{11} \\ 1 &= 4h_{00} + 11h_{01} + 14h_{10} + 30h_{11} \end{aligned} \tag{26.62}$$

bzw. in Matrixschreibweise

$$\begin{pmatrix} h_{00} & h_{10} & h_{01} & h_{11} \end{pmatrix} \begin{pmatrix} 30 & 11 & 14 & 4 \\ 11 & 30 & 6 & 14 \\ 14 & 6 & 30 & 11 \\ 4 & 14 & 11 & 30 \end{pmatrix} = \begin{pmatrix} 4 & 2 & 3 & 1 \end{pmatrix} . \tag{26.63}$$

Hieraus berechnen sich die Filterkoeffizienten zu

$$\begin{pmatrix} h_{00} & h_{01} \\ h_{10} & h_{11} \end{pmatrix} = \begin{pmatrix} 0.10201 & 0.05138 \\ 0.02374 & -0.01019 \end{pmatrix}, \tag{26.64}$$

für die sich nach Gleichung (26.58) am Filterausgang

$$y_{mn} = \begin{pmatrix} 0.10201 & 0.25540 & 0.10276 \\ 0.32977 & 0.59965 & 0.18514 \\ 0.07122 & 0.06439 & -0.04076 \end{pmatrix} \qquad (26.65)$$

ergibt. Die Anpassung an den gewünschten Filterausgang läßt sich verbessern, wenn man längere Operatoren wählt und andere gewünschte Filterausgänge, die weniger scharf sind, vorgibt.

26.2.2 Gegenüberstellung der wichtigsten Mehrkanal-Optimalfilter

In den Tabellen 26.1 und 26.2 sind vier verschiedene Mehrkanal-Optimalfilter gegenübergestellt, und zwar für den Fall, daß das Filtersystem N Eingangskanäle und einen Ausgangskanal besitzt. Der zweite Block von oben gibt die Kriterien an, die den verschiedenen Verfahren zugrunde liegen und zu den im dritten Block aufgeführten Normalgleichungen führen. Beim mehrkanaligen Wiener-Optimalfilter, beim Vorhersagefehler-Filter und beim Maximum-Energie-Filter werden die Kriterien der entsprechenden Einkanalfilter auf mehrspurige Vorgänge übertragen. Im Block 4 sind die Größen aufgelistet, die für die Anwendung der einzelnen Verfahren bekannt sein müssen und vorher zu bestimmen sind. Hierbei handelt es sich um die Kreuzkovarianzfunktionen von Signal und Noise.

Bei der Herleitung der Normalgleichungen wird - wie in Block 5 angegeben - vorausgesetzt, daß der Noise zeitlich stationär ist, die an den verschiedenen Registrierorten gemessenen Signale kohärent sind und die Nutz- und Störsignale nicht miteinander korrelieren, das heißt z.B., daß kein signalgenerierter Noise existiert. Die erzielbaren Signal-Noise-Verbesserungen hängen davon ab, inwieweit diese Annahmen erfüllt werden.

Bei der Herleitung des Maximum-Likelihood-Filters wird die Varianz der Noise-Anteile am Filterausgang nach dem least-mean-squares-Kriterium minimiert mit der Nebenbedingung, daß die unverrauschten Signale durch den Filterprozeß nicht verändert werden. Durch die Nebenbedingung

$$\sum_{k=1}^{N} h_k(j) = \begin{cases} 1 & \text{für } j = 0 \\ 0 & \text{für } j \neq 0 \end{cases}, \qquad (26.66)$$

wird sichergestellt, daß - auch wenn die einzelnen Filterfunktionen $H_k(f)$ beliebig komplizierte Funktionen der Frequenz sind - ihre Summe für jede Frequenz den Wert Eins hat. Setzt man voraus, daß an

Verfahren	Mehrkanal-Wiener-Optimalfilter	Mehrkanal-Vorhersage-Filter
gewünschter Filterausgang	$z(t) = s(t)$	$z(t) = n_p(t + \alpha)$
Kriterien	$\frac{1}{LT} \sum\limits_{t=1}^{LT} (\sum\limits_{k=1}^{N} y_k(t) - s(t))^2$ $\overset{!}{=} Min$	$\frac{1}{LT} \sum\limits_{t=1}^{LT} (n_p(t + \alpha) -$ $\sum\limits_{k=1}^{N} \sum\limits_{i=0}^{M} h_k(i) n_k(t - i))^2$ $\overset{!}{=} Min$
Normalgleichungen	$\sum\limits_{k=1}^{N} \sum\limits_{j=-M}^{M} (R_{y_l y_k}(j - i) h_k(j)$ $= R_{z_l s}(i)$ $l = 1, ..., N,\ i = -M, ..., M$ bei den unten angegeben Annahmen folgt: $\sum\limits_{k=1}^{N} \sum\limits_{j=-M}^{M} (R_{ss}(j - i) +$ $q R_{n_l n_k}(j - i)) h_k(j) = R_{ss}(i)$	$\sum\limits_{k=1}^{N} \sum\limits_{j=0}^{M} R_{n_l n_k}(j - i) h_k(j)$ $= R_{n_p n_l}(i + \alpha)$ $l = 1, ..., N,\ i = 0, ..., M$ Vorhersage-Fehler-Filter: $a_l(0) = \begin{cases} 1 \text{ für } l = p \\ 0 \text{ für } l \neq p, \end{cases}$ $a_l(j) = 0$ für $l = 1, ..., N$ und $j = 1, ..., \alpha - 1,$ $a_l(j + \alpha) = -h_l(j),$ $l = 1, ..., N$ und $j = 0, ..., M$
Bestimmungsgrößen	(1) $R_{ss}(j)$, (2) $R_{n_l n_k}(j)$; (3) Signal-Noise-Verhältnis	$R_{n_l n_k}(j)$
Annahmen bei der Herleitung der Normalgleichungen	(1) zeitlich stationärer Noise, (2) Signalkohärenz=1, (3) $R_{s n_l}(j) = 0$	zeitlich stationärer Noise

Tabelle 26.1: Zusammenstellung der wichtigsten Mehrkanal-Optimalfilter. Teil 1: Wiener-Optimalfilter und Vorhersage- bzw. Vorhersagefehler-Filter.

Verfahren	Mehrkanal-Maximum-Energie-Filter	Maximum-Likelihood-Filter
gewünschter Filterausgang	Maximum des Energieverhältnisses der gefilterten Signal zu Noise Anteile über das Intervall der zu filternden Spuren	Minimierung der Noise-Varianz mit der Nebenbedingung: keine Signalveränderung
Kriterien	$$\frac{\sum_{l=1}^{N}\sum_{k=1}^{N}\sum_{i=-M}^{M}\sum_{j=-M}^{M} R_{s_l s_k}(j-i)h_k(j)h_l(i)}{\sum_{l=1}^{N}\sum_{k=1}^{N}\sum_{i=-M}^{M}\sum_{j=-M}^{M} R_{n_l n_k}(j-i)h_k(j)h_l(i)}$$ $$\overset{!}{=} Max$$	$$\frac{1}{LT}\sum_{t=1}^{LT}\left(\sum_{k=1}^{N}\sum_{j=-M}^{M} h_k(j)n_k(t-j)\right)^2$$ $$\overset{!}{=} Min$$ mit der Nebenbedingung $$\sum_{k=1}^{N} h_k(j) = \begin{cases} 1 & \text{für } j=0, \\ 0 & \text{für } j\neq 0 \end{cases}$$
Normal-gleichungen	$$\sum_{k=1}^{N}\sum_{j=-M}^{M} R_{ss}(j-i)h_k(j) -$$ $$\lambda\sum_{k=1}^{N}\sum_{j=-M}^{M} R_{n_l n_k}(j-i)h_k(j) = 0$$ $$l=1,...,N,\ i=-M,...,M$$	$$\sum_{k=1}^{N}\sum_{j=-M}^{M} R_{n_l n_k}(j-i)h_k(j)$$ $$+\lambda_i = 0$$ $$l=1,...,N,\ i=-M,...,M$$ Nebenbedingung: $$\sum_{l=1}^{N} h_l(i) = \begin{cases} 1 & \text{für } i=0, \\ 0 & \text{für } i\neq 0 \end{cases}$$
Bestimmungs-größen	(1) $R_{ss}(j)$, (2) $R_{n_l n_k}(j)$	$R_{n_l n_k}(j)$
Annahmen bei der Herleitung der Normal-gleichungen	(1) zeitlich stationärer Noise (2) Signalkohärenz $= 0$	wie beim Wiener-Filter

Tabelle 26.2: Zusammenstellung der wichtigsten Mehrkanal-Optimalfilter. Teil 2: Maximum-Energie- und Maximum-Likelihood-Filter.

den verschiedenen Filtereingängen gleiche Signale $s(t)$ liegen, dann erfolgt bei Anwendung der Operatoren, die die obige Nebenbedingung erfüllen, keine Signalveränderung, d.h. es gilt

$$\sum_{k=1}^{N} \sum_{j=-M}^{M} h_k(j)s(t-j) = s(t) \; . \qquad (26.67)$$

Das Filterkriterium lautet damit:

$$\frac{1}{LT} \sum_{t=1}^{LT} (\sum_{k=1}^{N} \sum_{j=-M}^{M} h_k(t)n_k(t-j))^2 \overset{!}{=} Min \qquad (26.68)$$

mit der Nebenbedingung (26.66). Mit Einführung der Lagrangeschen Multiplikatoren λ_j läßt sich das Problem wie folgt formulieren:

$$\begin{aligned}
\mu &= \frac{1}{LT} \sum_{t=1}^{LT} (\sum_{k=1}^{N} \sum_{j=-M}^{M} h_k(j)n_k(t-j))^2 \\
&\quad + 2\lambda_0 (\sum_{k=1}^{N} h_k(0) - 1) + \sum_{j=-M,j\neq 0}^{M} (2\lambda_j \sum_{k=1}^{N} h_k(j)) \overset{!}{=} Min \\
&= \sum_{k=1}^{N} \sum_{l=1}^{N} \sum_{j=-M}^{M} \sum_{i=-M}^{M} R_{n_k n_l}(i-j)h_k(j)h_l(i) \\
&\quad + 2\lambda_0 (\sum_{k=1}^{N} h_k(0) - 1) + \sum_{j=-M,j\neq 0}^{M} (2\lambda_j \sum_{k=1}^{N} h_k(j)) \overset{!}{=} Min \; .
\end{aligned}$$

$$(26.69)$$

Die partiellen Ableitungen $\frac{\partial \mu}{\partial h_k(j)}$, $k = 1,...,N$, $j = -M,...,M$ liefern die Normalgleichungen des Maximum-Likelihood-Filters:

$$\sum_{l=1}^{N} \sum_{i=-M}^{M} R_{n_k n_l}(i-j)h_l(i) + \lambda_j = 0, \; k = 1,..,N, \; j = -M,..,M.$$

$$(26.70)$$

Die Filteroperatoren $h_l(i)$ und die Lagrangeschen Multiplikatoren lassen sich aus den Gleichungen (26.70) und (26.66) bestimmen. Da in die Bestimmung der $h_l(i)$ nur die Kreuzkorrelationsmatrix der Bodenunruhe eingeht, die sich direkt aus den Registrierungen bestimmen läßt, ist dieses Filter im Gegensatz zum Wiener-Filter ohne Schwierigkeiten auch auf Registrierungen mit kleinem Nutz-Störsignal-Verhältnis anzuwenden.

Capon, Greenfield und Kolker (1967) zeigen, daß dieses Filter eine

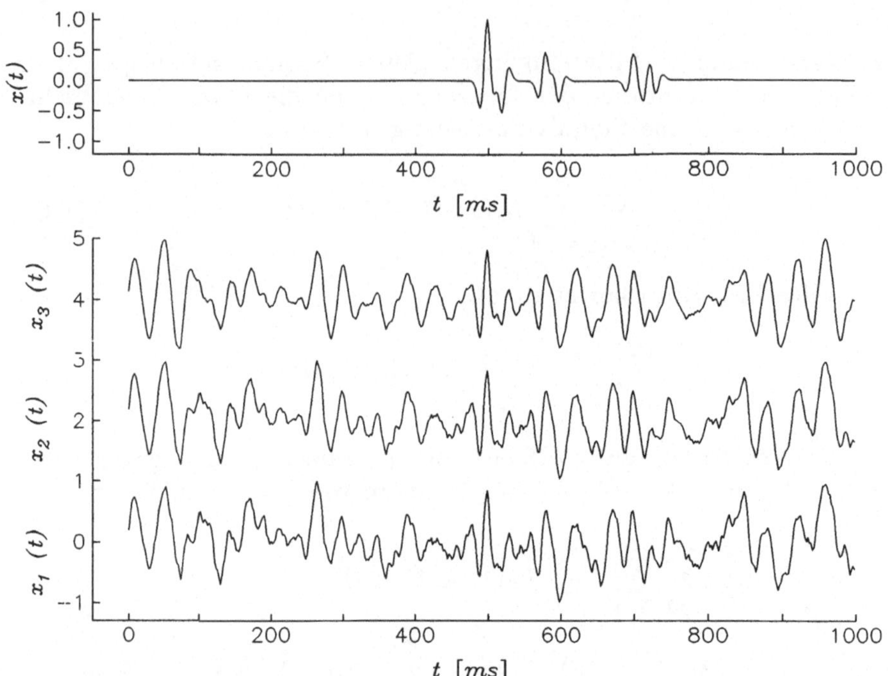

Abbildung 26.4: Synthetischer Mehrkanalprozeß. Oben: Signalkomponente, darunter: synthetische Seismogramme, bestehend aus der Signalkomponente und unterschiedlichen $AR(2)$-Noise-Prozessen (Signal-Noise-Amplitudenverhältnis $= 1.0$); die AR-Koeffizienten der 3 Spuren betragen (von oben nach unten): $(1.6, -0.7)$, $(1.7, -0.8)$, $(1.8, -0.9)$.

Maximum-Likelihood-Schätzung von $s(t)$ liefert, falls der Noise Gaußverteilt ist.

Mit den Mehrkanal-Optimalfiltern lassen sich im Vergleich zu den Einkanalfiltern dann bessere Resultate erzielen, z.B. stärkere Signal-Noise-Verbesserungen, wenn neben den Signalen auch die Noise-Anteile von Spur zu Spur korrelieren und damit räumlich vorhersagbar sind. Abb. 26.4 zeigt drei synthetische Spuren mit dem Signal-Noise-Amplitudenverhältnis $1 : 1$. Die Spuren bestehen aus der oben dargestellten Signalkomponente, der ein $AR(2)$-Prozeß mit von Spur zu Spur leicht unterschiedlichen AR-Koeffizienten überlagert ist. Bei dem gezeigten Beispiel sind die Kreuzkovarianzanteile des Rauschens in der Größenordnung der Noise-Autokovarianzfunktionen.

Abb. 26.5 zeigt das Ergebnis der mehrkanaligen Vorhersagefehler-Filterung für drei Ausgangskanäle. Damit kommen insgesamt

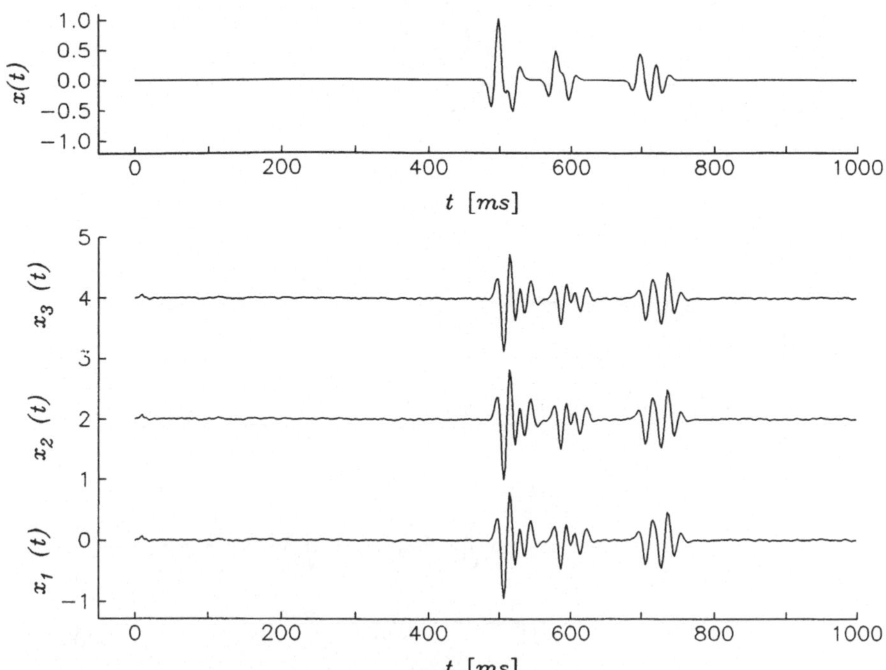

Abbildung 26.5: Ergebnis der mehrkanaligen Vorhersagefehler-Filterung des in Abb. 26.4 gezeigten Prozesses. Oben: Signalkomponente der zu filternden Spuren, darunter: Filterergebnisse; die Noise-Kovarianzmatrix wurde aus dem Zeitfenster $0 - 480$ ms abgeschätzt; Filterparameter: Filterlänge $LF = 10$, Vorhersagedistanz $8\ ms$.

neun Filteroperatoren zum Einsatz, wobei entsprechend den Auto- und Kreuzkovarianzfunktionen der Störanteile alle neun Komponenten des Filtersystems gleichbedeutend sind. Die Noise-Unterdrückung ist erheblich stärker als mit dem in Abb. 20.3 gezeigten Einkanalfilter. (Der Frequenzgehalt und das Signal-Noise-Verhältnis der zu filternden synthetischen Seismogramme in den Abb. 20.3 und 26.4 sind gleich.) Sind andererseits in der Kovarianzmatrix die Kreuzkovarianz-Anteile klein im Vergleich zu den Autokovarianz-Anteilen, dann ist mit dem mehrkanaligen Vorhersagefehler-Filter keine wesentliche Verbesserung gegenüber dem Einkanalfilter zu erzielen. Bei Anwendung des mehrkanaligen Wiener-Filters ist die Noise-Unterdrückung bei dem bearbeiteten Beispiel in der Größenordnung wie beim Mehrkanal-Vorhersagefehler-Filter (s. Abb. 26.6). Im Vergleich zum Mehrkanal-Vorhersagefehler-Filter ist die Signalverfälschung beim Wiener-Filter jedoch erheblich geringer, da bei diesem Filter auch Informationen über das Signal in die Bestimmung der Fil-

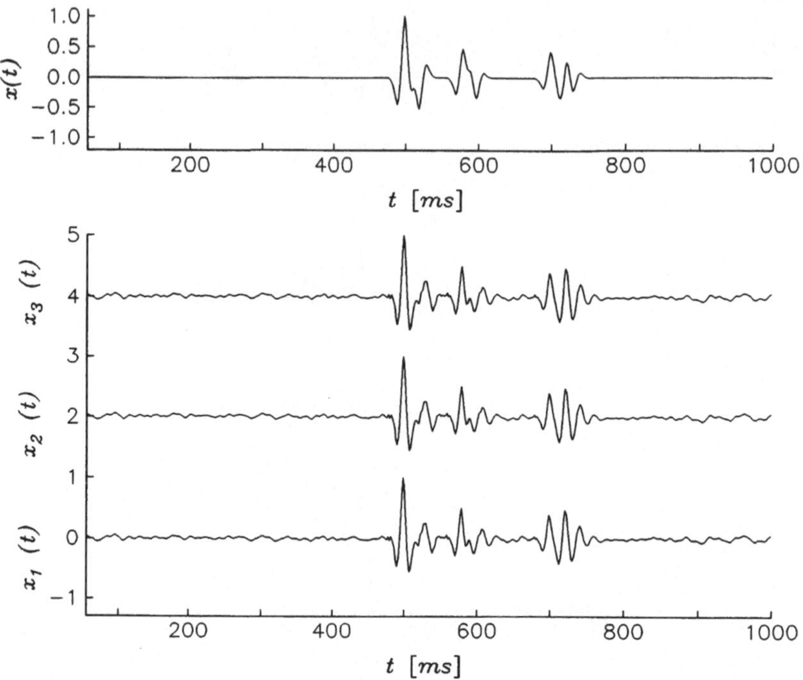

Abbildung 26.6: Ergebnis der Mehrkanal-Wiener-Filterung des in Abb. 26.4 gezeigten Prozesses. Oben: Signalkomponente der zu filternden Spuren, darunter: Filterergebnisse; Filterlänge 20 ms.

terkoeffizienten einbezogen werden. Die Kovarianzmatrix des zu filternden Prozesses wurde aus den 3 Spuren berechnet. Für die Kreuzkovarianzmatrix zwischen gewünschtem Filterausgang und den zu filternden Spuren wurde bei diesem Beispiel als Näherung die Signal-Kovarianzmatrix gewählt.

Für die verschiedenen in den Tabellen 26.1 und 26.2 zusammengestellten Mehrkanal-Optimalfilter läßt sich die Filterwirkung der Operatoren, die auf die einzelnen Kanäle angewendet werden, im Frequenzbereich durch ihre Fourier-Transformierten angeben. Informativer kann die Darstellung ihrer Wirkungsweise im Frequenz-Wellenzahlbereich sein. Die zweidimensionale Fourier-Transformierte $H(f,k)$ des Operators zeigt seine Wirkungsweise auf räumlich kohärente Signale mit konstanter Scheingeschwindigkeit bzw. auf ebene Wellen, deren Frequenzgehalt sich mit der Ausbreitung nicht verändert. Für derartige Signale bzw. Wellen mit der Scheingeschwindigkeit v_s und dem Frequenz-Wellenzahlspektrum $X(f,k)$ wird der Filterausgang durch das Produkt der Fourier-Transformierten der zu filternden Signale mit der zweidimensionalen Fourier-Transformierten des Mehrkanal-Filteroperators längs der Geraden $k = \frac{f}{v_s}$ beschrieben:

$$Y(f) = H(f,k)X(f,k) \, |_{k=f/v_s} \, . \tag{26.71}$$

Derartige Untersuchungen über die Wirkungsweise der Mehrkanal-Optimalfilter im $(f - k)$-Bereich auf ebene Wellen wurden z.B. von Burg (1964) und Buttkus (1972) durchgeführt. Die Übertragungsfunktion des Wiener-Filters ist dem Frequenz-Wellenzahlspektrum des Signals angepaßt, was durch den Ansatz gefordert wird. Der Durchlaßbereich des Maximum-Energie-Filters ist auf den schmalen Bereich mit maximalem Nutz-Störsignal-Verhältnis beschränkt. Mit dem Wiener-Filter und dem Maximum-Energie-Filter werden die Noise-Anteile außerhalb des Frequenz-Wellenzahlbereichs, der vom Signalspektrum überdeckt wird, unterdrückt. Die Wirksamkeit dieser Filter hängt damit im wesentlichen von der Frequenz-Wellenzahlverteilung von Signal und Noise ab. Die Auswahl des eingesetzten Filters wird wie bei den Einkanalfiltern weitgehend durch die Zielsetzung bestimmt. Will man an den gefilterten Daten weiterführende Untersuchungen anhand der Signale durchführen, dann wird man zweckmäßigerweise das Wiener-Filter einsetzen, um Signalverzerrungen zu vermeiden. Das setzt allerdings voraus, daß das Frequenz-Wellenzahlspektrum des Noise weitgehend von dem des Signals getrennt ist. Für Detektionszwecke empfiehlt sich die Anwendung des Maximum-Energie-Filters, mit dem der Noise außerhalb des Bereichs, in dem das Signal vorherrscht, im Vergleich zum Wiener-Filter stärker unterdrückt wird. Die Anwendung dieses Filters kann selbst dann noch erfolgreich sein, wenn der Noise über den gesamten Frequenz-Wellenzahlraum verteilt ist und der $(f - k)$-Bereich, in dem das Signalspektrum dominiert, relativ schmal im Vergleich zur Gesamtbreite des Signalspektrums ist.

Nach Kelly (1965) ist die Übertragungsfunktion des Maximum-Likelihood-Filters für den k-ten Kanal von den Kreuzleistungsspektren der Bodenunruhe an den verschiedenen Meßpunkten abhängig; sie wird durch

$$H_k(f) = \frac{\sum_{l=1}^{N} Q_{kl}(f)}{\sum_{l=1}^{N} \sum_{m=1}^{N} Q_{lm}(f)} \tag{26.72}$$

beschrieben. $\mathbf{Q}(f)$ ist dabei die Inverse der Matrix der Kreuzleistungsspektren $G_{n_l n_m}(f)$ der Bodenunruhe an den verschiedenen Meßpunkten. Liegen an den verschiedenen Registrierstationen gleiche Noise-Verhältnisse vor, dann sind die Übertragungsfunktionen für alle Filterkanäle gleich. Ihre Transformation in den Wellenzahlraum liefert die Charakteristik eines Geschwindigkeitsfilters, das lediglich Signale mit der Scheingeschwindigkeit $v_s = \infty$ überträgt und sonst

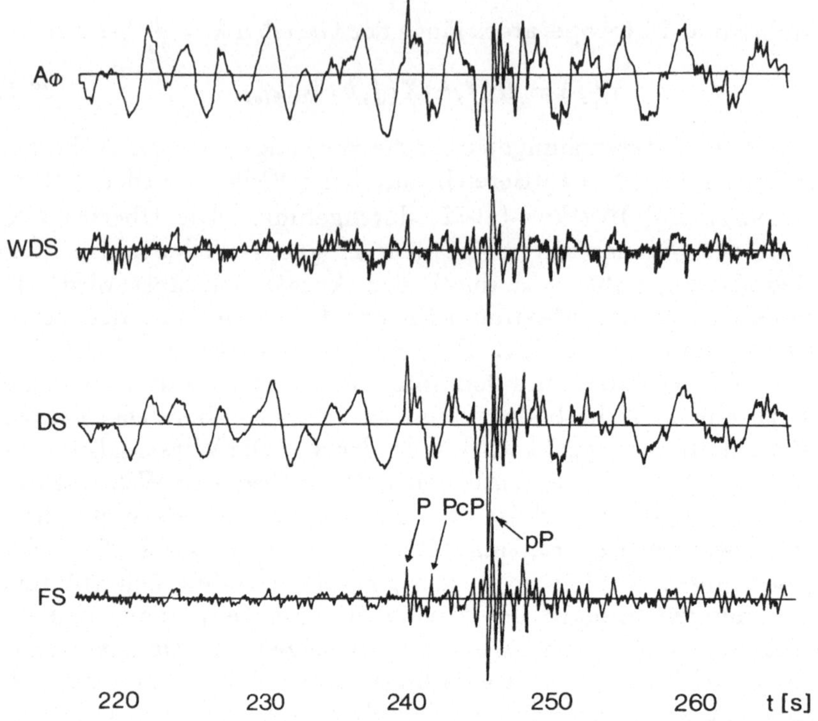

Abbildung 26.7: Maximum-Likelihood-Filterung einer Registierung des Zentral-Kasachstan-Erdbebens vom 2.1.1966 A: Einzelregistrierung, WDS: Ergebnis des gewichteten "delay and sum", DS: Ergebnis des "delay and sum", FS: Resultat der Maximum-Likelihood-Filterung (nach Capon et al. (1967)).

sperrt. Senkrecht einfallende Signale, die an den N Registrierstationen das gleiche Signal mit dem Leistungsspektrum $G_s(f)$ besitzen, werden bei diesem Filter wegen

$$\sum_{j=1}^{N} G_s(f) H_j(f) = G_s(f) \tag{26.73}$$

nicht verfälscht. Abb. 26.7 zeigt an einem Beispiel aus der Seismologie die verstärkte Noise-Unterdrückung durch die Maximum-Likelihood-Filterung im Vergleich zur Aufsummierung der Spuren. Nach der Filterung ist es möglich, einzelne Seismogramm-Phasen zu identifizieren.

Das Vorhersagefehler-Filter wirkt im wesentlichen als reziprokes

Noise-Filter

$$| H(f,k) |^2 \approx \frac{1}{G_n(f,k)} \; . \qquad (26.74)$$

Es ist daher dann wirksam einzusetzen, wenn die Signalanteile in den Frequenz-Wellenzahlbereich mit geringen Noise-Anteilen fallen.

Die Frequenz-Wellenzahlfiltercharakteristiken der Optimal-Mehrkanalfilter können zusammen mit der Frequenz-Wellenzahldarstellung der zu filternden Seismogramme jedoch nur näherungsweise aufzeigen, wann die einzelnen Verfahren mit Erfolg einzusetzen sind. Die tatsächliche Filterwirkung der Mehrkanal-Optimalfilter hängt von den Signal- und Noise-Kovarianzfunktionen und damit von der Signal- und Noise-Kohärenz ab. Für nicht ebene Wellen ist die Wirkung des Filters auf die Daten, für die es hergeleitet wurde, durch die Darstellung des Operators im Frequenz-Wellenzahlbereich in der Regel nicht mehr zu überblicken.

Für die Bestimmung der Optimalfilter müssen die Kovarianzmatrizen

$$\Phi_{ss}(j) = \begin{pmatrix} R_{s_1 s_1}(j) & R_{s_1 s_2}(j) & \ldots & R_{s_1 s_N}(j) \\ R_{s_2 s_1}(j) & R_{s_2 s_2}(j) & \ldots & R_{s_2 s_N}(j) \\ \ldots & & & \\ R_{s_N s_1}(j) & R_{s_N s_2}(j) & \ldots & R_{s_N s_N}(j) \end{pmatrix}, \; j = -M, ..., M$$

$$(26.75)$$

und

$$\Phi_{nn}(j) = \begin{pmatrix} R_{n_1 n_1}(j) & R_{n_1 n_2}(j) & \ldots & R_{n_1 n_N}(j) \\ R_{n_2 n_1}(j) & R_{n_2 n_2}(j) & \ldots & R_{n_2 n_N}(j) \\ \ldots & & & \\ R_{n_N n_1}(j) & R_{n_N n_2}(j) & \ldots & R_{n_N n_N}(j) \end{pmatrix}, \; j = -M, ..., M$$

$$(26.76)$$

bekannt sein bzw. abgeschätzt werden. Die Abschätzung kann nach zwei unterschiedlichen Ansätzen erfolgen:

- durch Vorgabe mathematisch statistischer Modelle,
- durch direkte Bestimmung aus den zu filternden Daten.

Das zweite Verfahren wird nachfolgend für zwei Seismogramme skizziert, während die Abschätzung der Kovarianzmatrizen unter Zugrundelegung statistischer Modelle in Abschnitt 26.2.3 am Beispiel der Bestimmung optimaler Stapelfilter erläutert wird.
Die Kovarianzfunktionen zweier Seismogramme

$$x_j(t) = s_j(t) + n_j(t), \; j = 1,2$$

ergeben sich nach Abschnitt (8.1.1) zu:

$$
\begin{aligned}
R_{x_1 x_1}(\tau) &= R_{s_1 s_1}(\tau) + R_{s_1 n_1}(\tau) + R_{n_1 s_1}(\tau) + R_{n_1 n_1}(\tau) \\
R_{x_2 x_2}(\tau) &= R_{s_2 s_2}(\tau) + R_{s_2 n_2}(\tau) + R_{n_2 s_2}(\tau) + R_{n_2 n_2}(\tau) \\
R_{x_1 x_2}(\tau) &= R_{s_1 s_2}(\tau) + R_{s_1 n_2}(\tau) + R_{n_1 s_2}(\tau) + R_{n_1 n_2}(\tau) \\
R_{x_2 x_1}(\tau) &= R_{s_2 s_1}(\tau) + R_{s_2 n_1}(\tau) + R_{n_2 s_1}(\tau) + R_{n_2 n_1}(\tau) \ .
\end{aligned}
$$
$$(26.77)$$

Unter den Annahmen, daß

- Signal und Noise nicht miteinander korrelieren, d.h. $R_{s_1 n_1}(\tau) = R_{n_1 s_1}(\tau) = 0$ ist,

- der Noise von Spur zu Spur nicht korreliert, d.h. $R_{n_1 n_2}(\tau) = R_{n_2 n_1}(\tau) = 0$ ist,

- die Signalform für alle Spuren gleich ist $(s_1(t) = s_2(t) = s(t))$, so daß $R_{s_1 s_2}(\tau) = R_{s_1 s_2}(\tau) = R_{ss}(\tau)$ ist,

- $R_{n_1 n_1} = R_{n_2 n_2} = R_{nn}(\tau)$ ist,

folgt:

1.

$$
R_{x_1 x_2}(\tau) + R_{x_2 x_1}(\tau) = 2 R_{ss}(\tau) \tag{26.78}
$$

bzw.

$$
R_{ss}(\tau) = \frac{R_{x_1 x_2}(\tau) + R_{x_2 x_1}(\tau)}{2} \ , \tag{26.79}
$$

2.

$$
R_{x_1 x_1}(\tau) + R_{x_2 x_2}(\tau) = 2 R_{ss}(\tau) + 2 R_{nn}(\tau) \ , \tag{26.80}
$$

so daß

$$
R_{nn}(\tau) = \frac{1}{2}(R_{x_1 x_1}(\tau) + R_{x_2 x_2}(\tau)) - \frac{1}{2}(R_{x_1 x_2}(\tau) + R_{x_2 x_1}(\tau)) \ . \tag{26.81}
$$

Die Signal- und Noise-Kovarianzfunktionen lassen sich damit nach Gleichung (26.79) und (26.81) direkt aus den Daten abschätzen. Allerdings ist vor der Anwendung dieser Gleichungen zu prüfen, inwieweit die genannten Voraussetzungen erfüllt sind. Dieses Verfahren wurde z.B. von Davies und Mercado (1968) zur Abschätzung der Kovarianzfunktionen eingesetzt, wobei jedoch mit den damit entwickelten Mehrkanalfiltern, bedingt durch die geringe Signalkohärenz von Seismogramm zu Seismogramm, keine wesentliche Verbesserung gegenüber der Einkanalfilterung erzielt werden konnte.

26.2.3 Entwicklung optimaler Stapelfilter anhand statistischer Modelle

Mehrkanal-Filtersysteme mit N Eingangskanälen und einem Ausgang werden als Stapelfilter bezeichnet. Bei diesen Filtern wird auf jede

Spur jeweils nur ein Filteroperator angewendet; anschließend werden die gefilterten Spuren gestapelt. Diese Filter werden in der Angewandten Seismik insbesondere zur Unterdrückung kohärenter Störsignale, wie z.B. von Oberflächenwellen und Mehrfachreflexionen, eingesetzt. Eine Reduktion z.B. der Multiplen durch Stapelung ist nur bedingt möglich. Stärkere Unterdrückungen der Mehrfachreflexionen lassen sich durch die vorherige Anwendung optimaler Stapelfilter auf CMP-Sortierungen erzielen. Wie bei den in Kapitel 24 behandelten Geschwindigkeitsfiltern werden Laufzeitunterschiede zur Trennung der Einfach- und Mehrfachreflexionen ausgenutzt. Die wesentlichen Unterschiede zwischen den optimalen Stapelfiltern und den dort behandelten Geschwindigkeitsfiltern bestehen darin, daß die Stapelfilter nur einen Filterausgang besitzen, die Herleitung nach dem Wiener- Ansatz erfolgt und nicht an linear angeordnete Signale, d.h. Signale konstanter Scheingeschwindigkeit, gebunden ist. Wie beim Geschwindigkeitsfilter erfolgt die Herleitung im $(x - t)$-Bereich. Die Entwicklung optimaler Stapelfilter geschieht in der Regel unter Zugrundelegung statistischer Modelle. Die Vorgehensweise wird am Beispiel des optimalen Stapelfilters zur Trennung von Primärreflexionen und Multiplen in CMP-Sortierungen skizziert. Die Einsätze dieser Signale liegen längs Hyperbeln unterschiedlicher Krümmung, die durch die RMS-Geschwindigkeit bestimmt wird. Im Vergleich zu den Primärreflexionen besitzen Mehrfachreflexionen gleicher t_0-Zeit, d.h. gleicher Einsatzzeit für den Offset Null, die geringeren RMS-Geschwindigkeiten und damit stärker gekrümmte Laufzeithyperbeln. Bei der Herleitung optimaler Stapelgeschwindigkeiten wird für die seismischen Spuren ein stochastisches Modell zugrunde gelegt, bei dem jedes der N Seismogramme als additive Überlagerung der Signalkomponente $s_j(t)$, der kohärenten Störkomponente $r_j(t)$ und regelloser Noise-Anteile $n_j(t)$ beschrieben wird:

$$x_j(t) = s_j(t - \alpha_j) + r_j(t - \beta_j) + n_j(t), \quad j = 1, ..., N. \qquad (26.82)$$

$r_j(t)$ beschreibt die zu unterdrückenden Mehrfachreflexionen. α_j und β_j sind die Zeitverzögerungen der Primärreflexionen und der Multiplen in den verschiedenen seismischen Spuren gegenüber den Signaleinsatzzeiten einer Referenzspur. Die Einsatzzeiten können als Zufallsvariable innerhalb eines vorzugebenden Zeitintervalls angesehen werden, für die bestimmte Wahrscheinlichkeitsdichtefunktionen zugrunde gelegt werden. Anhand dieser Wahrscheinlichkeitsdichtefunktionen lassen sich die zur Filterbestimmung erforderlichen Erwartungswerte der Auto- und Kreuzkovarianzmatrizen berechnen. Die Prozedur wird am Beispiel der Bestimmung der Signal-Autokovarianzmatrix erläutert. Unter der Annahme, daß die Signalform in allen

622

Seismogrammen gleich ist, gilt für die Auto- und Kreuzkovarianz-funktionen der Signale:

$$R_{s_j s_j}(\tau) = R_{ss}(\tau) \qquad (26.83)$$

und

$$R_{s_j s_k}(\tau) = R_{ss}(\tau + \alpha_k - \alpha_j) \ . \qquad (26.84)$$

α_j, α_k sind Zufallsvariable mit der Wahrscheinlichkeitsdichtefunktion $p(\alpha_j, \alpha_k)$. Der Erwartungswert von $R_{s_j s_k}$ läßt sich damit wie folgt darstellen:

$$\mathcal{E}\{R_{s_j s_k}(\tau)\} = \int_{-\infty}^{\infty} \int_{-\infty}^{\infty} p(\alpha_j, \alpha_k) R_{ss}(\tau + \alpha_k - \alpha_j) d\alpha_j d\alpha_k \ . \quad (26.85)$$

Sind α_j und α_k statistisch unabhängig, d.h. gilt für die Verbund-wahrscheinlichkeit

$$p(\alpha_j, \alpha_k) = p(\alpha_k) p(\alpha_j) \ , \qquad (26.86)$$

so folgt:

$$\mathcal{E}\{R_{s_j s_k}(\tau)\} = \int_{-\infty}^{\infty} p(\alpha_j) \int_{-\infty}^{\infty} p(\alpha_k) R_{ss}(\tau + \alpha_k - \alpha_j) d\alpha_k d\alpha_j \ . \quad (26.87)$$

Für das Kreuzleistungsspektrum $G_{jk}(f)$ der Signale ergibt sich damit:

$$
\begin{aligned}
G_{jk}(f) &= \int_{-\infty}^{\infty} \{ \int_{-\infty}^{\infty} p(\alpha_j) \int_{-\infty}^{\infty} p(\alpha_k) R_{ss}(\tau + \alpha_k - \alpha_j) d\alpha_k d\alpha_j \} e^{-i2\pi f \tau} d\tau \\
&= \int_{-\infty}^{\infty} p(\alpha_j) \int_{-\infty}^{\infty} p(\alpha_k) G_{ss}(f) e^{-i2\pi f(\alpha_j - \alpha_k)} d\alpha_k d\alpha_j \\
&= G_{ss}(f) \int_{-\infty}^{\infty} p(\alpha_k) e^{-i2\pi f \alpha_k} d\alpha_k \int_{-\infty}^{\infty} p(\alpha_j) e^{-i2\pi f \alpha_j} d\alpha_j \ . \quad (26.88)
\end{aligned}
$$

Nimmt man für α_j, α_k gleichverteilte Wahrscheinlichkeitsdichtefunktionen an,

$$p(\alpha_j) = \begin{cases} \frac{1}{2\Delta t_j} & \text{falls} \quad |\alpha_j| \le \Delta t_j \\ 0 & \text{falls} \quad |\alpha_j| > \Delta t_j \ , \end{cases} \qquad (26.89)$$

wobei $\pm \Delta t_j$ die zu erwartenden oberen Fehlergrenzen für den Signaleinsatz auf dem j-ten Kanal sind, dann ergibt sich

$$G_{jk}(f) = G_{ss}(f) \frac{sin(2\pi f \Delta t_j)}{2\pi f \Delta t_j} \frac{sin(2\pi f \Delta t_k)}{2\pi f \Delta t_k} \quad \text{für} \quad j \ne k \ . \quad (26.90)$$

Das Energiespektrum des Signals $G_{ss}(f)$ muß entweder abgeschätzt oder als weiß über den interessierenden Frequenzbereich angenommen werden. Die gesuchte Kovarianzmatrix wird dann über die inverse Fourier-Transformation bestimmt. Die Elemente der Noise-Matrix sowie die der rechten Seite des Normalgleichungssystems werden in analoger Weise bestimmt (s. Sengbush und Foster (1968), Hubral (1972)). Der hier skizzierte Ansatz zur Abschätzung der Kovarianzmatrizen wird in der Reflexionsseismik bislang fast ausschließlich benutzt. Hiernach sind z.B. von Schneider, Prince und Giles (1965) Filter zur Unterdrückung von Ghost-Signalen sowie Geschwindigkeitsfilter (Sengbush und Foster (1968)) und Stapelfilter (Galbraith und Wiggins (1968)) entwickelt worden. Der Vorteil dieser Filter ist nach Hubral (1974) darin zu sehen, daß die optimalen Stapelfilter für diese verschiedenen Anwendungsbereiche nach den gleichen Prinzipien entwickelt und unter Berücksichtigung der zu erwartenden Laufzeitunterschiede zwischen den Nutzsignalen und den zu unterdrückenden kohärenten Noise-Anteilen auf den Einzelfall angepaßt werden können.

Eines der ersten publizierten Beispiele der Unterdrückung der Mehrfachreflexionen durch den Einsatz eines derartig hergeleiteten Stapelfilters wird in Abb. 26.8 gezeigt. Die konventionelle Stapelung (SS) liefert das Ergebnis in der untersten Spur mit einer Multiplenreduktion um 5.4 dB. Im Vergleich hierzu zeigt das Ergebnis der Optimalfilterung eine Unterdrückung der Multiplen um ca. 19 dB, und zwar ohne sichtbare Formveränderung des Signals. Das eingesetzte Filter wurde unter der Annahme, daß die Streuung der Signaleinsätze bis zu ± 2 ms betragen kann, unter Zugrundelegung einer Gleichverteilung der Einsatzzeiten der Multiplen über die in der Abbildung skizzierten Zeitfenster nach dem Wiener-Kriterium bestimmt. Weitere Anwendungsbeispiele über den Einsatz der Mehrkanal-Optimalfilter in der Angewandten Seismik sind in den Zeitschriften **Geophysics** und **Geophysical Prospecting** zu finden, insbesondere in den Bänden von Mitte der 60er bis Mitte der 70er Jahre und ab Mitte der 80er Jahre. Eine übersichtliche Zusammenfassung der Design-Verfahren für verschiedene optimale Mehrkanalfilter zur Filterung von Signalen konstanter Scheingeschwindigkeit gibt Özdemir (1986). Praktische Aspekte der Mehrkanalfilterung, wie z.B. ihre Anwendung auf Schußregistrierungen oder CMP-Sortierungen, vor oder nach der dynamischen Korrektur, Anzahl der Filteroperatoren, werden von Özdemir und Saatcilar (1990) diskutiert.

26.3 Zusammenfassung und Ausblick

Auf eine stürmische Entwicklungsphase in den 60er Jahren folgte Anfang der 70er Jahre eine Ernüchterungsphase, bedingt einerseits

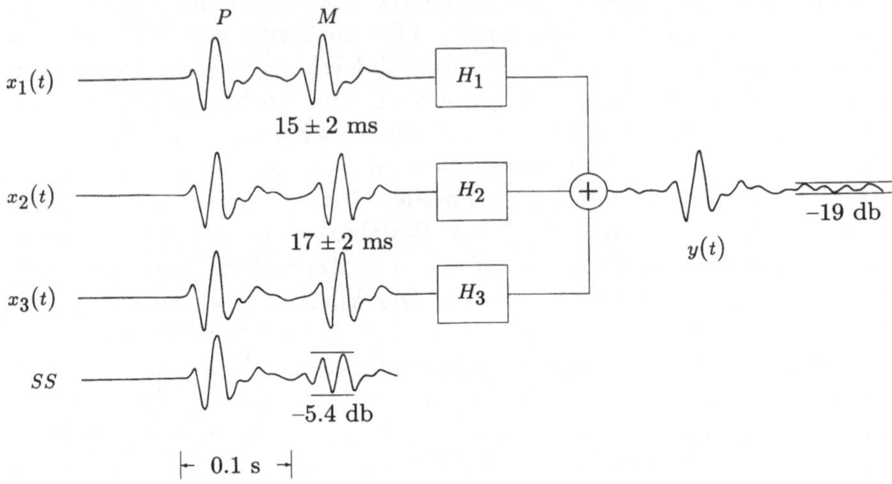

Abbildung 26.8: Multiplen-Unterdrückung durch Anwendung optimaler Stapelfilter (nach Schneider et al., 1965). Die Ersteinsätze (P) sind dynamisch korrigiert; die Multiple (M) auf den Spuren $x_2(t)$ und $x_3(t)$ ist gegenüber $x_1(t)$ um 15 ± 2 ms bzw. 17 ± 2 ms verzögert.

durch die Erkenntnis, daß der Einsatz der Mehrkanalfilter einen erheblichen zusätzlichen Aufwand an Rechenkapazität und Rechenzeit und damit nicht unerhebliche zusätzliche Kosten erfordert, und zum anderen dadurch, daß die erwarteten Verbesserungen der Datenqualität durch die Mehrkanalfilterung vielfach nicht in dem Maße erzielt werden konnten, um die zusätzlichen Kosten zu rechtfertigen. Dies führte insgesamt dazu, daß es in der zweiten Hälfte der 70er bis etwa Mitte der 80er Jahre zu einem weitgehenden Stillstand in der Entwicklung der Mehrkanalfilter kam. Mitentscheidend hierfür war auch die Vorstellung, daß durch die Erhöhung des Überdeckungsgrades bei den CMP-Messungen auf den Einsatz der Mehrkanalfilter verzichtet werden kann. In dieser Zeit wurden dann insbesondere die Frequenz-Wellenzahlfilterverfahren entwickelt.
Trotz der vielfach guten Erfolge sind beim gegenwärtigen Wissensstand die Nachteile dieser Verfahren nicht zu übersehen:

1. die verschiedenen Signale in den schußpunktnahen Seismogrammen überlagern sich im Frequenz-Wellenzahlbereich und sind nicht mehr zu trennen;

2. aufgrund der räumlichen Begrenzung bei der seismischen Datenaufnahme kommt es zu Artefakten bei der ($f - k$)-Filterung.

Diese Nachteile der Frequenz-Wellenzahlfilterung lassen sich beim Einsatz der Mehrkanalfilter weitgehend vermeiden. Bedingt durch diese Erkenntnis und die Leistungssteigerung moderner Rechner werden in den letzten Jahren wieder stärkere Anstrengungen unternommen, um die Mehrkanalfilterverfahren weiter zu entwickeln. Je nach Zielsetzung und in Abhängigkeit der verfügbaren Informationen über die Signal- und Noise-Anteile lassen sich verschiedene Mehrkanalfilter einsetzen. Ihre Herleitung erfolgt nach mathematischen Kriterien im $(x - t)$-Bereich als Mehrkanal-Optimalfilter. Aufgrund der Ausnutzung der unterschiedlichen Signal- und Noise-Eigenschaften in t- **und** x-Richtung, lassen sich mit ihnen in der Regel im Vergleich zu den Einkanalfiltern stärkere Signal-Noise-Verbesserungen erzielen. Für kohärente Signale, die sich mit konstanter Scheingeschwindigkeit ausbreiten, läßt sich die Filterwirkung im Frequenz-Wellenzahlbereich durch zweidimensionale Fourier-Transformation veranschaulichen.

In der Seismik werden insbesondere Stapelfilter mit einem Ausgang eingesetzt. Ihre Herleitung erfolgt in der Regel nach dem least-mean-squares-Kriterium unter Zugrundelegung stochastischer Modelle für die in den Seismogrammen zu trennenden Komponenten. Eine Alternative hierzu ist die direkte Bestimmung der für die Anwendung des Wiener-Filters benötigten Kovarianzfunktionen aus den zu filternden Daten.

Es deutet sich an, daß in Zukunft Optimalfilter mit Nebenbedingungen, wie z.B. beim Maximum-Likelihood-Filter, die zentrale Rolle spielen werden. Derartige Filteransätze besitzen gegenüber dem Wiener-Filter den großen Vorteil, daß sich mit ihnen gleichzeitig mehrere Anforderungen, wie z.B. die Unterdrückung der kohärenten wie auch der regellosen Noise-Anteile bei gleichzeitiger Erhaltung der Signalform realisieren lassen, wobei die Gewichtung des Filterprozesses je nach Zielsetzung gesteuert werden kann. Der Einsatz derartiger Filter wird insbesondere wichtig für die geophysikalische Analyse seismischer Daten vor der Stapelung, wie z.B. für Untersuchungen des Amplitudenverhaltens von Reflexionen in Abhängigkeit der Schuß-Geophon-Entfernung, d.h. für unterschiedlichen Reflexionswinkel, oder für Absorptionsbestimmungen.

Referenzen Teil VIII

Bath, M.: Spectral Analysis in Geophysics, Developments in Solid Earth Geophysics 7, Elsevier Scientific Publishing Company, Amsterdam - Oxford - New York, 1974.

Birtill, J.W. and F.E. Whiteway: The Application of Phased Arrays to the Analysis of Seismic Body Waves, Phil. Trans. R. Soc. London, Ser. A. 258, p. 421-493, 1965.

Bosum, W. and A. Hahn: Diagrams for the Computation of Magnetic Field Components, for Their Transformation into One Another and for Their Upward Continuation (Two-Dimensional Case), Zeitschrift für Geophysik, p. 1 - 25, 1965.

Burg, J.P.: Three-Dimensional Filtering with an Array of Seismometers, Geophysics 29, 6, p. 693-713, 1964.

Buttkus, B.: Mehrkanal-Optimalfilter in der Refraktionsseismik, Dissertation, TU Clausthal, 1972.

Capon, J.: Greenfield, R.J., and R.J. Kolker: Multidimensional Maximum - Likelihood Processing of a Large Aperture Seismic Array, Proc. of the IEEE 55, p. 192-211, 1967.

Davies, E.B. and E.J. Mercado: Multichannel Deconvolution Filtering of Field Recorded Seismic Data, Geophysics 33, p. 711-722, 1968.

Dean, W.C.: Frequency Analysis for Gravity and Magnetic Interpretation, Geophysics 23, p. 97-127, 1958.

Dobrin, M.B. and C.H. Savit: Introduction to Geophysical Prospecting, Fourth Edition, Mc Graw-Hill, New York, 1988.

Elkins, Th.A.: The Second Derivative Method of Gravity Interpretation, Geophysics 16, p. 29-50, 1951.

Embree, P., J.P. Burg and M.M. Backus: Wide-band Velocity Filtering - the Pie-Slice Process, Geophysics 28, p. 948-974, 1963.

Fail, J.P. and G. Grau: Les Filtres en Éventail, Geophys. Prosp. 11, p. 131-163, 1963.

Galbraith, J.M. and R.A. Wiggins: Characteristics of Optimum Multichannel Stacking Filters, Geophysics 33, p. 36-48, 1968.

Green, P.E., E.J. Kelly, and M.J. Levin: A Comparison of Seismic Array Processing Methods, Geophys. J.R. Astron. Soc. 11, p. 67-84,

1966.

Hahn, A.: Two Applications of Fourier's Analysis for the Interpretation of Geomagnetic Anomalies, Journ. Geomagnetism and Geoelectricity 17, 3-4, p. 195-225, 1965.

Hahn, A., E.G. Kind, and D.C. Mishra: Depth Estimation of Magnetic Sources by Means of Fourier Amplitude Spectra, Geophys. Prosp. 24, p. 287-308, 1976.

Harjes, H.-P. and M. Henger: Array-Seismology, Zeitschrift für Geophysik 39, p. 865-905, 1973.

Henderson, R.G.: A Comprehensive System of Automatic Computation in Magnetic and Gravity Interpretation, Geophysics 14, p. 569-585, 1960.

Henderson, R.G. and I. Zietz: The Computation of Second Vertical Derivatives of Geomagnetic Fields, Geophysics 14, p. 508-516, 1949.

Hubral, P.: Three Dimensional Optimum Multichannel Velocity Filters, Geophys. Prosp. 20, p. 28-64, 1972.

Hubral, P.: Stacking Filters and Their Characterization in the (f-k) Domain, Geophys. Prosp. 22, p. 722-735, 1974.

Jung, K.: Schwerkraftverfahren in der Angewandten Geophysik, Akad. Verlagsges. Geest u. Portig K.G. Leipzig, 1961.

Kelly, E.J.: A Comparison of Seismic Array Processing Schemes, Mass. Inst. Techn. Lincoln Lab., Tech. Note, 1965 - 21.

Lavin, P.M. and J.F. Devane: Direct Design of Two-Dimensional Digital Wavenumber Filters, Geophysics 35, 6, p.1073-1078, 1970.

Mesko, A.: Digital Filtering: Applications in Geophysical Exploration for Oil, Pitman Advanced Publishing Program, London, 1984.

Özdemir, H.: Design and Applications of Optimum Multichannel Linear Moveout Filters, Geophysics 51, p. 1221-1234, 1986.

Özdemir, H. and R. Saatcilar: Tutorial: Efficient Multichannel Filtering of Seismic Data, Geophys. Prosp. 38, p. 1-23, 1990.

Paul, M.K.: On Computation of Second Derivatives from Gravity Data, Pure and Appl. Geophys. 48, p. 7-15, 1961.

Peters, L.J.: The Direct Approach to Magnetic Interpretation and its Practical Application, Geophysics $\underline{14}$, p. 290-320, 1949.

Robinson, E.A. and S. Treitel: Digital Signal Processing in Geophysics, in Oppenheim, A.V.: Application of Digital Signal Processing, Prentice-Hall, 1978.

Rosenbach, O.: A Contribution to the Computation of the "Second Derivative" from Gravity Data, Geophysics $\underline{18}$, p. 894-912, 1953.

Ryu, J.V.: Decomposition (DECOM) Approach Applied to Wave Field Analysis with Seismic Reflection Records, Geophysics $\underline{47}$, p. 869-883, 1982.

Schneider, W.A., E.R. Prince, and B.F. Giles: A New Data Processing Technique for Multiple Attenuation Exploiting Differential Normal Moveout, Geophysics $\underline{30}$, p. 348-362, 1965.

Schoenberger, M.: Optimization and Implementation of Marine Seismic Arrays, Geophysics $\underline{35}$, p. 1038-1053, 1970.

Sengbush, R.L. and M.R. Foster: Optimum Multichannel Velocity Filtering, Geophysics $\underline{33}$, p. 11-35, 1968.

Smirnow, W.I.: Lehrgang der höheren Mathematik, Teil II, VEB Deutscher Verlag der Wissenschaften, Berlin, 1981.

Spector, A.: Spectral Analysis of Aeromagnetic Maps, Ph.D. Thesis, Department of Physics, University of Toronto, 1968.

Spector, A. and F.S. Grant: Statistical Models for Interpreting Aeromagnetic Data, Geophysics $\underline{35}$, p. 293-302, 1970.

Treitel, S.: Principles of Digital Multichannel Filtering, Geophysics $\underline{35}$, p. 785-811, 1970.

Treitel, S., J.L. Shanks, and C.W. Frazier: Some Aspects of Fan Filtering, Geophysics $\underline{32}$, p. 789-800, 1967.

Tsuboi, Ch., C.H.G. Oldham and V.B. Waithman: Numerical Tables Facilitating Three Dimensional Gravity Interpretations, J. of Phys. of the Earth $\underline{6}$, p. 7-13, 1958.

Wiggins, R.A, and E.A. Robinson: Recursive Solution of the Multichannel Filtering Problem, J. Geophys. Res. $\underline{70}$, p. 1885-1891, 1965.

Zurflueh, E.G.: Applications of Two-Dimensional Linear Wavelength Filtering, Geophysics $\underline{32}$, p. 1015-1035, 1967.

Ergänzende Literatur

Für das Studium der mehrdimensionalen Filter sind insbesondere folgende Veröffentlichungen zu empfehlen:

Clement, W.G.: Basic Principles of Two-Dimensional Digital Filtering, Geophys. Prosp. 21, p. 121-145, 1973.

Darby, E.K. and E.B. Davies: The Analysis and Design of Two - Dimensional Filters for Two-Dimensional Data, Geophys. Prosp. 15, p. 383-406, 1967.

Fortran-Programme zur Herleitung und Anwendung von Mehrkanalfiltern findet man bei:

Robinson, E.A.: Multichannel Time Series Analysis with Digital Computer Programs, Holden-Day, San Francisco, 1967.

Einen guten Überblick über die in der Gravimetrie und Magnetik eingesetzten Auswerte- und Interpretationstechniken geben:

Lindner, H. und R. Scheibe: Interpretationstechnik für gravimetrische und magnetische Felder, Freiberger Forschungshefte, VEB Deutscher Verlag für Grundstoffindustrie, Leipzig, 1977.

Autorenverzeichnis

Aguilera, R. 391
Ahlfors, L.V. 274,283
Akaike, H. 245,247,283
Andersen, N. 244,283
Attewell, P.B. 123,129

Backus, M.M. 504,528,553,626
Baggeroer, A.B. 253,283
Barber, N.J. 130
Bartlett, M.S. 165,186,219
Bath, M. 130,534,626
Bayless, J.W. 3,6,441,451,473
Bendat, J.S. 165,177,215,219,333
Berkhout, A.J. 53,129,423,440,473
Bernstein, R. 391
Birtill, J.W. 545,626
Bishop, T.N. 244,247,252,286
Blackman, R.B. 131,163,189,219,
    220
Bogdanoff, J.L. 284
Bogert, B.P. 487,528
Bolt B.A. 286
Bonjer, K.-P. 318,332
Booton, R.C. 399,439,447,473,
Bostik, F.X. 205,220
Bosum, W. 584,585,626
Box, G.E. 226,283
Bracewell, R. 130
Brewitt-Taylor, C.R. 206,219
Brigham, E.O. 3,6,130,441,451,473
Brown, R.G. 329,332
Brüstle, W. 228,285
Bryan, J.G. 2,6,431,474,517,529
Bucy, R.C. 333,439,473
Buhl, P. 2,6,517,529

Burg, J.P. 2,6,241,267,269,279,
    283,553,617,626
Burkhardt, H. 123,124,129
Buttkus, B. 2,6,487,517,528,
    617,626

Cagniard, L. 203,219
Capon, J. 267,283,613,618,626
Chen, W.Y. 252,283
Childers, E. 286,530
Chow, J.L. 255,283
Chvatal, V. 484,528
Claerbout, J.F. 2,115,129,431,
    434,473,484,528
Clarke, G.K.C. 269,286
Clayton, R. 252,286
Clement, W.G. 629
Cramer, H. 277,283
Crawford, F.S. 313,332
Crump, N. 3,6,469,473

Daniell, P.J. 169,219
Darby, E.K. 629
Davenport, W.B. 169,219
Davies, E.B. 620,626,629
Davis, R.C. 399,473
Dean, W.C. 575,626
De Bremaeker, J.C. 391
Deczky, A.G. 387,390
Devane, J.F. 577,627
Dittrich, F. 407,474
Dobrin, M.B. 587,626
Doetsch, G. 31,129
Durbin, J. 237,283

Edward, J.A. 270,284